# 猫皮肤病学

## Feline Dermatology

**主编** ［意］基娅拉·诺莉（Chiara Noli）

［意］西尔维娅·科隆博（Silvia Colombo）

**主译** 刘 欣

長江出版傳媒
湖北科学技术出版社

图书在版编目（CIP）数据

猫皮肤病学 /（意）基娅拉·诺莉（Chiara Noli），（意）西尔维娅·科隆博（Silvia Colombo）主编；刘欣主译．— 武汉：湖北科学技术出版社，2023.7
书名原文：Feline Dermatology
ISBN 978-7-5706-2634-2

Ⅰ.①猫…　Ⅱ.①基…　②西…　③刘…　Ⅲ.①猫病－皮肤病　Ⅳ.①S858.293

中国版本图书馆 CIP 数据核字（2023）第 117444 号

责任编辑：林　潇
责任校对：李梦芹　　封面设计：曾雅明　北农阳光

出版发行：湖北科学技术出版社
地　　址：武汉市雄楚大街 268 号（湖北出版文化城 B 座 13-14 层）
电　　话：027-87679468　　邮　　编：430070

印　　刷：河北华商印刷有限公司　　邮　　编：072750

889 × 1194　　1/16　　27.5 印张　　743 千字
2023 年 9 月第 1 版　　2023 年 9 月第 1 次印刷
定　　价：398.00 元

（本书如有印装问题，可找本社市场部更换）

# 译 委 会

**主 译**

刘 欣

**译 者**

王 帆 赵 博 施 尧

徐 晋 张 鑫 董婉君

于东韩 叶精精

# 译 者 序

全球的猫皮肤病专著寥寥无几，Noli 老师撰写的这本书是其中翘楚，难能可贵。非常荣幸能将其翻译为中文版本奉献给我国宠物诊疗行业。猫皮肤病的诊断和治疗非常独特，尤其是与犬皮肤病的差异很大，亟待独立出来系统学习。本书第一部分阐述了毛色遗传学，让我们首次通过病理和生理学感知到猫的毛色变化的奥妙。第二部分以病变模式为切入点，用大量图片解读相似病变组合，让变幻莫测的脱毛、结痂、斑块、结节更容易被掌握。第三部分展示了丰富而独特的猫皮肤病种类，穿插了很多具有实用性的细胞学图片，介绍了皮肤镜的使用，引入了很多理解疾病的先进观念。相信在阅读过程中，读者随时能体验到豁然开朗或醍醐灌顶般的美好感受。

刘欣

# 序　言

1980年，Danny Scott（美国纽约康奈尔大学皮肤科James Law荣誉教授）在《美国动物医院协会杂志》（*Journal of the American Animal Hospital Association*）上发表了论文，题目为《猫皮肤病学1900—1978：专著》（*Feline dermatology 1900-1978: A Monograph*）。这是首次对家猫皮肤病进行的系统研究，之前还有其他简短的描述性文章和小册子。这也是首次尝试审查当时兽医科学中已知的所有内容。自1980年以来，猫及其皮肤病一直是兽医皮肤病学和兽医学标准教科书内容体系的一部分；此后Danny Scott又出版了几本专著。1999年，Merial出版了一本名为《猫皮肤病学实用指南》（*A Practical Guide to Feline Dermatology*）的书，专门针对猫，由一个权威的国际作者团队编写。

虽然猫是非常受欢迎的宠物，但对于它们的检查、研究、调查和治疗一直具有挑战性。例如，猫不愿意接受饮食试验或长期口服药物；此外，试图确定具有临床意义的过敏原仍然是一门暗黑艺术。猫一直是非常独立的生物，我们从未真正将它们作为宠物而“拥有”，但我们仍然对它们着迷，部分原因是它们的冷漠且有吸引力的性格。在某些方面，人们对其皮肤病的认识水平一直落后于对其他家养动物的研究，尤其是犬（有句老话叫：猫不是小型犬）。

《猫皮肤病学实用指南》一书出版约20年后，我们有了《猫皮肤病学》这本书。作者们参考了该“指南”，组建了一个大型的国际作者团队，他们分享了研究和护理猫及其皮肤病方面的经验和专业知识。该书包括三个部分。第一部分介绍皮肤的结构和功能，帮助学生和兽医了解皮肤病发病机制的基础构件。很高兴看到关于毛色遗传学的章节——这一主题经常出现在其他出版物中，而不在临床皮肤病学教科书中。第二部分，讨论猫皮肤病的各种临床表现，例如，与脱毛相关的皮肤病的治疗方法等。考虑到猫可能有相同基础病因的不同皮肤表现，在之后的第三部分中，涵盖了按病因归集的大量皮肤病。

本书覆盖范围广，对学生、全科兽医，包括皮肤科在内的培训项目的住院医师、在转诊中心工作的兽医，甚至可能对一些养猫人都有用。有许多适用于兽医皮肤病学的插图和临床图像，兽医皮肤病学非常需要依靠观察和理解临床病变，以判读呈现的皮肤反应模式。

作者们汇集了如此多的章节和主题，表明我们对猫皮肤病学的知识和理解自第一本专著问世以来已经取得了长足的进步。这是多年来关于猫皮肤病学的重要书籍，相信通过未来多年的实践能证明其临床实用性。临床兽医可以从网络获得大量知识，但纸质书籍仍然受到许多兽医的欢迎。这是一本应该放在你书架上的书。


Aiden P. Foster

布里斯托兽医学院

英国布里斯托大学兰福德分校

# 前　言

兽医皮肤病学领域的知识年复一年的快速增长，我们对所有动物疾病的了解也是如此。猫目前在兽医学上受到极大的关注：近几年出版了许多专门针对猫的教科书；我们现在也有专门针对猫的科学期刊，“猫科专家”越来越多。

作为对猫特别感兴趣的皮肤科兽医，我们觉得需要一本猫皮肤病学教科书。我们的目的是对猫的皮肤及其疾病给予适当的关注，这些皮肤及其疾病通常是独特的，并且与犬中描述的对应疾病完全不同。Bric Guaguere 和 Pascal Prelaud 的《猫皮肤病学实用指南》，以及 Sue Paterson 的《猫的皮肤病》（*Skin Diseases of the Cat*），这两本书都于 1999 年出版，距今已经有很长时间了。20 年了，是时候编写一本新的猫皮肤病学教科书了！

这本书将有望成为忙碌兽医的重要实用指南，帮助他们快速而可靠地解决猫的皮肤病问题，同时也是猫科兽医和皮肤科兽医较新的完整参考工具。

最重要的猫皮肤病，如皮肤癣菌病和过敏性疾病都在专门的章节中有描述。我们决定为大部分章节选择不同的作者，以便为读者提供由特定领域专家撰写的每一主题的最佳内容。每一章都配有许多精美的彩色照片，这些彩色照片是正确描述皮肤病不可或缺的。

我们非常感谢 Springer Nature 及其所有团队对该项目的热情支持。最后但同样重要的是，我们要对为本书做出贡献的所有作者表示感谢。

献给 Emma、Ada、Luca 和我们生活中的所有猫。

Chiara Noli（意大利　佩韦拉尼奥）
Silvia Colombo（意大利　莱尼亚诺）

# 目　录

## 第一部分　概述



## 第二部分　以问题为导向的诊断方法



## 第三部分　猫皮肤病的病因学

# 第一部分　概　　述

# 第一章　皮肤的结构和功能

Keith E. Linder

**摘要**

了解皮肤的解剖和功能是理解皮肤病临床表现和影响的基础。对任何器官都是如此，但皮肤尤甚，因为临床医生可以直接观察、触摸或检查该器官的解剖结构。重要的是，皮肤病是由破坏皮肤特定解剖组分的有害物质或过程引起的生理反应，使皮肤组织畸变，从而造成皮肤病变。要识别皮肤病变的意义，进而识别疾病，其根本在于识别正常皮肤解剖结构的畸变，包括特定目标的解剖组分。此外，通过了解正常皮肤功能及其功能异常的后果，可以了解皮肤病的影响和治疗选择。本章回顾了猫的皮肤结构和功能的基本方面，引用了现有文献，并大量借鉴了可供人和犬使用的比较信息。

## 皮肤器官

皮肤由多个分离薄层组成，这些薄层堆叠起来，形成覆盖整个身体的片状器官[1]。最外层是表皮，由真皮层然后是脂膜来支撑，脂膜通过筋膜与下面的肌肉组织或骨膜相连，在四肢中就是这样（图 1–1）。神经和感觉神经末梢在这三层均有分布，而血管只存在于真皮层和脂膜中。皮肤附件（附属器）是在发育过程中多灶性添加到这三层中的“小器官”，如毛囊、皮肤腺体和爪。这三层皮肤都经过高度演变，形成了独立的解剖结构，如鼻面和爪垫。

由真皮和表皮共同构成的皮肤厚度因身体部位而异，猫的皮肤厚度通常只有 0.4 ~ 2.0 mm，背部和肢体近端较厚，腹部、肢体远端和耳部较薄[2]。这些层在爪垫和鼻面最厚[2]。根据患病动物的肥胖程度和身体的解剖部位，脂膜的厚度差异很大，从无脂膜到＞2 cm；通常腹部最厚，尤其是肥胖的患病动物，背部较薄，并逐渐变薄，在四肢大部分缺失。

## 表皮

表皮非常薄（图 1–2），躯干区域只有 10 ~ 25 μm，但在爪垫（图 1–3）和鼻面处较厚[2, 3]。在身体的大部分区域，活表皮只有 3 ~ 5 个角质细胞层。浅表无活性表皮，即角质层，包含更多细胞层，由非常薄的细胞组成，称为角化细胞，其厚度＜1 μm（图 1–2）。有毛区域往往比无毛区域的表皮更薄。

表皮为层状角化上皮，由角质细胞（85%）组成，按形态分为基底层、棘层、颗粒层和角质层（图 1–2）[1]。角质细胞在基底层持续增殖，然后迁移，分化形成上表皮层，最后从皮肤表面脱落（剥脱）。表皮还含有常驻郎格罕细胞、迁移的 T 淋巴细胞和罕见的神经内分泌默克尔细胞（＜1%）[1]。黑素细胞存在于色素沉着的表皮中，而不会存在于白色斑点区域。猫的肥大细胞很少出现在表皮中，但在炎性疾病（如过敏性皮肤病）发生时，肥大细胞会大量进入表皮。神经延伸到表皮，而血管不会。

表皮层的最深层是基底层（生发层），包含具有有丝分裂活性的表皮干细胞，并不断向表皮各层提供新的角质细胞（图 1–2）[1, 4]。基底层的角质细胞较小，呈立方体，胞浆较少，附着于表皮至基底膜上，从而附着在真皮层上。向上观察，棘层以石蜡切片组织学观察到的角质细胞膜上的棘突而得名。是组织学制片过程中人为处理的产物，加强了细胞间的桥粒附着。棘层细胞的胞浆丰富，因而体积较大，呈多面体，并有较多可见的胞浆角质中间丝。其次，颗粒层因在苏木精和伊红染色（H&E）时可见的胞浆嗜碱性的角质透明颗粒而命名，储存角化所需的大部分蛋白，如丝聚蛋白原[4]。石蜡组织学中不可见的板层小体，也在这一层中形成，并在角化过程中将脂质、酶和其他关键成分运送到细胞外表面[4]。角质层是表皮最外面的一层，分化的最终阶段就是角化完全，形成无活性的角质细胞层，下方颗粒层是活角质细胞层[4]。在这一过程中，角质细胞释放大部分胞浆水分和细胞器，并变平成为非常薄（＜1 μm）的盘状细胞，呈多边形（5 ~ 6个边）。角质细胞同时也失去细胞核，这种角化是正角化。在石蜡组织学上，深层的角质细胞被密集地压实成一个被称为致密层的离散层，而表层的角质细胞由于人为处理，在被称为分离角质层的表皮浅层中形成开放的篮网模式（图 1–2）[5]。角质细胞不断地从身体脱落，这一过程称为脱屑。

在角质层中，角质细胞堆叠成许多层，躯干上有 10 ~ 15 层，爪垫和鼻面上有 50 层以上，由细

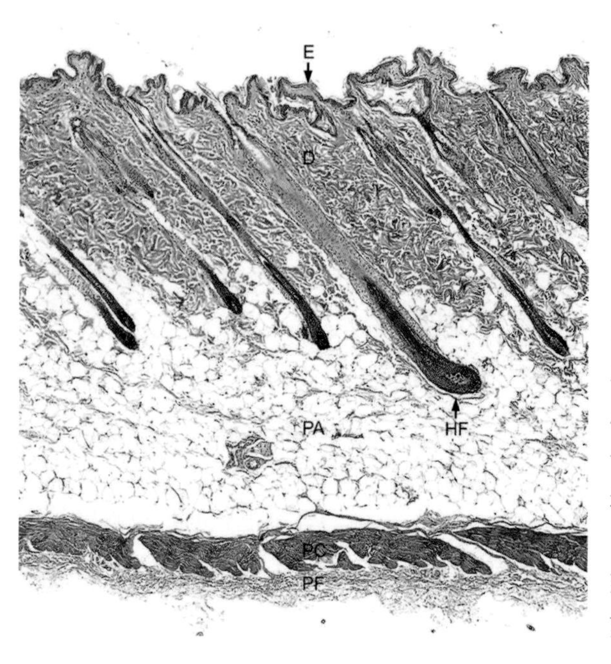


**图 1–1　猫的背中线**

皮肤由片状组织层构成。表皮（E）非常薄，位于最外层，下面由胶原真皮层（D）支撑。脂膜位于最深层，由三个部分组成，在整个身体区域，这三个部分都存在。脂膜层（PA）由脂肪小叶组成，最浅表的部分，即浅表的脂肪组织，如图所示。胶原脂膜纤维化（PF，浅筋膜），支撑着由横纹肌组成的肉膜（PC）。附件被添加到这些层中，毛囊（HF）在这个放大倍数下最为明显。4 倍放大。苏木精和伊红染色。

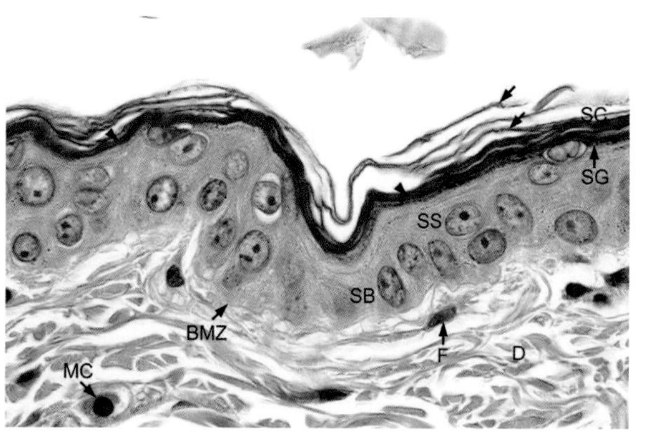


**图 1–2　猫的面部**

表皮由四个形态层组成：基底层（SB）、棘层（SS）、颗粒层（SG）和角质层（SC）。角质层深层，称为致密层（无尾箭头），非常薄，由致密的正角化形成。浅表角质层被称为分离角质层（箭头），在组织学制片过程中因人为处理形成正角化的篮网模式。基底膜区（BMZ；超显微基底膜的位置）连接表皮和真皮层（D）。真皮层中有纤维细胞（F）和肥大细胞（MC）。100 倍放大。苏木精和伊红染色。

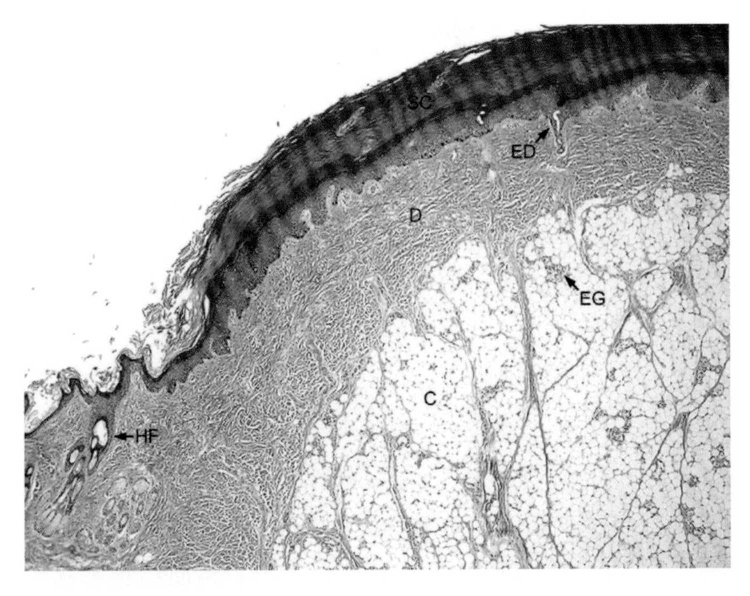


**图 1–3 猫的腕垫**

爪垫（包括趾垫）的表皮、角质层和真皮层均较厚。毛囊（HF）和皮脂腺在爪垫中不可见，但在爪垫边缘的有毛皮肤中可见（图像左侧）。起缓冲作用的爪垫（C）是由脂膜演变而来的，含有脂肪小叶和粗壮的纤维间隔。小汗腺（EG）嵌在爪垫中，小汗腺导管（ED）直接通过真皮层和表皮排出，在爪垫表面排空。4 倍放大。苏木精和伊红染色。

胞间脂质密封[3]。有毛的低摩擦区域的角质细胞层较少；而高摩擦区域，如前肢和后肢爪垫表面的角质细胞层较多。在躯干上，角质细胞堆叠成均匀的垂直柱状，仅在边缘处略有重叠；而在爪垫上，角质细胞堆叠不均匀，细胞分布广泛且不稳定，细胞之间产生更大的接触面，这被认为会增加附着力。由板层小体传递的细胞间脂质，被高度组织成一摞脂质，称为脂质包膜，它封闭全部细胞间隙，形成最重要的屏障，防止皮肤水分向外流失[4]。这些脂质由神经酰胺、胆固醇和脂肪酸组成。某些脂质是必需的，如亚油酸，对脂质包膜的形成和功能非常重要。角质细胞通过脱屑不断地从皮肤表面脱落。脱屑是由于角质层外层的正常生理化学环境（pH、水合作用等）促进了大量细胞间酶的激活，使其裂解角桥粒并降解细胞间脂质，从而使角质细胞脱落[4]。

临床上，由于角质细胞增加或脱屑，导致角质层在皮肤表面积聚，积聚在皮肤表面的角质层被称为皮屑。表皮的部分缺失导致糜烂，从而导致水分从皮肤表面流失。由于角质层的缺失，糜烂的表皮显得光滑且微湿，而角质层负责表皮的正常结构和屏障功能。糜烂的表皮不会出血，因为表皮没有血管。相比之下，表皮和基底膜的全部缺失属于溃疡，表现为微湿至潮湿且呈颗粒状（由于胶原蛋白暴露以及白细胞和纤维蛋白的募集），而且经常因真皮血管暴露而出血。

## 表皮基底膜

表皮基底膜（基膜）是由许多丝状蛋白和蛋白多糖结合在一起形成的一个超薄的网状层，支持基底细胞并覆盖真皮[6]。基底细胞在结构上由半桥粒与基底膜相连，基底膜又通过由Ⅶ型胶原蛋白组成的锚定纤维与真皮相连。在光学显微组织学上用基底膜区指代该结构，因为它太薄而无法直接观察到（图 1–2）。

表皮强度来源于细胞骨架蛋白、细胞黏附复合物（桥粒和半桥粒）和表皮基底膜之间的物理联系[6]。每个角质细胞的细胞骨架由桥粒连接，而在基底角质细胞中，细胞骨架由半桥粒与基底膜连接。角质细胞骨架含有大量的角质中间丝，呈绳索状缠绕在一起，形成张力丝，具有很高的抗拉强度。特殊的角蛋白丝在每个表皮层中的聚集被称为角化，是表皮细胞分化的关键部分。颗粒层的桥粒通过角质层桥粒蛋白的增加被修饰，并通过其他变化使其成为角质层的角桥粒[4]。许多表皮脆弱的疾病，如机械性大疱性疾病和脓疱性疾病，通过破坏桥粒、半桥粒或基底膜引起皮肤病变。

## 真皮

真皮是一层厚的、离散的、有序排列的细胞外基质（胶原蛋白等），为皮肤提供结构、韧性和弹性，支持表皮和附件以及其中的血管、淋巴管和神经（图 1–2）[1]。真皮层分为较薄的表面乳头层和较厚的深层网状层。表面乳头层的基质排列较为松散，胶原束较细；深层网状层的基质排列更密集，胶原束较粗。真皮层主要由胶原蛋白组成，大多数是Ⅰ型和Ⅲ型胶原蛋白，一个用于增加强度，另一个用于增强弹性，还有蛋白多糖，如透明质酸，用于水合和膨压。在猫身上，真皮层有一个扇形深缘（图 1–1），其突起连接到下方脂膜的小叶间隔。真皮血管排列成三个片状的动静脉丛，分别位于表皮下、真皮层中部和与脂膜连接处的真皮深层[7]。真皮层包含了附着在毛囊上的微小的平滑肌束，称为竖毛肌，以及乳头和阴囊真皮中的游离肌束[1, 2]。同样在阴囊中，睾丸的肉膜延伸到脂膜，在脂膜上提供平滑肌和胶原基质。小束骨骼肌仅在面部和会阴区域延伸至真皮层。脂肪细胞不是猫真皮层的正常组成部分，而是脂膜的一部分。

间充质细胞维持真皮基质，包括纤维细胞（图 1–2），分布于真皮层各处，还有周细胞和施万细胞，分别分布在血管和神经周围。健康的真皮中可以发现少量免疫细胞，如肥大细胞、真皮树突状细胞、淋巴细胞和嗜碱性粒细胞，它们通常单个存在，更多位于浅表的血管周围，较少位于间质区域。肥大细胞在猫的真皮层中很常见，组织学上每 400 倍显微镜视野中可见 4 ～ 20 个肥大细胞（图 1–2）[8]。在正常的真皮层和表皮中没有发现中性粒细胞和嗜酸性粒细胞。

## 脂膜

脂膜（真皮下、皮下组织）由离散的片状脂肪、肌肉和筋膜组成（图 1–1）[1, 2, 9]。紧邻真皮下方的脂膜（称为浅表脂肪组织）含有脂肪，由薄的纤维间隔排列成小叶（图 1–1）[9]。更深层的纤维膜（浅筋膜）是一层薄的、分散的纤维组织，连接脂膜的小叶。筋膜内有一薄层横纹肌，称为肉膜（皮干）[1, 2]。肉膜在躯干背部（图 1–1）、颈部和四肢近端更发达，在腹部逐渐变薄（图 1–4），肢端消失。根据身体部位的不同，如四肢，纤维膜与包围骨骼或骨膜肌肉的深筋膜融合[8]。然而，在一些区域，如腹侧躯干，纤维膜下还有另一层小叶脂肪（称为深层脂肪组织），这是脂膜更深层的一部分（图 1–4）[9]。脂膜在躯干上是最厚的，特别是在猫的腹侧，肥胖的患病动物可在此处以厘米为单位测量，四肢的脂膜大多是缺失的。脂膜特征性地在爪垫内形成软垫（图 1–3），由脂肪小叶和增厚的纤维间隔组成[1, 2]。动脉、静脉、神经和淋巴管存在于脂膜内，并穿过上方的真皮层。

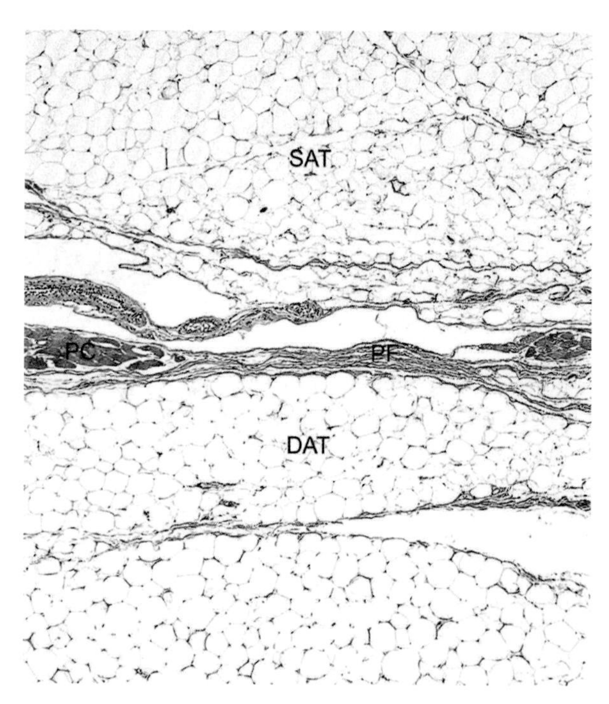


**图 1–4 猫的腹中部**

脂膜主要有三层：脂肪膜、肉膜和纤维膜。脂肪膜由真皮层下方的脂肪小叶组成，称为浅表脂肪组织（SAT），在身体的某些区域，还存在更深的第二层，称为深层脂肪组织（DAT）。纤维膜（PF）是一层纤维组织（浅筋膜），与脂肪的薄纤维间隔相连并支持肉膜（PC），肉膜在腹部减少。40 倍放大。苏木精和伊红染色。

## 皮肤附件（皮肤附属器）

### 毛囊

毛囊产生的毛发几乎覆盖猫的整个身体，除了一些小的区域，如黏膜皮肤交界处、外生殖器、乳头、鼻面和爪垫[1, 2]。猫的被毛密度更高，为每平方厘米 25 000 根，而犬的被毛密度为每平方厘米 9000 根，但不同品种和解剖位置的被毛密度不同。猫的大部分毛囊为复合型，几个毛囊共用一个毛囊开口（毛囊口），而单个毛囊一个开口的简单型毛囊较少。主毛毛囊较大，产生较粗的毛干（护毛、外被毛），而次毛毛囊较小，产生较细的毛干（下被毛）。猫的大多数毛囊都是分组的，如单个的、简单的、大的主毛毛囊（中央主毛毛囊）被 2 ~ 5 个复合毛囊包围，每个毛囊有一根主毛（侧主毛囊）和 3 ~ 12 根次毛，数量部分取决于年龄[1, 2, 10, 11]。尾部没有这种排列，毛囊更大[2]。猫的主毛要细得多，直径为 40 ~ 80 μm，而犬的主毛为 80 ~ 140 μm，猫的次毛直径为 10 ~ 20 μm，犬的次毛为 20 ~ 70 μm。大多数毛囊在皮肤上与表皮表面成一定的角度，这样它们的毛干都指向头部和躯干的尾端及四肢的远端（图 1–1）。在真皮，毛囊外侧面（外）更接近表皮（锐角），内侧面（内）离表皮更远（钝角）。特殊的窦毛囊（触须或胡须）是被血窦包围的非常大的简单型毛囊，具有复杂的神经支配和感觉触觉功能（慢适应机械感受器）（图 1–5）[1, 2, 8]。窦毛囊产生的触须是大的触觉毛发，长度差异很大。窦毛分布在面部（口鼻、眉毛、嘴唇）和掌腕上，在猫的颈部、前肢和爪部也有不同的窦毛，它们单独排列或成簇排列，或在面部的某些区域短列排列。第二种触觉毛发类型是泰洛毛，起源于比主毛毛囊稍大、神经支配更丰富的毛囊，并在受到压迫时与邻近的感觉泰洛毛垫（触觉圆顶）接触[1, 2]。泰洛毛是分散的个体，密度低，遍及大部分有毛皮肤。

毛囊是在发育过程中形成的，作为表皮的特殊上皮向下生长（外胚层起源），与称为真皮乳突[10]的特殊间充质细胞簇（中胚层起源）相互作用。完全成形的毛囊是一种线状、分层的管状上皮结构，在毛囊口浅表开放，在其深基部形成实心球状结构，内陷环绕真皮乳突（仅在生长期）[1]。竖毛肌是一种平滑肌，起源于真皮层的表皮基底膜，插入毛囊的外侧[1]。在行为反应中，这种肌肉会抬高皮肤表面的毛干，并在低温时把更多的绝缘空气留在被毛中。毛囊上皮被包在基底膜（玻璃膜）中，基底膜周围

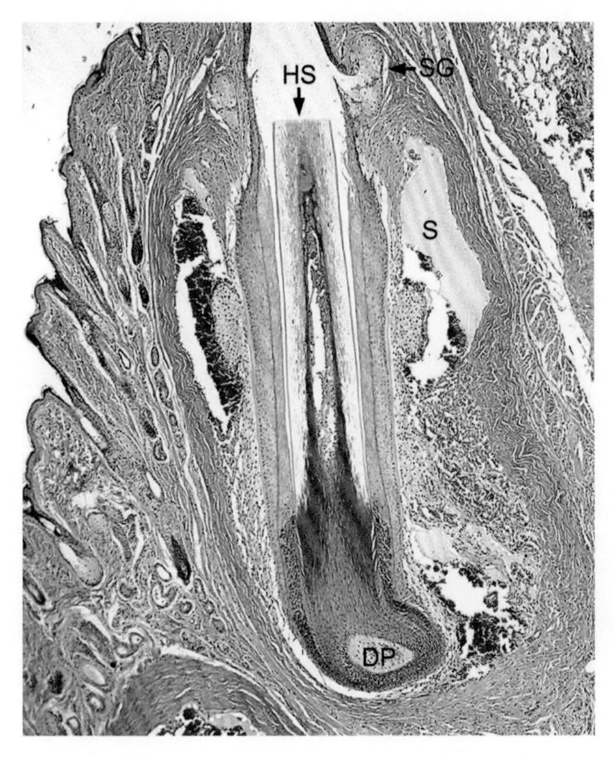


**图 1–5　猫面部的窦毛囊（触须毛囊）**

窦毛囊是一个非常大的简单型毛囊，它产生一个大的毛干（HS）或胡须，因毛囊被一个大的充满血的窦（S）包围而得名。SG，皮脂腺；DP，真皮乳突。4 倍放大。苏木精和伊红染色。

有一层薄薄的胶原和特殊的真皮纤维细胞，称为真皮根鞘或纤维鞘[1]。毛囊周真皮层由三个真皮丛分支的小血管充足供应，但最突出的是真皮中丛[7]。生长期的毛囊可以延伸到脂膜（图 1–1）。

毛发从毛囊中不断循环产生、保持和脱落[10, 12]。毛发生长期（图 1–6）经过一个短暂的退化期（中间期）过渡，然后结束于一个静止期（图 1–6），在静止期，被毛被保留或不被保留（也称为无毛静止期）[12]。通常当周期再次开始时，静止的毛干会主动脱落（外生）。猫的脱毛是镶嵌式的（非同时）[10]。各阶段的持续时间因年龄、品种、季节等而不同。例如，毛干的长度取决于生长期的长度——被毛越长，生长期就越长。

毛囊有三个区域，称为漏斗部、峡部和下部[12]。漏斗部是浅表的、永久性的、无循环的部分，在形态上类似于表皮并与之相连。峡部和较深的下部随着毛囊周期的变化而在形态上发生变化，有 5 个主要成分，其中一些只在生长期出现（图 1–6）[1, 12]。第一，内根鞘包裹着中央毛囊腔，并且有三层结构：内角质层、赫胥黎层和外亨氏层。重叠的角质层细胞的突起外露边缘指向内部（朝向毛球），并与相对的毛干内角质层细胞互锁。内根鞘只在生长期出现（图 1–6），此时角质细胞随着毛干的生长、角化而不断向上迁移，并脱落到漏斗腔。第二，伴随层是将内根鞘与外根鞘分开的单层细胞。第三，外根鞘有数个角质细胞的厚度，包围内根鞘，并连接到漏斗部。第四，毛球是在生长期形成的，由排列成同心圆的毛基质细胞组成，这些细胞产生内根鞘、伴随层和毛干的每一层（图 1–6）。第五，真皮乳突（毛囊乳突）被毛球的内陷包围（图 1–6）。真皮乳突由间充质梭形细胞、血管和神经组成，其与被毛基质细胞的分子交流，部分控制毛囊周期、毛干形成和毛干色素沉着。

毛干由毛球细胞（毛基质细胞）角化而成，使其坚硬，包括 3 个同心层：外角质层、皮质层和内髓质层[1]。毛干外角质层是单层重叠的扁平细胞，暴露的细胞边缘指向外部（远离毛球）。皮质层致密，无色素或色素不等。髓质细胞具有开放的结构，在一些毛囊中突出显示空的核轮廓。主毛有髓质，但次毛没有。髓质可着色或无色。毛干的外端呈细长的尖锥形，而内端（毛根）在生长期与柔软的活毛球相连，在静止期被毛膜角化封闭，形成短的、坚硬的、尖锥形，表面粗糙（棒状毛）（图 1–6）。

临床上，对毛干进行拔毛并显微镜检（拔毛检查）以确定毛囊周期的阶段、主毛或次毛状态，以及任何毛干异常。生长期毛球显示被毛生长活跃，

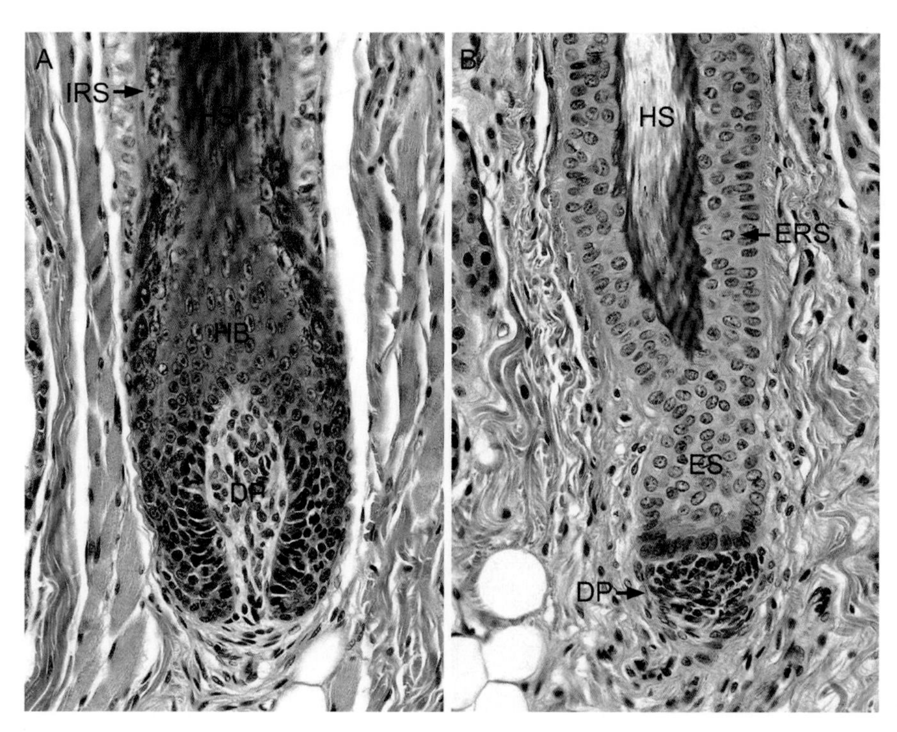


**图 1–6 猫的下颏吻侧**

在毛囊周期中生长期和静止期的大的主毛毛囊。（A）在发育完全的生长期中，毛球（HB）包住真皮乳突（DP），并积极产生毛干（HS）和根内鞘（IRS）。（B）在发育完全的静止期中，毛球和内根鞘缺失，外根鞘（ERS）退化到毛干周围，而真皮乳突（DP）仅通过上皮索（ES）保持连接。毛干停止生长，它的尖端（棒状毛）被明亮的嗜酸性毛膜角化密封。20 倍放大。苏木精和伊红染色。

拔毛检查时，如果是有色毛发，毛球被认为是柔软的、有弹性的、圆形的，通常轴向偏斜且有色素。静止期的被毛（棒状毛）显示静止的毛囊，有短锥形的末端，表面粗糙，坚硬，无轴向偏斜，在有色或无色的被毛中均无色素。

## 皮肤腺体

猫的皮脂腺是小的、单一的或复合的分叶泡状腺，通过一段非常短的导管连接到毛囊腔漏斗部下方（毛囊皮脂腺单位），导管内衬层状和角化上皮[1, 2, 14]。在小叶的边缘（外周区），单层的立方细胞分裂并分化成更大的多边形脂质空泡细胞，被称为中心皮脂腺细胞（成熟区），它们脱落到管腔（全分泌）形成皮脂。猫的皮脂腺细胞的细胞质空泡非常小，且大小非常均匀。面部（特别是下颏）、耳根、背部、肛门－直肠交界处、掌腕（腕腺）和趾间爪垫皮肤有较大的、常为多分叶的皮脂腺（图 1–7；颏下器）。睑板腺是眼睑边缘的大皮脂腺，尤其是上眼睑（图 1–8）[2]。鼻面和爪垫中没有发现皮脂腺。

猫的顶泌汗腺（毛上汗腺）和外泌汗腺（无毛汗腺）是简单的卷曲管状腺，通过导管分泌至主毛毛囊深漏斗部（毛上汗腺）（图 1–7）和爪垫表面（无毛汗腺）（图 1–3）[1, 2, 14]。腺体由立方体至低柱状细胞排列而成，这些细胞通过释放细胞质顶端的小泡分泌到腺腔，然后分泌到由短立方细胞双层排列的细管中。腺体周围有一些肌上皮细胞。耵聍腺是外耳道中的改性顶泌汗腺（见下文）。鼻面上没有外泌汗腺。

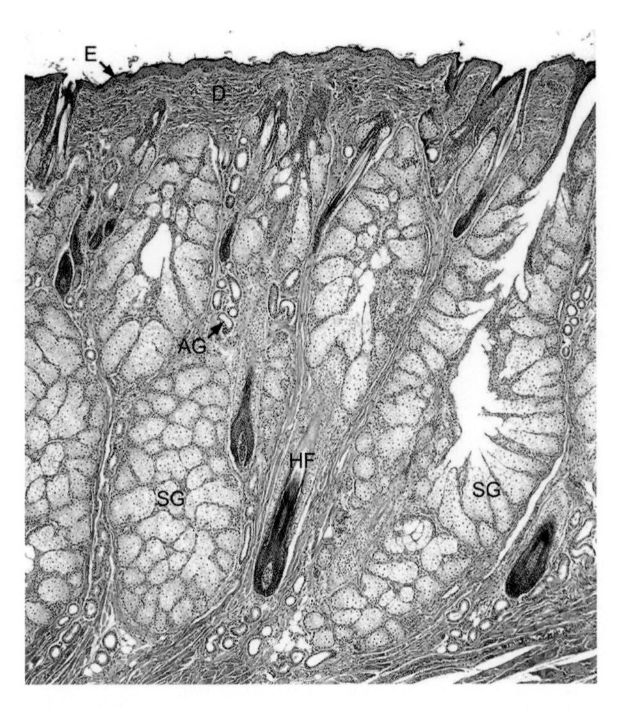


**图 1–7　猫的下颏吻侧**

颏部（颏下器）的皮脂腺（SG）非常大，呈多分叶状，除顶泌汗腺（AG）、毛囊（HF）和表皮（E）外，真皮层（D）也扩张以支持较大的皮脂腺。4 倍放大。苏木精和伊红染色。

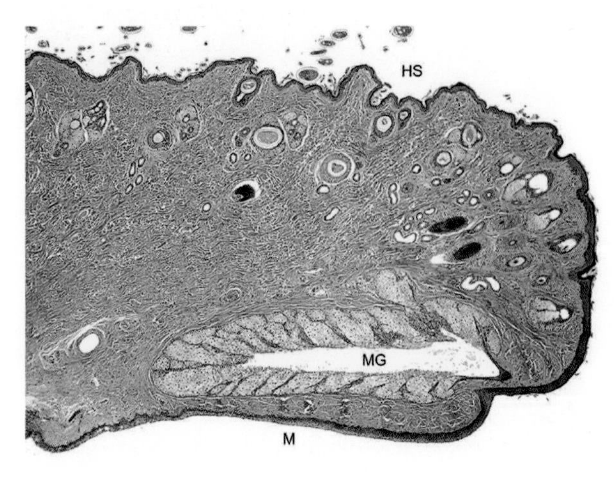


**图 1–8　猫的上眼睑**

上眼睑外衬有毛皮肤（HS）；内衬眼睑结膜的黏膜（M）。睑板腺（MG）是一种增大的皮脂腺，沿着黏膜皮肤交界处，呈单行排列。4 倍放大。苏木精和伊红染色。

猫的背侧尾腺（图 1–9；尾上腺）是由位于尾部毛囊上的肝样腺形成的，特别是在尾部近端 [15]。猫的肝样腺是一种混合脂质和蛋白质的分泌类型，因此在苏木精和伊红染色的组织切片上表现为非常苍白、嗜酸性和中度空泡化，而犬的肝样腺则表现为明亮的嗜酸性和非空泡化，其主要产生蛋白质 [15]。这也是存在于猫肛门囊上的肝样腺的情况。

猫的肛门囊（肛周窦）成对出现，位于双侧会阴真皮下组织（图 1–10）[1, 2]。肛门囊及其通向肛门–直肠皮肤交界处的短的、管状的狭窄开口壁薄，内衬复层鳞状上皮，呈正角化型，由薄层真皮基质支撑。肛门囊的顶泌汗腺和大的肝样腺（图 1–10）沿肛门囊边缘排列在此基质中，并排空 [2, 14]。

乳腺是一种复合管泡状腺体，由隔膜排列成小叶和叶，每个腺体通过分支导管系统排空到乳头 [1]。腺分泌物经过小叶内、小叶间导管、输乳管，然后到乳头窦（乳头池），所有这些都由单层或双层立方细胞排列。猫的乳头窦通过 4 ～ 7 个乳头管向外排空，乳头管内衬复层鳞状上皮。乳头真皮含有游离的平滑肌束，但缺少其他附件。在猫的腹部两侧，有 4 个乳腺呈线性排列。

## 爪

猫爪是一种非常特殊和复杂的结构，角质化的爪鞘（爪角、爪）由复层上皮形成，并由特化的真皮支撑 [16]。猫爪是一种呈高度锥形（尖锐的）弯曲

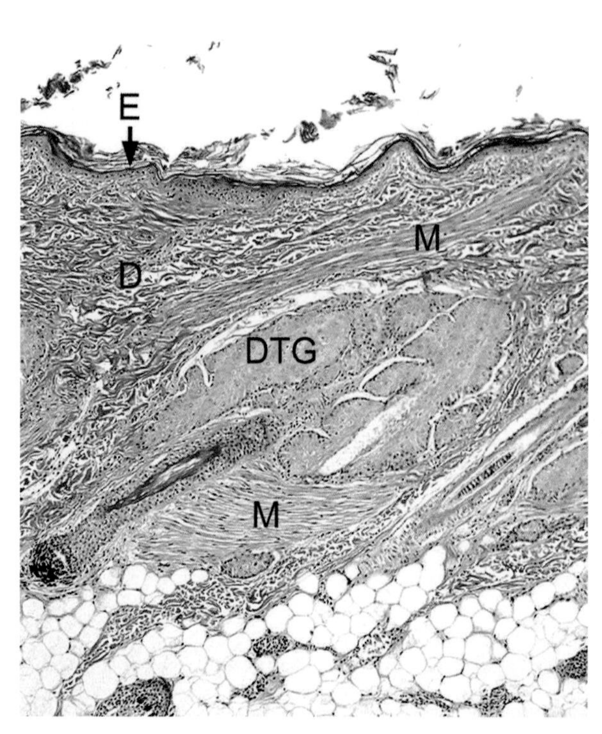


**图 1–9 猫的尾背侧近端**

猫的背侧尾腺（DTG），又称尾上腺，是紧凑的，由毛囊上的肝样腺组成，沿着大部分的尾背侧。竖毛肌（M）最大，位于尾背侧近端，起源于表皮基底膜（E），插入真皮层的毛囊中（D）。4 倍放大。苏木精和伊红染色。

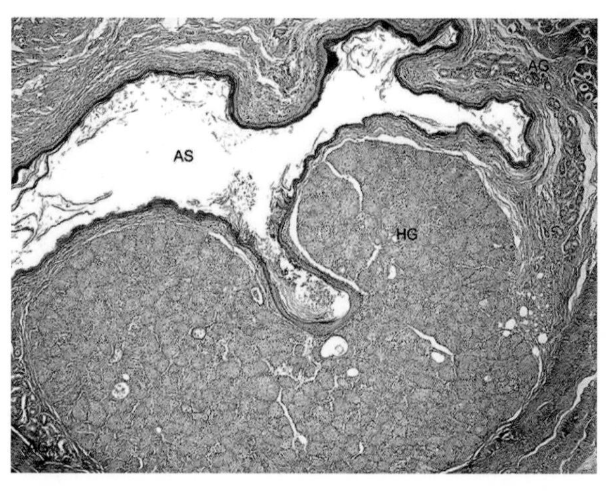


**图 1–10 猫的肛门囊及相关腺体**

肛门囊（AS）壁薄，内衬复层鳞状上皮。多灶性顶泌汗腺（AG）和肝样腺（HG）排空到肛门囊。4 倍放大。苏木精和伊红染色。

的、腹侧扁平的圆锥体，背侧为圆形壁，两侧刀片样汇集到腹侧合拢形成一道狭窄的切割脊。近端，一组爪基质细胞不断分裂和分化，为爪的生长提供角质细胞。更远端，爪床（爪板）细胞提供的黏附减弱，使上皮细胞向远端移行并角化为坚硬的爪。猫通过反复脱落角化的角帽使其爪尖锋利，而抓挠可以促进脱落[16]。脱落的角帽有时会被误认为是脱落的爪。爪包住爪真皮层并紧靠第三趾骨的关节突。硬爪的硬角化部分与软角化部分相邻，软角化部分与皮褶（爪褶）相邻。爪褶的背侧和侧缘较宽，下方最窄。在爪部以下的中心位置，一个小的爪垫首先与狭窄的皮褶融合，后者与掌骨或趾骨垫融合[16]。猫的爪褶可演变为精巧的结构（爪囊等），爪能自如回缩。

## 外耳道（见第十章）

耳廓和外耳道的皮肤内衬复层鳞状上皮，呈正角化型，由薄的真皮层在下方支持[2, 17]。皮肤附件存在于所有表面，与耳廓外侧（耳廓凸面）相比，在耳廓内侧（耳廓凹面）中较小且密度较低，外耳道中尤其如此（图 1–11 和图 1–12）。毛囊和皮脂腺在这些位置均有分布，但在外耳道密度低。在耳廓凸面和凹面上都有顶泌汗腺。顶泌汗腺演变为耵聍腺，位于由环状软骨支持的外耳道部分（图 1–12），在耳道深 1/3 处数量更多[17–20]。这些腺体与稀疏的毛囊相连或直接与表皮相连[17]。耵聍腺分泌物与皮脂、表皮表面脂质和脱落的角化细胞混合，形成蜡状的保护物质，称为耵聍。角质细胞从鼓膜外离心性迁移至外耳道，有助于清除位于耳道深处鼓膜表面的耵聍[19]。

## 皮肤色素沉着

皮肤的颜色来源于色素沉着（黑色素），血管中的血液（血红素），表皮、真皮和附件的内源性反射特性，以及被反射的光线的质量[8]。黑色素由两种类型组成：棕色到黑色的真黑素和红色到黄色

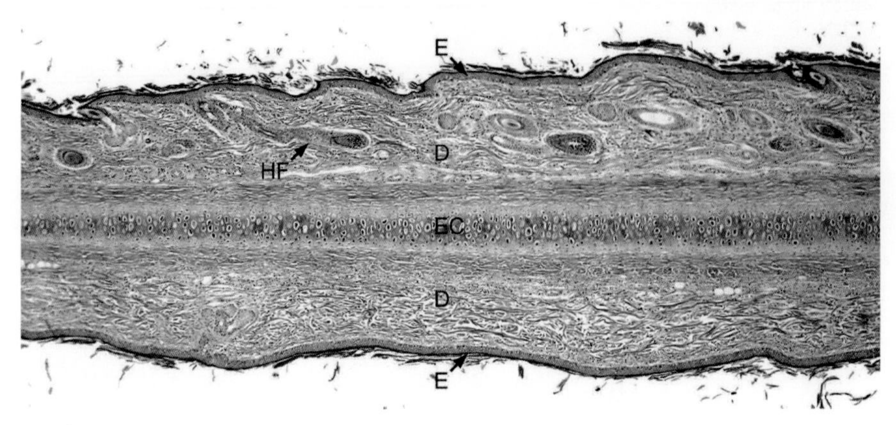


**图 1–11　猫的外耳廓**

外耳廓中央有一层弹性软骨（EC），在凸面（图像顶部）和凹面（图像底部）由真皮（D）和表皮（E）排列。附件，包括毛囊、皮脂腺和顶泌汗腺，在凸面上比凹面上多且大。4 倍放大。苏木精和伊红染色。

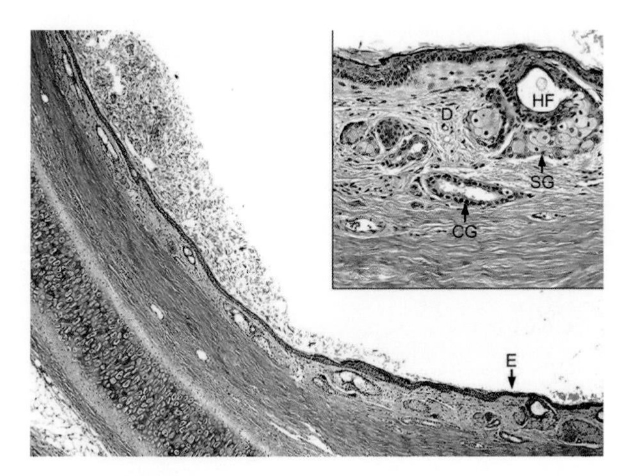


**图 1–12　猫的水平耳道（横截面）**

耳道由薄的表皮（E）和真皮（D）排列。图中可见耳道中真皮层（D）小而稀疏的附件，包括毛囊（HF）、皮脂腺（SG）和耵聍腺（CG）。4 倍放大和 20 倍放大（插图）。苏木精和伊红染色。

的褐黑素，它们的表达不同，产生的颜色范围不同。在发育过程中，黑素细胞从神经嵴迁移至表皮、毛囊和爪，然后在被称为黑素小体的膜结合细胞质的细胞器中产生黑色素。通过树突过程，黑素细胞将着色的黑素体转移到一定数量的周围角质细胞中，它们一起被称为表皮黑素单位（或毛囊黑素单位）。产生黑色素的数量和类型以及黑素体向角质细胞分散的程度会影响色素的强度，从淡色到非常深的颜色不等。生长期毛球中的黑素细胞将黑素体连续或断断续续地输送到生长中的毛干，后者产生色带（刺鼠色等），部分由真皮乳突控制。许多猫的被毛颜色变化（见第二章）是由于遗传的等位基因改变了黑素细胞的分布或存在 / 缺失、黑素小体的扩散和（或）产生的黑色素的数量和类型改变。在临床上，色素的缺失（白斑病、白毛病）由表皮黑素单位和（或）毛囊黑素单位的破坏所致，因此可由损伤黑素细胞和（或）角质细胞的疾病引起。

## 皮肤功能总论

皮肤有许多重要的功能，当受到疾病损伤时，会给患病动物带来严重后果[8]。

### 物理屏障功能

皮肤保护身体免受物理化学损伤。它能防止外来物质、寄生虫和感染原进入体内，同时也能防止水分和液体成分（电解质、大分子等）从体内流失。为此，表皮和真皮为皮肤提供了韧性，而被毛减少了摩擦损伤。脂膜为损伤提供了缓冲，特别是爪垫。皮肤色素和被毛可以阻挡有害的太阳辐射。角质层，特别是脂质包膜，将表皮封闭起来，防止水分流失，而更深的表皮层也通过颗粒层的紧密连接起到了作用。角质细胞不断从皮肤表面脱落，清除附着的微生物。爪甚至可以作为抵御其他动物攻击的攻击性物理防御，也是猫攀爬和处理猎物所需的工具。

### 免疫防御

皮肤免疫系统不仅仅是一个被动的物理屏障，它还通过先天性（角质细胞、肥大细胞、嗜碱性粒细胞、自然杀伤细胞、树突细胞、皮脂等）和获得性免疫皮肤系统（T 细胞、B 细胞、树突状细胞等）的作用主动识别、阻断和消除病原体。其他细胞、中性粒细胞、嗜酸性粒细胞和巨噬细胞通过血管系统被招募到皮肤，促进皮肤的防御和免疫功能。皮脂和角质层成分有助于维持皮肤表面的 pH，脂肪酸成分有利于有益共生细菌在皮肤上定植，限制病原体。引人注意的是，皮肤通过协助胸腺对获得性免疫系统进行自身和非自身抗原的加工，帮助维持外周免疫耐受。

### 温度调节

皮肤是调节体温的关键器官，既能防止热量流失，又能根据需要促进散热，从而优化核心体温。被毛和脂肪是主要的隔热屏障，前者可以通过竖毛肌移动毛发和控制毛发密度来调节。积极地促进、限制和（或）转移皮肤血流，以改变核心热量传导至皮肤，特别是在四肢远端和耳朵。被毛和表皮中的色素吸收光能，导致皮肤发热。出汗通过蒸发促进冷却。

### 代谢功能

皮肤有多种代谢功能、多种维持皮肤稳态功能，也具有其他全身性功能。例如，维生素 D 通过暴露在阳光下在表皮上被激活。此外，在肝脏和肾脏进一步激活后，维生素 D 会影响皮肤表皮的增殖和分化，促进血液和骨骼的钙稳态，并具有许多其他全身功能。p450 酶在表皮中的表达意味着外源性化合物可以在表皮中被加工。脂膜为身体以脂质形式储存能量提供了很大容量。同样，真皮胶原蛋白是蛋白质的储存库。表皮、毛囊和皮肤腺体产生有用的物质，但也消除内源性和外源性代谢成分，如一些毒素（被毛中的铅）。

### 交流

皮肤腺体产生的气味对食肉动物的嗅觉交流很重要。竖毛肌，尤其是沿着背部和尾部的竖毛肌，会抬高被毛，改变被毛的外观，从视觉上向其他动物传达行为状态和警告信号，并散布信息素。虽然许多家猫皮肤和被毛的色素在人类的选择压力下发生了显著改变，但这在狩猎时为捕食动物提供了重要的伪装。

### 感官知觉

皮肤是一个主要的感觉器官，它的感觉神经末梢可以区分温度（热和冷）、疼痛、瘙痒、灼烧、触觉等。

## 参考文献


[1] Monteiro-Riviere N. Integument. In: Eurell JA, Frappier BL, editors. Dellmann's textbook of veterinary histology. 6th ed. Iowa: Blackwell Publishing Professional; 2006. p. 320-349.

[2] Strickland JH, Calhoun mL. The integumentary system of the cat. Am J Vet Res. 1963; 24:1018-1029.

[3] Monteiro-Riviere NA, Bristol DG, Manning TO, et al. Interspecies and interregional analysis of the comparative histologic thickness and laser Doppler blood flow measurements at five cutaneous sites in nine species. J Invest Dermatol. 1990; 95:582-586.

[4] Matsui T, Amagai M. Dissecting the formation, structure and barrier function of the stratum corneum. Int Immunol. 2015; 27:269-280.

[5] Bowser PA, White RJ. Isolation, barrier properties and lipid analysis of stratum compactum, a discrete region of the stratum corneum. Br J Dermatol. 1985; 112:1-14.

[6] Hammers CM, Stanley JR. Mechanisms of disease: pemphigus and bullous pemphigoid. Annu Rev Pathol. 2016; 11:175-197.

[7] Meyer W, Godynicki S, Tsukise A. Lectin histochemistry of the endothelium of blood vessels in the mammalian integument, with remarks on the endothelial glycocalyx and blood vessel system nomenclature. Ann Anat. 2008; 190:264-276.

[8] Miller WH, Griffin CE, Campbell K. Muller & Kirk's small animal dermatology. 7th ed. St. Louis: Elsevier; 2013. p. 1-56.

[9] Stecco C. Subcutaneous tissue and superficial fascia. In: Functional atlas of the human fascia. Philadelphia: Elsevier; 2015. p. 21-30.

[10] Meyer W. Hair follicles in domesticated mammals with comparison to laboratory animals and humans. In: Mecklenburg L, Linek M, Tobin D, editors. Hair loss disorders in domestic animals. Iowa: Wiley-Blackwell; 2009. p. 43-61.

[11] Zanna G, Auriemma E, Arrighi S, et al. Dermoscopic evaluation of skin in health cats. Vet Dermatol. 2015; 26:14-17.

[12] Welle MM, Wiener DJ. The hair follicle: a comparative review of canine hair follicle anatomy and physiology. Toxicol Pathol. 2016; 44:564-574.

[13] Ryder Ryder ML. Seasonal changes in the coat of the cat. Res Vet Sci. 1976; 21:280-283.

[14] Jenkinson DM. Sweat and sebaceous glands and their function in domestic animals. In: von Tscharner C, Halliwell REW, editors. Advances in veterinary dermatology, vol. 1. Philadelphia: Bailliere Tindall; 1990. p. 229.

[15] Shabadash SA, Zelikina TI. Detection of hepatoid glands and distinctive features of the hepatoid acinus. Biol Bull. 2002; 29:559-567.

[16] Homberger DG, Ham K, Ogunbakin T, et al. The structure of the cornified claw sheath in the domesticated cat (Felis catus): implications for the claw-shedding mechanism and the evolution of cornified digital end organs. J Anat. 2009; 214:620-643.

[17] Strickland JH, Calhoun ML. The microscopic anatomy of the external ear of Felis domesticus. Am J Vet Res. 1960; 21:845-850.

[18] Fernando SDA. Microscopic anatomy and histochemistry of glands in the external auditory meatus of the cat (Felis domesticus). Am J Vet Res. 1965; 26:1157-1161.

[19] Njaa BL, Cole LK, Tabacca N. Practical otic anatomy and physiology of the dog and cat. Vet Clin North Am Small Anim Pract. 2012; 42:1109-1126.

[20] Tobias K. Anatomy of the canine and feline ear. In: Gotthelf L, editor. Small animal ear diseases, an illustrated guide. 2nd ed. St. Louis: Elsevier-Saunders; 2005. p. 1-21.

# 第二章　毛色遗传学

Maria Cristina Crosta

**摘要**

不同品种的猫不仅在形态特征上不同，而且被毛的颜色、长度、结构和质地也不同。猫的被毛有各种各样的功能，如美感和伪装、体温调节、通过触须和泰洛毛垫感知身体位置、社交和性交流，并充当了抵御机械、物理和化学伤害的屏障。在本章的第一部分中简要介绍了被毛的形态和周期，包括黑素的合成。在第二部分中，详细介绍了被毛的长度、结构、质地、颜色和颜色模式的遗传学，为了解猫被毛的具体功能方面提供了翔实的描述。

不同品种的猫不仅在形态特征上不同，而且在被毛的颜色、长度、结构和质地上也不同。

## 被毛

猫展的组织者将猫的品种分为三大类：

- 长毛猫，代表是波斯猫（各种颜色和品种）、英国长毛猫、塞尔凯克卷毛猫和高地折耳猫。
- 中长毛猫，如挪威森林猫、缅因猫、巴厘岛猫、伯曼猫。
- 短毛猫，如欧洲短毛猫、夏特鲁猫、俄罗斯蓝猫、英国短毛猫。

在这些类别中，根据图案、颜色和颜色分布对被毛进行分类。

### 功能

被毛具有多种功能：

- 美感和伪装。
- 体温调节，取决于被毛的长度、厚度和密度，以及颜色和光泽（浅色的被毛反光更好，可以保持体温恒定）。
- 体位知觉（触须、泰洛毛垫）。
- 社交和性交流，得益于视觉效果和信息素的支持。
- 抵御机械、物理和化学损伤的屏障。

不管猫的被毛有多长，它都是用来保护自己并帮助适应环境的，如生活在寒冷气候下的猫。这些猫（缅因猫、挪威森林猫）的被毛由长长的主毛（基本被毛）和厚厚的底毛组成。

挪威森林猫的被毛是防水的。这一特征使其被毛特别适合其原产地的恶劣天气条件。在猫展中，有时裁判员会在它的被毛上滴一些水来评判此特征。另一个例子是土耳其梵猫，它在冬天有很厚的被毛，在夏天以惊人的方式脱落。事实上，在这个季节，它几乎失去了所有的长毛，甚至看起来像一只短毛猫。这一品种已经适应了安纳托利亚中部的气候，这是它的起源地区，那里冬季（–20℃）和夏季（40℃）温差巨大。

## 形态

从外观上看，不论长短，猫毛均可分为：

- 主毛（护毛）。
- 次毛（底毛）。

与所有的食肉动物一样，猫也是复合毛囊。这意味着被毛由许多小单元组成。每个单元由 2 ~ 5 根较大的毛（主毛）组成，周围是一簇较小的毛（次毛）。每根主毛伴有 5 ~ 20 根次毛。

每根主毛都有自己的皮脂腺、汗腺和竖毛肌。主毛通过其本身独立的毛囊漏斗部从皮肤表面生长出来。次毛仅伴有一个皮脂腺，从一个共有的毛囊漏斗部中长出来。

据估计，在猫身上，每平方厘米的皮肤上有 800 ~ 1600 个这样的单位。

从功能的角度来看，被毛还可以分为：

- 护毛：这些毛直且粗。
- 中间毛：这些毛比护毛更细，直径不等。它们与底毛的生长方向相反，与底毛共同起隔离和保护作用。
- 底毛：这些毛短而细，外观呈波形，有时卷曲。在冬天，它们能留住温暖的空气，并创造一个真正的隔热屏障来抵御寒冷，而在夏天，它们限制了外部热量的吸收。

比例因品种而异：

- 这三种被毛类型都可以出现，但是它们可能发生高度变化（如德文卷毛猫）。
- 一种可能会缺失（如柯尼斯猫的护毛）。
- 一种可能比其他的更丰富（如波斯猫的底毛）。
- 一种可能非常稀少（如呵叻猫的底毛）。

触觉毛有两种类型：

- 触须：它们生长在口鼻周、眼周、喉部和腕部掌面。这些毛发很粗，包含有特殊的神经结构。
- 泰洛毛垫：它们分布在全身，毛囊结构比正常毛发更大，长出单根短毛，在皮脂腺水平，被神经血管组织包膜包围着。这些毛发被认为是慢适应机械感受器。

毛干由三层同心结构组成：髓质、皮质和毛外皮。

髓质是毛发的内层，由纵向排列的细胞组成，它们在根部连接紧密，朝向毛尖方向逐渐由空气和糖原填充。

皮质形成了毛发的中间层，由硬的、融丝状细胞组成，其较长的轴平行于毛发轴。这些细胞包含赋予毛发颜色的色素。

毛外皮是毛发的最外层，由鳞片组成（人类的毛外皮是叠瓦状的，就像屋顶上的瓦片一样；而猫的毛外皮呈三角形，棘状边，游离的边缘钩指向毛尖）。

## 毛发生长周期

毛囊是生成毛发的结构。整体结构的上段称为“漏斗部”，中段称为“峡部”，下段称为“毛球”。漏斗部和峡部是毛发的永久结构，而毛球只出现在活跃的生长阶段。

毛球由基质细胞（产生毛发本身和包含毛根的内根鞘）和黑素细胞组成。

毛囊有一个活跃的、循环的生长阶段和静止阶段，分别被称为生长期和静止期。它们之间的过渡阶段被称为中间期。

生长期的持续时间是遗传的，决定了毛发的最终长度。在这个阶段，真皮乳突发育良好，毛球的基质细胞活跃地增殖，形成毛发。毛球的黑素细胞活跃地产生色素（黑素）并将其分配到毛细胞中，毛细胞逐渐移行到皮肤表面。

在被称为中间期的过渡阶段，色素的产生完全停止，基质生成细胞的过程逐渐减慢至停止。因此，最后产生的细胞是完全无色的，这就解释了为什么在毛囊周期的这个阶段，毛发最接近皮肤的部分也是最轻的。

在静止期，毛囊在静止阶段收缩到其长度的 1/3，真皮乳突转化为未分化的细胞小团块。毛发脱落不会同时发生在整个被毛中，而是符合"镶嵌式"脱落模式。这是因为邻近的毛囊都处于不同的生长阶段。毛发的长度是由基因决定的，可以根据身体区域的不同而变化。

毛发生长速度在夏季最快，在冬季最慢。事实上，人们普遍认为在夏季50%的毛囊处于静止期，而在冬季这一比例上升到90%。

### 黑素的合成

黑素是一种色素，负责着色皮肤和毛发。然而，这并不是它唯一的功能。它通过细胞质分布，保护表皮细胞和深层皮肤免受电离辐射和紫外线的伤害。

黑素还可以消除皮肤细胞在阳光照射和炎症过程中产生的有害自由基。黑素的合成由基因决定（图2–1）。它的产生可能受到多种因素的刺激，如暴露在太阳的紫外线辐射下，也可能受到激素失衡的影响。黑素有很多种，但最基本的是真黑素和褐黑素。真黑素颗粒包含在黑素体中，提供机体棕黑的颜色。黑素体中也含有褐黑素颗粒，并产生黄棕红色。在这两种类型之间有许多中间变化。褐黑素的硫含量比真黑素高。真黑素和褐黑素虽然不同，但有一个共同的代谢寿命。一种叫作酪氨酸酶的酶，在低聚元素（如铜）存在的情况下，先将酪氨酸转化为多巴，然后再转化为多巴醌，然后再经过一系列的氧化，生成各种各样的黑素。酪氨酸酶结构的基因突变是人类和动物中多种白化病发生的原因，这一事实证明了该酶在色素合成中的重要作用。真黑素的合成需要高浓度的酪氨酸酶，而褐黑素的合成需要较低的浓度，但还需要半胱氨酸。酪氨酸酶是热敏性的，这意味着其浓度随着温度的升高而降低。在体温较低的身体部位（如腿），由于酶活性的增加，真黑素颗粒的沉积程度较高，从而使皮肤的颜色变深。这就解释了为什么当人们仔细观察黑猫的被毛时，会发现其底部颜色较浅，而口鼻和腿（较冷的区域）的被毛颜色较深。

## 基因控制毛发的长度、结构和质地

虽然从形态学的观点来看，我们区分了三种猫的被毛——长毛、中长毛和短毛，但从遗传学的观点来看，就毛发长度而言，被毛分为两类——短毛和长毛（图2–2 ~ 图2–4）。本章所描述的基因综述见表2–1。专栏2–1提供了遗传术语的定义。

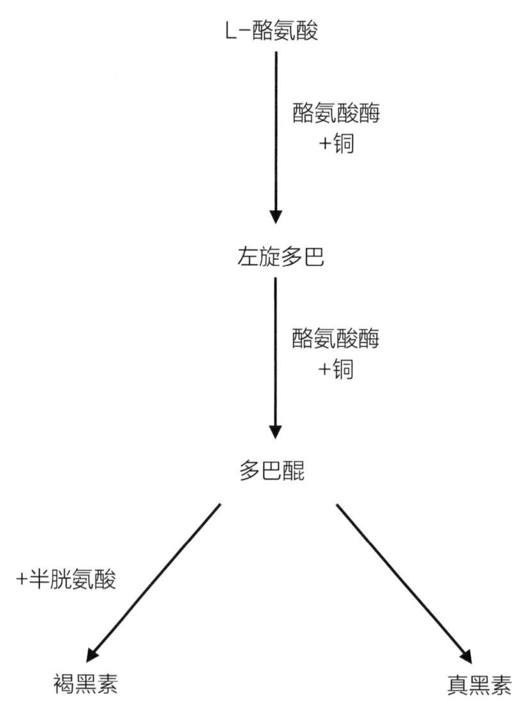


图2–1 酪氨酸真黑素和褐黑素的合成

图 2-2　长毛猫

图 2-3　中长毛猫

图 2-4　短毛猫

表 2-1 控制猫被毛颜色的主要基因

| | |
|---|---|
| **控制毛色分布的基因** | |
| A 刺鼠色<br>原始的野生颜色，毛发有明暗交替带 | a 非刺鼠色<br>单根毛发上色带消失，结果呈现出纯色 |
| **控制颜色的基因** | |
| B 黑 | b 棕色（或巧克力色）<br>bl 浅棕色（或肉桂色） |
| o 无橘色 | O 橘色——性连锁基因，因为它位于 X 染色体上 |
| w 正常颜色 | W 白色显性上位效应 |
| **控制颜色强度的基因** | |
| C 彩色——全身强度均匀 | cb 缅甸猫<br>cs 暹罗猫<br>ca 白化蓝眼<br>c 白化红眼 |
| **控制颜色密度的基因** | |
| D 密度——正常的毛色密度 | d 稀释或浅棕色 |
| **控制毛色发展的基因** | |
| i 毛发色素充分发育 | I 抑制毛发色素的发育 |
| wb（或 ch）无过渡色 | Wb（或 Ch）过渡色 |
| **控制白点分布的基因** | |
| s 被毛的颜色分布正常——没有白色斑点 | S 斑状白色斑点——或多或少扩散的白色斑点 |
| G 被毛颜色分布正常——无爪部重点色 | g 伯曼猫的爪部重点色 |
| **控制虎斑图案的基因** | |
| T 鲭鱼虎斑（野生型） | Ta 阿比西尼亚虎斑<br>tb 标准虎斑猫（或经典虎斑猫） |
| **控制和改变毛发长度、结构和质地的基因** | |
| L 短毛猫 | l 长毛猫 |
| R 正常被毛 | r 柯尼斯卷毛猫 |
| Re 正常被毛 | re 德文卷毛猫 |
| Ro 正常被毛 | ro 俄勒冈卷毛猫 |
| rd 正常被毛 | Rd 荷兰卷毛猫 |
| rs 正常被毛 | Rs 塞尔凯克卷毛猫 |
| Hr 正常被毛 | hr 斯芬克斯猫、斑比诺猫、精灵猫、矮脚精灵猫 |
| hrbd 正常被毛 | Hrbd 唐·斯芬克斯猫、彼得秃猫、勒夫科伊猫 |
| wh 正常被毛 | Wh 刚毛 |

## 专栏 2-1

### ● 纯合子 / 杂合子

纯合子是一个个体具有两个相同的等位基因（一个来自母亲，另一个来自父亲）。事实上，对于每一个单独的特征，个体都得到一对对应的基因，称为等位基因，其遗传自父母双方。如果某个体遗传了两个相同的等位基因，那么该个体就是纯合子。相反，如果某个体从父母那里继承了两个不同的等位基因，那么该个体就是杂合子（Bb）。

### ● 显性和隐性

当一个等位基因在纯合个体（BB）和杂合个体（BB 或 Bb）中成功表达自己（表型表达）时，被认为是显性的。如果一个等位基因只在纯合子中表达，则称为隐性，用小写字母（bb）表示。

显性特征不允许隐性特征（b）表现出来。两只猫，一只 BB 和另一只 Bb，都有黑色的被毛，但 BB 是纯合黑色，而 Bb 是巧克力色的黑色载体，对 B 是隐性的，无法表达。这就是为什么在一个基因型中，用两个字母来表示一个性状（如 BB、Bb）。如果只使用一个字母后跟一个连接号（如 B-），这意味着我们不知道该个体对于同一特性是纯合的（BB）还是杂合的（Bb）。在遗传学中，显性等位基因是用一个大写字母表示的，通常是其所指基因的第一个字母（B 表示黑色，D 表示稠密）。

### ● 多基因

这是一组基因（也称为“修饰”基因），其单个作用往往是不可量化的，但当它们一起工作时，会产生累积效应，并能改变主基因的作用。它们影响数量性状（大小、毛发长度等），通常相当显著。

### ● 上位效应

一些基因有能力阻止其他基因表达自己。例如，褐黑素可以掩盖真黑素；非刺鼠色基因覆盖了虎斑色；W 基因（显性白色）掩盖了所有其他负责着色和颜色分布的基因表达（图 2-31）。有时候，W 基因的上位效应并不是完全有效的。人们经常看到白色的幼猫头上有一个斑点（黑色、蓝奶油色等）。在 10 个月左右的时候，这种颜色就会完全消失，这就是幼猫成年后会传给后代的颜色。所有不受颜色影响的都是虎斑猫，也就是说，它们的基因型中都有条纹（图 2-32）。在“单色”（纯色）猫中，条纹是存在的，但不可见，因为 a 基因（非刺鼠色）不允许条纹表达（上位效应）。O 基因（橘色）将色素转化为褐黑素，并通过上位效应使编码真黑素产生的基因位点失活（图 2-33）。此外，a 基因（非刺鼠色）只在真黑素被毛中使条纹消失（上位效应），而对褐黑素被毛没有影响。这就是为什么橘色猫总是有条纹。很难获得强烈的均匀的红色被毛（繁育者很难做到这一点），因为残留的条纹经常会出现在口鼻周、尾巴和腿上。有时，为了减少不需要的条纹，会选育各种过度去色的红色被毛。波斯猫不像短毛猫那样条纹更明显，是由于这些“缺陷”被长毛所纠正。就像其他纯色被毛一样，红色被毛必须是均匀的，也就是说，每根毛发从根到尖必须有相同的颜色强度，其颜色必须尽可能地红。仅次于纯色被毛（也被称为原色），繁育者会选择条纹突出的红色虎斑猫，在被毛的红色背景和强烈而突出的红色图案之间形成一种有趣的对比。

### ● 密度和稀释

颜色密度是由主导基因 D 决定的。色素颗粒沿毛发皮质和髓质依次均匀沉积。整个颗粒的表面反射光线，使毛发颜色更深。由于隐性基因 d（或浅棕色基因）的作用，色素颗粒在不改变形状的情况下在空间上的分布有所不同。这种不同的分布导致光线折射减弱，因此颜色显得更浅。

### ● 不完全显性

不完全显性是指在一对等位基因中，一个等位基因不完全主导另一个等位基因，使产生的个体特征表现介于中间性状（如东奇尼猫）。

### ● 刺鼠色和非刺鼠色

刺鼠是印第安语，原本指一种南美的啮齿动物。在遗传学中，被用来描述一些哺乳动物的野生颜色。刺鼠色基因编码每根单独毛发上的多重黄灰色带和一个深色的毛尖（麻纹色）。刺鼠色允许虎斑等位基因的表达。刺鼠色是一种背景色，在它的映衬下可以看到虎斑被毛的斑纹（图 2-34）。非刺鼠色基因编码遮盖每根毛发的灰黄色带，虽然有条带，但颜色非常深。因此，被毛看起来只有一种颜色。它对虎斑等位基因有上位效应。

● **真黑素、褐黑素和酪氨酸酶**

真黑素颗粒决定棕色、稍黑色或黑色（B、bb、blbl）。褐黑素颗粒决定红色、黄色或橘色（O-）。真黑素和褐黑素的生成起始于酪氨酸这种氨基酸。这个过程的发生得益于酪氨酸酶（热敏）的作用，它将酪氨酸氧化成各种中间化合物（多巴、多巴醌）。C 基因（颜色强度）为酶的正确结构编码，这意味着其在高温下的失活要比生成速度慢得多，因此黑素得以有规律地产生，并能为整个被毛提供饱满的颜色。白化等位基因（cb 和 cs）逐渐引起酪氨酸酶的结构变化，赋予其特殊的热敏性。在身体的温暖区域，由于酪氨酸酶影响较弱，也会减少色素沉积（身体温暖，因此被毛颜色苍白），而在身体的低温区域（四肢），色素沉积更多，因此颜色较暗。在缅甸猫（cb）中，酶的结构改变导致被毛由黑色变为深棕色，眼睛变成黄色或琥珀色。暹罗猫的被毛 cs 基因使酪氨酸酶对热更加敏感，因此身体和四肢之间的颜色差异更加明显，眼睛变成蓝色（图 2-35）。相反，ca 和 c 基因导致酶的破坏或生成减少，因此被毛完全是白色的，眼睛分别是蓝色和粉红色。

## 长度基因

- 短毛：L（显性）。
- 长毛：l（隐性）。

原被毛是短的，由显性基因 l 控制，长毛由其隐性突变等位基因产生，并被标记为 l。基因 l 不仅形成波斯猫的长毛，也形成缅因猫、挪威森林猫、西伯利亚猫和缅甸猫的长毛。不同的毛发长度是由于多基因或修饰基因的存在。这些是次要基因，其单一效应太小而无法观察到。然而，当它们和其他基因一起作用时，就产生可观察到的效果，因为它们一起可以改变主基因的作用。毛发长度并不是唯一需要考虑的特征。在检查各种被毛时，结构和质地也是应该考虑的重要因素。被毛可多可少，可薄可厚，三种类型的毛发（护毛、中间毛和底毛）可以是正常的，并同时出现。有时候，就像德文卷毛猫一样，毛发会发生重大变化，或者三种类型中的一种会消失，如柯尼斯卷毛猫的护毛。不同类型的毛发可以以不同的比例出现，例如，与护毛和中间毛相比，在呵叻猫中几乎没有底毛，而在波斯猫中则有大量的底毛。

## 结构和质地

- r（隐性）柯尼斯卷毛猫 / 德国卷毛猫。
- re（隐性）德文卷毛猫。
- ro（隐性）俄勒冈卷毛猫。
- Rd（显性）荷兰卷毛猫。
- Rs（显性）塞尔凯克卷毛猫。
- Wh（显性）美国刚毛猫。
- hr（隐性）斯芬克斯猫 / 斑比诺猫 / 精灵猫 / 矮脚精灵猫。
- Hrbd（显性）唐・斯芬克斯猫 / 彼得秃猫 / 勒夫科伊猫。

毛发结构和质地最显著的变化涉及 r、h、Wh 和 Hrbd 基因。

## r 基因

### 柯尼斯卷毛猫

柯尼斯卷毛猫是一种以被毛闻名的猫。它独特的被毛是由于 r 基因的存在。这个基因编码了护毛的缺失以及中间毛和底毛的深度变化。这种猫的毛非常柔软、浓密，摸起来粗糙，呈波浪状且卷曲，看起来像绵羊的毛。甚至它的面部和眼窝上的触须也是卷曲的。

### 德文卷毛猫

这种猫的被毛是由一种叫作 re 的隐性基因造成的（图 2-5）。这三种毛发类型都有，但都经过了深度改变。与柯尼斯卷毛猫相比，它的被毛没有那么多波浪和卷曲，总的来说，它的被毛更稀疏。面部和眼窝上的触须可能折断甚至消失。r 和 re 基因是位于染色体不同位点的隐性突变基因，通过柯尼斯

图 2-5　德文卷毛猫

卷毛猫与德文卷毛猫杂交可以得到非卷毛的猫。

关于 r 基因还有其他的修饰，尤其是俄勒冈卷毛猫，这种猫的被毛来自 ro 基因，这是一种隐性突变等位基因，会导致护毛消失。德国卷毛猫的被毛是由 r 基因引起的，与柯尼斯卷毛猫相同。相反，荷兰卷毛猫和塞尔凯克卷毛猫的基因是两种显性突变等位基因：分别是 Rd 和 Rs。荷兰卷毛猫目前还没有繁育。塞尔凯克卷毛猫有厚厚的、毛茸茸的、卷曲的被毛，可长可短。

## h 基因

### 斯芬克斯猫 / 斑比诺猫 / 精灵猫 / 矮脚精灵猫

由于隐性 hr 基因的存在，斯芬克斯猫是一种没有护毛或中间毛的猫。底毛稀疏，甚至完全没有，分布在口鼻部、耳基部外侧、爪部、阴囊和尾巴上。皮肤摸起来非常柔软，像绒面革，皱纹出现在面部、耳廓和肩部之间。这种猫中等大小，肌肉发达，胸部宽，腹部圆。斯芬克斯猫与其他品种杂交产生了斑比诺猫、精灵猫和矮脚精灵猫。斑比诺猫是斯芬克斯猫和曼赤肯猫（腊肠猫）杂交的产物，是一种矮脚猫。斑比诺猫是斯芬克斯猫的缩小版，没有毛发，胸部长，腹部圆。后腿比前腿长，口部呈三角形，耳廓宽而高。斯芬克斯猫和美国卷毛猫杂交产生了精灵猫，这是一种无毛、高大、肌肉发达的猫，颧骨突出，就像斯芬克斯猫一样。这种猫也有卷曲的耳廓，就像美国卷毛猫一样。精灵猫与曼赤肯猫 / 斑比诺猫繁殖产生了矮脚精灵猫（该名称是矮人和精灵的结合，一种神话中的尖耳朵生物）。这种猫很小，无毛，腿短，耳部像精灵猫一样卷曲。

## Hrbd 基因

### 顿斯科伊猫 / 彼得秃猫 / 勒夫科伊猫

这一群体包括顿斯科伊猫（顿斯芬克斯猫）、彼得秃猫和勒夫科伊猫。负责这些品种的基因是

Hrbd，一个不同于 hr 基因位点的显性基因。顿斯科伊猫是一种中等体型的猫，它的头呈楔形，耳朵大且尖圆，位于头部上方，腿长中等至长。顿斯科伊猫更倾向于无毛；然而，当它的毛短于 2 mm 时，偶尔会有“群毛”，当超过 2 mm 时，会出现“刷状毛”。全身的毛发稀疏而坚硬，头部、颈上部或背部无毛。有残留毛发的猫不能参加猫展，但可成功用于繁殖。彼得秃猫源自顿斯科伊猫和暹罗猫 / 东方短毛猫的杂交。它具有暹罗猫 / 东方短毛猫的所有形态学特征（修长、优雅、纤细的身体和长腿），但携带所有顿斯科伊猫的皮肤特征，在面部、耳朵和肩部之间有皱纹。至于顿斯科伊猫，无毛是首选，但有毛猫可以用来繁殖。勒夫科伊猫是顿斯科伊猫和苏格兰折耳猫的杂交品种。勒夫科伊猫可能无毛或有残留的毛发，它的耳廓像苏格兰折耳猫一样向前折叠。同样，无毛是首选，但幼猫和年轻的猫有时会残留一些毛发。这些品种不允许与斯芬克斯猫杂交。

### Wh 基因

#### 刚毛猫

这类猫中包括一种有着非常特殊的被毛的品种，美国刚毛猫，它的被毛是由显性突变基因 Wh 造成的。这三种类型的毛发都有，但是它们看起来经过了修饰且卷曲，这使得刚毛猫的被毛摸起来又硬又粗糙。

## 控制被毛颜色和图案的基因

### 虎斑

根据孟德尔定律，猫毛色的传递遵循着精确的基因规则。当谈到毛发长度时，短毛是原始的被毛，当谈到颜色图案时，所有的猫的被毛都来自虎斑。虎斑被毛是自然界中最常见的，因为其模仿度高。的确，虎斑是原始的野生被毛，所有其他被毛的颜色都是由它的原始颜色突变而来的。“虎斑”这个名字来自巴格达的阿塔比地区，那里以生产珍贵的条纹丝绸——塔夫绸而闻名。这个名字后来被简称为“虎斑”，用来形容猫身上有条纹的被毛。虎斑猫的条纹似乎是画在通常被称为刺鼠色的被毛背景下的。

### 刺鼠色和非刺鼠色

刺鼠是印第安语，用来指一种生活在中美洲和南美洲雨林中的啮齿动物，随后在遗传学中被用来描述野兔和兔子的野生颜色。刺鼠（A）基因型通过一种被称为开合的色素合成系统来决定被毛的“条状”或“带状”颜色。在亮相产生的较深的色带与在暗相产生的较浅的色带交替。这样，每根毛发不是单一的颜色，而是明显的深色带和浅色带交替，并且毛尖呈深色（图 2–6）。它的隐性突变等位基因，非刺鼠色基因，以符号 a 表示，抑制了浅色带，被和第一条不同的深色带所取代。肉眼看起来，毛

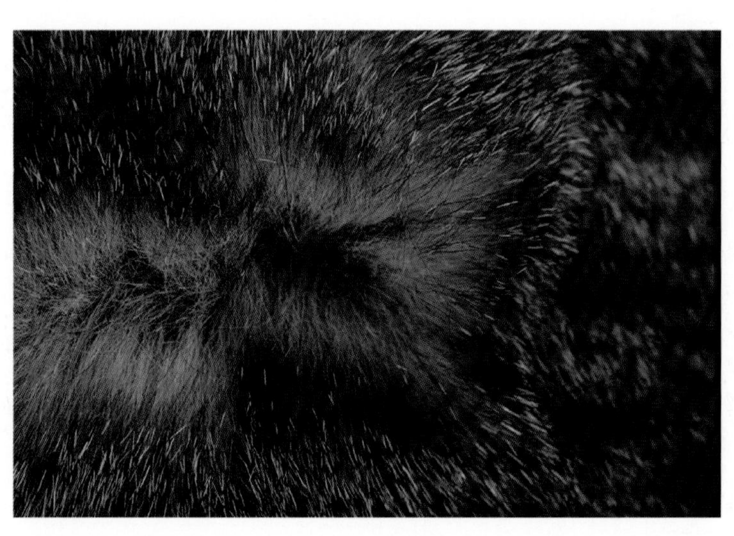

图 2–6 刺鼠色被毛

发是单色的（纯色的），因为色带无法区分。“虎斑”被毛和“单色”（纯色）被毛的区别在美洲豹和黑豹的被毛上表现得很好。很多人都知道，美洲豹和黑豹是同一种动物。然而，美洲豹的黑色斑块在黄色的被毛上非常明显，而黑豹的斑块由于是黑色背景，因此无法辨别。非刺鼠色基因能够使浅色条纹在只有真黑素毛色的情况下消失，但对褐黑素毛色没有影响（实际上，一只红色非刺鼠色的猫也有条纹被毛）。刺鼠色基因让条纹被毛出现，这意味着人们看到的条纹被毛是一种复杂的颜色，由两种颜色组成，并由两组不同的基因控制：刺鼠＋虎斑。

基因 A 不仅影响被毛的颜色，还影响皮肤和鼻子的颜色。在真黑素毛色的猫中，鼻子的皮肤不是像纯色猫一样的单一颜色，而是砖红色/粉红色/深玫瑰色，边缘是被毛的基本颜色。

## 模式

刺鼠色是基本的颜色，即图案的背景。与这三种虎斑猫基因相关的主要模式有四种：

- 麻纹虎斑或阿比西尼亚。
- 斑点虎斑。
- 鲭鱼虎斑。
- 标准虎斑。

虎斑基因是 T、Ta 和 tb，它们是常染色体（同一位点的三个不同等位基因）。它们能够产生被毛的条纹图案，称为斑纹：

- Ta 形成麻纹虎斑被毛（或阿比西尼亚被毛）。
- T 形成鲭鱼虎斑和斑点虎斑被毛。
- tbtb 形成标准虎斑或经典虎斑被毛。
- Ta 对 T 是显性的，T 对 tb 是显性的，tb 对两者都是隐性的。在杂合样本（如 Ttb 或 TaT）中，这些被毛不如纯合样本（TaTa 或 TT）清晰和明确。

鲭鱼虎斑和斑点虎斑都是由 T 负责的。有很多理论可以解释这个现象。一些人声称，斑点虎斑被毛是由多基因作用产生的；另一些人则认为，它源于其他基因的存在，这些基因能够分解并环绕鲭鱼虎斑被毛上的条纹。

**麻纹虎斑或阿比西尼亚（Ta 基因）**

在这种被毛中，刺鼠色分布在被毛的各个部位，因此，所有被毛看起来都是均匀的“麻纹”。每根毛发都有不同颜色的规律交替的条纹（图 2-7）。毛根部是杏黄色的，而毛尖是所谓的基本色，可以是黑色、巧克力色、蓝色、肉桂色或浅黄色。毛发上的条带越多，被毛就越好看。这种颜色在生活在热带大草原的猫和干旱及沙漠地区的野猫中最为常见，而在选定的品种中，阿比西尼亚猫、新加坡猫和锡兰猫是这种颜色的典型。在一些品种中，腿上、颈部、口鼻部和尾部的条纹被认为是缺陷，如阿比西尼亚猫；而在另一些品种中，这些条纹是必不可少的，如新加坡猫。

图 2-7　阿比西尼亚猫

**鲭鱼虎斑（T 基因）**

“鲭鱼”是用来表示有不间断垂直线条虎斑被毛的术语（图 2–8）。鲭鱼身上有细细的平行条纹，从背部一直延伸到中线。猫的被毛沿着脊柱有一条笔直且不间断的黑线，从后脑勺到尾根部。在其体侧、肩部和大腿，有明显的狭窄、连续且平行的条纹。它的腿部、尾巴和颈部条纹清晰。这些猫的额头上有一个“M”，沿脸颊轮廓有 2 ~ 3 条线，从喉咙到腹部有许多小斑点。额头上的“M”引发了不少传说。其中一个故事讲的是婴儿时的耶稣裹着毯子在马槽里发抖。玛利亚叫来所有的动物来给耶稣取暖，但他仍然在发抖。这时一只虎斑猫出现了，依偎在马槽里，用它的身体给耶稣取暖。为了表示感激，玛利亚在它的前额上画了个“M”。另一个传说是一条蛇爬进了先知穆罕默德长袍的袖子里，立刻被一只虎斑猫咬死了。从那一刻起，所有的虎斑猫出生时额头上都有“M”，以此来提醒大家，这些猫值得尊敬。

**斑点虎斑（T 基因）**

斑点被毛的猫，被毛上有许多圆形或椭圆形的小斑点，彼此分开，分布均匀（图 2–9）。从后脑勺到尾根部，可能存在一条细的、直的、不间断的黑线。额头上有一个“M”，沿脸颊轮廓有 2 ~ 3 条线。颈部有 2 条不间断的条纹，腿和尾巴有条带。从颈部到腹部有许多小点。这种被毛也被称为污斑，是典型的埃及猫和奥西猫。孟加拉豹猫被毛上的“玫瑰形”可以被认为是一种改良的斑点性状。

**标准虎斑（tb 基因）**

也被称为经典虎斑。这是最华丽、最壮观的被毛，因为刺鼠色的背景是一个蝴蝶形状的图案，上下翅膀在猫的体侧和肩部明显可见（图 2–10）。沿脊柱，从后脑勺到尾根部，有 3 条大条纹，中间 1 条，两边各 1 条，明显分开，与第一条平行。前额有一个“M”，沿脸颊轮廓有 2 ~ 3 条线。颈部有 2 条不间断的条纹，腿和尾巴上有条带。从颈部到腹部有许多小斑点。孟加拉豹猫的被毛被认为是经典虎斑的改良。

**虎斑和单色的区别**

- 鼻子：单色猫的鼻子是纯色的。在虎斑猫中，鼻子的颜色是砖红色、粉红色、深玫瑰色，边缘是被毛的基本颜色。
- 下巴：虎斑猫的下巴颜色比纯色猫要浅。
- 眼睛：虎斑猫的眼睛边缘是基本颜色的被毛（有时嘴唇也是），眼睛周围有一圈浅色的环。
- 耳朵：单色猫，整个耳朵颜色是均匀的，而虎斑猫，特别是斑点虎斑猫，可见拇指痕（或拇指印），即耳外部基础颜色较浅的区域。

图 2–8　鲭鱼虎斑猫

图 2–9　斑点虎斑猫

图 2–10　标准虎斑猫

## 单色或纯色

由于刺鼠色基因与虎斑等位基因相关，原始的颜色是虎斑被毛。需要做的就是将刺鼠色基因（A）突变为非刺鼠色基因（a），使每根毛发上灰黄色的条带消失，生成纯色的被毛。非虎斑猫，通常被称为单色或纯色，是一种被毛颜色单一的猫，从毛根到毛尖的颜色是均匀的。每根毛发的颜色是由颜色基因决定的。基因 B 是编码颜色的基因，它允许黑素体产生真黑素颗粒，使毛发变黑。基因 B 使毛发的黑色素沉着。

基因 B 有两个隐性突变等位基因 b（棕色或巧克力色）和 bl（浅棕色或肉桂色）。在这些突变中，色素颗粒发生变形，直到它们呈现椭圆形（b）或更长的形状（bl）。变形的颗粒以这种方式反射光线，赋予毛发一个较浅的颜色：b 产生巧克力色，而 bl 产生肉桂色。黑色，B，为显性，b 和 bl 对 B 基因都是隐性的，bl 对 b 基因也是隐性的（B＞b＞bl）。

## 稀释

这些颜色以稀释的形式存在。事实上，由于稀释基因［也被称为马耳他基因（d）］的作用，皮质内的色素颗粒聚集并呈现出不同的分布。这样它们反射光线，使被毛呈现出一个较浅的颜色，让黑色变成蓝色，巧克力色变成淡紫色，肉桂色变成浅黄褐色。因此，纯色被毛有六种颜色（表 2–2）.

表 2–2 纯色被毛的颜色

| 非稀释色 | 稀释色 |
|---|---|
| 黑色 | 蓝色 |
| 巧克力色 | 淡紫色 |
| 肉桂色 | 浅黄褐色 |

### 黑色

毛发从根部开始应该是黑色的，不包含任何棕色的痕迹，或者有任何白色毛发或灰色底毛。通常，暴露在阳光下的毛尖或容易被食物和水弄脏的颈部会变成红色或棕色。鼻头和爪垫是黑色的（图 2–11）。

### 蓝色

从浅灰色到蓝灰色的被毛称为蓝色。最理想的颜色是浅色，尽可能均匀，从顶端到根部，没有黑色的毛尖或白色的毛发。鼻头和爪垫应该是蓝色的。这是一种黑色的稀释（图 2–11）。

### 巧克力色

被毛是牛奶巧克力的颜色，从头到尾都是暖色调，没有条纹或其他颜色的毛发。鼻头是牛奶巧克力的颜色，爪子的颜色从牛奶巧克力色到肉桂玫瑰色都有。巧克力色是黑色的变种（图 2–12）。

### 淡紫色

也被称为薰衣草色或霜色，淡紫色是一种稀释的巧克力色。被毛呈均匀的藕色,没有任何条纹（图 2–13）。鼻头和爪垫呈薰衣草粉色。

### 肉桂色

很浅的棕色被毛：这是黑色的突变（图 2–14）。在阿比西尼亚猫和索马里猫中，这种颜色被称为栗色。

### 浅黄褐色

它是稀释的肉桂色（图 2–15）。

## 红色和玳瑁色

基因 O 将色素转化为褐黑素，并使真黑素产生位点失活。褐黑素是一种能产生红色 / 橘色的颗粒。橘色基因位于 X 染色体上，因此定义为“性连锁”基因。褐黑素并不能表达真黑素的所有颜色变化，只有红色和奶油色。奶油色是通过稀释基因的干预得到的。

图 2–11 黑色和蓝色的幼猫

图 2–12　巧克力色猫

图 2–13　淡紫色猫

图 2–14　肉桂色猫

图 2-15　浅黄褐色猫

有一种非常特殊的毛色被称为“玳瑁色”。在这种被毛中，红色和黑色完美融合，或有界限分明的明显色斑。表现出这种颜色的猫通常是雌性的。众所周知，猫有 38 条染色体：36 条常染色体和 2 条性染色体。雄性是 xy，雌性是 xx。只有 x 染色体携带颜色；而 y 染色体没有。这意味着雄性可以是红色 xOy 或非红色 xoy（即黑色）。雌性可以是：

- xOxO 红色（如果两个 x 都携带橘色）。
- xOxo 玳瑁色（如果其中一个携带橘色而另一个不携带）。
- xoxo 黑色（如果两个 x 都不携带橘色）。

xOxo 组合是唯一一个黑色和红色可以同时出现的实例（由于存在两个 x）。

玳瑁色母猫可以是黑色（或另一种真黑素颜色）和红色，也可以和白色一起出现（图 2-16）。当白色出现时，红色和黑色就会被限制在界限清晰且独立的色斑中。拥有这种特殊被毛的雌性被称为三花或白花（tricolour 或 calico，北美术语）。在有稀释基因的情况下，黑色变成蓝色，红色变成奶油色，产生蓝奶油色被毛，如果有白色存在，就变成稀释的玳瑁色和白色相间或稀释的白花。如果有刺鼠色基因（A）存在，在真黑素区域就会出现虎斑图案。“calico”这个词源于喀拉拉邦地区的印度城市卡利卡特，由于欧洲和印度之间繁荣的贸易，卡利卡特在 16 世纪是一个著名的港口。在那个城市还生产一种叫作印花布的原棉布，这种布经过漂白，然后用鲜艳的颜色染色。这个词后来在美国被用来指五颜六色的物体。颜色的分布和百分比是在胚胎发育阶段确定的。灰色被毛或白色底毛，口鼻处有虎斑斑纹或有红色斑点的被毛是不允许的。除了经典的黑红色搭配外，还有巧克力肉桂色和红色搭配。所有这些品种都有虎斑斑纹（条纹）。在美国，玳瑁色或蓝色和奶油虎斑也被称为补丁虎斑或玳瑁虎斑。玳瑁色猫只有雌性的。如果这种被毛出现在雄性样本中，猫几乎总是不育。

**红色**

红色被毛有着华丽的金红色，颜色温暖、纯净，从毛根到毛尖均匀分布（图 2-17）。该标准定义它没有任何虎斑标记（条纹）或更浅的斑点。完美的红色单色（纯色）很难获得，因为掩盖条纹的非刺鼠色基因（a）并没有像对真黑素那样对褐黑素的颜色有清除作用。由于这个原因，有时在头部和腿部可以看到残留的痕迹，或者在试图消除条纹时，会得到太浅或过红的被毛。没有条纹的红猫只能通过非常仔细的选择才能获得。鼻头和爪垫应该是砖红色的。

**奶油色**

在存在稀释基因的情况下，红色变成一种非常

图 2–16　白色幼猫稀释的玳瑁色

图 2–17　红色和奶油色虎斑猫

柔软细腻的淡奶油色（图 2–17）。毛发颜色从毛根到毛尖均匀分布，颜色应该尽可能地浅和均匀，没有任何虎斑标记（条纹）、阴影、浅色的底毛或深色的毛尖区域。

**蓝奶油色**

在这只玳瑁色猫上，稀释基因使黑色变成蓝色，红色变成奶油色（图 2–16）。颜色完美混合并均匀分布，即使在四肢，也能创造出一种非常浅的柔和色调。和玳瑁色猫一样，蓝奶油色猫也只有雌性。

## 暹罗色

在遗传学中，当谈到暹罗猫时，就会谈到重点色。事实上，这种特殊的肢端颜色在许多品种中都可以找到：暹罗猫、泰国猫、波斯猫（重点色）（图 2–18）、伯曼圣猫、布偶猫、德文卷毛猫和柯尼斯卷毛猫（Si–rex）。涉及的基因是一种调节身体颜色强烈程度的基因，即基因 C 及其突变等位基因，称为白化等位基因。

这些等位基因都是用字母 c 来识别的，因为它们是在同一个位点上发现的（小写是因为 c 相对于决定被毛颜色强度的基因 C 是隐性的）。它们都有不同的后缀，这些后缀是猫种的首字母。

- C 全彩猫。
- cb 缅甸猫。
- cs 暹罗猫。
- ca 蓝眼白化猫。
- c 红眼白化猫。

这一组的所有等位基因对 C 都是隐性的，但它们之间并不是隐性的；事实上，cb（缅甸猫）和 cs（暹罗猫）之间存在不完全显性现象。将暹罗猫（身体浅色，肢端深色）与缅甸猫（有阴影色，腿部深色，身体浅色）杂交，就得到了东奇尼猫（图 2-19）。东奇尼猫表现出中间特征：毛尖色彩浓重，体毛比暹罗猫深，但比缅甸猫浅。两者（cb 和 cs）都比 ca（蓝眼白化的原因）显性，而 ca 又比 c（红眼白化）显性（C ＞cs 和 cb cs ＞ca ＞c）。

**cb 缅甸猫**

白化等位基因的作用是逐渐减少眼睛和毛发的色素沉着。在缅甸猫中，由于 cb 基因的存在，黑色（C）变成了海豹色（黑貂色或深棕褐色），而眼睛由于基因的存在部分脱色，趋于黄色（图 2-20）。

**cs 暹罗猫**

在暹罗猫中，cs 基因导致的海豹色只局限于肢端（面部、耳朵、腿、爪部和尾巴），而身体的其他部位从米色到木兰白色。眼睛是深蓝色的。

**ca 蓝眼白化猫**

蓝眼白化猫，缺乏色素沉着导致白色毛发和非常浅的蓝色眼睛。

图 2-18 重点色猫

图 2-19 东奇尼猫

图 2–20　缅甸猫

**c 红眼白化猫**

由于 c 基因的存在，红眼白化猫除了完全没有色素沉着外，眼睛是粉红色的，因为虹膜是透明的，可以看到视网膜血管。

暹罗猫的基因导致酪氨酸酶的结构基因突变，使其对温度特别敏感。事实上，温度的升高会使其失去活性，这就是为什么在体温较高的身体上，色素沉着会减少（因此被毛颜色会变浅）。在温度较低的肢端，有大量的色素沉着，造成了重“点”效应。重点色的猫出生时是白色的，因为子宫里的温度更高、更稳定（38.5℃），它们出生几天后才开始显现颜色。气候变化也会影响被毛的颜色。事实上，生活在温暖气候下的猫比生活在寒冷气候下的猫颜色更浅。暹罗猫的重点色调节着它们身体的被毛颜色：重点色越深，其余的被毛颜色就越深（海豹重点色的被毛会比红重点色的被毛更深）。被毛颜色也会随着年龄增长而变深。由于这个原因，暹罗猫的参展生涯较短，因为评委们更喜欢对比更鲜明的被毛。

暹罗色可能出现在其他品种的猫上，如伯曼圣猫、德文卷毛猫、柯尼斯卷毛猫等。

## 白花

带有白色斑点或斑块的被毛在自然界是很常见的。猫被毛上的白斑是由 S（白花）基因决定的，并作为独立体传代。这就解释了为什么白花可以与任何基本的被毛颜色相关联。有白花的猫被称为双花猫和三花猫，通常在猫的其他颜色后面加上“白花”。这样一来，有白色斑点的黑猫就变成了“黑白花”，红点虎斑变成了“红点虎斑白花”，而玳瑁白花猫则被简单地称为“三花”或“白花”。S 基因阻止毛发着色，因为它不允许黑素颗粒在毛发生长的毛囊中沉淀。对于 W 基因（是毛发完全脱色的原因），S 是一个显性上位基因，但与 W 不同，S 不影响整个被毛，只影响部分被毛，通过多基因修饰增强表达，可放大其作用。与杂合状态（Ss）相比，如果 S 是纯合的（SS），白斑会更明显。由于这个原因，猫的胸部和腹部通常有几簇白毛，或完全相反，几乎是全白色，彩色被限制在头部、背部和尾部几个区域。事实上，由于这些被毛的可变性，人们认为有不同的基因（或多基因）调节着 S 基因的表达。更广泛的白色区域的形成将色彩局限为更明显可见的斑。在三色被毛中，当白色的比例高时，红色和黑色斑就会更大。和 W 基因一样，S 基因似乎也与先天性耳聋有关。白花猫与蓝眼同侧的耳朵可能是聋的。白斑被毛可根据所包含白色的百分比来分类。

**手套重点色**

少量白色（1/4）被限制在四爪。鼻部和（或）双眼之间通常有白斑，而身体下部有一条白线，从喉咙开始到尾根部结束。这种被毛通常见于布偶猫。

### 双色

该类别的被毛比例为 2/3 彩色和 1/3 白色。颜色应该出现在口鼻部（一个向上的“V”字形）、脊柱、头部、尾巴和腿外侧区域。最好胸部、腹部和腿内侧区域是白色的（图 2–21）。背部可能有一个白斑，但也可能没有。这个类别的被毛很可能呈现 50% 白色和 50% 彩色。口鼻部的白色“火焰”标记尤其令人青睐。

### 花斑

与彩色相比，这种被毛的白斑等级要高得多。事实上，纯色只覆盖了被毛的 1/6，而且仅限于头顶、尾部和腿。在背部最好有三四个单独的清晰色斑（图 2–22）。花斑是随机的，但在任何情况下，位于背部的色斑不能少于四个。口鼻上的白色火焰是非常理想的色斑。

### 梵猫

这类猫的头部和尾部有彩色标记的被毛。头部的颜色最好局限在双耳之间一条白线隔开的两个大色斑上，而尾巴的颜色应该均匀覆盖至尾根部。身体上最多出现 3 个色斑。超过 3 个色斑的被毛被认为是花斑。身体的其余部分都是白色的。这个名字来源于土耳其梵猫，该猫种的特点就在于其被毛。

### 伯曼圣猫

这种猫有长长的、重点色和特征性白“手套”被毛。这种猫的特征是有着白手套样的爪子，尽管四爪规则而对称的白斑的独特分布让遗传学家和学者们产生了分歧。一些作者声称，它的基因型与重点色（cscsll）相似，只是增加了 S 基因（黑白花基因）。根据他们的研究，S 的表达是由多基因修饰决定的，多基因修饰允许白斑在四爪上精确地分布。另一些作者则描述了 g（手套）的存在，这是一种常染色体隐性基因，在双剂量下可将白斑限制在四肢。目前后一种假设似乎最可信，尽管还不能确切地理解 g 是否是另一种完全不同于 S、独立于 S 的基因，但能够改变后者的表达（在这种情况下，可能有一个 Ssgg 基因型，S 编码色斑的定位，g 编码爪部白斑的定位），或者它是否是与 S 位于同一个基因位点上的等位基因。但也有人认为它是一个外显不完全显性基因，与 S 完全不同。

## 显性白色

白色不是一种颜色，而是颜色缺失，由显性上位基因 W 编码，该基因负责毛发的完全脱色（图 2–23）。它掩盖了所有其他颜色的表达（上位效应），

图 2–21 双色猫

图 2-22　花斑猫

图 2-23　白猫

包括白斑和暹罗重点色，这意味着一只白猫可以被定义为任何颜色的猫被涂成了白色。纯合子白猫的后代将是全白的；相反，一只杂合子白猫与一只非白猫杂交也能生出彩色幼猫。通过观察这只猫的非白色后代，可以发现它隐藏的颜色。例如，如果一只白色公猫和一只红色母猫杂交，这种杂交产生了一只玳瑁色幼猫，那么公猫的隐藏色是黑色。

有时这种基因的上位效应不是绝对的。通常，白猫的头上会有一个小色斑，但成年后就会消失。不幸的是，W 基因通常与耳聋有关，因为它编码了耳朵中耳蜗的退化和柯蒂氏器的萎缩。这种遗传缺陷是先天和不可逆的。白色东方短毛猫，也被称为异国白猫，有 cs 基因（暹罗）和 W 基因（白色），因此是一种带有 W 基因的暹罗（cscsW），而不是白化暹罗，是不同的基因型和表型。

## 银色被毛

银色被毛的猫（烟色、阴影色、金吉拉色和银虎斑）可能是所有猫科动物中最引人注目和最迷人的。在所有这些被毛中，只有毛尖是有颜色的，而毛根部是白色的。所有这些猫都有“颜色抑制”基因 I，这种基因会阻止毛发中色素的发展，抑制其灰黄色带，从而产生银白色的效果。这些猫的每一根毛发都只在顶端有不同程度的颜色，可以是任何颜色：黑色、蓝色、红色、玳瑁色等等，而最接近皮肤的根部是白色的。甚至皮肤也保持正常的颜色。关于银色被毛的起源有很多理论。直到不久前，最广为接受的理论是基于一个单一的基因导致这种“非色素沉着”，即颜色抑制剂基因 I 的突变，这是一个常染色体显性基因，它可能通过限制生长中毛发的色素量来阻止毛发中的色素发育（不要与白化等位基因混淆）。I 基因抑制了虎斑毛发的灰黄色带，同时编码了毛根部的淡银色。为了区分银虎斑、金吉拉色和银色阴影色，这一理论设想了能够调节 I 基因强度的修饰多基因的干预，从而调节彩色毛发与银色毛发之间数量的不同比例。

其他作者提出了另一种基因的存在，Ch，与 I 不同且不相关。这个理论被称为“双基因理论”，是基于这样一个假设，I 基因会清除灰黄色带，而 Ch 基因，显性但独立于 I，抑制麻纹色，并将其释放到毛尖（过渡色）。

最近的理论提出了另一种解决方案，来解释不同被毛出现的许多问题。I 基因（颜色抑制）的存在已被证实与毛根部的脱色和银染有关，同时，为了证明底毛的宽度不同，一些被称为宽带基因 Wb（底毛宽度基因）的多基因，发挥了作用。多基因能够调节靠近基部的条带宽度，并在不同程度上（低、中、高）起作用，导致刺鼠色被毛的苍白条带变宽。为了解释金吉拉色被毛的过渡色，假设另一种隐性基因——超宽带基因（swb）与 I 和 Wb 结合。

这是目前最广为接受的理论，但由于问题的复杂性和许多问题仍有待解决，人们继续根据不同的银色与有色毛发的比例对银色被毛进行分类。因此，根据毛干的有色部分的宽度（称为过渡色）可以分为以下几种。

### 烟雾色

这种烟雾色也被称为“猫的反差色”，因为其毛根部只有一个非常小的白色带，而过渡色带非常宽。银色的根部应均匀地分布在全身，包括头、腿和尾巴（图 2-24）。过渡色（从毛尖延伸到毛干中段）通常是黑色，但也可以是蓝色、红色或玳瑁色。在长毛猫身上，这种反差更加明显。例如，一只烟雾色波斯猫，看起来完全是黑色的，但当它移动或轻拍它时，这种反差色明显可见。

### 阴影色

这种被毛类型的毛发大约有 1/3 的过渡色（毛干的有色部分）（图 2-25）。过渡色可以延伸到口鼻部、腿和脚跟，与金吉拉色相比，整体颜色略深。被毛不应该显示虎斑斑纹、黑斑或奶油色调。鼻头是砖红色，黑色细线镶边。毛尖可以是各种颜色，最常见的是黑色，尽管也有蓝色、巧克力色、淡紫色和玳瑁色的变化。

### 金吉拉色

金吉拉猫（也叫“贝壳色”）的外表有浅银色过渡色毛和白色底毛。过渡色涉及大约 1/8 的毛发（图 2-26）。下颏、胸部、腹部、大腿内侧、尾巴

图 2–24　烟雾色被毛

图 2–25　阴影色猫

图 2–26　金吉拉猫

下面和跗关节应该是纯白色的。头部、耳朵、背部、胁腹部、腿和尾巴由于过渡色的存在被略微遮蔽。银色阴影色和金吉拉色被毛在基因上是相同的，可以在同窝中找到。当多基因非常活跃时，导致金吉拉色，而不活跃时，形成银色阴影色。有时很难区分它们。当你有疑问时，脚跟的颜色会给出答案：银色脚跟意味着银色阴影（图 2–27），纯白色脚跟意味着金吉拉色（图 2–28）。

**银虎斑**

虎斑猫的 I 基因只是简单地抹去了灰黄色条纹，取而代之的是银白色毛发，与上面的条纹形成鲜明对比（图 2–29）。

**浮雕色**

被毛底部是银色，过渡色是红色。根据过渡色的长度，猫的被毛被定义为烟雾浮雕、阴影浮雕和贝壳浮雕。

图 2-27 金吉拉猫的脚跟（浅色）

图 2-28 银色脚跟的猫（深色）

**金色**

这是一种特殊颜色的被毛，有温暖的杏黄色底毛和黑色过渡色。金色有刺鼠色（A）基因，缺乏 I 基因（是 ii 基因）且同时存在宽带多基因 Wb。本章所描述的基因综述见表 2-1。

## 触须

触须，通常称为“胡须”，是非常特殊的毛发（图 2-30）。几乎比正常的毛发大 3 倍，硬 3 倍，在真皮层的深度深 3 倍。它们有富含弹性纤维的结缔组织鞘，由大量神经和血管支持。除了位于嘴两侧的脸颊上（每边 12 根，排列整齐），它们还位于眼眶上和腿上的腕关节处。胡须不停地运动，刺激神经末梢的感受器。因此，它们构成了一个强大的信息系统来监测猫周围的环境。受刺激的触须微弱且几乎不可察觉的变化，以及这种变化的程度、方向和持续时间等所有高度精确的诸多信息，都经这些高度专业化的受体传入三叉神经元，再将信号传递到神经节，并从那里传到大脑皮层负责感知体感

图 2-29　银虎斑猫

图 2-30　触须

刺激的部分。

触须的位置与动物的活动和情绪有关：当猫攻击或处于防御状态时，触须会将指向后方。夜间不眠的猫专注于感知每一个信号，触须指向前方。当猫识别不同的地面状态时，触须朝前弯曲并指向地面。

触须指向前方，几乎可以环绕被捕获的猎物，用来获取猎物的确切位置及其被毛或羽毛的方向，这样猫就能知道从哪一端吞下猎物。触须在保护猫的眼睛方面也扮演着重要的角色，因为其功能就像睫毛一样。只要轻轻触摸它们，眼皮就会立刻合上。这在捕猎时被证明是非常有用的，因为在掠食状态下，猫的注意力集中在猎物上，由于肾上腺素的作用，瞳孔会完全扩张，因此很难将注意力集中在很近的物体上，如小树枝、灌木、草或附近的任何障碍物上。因为触须超过脸庞，首先碰到这些障碍物，导致眼睑闭合以保护眼睛。

触须的触觉功能已被广泛研究和争论。触须可以作为气流传感器。据说它们有侦查能力，因此能够告诉猫当空气遇到物体时所产生的最小漩涡，或当空气撞击障碍物时所产生的较弱气流。这使得猫在黑暗的夜晚很容易行动和改变位置，而不会撞到物体。只有这样精确和完美的机制，才能解释猫在夜间捕猎时令人难以置信的技巧和精度：通过触须，猫可以获得对猎物瞬时而精确的感知，并将其捕获。这种情况也能发生在失明的猫身上。一只失明或有部分视力的猫会把头来回移动，用它的触须来感知粗糙的地面和障碍物。缺乏触须的盲猫在这方面的能力完全丧失。

**图 2-31 白猫**

W 基因（显性白色）掩盖了所有其他负责颜色和颜色分布的基因表达。

**图 2-32 虎斑猫**

所有猫在基因型上都是虎斑色，并拥有条纹。

图 2–33 橘色猫（O 基因）

图 2–34 虎斑幼猫

刺鼠色是一种背景色，在其映衬下可以看到虎斑被毛。

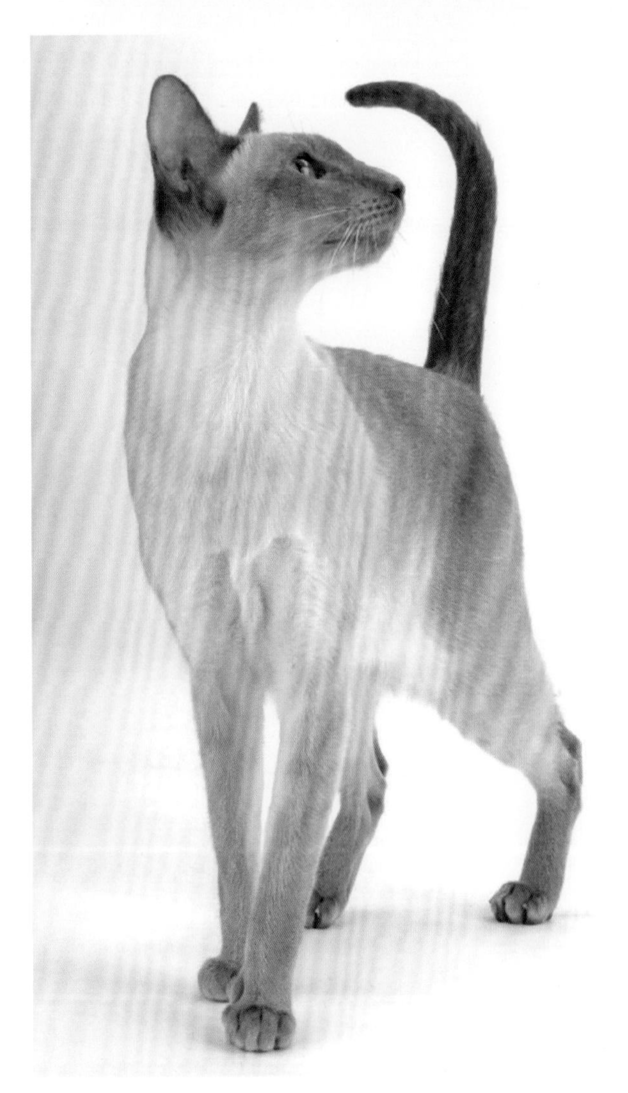

图 2–35 暹罗猫（cs 基因）

## 延伸阅读


1. Adalsteinnson S. Establishment of equilibrium for the dominant lethal gene for Manx taillessness in cats. Theor Appl Genet. 1980; 58:49–53.
2. Affections héréditaires et congénitales des carnivores domes–tiques, Le point vétérinaire vol 28 N° spécial 1996.
3. Alhaidari Z, Von Tscharner C. Anatomie et physiologie du follicule, pileux chez les carnivores domestique. Prat Med Chir Anim Comp. 1997; 32:181.
4. Alhaidari Z, Olivry T, Ortonne J. Melanocytogenesis and melanogenesis: genetic regulation and comparative clinical diseases. Vet Dermatol. 1999; 7:10.
5. Anderson RE, et al. Plasma lipid abnormalities in the Abyssin–ian cat with a hereditary rod–cone degeneration. Exp Eye Res. 1991; 53(3):415–417.
6. Baker HJ, Lindsey JR. Feline GM1 gangliosidosis. Am J Pathol. 1974; 74:649–652.
7. Barnett KC, Gurger IH. Autosomal dominant progressive retinal atrophy in Abissinian cats. J Hered. 1985; 76:168–170.
8. Bellhorn RW, Fischer CA. Feline central retinal degeneration. J Am Vet Med Assoc. 1970; 157:842–849.
9. Bergsma DR, Brown KS. White fur, blue eyes and deafness in the domestic cat. J Hered. 1971; 62:171–185.
10. Biller DS, et al. Polycystyc kidney disease in a family of Persian cats. J Am Vet Med Assoc. 1990; 196:1288–1290.
11. Bistner ST. Hereditary corneal distrophy in the Manx cat: a preliminary report. Investig Ophthalmol. 1976; 15:15–26.
12. Bland van den Berg P, et al. A suspected lysosomal storage disease in Abyssinian cats. Genetic and clinical pathological aspects. J S Afr Vet Assoc. 1977; 48:195–199.
13. Blaxter A, et al. Periodic muscle weakness in Burmese kittens. Vet Rec. 1986; 118(22):619–620.
14. Bosher SK, Hallpike CS. Observations of the histopathological features, development and pathogenesis of the inner ear degeneration of deaf white cats. Proc R Soc Lond B Biol Sci. 1965; 162:147–170.
15. Bosher SK, hallpike CS. Observations of the histogenesis of the inner ear degeneration of the deaf white cat. J Laryngol Otol. 1966; 80:222–235.
16. Bourdeau P, et al. Alopecie hereditaire generalisee feline. Rec Med Vet. 1988; 164:17.
17. Boyce JT, et al. Familial renal amyloidosis in Abyssinian cats. Vet Pathol. 1984; 21(1):33–38.
18. Boyce JT, et al. Familial renal amyloidosis in Abyssinian cats. Vet Pathol. 1984; 21:33–38.
19. Breton RR, Nancy CJ. Feline genetics. Net Pets; 1999.
20. Bridle KH, et al. Tail tip necrosis in two litters of Birman kittens. J Small Anim Pract. 1998; 39(2):88–89.
21. Burditt LJ, et al. Biochemical studies on a case of feline mannosidosis. Biochem J. 1980; 189:467–473.
22. Carlisle JL. Feline retinal atrophy. Vet Rec. 1981; 108:311.
23. Casal M, et al. Congenital hypothricosis with thimic aplasia in nine Birman kittens. ACVIM abstracts N° 68, Washington, DC; 1993.
24. Centerwall WR, Benirschke K. Male tortoiseshell and calico cats. J Hered. 1973; 64:272–278.
25. Chapman VA, Zeiner FN. The anatomy of polydactylism in cats with observations on genetic control. Anat Rec. 1961; 141:205–217.
26. Chew DJ, et al. Renal amyloidosis in related Abyssinian cats. J Am Vet Med. Assoc. 1982; 181:140–142.
27. Clark RD. Medical, genetic and behavioral aspects of purebred cats. Fairway: Forum publications Inc; 1992.
28. Collier LL, et al. Ocular manifestations of the Chédiak–Hi–gashi syndrome in four species of animals. J Am Vet Med Assoc. 1979; 175:587–590.
29. Collier LL, et al. A clinical description of dermatosparaxis in a Himalayan cat. Feline Pract. 1980; 10(5):25–36.
30. Cooper ML, Pettigrew JD. The retinophthalamic pathways in Siamese cats. J Comp Neurol. 1979; 187:313–348.
31. Cooper ML, Blasdel GG. Regional variation in the representa–tion of the visual field in the visual cortex of the Siamese cat. J Comp Neurol. 1980; 193:237–253.
32. Cork LC, et al. The pathology of feline GM2 gangliosidosis. Am J Pathol. 1978; 90:723–734.
33. Cork LC, et al. GM2 ganglioside lysosomal storage disease in cats. Science. 1977; 196:1014–1017.
34. Cotter SM, et al. Hemofilia a in three unrelated cats. J Am Vet Med Assoc. 1978; 172:166–168.
35. Counts DF, et al. Dermatosparaxis in a Himalayan cat. Biochemical studies of dermal collagen. J Invest Dermatol. 1980; 74:96–99.
36. Creel D, et al. Abnormal retinal projections in cats with Chédiak–Higashi syndrome. Invest Ophthalmol Vis Sci. 1982; 23:798–801.
37. Crowell WA, et al. Polycystic renal disease in related cats. J Am Vet Med Assoc. 1979; 175:286–288.
38. Danforth CH. Hereditary of polydactyly in the cat. J Hered. 1947; 38:107–112.
39. Davies M, Gill I. Congenital patellar luxation in the cat. Vet Rec. 1987; 121:474–475.
40. De Maria R, et al. Beta–galactosidase deficiency in a Korat cat: a new form of feline GM1–gangliosidosis. Acta Neuropathol.

1998; 96(3):307–314.

41. DeForest ME, Basrur PK. Malformations and the Manx syndrome in cats. Can Vet J. 1979; 20:304–314.
42. Desnick RJ, et al. In: Desnick RJ, et al., editors. Animal models of inherited metabolic diseases. New York: Liss; 1982. p. 27–65.
43. Di Bartola SP, et al. Pedigree analysis of Abyssinian cats with familial amyloidosis. Am J Vet Res. 1986; 47:2666–2668.
44. Donovan A. Postnatal development of the cat retina. Exp Eye Res. 1966; 5:249–254.
45. Ehinger B, et al. Photoreceptor degeneration and loss of immunoreactive GABA in the Abyssinian cat retina. Exp Eye Res. 1991; 52(1):17–25.
46. Elverland HH, Mair IWS. Heredity deafness in the cat. An electron microscopic study of the spiral ganglion. Acta Otolaryngol. 1980; 90:360–369.
47. Farrell DF, et al. Feline GM1 gangliosidosis: biochemical and ultrastructural comparisons with the disease in man. J Neuropathol Exp Neurol. 1973; 32:1–18.
48. Flecknell PA, Gruffydd–Jones TJ. Congenital luxation of the patellae in the cat. Feline Pract. 1979; 9(3):18–19.
49. Fraser AS. A note on the growth of the rex and angora cats. J Genet. 1953; 51:237–242.
50. Freeman LJ. Ehlers–Danlos syndrome in dogs and cats. Semin Vet Med Surg. 1987; 2:221.
51. French TW, et al. A bleeding disorder (von Willebrand's disease) in a Himalayan cat. J Am Vet Med Assoc. 1987; 190:437–439.
52. Gorin MB, et al. Sequence analysis and exclusion of phos–ducin as the gene for the recessive retinal degeneration of the Abyssinian cat. Biochim Biophys Acta. 1995; 1260(3):323–327.
53. Harpster NK. Cardiovascular diseases of the domestic cat. Adv Vet Sci Comp Med. 1977; 21:39–74.
54. Haskins ME, et al. In: Desnick RH, editor. Animal models of inherited metabolic diseases. New York: Liss; 1982. p. 177–201.
55. Hearing JV. Biochemical control of melanogens and mela–nosomal organization. J Investig Dermatol Symp Proc. 1999; 4:24–28.
56. Hendy–Ibbs PM. Hairless cats in Great Britain. J Hered. 1984; 75:506–507.
57. Hendy–Ibbs PM. Familial feline epibulbar dermoids. Vet Rec. 1985; 116:13–14.
58. Hirsch VM, Cunningham JA. Hereditary anomaly of neutrophil granulation in Birman cats. Am J Vet Res. 1984; 45:2170–2174.
59. Holbrook KA. Dermatosparaxis in a Himalayan cat. Ultra–structural studies of dermal collagen. J Invest Dermatol. 1980; 74:100–104.
60. Hoskins JD. Congenital defects of the cat. In: Ettinger SJ, Feld–man EC, editors. Textbook of veterinary internal medicine. Philadelphia: Saunders; 1995.
61. Howell JM, Siegel PB. Morphologic effects of the Manx factor incats. J Hered. 1966; 57:100–104.
62. Jackson OF. Congenital bone lesions in cats with fold–ears. Bull Feline Advis Bur. 1975; 14(4):2–4.
63. Jacobson SG, et al. Rhodopsin levels and rod–mediated function in abysinian cats with hereditary retinal degeneration. Exp Eye Res. 1989; 49(5):843–852.
64. James CC, et al. Congenital anomalies of the lower spine and spinal cord in Manx cats. J Pathol. 1969; 97:269–276.
65. Jezyk PF, et al. Alpha–mannosidosis in a persian cat. J Am Vet Med Assoc. 1986; 189:1483–1485.
66. Jones BR, et al. Preliminary studies on congenital hypo–thyroidism in a family of Abyssinian cats. Vet Rec. 1992; 131(7):145–148.
67. Johnson CW. The Shaded American Shorthair, 1999 Cat Fanciers' Association Yearbook, CFA Inc, New Jersey.
68. Koch H, Walder E. A hereditary junctional mechanobullous disease in the cat. Proc World Congr Vet Dermatol. 1992; 2:111.
69. Kramer JW, et al. The Chédiak–Higashi syndrome of cats. Lab Investig. 1977; 36:554–562.
70. "La guide des chats" Selections du Reader's Digest, 1992.
71. Leipold HW. Congenital defects of the caudal vertebral column and spinal cord in Manx cats. J Am Vet Med Assoc. 1974; 164:520–523.
72. Loxton H. The noble cat, aristocrat of the animal world. New York: Portland House; 1990.
73. Liu S–K. Pathology of feline heart disease. Vet Clin North Am. 1977; 7(2):323–339.
74. Livingston ML. A possible hereditary influence in feline urolithiasis. Vet Med Small Anim Clin. 1965; 60:705.
75. Loevy HT. Cytogenic analysis of Siamese cats with cleft palate. J Dent Res. 1974; 53:453–456.
76. Loevy HT, Fenyes VL. Spontaneous cleft palate in a family of Siamese cats. Cleft Palate J. 1968; 5:57–60.
77. Lomax TD, et al. Tabby pattern alleles of the domestic cat. J Hered. 1988; 79(1):21–23.
78. Lorimer. The silver inhibitor gene. Cat Fanciers J.
79. Malik R. Osteochondrodysplasia in Scottish fold cats. Aust Vet J. 1999; 77(2):85–92.
80. Martin AH. A congenital defect in the spinal cord of the Manx

cat. Vet Pathol. 1971; 8:232–239.

81. Mason K. A hereditary disease in the Burmese cats manifested as an episodic weakness with head nodding and neck ventroflexion. J Am Anim Hosp Assoc. 1988; 24:147–151.
82. Muldoon LL, et al. Characterization of the molecular defect in a feline model for type-II GM2-gangliosidosis (Sandhoff's disease). Am J Pathol. 1994; 144(5):1109–1118.
83. Narfstrom K. Hereditary progressive retinal atrophy in the Abyssinian cat. J Hered. 1983; 74:273–276.
84. Narfstrom K, et al. Retinal sensitivity in hereditary retinal degeneration in Abyssinian cats: electrophysiological similarities between man and cat. Br J Ophthalmol. 1989; 73(7): 516–521.
85. Neuwelt EA, et al. Characterization of a new model of GM2 gangliosidosis (Sandhoff's disease) in Korat cats. J Clin Invest. 1985; 76(2):482–490.
86. Noden DM, et al. Inherited homeotic midfacial malformations in burmese cats. J Craniofac Genet Dev Biol Suppl. 1986; 2:249–266.
87. Paasch H, Zook BC. The pathogenesis of endocardial fibroelastosis in Burmese cats. Lab Investig. 1980; 42:197–204.
88. Paradis M, Scott DW. Hereditary primary seborrhea oleosa in Persian cats. Feline Pract. 1990; 19:17.
89. Patterson DF, Minor RR. Hereditary fragility and hyperextensibility of the skin of cats. Lab Investig. 1977; 37:170–179.
90. Pearson H, et al. Pyloric stenosis and oesophageal dysfunction in the cat. J Small Anim Pract. 1974; 15:487–501.
91. Pedersen NC. Feline husbandry. Goleta: American Veterinary Publications Inc; 1991.
92. Prieur DJ, Collier LL. Morphologic basis of inherited coat color dilutions of cats. J Hered. 1981; 72:178–182.
93. Prior JE. Luxating patellae in Devon rex cats. Vet Rec. 1985; 117(7):154–155.
94. Robinson R. Devon rex: a third rexoid coat mutant in the cat. Genetica. 1969; 40:597–599.
95. Robinson R. Expressivity of the Manx gene in cats. J Hered. 1993; 84(3):170–172.
96. Robinson R. Genetics for cat breeders. 2nd ed. Oxford: Pergamon Press Ltd; 1987.
97. Robinson R. German rex: a rexoid coat mutant in the cat. Genetica. 1968; 39:351–352.
98. Robinson R. The Canadian hairless or Sphinx cat. J Hered. 1973; 64:47–48.
99. Robinson R. Oregon rex: a fourth rexoid coat mutant in the cat. Genetica. 1972; 43:236–238.
100. Robinson R. The rex mutants of the domestic cat. Genetica. 1971; 42:466–468.
101. Rubin LF. Hereditary cataract in Himalayan cats. Feline Pract. 1986; 16(4):14–15.
102. Scott DW. Cutaneous asthenia in a cat. Vet Med (SAC). 1974; 69:1256.
103. Searle AG, Jude AC. The rex type of coat in the domestic cat. J Genet. 1956; 54:506–512.
104. Silson M, Robinson R. Hereditary hydrocephalus in the cat. Vet Rec. 1969; 84:477.
105. Simpson J. The white spotting gene: new Zealand Cat Fancy Inc. (NZCF).
106. Sponenberg DP, Graf-Webster E. Hereditary meningoencephalocele in Burmese cats. J Hered. 1986; 77:60.
107. Stebbins KE. Polycystyc disease of the kidney and liver in an adult Persian cat. J Comp Pathol. 1989; 100(3):327–330.
108. Stephen G. Legacy of the cat. San Francisco: Cronicle Books; 1990.
109. Turner P, Robinson R. Melaninn inhibitor. A dominant gene in the domestic cat. J Hered. 1980; 71:427–428.
110. der Linde V, Sipman JS, et al. Generalized AA-amyloidosis in Siamese and oriental cats. Vet Immunol Immunopathol. 1997; 56(1-2):1–10.
111. Wilkinson GT, Kristensen TS. A hair abnormality in Abyssinian cats. J Small Anim Pract. 1989; 30:27.
112. Wright M, Walter S. le livre du chat. Paris: Septimus editios; 1982.
113. Zook BC. The comparative pathology of primary endocardial fibroelastosis in Burmese cats. Virchow Arch (Pathol Anat). 1981; 390:211–227.
114. Zook BC, et al. Encephalocele and other congenital craniofacial anomalies in burmese cats. Vet Med (SAC). 1983; 78:695–701.

# 第三章　对待患病猫的诊断思路：全身检查和皮肤检查

Andrew H. Sparkes 和 Chiara No Li

**摘要**

猫作为一种天生独居的物种，它们的领地意识很强，而且也不是天生群居的物种，对猫和猫主人来说，探访兽医是极具挑战性的。事实上，猫已经从它的居住环境（它觉得安全的地方）被带到诊所（一个不熟悉的环境），这意味着任何一只猫在就诊期间都会自然地经历焦虑、恐惧和压力。出于这些原因，任何兽医接诊时都应遵循“猫友好”的原则，以确保压力最小化，这一点十分重要。这将有助于减轻压力引起的实验室参数变化的严重程度，简化临床检查，并确保主人在需要时愿意带他们的猫回诊所。本章将探讨如何对患猫进行全身检查和皮肤检查，包括皮肤病变的描述和诊断流程。

## 引言

猫作为一种天生独居的物种，它们的领地意识很强，而且也不是天生群居的物种，对猫和猫主人来说，探访兽医是极具挑战性的。事实上，猫已经从它的居住环境（它觉得安全的地方）被带到诊所（一个不熟悉的环境），这意味着任何一只猫在就诊期间都会自然地经历焦虑、恐惧和压力。出于这些原因，任何兽医接诊时都应遵循“猫友好”的原则，以确保压力最小化，缓解焦虑而不是使之加强，这一点十分重要。

使用猫友好的原则来减少压力有很多好处。不仅能改善患猫的福利，也有助于减少压力诱导的实验室数据变化的严重程度，使临床检查更容易进行，减少猫因害怕导致的攻击行为从而降低对人员伤害的风险，有助于确保主人在需要的时候愿意把猫带到诊所就诊。

关于猫友好原则的详细讨论可以在国际爱猫协会的“猫友好诊所”的网站上找到（见 www.catfriendlyclinic.org），但一些重要的问题将在这里讨论。

## 在猫到来之前

对许多猫主人来说，带猫去诊所的过程是非常痛苦的。他们必须抓住这只猫，把它装在猫笼里，从居住环境中带走，通常乘坐汽车，然后把它带到诊所。如果猫主人能够理解拜访兽医可能造成的影响，以及需要做些什么来减少负面影响，将会有很大的帮助。

建议猫主人以最佳方式把猫带到诊所，并帮助它们保持冷静和放松，对主人和猫都有非常积极的影响。猫会接触到很多压力因素，比如：

- 一个陌生的猫笼。
- 一次不熟悉的乘车过程。
- 一个不熟悉的诊所环境。
- 乘车过程中和诊所里的奇怪气味、景象和噪声。

- 不熟悉的可能极有威胁性的人和动物。
- 被不熟悉的人保定和检查。

合适的猫笼应坚固、防逃逸，并使猫、猫主人和诊所工作人员易于接近。通常首选一个大的顶部开口的笼具，因为这能很轻易地将猫温柔地从笼具中拎进或拎出。如果可能的话，笼具应该能让猫隐藏起来，但如果笼具是全开放式的（如塑料钢丝笼），则可以在笼具上盖一条毯子，以便让猫隐藏起来。可以将上半部分完全拆开的塑料笼具很有用，因为一些猫在就诊期间待在笼具里会觉得更安全，而且大多数临床检查可以在去掉上半部分的笼具里进行。

理想情况下，笼具应该组装起来作为猫居住环境中“家具的一部分”。如果是猫偶尔休息和睡觉的地方，或者是某个经常喂食的地方，猫将认为这是其领土的一部分，但如果只是为了见兽医，那么猫会将其视为一个紧张的旅程的开始。就诊期间，在笼具里放一些猫常用的铺垫，这对猫来说也是一种安慰，因为铺垫会使猫联想到居住环境的气味。此外，在笼具和（或）铺垫上使用合成猫面部信息素喷剂或湿巾可能会有所帮助。让猫主人多带一些铺垫也是个好主意，以防猫的粪便或尿液弄脏猫笼。

在乘车过程中，确保笼具固定安全（例如，放在脚下）并且在乘车过程中不会移动是很重要的。平稳驾驶会有帮助，如果必要的话，在笼子上盖上毯子，确保猫能够藏起来。

对于那些在兽医接诊期间和去诊所的途中，由于反复操作变得高度焦虑和激动的猫，可以考虑使用抗焦虑药物，如加巴喷丁[1, 2]。虽然不推荐常规使用，但毫无疑问，这种方法对有些猫有效。

## 等候室

精心设计的等候室和对猫友好的工作人员是很重要的。这样做的目的是为猫创造一个安静、没有威胁的环境，这样焦虑就会减少而不是增加。营造一种氛围，让主人感到诊所的工作人员既关心他们，也关心他们的猫，这也有助于留下良好印象。

等候室的设计和使用应该尽量减少猫可能感受到的威胁（视觉、听觉、嗅觉等）。理想情况下，诊所应该给猫设置一个单独的等候室，但如果这不太可能，考虑把等候室分成两个不同的区域分别用于犬和猫。应使用适当的墙壁或屏障，以确保避免猫犬之间的视觉接触（图 3–1），并应采取措施，避免在等候室出现吠叫或吵闹的犬（例如，让吵闹的犬在外面等候）。

猫等候区的位置和大小应该与诊所相适应，并且应该考虑到猫进出等候区的路线。在猫等候区，应确保最少的人和动物经过。如果猫必须穿过嘈杂的区域或经过犬才能进入诊室，那么猫专用区域的价值就会大打折扣。让猫等候区与猫诊室相邻可以帮助克服这些问题。

猫等候区的其他重要考虑事项包括：

- 有一个较低的接待台，或在接待台前面有个宽架子，让主人可以放置猫笼（高度要高于大多数犬的头部）。这有助于减少焦虑，因为猫在地板上更容易感到威胁。
- 防止或减少从会诊室进入等候区的噪声。

**图 3–1　为猫和猫主人准备一个安静的单独的等候区，在那里猫看不到犬，这有助于减少它们去兽医诊所时的压力**

- 确保犬远离猫笼，并通过要求犬主人为了猫着想，让犬在等候区等待，来强化这一点。
- 确保猫不会在等候室等太长时间，能够尽快进入诊室。
- 与其他猫的直接视觉接触也会非常危险。这可以通过许多方法来克服，如在座位之间设置小的隔板来分隔等候区的猫，或者提供干净的毯子或毛巾来覆盖猫笼。
- 如果把猫放在地板上，猫会感到不安全。有架子、桌子或椅子来放置猫的笼具，这样它们就可以被抬高，这点非常有用（图 3–2）。理想情况下应该是 1.20 m 左右。有隔板（或使用盖单），这样猫就不会与其他动物面对面了。
- 使用插电式合成猫面部信息素扩散器（Feliway，Ceva Animal Health）也可能对环境有利。

## 诊室

在可能的情况下，诊所应该有猫专用的诊室，没有犬和其他动物的气味。对于皮肤检查，应确保房间光线充足，但如果需要，随时可以使房间变暗（例如，在使用伍德氏灯进行检查时）。还应该有照明的医疗放大镜。

如果猫愿意的话，应该考虑让它在诊室自由地走动，所以在房间里不要有橱柜或家具让猫藏在下面，也不要有很难把猫抱出来的小缝隙。诊室的桌子也应该有一个干净的防滑表面，以便猫能够很好地抓握。这可以通过橡胶垫子或干净的厚毛巾或毯子来实现。

在诊室里使用合成猫面部信息素喷剂和喷雾器，可能有助于营造一个更轻松的氛围，但这并不能替代体贴的保定技术。

## 咨询过程

咨询的目的应该是获取猫的全部病史，进行全面的体格检查，并考虑可能需要与主人一起采取的进一步行动或调查，同时确保猫尽可能不受压力。无论皮肤疾病的疑似病因是什么，都不能忽视完整的病史和全面的临床检查，因为可能存在并发疾病和（或）全身性病因引发皮肤疾病。适当的皮肤学接诊，包括辅助检查，通常需要 45 ~ 60 min。大约使用 20 min 收集记录患病动物的症状和病史，对患病动物的检查约 10 min。辅助测试和与主人的讨论都需要大约 15 min。时间长短只是一种参考，更多变化取决于实际问题和主人的沟通能力。

在任何时候都要遵守“猫友好”的保定原则——见 AAFP/ISFM 猫友好保定指南[3]。猫应该有时间适应这个不熟悉的环境。

### 病史记录

收集和回顾猫的内科和外科病史是常规健康检查的一部分。应该尽可能系统地收集病史。使用临床病史调查表是获得所有患病动物标准化数据的一种有价值的方式（图 3–3 ~ 图 3–5）。

图 3–2 在等候区里放置桌子或架子，让猫主人把猫笼放在等候区，这是另一种安抚猫的好方法，也有助于减轻猫的焦虑

# 临床病史

日期： 猫的名字： 主人： 兽医：

## 背景

年龄： 性别： 品种： 与主人共处的时间：

领养来源： ☐繁育者 ☐救助中心 ☐朋友 ☐其他：

其他猫： ☐无 ☐有……有多少只？ 其他问题？

## 生活

环境： ☐室内 ☐室内 / 室外 ☐有限制的室外 ☐夜晚室内 ☐完全室外

猫砂盆？ ☐无 ☐有 ……类型？

与其他猫接触？ ☐无 ☐有 ……描述具体情况：

与其他猫打斗？ ☐无 ☐有 ……描述具体情况：

捕猎？ ☐无 ☐有 ……描述具体情况：

接触有毒物质 ☐无 ☐有 ……描述具体情况：

## 营养

日粮类型： ☐干粮 ☐湿粮 ☐两种都有 ☐其他

经常饲喂的类型 / 品牌：

持续饲喂时间：

## 日常预防保健

疫苗： ☐猫泛白细胞减少症病毒 ☐猫杯状病毒 / 猫疱疹病毒 ☐狂犬病 ☐猫白血病病毒
☐衣原体 ☐其他：

最后一次免疫： ☐<12 个月 ☐<36 个月 ☐>36 个月 ☐从未 ☐不知道

跳蚤 / 蜱虫治疗（哪种药和时间）：

体内驱虫（哪种药和时间）：

心丝虫（哪种药和时间）：

反转录病毒： ☐不知道 ☐猫白血病病毒 + ☐猫白血病病毒 –
☐猫免疫缺陷病毒 + ☐猫免疫缺陷病毒 –

被检测时间：

## 之前的疾病

## 当前的疾病

from international cat care www.icatcare.org in partnership with IDEXX LABORATORIES ROYAL CANIN

A lifelong partnership of care for the health and wellbeing of your cat • www.catcare4life.org

图 3–3 猫临床病史调查表举例

此表格可在 www.catcare4life.org 网站免费下载。

## 营养评估

| 日期： | 猫的名字： | 主人： |
|---|---|---|
| 年龄： | 性别： | 品种： |

**如何喂养你的猫：**

□碗　□迷宫喂食器　□地面　□其他 ____________

**现在你给猫喂什么——请填写你给猫喂的所有商品粮、生食、家中自制食物**

| **提供的食物类型**<br>列出商品粮的厂商、品牌和风味，以及其他类型 | **提供的食物形式**<br>商品化干粮、罐头或软包装生食或烹饪食物 | **饲喂频率**<br>每日或每周饲喂次数 | **大概多久饲喂一次** | **每次饲喂量大概是多少** |
|---|---|---|---|---|
| | | | | |
| | | | | |
| | | | | |
| | | | | |
| | | | | |

**现请列出喂给猫的零食和肉干，包括商品零食、人类食物、残羹剩饭和其他零食**

| **提供的食物类型**<br>列出商品粮的厂商、品牌和风味，以及其他类型 | **提供的食物形式**<br>商品化干粮、罐头或软包装生食或烹饪食物 | **饲喂频率**<br>每日或每周饲喂次数 | **大概多久饲喂一次** | **每次饲喂量大概是多少** |
|---|---|---|---|---|
| | | | | |
| | | | | |
| | | | | |
| | | | | |
| | | | | |

**您给猫喝什么？**

□水　□牛奶　□商品猫奶　□其他 ____________

**您的猫捕猎么（抓或吃野生动物），如果有，有哪些？**

□无　□有……如果有　□老鼠　□大鼠　□田鼠　□鸟　□其他 ____________

**您最近注意到的变化：**

1. 食欲　□无变化　□增加　□下降
2. 体重　□无变化　□增加　□下降
3. 喝水　□无变化　□增加　□下降

CatCare for Life　from　international cat care www.icatcare.org　in partnership with　IDEXX LABORATORIES　ROYAL CANIN　Boehringer Ingelheim

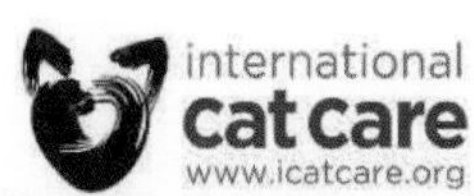

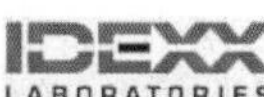

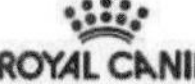

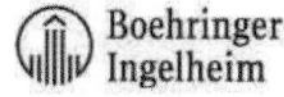

A lifelong partnership of care for the health and wellbeing of your cat • www.catcare4life.org

**图 3–4　猫营养史调查表举例**

此表格可在 www.catcare4life.org 网站免费下载。

## 体格检查

日期： 猫的名字： 主人： 兽医：

**1. TPR、体重和体况**

体温： 体重：

呼吸次数： BCS：

脉搏： MCS：

**2. 性格**

□开朗和活泼 □安静 □嗜睡 □呆滞

□亢奋 □其他：

**3. 水合度**

□正常 □其他：

**4. 面部**

□正常 □其他：

**5. 眼睛**

□正常 □其他：

**6. 耳朵**

□正常 □其他：

**7. 鼻子**

□正常 □其他：

**8. 口腔和食道**

□正常 □其他：

牙结石： □轻 □中 □重

牙龈炎： □轻 □中 □重

口炎： □轻 □中 □重

**9. 黏膜**

□正常 □苍白 □黄疸 □其他：

**10. 肌肉骨骼系统**

□正常 □其他：

**11. 肋骨**

□正常 □其他：

**12. 心脏**

□正常

□心杂音 级别：____/VI □奔马律

□心率异常 □脉搏短缺 CRT：____

**13. 肺和呼吸**

呼吸： □正常 □其他：

听诊： □正常 □其他：

叩诊： □正常 □其他：

**14. 腹部**

□正常 □其他：

**15. 胃肠道**

□正常 □其他：

**16. 泌尿系统**

□正常 □其他：

**17. 淋巴结 / 扁桃体**

□正常 □其他：

**18. 甲状腺**

□正常 □左侧 □右侧 □双侧

**19. 神经系统**

□正常 □其他：

**20. 被毛和皮肤**

□正常 □其他：

**21. 疼痛评分**

□无 □不确定 □轻 □中 □重

**额外观察和计划：**

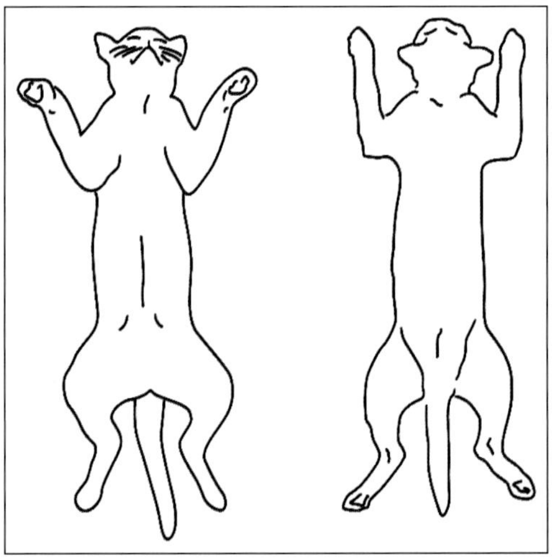

from

in partnership with IDEXX LABORATORIES ROYAL CANIN

A lifelong partnership of care for the health and wellbeing of your cat • www.catcare4life.org

图 3–5 猫体格检查表举例

此表格可在 www.catcare4life.org 网站免费下载。

在把猫带到诊所之前或在接诊前在等候室填写临床病史和（或）健康问卷（如行为、行动、常规预防性治疗和整体健康）。护士或助理的协助可能很有价值，但在接诊之前收集这些信息有助于简化流程并收集所有相关信息。

特别是对于皮肤科就诊，最好将收集到的所有数据记录在一个专用的皮肤科临床记录表上。表格应分为症状、病史、临床检查、鉴别诊断列表、辅助测试、最终诊断、治疗和随访部分（图 3–6）。

许多问题可能很明显，如果这只猫是诊所的长期病例，这些问题可能是现有医疗记录的一部分。然而，重要的是要记住，有些主人不止会带他们的猫去一个兽医诊所，所以其他相关的问题也不应该被忽视。

即使知道了准确的病史，仍然要重点考虑：

- 目前使用的所有药物（由诊所开出或在其他地方取得）。
- 主人可能使用的任何非处方药（如营养补充剂、驱虫药、替代药物等）。
- 生活方式（室内、户外、同居的其他动物等）。

特别是，有关猫患皮肤病的问题应包括：

- 发病年龄 / 持续时间。
- 是否有季节性。
- 发病部位、病变类型及其在病程中的变化。
- 瘙痒的严重程度和部位（如果有）（表 3–1 和表 3–2）。

在临床检查期间回顾病史同时打开猫笼，让猫有时间主动出来探索房间。这有助于猫适应环境，并在随后的检查中减轻压力。

病史调查应该使用开放式问题，例如：

- 自从上次就诊之后，Fluffy 过得怎么样？
- 你注意到它的食欲最近有什么变化吗？

**主诉：**＿＿＿＿＿＿＿＿

**既往病史：**宠物来源＿＿＿＿＿＿＿＿

之前的疾病：

＿＿＿＿＿＿＿＿

＿＿＿＿＿＿＿＿

**近期病史：**日粮：

＿＿＿＿＿＿＿＿

环境：　室内　室外　捕猎和吃猎物？

家庭中的其他动物＿＿＿＿＿＿＿＿

食欲＿＿＿＿　饮水＿＿＿＿　排尿情况＿＿＿＿　排便情况＿＿＿＿

**预防性治疗：**疫苗＿＿＿＿　体内驱虫药＿＿＿＿

跳蚤控制＿＿＿＿＿＿＿＿

**皮肤问题：**初始发病年龄：＿＿＿＿＿＿＿＿

初始发病位置和病变类型＿＿＿＿＿＿＿＿

＿＿＿＿＿＿＿＿

目前发病位置和病变类型＿＿＿＿＿＿＿＿

＿＿＿＿＿＿＿＿

**瘙痒：**无　中　重　季节性＿＿＿＿＿＿＿＿

位置＿＿＿＿＿＿＿＿

**其他动物和人的病变：**＿＿＿＿＿＿＿＿

图 3–6　猫皮肤检查病史表举例

**之前的治疗：**

| 药物 | 日期和持续时间 | 效果 |
| --- | --- | --- |
| | | |
| | | |
| | | |
| | | |
| | | |

**病变的位置（勾勒）**

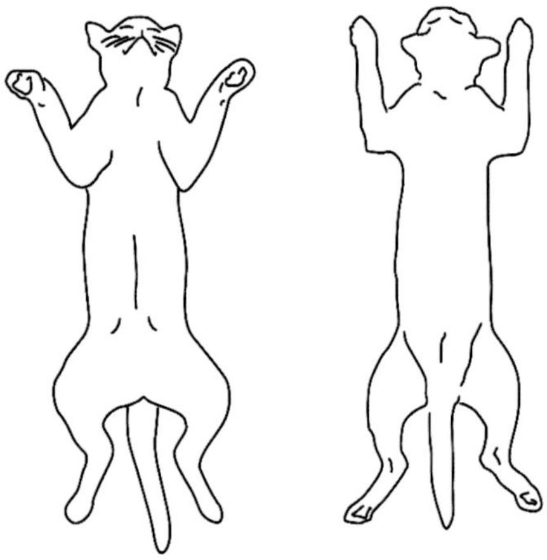

**描述病变（圈出）**

斑疹 丘疹 脓疱

水疱 / 大疱 表皮环 风疹 斑块

脱毛 皮屑 结痂 / 抓痕

焦痂 溃疡 色素过度沉积

粉刺 结节 蜂窝织炎

其他 ____________________

**趾甲和甲床：** ____________ **被毛：** ____________ **其他：** ____________

**临床症状描述：** ____________________

**列出问题和鉴别诊断：** ____________________

**辅助试验和结果：** 刮片 / 拔毛检查 ____________________

细胞学 ____________________

活检 ____________________

血液 / 尿液 ____________________

培养 ____________________

其他 ____________________

**诊断：** ____________________

**治疗：** ____________________

**下次预约：** ____________________

**图 3–6 续**

**表 3–1　猫皮肤病和潜在的瘙痒严重程度**

| 潜在的瘙痒严重程度 |
| --- |
| 没有 |
| 非炎性脱毛 |
| 蠕形螨病（猫蠕形螨，非复杂性） |
| 皮肤癣菌病（非复杂性） |
| 中等 |
| 猫特应性综合征（非复杂性） |
| 食物不良反应（中度至严重） |
| 细菌感染 |
| 马拉色菌感染 |
| 蠕形螨病，感染戈托伊蠕形螨或猫蠕形螨 |
| 姬螯螨病 |
| 严重 |
| 严重的食物过敏 |
| 严重的马拉色菌感染 |
| 猫疥螨病 |

**表 3–2　猫皮肤病和最常见的瘙痒部位**

| 最常见的瘙痒部位 |
| --- |
| 背部 |
| 跳蚤叮咬过敏 |
| 姬螯螨病 |
| 精神性（舔舐） |
| 其他过敏症 |
| 头部 |
| 耳螨病 |
| 食物不良反应 |
| 猫疥螨病 |
| 颈部 |
| 跳蚤叮咬过敏 |
| 食物不良反应 |
| 特发性颈部病变（考虑动物福利问题） |
| 腹部（猫舔舐引起的自损性脱毛） |
| 猫特应性综合征 |
| 跳蚤叮咬过敏 |
| 食物不良反应 |
| 跳蚤感染 |
| 姬螯螨病 |
| 精神性 |

- 大便和之前有变化吗？

这些问题总是比引导性的问题好，例如：

- 您有见到它腹泻吗？
- 它最近吃得多了吗？

完整的病史调查还应该包括良好的营养评估（图 3–4），评估猫的饮食、生活方式、喂养习惯等。重要的是要尽可能全面，涵盖猫能接触到的一切。

猫的行为和环境不应该被忽视。这包括猫是否可以自由外出，它经常接触的其他动物，以及知道猫是否会捕猎。考虑许多医学和行为问题之间的潜在相互作用也很重要，包括皮肤病（如精神性皮肤病）。

## 体格检查

耐心、温柔和同情心是在诊室里与猫相处的重要品质。即使在最好的环境和方法下，一些猫仍然会非常焦虑，首次就诊时可能无法进行全面的体格检查。如果需要的话，留出更多时间，对某些病例可以考虑安排下一次预约，或者在必要的情况下让猫住院。

与病史记录一样，使用标准化的体格检查表和额外的特殊检查表（如皮肤检查）将非常有价值（图 3–5 和图 3–6）。使用标准化表格将确保系统地进行体格检查，没有遗漏任何信息。这对猫来说尤其重要，因为在检查过程中，必须灵活掌握检查顺序，以适应每只猫的需要（见下文）。

体格检查时的重要考虑事项包括：

- 检查猫的时候不要着急。多花一点时间慢慢地检查，按猫的节奏会更有收获，并且可以减小压力。
- 总是试着让猫自己从它的笼具中出来。
- 要能够变通，并让猫自己选择——通过让猫行使选择权，来感受控制力，是减少焦虑的关键方法。关键是要找出和理解什么能让猫更放松，并根据不同的猫调整体格检查。有些猫躺在主人的大腿上更快乐，有些猫躺在地板上更快乐。有些猫喜欢看窗外，而另一些则喜欢坐在猫包里，甚至躲在毯子下面。尽量适应它们，温柔一点，慢慢来。

- 如果猫喜欢的话，给它足够的关注和呵护，温柔地和它说话，尽量不要让它意识到你在给它做体格检查，除了抚摸，还可以做任何事来使它放松。
- 如果猫愿意，可以提供一些零食，这也能有助于分散猫的注意力。
- 把猫放在地板上坐着通常会有帮助，保定起来也会更容易。
- 有些猫喜欢躺下，而有些猫喜欢站着。尽量让猫保持它喜欢的姿势。
- 必要的束缚越少越好。任何形式的明显或过度的束缚都会给猫释放危险信号，并加剧焦虑。
- 在需要的时候，把检查分成若干小段，中间让猫休息、变换姿势或让它在房间里走动。一旦猫开始不安，就让它暂时休息。
- 与猫持续的眼神接触会让猫觉得受到了威胁，尽可能避免直接的眼神接触，并在检查的时候让猫背对着自己（图 3–7）。
- 要知道，老年猫经常患有骨关节炎，保定时可能不舒服或痛苦。
- 更有侵入性的检查（如在必要时测量猫的体温）放到最后做。

特别是对于皮肤检查，在做任何操作前应评估以下内容：

- 营养状况。
- 被毛光泽。
- 被毛厚度。
- 有无异味。
- 局部有无明显病变。

在可能的情况下，应系统地检查被毛和皮肤。作者通常遵循一个严格的顺序，以免遗漏机体的任何部分。

1. 动物尾部
   - ○ 检查尾根部的区域，沿背部向前延伸至颈部。
   - ○ 检查尾部、肛门、肛周和外阴周围的皮肤。
   - ○ 检查后腿是否有线状肉芽肿。
   - ○ 检查爪部，从爪底至爪背检查所有的趾间皮肤。检查甲床，暴露出来所有的趾甲并进行检查。
2. 侧躺着
   - ○ 检查后肢的内侧和腹股沟及腹部区域。检查外生殖器，包括暴露阴茎和翻开外阴。
   - ○ 检查胸骨区、腋窝和前肢的内侧。
3. 动物体侧
   - ○ 检查侧胸和颈部，然后检查前腿和爪部。
   - ○ 检查外耳的外观和气味。
   - ○ 从另一侧重复检查。
4. 最后，从前面对患病动物进行检查
   - ○ 检查头部，包括开口检查和结膜检查。

整个过程应轻而快地进行，以免加重患病动物

**图 3–7 体格检查应轻柔、体贴**
在猫的后面进行检查，避免直接的眼神接触，猫通常会认为这是威胁。

的压力。

在特殊情况下，一些猫非常害怕，即使最耐心的保定，也无法完成完整的检查。这种情况很少见，但是强硬的束缚（抓住猫后颈部，然后把它按在桌子上）只会让猫的情况更糟。在这种情况下，可以考虑使用化学保定法以方便检查。

每次去诊所时都要给猫称重，每年至少要给猫称重 1 ~ 2 次。每次就诊时应计算体重变化百分比并注意趋势。如果可能的话，应使用婴儿秤或猫专用的精确电子秤，以保证准确性。

应记录皮肤病变及其部位和分布，以备将来参考。包括：

**斑疹**　与周围皮肤颜色不同的无凸起的区域。橘猫的皮肤和黏膜上色素沉积的斑点代表单纯的雀斑（图 3–8）。红斑可由周围血管扩张（发生在许多炎性皮肤病中）或出血（瘀点）引起。大面积的红斑称为皮肤发红。色素减退斑是暹罗猫白癜风的典型表现。

**丘疹**　一种小的、凸起的发红病变，代表皮肤内炎性细胞的聚集。丘疹是嗜酸性肉芽肿初期的典型表现。丘疹也可能是寄生虫病（蚊虫叮咬过敏反应；图 3–9）和黄瘤的特征。

**脓疱**　表皮内或表皮下炎性细胞的堆积（脓汁）。猫的脓疱罕见，最常见于落叶型天疱疮（图 3–10）。

**水疱**　表皮内或表皮下积聚透明或出血性液体，一种罕见的病变，常由自身免疫性皮肤病引起。

**囊肿**　非肿瘤性、边界清晰的液体或角质的聚积。波斯猫可见多个顶泌汗腺囊肿，含有透明液体（图 3–11）。

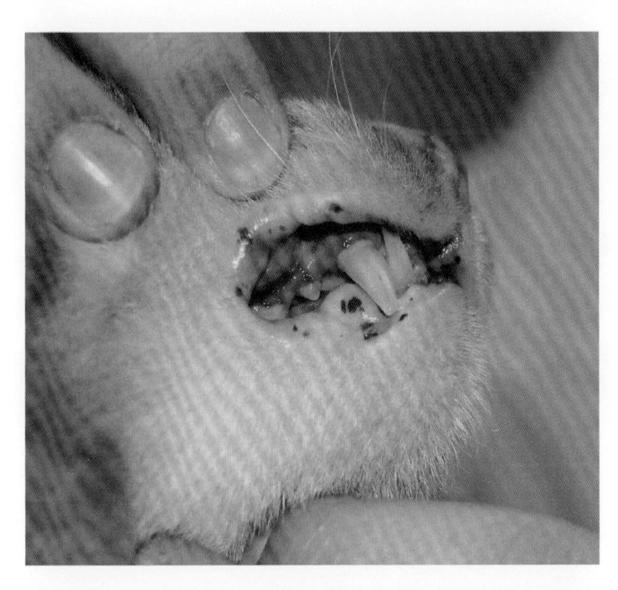

图 3–8　红毛猫口腔黏膜上的褐色斑点（单纯性雀斑）

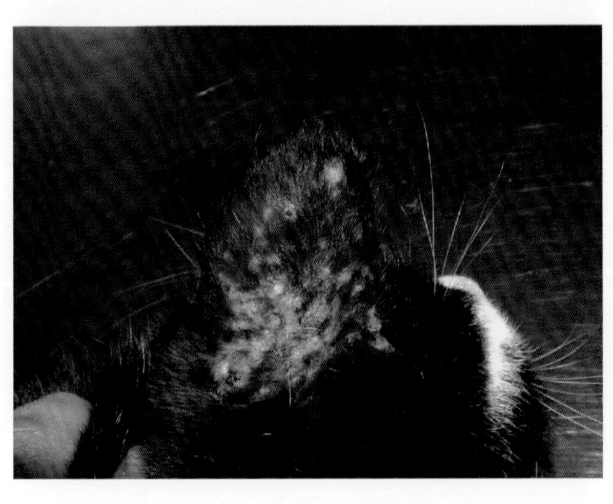

图 3–9　蚊虫叮咬过敏反应的患猫耳廓上的小丘疹和糜烂

**结节** 由于细胞浸润或增生和（或）结缔组织过多引起的皮肤隆起结节见于细菌性疾病（如脓肿）、真菌性感染（如深层真菌病或皮肤癣菌性足菌肿病）[译者注：足菌肿（mycetoma）是由不同种类的真菌或放线菌通过伤口植入引起的皮下组织感染。特征性的表现为病原菌聚集而形成的硫黄颗粒。其发展通常是局部直接侵犯，很少远距离转移。]、无菌性反应（注射部位肉芽肿、猫进行性组织细胞增多症；图 3-12）或肿瘤。

**斑块** 皮肤表面平坦的坚实隆起的区域，如嗜酸性斑块（图 3-13）。

**风疹** 由浅表真皮水肿引起的、边界清晰的隆起病变。风疹可快速发生（数小时），且快速消退（数小时或一天）。风疹是 1 型超敏反应的表现（即时或过敏性），在皮内过敏原试验的反应中可见。血管水肿是指水肿延伸至更深的组织，并累及机体更大的区域（特别是头部；图 3-14）。

**粉刺** 通常被称为“黑头”，代表角质聚积在毛囊漏斗部。猫粉刺见于猫下颏痤疮（图 3-15）。

**结痂** 分泌物（图 3-16）或血液干燥以后的聚积。颜色取决于形成它们的物质（血液 = 棕色、脓汁 = 黄色）。焦痂（图 3-17）是一种特殊类型的结痂，含有真皮胶原纤维，因此牢牢固定在身体上（难以将其去除）。在猫特发性溃疡性颈部病变

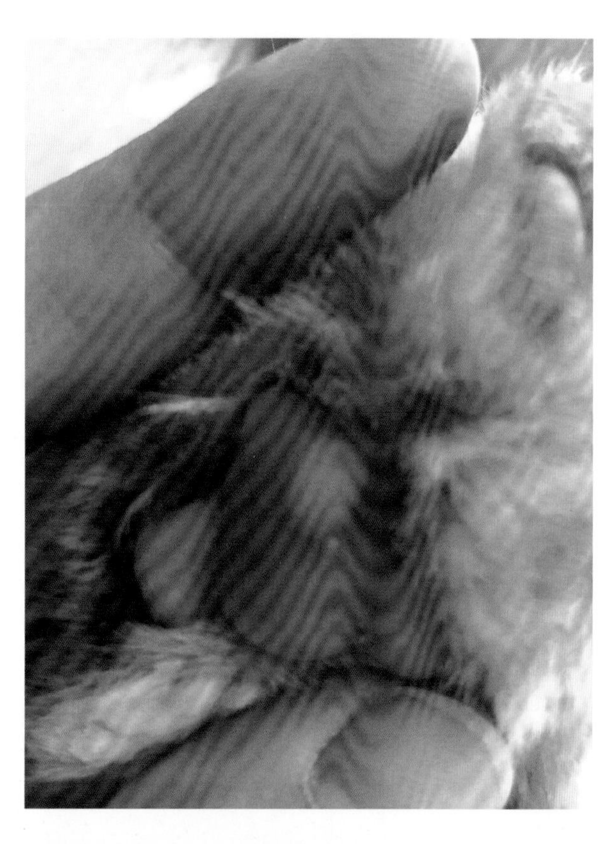

图 3-10 落叶型天疱疮患猫爪垫上的脓疱

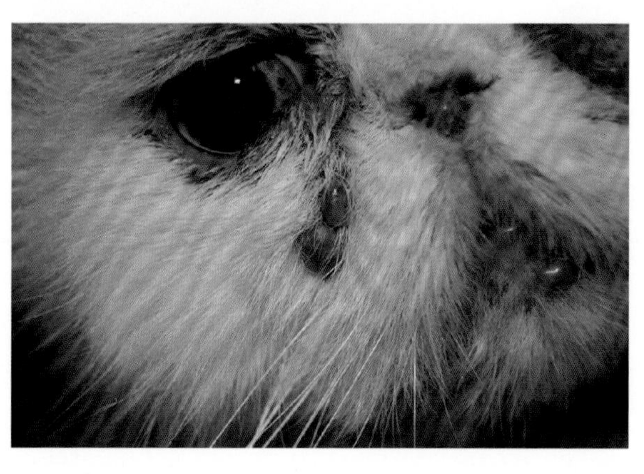

图 3-11 波斯猫口鼻周的顶泌汗腺囊肿

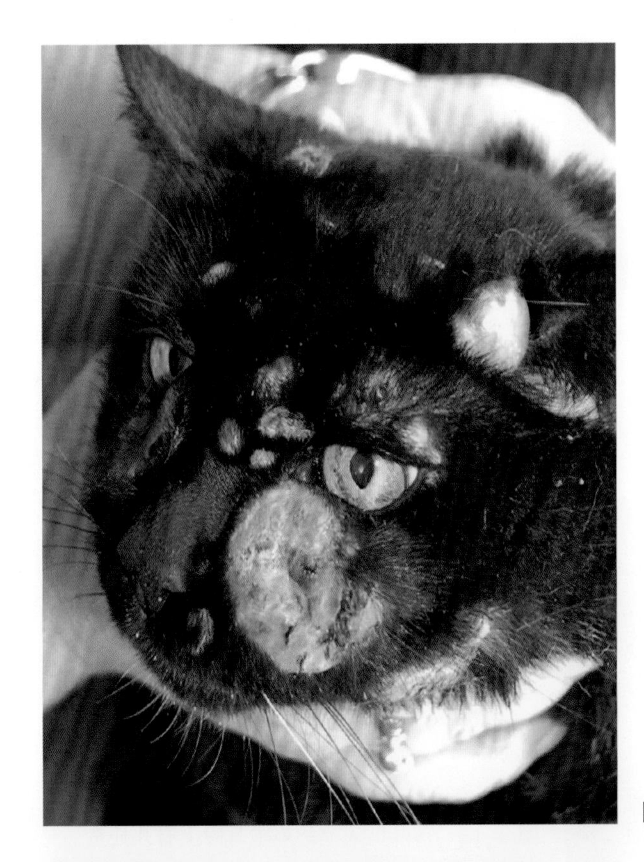

图 3-12　猫的进行性组织细胞增多症，头部有大量结节

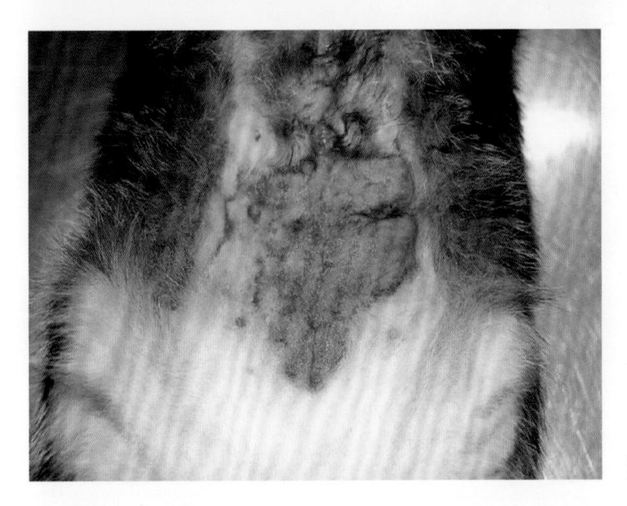

图 3-13　过敏症患猫的典型嗜酸性斑块

图 3-14　猫头部血管性水肿

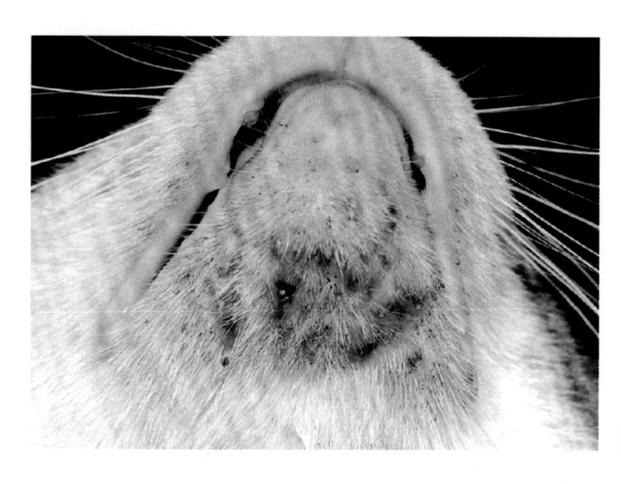

图 3-15 患有痤疮的猫的下颏粉刺和疖病

图 3-16 落叶型天疱疮患猫耳廓上有几处黄色的结痂（干燥的脓汁）

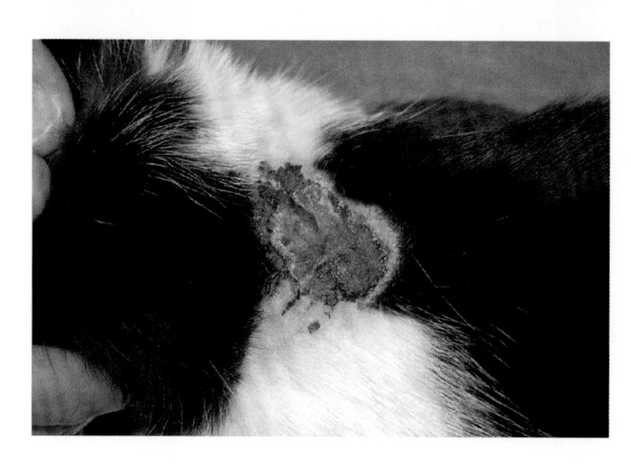

图 3-17 特发性溃疡性皮炎患猫颈部的焦痂

和猫溃疡性（穿凿性）皮炎病例中，焦痂是典型病变。

**皮屑** 角质层干燥聚积，通常称为皮屑（图3-18）。猫出现皮屑通常与皮肤癣菌病、皮脂腺炎或副肿瘤性疾病有关（胸腺瘤导致的猫表皮剥脱性皮炎）。

**抓痕** 一种自我损伤性病变，包括溃疡和结痂，由抓挠和（或）啃咬引起（图 3-19）。

**糜烂** 表皮层至基底膜缺失，但真皮层完好无损。糜烂见于一些自身免疫性疾病（如天疱疮和引起真皮表皮分离的疾病）和嗜酸性斑块早期（由于猫舌头的摩擦作用）。

**溃疡** 涉及表皮层和下层组织（真皮、较少见的皮下组织）的组织损失。猫溃疡疾病举例：深层细菌性（如非典型分枝杆菌）或真菌性（如孢子虫病）感染、鳞状细胞癌、特发性颈部溃疡和唇部（无痛性）溃疡（图 3-20）。

**瘘道** 深层炎症反应过程（真皮或皮下组织）

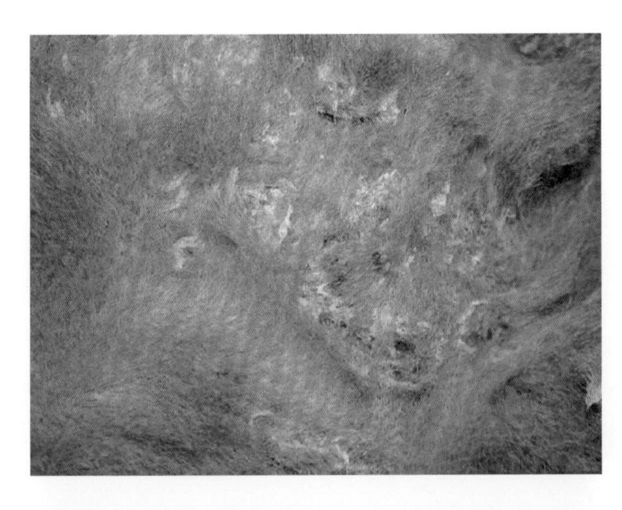

**图 3–18　胸腺瘤相关的副肿瘤性表皮剥脱性皮炎的患猫，出现大块干燥的表皮剥脱**

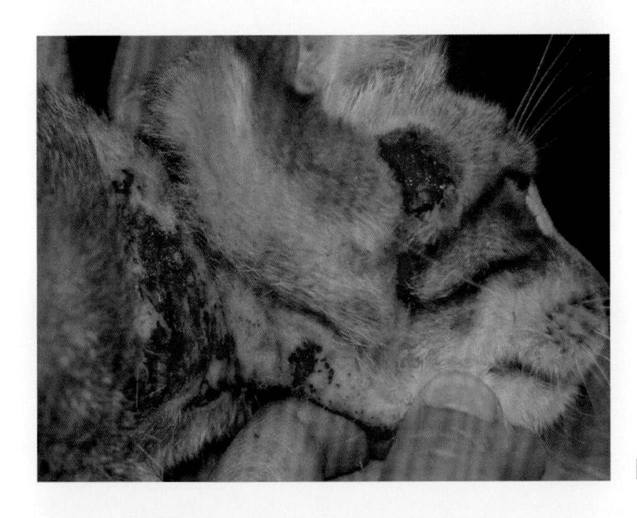

**图 3–19　食物不良反应患猫的自损性抓痕和溃疡**

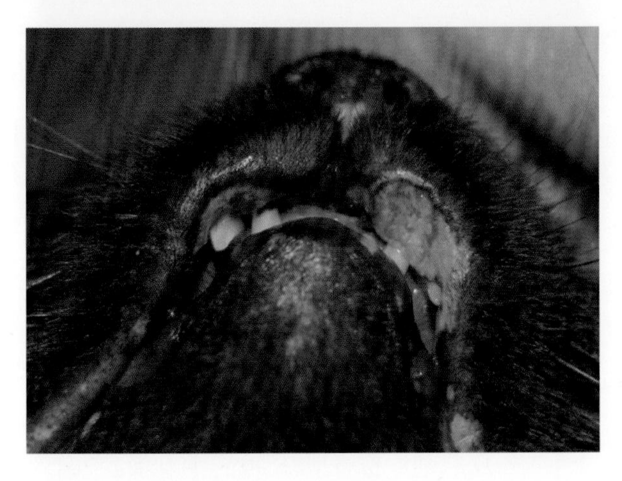

**图 3–20　唇部（无痛性）溃疡病变**

产生并流出分泌物的组织开口。脓肿或其他炎性病变（无菌性脂膜炎、异物性肉芽肿等）的瘘道使脓汁得以排出，并最终排出病原微生物、异物或坏死物质。

**脱毛**　可以用来描述身体一个或多个区域的毛发完全缺失和少毛症，意思是被毛稀少。重点是要区分脱毛是毛干和毛根一起脱落，还是只是部分毛干脱落。在毛根缺失的病例中，如内分泌或副肿瘤性脱毛，病变周围的毛发可以很容易地通过牵拉脱落。在毛发断裂的病例中（如自损性脱毛；图3–21），在毛囊开口处或通过放大镜可见有小段毛干存留。脱毛区域周围的毛发可以抵抗牵拉。

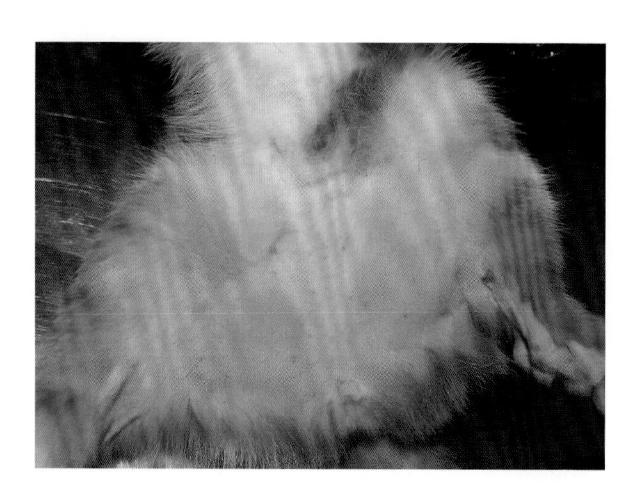

图 3–21 因舔舐引起的腹部自损性脱毛

## 诊断调查

有许多诊断试验，虽然大多非常直接，但在诊断各种皮肤病方面是非常有价值的。再次强调，考虑给猫使用适当的化学药物（镇静）是很重要的，以便于进行必要的检查。对一只焦虑或恐惧的猫进行适当的化学保定，这远比强硬的物理束缚产生的压力小得多。

### 毛发显微镜检查

毛发显微镜检查是指用显微镜检查毛发（毛尖、毛干和毛根）。理想情况下，拔下 20 ~ 30 根毛发，然后检查。拔除毛发的首选工具是一个蚊式止血钳（最好是 Klemmer 牌），上面套上小的橡胶或塑料管（以获得均匀的压力并避免人为损伤带来的伪影）。这样，将获得生长周期中所有阶段的样品，而不仅仅是静止期的毛发。应该按照毛发生长的方向拔除，以避免在根部断裂。可以将毛发固定在显微镜载玻片上，方法是将毛发放入矿物油中，盖上盖玻片，或者使用透明醋酸胶带。在 40 倍和 100 倍放大下进行观察。

应该检查毛尖，以确定是否有瘙痒（创伤性脱毛）或自损性脱毛。由于创伤性脱毛会破坏毛发的尖端，通常纤细的毛尖会缺失。

也应该检查毛根，以确定毛发是否处于生长期或静止期，以及毛发周期是否正常。大多数应处于静止期（粗糙、矛状的毛球），少量处于生长期（膨大的毛球，可能出现须边，经常有色素分布，可能呈棒状）。短毛猫大约 90% 的毛发处于静止期。

还应该检查毛干是否有异常，包括是否存在外寄生虫（猫蠕形螨）、外寄生虫虫卵（猫咬虱、姬螯螨）和（或）皮肤癣菌病。毛干上黏附大块角质，称为毛囊管型，可见于皮脂腺炎。

### 皮肤刮片

必要时皮肤小面积剃毛。在皮肤表面涂少量矿物油，便于皮肤刮片，用钝刀片或沃克曼刮勺（直径 5 ~ 6 mm）垂直于皮肤表面，用中等压力按毛发生长方向刮取皮肤表面。

对于皮肤表面的寄生虫，如猫疥螨和戈托伊蠕形螨，刮取不宜太深，以免引起毛细血管渗血。采集的物质可以涂在载玻片上进行检查。

皮肤深刮是指在同一部位反复刮取，直到毛细血管渗出血液。在刮取前“挤压”皮肤，将内容物从毛囊中挤出，可促进毛囊物质和毛囊内蠕形螨的采集。在未治疗的蠕形螨病例中，检出的螨虫数量通常非常高，因此很少需要收集 2 个或 3 个以上的样本，而拔毛镜检可能比皮肤刮片更可取。当监测治疗是否有效时，螨虫的数量很低，有必要进行多次皮肤深刮。

皮肤刮片检查应在 40 ~ 400 倍放大下观察；但是初次检查应该在 40 倍下进行。如果有大量的角质碎屑，取干燥的皮肤刮片，将采集的物质放在 10% ~ 20% 的氢氧化钾中，然后在盖上盖玻片检查之前放置 20 ~ 30 min，通过清除角化碎片，可以增强视觉效果。

### 胶带粘贴试验（透明胶带或醋酸胶带）

这个试验可以收集皮肤表面的寄生虫、毛发和酵母菌。取 5 ~ 8 cm 的透明胶带，在皮肤病变处或欲采样区域反复粘贴。如果有必要，可以在进行试验之前剃毛。然后将胶带粘在显微镜载玻片上。多余末端可以包在载玻片上，以帮助固定。

必要的话可以进行染色（如寻找马拉色菌），在载玻片上滴一滴染液（如蓝色 Diff Quik 染液）。在 40 ~ 400 倍放大下观察载玻片。

### 被毛刷

被毛刷对寻找跳蚤特别有帮助，但也可能发现其他表面寄生虫。将猫放在一张大白纸上，用力地沿被毛生长方向梳毛。收集皮屑和碎片，进行肉眼观察，也可放在载玻片上，滴矿物油或染液进行观察，如乳酚棉蓝染色。用“跳蚤梳”梳毛也是一个有用的方法。

### 伍德氏灯检查

对被毛（或收集的毛发）进行伍德氏灯检查，寻找在紫外光下自发荧光的被毛，通常与犬小孢子菌感染相关。为了达到最佳效果，要在黑暗的房间里使用伍德氏灯，并需要 30 ~ 60 min 让眼睛适应暗光环境。关于这项技术的更多信息在皮肤癣菌病一章中有介绍（见第十三章）。

### 细胞学检查

有几种获取样本进行细胞学检查的技术。

**细针抽吸采样**　这种技术适用于凸起的病变、结节或可触及的淋巴结。连接 5 mL 或 10 mL 注射器，将 21 G（灰色）针头刺入结节中心。当针在肿块内时，进行几次 1 ~ 2 mL 的抽吸，同时改变针的方向（角度），但不要从病变中抽出针。拔出针头之前使吸力完全释放。如果操作正确，则注射器栓应返回到 0 mL 且细胞将位于针腔内。如果注射器没有返回零位，说明空气已经进入注射器，应重复此操作，因为细胞位于注射器针筒内，无法被推出。然后将针头从注射器上分离，使注射器充满空气，重新连接针头，将细胞“喷洒”到载玻片上。如果样本是液体，可以涂片，处理方法类似血涂片。如果样本是固体，则通过另一张载玻片在样本上施加少量压力或不施加压力轻推使之扩散。

**细针穿刺采样**　不连接注射器，将 24 G 针头刺入肿块，改变其角度。然后将针头从病变处取出，连接到一个吸满空气的注射器上，然后将样本喷到一个载玻片上，并如上所述进行制片。该技术特别适用于淋巴结、非常小的病变或抽吸出血过多时。

**皮肤压片**　皮肤压片适用于渗出性病变、油脂浅表聚积、脓疱、结痂或切成两半的活检样本。将载玻片在病变上或油腻部位轻放几次。对一个脓疱或结痂采样，需要用 24 G 的针头掀开病变，然后在流出的脓汁上压片。皮肤压片的优点是不会使细胞变形，但通常会导致样本太厚。在这种情况下，应在载玻片的边缘寻找单层细胞。

**浅表皮肤刮片**　如前所述，马拉色菌可通过使用 10 号或 20 号手术刀刀片对皮肤皮脂溢进行非常浅表的皮肤刮片来获取。用刀片将样本在载玻片上摊薄，用火焰固定，并用标准染色剂染色。

**棉签采样**　这项技术适用于从瘘道、趾间、爪褶和外耳道收集样本。轻轻滚动棉签，将样本压在一个载玻片上。

### 皮肤活检

皮肤病的调查和诊断有时需要皮肤活检。

如果病情允许，最好在使用抗生素治疗 1 ~ 2 周后进行活检。这能清除所有可能使活检结果复杂化的继发性感染。首选抗生素包括头孢氨苄［20 ~ 30 mg/(kg · d)，每天 2 次，口服］、头孢羟氨苄［20 ~ 30 mg/(kg · d)，每天 2 次，口服］或阿莫西林 – 克拉维酸［20 ~ 25 mg/(kg · d)，每天 2 次，口服］。为避免继发感染和瘢痕，活检后可持续使用抗生素 1 周。如果患病动物一直在接受糖皮质激素治疗，并且患病动物的情况允许，那么活检应该推迟到治疗停止后 15 ~ 20 d 进行，如果已经使用了注射的长效激素，活检时间应该更加延长。

考虑到手术小而快速，只需要 1 ~ 2 针缝合，局部麻醉是更好的选择。但是对于猫来说，只有在它们非常安静的情况下，且从躯干上活检采样后才可以进行。如果使用局部麻醉，应记住给猫注射 2% 利多卡因，总量不要超过 1 mL，因为存在心脏毒性的风险。如果需要进行多处活检采样，可用生理盐水与利多卡因按 1 : 1 稀释，得到 2 mL 1% 利多卡因，可用于多达 4 处活检采样。然而，在大多数情况下，需要使用全身麻醉。

通常来说，对有代表性的病变进行多处活检采样有助于诊断。在可能的情况下,应对早期病变（如丘疹和脓疱）应行活检采样，避免对陈旧病变（如溃疡和结痂）进行采样，然而，如果有不同程度的病变，最好都进行活检采样。

活检前，在病变处轻柔剃毛，但最好不要清洁皮肤，因为这样可能会去除有价值的诊断样本。一次性打孔器活检通常是活检采样的首选方法。病变边缘采样，包括邻近的看上去正常的皮肤，应采用椭圆切除活检采样技术。

样本应放入 10% 的新鲜福尔马林液中，并附上完整的临床病史。病理学家应了解病例特征（年龄和品种）、临床表现、病变及发病部位描述、疾病的持续时间和发展过程的全部信息。应包括所有治疗 / 药物，使用持续时间和暂停时间。不同部位的活检样本应单独保存，放在有编号的容器中提交，并在病历中说明每次活检的部位和病变类型。

## 参考文献

[1] Pankratz KE, Ferris KK, Griffith EH, et al. Use of single-dose oral gabapentin to attenuate fear responses in cage-trap confined community cats: a double-blind, placebo-controlled field trial. J Feline Med Surg. 2018; 20:535-543.

[2] Van Haaften KA, Eichstadt Forsythe LR, Stelow EA, Bain MJ. Effects of a single pre-appointment dose of gabapentin on signs of stress in cats during transportation and veterinary examination. J Am Vet Med Assoc. 2017; 251:1175-1181.

[3] Rodin I, Sundhal E, Carney H, et al. AAFP and ISFM Feline-Friendly Handling Guidelines. J Feline Med Surg. 2011; 13:364-375.

# 第二部分　以问题为导向的诊断方法

# 第四章　脱毛

Silvia Colombo

**摘要**

脱毛，无论是自发性还是自损性的，都是猫的常见症状。本章首先介绍了脱毛症和少毛症的定义以及脱毛症的临床特征，然后介绍了不同类型脱毛症的发病机制。除此之外，本章还描述了脱毛症的临床表现，以及发生在特定部位的特定猫皮肤病，其中的症状和病史对于临床诊断很有帮助。诊断脱毛症需要正确识别临床症状背后的发病机制，可以通过收集病史、检查猫、进行毛发显微镜检查来识别。对猫来说，就诊开始时就需要区分自发性脱毛和自损性脱毛，这是一项非常重要的诊断试验。皮肤癣菌病在猫身上非常常见，所有出现脱毛的病例都应该进行诊断试验，以此诊断或排除这种疾病。

## 定义

脱毛就是指毛发脱落。脱毛这个词来源于古希腊语 ἀλώπηξ（alṓpēx），意思是狐狸。在当时，“alopecia（脱毛）”一词是指狐狸的疥螨。

少毛症（hypotrichosis，来源于古希腊语 υπο，意思是少，θριξ，意思是毛发），意味着毛发少于正常量，这个术语有时作为脱毛的同义词使用。虽然这两个术语的确切含义非常相似，但如果说有何区别，那么便是在人医和兽医皮肤病学出版物中，首选少毛症一词描述先天性毛发缺陷（图 4–1）[1]。严格意义上来讲，少毛症应该被视为先天性脱毛的同义词。

脱毛可根据严重程度（部分或完全）、分布（局灶性、多灶性、全身性、对称性）、部位和发病机制进行分类。部分脱毛是指毛发比正常数量少，而完全脱毛是指没有毛发。局灶性脱毛，有时也称为局部脱毛，是指出现在身体任何部位的一块脱毛斑（图 4–2）。如果脱毛斑较多，则定义为多灶性脱毛。猫的局灶性或多灶性脱毛是皮肤癣菌病常见的临床表现（图 4–3）。当脱毛涉及身体的整个区域时，其被定义为弥漫性或广泛（全身）性脱毛。当身体两侧同时发病，弥漫性脱毛可能呈现对称性。全身性脱毛在少毛品种身上是正常的，如斯芬克斯猫[2]。

## 发病机制

对于猫，从诊断的角度来说，脱毛最有用的分类是基于发病机制的分类。当毛发自己脱落时，脱毛就是自发性的；当猫不断舔舐主动去除毛发时，脱毛就是自损性的。

自发性脱毛主要由两种发病机制所引起。当炎症或感染以毛囊和（或）毛干为目标时，后者会受到损伤并脱落（图 4–4）。由于毛囊发育不良或萎缩，导致不能产生正常的毛干时，毛发也可能脱落（表 4–1）。

自损性脱毛是由猫过度自我舔舐，偶尔啃咬、拔毛或抓挠引起的（图 4–5）。舔舐对于猫科动物来说是一种主要的理毛方式，是猫正常的基因编码行为。猫梳理毛发以去除死毛、外寄生虫和污垢，并控制体温。一项研究表明，一只健康猫每天大约理毛 1 h[3]。这种行为的频率和（或）强度如果增加，则称为过度理毛，可能是瘙痒、疼痛或行为问题的表现（表 4–2）。作为正常的生理行为，这种表现即使增多，主人通常也不会意识到这是过度理毛，更不会认为是瘙痒或疼痛的症状。此外，猫倾向于通过躲避主人来表达它们的不适，因此主人将更难注意到他们的宠物在过度理毛。

最后，我们必须记住，有些疾病的毛囊损伤导致的自发性脱毛，以及瘙痒导致的自损性脱毛，可能会同时发生。例如，有些皮肤癣菌病或蠕形螨病可能会发生瘙痒。

## 诊断方法

### 病征和病史

传染性和外寄生虫性疾病，如皮肤癣菌病、蠕形螨病、跳蚤感染或姬螯螨病，通常发生在幼猫身上或拥挤的环境中，如猫舍或宠物店。副肿瘤综合征和肿瘤通常见于老年猫。猫的品种可以给诊断提供信息：波斯猫易患皮肤癣菌病（图 4–6）；最近报道了伯曼猫的先天性少毛症[1]。充分了解猫的表型很重要，尤其是像德文卷毛猫这样的品种，这种猫躯干上的毛发数量可能变化很大，并且会在颈部外

图 4–1　幼年家养短毛猫的先天性少毛症

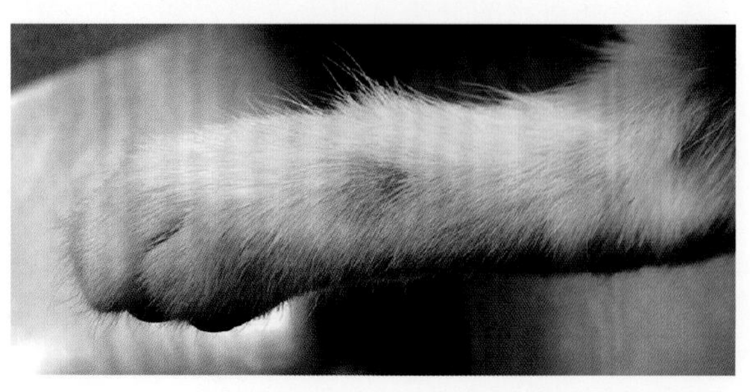

图 4–2　一只罹患皮肤癣菌病的幼猫，前肢发生局灶性脱毛

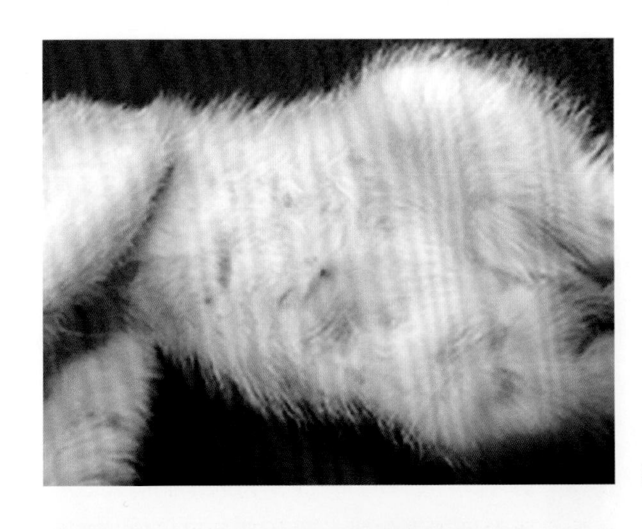

图 4-3　一只罹患皮肤癣菌病的幼猫，发生多灶性脱毛

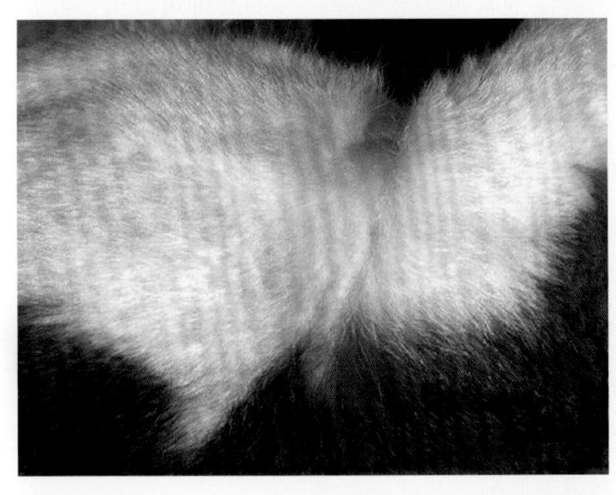

图 4-4　成年猫对灭蚤项圈产生不良反应后，发生自发性脱毛

表 4-1　自发性脱毛的病因

| | |
|---|---|
| 毛囊发炎 / 感染 | 脓皮病<br>皮肤癣菌病<br>蠕形螨病（猫蠕形螨）<br>落叶型天疱疮<br>假性斑秃<br>淋巴细胞性毛囊壁炎<br>皮脂腺炎 |
| 毛囊发育不良 / 萎缩 | 外用 / 注射糖皮质激素<br>外用 / 全身药物不良反应<br>静止期脱毛<br>自发性 / 医源性肾上腺皮质功能亢进<br>副肿瘤性脱毛<br>创伤后脱毛<br>无毛品种 / 先天性少毛症<br>扭毛<br>瘢痕性脱毛（疤痕） |

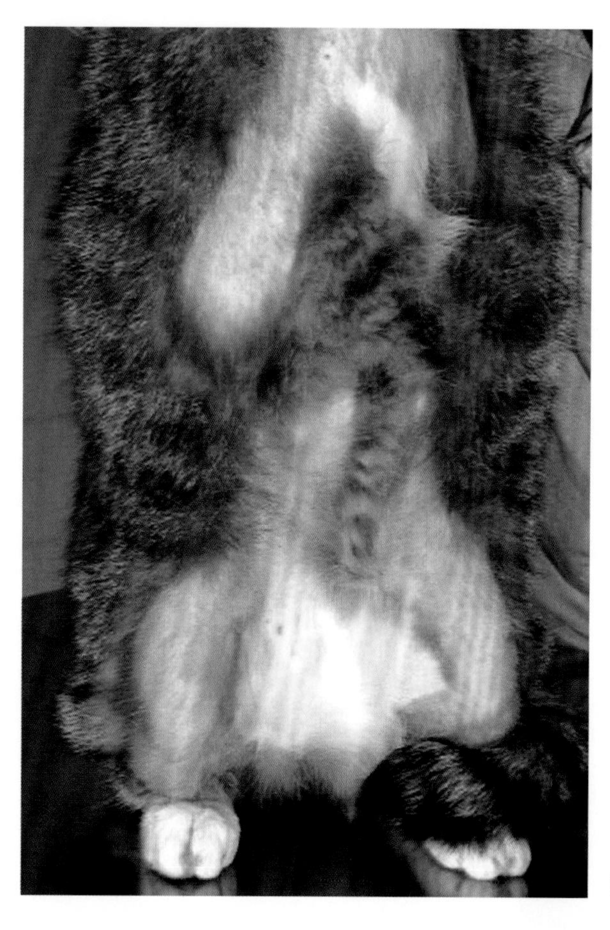

图 4–5 过敏猫的自损性脱毛

表 4–2 自损性脱毛的病因

| | |
|---|---|
| 瘙痒 | 脓皮病 |
| | 皮肤癣菌病 |
| | 马拉色菌过度生长 |
| | 跳蚤感染 |
| | 姬螯螨病 |
| | 耳螨（不固定） |
| | 蠕形螨病（戈托伊蠕形螨） |
| | 猫毛螨感染 |
| | 跳蚤叮咬过敏 |
| | 食物不良反应 |
| | 猫特应性综合征 |
| | 过敏性接触性皮炎 |
| | 猫淋巴细胞增多症 |
| 疼痛 / 神经性 | 猫感觉过敏综合征 |
| | 刺激性接触性皮炎 |
| | 猫特发性膀胱炎 |
| | 创伤 |
| 行为 | 精神性脱毛 |

侧和颈部腹侧发生生理性脱毛。

病史对诊断也很重要。基于病史，疤痕很容易确诊，而曾经的车祸或跌落造成的创伤可能引发创伤后脱毛[4]。当怀疑是药物引起的不良反应时，了解详细的用药史就显得很重要。刚分娩的母猫突然出现脱毛，可能提示静止期脱毛。季节性自损性脱毛可能与猫特应性综合征有关。老年糖尿病猫同时出现如多尿和多饮的全身性症状，发并展为自发性脱毛，应立即进行肾上腺素皮质功能亢进检测（图 4–7），而猫腹部和腹股沟自损性脱毛，可能是猫特发性膀胱炎[5]引起的。

## 临床表现

自发性脱毛可能是局部的或全身的，通常来说，整个脱毛区、病变中心或周围的毛发很容易脱落，导致皮肤看起来无毛和光滑。在有些疾病中，如皮肤癣菌病，可以看到毛囊开口处出现少量短毛茬。

自损性脱毛的特征是存在非常短的毛茬，可以通过近距离观察皮肤或借助放大镜发现（图 4–8）。

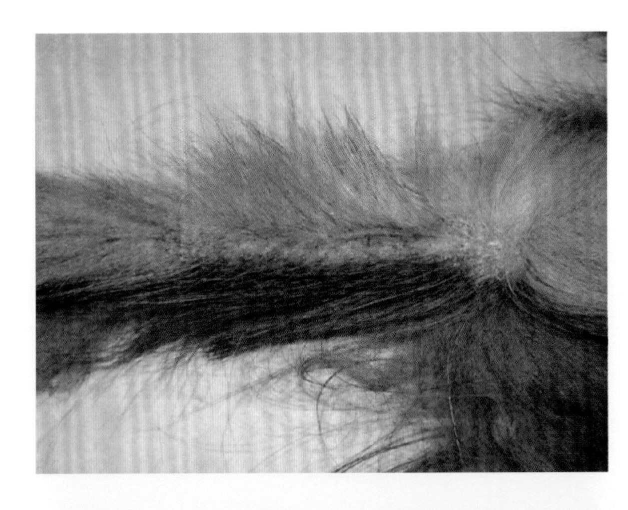

图 4-6　患皮肤癣菌病的波斯猫，尾巴上的脱毛和皮屑

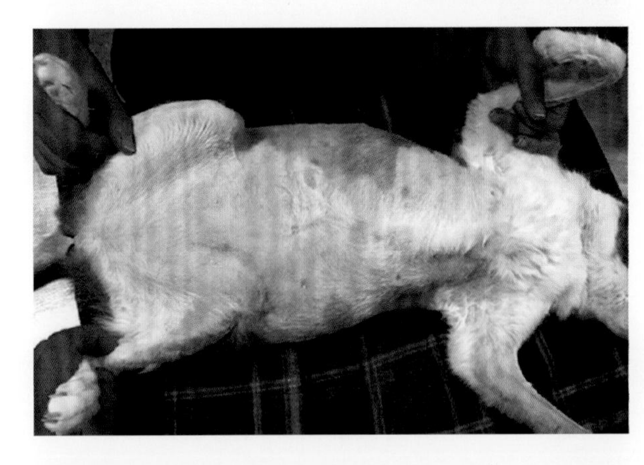

图 4-7　老年猫因肾上腺皮质功能亢进和蠕形螨病而发生自发性脱毛

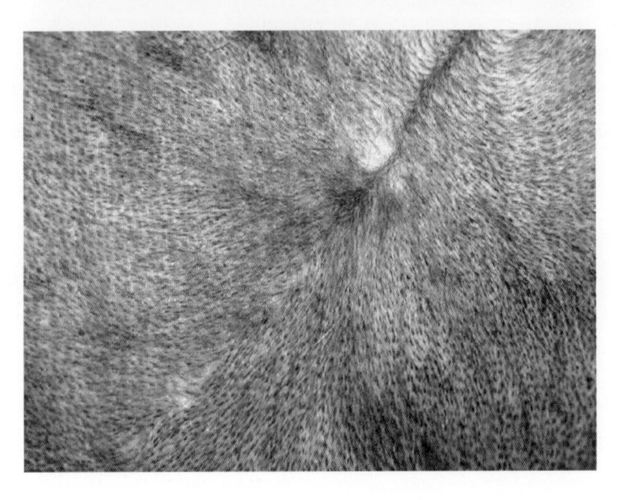

图 4-8　自损性脱毛的猫，腹部皮肤的特写

毛发不能被轻易拔出。自损性脱毛经常是全身性的，也可能是对称性的。脱毛区边缘通常非常清晰，然后突然从毛茬转变为正常毛发。

猫的自发性和自损性脱毛可能是局灶性、多灶性或全身性的，并可能伴随其他皮肤病变。伴随脱毛的病变存在 / 不存在以及病变类型对于指导诊断过程非常有价值（表 4-3）。

局灶性脱毛和发病皮肤增厚，再加上以前的创伤史，可使临床医生确诊疤痕。皮肤也可能出现色素过度减退或沉着。猫的轻度红斑和表皮剥脱，伴随局灶性或多灶性脱毛，可能提示皮肤癣菌病。瘙痒的程度可从无到中度不等，因此，皮肤癣菌病也应被列入自损性脱毛的鉴别诊断中。非炎性脱毛的局部区域皮肤非常薄，可见血管和淤伤，提示该部位存在单次或多次糖皮质激素注射反应（图 4-9）。老年猫的全身性脱毛主要在腹侧出现，伴随皮肤异

表 4–3　脱毛性猫皮肤病伴随的病变

| | 病变 | 疾病 |
|---|---|---|
| 自发性脱毛 | 红斑、皮屑、毛囊管型 | 皮肤癣菌病 |
| | 红斑、皮屑、粉刺、毛囊管型 | 蠕形螨病 |
| | 丘疹、结痂、皮屑 | 浅表脓皮病 |
| | 脓疱、黄色结痂 | 落叶型天疱疮 |
| | 脱甲症、脆甲症 | 假性斑秃 |
| | 皮屑、色素过度沉着 | 淋巴细胞性毛囊壁炎 |
| | 皮屑、结痂、毛囊管型 | 皮脂腺炎 |
| | 局部皮肤变薄，可见血管、淤伤 | 外用 / 全身性给予糖皮质激素 |
| | 无 | 静止期大量脱毛 |
| | 皮肤很薄、淤伤、撕裂、皮屑、粉刺 | 自发性 / 医源性肾上腺皮质功能亢进 |
| | 皮肤异样光泽 | 副肿瘤性脱毛 |
| | 红斑、皮肤异样光泽、糜烂 / 溃疡 | 创伤后脱毛 |
| | 没有胡须、爪子、舌乳头 | 先天性少毛症 |
| | 皮肤增厚、色素减退 / 过度沉着 | 疤痕 |
| 自损性脱毛 | 皮屑 | 姬螯螨病 |
| | 耵聍性外耳炎 | 耳螨（不固定） |
| | 粟粒性皮炎、嗜酸性斑块 | 过敏性疾病 |
| | 丘疹、结痂、皮屑 | 浅表脓皮病 |
| | 红斑、耳垢、耵聍性耳炎、外耳炎、甲沟炎、下颏痤疮 | 马拉色菌过度生长 |
| | 红斑、糜烂 / 溃疡、斑块 | 猫淋巴细胞增多症 |
| | 皮肤抽动 | 猫感觉过敏综合征 |
| | 糜烂 / 溃疡 | 创伤 |
| | 无 | 猫特发性膀胱炎 |
| | 无 | 精神性脱毛 |

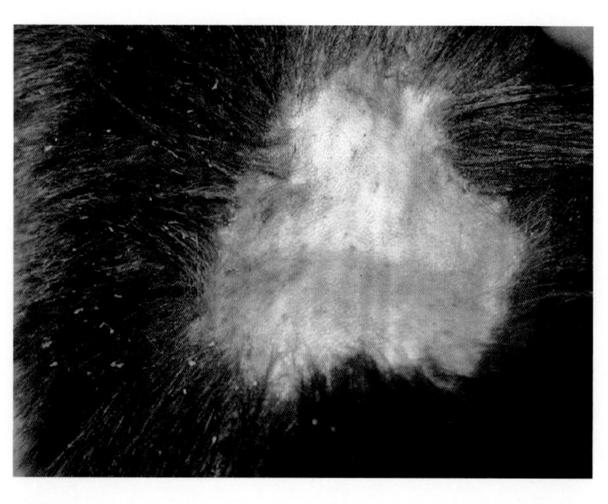

图 4–9　猫因反复注射糖皮质激素治疗，发生自发性局部脱毛

样光泽，提示副肿瘤性脱毛（图 4–10）[6]。

局灶性或多灶性脱毛和红斑，轻度皮屑和偶有粉刺，伴有轻度瘙痒或无瘙痒，提示猫蠕形螨引起的蠕形螨病。蠕形螨是一种毛囊性螨虫，通常发生在免疫缺陷的动物身上。严重的瘙痒和自损性脱毛，伴随着红斑和皮屑，增加了戈托伊蠕形螨引起的蠕形螨病的可能，这是一种生活在角质层的传染性短体螨虫。蠕形螨病在猫身上并不常见[7]。发生在背部的严重的皮屑和自损性脱毛，可能提示姬螯螨病。自损性脱毛，特别是同时观察到粟粒性皮炎和（或）嗜酸性斑块时，很可能提示过敏性疾病。

正确区分自发性和自损性脱毛，识别并发病变和临床症状的好发部位，这些都有助于列出鉴别诊断（表 4–4）。

## 诊断程序

本节如图 4–11 所示。带数字的红色方块表示诊断步骤，如下所述。

1 进行毛发显微镜检查。

对于任何猫的脱毛病例，首先进行的检查是毛干显微镜检查，因为除了自发性和自损性脱毛之间的区别之外，它还可以提供其他有价值的信息。

首先，必须对毛尖进行评估：断裂的毛尖提示自损性脱毛，而完整的毛尖则提示自发性脱毛，皮肤癣菌病除外。其次，要仔细观察毛干的整体。先天性异常，如扭毛，表现为毛干扁平，在其自身轴线上不规则地扭曲 180°（图 4–12）[8]。观察毛根部，可鉴定出排列在毛干周围的皮肤癣菌孢子或者游离或嵌入角质管型中的蠕形螨。然而，毛发检查的阴性结果并不能排除患皮肤癣菌病和蠕形螨病的可能。

2 排除自损性脱毛的非皮肤病学原因。

当毛干显微镜检查结果为自损性脱毛时，必须仔细考虑非皮肤病学的原因，专门针对并发的非皮肤病症状进行病史调查。如果脱毛只发生在腹部和腹股沟，则应进行尿液分析、细菌培养和药敏试验，以调查猫的特发性膀胱炎、尿石症和（或）下泌尿道感染。超声检查可以帮助调查腹痛的其他原因。例如，如果脱毛是局灶性的，并且位于单肢或脊柱背侧，X 线检查可以识别出已

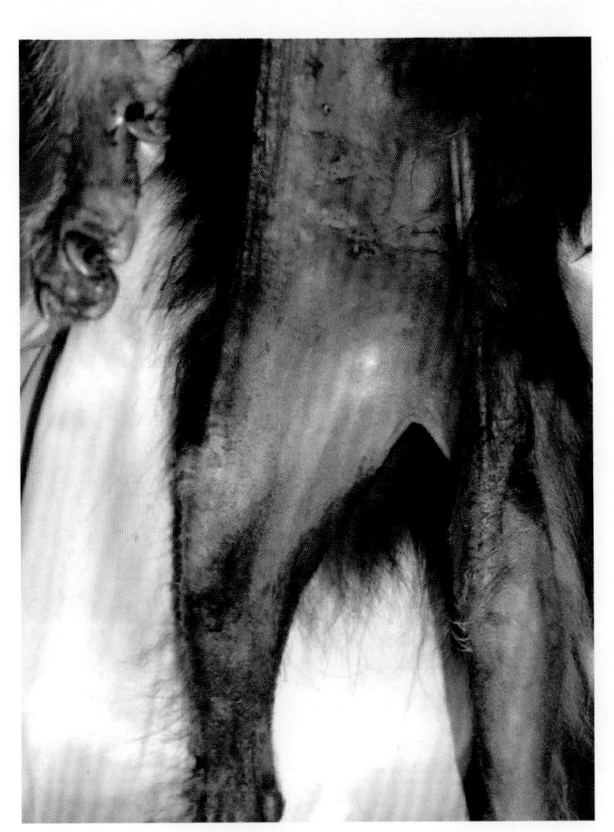

图 4–10　猫副肿瘤性脱毛、腹部弥漫性脱毛和皮肤异样光泽

**表 4–4 特定的猫皮肤病中常见的脱毛部位**

| | 分布 | 疾病 |
|---|---|---|
| 自发性脱毛 | 头部、耳廓、爪部、尾部、全身 | 皮肤癣菌病 |
| | 头部、颈部、耳道、全身 | 蠕形螨病 |
| | 头部、耳廓、爪褶、腹部 | 落叶型天疱疮 |
| | 头部、腹部、腿部、爪部 | 假性斑秃 |
| | 头部、耳廓、颈部、全身 | 皮脂腺炎 |
| | 用药部位 / 注射部位 | 外用 / 全身性糖皮质激素给药 |
| | 躯干 | 自发性 / 医源性肾上腺皮质功能亢进 |
| | 腹部、腹干、腿内侧 | 副肿瘤性脱毛 |
| | 臀部 | 创伤后脱毛 |
| | 全身 | 脱毛品种 / 先天性少毛症 |
| | 曾经受到创伤的部位 | 瘢痕性脱毛（疤痕） |
| 自损性脱毛 | 臀部 | 跳蚤感染 |
| | 背部 | 姬螯螨病 |
| | 颈部、臀部、尾部、耳道 | 耳螨（不固定） |
| | 胸部、腹部 | 蠕形螨病 |
| | 臀部 | 跳蚤叮咬过敏 |
| | 腹部、大腿内侧、头部、颈部 | 其他过敏性疾病 |
| | 下颏、爪褶、面部、耳道、全身 | 马拉色菌过度生长 |
| | 胸部、腿部、耳廓、颈部 | 猫淋巴细胞增多症 |
| | 背部 | 猫感觉过敏综合征 |
| | 腹部、腹股沟 | 猫特发性膀胱炎 |
| | 曾经受到创伤的部位 | 创伤后脱毛 |

有的创伤，这就可以解释为什么猫不断舔舐那里。当宠物主人表示宠物经常发生腰椎皮肤抽动等异常行为时，建议对宠物进行神经系统检查[9]。

最后，如果脱毛的所有潜在病因与病史和临床表现不符或已被排除，则诊断方法应进一步围绕瘙痒调查自损性脱毛（见第九章）。

3 关注患病动物的病史。

自发性局灶性脱毛伴随皮肤厚度改变和该部位的创伤史，这二者会将诊断结果指向疤痕。如果外用或注射过糖皮质激素的部位出现脱毛、皮肤变薄、淤伤和血管明显可见，则可以直接得出诊断。如果显微镜检查观察到大部分毛根处于静止期，那么可进一步支持这一诊断结果。例如，刚分娩的母猫突然出现弥漫性脱毛，则提示静止期大量脱毛。在这种情况下，剩余的毛发很容易脱落，此时毛发显微镜检查结果仅显示静止期毛根。

4 进行皮肤刮片。

皮肤刮片可用来诊断蠕形螨病，结合毛发显微镜检查，可能强烈提示皮肤癣菌病。事实上，若要准确识别毛干周围的皮肤癣菌孢子，皮肤刮片可能比毛干显微镜检查更容易进行，因为在脱毛区域表面刮片，更易收集感染的断裂毛发[10]。

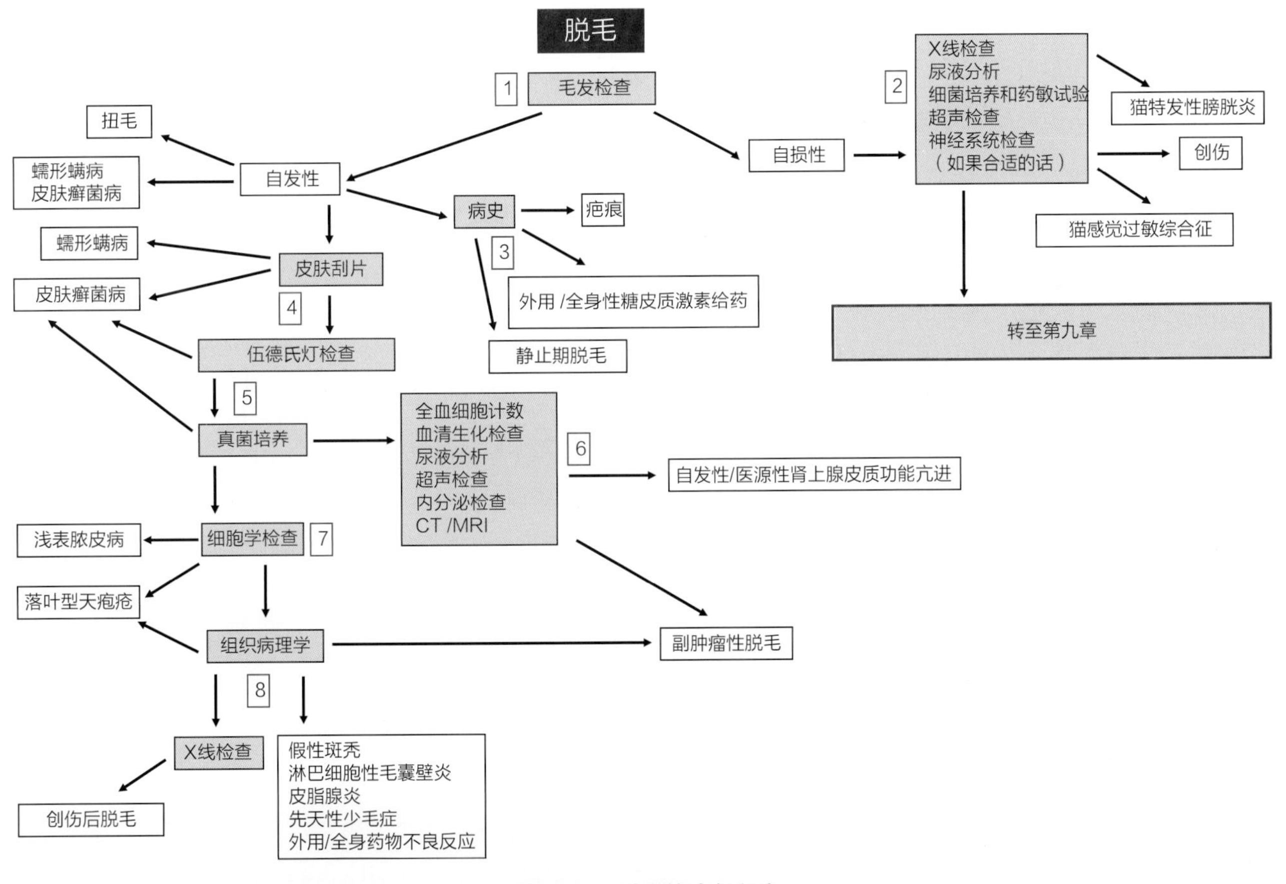


图 4-11　脱毛的诊断程序

图 4-12　猫扭毛的毛干显微镜检查（10 倍放大）

5　进行伍德氏灯检查和真菌培养。

这两种诊断试验结合在一起，可以诊断皮肤癣菌病，如果结果为阴性，则有助于将其排除。由于皮肤癣菌病是猫脱毛最常见的原因，因此真菌培养适用于所有脱毛病例。

6　关注非皮肤病临床症状。

当老年猫出现脱毛和诸如多尿 / 多饮、多食、呕吐或体重减轻等全身性症状时，必须关注是否有因全身性疾病引起脱毛的可能性。如果脱毛皮肤变薄，轻微牵拉后出现淤伤和（或）撕裂，应对猫进行肾上腺皮质功能亢进的检查。如果长期服用糖皮质激素，病史可能提示医源性肾上腺皮质功能亢进；如果没有服用糖皮质激素史或猫患有糖尿病，则可能提示自发性肾上腺皮质功能亢进。脱毛出现于腹部并伴有皮肤发亮，同时出现体重减轻、沉郁、呕吐和（或）腹泻，可能提示副肿瘤性脱毛，此时应立即进行腹部超声检查。

7 进行细胞学检查。

如果出现脓疱、结痂或糜烂/溃疡，并伴有脱毛，应进行细胞学检查。大量退行性中性粒细胞，其细胞内和细胞外细菌会导致浅表脓皮病。如果中性粒细胞正常，且可见许多棘层松解性角质细胞，则细胞学检查结果提示为落叶型天疱疮。如果发现大量嗜酸性粒细胞，则猫很可能存在瘙痒和脱毛，那么诊断方法应进一步围绕瘙痒调查自损性脱毛（见第九章）。

8 活检并进行组织病理学检查。

组织病理学检查可能有助于确认副肿瘤性脱毛，如果怀疑是落叶型天疱疮，也应进行组织病理学检查。某些脱毛病例只能通过组织病理学来诊断；例如，假性斑秃、皮脂腺炎、先天性少毛症和药物不良反应。如果组织病理学检查提示创伤后脱毛，则应进行骨盆放射学检查以确认诊断。

## 参考文献

[1] Abitbol M, Bossé P, Thomas A, Tiret L. A deletion in FOXN1 is associated with a syndrome characterized by congenital hypotrichosis and short life expectancy in Birman cats. PLoS One. 2015; 10:1–12.

[2] Genovese DW, Johnson TL, Lamb KE, Gram WD. Histological and dermatoscopic description of sphynx cat skin. Vet Dermatol. 2014; 25:523–e90.

[3] Eckstein RA, Hart BL. The organization and control of grooming in cats. Appl Anim Behav Sci. 2000; 68:131–140.

[4] Declerq J. Alopecia and dermatopathy of the lower back following pelvic fractures in three cats. Vet Dermatol. 2004; 15:42–46.

[5] Amat M, Camps T, Manteca X. Stress in owned cats: behavioural changes and welfare implications. J Feline Med Surg. 2016; 18:1–10.

[6] Turek MM. Cutaneous paraneoplastic syndromes in dogs and cats: a review of the literature. Vet Dermatol. 2003; 14:279–296.

[7] Beale K. Feline Demodicosis. A consideration in the itchy or overgrooming cat. J Feline Med Surg. 2012; 14:209–213.

[8] Maina E, Colombo S, Abramo F, Pasquinelli G. A case of pili torti in a young adult domestic short-haired cat. Vet Dermatol. 2013; 24:289–e68.

[9] Ciribassi J. Feline hyperesthesia syndrome. Compend Contin Educ Vet. 2009; 31:116–122.

[10] Colombo S, Cornegliani L, Beccati M, Albanese F. Comparison of two sampling methods for microscopic examination of hair shafts in feline and canine dermatophytosis. Vet Dermatol. 2008; 19(Suppl. 1):36.

## 延伸阅读

1. For definitions: Merriam–Webster Medical Dictionary. http://merriam–webster.com Accessed 10 May 2018.
2. Albanese F. Canine and feline skin cytology. Cham: Springer International Publishing; 2017.
3. Goldsmith LA, Katz SI, Gilchrest BA, Paller AS, Leffell DJ, Wolff K. Fitzpatrick's dermatology in general medicine. 8th ed. New York: The McGraw–Hill Companies; 2012.
4. Mecklenburg L. An overview on congenital alopecia in domestic animals. Vet Dermatol. 2006; 17:393–410.
5. Miller WH, Griffin CE, Campbell KL. Muller & Kirk's small animal dermatology. 7th ed. St. Louis: Elsevier; 2013.
6. Noli C, Toma S. Dermatologia del cane e del gatto. 2nd ed. Vermezzo: Poletto Editore; 2011.

# 第五章　丘疹、脓疱、疖病和结痂

Silvia Colombo

**摘要**

丘疹、脓疱、疖病、脓肿和结痂是猫的常见病变。除脓肿外，它们常以组合形式出现，代表着同一疾病的不同阶段。通常情况下，这些病变是炎性疾病的表现，其发病机制为感染性、寄生性、过敏性或自身免疫性。丘疹、脓疱、疖病、脓肿和结痂的临床表现以及它们在特定的猫病中的好发部位，结合病征和病史调查，可以给出有用的诊断线索。粟粒性皮炎是一种猫特有的临床表现，其特征是多发性、结痂性小丘疹和瘙痒。对丘疹、脓疱、疖病、脓肿和结痂的诊断需要进行系统的诊断试验。皮肤癣菌病在猫身上很常见，所有出现丘疹、脓疱、结痂或粟粒性皮炎的病例都应进行化验来诊断或排除这种疾病。

## 定义

丘疹是一种实心、红斑性、凸出的皮肤病变，其直径<1 cm[1]。许多相邻的丘疹可合并形成一个斑块（见第六章）。

脓疱是一种凸起的、边界分明的、中空性病变，内含脓液，由表皮覆盖。它可能位于毛囊的中心，也可能位于毛囊之间。脓疱通常含有中性粒细胞，有或无细菌，有时可见嗜酸性粒细胞。它们很脆弱，通常是短暂性病变，在猫身上不常见。

疖病类似于脓疱，但它更大，位置更深，因为它是由毛囊完全破坏造成的。疖病的壁比脓疱的顶厚，其内容物包括脓液、血液（在这种情况下，它也被称为出血性大疱）或两者兼有。该病变以毛囊为中心，并且往往伴有严重的红肿和疼痛。疖病可以是开放的，并排出脓液、血液或脓性渗出物。

脓肿边界清晰且有波动感，在真皮层或皮下组织聚集脓液。它可能破溃，并流到皮肤表面，形成一个瘘道。

结痂是干性渗出物的堆积。如果干燥的物质是脓液，结痂呈黄色；如果干燥的血液是其主要成分，结痂呈棕色（出血性结痂）。它也可能包含微生物和表皮细胞，如棘层松解性角质细胞或角化细胞，如果结痂包裹一簇毛发，清除结痂后会导致局部脱毛。

## 发病机制

丘疹、脓疱和结痂实质是炎性细胞在表皮（脓疱）、真皮（丘疹）或皮肤表面（结痂）的聚集，是这些细胞死亡后的残留物。炎性细胞是被感染性病原体、寄生虫或过敏原招募到皮肤表层来的，或者可能是自身免疫性疾病的表达，如落叶型天疱疮（图 5-1）。

疖病是一种更深的病变，由毛囊的完全破坏引起。毛囊因为严重的炎症反应而破坏，在猫科动物身上，最常见于细菌感染，如下颏痤疮并发症（图 5-2）[2]。毛干可能与细菌和其他碎屑一起释放进入真皮层中，并招募更多表现为异物的炎性细胞。

脓肿通常发生在咬伤或抓伤之后，细菌因此进入真皮层深层和皮下组织，随后会吸引大量的中性粒细胞和其他炎性细胞到感染部位，直到形成大量的脓液聚集（图 5-3）。

丘疹、脓疱、疖病和结痂可能代表同一疾病的不同阶段，并可相互演变。丘疹可发展成脓疱，脓疱破裂后变成小结痂。在猫身上罕见的是，当结痂脱落时，边缘会形成一个环形皮屑，这种病变被称为表皮环。如果脓疱的感染加深，并延伸到整个毛囊且将其破坏，就可能变成疖病。如果疖病开放，并排出渗出物，就可能形成结痂。当结痂脱落时，最终的结果就是局部脱毛。结痂也可能覆盖在其他病变上，如糜烂和溃疡（见第七章；图 5-4）。需要牢记的是，在检查动物时，我们可能能够识别代表疾病发展阶段的不同病变，也可能只能找到这个过

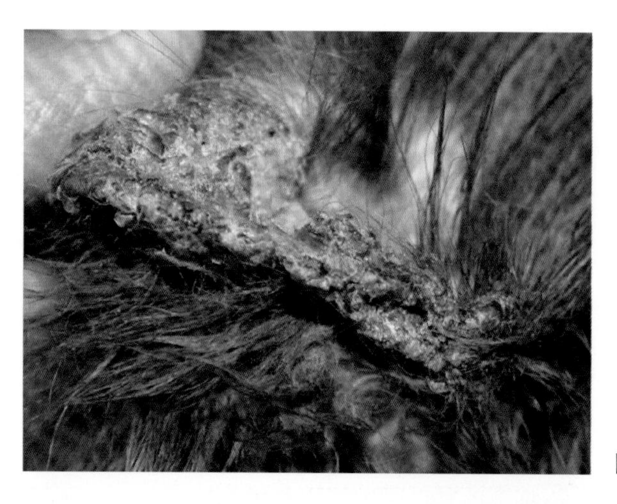

图 5-1 落叶型天疱疮患猫耳廓上脓性渗出物干燥所致的严重结痂

图 5-2 一只下颏痤疮并发症患猫的下颌疖病

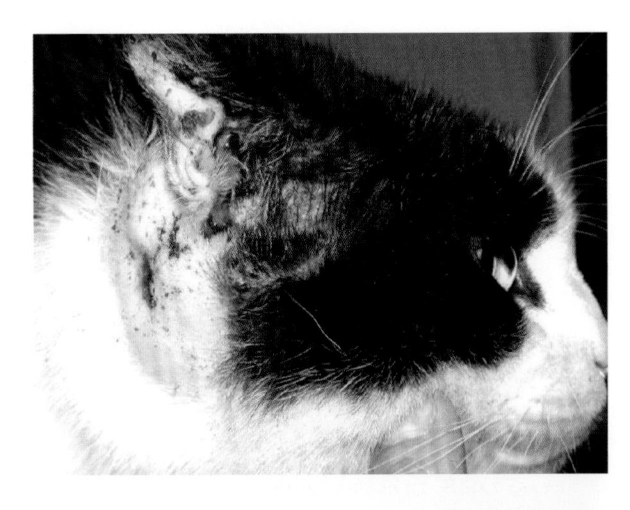

图 5–3　一只流浪猫的耳后脓肿

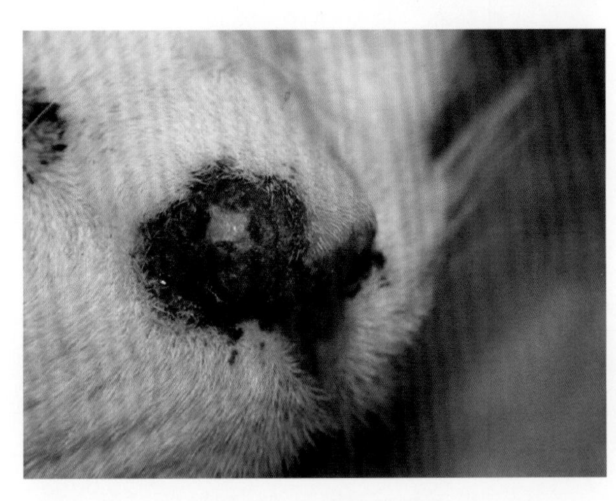

图 5–4　一只猫感染了疱疹病毒，鼻子上的出血性结痂覆盖着下面的糜烂 / 溃疡

程的最终结果，那就是结痂。表 5–1 列出了猫的丘疹、脓疱、疖病、脓肿和结痂的病因。

## 诊断方法

### 病征和病史

传染性疾病如耳螨和皮肤癣菌病最常见于幼猫，而肿瘤通常见于老年猫。皮肤脓肿更常见于未去势公猫，通常由打架导致。品种可能是诊断中的一个有关因素：波斯猫易患皮肤癣菌病和特发性面部皮炎[3]。色素性荨麻疹样皮炎在德文卷毛猫和斯芬克斯猫身上报道过[1, 4]。

当检查猫的结痂性病变并怀疑是创伤导致时（包括自损性），病史调查在诊断中就显得尤为重要。特别是对幼猫来说，一定要获得宠物来源的详细信息。如果发现是一只流浪猫，或从收养所领养的猫，皮肤癣菌病、猫疥螨病和疱疹病毒性皮炎可能是潜在病因。了解猫的生活方式也很重要，因为户外的猫比室内的猫更容易出现蚊虫叮咬过敏和脓肿。经常捕猎老鼠和田鼠是痘病毒感染的一个诱发因素。接触过的宠物或人被传染后应立即进行皮肤癣菌和外寄生虫的调查。

最后但同样重要的是，在了解病史时有一个非常重要的问题要询问：猫是否有瘙痒？如果有瘙痒，是否持续存在或似乎在一年中的某个特定时间出现？猫疥螨病是一种严重的瘙痒性疾病，季节性瘙痒可能提示跳蚤叮咬过敏或蚊虫叮咬过敏和猫特应性综合征。

### 临床表现

丘疹和脓疱在大多数情况下为多发性病变，有时呈组合形态。在猫色素性荨麻疹样皮炎中，丘疹可呈线形分布[1]。在下颏痤疮中可观察到单个或多个疖病。丘疹、脓疱、疖病和结痂的分布可能呈局

**表 5-1 丘疹、脓疱、疖病、脓肿和结痂的常见病因**

| | |
|---|---|
| 丘疹 | 猫疥螨病 |
| | 皮肤癣菌病 |
| | 蚊虫叮咬过敏 |
| | 过敏性疾病 |
| | 色素性荨麻疹样皮炎 |
| | 黄瘤 |
| | 肥大细胞瘤 |
| 脓疱 | 落叶型天疱疮 |
| 疖病 | 下颏痤疮并发症 |
| 脓肿 | 细菌性感染 |
| 结痂 | 创伤（包括自损性） |
| | 脓皮病 |
| | 猫疥螨病 |
| | 皮肤癣菌病 |
| | 皮下和全身真菌感染 |
| | 疱疹病毒性皮炎 |
| | 痘病毒感染 |
| | 过敏性疾病 |
| | 蚊虫叮咬过敏 |
| | 药物不良反应 |
| | 落叶型天疱疮 |
| | 下颏痤疮并发症 |
| | 穿孔性皮炎 |
| | 波斯猫和喜马拉雅猫特发性面部皮炎 |
| | 鳞状细胞癌 |
| | 特发性 / 行为性溃疡性皮炎 |

灶性或全身性。脓肿通常为单个病变。

丘疹和脓疱是原发性皮肤病变，然而，在大多数疾病中，它们代表病变在连续的发病过程中的一个阶段。例如，虽然丘疹在猫疥螨病中是原发性病变，但因为被非常厚的结痂所覆盖，可能不易发现。结痂覆盖的多灶性、红斑性小丘疹，特别是在背部，可能是猫特有的临床表现，称为粟粒性皮炎（见下文）（图 5-5）[5, 6]。病变在猫身上的位置可能有助于列出正确的鉴别诊断（表 5-2）。

红斑至色素沉着的丘疹可能在胸腹部的腹侧面呈线性分布，通常瘙痒，常见于德文卷毛猫或斯芬克斯猫，符合色素性荨麻疹样皮炎（图 5-6）[1, 4]。鼻背、耳廓和爪垫分布有小的红斑和结痂性丘疹，可能提示蚊虫叮咬过敏（图 5-7）[7]。脓疱是一种短暂的、脆弱的病变，可能很难观察到，但如果出现在面部、耳廓凹面和腹部，靠近乳头和爪垫的地方，应立即检查是否为落叶型天疱疮（图 5-8）[8]。

猫疖病通常见于下颏，发生在下颏痤疮因继发性细菌感染而变复杂时。面部、颈部或尾根部出现柔软、波动的肿胀，有时伴有瘘道，可产生脓性渗出物，很可能是脓肿。

结痂是非常常见的病变，因为它们是本章所述病变以及创伤性病变连续病理性发展的最终结果。

当观察到结痂时，它们的颜色是一个有用的临床提示。如果结痂是深棕色的，则是由干燥的血液组成，病变很可能是由深层皮肤疾病（溃疡）或（自损性）创伤引起的。如果结痂是黄色的，则是由干燥的脓性物质组成，此时应仔细检查完整的脓

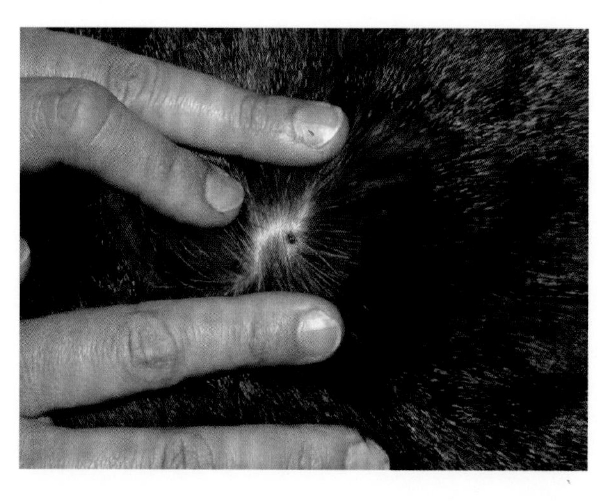

**图 5-5 一只过敏症患猫的粟粒性皮炎**

疱。头部、耳廓边缘、颈部、爪部和会阴部出现非常厚且干燥的浅色结痂，并伴有严重的瘙痒，是猫疥螨病的主要病变表现。在陈旧性创伤部位发生的多发性、圆锥状、非常厚且干燥的结痂病变（焦痂）可能提示一种罕见的猫科疾病，被称为获得性反应性穿孔性胶原病或穿孔性皮炎（图 5-9）[9]。这些病变很难清除，通常覆盖溃疡、出血区域。分布在眼睛、嘴和下颏周围的红斑或糜烂区域出现瘙痒和粘连，以及黑色、干燥程度不等的渗出物，是波斯猫和喜马拉雅猫特发性面部皮炎的典型表现，也被称为脏脸病[3]。

## 粟粒性皮炎

粟粒性皮炎是一种特殊的临床表现，只在猫身上可见。它的特点是结痂性小丘疹，类似粟粒，因此得名，相较于直接观察到，通过触摸被毛更容易感觉到。粟粒性皮炎主要发生在躯干和颈部，常伴有瘙痒和自损性脱毛（图 5-10）[5, 6]。粟粒性皮炎

**表 5-2 丘疹、脓疱、疖病、脓肿和结痂在特定的猫皮肤病中的常见部位**

| | 分布 | 疾病 |
|---|---|---|
| 丘疹 | 头部、耳廓、颈部、爪部、会阴部 | 猫疥螨病 |
| | 头部、耳廓、爪部、尾部、全身 | 皮肤癣菌病 |
| | 头部、耳廓、爪部 | 蚊虫叮咬过敏 |
| | 臀部 | 跳蚤叮咬过敏 |
| | 头部、爪部、骨突处 | 黄瘤 |
| 脓疱 | 头部、耳廓、爪褶、腹部 | 落叶型天疱疮 |
| 疖病 | 下颏 | 下颏痤疮并发症 |
| 脓肿 | 颈部、肩部、尾根部 | 细菌性感染 |
| 结痂 | 陈旧性创伤部位 | 创伤 |
| | 面部 | 疱疹病毒性皮炎 |
| | 面部、耳道 | 波斯猫和喜马拉雅猫的特发性面部皮炎 |
| | 头部、耳廓 | 鳞状细胞癌 |

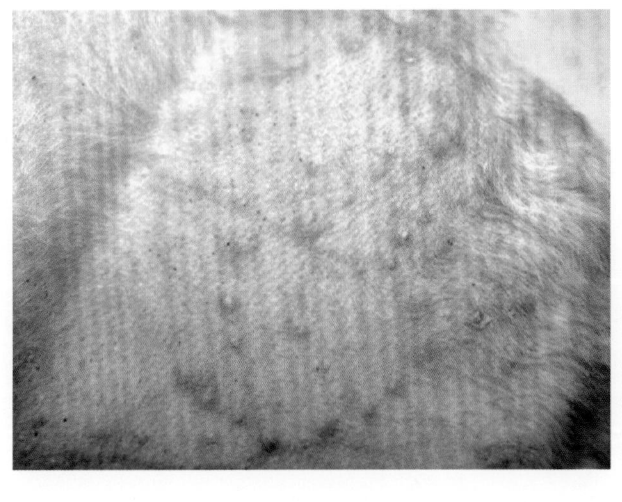

**图 5-6 一只患色素性荨麻疹样皮炎的德文卷毛猫身上的多发性红斑性丘疹**

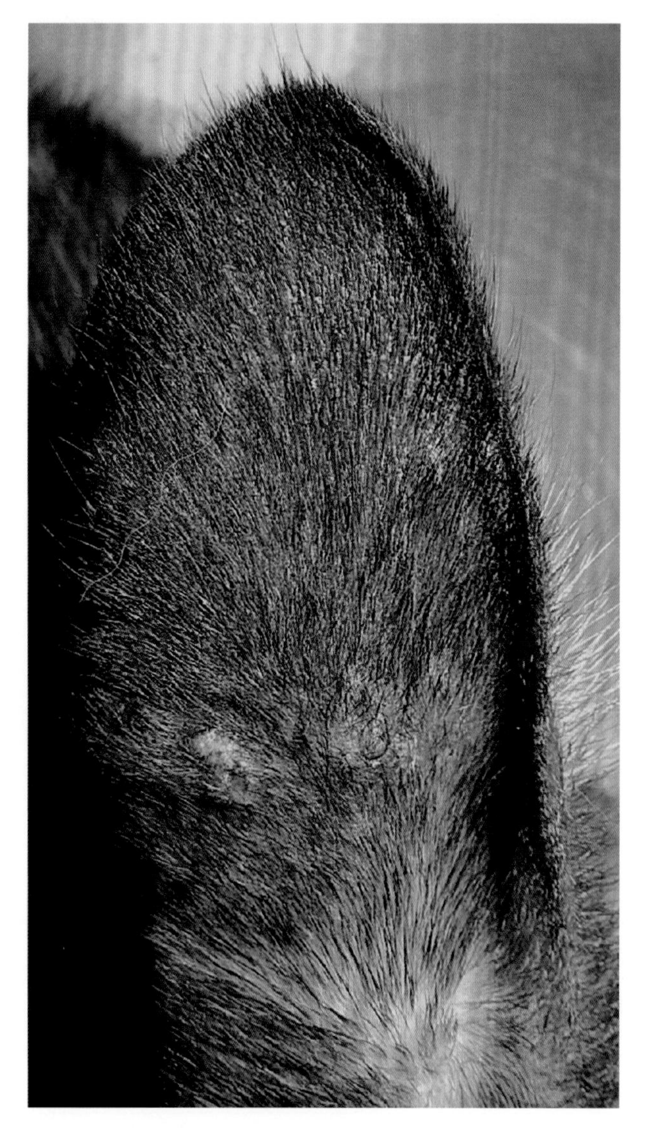

图 5-7　一只蚊虫叮咬过敏患猫耳廓上的丘疹

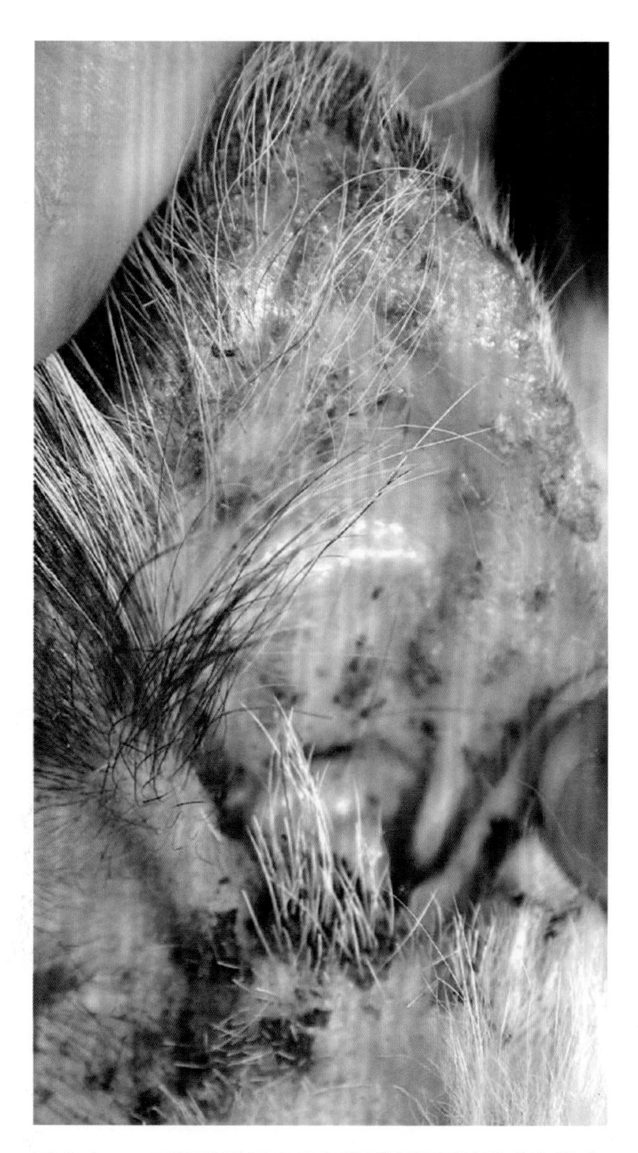

图 5-8　一只落叶型天疱疮患猫耳廓凹面的脓疱和结痂

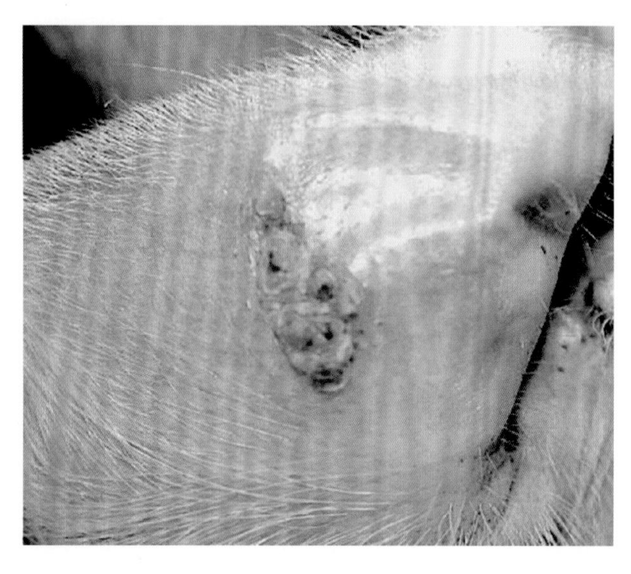

图 5-9　一只年轻的穿孔性皮炎患猫耳廓凹面附着的干燥且厚的黄色结痂

的鉴别诊断列于表 5-3。粟粒性皮炎应按照瘙痒的诊断程序进行检查（见第九章）。

## 诊断程序

本节如图 5-11 所示。带数字的红色方块表示诊断步骤，如下所述。

1　考虑病征、病史和体格检查。

病征、病史和体格检查可为临床医生的诊断提供极为有用的信息。例如，以户外生活为主的未去势公猫出现颈部波动性肿块时，最有可能的诊断是脓肿。当猫下颏痤疮的主要表现是下颏上的疖病时，痤疮很可能已经成为细菌感染引起的继发性并发症。如果体格检查发现了丘疹、脓疱或结痂，通常需要一个标准化的诊断试验来做出诊断。

2　进行皮肤刮片。

如果出现丘疹、脓疱、结痂或疖病，必须进行皮肤刮片。皮肤刮片可诊断猫疥螨病，并可能在下颏疖病病例中发现猫蠕形螨。

3　进行伍德氏灯检查和真菌培养。

这两种诊断试验结合在一起，可以诊断皮肤癣菌病，如果结果为阴性，则有助于将其排除。由于猫的皮肤癣菌病可伴有丘疹、脓疱、粟粒性皮炎和结痂，因此真菌培养适用于所有出现这些病变的病例（图 5-12）。

4　进行细胞学检查。

当体格检查显示存在脓肿时，应进行化脓性渗出物的细胞学检查以支持诊断假设。通常可见大量退行性中性粒细胞，混杂着细菌和数量不等的巨噬细胞、淋巴细胞和浆细胞。为了确定引起脓肿的细菌种类，应进行细菌培养和药敏试验。对患有脓肿的猫也要进行 FIV 和 FeLV 测试。下颏疖病流出的渗出物的细胞学检查通常显示脓性肉芽肿性炎症，并伴有细菌。如有必要，可能需要进行需氧菌和厌氧菌的细菌培养和药敏试验，以确定致病微生物并选择最有效的抗生素进行治疗[2]。

丘疹、脓疱和结痂应经常通过细胞学检查进行研究，这种简单的检查通常能提供非常有用的信息。观察到大量非退行性中性粒细胞和许多棘层松解细胞，提示为落叶型天疱疮。嗜酸性炎症在猫身上很常见。如果在鼻梁上的结痂、丘疹性病变获得的样本中，发现大量嗜酸性粒细胞混合的炎性浸润，则可能诊断为蚊虫叮咬过敏[7]。对德文卷毛猫或斯芬克斯猫皮肤上的红斑、色素沉着性丘疹采样，观察到中性粒细胞、嗜酸性粒细胞和偶见的肥大细胞，提示为色素性荨麻疹样皮炎[4]。最后，在肥大细胞瘤的细胞学检查中，可显示分化良好的单一形态的肥大细胞，或在鳞状细胞癌的细胞学检查中，看到少量聚集或单个的上皮细胞，呈鳞状分化外观，通常伴有中性粒细胞和其他炎性细胞（图 5-13）。结痂、丘疹或脓疱性病变的细胞学检查结果，必须通过活检和组织病理学检查来确认。

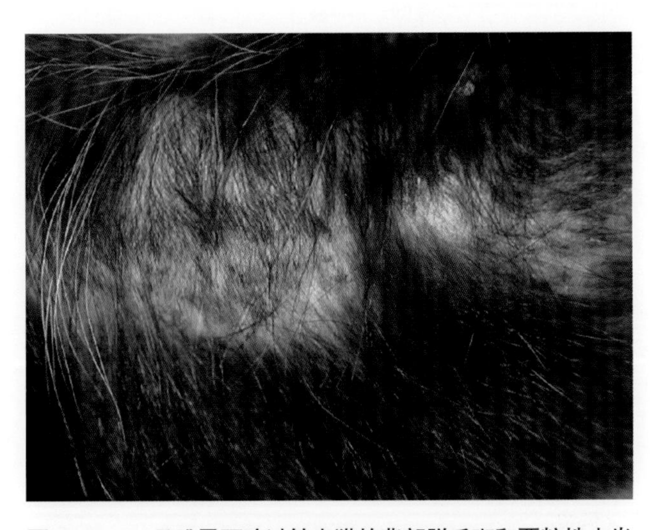

图 5-10　一只跳蚤叮咬过敏患猫的背部脱毛斑和粟粒性皮炎

表 5-3　粟粒性皮炎的鉴别诊断

| | |
|---|---|
| 粟粒性皮炎 | 姬螯螨病 |
| | 其他外寄生虫（猫毛螨） |
| | 皮肤癣菌病 |
| | 跳蚤叮咬过敏 |
| | 食物不良反应 |
| | 猫特应性综合征 |
| | 药物不良反应 |
| | 落叶型天疱疮 |

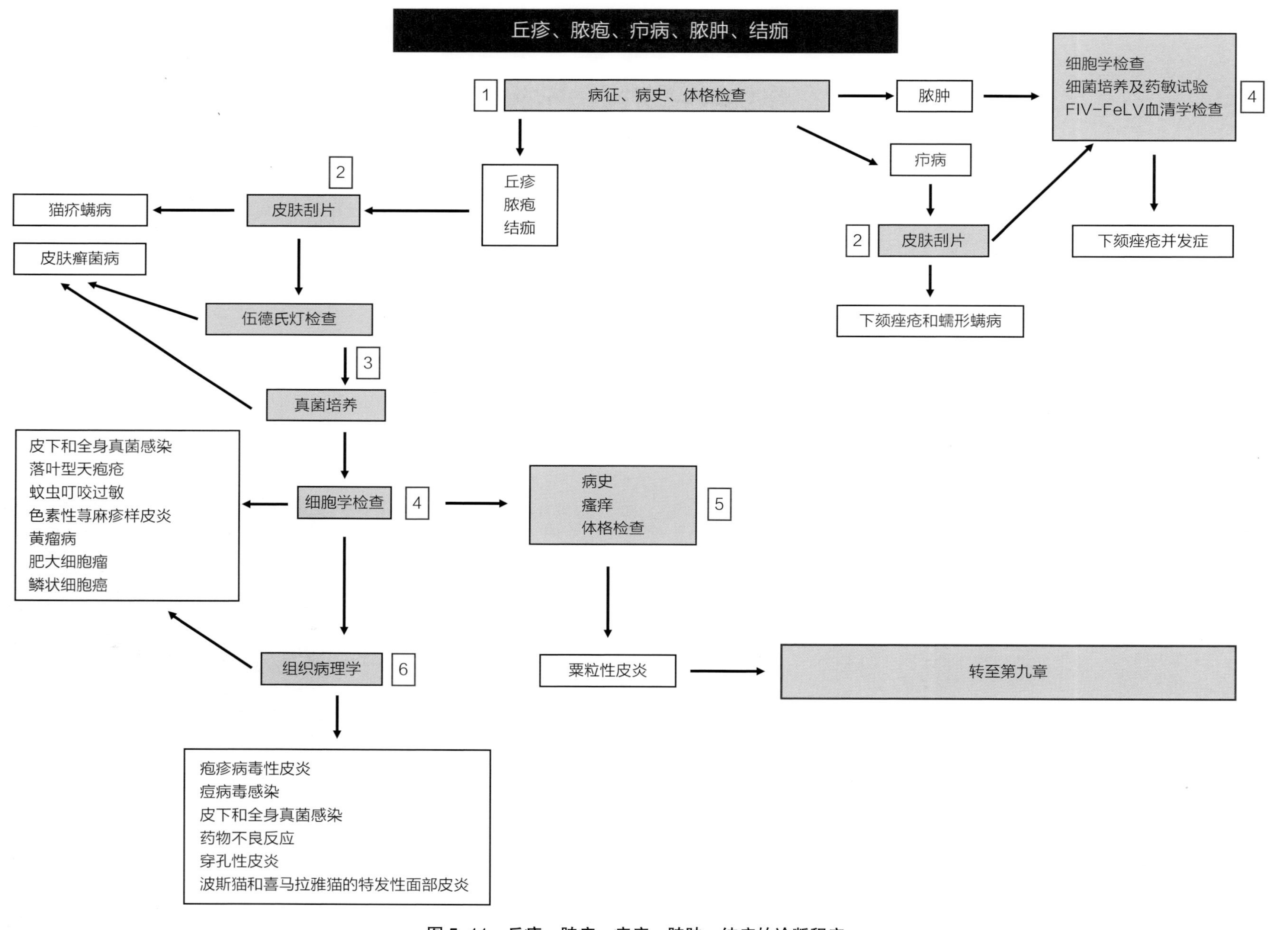


**图 5-11 丘疹、脓疱、疖病、脓肿、结痂的诊断程序**

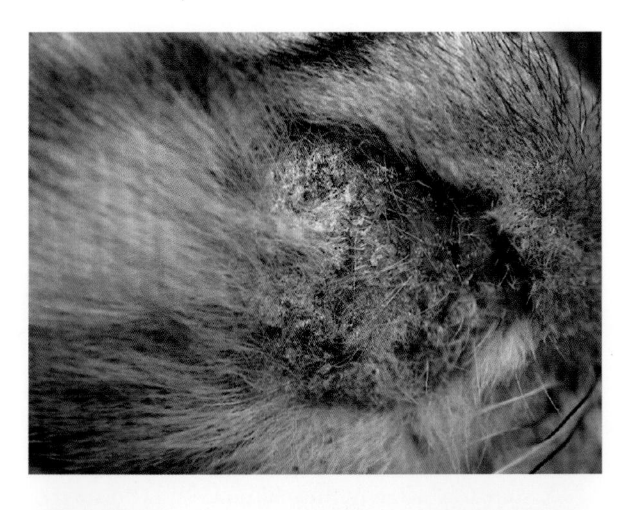

图 5-12　一只皮肤癣菌病患猫的面部脱毛和结痂

图 5-13　一只鳞状细胞癌患猫的鼻部出血性结痂

5　考虑病史、瘙痒和体格检查。

当皮肤刮片、伍德氏灯检查和真菌培养结果为阴性，且细胞学检查结果非特异性时（如中性粒细胞性炎症），应再仔细考虑病史和临床表现。对于持续性或季节性瘙痒的猫，出现背部结痂性丘疹，或不常见的全身分布的粟粒性皮炎，应按照瘙痒的诊断程序进一步调查（见第九章）。

6　进行组织病理学检查。

如果怀疑为落叶型天疱疮、蚊虫叮咬过敏、色素性荨麻疹样皮炎或感染性、代谢性和肿瘤性疾病，应根据细胞学检查结果进行组织病理学检查。其他具有非特异性细胞学表现并需要组织病理学检查才能诊断的疾病包括病毒性疾病、穿孔性皮炎、波斯猫和喜马拉雅猫的特发性面部皮炎和药物不良反应。

## 参考文献

[1] Vitale C, Ihrke PJ, Olivry T, Stannard AA. Feline urticaria pigmentosa in three related Sphinx cats. Vet Dermatol. 1996; 7:227-233.

[2] Jazic E, Coyner KS, Loeffler DG, Lewis TP. An evaluation of the clinical, cytological, infectious and histopathological features of feline acne. Vet Dermatol. 2006; 17:134-140.

[3] Bond R, Curtis CF, Ferguson EA, Mason IS, Rest J. An idiopathic facial dermatitis of Persian cats. Vet Dermatol. 2000; 11:35-41.

[4] Noli C, Colombo S, Abramo F, Scarampella F. Papular eosinophilic/mastocytic dermatitis (feline urticaria pigmentosa) in Devon rex cats: a distinct disease entity or a histopathological reaction pattern? Vet Dermatol. 2004; 15:253-259.

[5] Hobi S, Linek M, Marignac G, Olivry T, Beco L, Nett C, et al. Clinical characteristics and causes of pruritus in cats: a multicentre study on feline hypersensitivity-associated

dermatoses. Vet Dermatol. 2011; 22:406–413.

[6] Diesel A. Cutaneous hypersensitivity dermatoses in the feline patient: a review of allergic skin disease in cats. Vet Sci. 2017:25. https://doi.org/10.3390/vetsci4020025.

[7] Nagata M, Ishida T. Cutaneous reactivity to mosquito bites and its antigens in cats. Vet Dermatol. 1997; 8:19–26.

[8] Olivry T. A review of autoimmune skin diseases in domestic animals: I – superficial pemphigus. Vet Dermatol. 2006; 17:291–305.

[9] Albanese F, Tieghi C, De Rosa L, Colombo S, Abramo F. Feline perforating dermatitis resembling human reactive perforating collagenosis: clinicopathological findings and outcome in four cases. Vet Dermatol. 2009; 20:273–280.

[10] Beale K. Feline demodicosis: a consideration in the itchy or overgrooming cat. J Feline Med Surg. 2012; 14:209–213.

## 延伸阅读

1. For definitions: Merriam–Webster Medical Dictionary. http://merriam–webster.com Accessed 10 May 2018.

2. Albanese F. Canine and feline skin cytology. Cham: Springer International Publishing; 2017.

3. Goldsmith LA, Katz SI, Gilchrest BA, Paller AS, Leffell DJ, Wolff K. Fitzpatrick's dermatology in general medicine. 8th ed. New York: The McGraw–Hill Companies; 2012.

4. Miller WH, Griffin CE, Muller CKL. Kirk's small animal dermatology. 7th ed. St. Louis: Elsevier; 2013.

5. Noli C, Foster A, Rosenkrantz W. Veterinary allergy. Chichester: Wiley Blackwell; 2014.

6. Noli C, Toma S. Dermatologia del cane e del gatto. 2nd ed. Vermezzo: Poletto Editore; 2011.

# 第六章　斑块、结节和嗜酸性肉芽肿综合征

Silvia Colombo 和 Alessandra Fondati

**摘要**

斑块和结节，包括属于嗜酸性肉芽肿综合征（eosinophilic granuloma complex，EGC）的病变，常见于猫。斑块和结节在大多数情况下是由感染性、过敏性、代谢性或肿瘤性疾病引起的。斑块和结节的临床表现，以及它们在特定的猫科疾病中的好发部位，结合病征和病史，可以得到有用的诊断线索。EGC 是一种猫特有的斑块或结节，其具体特征将在本章中讨论。传统的 EGC 包括嗜酸性斑块（eosinophilic plaque，EP）、嗜酸性肉芽肿（eosinophilic granuloma，EG）和唇部（无痛性）溃疡（lip ulcer，LU）。斑块和结节的诊断程序从细胞学检查开始，这可能有助于临床医生区分病变的肿瘤性质和炎症性质。需要进行组织病理学检查以做出或确认诊断，并且组织病理学诊断通常建议进行进一步的检查。

## 定义

斑块是皮肤上直径＞1 cm 的平坦隆起，根据定义，其直径大于其高度。斑块通常是一个增大的丘疹或由多个丘疹合并而成。

结节是一种实心的、可触及的、边界分明的皮肤病变，其直径＞1 cm。结节可根据其深度进一步鉴别，如表皮结节、真皮结节或皮下结节。结节可能向皮肤表面开放，并形成瘘道，病变处可出现形态和质地各异的分泌物。囊肿是一种特殊类型的结节，它是一个包含液体或半固体物质的囊腔，内衬上皮细胞的囊壁。

结节和斑块可以通过更多特征来描述，如数量、大小、形状、颜色、质地（如硬或软）、表面变化（如脱毛、溃烂、溃疡）以及与周围组织的关系（如固定的、游离的）。含有脓液的、柔软的、波动性的、局限性的结节称为脓肿，在第五章中有描述。其他相关的描述包括病变有无瘙痒、有无疼痛。

斑块和结节在猫身上很常见，是嗜酸性肉芽肿综合征（EGC）两种临床表现的主要病变。传统的 EGC 包括嗜酸性斑块（EP）、嗜酸性肉芽肿（EG）和唇部（无痛性）溃疡（LU）。这些病变影响猫的皮肤、嘴唇和口腔，因为它们是同时在同一只猫身上观察到的，所以最初被归类在一起，由此可见它们可能具有共同的潜在病因。事实上，EGC 在所有方面都可以被认为是一种“综合征”，因为 EP、EG 和 LU 在临床和组织病理学方面有共同的特点，其发病机制也很相似，而嗜酸性粒细胞在其中发挥了关键作用。

## 发病机制

斑块是由于皮肤内炎性浸润或肿瘤细胞浸润而形成的扁平的实性病变。在猫身上，它通常与过敏

性或肿瘤性疾病有关。它可能是由一个增大的丘疹形成或由许多丘疹融合而成。在猫皮肤病学中，斑块一词最常用于描述 EP——一种属于 EGC 的特殊病变（图 6-1）。

EGC 不是一个明确的诊断。它更应该被视为一种皮肤反应模式，很可能是由潜在的过敏原因引起的，包括对跳蚤的过敏反应，以及不太常见的环境和食物过敏原。有些时候，除跳蚤以外的节肢动物叮咬可能被认为是皮肤嗜酸性粒细胞募集的触发因素。然而，在一些病例中，即使没有可识别的外部刺激，仍可见特发性 EGC 病变。必须考虑到，目前可用的诊断流程并不总能明确地确定 / 排除猫对环境过敏原的过敏反应。

基于对家族相关猫 EGC 的观察和研究，在缺乏可检测的潜在原因的情况下，嗜酸性粒细胞反应的遗传性“失调”可能导致 EGC 的发生，尤其是在幼猫身上。

遗传和过敏的发病机制也可能共同导致 EGC[1]。强烈的嗜酸性粒细胞反应的发生具有遗传易感性，这有助于解释为什么只有少数猫会出现 EGC 病变，而假设的潜在过敏刺激分布如此广泛，并且使不同的反应模式更常见，如头颈瘙痒、自损性脱毛或粟粒性皮炎。另一方面，基因基础上的“异常”嗜酸性粒细胞反应，不会同时发生在一群无血缘关系的猫身上，EGC 患猫也没有发生皮外嗜酸性疾病的倾向。

结节也是由炎性细胞或肿瘤细胞的浸润而形成的，但它们通常不是扁平的，也可能会深入真皮和皮下组织。非肿瘤性结节可能由感染性病原体引起，如细菌或真菌；也可能是无菌的，如 EG 或无菌性结节性脂膜炎。猫结节或斑块的罕见病因是异物和皮肤钙质或脂质沉积（图 6-2）[2]。

囊肿可能是由不同皮肤成分发展而成的先天性缺陷或由皮脂腺 / 顶泌腺管梗阻引起的（图 6-3）[3]。表 6-1 列出了猫斑块和结节最常见的病因。

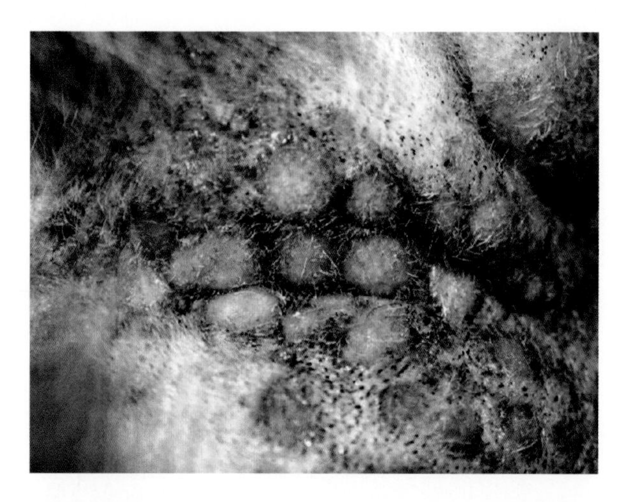

图 6-1 对跳蚤过敏的猫的嗜酸性斑块

图 6-2 慢性肾病患猫的下颏皮肤钙质沉积结节

**图 6–3　患囊瘤病的波斯猫，口鼻部出现多个囊肿（由 Dr. Stefano Borio 提供）**

**表 6–1　斑块和结节的常见病因**

| | |
|---|---|
| 斑块 | 嗜酸性斑块 / 肉芽肿 |
| | 唇部溃疡 |
| | 乳头瘤病毒感染 |
| | 黄瘤病 |
| | 鲍恩样原位癌 |
| | 皮肤淋巴细胞增多症 |
| | 肥大细胞瘤 |
| | 猫渐近性组织细胞增多症 |
| 结节 | 葡萄状菌病 |
| | 麻风病 |
| | 快生长分枝杆菌感染 |
| | 诺卡菌病 |
| | 皮肤癣菌性足菌肿 |
| | 霉菌性足菌肿 |
| | 暗色丝孢霉病 |
| | 孢子丝菌病 |
| | 隐球菌病 |
| | 利什曼病 |
| | 嗜酸性肉芽肿 |
| | 皮肤钙质沉积 |
| | 黄瘤病 |
| | 无菌性肉芽肿 / 脓性肉芽肿综合征 |
| | 猫渐进性组织细胞增多症 |
| | 无菌性结节状脂膜炎 |
| | 浆细胞性爪垫炎 |
| | 鳞状细胞癌 |
| | 基底细胞瘤 |
| | 毛囊瘤 |
| | 血管肉瘤 |
| | 淋巴管肉瘤 |
| | 肥大细胞瘤 |
| | 肉样瘤 |
| | 疫苗注射部位纤维肉瘤 |
| | 趋上皮性 / 非趋上皮性皮肤淋巴瘤 |
| | 黑素细胞瘤 / 黑素瘤 |
| | 耵聍腺囊瘤病 |

## 诊断方法

### 病征和病史

斑块和结节通常见于成年猫或老年猫，大多数情况下是由传染性、过敏性、代谢性或肿瘤性疾病导致。具有品种易感性的结节性病变是皮肤癣菌性足菌肿（图 6–4）和顶泌腺囊肿，多见于波斯猫，肥大细胞瘤多见于暹罗猫 [4]。

病史应调查猫的生活方式，因为大多数细菌和真菌感染呈现结节需要一个穿透创作为条件去发展。因此，这些疾病更可能发生在被允许外出的猫身上。更具体地说，接触鸽粪会导致隐球菌病，接触腐烂的植物会导致孢子丝菌病，而麻风病多见于狩猎猫或斗猫 [5, 6]。在疾病流行地区的旅行史或生活史可能提示疾病，如发生在特定地理位置的利什曼病 [7]。

当猫出现结节性病变时，肿瘤性疾病应列入鉴别诊断。通过询问有关病变发生的年龄和时间、外观和大小的变化以及同时出现的全身症状，可收集到有用的信息。猫的免疫史也非常有用，因为猫易患接种部位纤维肉瘤（图 6–5）[8]。白猫的长期日晒史可能提示鳞状细胞癌（图 6–6）。

在任何品种、性别和年龄的猫身上都可以观察到 EGC 病变；然而，其在青年猫身上发生的概率会更大，偶尔也会发生在几个月大的幼猫身上。病变的发作从急性的（几天）EP 到慢性的 LU 和 EG 均存在。该病的瘙痒程度也不同，在 EP 中表现强烈，在 EG 中表现不定，在 LU 中无瘙痒。如果没有瘙痒，且病变不明显，如大腿尾侧的线性 EG 病例，则病变通常在主人触摸猫时被发现（图 6–7）。正常情况

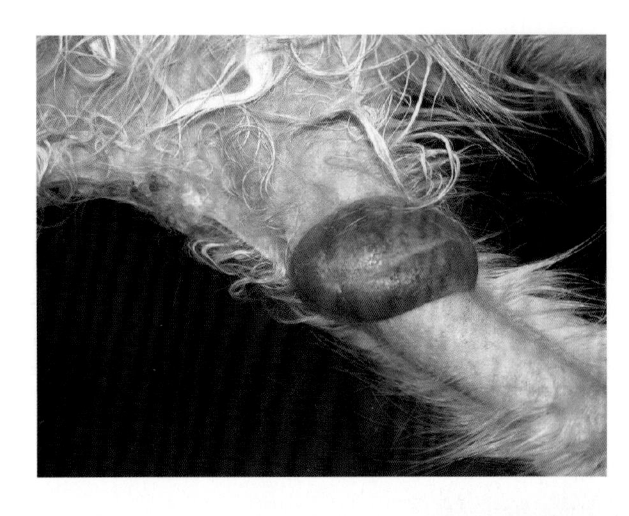

图 6-4　波斯猫腿上的皮肤癣菌性足菌肿形成的大结节

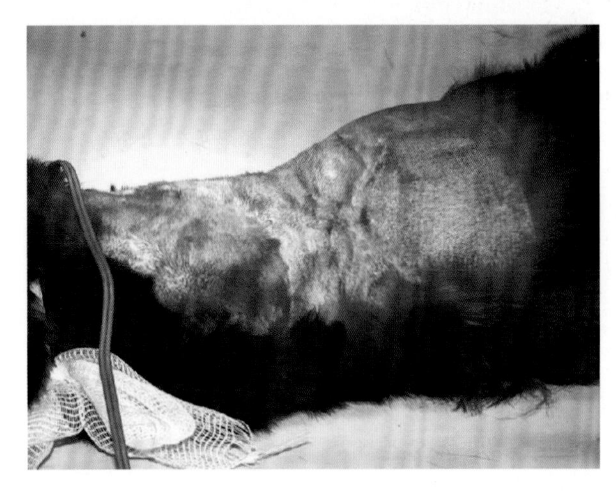

图 6-5　猫疫苗接种部位的纤维肉瘤复发

图 6-6　先天无毛猫背部被诊断为鳞状细胞癌的大结节

下，EGC 病变是长期持续性的或复发性的，但在幼猫中，EG 可以自行消退且不再复发。

## 临床表现

大多数情况下，斑块属于 EGC 的病变，其可能是单个的，但更常见的形式是多发的。EGC 的临床特征包括 EP、EG 和 LU，已经可以被清晰地描述，并被认为非常独特 [9]。EP 表现为严重的瘙痒、渗出、糜烂、坚实、合并的丘疹和斑块，涉及易被舔舐的部位，如腹部和大腿内侧。常见继发性细菌感染和局部淋巴结病变 [10]。

EG 的典型表现为坚实、淡黄色、不同程度的瘙痒、脱毛、红斑、结痂性丘疹和斑块，涉及大腿尾侧时呈明显的线性结构。EG 也可出现在任何身

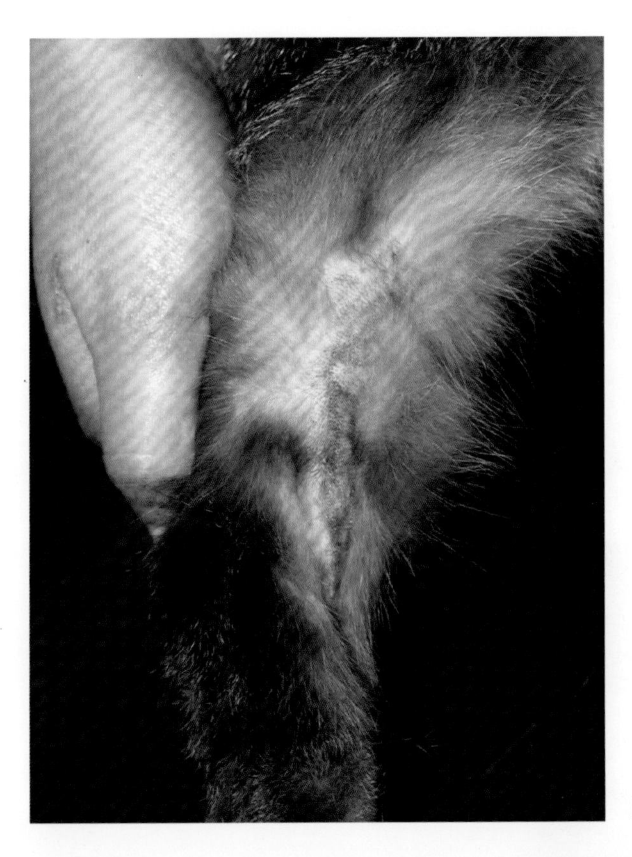

图 6–7　猫后肢线性肉芽肿

体位置，包括爪子、中下唇 / 下颏、唇缘和口腔，呈单发的黄色丘疹 – 结节样病变。爪底 EG 病变常出现溃疡和结痂，而黏膜病变则表现为表面不规则的淡黄色结节，常位于舌头和上腭。

LU 是指一种明显的无瘙痒、无痛、红褐色至淡黄色、有光泽、无出血、边界清晰、边缘凸起、表面为溃疡斑块的常见凹性溃疡，而不是真正的溃疡。LU 最常发生在上唇中线，位于鼻人中或邻近上犬齿，呈单侧或双侧分布（图 6–8）。

常见的 EGC 病变常具有多种形式的重叠特征，这使病变很难被定义，如单个或线性组合的溃疡性 EG，像是 LU 或 EP。没有更多临床特点的丘疹、斑块和结节的病变可能因此被归为 EGC。这一观察结果提出了一个问题，即目前采用的混合了临床（斑块和溃疡）和组织学（嗜酸性粒细胞和肉芽肿）术语的命名是否恰当。

鉴于 EGC 的显著临床表型为坚实且隆起的丘疹、斑块和结节，以及边界清晰的溃疡，主要临床鉴别诊断为深层细菌，包括分枝杆菌或真菌感染和肿瘤。具体而言，LU 需要考虑的主要鉴别诊断是鳞状细胞癌；而 EP 的主要鉴别诊断包括肥大细胞瘤、皮肤淋巴细胞增多症以及乳腺腺癌皮肤浸润。

在黄瘤病中，斑块呈淡黄色，偶尔出现溃疡并出现在头部和四肢，在乳头瘤或鲍恩样原位癌中，斑块可能出现过度角化和色素沉着[2, 11]。在皮肤淋巴细胞增多症或趋上皮性皮肤淋巴瘤中可出现红斑、糜烂、圆形斑块或结节，临床上与嗜酸性斑块难以区分（图 6–9）[12, 13]。

结节可能为单个或多个。就诊断有用性而言，结节的相关临床特征包括位置（表 6–2）、一致性和有无瘘道。躯干上柔软、波动的结节，有分泌物流出，可能代表无菌性结节性脂膜炎或分枝杆菌感染（图 6–10）。结节生长在猫鼻梁，并导致侧面外观改变（罗马鼻），可能提示隐球菌病或鼻淋巴瘤。一个或多个爪垫肿胀可能表明浆细胞性爪部皮炎（图 6–11）[14]。有时结节可能会排出含有肉眼可见颗粒的分泌物。葡萄状菌病的颗粒通常是白色的，皮肤癣菌性足菌肿的颗粒是黄色的，而霉菌性足菌肿的颗粒则颜色各异[5]。肩胛间区或胸背侧的结节应怀疑疫苗注射部位纤维肉瘤[8]。面部和（或）耳

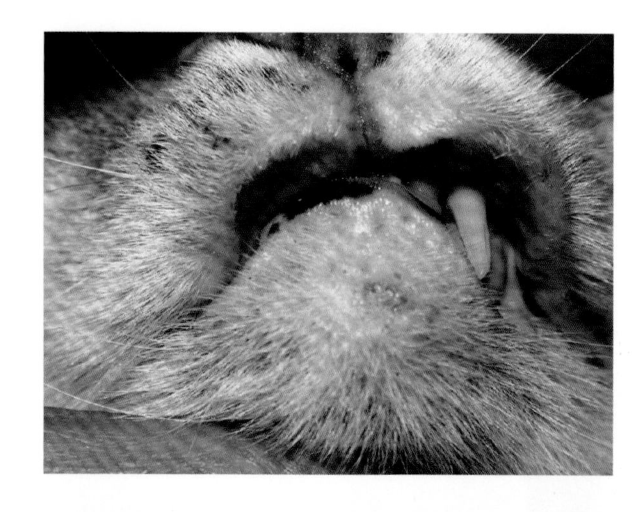

图 6-8　双侧上唇溃疡

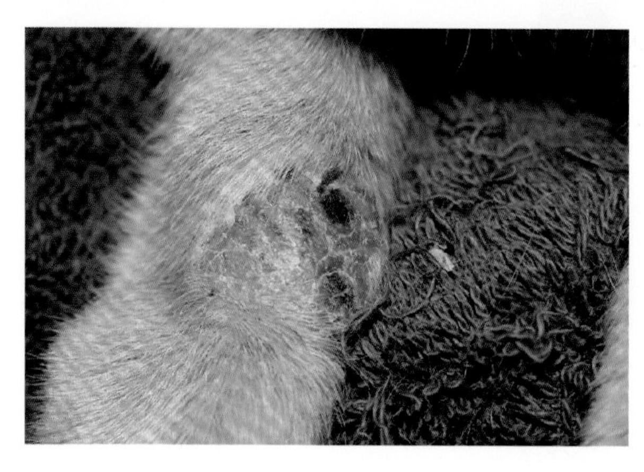

图 6-9　一只趋上皮性皮肤淋巴瘤患猫前肢的单个红斑性、剥脱性结节

**表 6-2　猫皮肤病斑块和结节的常见位置**

| | 分布 | 疾病 |
|---|---|---|
| 斑块 | 头部、四肢 | 黄瘤病 |
| | 腹部、腹股沟、腋下 | 嗜酸性斑块 |
| 结节 | 腹部、腹股沟、臀部 | 快生长分枝杆菌感染 |
| | 腹部 | 诺卡菌病 |
| | 头部、四肢、尾根部 | 孢子丝菌病 |
| | 鼻部背侧 | 隐球菌病 |
| | 大腿尾侧、下颏、口腔、爪子 | 嗜酸性肉芽肿 |
| | 爪子 | 皮肤钙质沉积 |
| | 爪垫 | 浆细胞性爪部皮炎 |
| | 躯干 | 无菌性结节性脂膜炎 |
| | 耳廓、眼睑、鼻面 | 鳞状细胞癌 |
| | 腹部 | 淋巴管肉瘤 |
| | 肩胛间、躯干 | 疫苗注射部位纤维肉瘤 |
| | 耳道、耳廓 | 耵聍腺囊瘤病 |

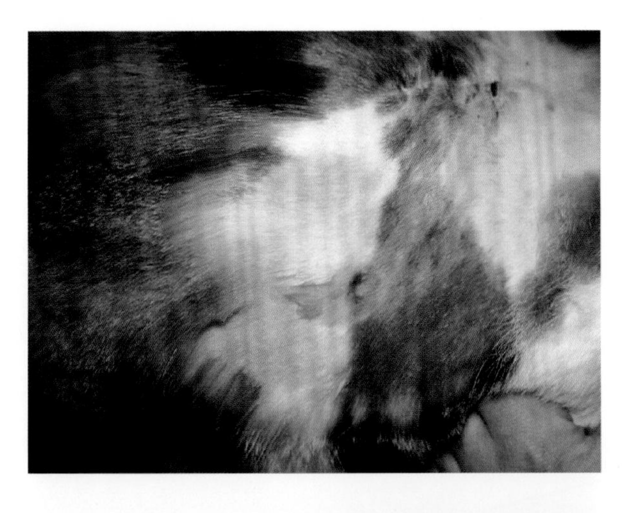

图 6–10　由分枝杆菌感染引起的肋腹部和臀部有波动性的结节，伴有小溃疡和瘘道（耻垢分枝杆菌）

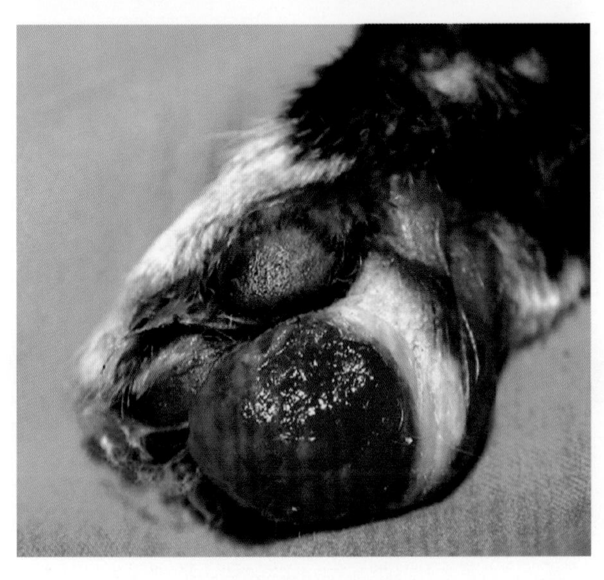

图 6–11　浆细胞性爪部皮炎，伴有掌中央爪垫溃疡

道和耳廓内侧出现的多发性灰蓝色结节，可能提示耵聍腺囊瘤病，特别是对于波斯猫来说[3]。

## 诊断程序

本节如图 6–12 所示。带数字的红色方块表示诊断步骤，如下所述。

1　进行细胞学检查。

当发现结节或斑块病变时，细胞学检查是就诊期间诊断试验的第一步。如果结节有溃疡或有瘘道，细针穿刺或抽吸和涂片有助于从这些病变中获取细胞学检查样本。然而，由于样本有可能被污染，“开放性”病变的涂片可能难以判读。在大多数情况下，细胞学检查可使临床医生区分炎性浸润和肿瘤性浸润，并选择最合适的诊断试验。当观察到很少或没有炎性细胞的单形态细胞群时，应怀疑是肿瘤。细胞学检查可以进一步确定由上皮细胞、间充质细胞或圆细胞组成的细胞群，在某些情况下，还可以诊断特定的肿瘤（如分化良好的肥大细胞瘤）。然而，在大多数情况下，病变必须进行活检或切除以进行组织病理学检查，并正确“命名”肿瘤。

细胞学检查观察到的混合细胞群提示炎症。最常见的炎性细胞包括中性粒细胞、嗜酸性粒细胞、巨噬细胞、淋巴细胞、浆细胞和肥大细胞，通常伴有数量不等的红细胞。细胞学中使用一种细胞类型相对于其他炎性细胞的百分比来定义不同类型的炎症，如脓性肉芽肿性（比例不等的中性粒细胞和巨噬细胞，上皮样巨噬细胞和巨型组织细胞）、肉芽肿性（和之前一样，很少或没有中性粒细胞）、嗜酸性和淋巴浆细胞性炎症。还可检

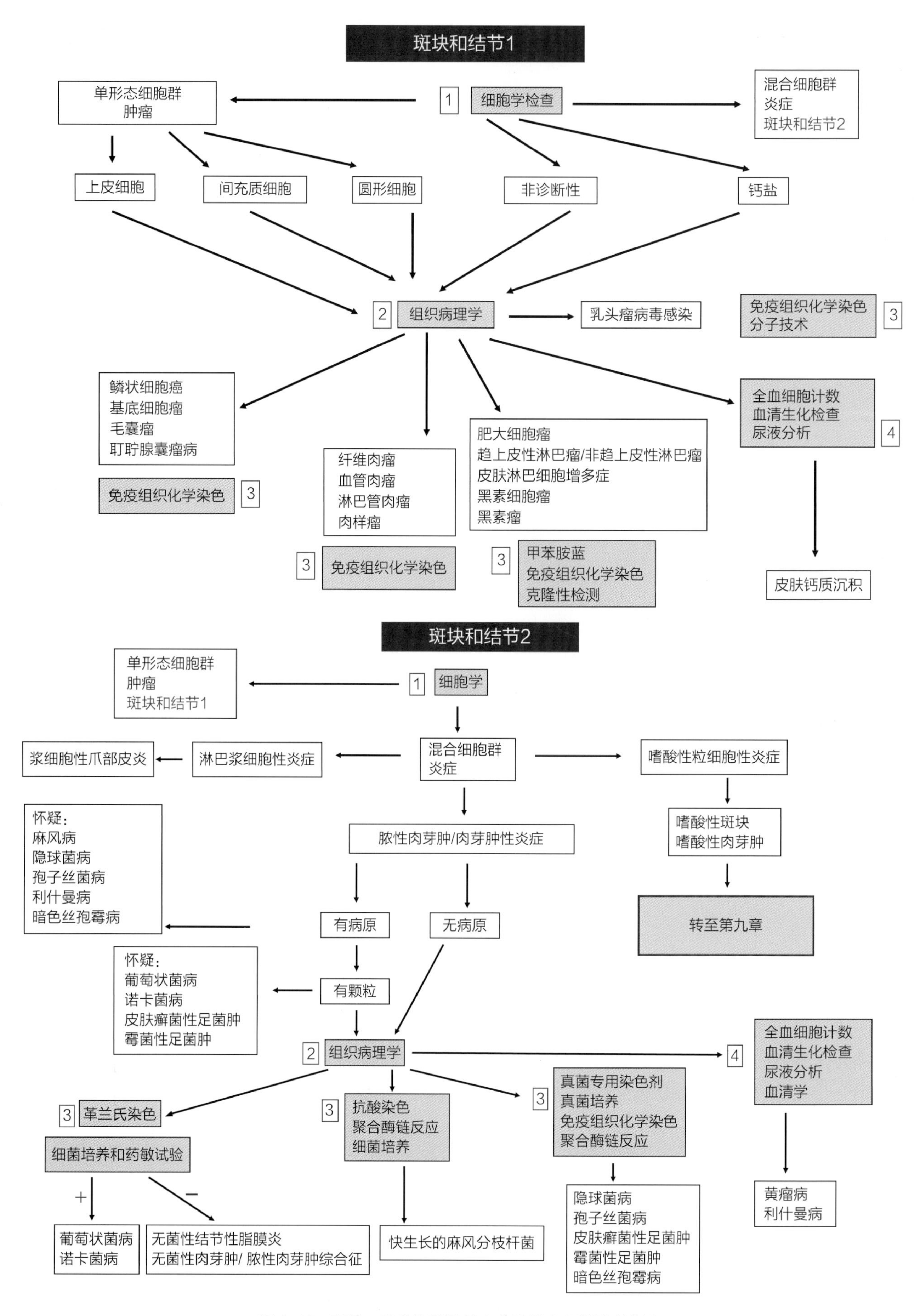


图 6-12　斑块、结节和嗜酸性肉芽肿综合征的诊断程序

测到细菌、真菌和寄生虫等病原体，以及由慢性肾脏疾病引起的皮肤钙质沉积。根据炎症的类型和观察到的微生物，在某些情况下可以做出诊断。例如，巨噬细胞胞浆中有利什曼原虫的无鞭毛体提示利什曼病；脓性肉芽肿性炎症中隐球菌属的酵母菌提示隐球菌病。当在巨噬细胞中观察到不着染的杆状细菌时，应怀疑分枝杆菌病。当分泌物中含有颗粒时，碾碎颗粒的细胞学检查可能有用：丝状细菌可能提示诺卡菌病，而球菌或杆状细菌可能提示细菌性葡萄状菌病。如果颗粒呈无定形，且在颗粒的外围发现菌丝，则很可能诊断为皮肤癣菌性足菌肿或霉菌性足菌肿。所有这些诊断都必须通过组织病理学检查和活检样本培养来确认。对于所有细胞学检查显示肉芽肿性或脓性肉芽肿性炎症而无病原学证据的病例，都必须进行组织病理学检查和培养。在 EGC 病变的情况下，诊断检查与临床表现、病变分布以及是否存在瘙痒无关（图 6–9）。可以进行组织病理学检查以确认诊断。

细胞学检查也可能由于得到的细胞太少，或者样本被血液严重污染而导致无法诊断。例如，在耵聍腺囊瘤病中，可以获得含有不同数量巨噬细胞的透明液体。在这种情况下，必须进行组织病理学检查。

2　活检并进行组织病理学检查。

当怀疑是肿瘤时，必须进行组织病理学检查。然而在大多数情况下，非肿瘤性结节或斑块也需要组织病理学检查，以做出或确认诊断，并建议进行进一步的诊断试验。必须记住，EGC 病变的组织学表现并不总是对应临床症状，嗜酸性粒细胞浸润的密度变化很大。例如，LU 通常被报告为中性粒细胞性纤维性皮炎，而不是嗜酸性皮炎。在几个月内，上唇的 LU 的组织学病变从皮肤嗜酸性粒细胞浸润发展到纤维化和中性粒细胞性溃疡。这些发现可能有助于解释为什么 LU 很少被描述为富含嗜酸性粒细胞的皮炎。由于临床医生不愿对猫的嘴唇进行活检，大多数 LU 病变可能在组织学检查时已存在数月。事实上，LU 的活检主要是为了排除肿瘤，而不是为了确认 EGC 的诊断。在采集活检样本时，应在无菌管中储存一些新鲜组织并冷冻，组织最好来自样本较深的部分，以备可能的微生物培养或分子研究之用。

3　组织病理学检查可以诊断肿瘤，对疑难病例可能需要额外的检查。根据组织病理学检查发现或怀疑的肿瘤类型，病理学家可能会建议进行特殊染色（如肥大细胞瘤应进行甲苯胺蓝或吉姆萨染色）、免疫组织化学染色或克隆性检测（以区分皮肤淋巴细胞增多症和趋上皮性皮肤淋巴瘤），以做出诊断。

特殊染色、免疫组织化学染色和像聚合酶链反应（polymerase chain reaction，PCR）之类的分子技术也可用于鉴别或描述感染原，这些感染原可能在“标准”组织病理学中难以发现，或在培养基中难以生长。革兰氏染色有助于鉴定细菌，而抗酸染色如齐 – 内染色，可能有助于显示分枝杆菌。过碘酸 – 希夫（periodicacid of Schiff，PAS）染色常用于鉴别组织中的真菌。免疫组织化学染色、PCR 和（或）其他分子技术可用于诊断乳头瘤病毒感染、分枝杆菌病和一些不常见的真菌感染（暗色丝孢霉病）。如果怀疑深层细菌或真菌感染，建议进行组织培养以确定致病微生物。培养最好在专门的兽医实验室进行，临床医生应告知怀疑方向。对于有些病例，药敏试验有助于选择正确的抗菌治疗。阴性结果结合一致的临床症状和组织病理学结果，证实了无菌性疾病的诊断，如无菌性结节性脂膜炎和无菌性肉芽肿 / 脓性肉芽肿综合征。

4　进行全血细胞计数、血清生化检查、尿液分析和血清学检查。

根据组织病理学的检查结果，当怀疑代谢性疾病时，如黄瘤病或皮肤钙质沉积，应进行全血细胞计数、血清生化检查和尿液分析。如果细胞学检查和（或）组织病理学诊断为利什曼病，也应进行血清学检查。还应进行 FIV 和 FeLV 的血清学检查，特别是对患感染性疾病的猫。

## 参考文献

[1] Colombini S, Clay Hodgin E, Foil CS, Hosgood G, Foil LD. Induction of feline flea allergy dermatitis and the incidence and histopathological characteristics of concurrent lip ulcers. Vet Dermatol. 2001; 12:155–161.

[2] Vogelnest LJ. Skin as a marker of general feline health: cutaneous manifestations of systemic disease. J Feline Med Surg. 2017; 19:948–960.

[3] Chaitman J, Van der Voerdt A, Bartick TE. Multiple eyelid cysts resembling apocrine hidrocystomas in three Persian cats and one Himalayan cat. Vet Pathol. 1999; 36:474–476.

[4] Moriello KA, Coyner K, Paterson S, Mignon B. Diagnosis and treatment of dermatophytosis in dogs and cats. Clinical consensus guidelines of the world association for veterinary dermatology. Vet Dermatol. 2017; 28:266–e68.

[5] Backel K, Cain C. Skin as a marker of general feline health: cutaneous manifestations of infectious disease. J Feline Med Surg. 2017; 19:1149–1165.

[6] Gremiao IDF, Menezes RC, Schubach TMP, Figueiredo ABF, Cavalcanti MCH, Pereira SA. Feline sporotrichosis: epidemiological and clinical aspects. Med Mycol. 2015; 53:15–21.

[7] Pennisi MG, Cardoso L, Baneth G, Bourdeau P, Koutinas A, Mirò G, Oliva G, Solano–Gallego L. LeishVet update and recommendations on feline leishmaniosis. Parasit Vectors. 2015; 8:302–320.

[8] Hartmann K, Day MJ, Thiry E, Lloret A, Frymus T, Addie D, Boucraut–Baralon C, Egberink H, Gruffydd–Jones T, Horzinek MC, Hosie MJ, Lutz H, Marsilio F, Pennisi MG, Radford AD, Truyen U, Möstl K. Feline injection–site sarcoma: ABCD guidelines on prevention and management. J Feline Med Surg. 2015; 17:606–613.

[9] Buckley L, Nuttall T. Feline eosinophilic granuloma complex (ities) some clinical clarification. J Feline Med Surg. 2012; 14:471–481.

[10] Wildermuth BE, Griffin CE, Rosenkrantz WS. Response of feline eosinophilic plaques and lip ulcers to amoxicillin trihydrate–clavulanate potassium therapy: a randomized, double–blind placebo–controlled prospective study. Vet Dermatol. 2011; 23:110–e25.

[11] Munday JS. Papillomaviruses in felids. Vet J. 2014; 199:340–347.

[12] Gilbert S, Affolter VK, Gross TL, Moore PF, Ihrke PJ. Clinical, morphological and immunohistochemical characterization of cutaneous lymphocytosis in 23 cats. Vet Dermatol. 2004; 15:3–12.

[13] Fontaine J, Heimann M, Day MJ. Cutaneous epitheliotropic T–cell lymphoma in the cat: a review of the literature and five new cases. Vet Dermatol. 2011; 22:454–461.

[14] Dias Pereira P, Faustino AMR. Feline plasma cell pododermatitis: a study of 8 cases. Vet Dermatol. 2003; 14:333–337.

## 延伸阅读

1. “Plaque, nodule”. Merriam–Webster Medical Dictionary. http://merriam–webster.com Accessed 31 Jan 2018.

2. Albanese F. Canine and feline skin cytology. Cham: Springer International Publishing; 2017.

3. Goldsmith LA, Katz SI, Gilchrest BA, Paller AS, Leffell DJ, Wolff K. Fitzpatrick’s dermatology in general medicine. 8th ed. New York: The McGraw–Hill Companies; 2012.

4. Gross TL, Ihrke PJ, Walder EJ, Affolter VK. Skin diseases of the dog and cat. Clinical and histopathologic diagnosis. 2nd ed. Oxford: Blackwell Publishing; 2005.

5. Miller WH, Griffin CE, Muller CKL. Kirk’s small animal dermatology. 7th ed. St. Louis: Elsevier; 2013.

6. Noli C, Toma S. Dermatologia del cane e del gatto. 2nd ed. Vermezzo: Poletto Editore; 2011.

# 第七章　抓痕、糜烂和溃疡

Silvia Colombo

**摘要**

抓痕、糜烂和溃疡是猫比较常见的病变，通常来说，它们都是非特异性的。根据定义，抓痕是由于抓挠而引起的自损性病变，而后发展为糜烂和溃疡。皮肤全层创伤高度提示脆皮症或获得性皮肤脆弱综合征，具体取决于猫的年龄。糜烂和溃疡通常会继发感染，并可能因感染引起的瘙痒出现更严重的情况。猫的一种常见于过敏性疾病的特殊临床表现是“头颈部瘙痒症”，伴有自损性抓痕和溃疡。这种表现通常根据瘙痒的诊断程序来进行检查。与糜烂和溃疡最相关的临床特征是它们的病变部位，这可能有助于诊断。通常来说，组织病理学检查是对猫糜烂性 / 溃疡性皮肤病做出特异性诊断的最重要的诊断性检测。

## 定义

抓痕是由于抓伤或少数因舔舐或啃咬造成的表皮浅层擦伤。它是一种自损性病变，可能呈线性模式，直接反映了其发病机制。

糜烂是一种浅表的、潮湿的、局限性的病变，它是由于表皮层的一部分或全部缺失而造成的，并且不涉及真皮层。糜烂不会流血，愈合时不会留下瘢痕。

溃疡是一种局限性皮肤缺损，表皮层和至少浅表真皮层已经缺失，比糜烂更深。溃疡也会累及毛囊附件，愈合后会留下瘢痕。用于进一步描述溃疡的特征包括溃疡的边缘、表面和最终溃疡底部的渗出物。例如，边缘可能增厚，形状规则或不规则，溃疡底部可能干净、出血或坏死。溃疡部位可能有结痂或脓性渗出物覆盖。

糜烂和溃疡在临床上很难区分，因为皮肤缺损的深度只能通过组织病理学检查来确定。因此，当描述一个典型的病变或一种疾病时，糜烂和溃疡总是一起使用。

## 发病机制

糜烂和溃疡形成的潜在致病机制各不相同，从外部创伤到导致皮肤耐受力下降的先天性缺陷，再到皮肤的直接感染或自身免疫性损伤都有可能，在绝大多数病例中，糜烂和溃疡是由于瘙痒和（或）继发感染而导致的自我损伤。因此，任何糜烂性和溃疡性疾病的临床表现都可能发生演变，病变可能会变得更深、更严重。

猫的一种常见于过敏性疾病的特殊临床表现，是由“头颈部瘙痒症”引起的溃疡（图 7-1）[1]。猫用它们的后爪和趾甲抓挠，可能会在这些部位造成严重且大面积的溃疡。

尽管猫的特异性病变被称为“无痛性溃疡”或“唇部溃疡”（图 7–2），但实际上这种病变是一种溃疡性斑块，在第六章中有描述[2]。

在脆皮病或获得性皮肤脆弱综合征等疾病中，轻微创伤就会出现皮肤全层撕裂以及皮肤空腔，病变应被描述为创伤。表 7–1 列出了猫抓痕、糜烂和溃疡的一些病因。

## 诊断方法

### 病征和病史

糜烂性 / 溃疡性皮肤病，如脆皮症、皮肤发育异常或交界性大疱性表皮松解症是先天性的，在出生时或出生后不久就会表现出来[3, 4]。在其他情况下，该病的发病延迟，但在特定品种的年轻成年猫（波斯猫和喜马拉雅猫的特发性面部皮炎、孟加拉猫的溃疡性鼻部皮炎）中临床表现明显[5, 6]。轻度创伤后的皮肤全层创伤可能发生在老年猫的获得性皮肤脆弱综合征中，病因可能是肾上腺皮质功能亢进（图 7–3）或其他疾病[7, 8]。创伤性抓痕或创伤可能在公猫身上更常见，而肿瘤性疾病则更常见于老年猫。

病史与猫糜烂性 / 溃疡性疾病的诊断密切相关。既往或并发的呼吸道临床症状可能提示疱疹病毒性皮炎，而户外生活方式可能使猫易受创伤、深层细菌、分枝杆菌或真菌感染，或白猫易患鳞状细胞癌（图 7–4）[9, 10]。既往或正在使用的药物会提示临床医生在鉴别诊断中注意药物不良反应和中毒性表皮

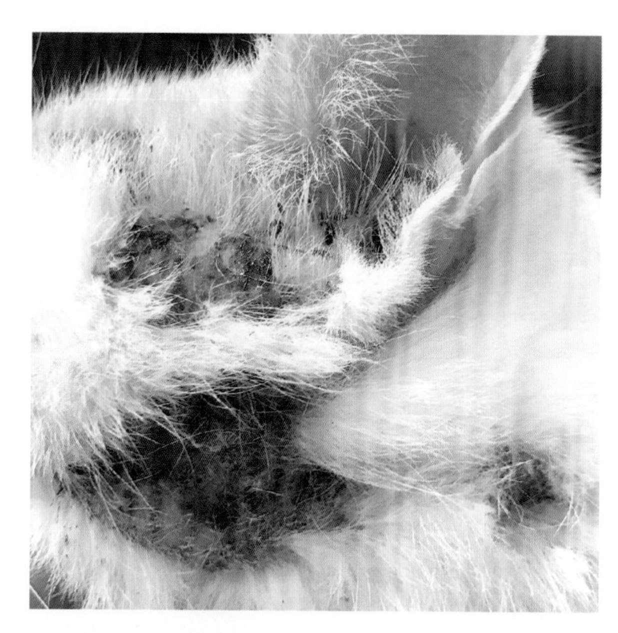

图 7–1　一只过敏症患猫的头颈部瘙痒表现

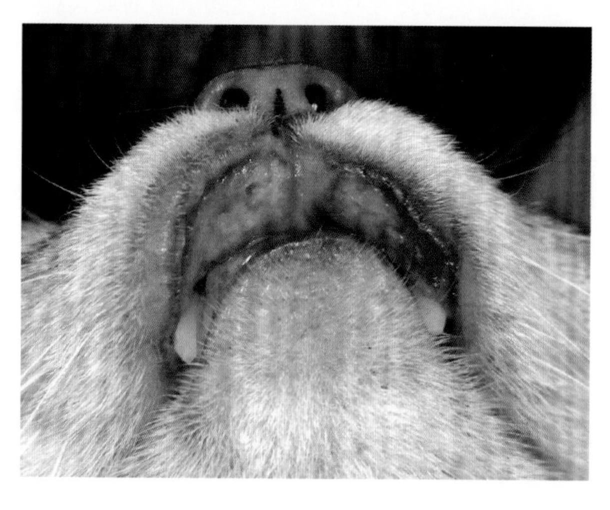

图 7–2　严重的双侧无痛性溃疡，中央有坏死物质

**表 7-1　抓痕、糜烂和溃疡的常见病因**

| 抓痕 | 自我损伤 |
| --- | --- |
| 糜烂 / 溃疡 | 疱疹病毒性皮炎 |
| | 麻风病 |
| | 快生长分枝杆菌感染 |
| | 皮下真菌感染 |
| | 全身真菌感染 |
| | 蝇蛆病 |
| | 利什曼病 |
| | 头颈部瘙痒症[a]（表 7-3） |
| | 药物不良反应 |
| | 落叶型天疱疮 |
| | 寻常型天疱疮 |
| | 真皮 - 表皮交界处水疱性疾病 |
| | 多形红斑 |
| | 中毒性表皮坏死松解症 |
| | 血管炎 |
| | 肾上腺皮质功能亢进 / 获得性皮肤脆弱综合征 |
| | 波斯猫和喜马拉雅猫特发性面部皮炎 |
| | 孟加拉猫溃疡性鼻部皮炎 |
| | 交界性 / 发育异常性大疱性表皮松解症 |
| | 脆皮症 |
| | 创伤 |
| | 无痛性溃疡[b] |
| | 特发性 / 行为性溃疡性皮炎 |
| | 浆细胞性爪部皮炎 |
| | 鳞状细胞癌 |

a 见第九章。

b 见第六章。

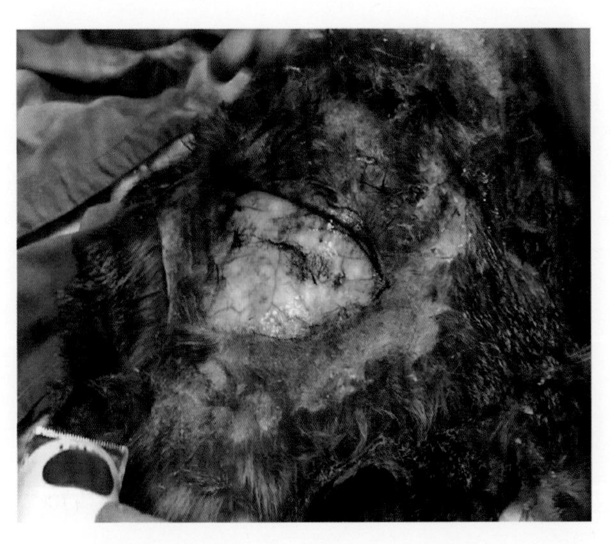

图 7-3　一只患肾上腺皮质功能亢进的老年猫的皮肤全层创伤

坏死松解症，尤其是当病变突然发作时[11]。最后，瘙痒可能是一个相关的信息，因为它可能是一些疾病的典型表现，例如特发性 / 行为性溃疡性皮炎和被描述为"头颈部瘙痒症"的临床模式[1, 12]。然而，我们必须记住，瘙痒也可能是糜烂 / 溃疡导致的继发感染。

## 临床表现

糜烂和溃疡是猫中相对常见的病变，而且是非特异性的。伴随的原发性或继发性病变并不常见，除了覆盖在糜烂 / 溃疡上的结痂。结节和斑块表面可能有糜烂或溃烂，如无痛性溃疡和嗜酸性斑块。另一方面，一旦排除了创伤性病因，全层皮肤创伤的表现是非常特殊的。轻微牵引后出现的轻微或无出血的皮肤抓痕提示脆皮症或获得性皮肤脆弱综合征，具体取决于患病动物的年龄[3, 7, 8, 13]。同时存在皮肤过度伸展是脆皮症的特征之一，薄而不规则的瘢痕代表病变已消退，在两种情况下均可观察到。

糜烂 / 溃疡最有用的临床特征是病变部位（表 7-2）和有无瘙痒。由于疱疹病毒（图 7-5）或杯状病毒感染，面部是糜烂 / 溃疡最常见的部位，偶尔伴有口腔病变[9, 10]。波斯猫和喜马拉雅猫的特发性面部皮炎最初的特征是眼睛、鼻子和嘴周围附着的黑色物质堆积，渗出液下的炎症、糜烂 / 溃疡性皮肤病变随着时间的推移而发展[5]。这些病变可能导致严重的瘙痒，以及常见继发感染。在白猫的耳

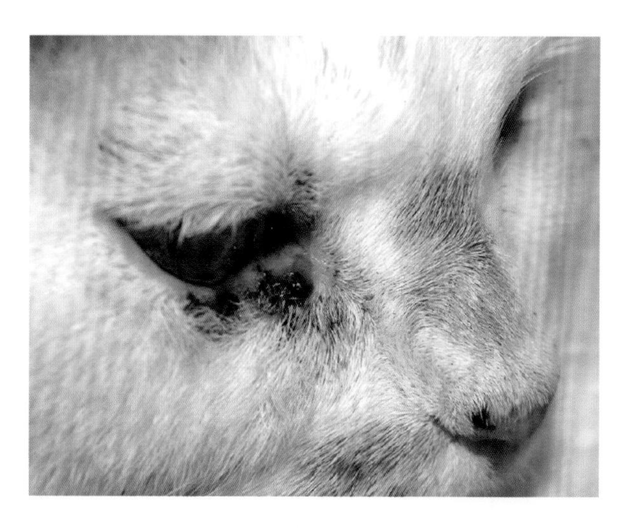

图 7–4　一只白猫下眼睑及鼻部的鳞状细胞癌

表 7–2　特定猫皮肤病的常见糜烂 / 溃疡部位

| 分布 | 疾病 |
| --- | --- |
| 口腔 | 疱疹病毒性皮炎<br>寻常型天疱疮<br>真皮 – 表皮交界处水疱性疾病 |
| 腹部、腹股沟 | 快生长分枝杆菌感染<br>嗜酸性斑块 |
| 上唇 | 无痛性溃疡 |
| 颈背部 | 药物不良反应（滴剂、注射）<br>特发性 / 行为性溃疡性皮炎<br>“头颈部瘙痒症” |
| 爪垫 | 浆细胞性爪部皮炎 |
| 躯干 | 肾上腺皮质功能亢进<br>获得性皮肤脆弱综合征 |
| 鼻面 | 孟加拉猫溃疡性鼻部皮炎<br>鳞状细胞癌<br>落叶型天疱疮 |
| 口鼻部 | 波斯猫和喜马拉雅猫的特发性面部皮炎<br>疱疹病毒性皮炎<br>头颈部瘙痒症 |
| 耳廓 | 鳞状细胞癌<br>落叶型天疱疮 |
| 眼睑 | 寻常型天疱疮<br>鳞状细胞癌<br>真皮 – 表皮交界处水疱性疾病 |

廓尖端、眼睑和（或）鼻面有多处覆盖结痂的糜烂 / 溃疡灶，提示临床医生检查鳞状细胞癌。据报道，孟加拉猫的鼻面过度角化、出现皮屑、偶见溃疡，被认为是一种先天性疾病 [6]。使用滴剂产品预防外寄生虫可能会导致颈背部的糜烂 / 溃疡。在快生长分枝杆菌感染中，可观察到腹部溃疡性病变和有分泌物的瘘道 [10]。掌骨和（或）跖骨爪垫的严重肿胀、溃疡提示浆细胞性爪部皮炎 [14]。在多形红斑中，斑

丘疹病变演变为糜烂 / 溃疡和结痂，通常呈现全身性分布[11]。

### 头颈部瘙痒症

瘙痒和涉及头部、耳廓及颈部的自损性糜烂 / 溃疡是常见的临床表现，同时也是猫科动物特有的临床表现。大小不等的糜烂和溃疡是由猫用后爪抓挠引起的，主人通常能明确意识到猫的瘙痒。这些病变可能非常严重，继发感染经常存在，其深度可能达到皮下组织（图 7–6）。在瘙痒性皮肤病中，猫的其他具有代表性的典型表现，如粟粒性皮炎和自损性脱毛，也可同时被观察到。头颈部瘙痒症的鉴别诊断见表 7–3。头颈部瘙痒症应按照瘙痒的诊断程序（见第九章）进行调查。

特发性 / 行为性溃疡性皮炎（图 7–7）的表现为病变非常严重且极度瘙痒，通常是颈背部的单个结痂性溃疡，值得具体评估，因为其病因是有争议的。尽管从名字上来看，特发性溃疡性皮炎大多数都是特发性的，但其病因其实包括过敏性疾病、继发性感染、神经系统疾病和行为异常[12]。

图 7–5　感染疱疹病毒的患猫的口鼻部大面积糜烂 / 溃疡

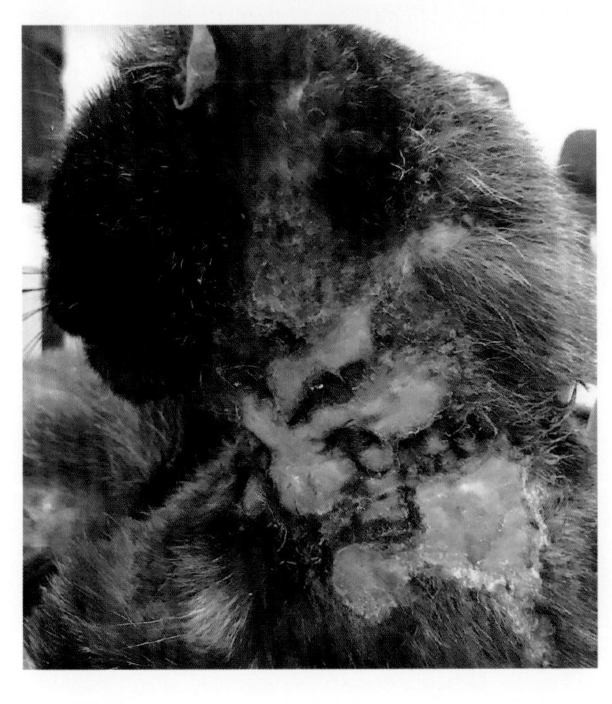

图 7–6　一只食物过敏症患猫的严重糜烂 / 溃疡

## 诊断程序

本节如图 7–8 所示。带数字的红色方块表示诊断步骤，如下所述。

1　考虑病史及临床检查。

当检查猫的糜烂 / 溃疡时，第一步是将这些病变与轻微创伤后的皮肤全层创伤或皮肤撕裂伤进行鉴别，如用手撕拉皮肤。皮肤极度脆弱只发生在两种疾病中。第一种是脆皮症，临床上见于幼猫或年轻猫；第二种则发生在老年猫身上，称为"获得性皮肤脆弱综合征"，包含了一系列不同的疾病[3, 7, 8, 13]。在大多数情况下，病史也有助于我们判断创伤是否出现在诸如车祸之类的重大事故之后。猫的伤口中有昆虫幼虫时，表明可能患有蝇蛆病。如果猫头颈部瘙痒，或主要病变是无痛性唇部溃疡或糜烂斑块（见第六章），特别是与自损性脱毛相关时，应遵循第九章中描述的瘙痒诊断程序。

**表 7–3　头颈部瘙痒症的鉴别诊断**

| 疾病 |
| --- |
| 疱疹病毒性皮炎 |
| 皮肤癣菌病 |
| 猫疥螨病 |
| 耳螨病 |
| 蠕形螨病（戈托伊蠕形螨） |
| 恙螨病 |
| 猫毛螨感染 |
| 跳蚤叮咬过敏 |
| 食物不良反应 |
| 猫特应性综合征 |
| 蚊虫叮咬过敏 |
| 药物不良反应 |
| 落叶型天疱疮 |
| 波斯猫和喜马拉雅猫特发性面部皮炎 |
| 特发性 / 行为性溃疡性皮炎 |

2　进行细胞学检查。

糜烂 / 溃疡的细胞学检查常常令人失望，因为在大多数情况下只能观察到非特异性的结果，如红细胞和中性粒细胞。当中性粒细胞与棘层松解细胞混合时，临床上主要怀疑是落叶型天疱疮（图9）。如果观察到由大量浆细胞和淋巴细胞组成的混合细胞类型，并且细胞学样本来自爪垫，则诊断为浆细胞性爪部皮炎[14]。从粟粒性皮炎表皮下的微小糜烂处或嗜酸性斑块的糜烂表面采集的样本中，可观察到嗜酸性粒细胞。脓性肉芽肿性炎症反应也是一种非特异性的细胞学表现；然而，它更常见于感染性疾病，如分枝杆菌或真菌感染和利什曼病。在细胞学上偶尔可以看到单一形态细胞聚集，这一发现可能提示肿瘤性疾病。

3　进行组织病理学检查。

组织病理学在糜烂性 / 溃疡性猫皮肤病的诊断中至关重要。首先，它可以确诊肿瘤和获得性皮肤脆弱综合征。对于脆皮症，可能需要与相同年龄和相同部位的另一只猫的皮肤样本进行组织病理学比较，以及特殊染色和电子显微镜检查。大多数自身免疫性、免疫介导性和特发性糜烂 / 溃疡

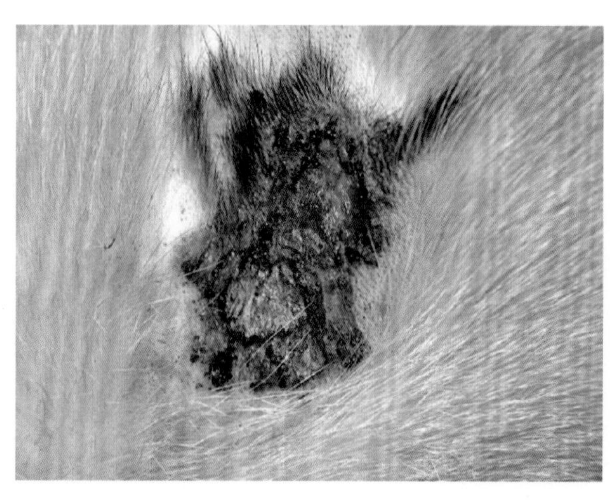

**图 7–7　猫颈背部的特发性 / 行为性溃疡性皮炎**

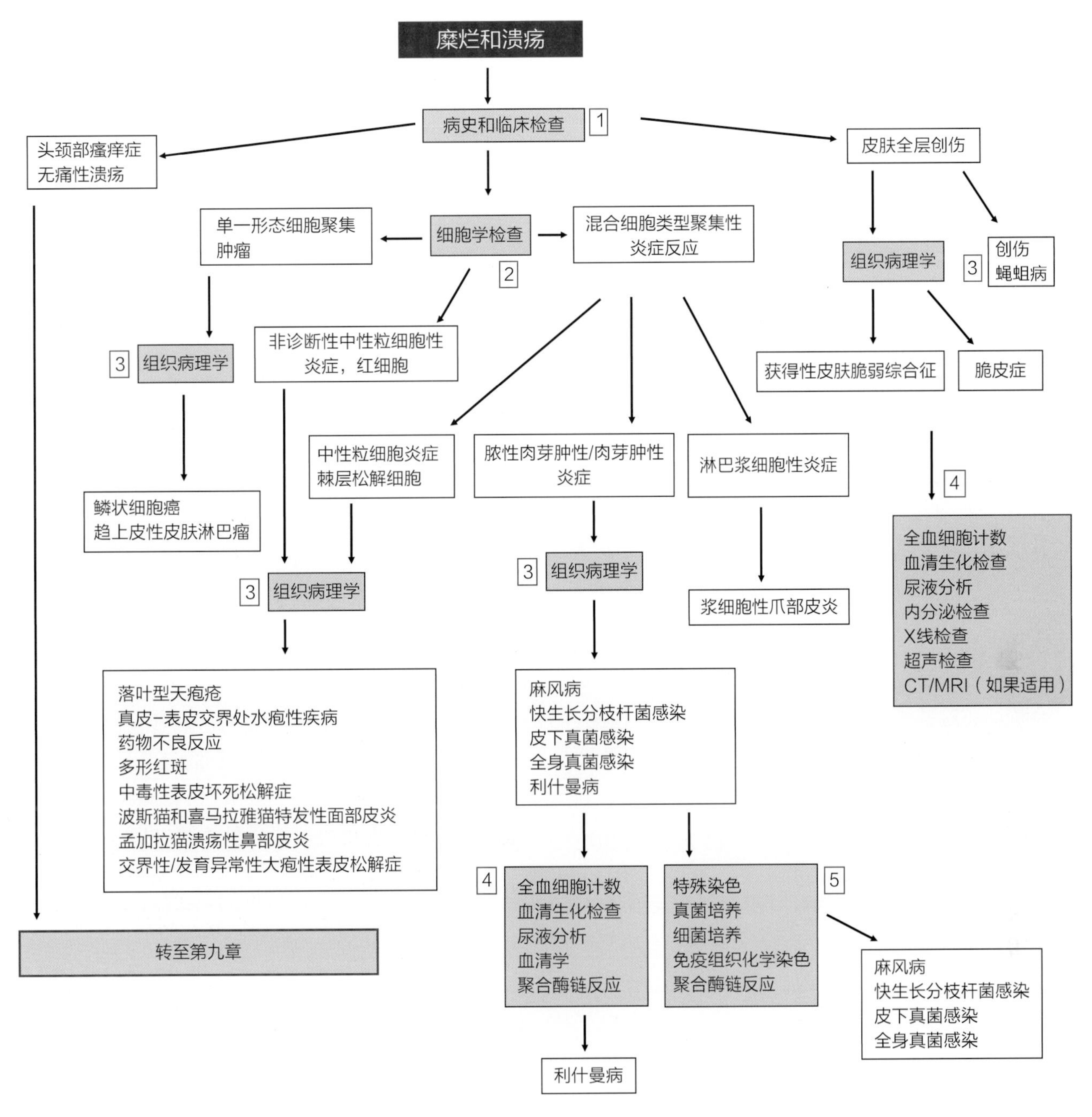


**图 7-8　糜烂和溃疡的诊断程序**

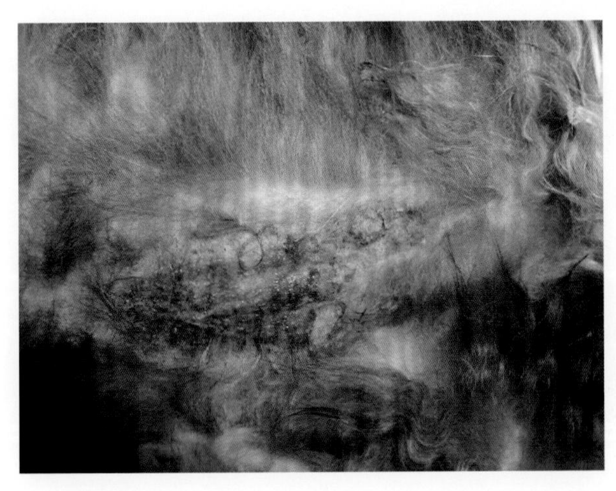

**图 7-9　一只患落叶型天疱疮的家养短毛猫**

性皮肤病都可以通过组织病理学进行诊断。对于感染性疾病，标准的组织病理学检查（苏木精和伊红染色，H&E）在大多数情况下仅具有指示意义，如没有进一步的诊断程序（如特殊染色或免疫组织化学染色）则很难确定病因。

4 进行血液检查、血清学、尿液分析和诊断成像。

在一只老年猫身上出现皮肤全层创伤，组织病理学诊断为获得性皮肤脆弱综合征，有必要确定病因以便尝试治疗。皮肤脆弱综合征常由肾上腺皮质功能亢进引起，但严重恶病质、糖尿病、脂肪肝或影响肝脏、肾脏的炎症、肿瘤性疾病和一些感染性疾病都有报道[8, 13]。当病史、临床检查和组织病理学提示利什曼病时，诊断过程应通过全血细胞计数、血清生化检查、尿液分析、血清学和（或）PCR 来完成[10]。

5 如前所述，在某些情况下，感染性疾病进行标准组织病理学检查（H&E 染色），不能做出特异性诊断。在这些情况下，必须进行进一步的检测，并根据具体情况要求进行特殊染色（针对真菌的 PAS 染色、针对抗酸细菌的齐 - 内染色、针对利什曼原虫和病毒的免疫组织化学染色）、微生物培养和 PCR。

## 参考文献


[1] Hobi S, Linek M, Marignac G, Olivry T, et al. Clinical characteristics and causes of pruritus in cats: a multicentre study on feline hypersensitivity-associated dermatoses. Vet Dermatol. 2011; 22:406-413.

[2] Buckley L, Nuttall T. Feline Eosinophilic Granuloma Complex(ITIES): some clinical clarification. J Fel Med Surg. 2012; 14:471-481.

[3] Hansen N, Foster SF, Burrows AK, Mackie J, Malik R. Cutaneous asthenia (Ehlers-Danlos-like syndrome) of Burmese cats. J Feline Med Surg. 2015; 17:954-963.

[4] Medeiros GX, Riet-Correa F. Epidermolysis bullosa in animals: a review. Vet Dermatol. 2015; 26:3-e2.

[5] Bond R, Curtis CF, Ferguson EA, Mason IS, Rest J. An idiopathic facial dermatitis of Persian cats. Vet Dermatol. 2000; 11:35-41.

[6] Bergvall K. A novel ulcerative nasal dermatitis of Bengal cats. Vet Dermatol. 2004; 15:28.

[7] Boland LA, Barrs VR. Peculiarities of feline hyperadrenocorticism: update on diagnosis and treatment. J Feline Med Surg. 2017; 19:933-947.

[8] Furiani N, Porcellato I, Brachelente C. Reversible and cachexia-associated feline skin fragility syndrome in three cats. Vet Dermatol. 2017; 28:508-e121.

[9] Hargis AM, Ginn PE. Feline herpesvirus 1-associated facial and nasal dermatitis and stomatitis in domestic cats. Vet Clin North Am Small Anim Pract. 1999; 29(6):1281-1290.

[10] Backel K, Cain C. Skin as a marker of general feline health: cutaneous manifestations of infectious disease. J Feline Med Surg. 2017; 19:1149-1165.

[11] Yager JA. Erythema multiforme, Stevens-Johnson syndrome and toxic epidermal necrolysis: a comparative review. Vet Dermatol. 2014; 25:406-e64.

[12] Titeux E, Gilbert C, Briand A, Cochet-Faivre N. From feline idiopathic ulcerative dermatitis to feline behavioural ulcerative dermatitis: grooming repetitive behaviors indicators of poor welfare in cats. Front Vet Sci. 2018; https://doi.org/10.3389/fvets.2018.00081.

[13] Vogelnest LJ. Skin as a marker of general feline health: cutaneous manifestations of systemic disease. J Feline Med Surg. 2017; 19:948-960.

[14] Dias Pereira P, Faustino AMR. Feline plasma cell pododermatitis: a study of 8 cases. Vet Dermatol. 2003; 14:333-337.


## 延伸阅读


1. For definitions: Merriam-Webster Medical Dictionary. http://merriam-webster.com Accessed 10 May 2018.
2. Albanese F. Canine and feline skin cytology. Cham: Springer International Publishing; 2017.
3. Goldsmith LA, Katz SI, Gilchrest BA, Paller AS, Leffell DJ, Wolff K. Fitzpatrick's dermatology in general medicine. 8th ed. New York: The McGraw-Hill Companies; 2012.
4. Miller WH, Griffin CE, Campbell KL. Muller & Kirk's Small Animal Dermatology. 7th ed. St. Louis: Elsevier; 2013.
5. Noli C, Toma S. Dermatologia del cane e del gatto. 2nd ed. Vermezzo: Poletto Editore; 2011.

# 第八章　皮屑

Silvia Colombo

**摘要**

猫的表皮剥脱性疾病的临床特征为干性或油性的皮屑，不太常见的是毛囊管型。在正常皮肤中，细胞不断更新，在基底层产生新的角质细胞，并向上迁移成为角质层中的无核角化细胞。角化细胞脱落在环境中，肉眼看不见。当这个过程出现异常时，皮屑将变得肉眼可见。猫身上的皮屑最常见的病因是梳理不当，通常与老年、肥胖或并发全身性疾病有关。油性的皮屑通常与马拉色菌过度生长有关，而毛囊管型在猫科动物中很少见。诊断方法包括排除外寄生虫病和皮肤癣菌病，通过细胞学检查评估是否存在马拉色菌，以及评估猫的总体健康状况，尤其是老年患病动物。大多数表皮剥脱性皮肤病的诊断都需要用到组织病理学。

## 定义

皮屑是从皮肤上脱落的一小块又薄又干的角质层，皮屑的形成也是皮屑脱落的过程。在英语中，scale 和 squame 以及 asscaling、dequamation 和 exfoliation 是同义词，它们的用法没有区别。用来描述皮屑的非正式术语是 dandruff。在正常情况下，表皮剥脱也会持续发生，只是没有形成可见的皮屑。由于表皮分化异常，当脱皮数量增加时，皮屑变得肉眼可见。

皮屑可进一步表现为干性或油性，其颜色可为白色、银色、黄色、棕色或灰色，具体取决于病因。干性皮屑在猫身上很常见，而油性皮屑只在少数皮肤病中可以观察到。皮屑也常被描述为糠疹，意思是小的、薄的、白色的，类似于燕麦麸。银屑病用来描述更大、更厚且往往是银色的皮屑。以环状排列的皮屑被描述为表皮环，其很少在猫身上被观察到。表皮环是丘疹或脓疱的最终演变阶段（见第五章）。

毛囊管型是角质和毛囊内容物的积累，它们附着在毛干上，从毛囊口突出。这种物质通常黏附在一簇毛发上，或者聚集在单根毛干周围。毛囊管型在猫身上罕见，但它的出现可能代表了一个有用的临床诊断提示。

## 发病机制

在正常皮肤中，细胞不断更新，新的角质细胞在基底层产生，在棘层成熟，在角质层死亡成为角质细胞。角质细胞脱落在环境中，肉眼是看不见的。在异常情况下，由于角质细胞成团分离，皮屑变得明显。这可能是由于角质层生成增加或脱落减少，或是由于覆盖和保护皮肤表面的浅层脂质基质异常所致。角质层的增加可能发生在先天性疾病中，如鱼鳞病或原发性皮脂溢；然而，这些疾病在猫身上极为罕见[1]。更常见的是，角质层增厚是对外界伤害的反应，如日光性皮炎中的紫外线损伤（图 8–1），它可能演变为日光性角化病和鳞状细胞癌，或是外寄生虫病中的姬螯螨以皮肤表皮为食。皮屑性皮肤病的另一致病机制是皮肤中炎性细胞或肿瘤细胞的浸润，如多形红斑（图 8–2）、表皮剥脱性皮肤病伴 / 不伴胸腺瘤或趋上皮性皮肤淋巴瘤[2–4]。

在猫中，角质层脱落的减少通常是因为梳理不当，更常见于年长或肥胖的猫，或是患有糖尿病或甲状腺功能亢进等全身性疾病的猫。保护皮肤的脂质基质至少部分是由皮脂腺产生的。影响和破坏这些腺体的疾病，如皮脂腺炎或利什曼病，可能出现皮屑[3, 5]。

虽然罕见，但猫身上的皮屑也可能是油性的。这可能是原发性皮脂溢（猫的一种罕见的疾病）和更常见的尾部腺体增生（也称为种马尾病）中腺体分泌过多所致（图 8–3）。马拉色菌过度生长可能与皮脂腺增生和浅表脂质基质异常有关，因此出现油性皮屑[6, 7]。

毛囊管型在猫科动物中并不常见。它可能是毛囊损伤的临床表现，如蠕形螨病和皮肤癣菌病，或皮脂腺炎导致的皮脂腺破坏[3]。最近在幼猫身上报道的一种罕见的先天性疾病被称为皮脂腺发育不良，临床特征是全身性少毛症、皮屑和毛囊管型[8]。表 8–1 列出了猫以皮屑为特征的疾病。

## 诊断方法

### 病征和病史

表皮剥脱性疾病，如皮肤癣菌病（图 8–4）或姬螯螨病通常见于幼猫或多猫饲养条件，如繁殖地或宠物店。先天性疾病在幼猫身上表现为干性或油

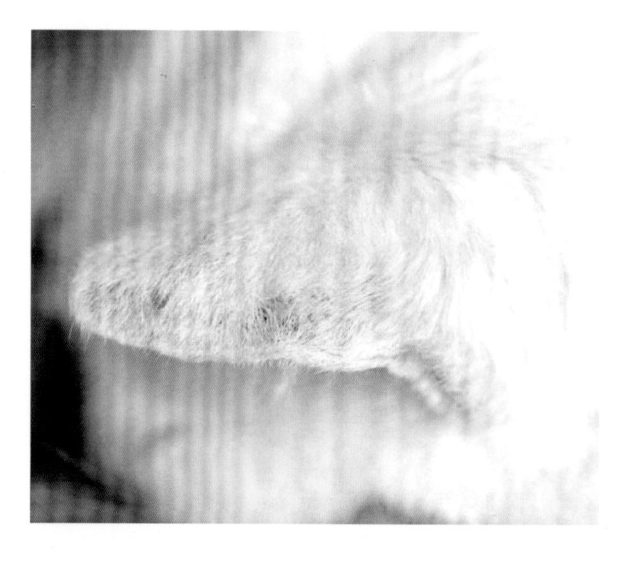

图 8–1　一只患日光性皮炎的白猫耳廓上的皮屑、红斑和轻度结痂

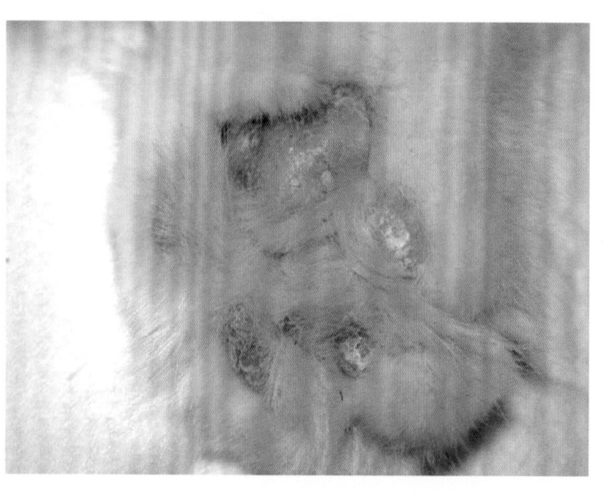

图 8–2　一只多形红斑患猫爪垫上的皮屑

图 8–3　一只波斯猫的尾部有油腻的脂溢，尾腺增生

**表 8–1　猫某些表现为干性或油性皮屑和毛囊管型的疾病**

| |
|---|
| 由于肥胖或全身性疾病导致的梳理不当 |
| 姬螯螨病 |
| 蠕形螨病 |
| 皮肤癣菌病 |
| 马拉色菌过度生长 |
| 利什曼病 |
| 药物不良反应 |
| 多形红斑 |
| 皮脂腺发育不良 |
| 原发性皮脂溢 |
| 皮脂腺炎 |
| 浆细胞性爪部皮炎 |
| 日光性皮炎 |
| 尾腺增生 |
| 表皮剥脱性皮炎（有或没有胸腺瘤） |
| 趋上皮性皮肤淋巴瘤 |

性的皮屑和（或）毛囊管型，尽管原发性皮脂溢和皮脂腺发育不良是极为罕见的疾病[2, 9]。中老年猫和老年猫常见干性皮屑的主要原因是梳理不当，这可能是由于肥胖（图 8–5）或并发全身性疾病，如慢性肾功能不全、甲状腺功能亢进或糖尿病导致的。不太常见的是，老年猫可能会受到肿瘤性疾病或副肿瘤综合征的影响[4, 9]。无论年龄和生活方式如何，有皮屑和脱毛的波斯猫始终都要考虑到皮肤癣菌病的影响（图 8–6）。白猫及耳部和（或）口鼻部长着白毛的猫如果被允许外出，或喜欢躺在阳光下，它们就容易患上日光性皮炎。

从成年猫到老年猫的病史调查应始终包括同时或先前是否服用过可能引起不良反应的药物。最后，在出现皮屑的猫中，应评估 FIV 和 FeLV 状态。据报道，一种与 FeLV 有关的巨细胞皮肤病会导致全身严重的表皮剥脱，两种病毒感染都可能使猫容易患其他传染病[10]。

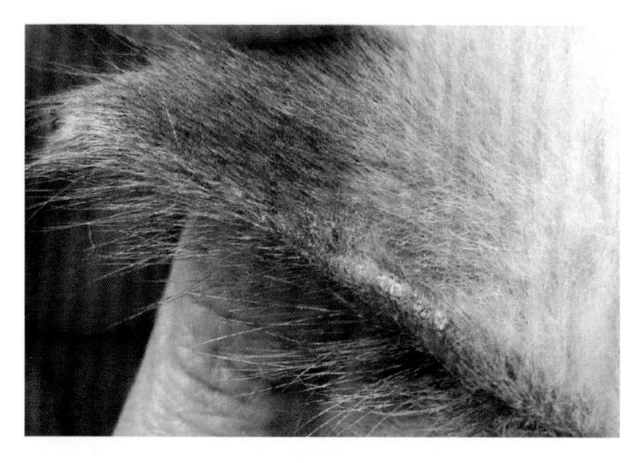

图 8–4 患皮肤癣菌病的幼猫耳廓边缘有皮屑和红斑

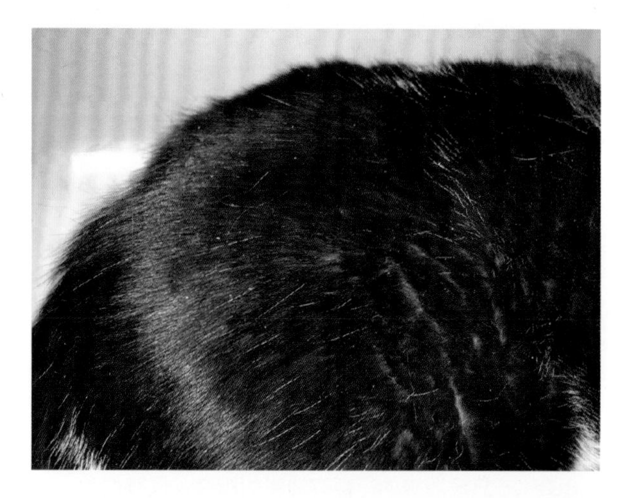

图 8–5 一只老年肥胖猫的全身轻度皮屑

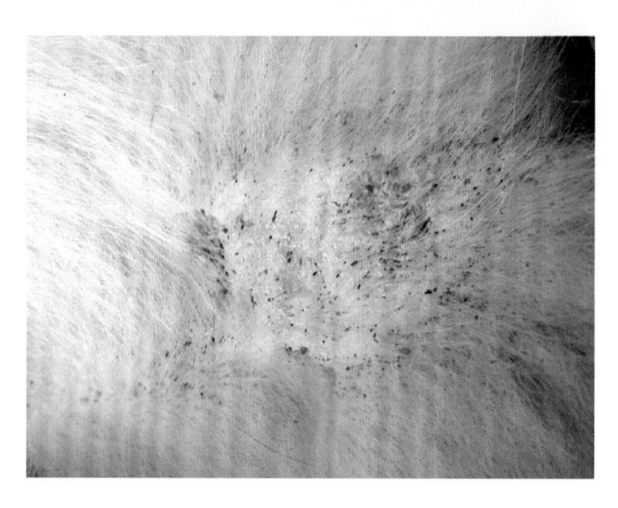

图 8–6 一只患皮肤癣菌病的波斯猫的局灶性脱毛和皮屑

## 临床表现

不同程度的干性皮屑在猫中很常见，应考虑更多的临床特征，以帮助列出鉴别诊断。一只老猫全身性或背侧分布的糠疹样皮屑可能仅仅是因为梳理不当，而在新养的幼猫身上，这可能意味着姬螯螨病，特别是同时出现瘙痒时。表皮剥脱性红皮病是一种临床表现，以皮屑、红斑和经常脱毛为特征，在患有趋上皮性皮肤淋巴瘤的中老年或老年猫中已有报道，但这种疾病在猫身上很少见[4]。猫的表皮剥脱性皮肤病通常是全身性的，只有少数例外。当皮屑伴有局灶性或多灶性脱毛时，可能被诊断为皮肤癣菌病。白猫耳廓上的轻度皮屑和红斑应提示临床医生将日光性皮炎纳入鉴别诊断。

银屑病样皮屑在猫身上并不常见。在中年到老年猫中，非瘙痒性、全身性的严重银屑病样皮屑始于头颈部，并伴有脱毛和红斑，这可能提示胸腺瘤或非胸腺瘤相关的表皮剥脱性皮炎（图 8–7）[9, 11]。在胸腺瘤的相关病例中，通常会在皮肤病变后出现咳嗽、呼吸困难、精神沉郁、厌食和体重减轻。银屑病样皮屑、毛囊管型和脱毛呈全身性分布，并伴有眼睑上的深色碎屑聚集，提示猫可能患有皮脂腺炎（图 8–8），这是猫的一种极为罕见的疾病[3]。局限于爪垫的皮屑可能是浆细胞性爪部皮炎的一个临床特征（图 8–9）[2]。

局部或全身油性皮屑、红斑、瘙痒和腐臭气味可能表明马拉色菌过度生长（图 8–10）。这种疾病在年轻的过敏症患猫和患有严重的全身性疾病、肿瘤或副肿瘤综合征的老年猫中都可见到[6, 7]。尾部背侧有油性皮屑是尾腺增生的临床表现，也称之为种马尾病。

## 诊断程序

本节如图 8–11 所示。带数字的红色方块表示诊断步骤，如下所述。

1　对皮屑和皮肤碎屑进行皮肤刮片和显微镜检查。

猫皮屑的诊断程序从简单的检测开始，以诊断或排除外寄生虫病。应进行多次皮肤刮片以诊

图 8–7　胸腺瘤相关的表皮剥脱性皮炎中重度银屑病样皮屑

图 8–8　一只皮脂腺炎患猫腹部躯干严重的表皮剥脱和脱毛

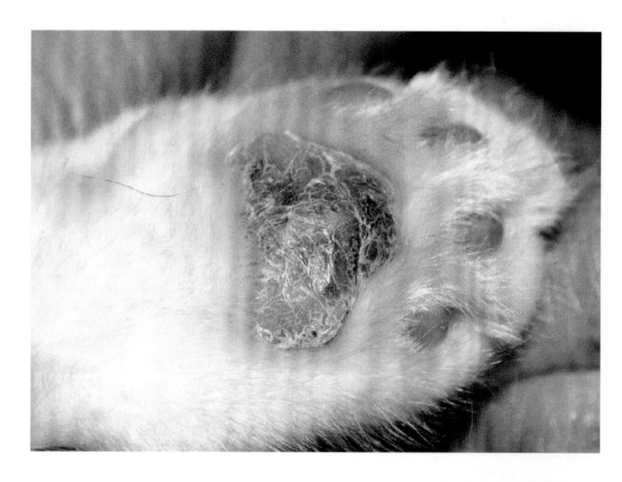

图 8-9 一只轻症浆细胞性爪部皮炎患猫爪垫上的皮屑

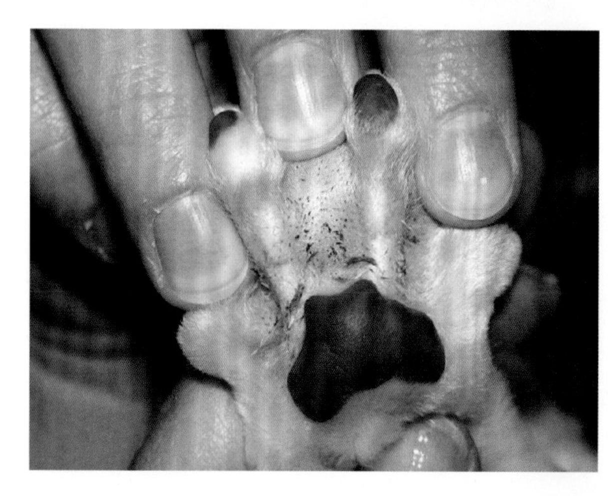

图 8-10 一只患过敏症伴有马拉色菌过度生长的德文卷毛猫，其趾间间隙可见油性棕色皮屑

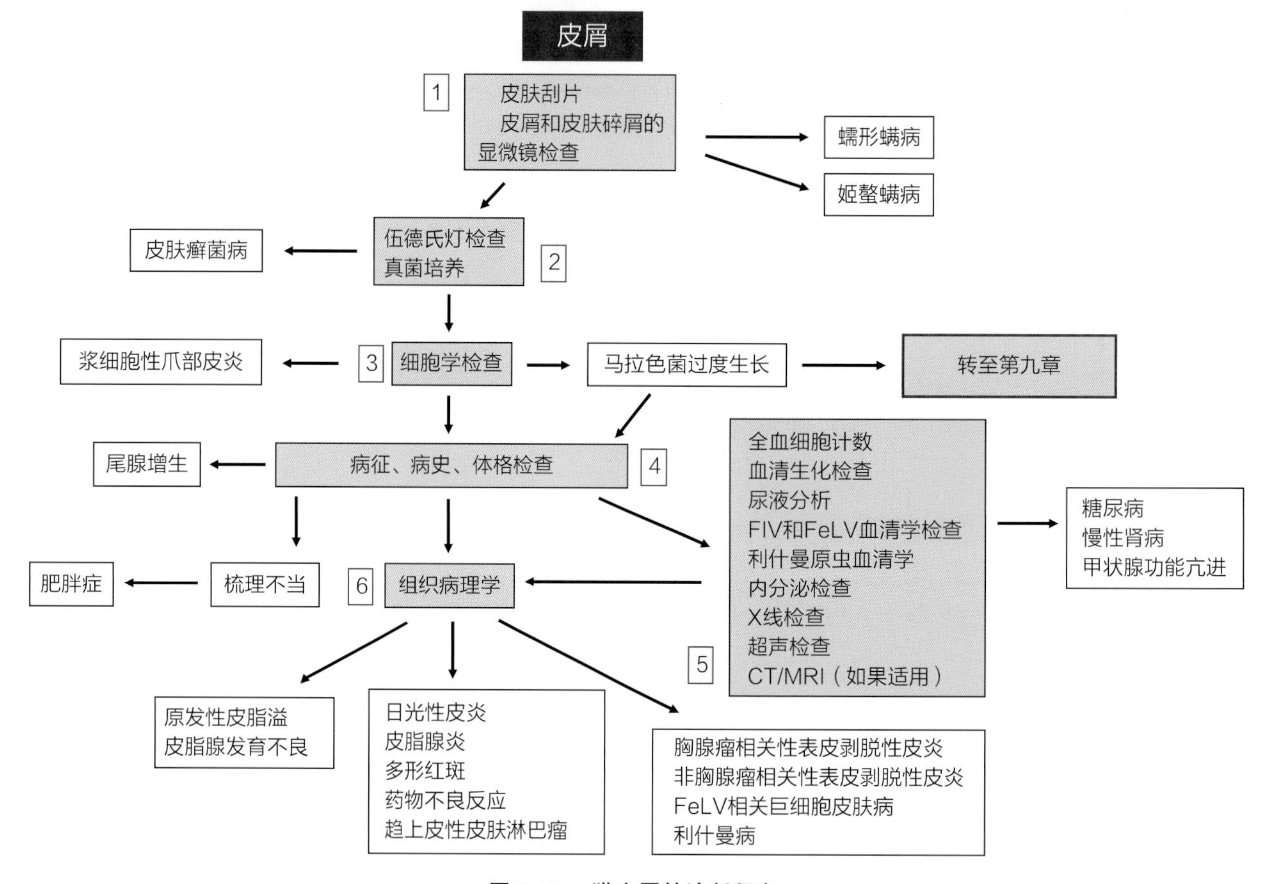


图 8-11 猫皮屑的诊断程序

断或排除蠕形螨病，在皮肤癣菌病中，也可在毛干碎屑周围看到癣菌孢子侵入。姬螯螨病可通过皮肤刮片检查进行诊断，但最常用的检查方法是直接从猫的被毛上收集皮屑，或在诊台上拨开猫的被毛后使用透明胶带粘贴样本，最后直接进行显微镜检查。

2 进行伍德氏灯检查和真菌培养。

这两种诊断试验结合起来，可以诊断皮肤癣菌病，如果得到阴性结果，则有助于排除它。由于皮肤癣菌病在猫身上很常见，因此真菌培养适用于所有出现皮屑的病例。

3 进行细胞学检查。

当猫的临床表现为油性皮屑时，细胞学检查显得十分重要。可以通过皮肤压片、用棉拭子或醋酸胶带进行采样来寻找马拉色菌属酵母菌。由于这些酵母菌可能在年轻的过敏症患猫和患有全身性疾病、肿瘤或副肿瘤综合征的老年猫身上发现，因此应根据病征、病史和临床检查结果进行进一步的检查。当在爪垫发现皮屑时必须进行采样，因为怀疑是浆细胞性爪部皮炎，因此使用细针毛细血管采集和抽吸是首选方法。

4 考虑患病动物的病征、病史和体格检查。

在幼猫到成年猫的发育过程中，如果猫的背尾出现油性皮屑，排除了外寄生虫和真菌性疾病后，可直接诊断为尾腺增生。当患病动物是中老年猫或老年猫，并出现全身性干性皮屑时，梳理不当是一个主要的鉴别诊断。一只老年猫可能因为肥胖或患有代谢疾病而难以梳理毛发。根据其他临床症状，当进行全身体格检查后，可能需要进行各种诊断试验。

5 进行血液检查、尿液分析和诊断成像。

对于年长的猫来说，应该通过采集血样和尿样来获得基本信息，其中包括全血细胞计数、血清生化检查、尿液分析和血清总甲状腺素（T4）浓度。如果需要在镇静或全身麻醉之后进行皮肤活检，这些检查也同样有意义。如果怀疑皮肤病与其中一种病毒有关，则必须进行 FIV 和 FeLV 血清学检查，尽管这可能只有在进行组织病理学检查后才变得明显。这种血清学检查在利什曼病中也是必要的，利什曼病是一种猫的罕见疾病。胸部 X 线片和（或）CT/MRI 可诊断胸腺瘤，胸腺瘤常伴有表皮剥脱性皮炎。

6 取活检组织进行组织病理学检查。

无论临床医生面对的是先天性疾病还是获得性疾病，组织病理学检查通常都能明确诊断。图 8-11 总结了最重要的表皮剥脱性疾病，它们需要活检才能确诊。

## 参考文献


[1] Paradis M, Scott DW. Hereditary primary seborrhea oleosa in Persian cats. Feline Pract. 1990; 18:17–20.

[2] Yager JA. Erythema multiforme, Stevens–Johnson syndrome and toxic epidermal necrolysis: a comparative review. Vet Dermatol. 2014; 25:406–e64.

[3] Noli C, Toma S. Case report three cases of immune–mediated adnexal skin disease treated with cyclosporin. Vet Dermatol. 2006; 17(1):85–92.

[4] Fontaine J, Heimann M, Day MJ. Cutaneous epitheliotropic T–cell lymphoma in the cat : a review of the literature and five new cases. Vet Dermatol. 2011; 22(5):454–461.

[5] Pennisi MG, Cardoso L, Baneth G, Bourdeau P, Koutinas A, Miró G, et al. LeishVet update and recommendations on feline leishmaniosis. Parasit Vectors. 2015; 8:1–18.

[6] Mauldin EA, Morris DO, Goldschmidt MH. Retrospective study: the presence of Malassezia in feline skin biopsies. A clinicopathological study. Vet Dermatol. 2002; 13:7–14.

[7] Ordeix L, Galeotti F, Scarampella F, Dedola C, Bardagi M, Romano E, Fondati A. Malassezia spp. overgrowth in allergic cats. Vet Dermatol. 2007; 18:316–323.

[8] Yager JA, Gross TL, Shearer D, Rothstein E, Power H, Sinke JD, Kraus H, Gram D, Cowper E, Foster A, Welle M. Abnormal sebaceous gland differentiation in 10 kittens ('sebaceous gland dysplasia') associated with generalized hypotrichosis and scaling. Vet Dermatol. 2012; 23:136–e30.

[9] Turek MM. Cutaneous paraneoplastic syndromes in dogs and cats : a review of the literature. Vet Dermatol. 2003; 14:279–296.

[10] Gross TL, Clark EG, Hargis AM, Head LL, Hainesh DM. Giant cell dermatosis in FeLV–positive cats. Vet Dermatol. 1993; 4:117–122.

[11] Brachelente C, vonTscharner C, Favrot C, Linek M, Silvia R, Wilhelm S, et al. Non thymoma–associated exfoliative dermatitis in 18 cats. Vet Dermatol. 2015; 26:40–e13.

[12] Dias Pereira P, Faustino AMR. Feline plasma cell pododermatitis: a study of 8 cases. Vet Dermatol. 2003; 14:333–337.

## 延伸阅读

1. For definitions: Merriam–Webster Medical Dictionary. http://merriam–webster.com Accessed 10 May 2018.
2. Albanese F. Canine and feline skin cytology. Cham: Springer International Publishing; 2017.
3. Goldsmith LA, Katz SI, Gilchrest BA, Paller AS, Leffell DJ, Wolff K. Fitzpatrick's dermatology in general medicine. 8th ed. New York: The McGraw–Hill Companies; 2012.
4. Gross TL, Ihrke PJ, Walder EJ, Affolter VK. Skin diseases of the dog and cat. Clinical and histopathologic diagnosis. 2nd ed. Oxford: Blackwell Publishing; 2005.
5. Miller WH, Griffin CE, Campbell KL. Muller & Kirk's small animal dermatology. 7th ed. St. Louis: Elsevier; 2013.
6. Noli C, Toma S. Dermatologia del cane e del gatto. 2nd ed. Vermezzo: Poletto Editore; 2011.

# 第九章　瘙痒

Silvia Colombo

**摘要**

瘙痒，也叫痒，是皮肤表面的一种刺激性感觉，被认为是由感觉神经末梢受到刺激引起的。瘙痒在猫身上很常见，根据其分布（局限性或全身性）、在动物身上的位置和严重程度（轻度、中度或重度）可进一步分类。从临床角度来看，猫瘙痒最常见的原因是外寄生虫病、过敏症、感染性或免疫介导性疾病。皮肤瘙痒时猫仅会表现出过度理毛，这使得该病特别难以识别和评估，并难以与疼痛或行为问题进行鉴别。在幼猫中，常见外寄生虫病和皮肤癣菌病；在成年猫中，过敏性和免疫介导性皮肤病也应该考虑在内。病史调查也要涉及正在进行的药物治疗或全身性疾病，以及瘙痒的严重程度和是否具有季节性。大多数瘙痒症患猫至少会表现出四种临床模式中的一种（或多种），包括头颈部瘙痒、粟粒性皮炎、自损性脱毛和嗜酸性肉芽肿综合征。应该仔细遵循瘙痒诊断程序的每一个步骤，以便做出正确的诊断。

## 定义

瘙痒，也叫痒，被定义为一种引起抓挠欲望的不愉快的感觉。在绝大多数情况下，在皮肤中产生刺激性感觉，被认为是由于刺激感觉神经末梢造成的。在极少数情况下，瘙痒可能起源于中枢神经系统。瘙痒在兽医皮肤科中非常常见，可能由多种疾病引起。其在犬身上的临床症状表现明显，而在猫身上则可能非常隐蔽，因为它可以仅仅表现为过度理毛，而理毛是一种正常的猫行为，并且猫经常在想要抓挠的时候躲避主人。瘙痒根据其分布（局限性或全身性）、在动物身上的位置和严重程度（轻度、中度或重度）可进一步分类。

## 发病机制

关于瘙痒的发病机制、途径和瘙痒介质的绝大多数信息来自人类或实验动物的研究，并在其他领域也有综述[1, 2]。从临床角度来看，猫瘙痒通常是由外寄生虫病以及过敏性、感染性或免疫介导性疾病引起的，并可因应激、无聊、皮肤干燥或环境温度升高等因素而进一步恶化（表 9–1）。虽然瘙痒可能被解释为一种防御机制（抓挠或舔舐以清除外寄生虫），但猫为缓解瘙痒而采取的行为确实可能导致皮肤损伤。

猫的瘙痒通过过度理毛表现出来，换句话说，也就是猫正常的日常行为程度加强、频率增加。猫梳理毛发是为了保持皮肤和毛发的清洁和健康，清除外寄生虫和污垢，以控制体温，缓解紧张和应激[3, 4]。猫的理毛行为包括口腔理毛，即通过舌头舔和用门牙咬被毛，以及用后爪抓挠理毛[5]。一项研究表明，室内无外寄生虫的成年猫有 50% 的时间用来睡觉或休息。在醒着的时间中，口腔理毛每天占 1 h 左右，抓挠理毛每天占 1 min 左右。91% 的

表 9-1 猫瘙痒的几种病因

| |
|---|
| 疱疹病毒感染 |
| 浅表性脓皮病 |
| 下颏痤疮并发症 |
| 跳蚤感染 |
| 姬螯螨病 |
| 猫疥螨病 |
| 耳螨 |
| 蠕形螨病（戈托伊蠕形螨） |
| 恙螨病 |
| 皮肤癣菌病 |
| 马拉色菌过度生长 |
| 跳蚤叮咬过敏 |
| 食物不良反应 |
| 猫特应性综合征 |
| 蚊虫叮咬过敏 |
| 过敏性 / 刺激性接触性皮炎 |
| 药物不良反应 |
| 甲状腺功能亢进 |
| 落叶型天疱疮 |
| 淋巴细胞性毛囊壁炎 |
| 家族性爪垫嗜酸性皮肤病 |
| 色素性荨麻疹样皮炎 |
| 波斯猫和喜马拉雅猫特发性面部皮炎 |

口腔理毛是针对身体多个区域的，而抓挠理毛总是针对单个区域的[5]。

理毛是一种正常的生理行为，而过度理毛只是理毛的程度加强、频率增加，因此往往被主人所忽略，或者即使察觉到也不能辨别是否为瘙痒、疼痛或应激的症状。此外，猫在感到不适时往往会躲着主人，因此主人可能发现不了自己的宠物过度理毛。由于这些原因，瘙痒在猫身上很难识别和评估，也很难与疼痛（如由于膀胱炎舔舐腹部）或行为问题（导致舔舐、抓挠或扯毛）区分开来。

特发性溃疡性皮炎通常表现为一种非常严重和极度瘙痒的、单一的颈背部结痂性溃疡（图 9-1），其中瘙痒、神经性瘙痒和行为异常都被认为与疾病的发病机制有关。通过排除可能导致颈背部瘙痒的疾病，如过敏症和外寄生虫病，可以确诊特发性溃疡性皮炎。最近的一个病例报告提出，特发性溃疡性皮炎可能是一种神经性瘙痒综合征，在该病中猫对抗癫痫药物托吡酯非常有效[6]。然而，专家也从行为学的角度对该病进行了研究。在一项开放的、不设对照组的研究中，13 只患猫因环境和整体福利的改善使皮肤病变得以解决，其中只有 1 只使用了

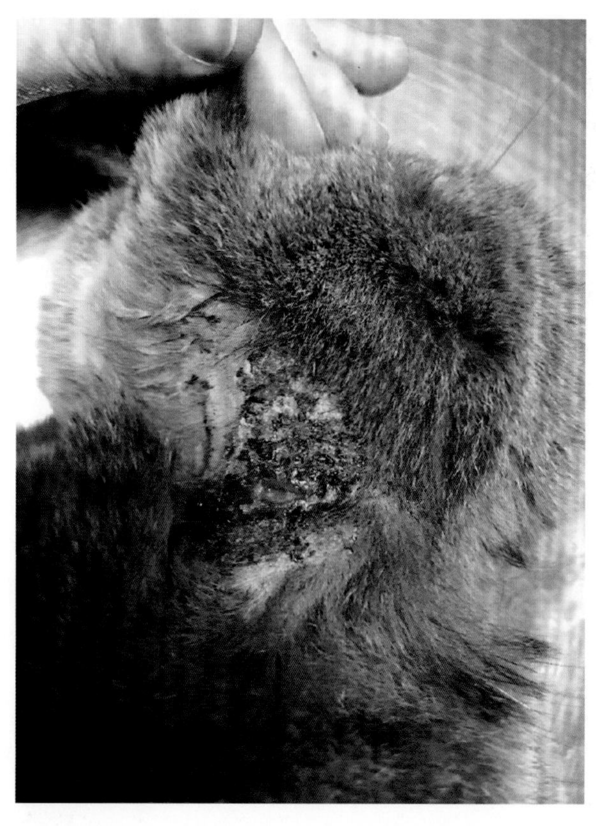

图 9-1 猫颈背部的特发性 / 行为性溃疡性皮炎

精神性药物。这项研究的相关专家建议将疾病名称改为猫行为性溃疡性皮炎[7]。

最后，在猫身上报道了一种口面部疼痛综合征。这种综合征在缅甸猫身上更为常见，但在其他猫中也存在，其临床表现为面部和口腔的自损，偶尔还有舌头的残缺。这种疾病可能与牙齿萌出、牙齿疾病和应激有关，并被怀疑是一种神经性疾病，在出现严重面部抓痕或溃疡的猫身上应怀疑是否患该病[8]。

最后需要强调的是，过度理毛，包括过度舔舐和过度抓挠，可能是非皮肤病学疾病的表现，应始终作为导致“皮肤瘙痒”的“皮肤病学”病例中的一种鉴别诊断（表 9–2）。

## 诊断方法

### 症征和病史

根据猫的年龄，有些疾病可能比其他疾病更容易发生。在非常年幼的猫身上，外寄生虫和皮肤癣菌病很常见，特别是流浪的幼猫或是从一家十分拥挤的猫舍领养的幼猫。有些疾病，如皮肤癣菌病、姬螯螨病和耳螨病，是非常具有传染性的。这些疾病可能通过接触感染动物和人类，因此必须询问其他相关宠物或家庭成员是否也存在该皮肤病变。在成年猫身上应考虑过敏性和免疫介导性皮肤病，对于老年猫，也应考虑甲状腺功能亢进导致的过度理毛。由于马拉色菌过度生长，老年猫可能出现瘙痒，这可能提示潜在的全身性疾病或副肿瘤综合征（图 9–2）[9]。

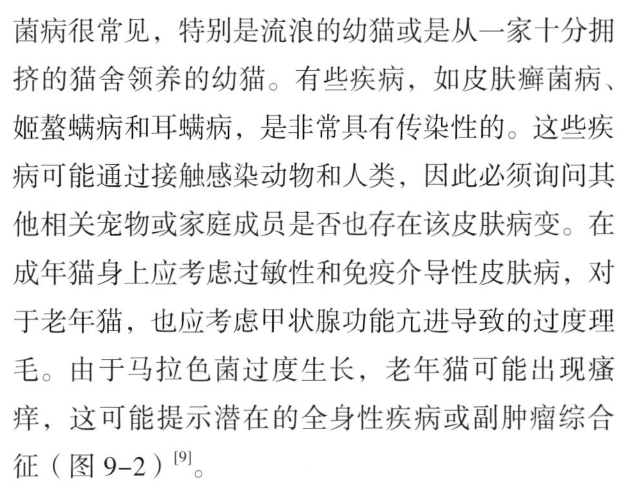

**表 9–2　区别于瘙痒性皮肤病的非皮肤病学疾病**

| |
|---|
| 猫特发性膀胱炎 |
| 精神性脱毛 |
| 猫特发性 / 行为性溃疡性皮炎 |
| 猫口面部疼痛综合征 |
| 猫感觉过敏综合征 |
| 局限性神经病变 |

病史调查应包括有无治疗其他疾病的可能引起不良反应的药物，以及预防性体外驱虫史。免疫抑制疗法或全身性疾病可能会使猫易患皮肤癣菌病，当然前提是其接触到该病，例如，主人收养了一只患皮肤癣菌病的幼猫。瘙痒是否有季节性可能有助于列出鉴别诊断：外寄生虫和季节性猫特应性综合征更有可能出现在春季和夏季的猫抓挠中（图 9–3）。也应该对瘙痒的严重程度进行深入的分析，因为有些疾病会表现为非常严重的瘙痒（猫疥螨病），而在另一些疾病中，瘙痒可能非常轻微（姬螯螨病、皮肤癣菌病）。

任何年龄的波斯猫都易患皮肤癣菌病。如果一只年长的波斯猫是无症状携带者，那么它可能无须与患病动物接触就会患皮肤癣菌病[10]。

### 临床表现

在猫中，瘙痒表现为过度理毛，然而只有抓痕增多时才容易被主人发现。因为它们用后爪抓挠，

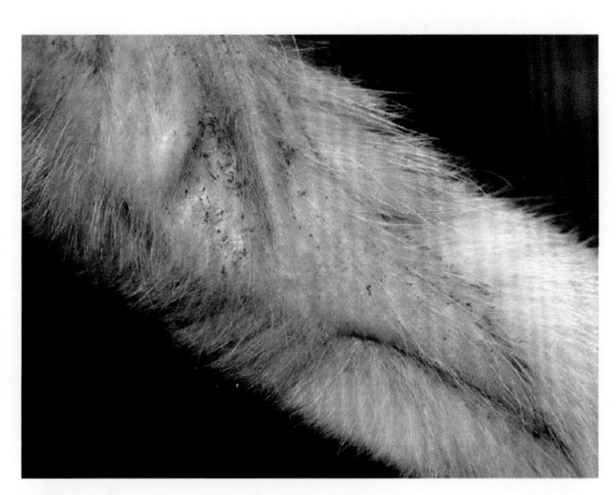

**图 9–2　一只患有胰腺副肿瘤性脱毛的老年猫身上由于马拉色菌增殖引起的典型的脱毛和棕色油性物质**

所以通常会涉及猫可以触及的部位，如面部、耳部、头颈部。所谓的“头颈部瘙痒症”是瘙痒症患猫常见的临床表现（图 9–4）[11]。在这些部位出现的大小不等的抓痕、糜烂和溃疡可能非常严重并伤及皮肤深层，因此常见继发感染。这一临床表现在第七章中进行了详细阐述。

过度理毛及瘙痒症患猫可能表现为不太明显的脱毛[11]。自损性脱毛的特征是存在非常短的毛发碎屑，可以通过仔细观察皮肤或借助放大镜观察到。毛发不会无缘无故大面积脱落。脱毛区通常有非常明显的边缘，与正常毛发形成鲜明的对比，并常见于猫能用舌头舔到的身体部位（图 9–5）。自损性脱毛在第四章中有描述。

粟粒性皮炎是一种猫特有的临床表现，也与瘙痒有关[11]。它的特点是小，结痂性丘疹类似“谷物的种子”，因此得名，虽然它不显眼但通过触摸被毛很容易感觉到（图 9–6）。粟粒性皮炎常与自损性脱毛有关，在第五章中有论述。

另一种与瘙痒相关的临床表现模式是一组被称为嗜酸性肉芽肿综合征或嗜酸性皮炎的病变（图 9–7 和图 9–8）[12]。这些疾病或临床表现，通常是由过敏性疾病引起的，已在第六章中讨论。

猫的许多瘙痒性疾病可以与先前描述的四种临床表现模式中的一种或多种和（或）与复发性中耳炎有关（见第十章）。然而，每种与瘙痒相关的疾病在动物中都有其常见部位（表 9–3）。其他一些不寻常的表现也与瘙痒有关，可能是由对食物或环境过敏原的过敏反应引起的——至少在某些病例中是

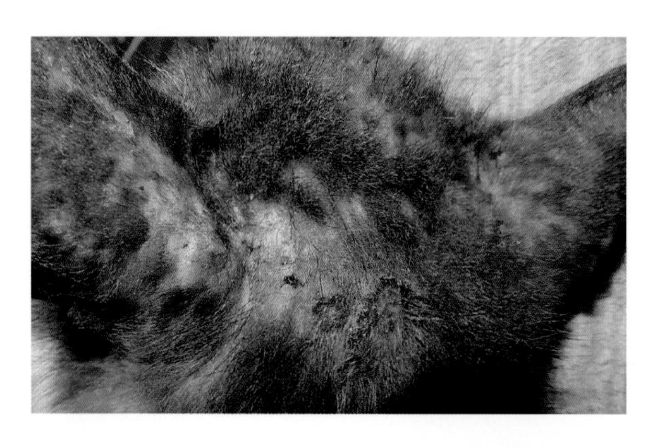

图 9–3 季节性猫特应性综合征患猫头部和耳廓上的脱毛和抓痕

图 9–4 一只过敏症患猫头部的抓痕

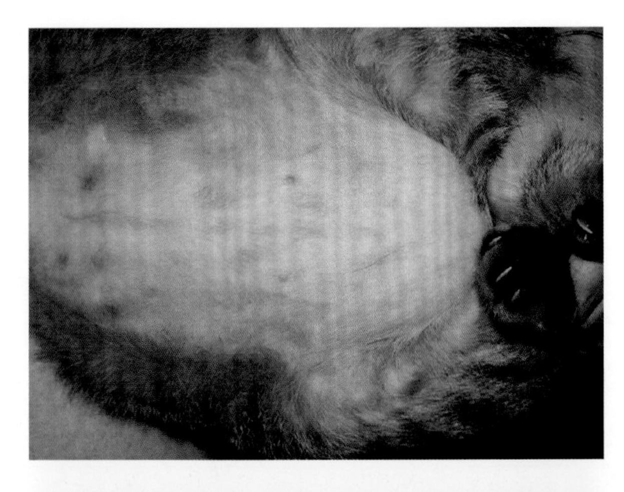

图 9-5　一只跳蚤叮咬过敏患猫腹部的自损性脱毛

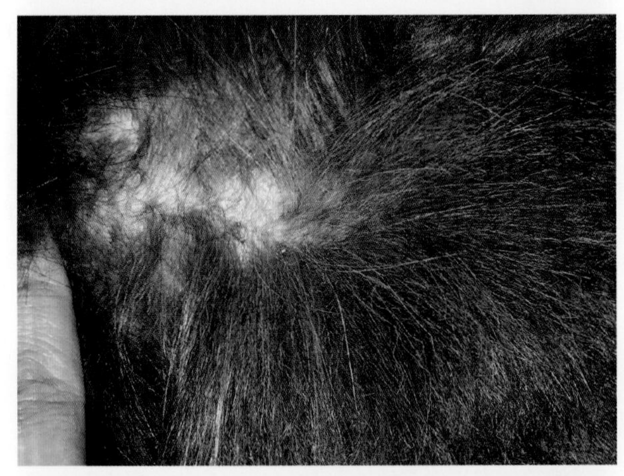

图 9-6　粟粒性皮炎典型的小的结痂性丘疹

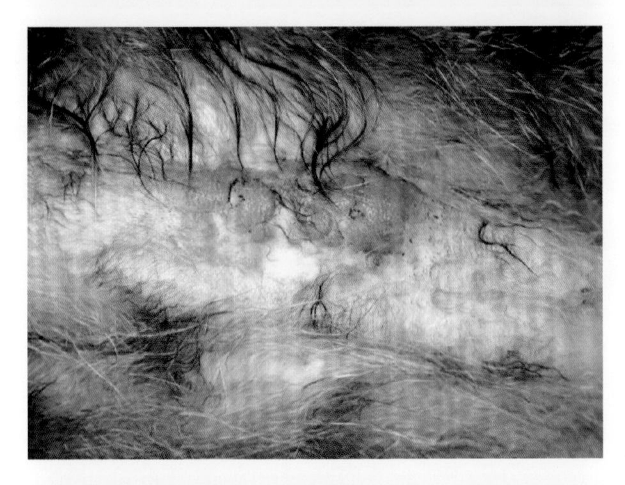

图 9-7　腹部嗜酸性斑块

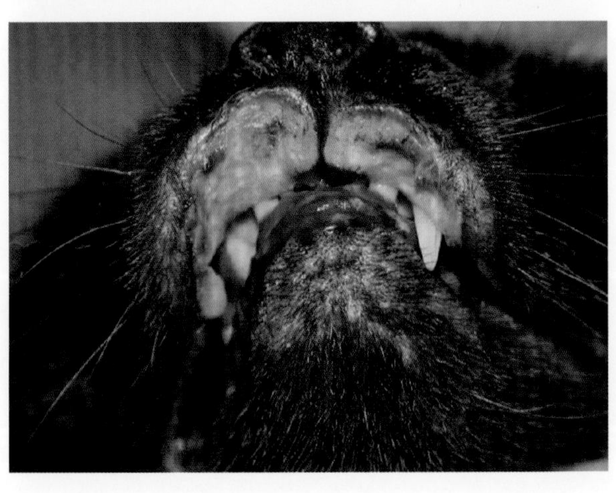

图 9-8　一只家养短毛猫双侧的无痛性溃疡

表 9–3 猫与瘙痒相关的皮肤病及其常见部位

| 部位 | 疾病 |
|---|---|
| 面部 | 疱疹病毒感染 |
| 下颏 | 下颏痤疮并发症 |
| 臀部 | 跳蚤感染 |
| 胸部、腹部 | 蠕形螨病（戈托伊蠕形螨） |
| 背部 | 姬螯螨病 |
| 耳道 | 耳螨 |
| 耳廓、爪部、腹部 | 恙螨病 |
| 耳廓、面部、颈部、爪部、会阴 | 猫疥螨病 |
| 头部、耳廓、爪部、尾部、全身 | 皮肤癣菌病 |
| 下颏、爪褶、面部、耳道、全身 | 马拉色菌过度生长 |
| 臀部 | 跳蚤叮咬过敏 |
| 鼻背部、耳廓、爪部 | 蚊虫叮咬过敏 |
| 腹部、腿内侧、头部、颈部 | 其他过敏性疾病 |
| 头部、耳廓、爪褶、腹部 | 落叶型天疱疮 |
| 爪部 | 家族性爪垫嗜酸性皮肤病 |
| 面部 | 波斯猫和喜马拉雅猫特发性面部皮炎 |

这样。例如，淋巴细胞性毛囊壁炎是一种组织病理学反应模式，偶尔在过敏症患猫上发现，表现为局限性或全身性瘙痒、部分或完全性脱毛和皮屑（图 9–9）[13]。色素性荨麻疹样皮炎发生在德文卷毛猫或斯芬克斯猫身上，其临床特征是红斑和（或）色素沉着的丘疹，通常伴有瘙痒（图 9–10）[14, 15]。

瘙痒性和非瘙痒性皮肤病可继发细菌或酵母菌感染。虽然猫身上的这种疾病比犬要少得多，但在检查瘙痒症患猫时，应始终考虑并诊断 / 排除这些疾病 [9, 16]。

## 诊断程序

该节如图 9–11 所示。带数字的红色方块表示诊断步骤，如下所述。

1 对毛发、皮肤碎屑和（或）耳垢进行皮肤刮片和显微镜检查。

在瘙痒的诊断程序中，必须先从诊断或排除外寄生虫的简单检查开始。多处皮肤刮片对治疗猫疥螨病和蠕形螨病是有意义的，在皮肤癣菌病中，可以看到真菌孢子围绕和侵入毛干碎片。检查姬螯螨病和恙螨病时，可以直接从猫的被毛上采集样本，然后使用醋酸胶带粘贴样本进行显微镜检查。对于姬螯螨病来说，也可以拨开猫的被毛后，在诊台上收集样本进行检查。后一种采样方法结合“跳蚤梳”梳毛，也可以用来寻找跳蚤粪便。如果瘙痒主要累及耳部，则需要对耳垢进行显微镜检查，以诊断耳螨病。

2 进行伍德氏灯检查和真菌培养。

第二步是排除或诊断皮肤癣菌病，这一步骤可以在对毛干进行显微镜检查后进行。伍德氏灯检查可提供怀疑性诊断，真菌培养的结果是确诊皮肤癣菌病的必要条件。如果得到阴性结果，将

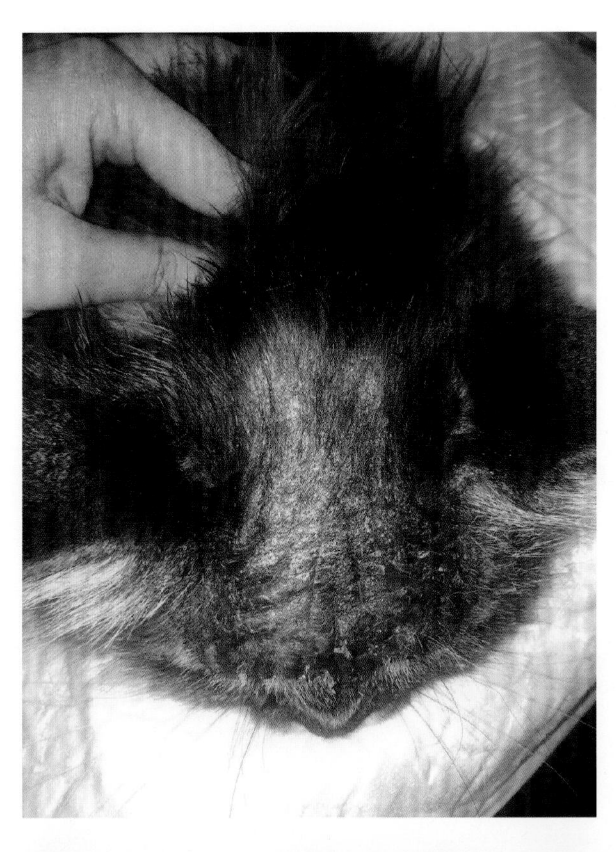

**图 9-9　一只淋巴细胞性毛囊壁炎患猫的头部脱毛、皮屑和色素沉着**

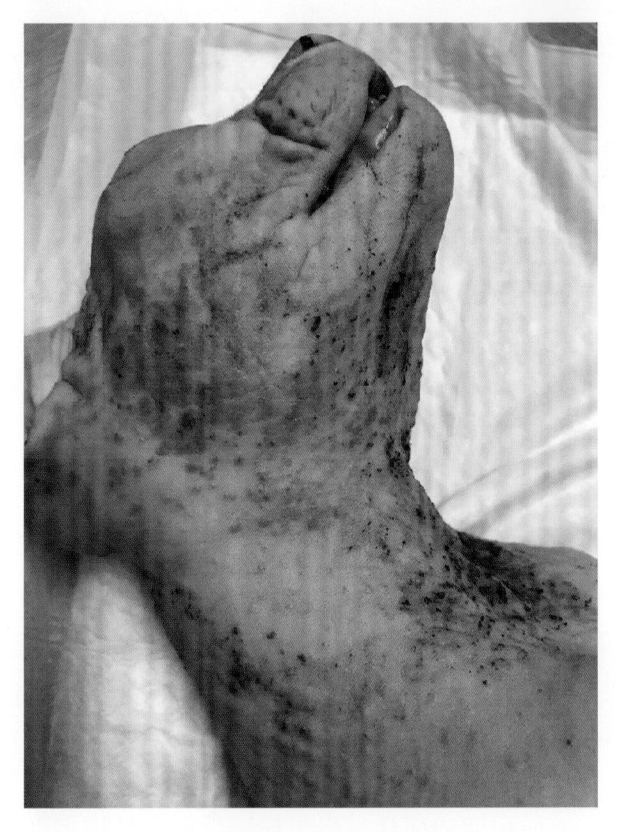

**图 9-10　一只患有色素性荨麻疹样皮炎的斯芬克斯猫，其体表出现结痂性和非结痂性的融合性丘疹**

有助于排除皮肤癣菌病。因为该病在猫身上很常见，所以真菌培养适用于所有病例，尽管瘙痒的严重程度各不相同。

2a　如果临床表现为累及腹股沟和腹部的自损性脱毛，应进行尿液分析、细菌培养和药敏试验，随后还应进行腹部超声检查，以诊断猫特发性膀

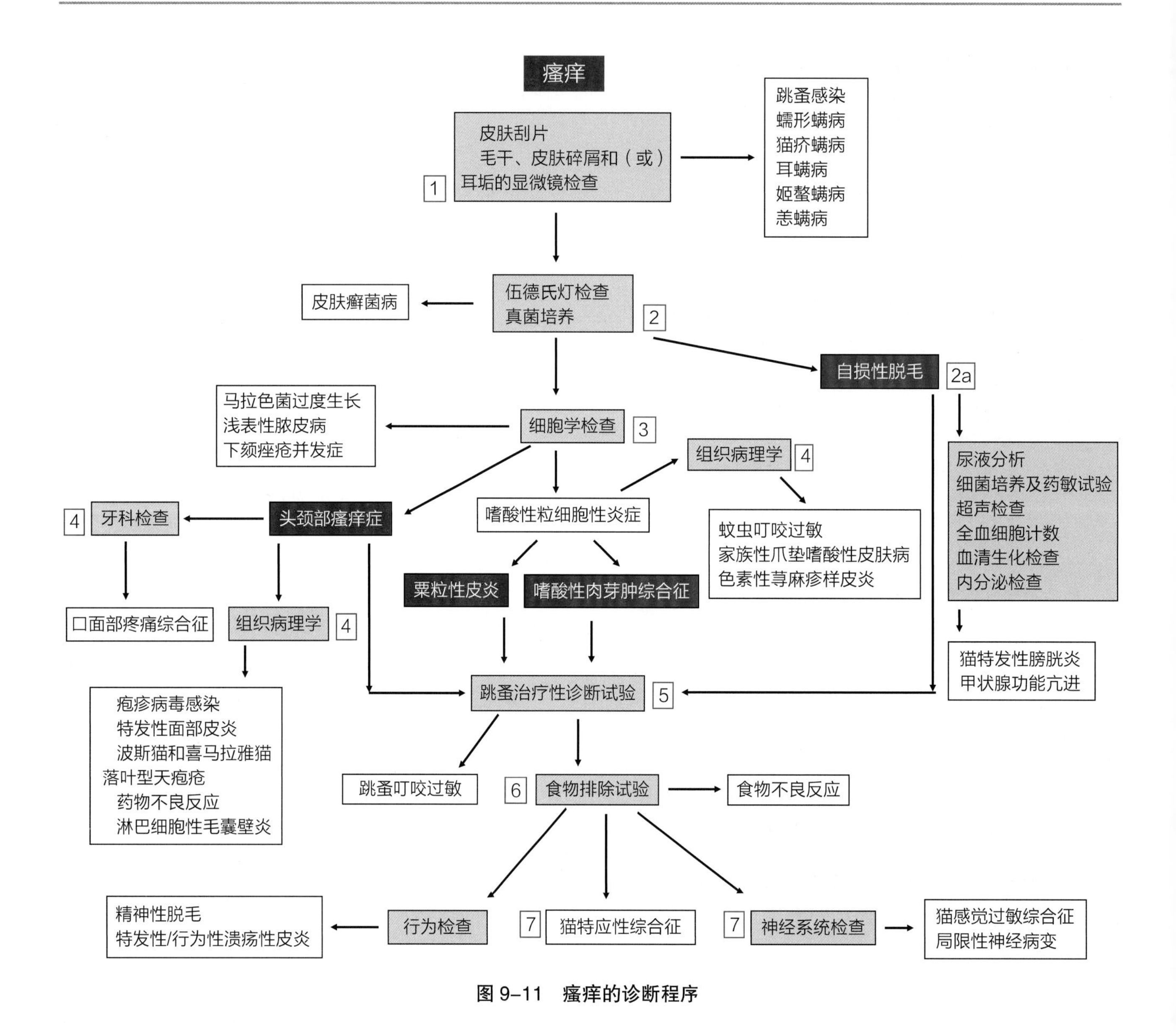


**图 9-11 瘙痒的诊断程序**

胱炎或其他泌尿系统疾病。老年猫自损性脱毛也可能是甲状腺功能亢进引起的，在这种特殊情况下，应进行血液学、血清生化和内分泌检查。

3 进行细胞学检查。

细胞学检查是支持临床怀疑以嗜酸性粒细胞炎症反应为特征的疾病的最简单和最快速的诊断试验，这种炎症在猫身上非常常见。嗜酸性斑块、肉芽肿及粟粒性皮炎是临床上常见的过敏症临床表现模式，其以嗜酸性炎症为特征，在诊断过程中应继续鉴别原发性疾病。另一方面，家族性爪垫嗜酸性皮肤病、蚊虫叮咬过敏、色素性荨麻疹样皮炎在细胞学上表现为嗜酸性粒细胞炎症反应，这些疾病是需要经组织病理学检查确认的特异性疾病。细胞学检查也很重要，因为继发性细菌或酵母菌感染可能与原发性疾病并存，并增加瘙痒的严重程度，尽管这种情况在猫身上的发生率低于犬。可以通过皮肤压片采样，用棉拭子或醋酸胶带来寻找马拉色菌属酵母菌、细菌和炎性细胞。最后，对中性粒细胞和棘层松解细胞混合出现的鉴别诊断，提示为落叶型天疱疮。

4 进行组织病理学检查。

正如预期的那样，组织病理学检查是许多以嗜酸性粒细胞炎症为细胞学特征的猫科疾病的确诊性试验。当瘙痒主要涉及面部时，需要通过组织病理学检查来诊断波斯猫和喜马拉雅猫的特发性面部皮炎和疱疹病毒感染，而疱疹病毒感染还须进行免疫组织化学检查以确诊病因。如果临床表现为面部和口腔严重的自损，可能需要进行牙科检查，以诊断口面部疼痛综合征。组织病理学检查有助于诊断落叶型天疱疮，并结合病史，对药物不良反应进行诊断。

5　对跳蚤进行治疗性诊断试验。

在大多数以瘙痒为表现的病例中，外寄生虫和皮肤癣菌病可在诊断初期进行排除，细胞学检查仅显示继发感染或嗜酸性粒细胞炎症反应，而这既不是特异性的，也不是特别有意义的。这些病例通常表现为典型的瘙痒的四种临床表现模式之一，应对其进行系统性研究。第一步是对跳蚤进行治疗性诊断试验，这可能在最初的外寄生虫检查中尚未明确。治疗有效果证明确实患有跳蚤叮咬过敏。

6　进行食物排除试验。

如果对跳蚤的治疗性诊断试验无效，第二步是用新奇蛋白或水解日粮进行食物排除试验，至少进行 8 周。如果猫对这些食物有积极反应，就需要用曾经的食物进行激发，以诊断食物不良反应。

7　在排除了食物是瘙痒的病因后，临床医生可能诊断为猫特应性综合征。对猫的环境过敏症有不同的治疗方案，诊断是通过治疗效果来确认的。

根据病史和临床表现，在某些病例中，可能会怀疑有行为问题，尤其是如果猫颈背部出现自损性脱毛或溃疡性皮炎。在其他病例中，可能需要考虑和调查神经系统异常，如猫感觉过敏综合征。这些疾病通常只在所有其他鉴别诊断被排除的情况下且对猫特应性综合征的治疗没有效果时才能确诊。

## 参考文献


[1] Metz M, Grundmann S, Stander S. Pruritus: an overview of current concepts. Vet Dermatol. 2011; 22:121–131.

[2] Gnirs K, Prelaud P. Cutaneous manifestations of neurological diseases: review of neuro–pathophysiology and diseases causing pruritus. Vet Dermatol. 2005; 16:137–146.

[3] Beaver BV. Feline behavior. A guide for veterinarians. Second edition. St. Louis: WB Saunders; 2003.

[4] Bowen J, Heath S. Behaviour problems in small animals. Practical advice for the veterinary team. Philadelphia: Elsevier Saunders; 2005.

[5] Eckstein RA, Hart BL. The organization and control of grooming in cats. Appl Anim Behav Sci. 2000; 68:131–140.

[6] Grant D, Rusbridge C. Topiramate in the management of feline idiopathic ulcerative dermatitis in a two–year–old cat. Vet Dermatol. 2014; 25:226–e60.

[7] Titeux E, Gilbert C, Briand A, Cochet–Faivre N. From feline idiopathic ulcerative dermatitis to feline behavioral ulcerative dermatitis: grooming repetitive behavior indicators of poor welfare in cats. Front Vet Sci. 2018; https://doi.org/10.3389/fvets.2018.00081.

[8] Rusbridge C, Heath S, Gunn–Moore D, Knowler SP, Johnston N, McFadyen AK. Feline orofacial pain syndrome (FOPS): a retrospective study of 113 cases. J Feline Med Surg. 2010; 12:498–508.

[9] Mauldin EA, Morris DO, Goldschmidt MH. Retrospective study: the presence of Malassezia in feline skin biopsies. A clinicopathological study. Vet Dermatol. 2002; 13:7–14.

[10] Moriello KA, Coyner K, Paterson S, Mignon B. Diagnosis and treatment of dermatophytosis in dogs and cats.: clinical consensus guidelines of the world Association for Veterinary Dermatology. Vet Dermatol. 2017; 28(3):266–268.

[11] Hobi S, Linek M, Marignac G, et al. Clinical characteristics and causes of pruritus in cats: a multicentre study on feline hypersensitivity–associated dermatoses. Vet Dermatol. 2011; 22:406–413.

[12] Buckley L, Nuttall T. Feline eosinophilic granuloma complex(ITIES): some clinical clarification. J Feline Med Surg. 2012; 14:471–481.

[13] Rosenberg AS, Scott DW, Erb HN, McDonough SP. Infiltrative lymphocytic mural folliculitis: a histopathological reaction pattern in skin–biopsy specimens from cats with allergic skin disease. J Feline Med Surg. 2010; 12:80–85.

[14] Noli C, Colombo S, Abramo F, Scarampella F. Papular eosinophilic/mastocytic dermatitis (feline urticaria pigmentosa) in Devon rex cats: a distinct disease entity or a histopathological reaction pattern? Vet Dermatol. 2004; 15:253–259.

[15] Ngo J, Morren MA, Bodemer C, Heimann M, Fontaine J. Feline maculopapular cutaneous mastocytosis: a retrospective study of 13 cases and proposal for a new classification. J Feline Med Surg. https://doi.org/10.1177/1098612X18776141.

[16] Yu HW, Vogelnest L. Feline superficial pyoderma: a retrospective study of 52 cases (2001–2011). Vet Dermatol. 2012; 23:448–e86.

## 延伸阅读

1. For definitions: Merriam–Webster Medical Dictionary. http://merriam–webster.com Accessed 10 May 2018.
2. Albanese F. Canine and feline skin cytology. Cham: Springer International Publishing; 2017.
3. Goldsmith LA, Katz SI, Gilchrest BA, Paller AS, Leffell DJ, Wolff K. Fitzpatrick's Dermatology in General Medicine. 8th ed. New York: The McGraw–Hill Companies; 2012.
4. Miller WH, Griffin CE, Muller CKL. Kirk's small animal dermatology. 7th ed. St. Louis: Elsevier; 2013.
5. Noli C, Toma S. Dermatologia del cane e del gatto. 2nd ed. Vermezzo: Poletto Editore; 2011.

# 第十章　耳炎

Tim Nuttall

**摘要**

猫的外耳炎和中耳炎非常常见，而几乎所有感染都是继发的。因此，必须对潜在病因进行诊断和治疗。猫耳炎的治疗方法与犬不同。虽然猫的耳道解剖结构品种差异较小，但犬和猫的耳道解剖结构存在重要的差异。猫耳炎的原发性、继发性、易感性和持久性（primary, secondary, predisposing and perpetyating, PSPP）病因的作用尚不明确，易感性和持久性问题较少发生。猫耳炎的原发性病因与犬不同。过敏性皮肤病对猫耳炎的影响较小。猫存在多种特异性疾病，包括炎性息肉、囊腺瘤病、增生性和坏死性耳炎。本章将描述猫耳道的解剖和生理学，如何通过临床检查、细胞学检查、细菌培养和影像学进行诊断，耳道清理，外耳炎和中耳炎的治疗，以及特殊耳道疾病的诊断和管理。

## 引言

与犬耳炎相比，猫耳炎的诊断和治疗方法不同。犬和猫耳炎的病因不同，并且很多病因是猫特有的。与犬相比，猫的耳炎较少见，且与猫常见皮肤病的关系并不密切。例如，据报道只有 16% [1] ~ 20% [2] 的过敏性皮炎患猫伴发耳炎。相比之下，高达 80% 的特应性皮炎患犬可能同时伴发复发性外耳炎 [3]。此外，与犬相比，PSPP（原发性、继发性、易感性和持久性）法不太适用于猫。虽然耳道感染都是继发性的，并且猫耳炎有许多原发性病因，但易感性和持久性病因在诱发耳炎和慢性进程方面的作用尚不清楚。最后，猫对耳毒性可能比犬更敏感，因此必须谨慎选择外部治疗和耳道清洗。

重要的是要意识到，猫耳道的反复感染一定存在潜在病因——它们不缺少抗菌药物！过度使用抗菌药物会掩盖原发性病因（可能会变得更加严重且难以控制），并导致出现耐药性（可能会使后续治疗更复杂）。成功的管理需要对原发性病因进行诊断和适当的治疗。

## 解剖和生理学

猫耳道的解剖结构与犬相似，但品种和个体之间的差异比犬要小得多 [4, 5]（见第一章）。

### 耳廓

除某些品种（如苏格兰折耳猫）外，猫的耳廓都是直立的。耳廓和耳道的皮肤是身体其他部位的皮肤的延续。外耳廓被有浓密毛发的皮肤覆盖着，皮肤松弛地附着在下面的软骨上。内耳廓的皮肤与耳软骨紧密相连。毛发起源于耳廓的尖端并向内外折转，延伸至耳廓表面和耳道开口处，以此防止异物进入（图 10–1）。触摸这些毛发会引起动物甩耳或甩头。长毛品种的耳毛分布更广泛。内耳廓通常无毛。耳廓基部有一系列复杂的软骨褶皱。耳屏是很重要的解剖部位（图 10–1），因为它形成了垂直耳道的侧缘。垂直耳道的开口位于耳屏的后面。

## 耳道和耵聍

耳道皮肤是内耳廓皮肤的延续。它很薄且无毛，与下面的耳道软骨紧密相连。耳软骨与耳廓相连，并形成垂直耳道（图 10–2）。它松弛地嵌入结缔组织内，并且可以移动。耳软骨通过纤维组织与环形

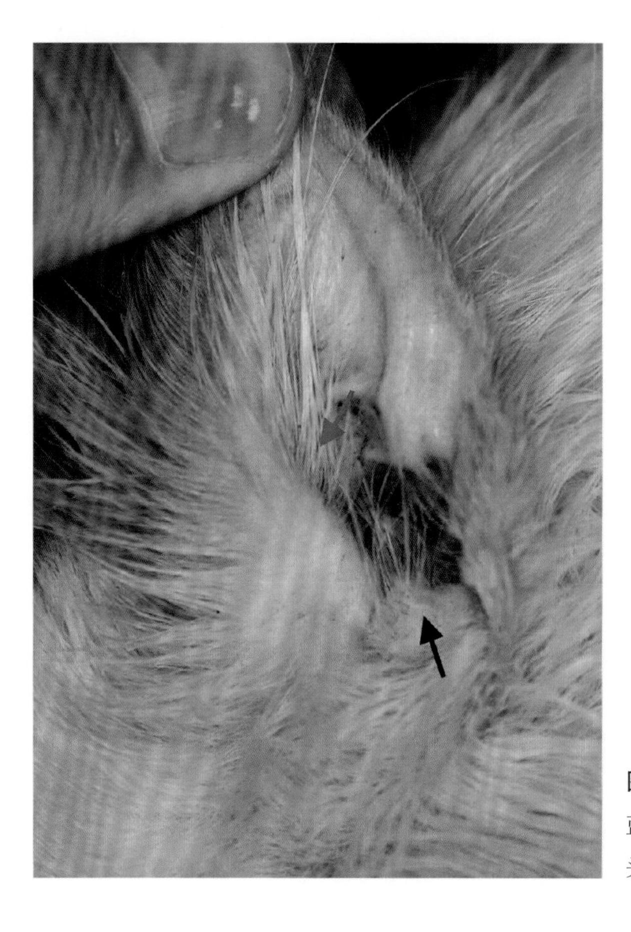

**图 10–1 耳廓的内侧面（吻侧位于左下方，尾侧位于右上方）**
蓝色箭头——毛发起源于耳廓的尖端并延伸至耳廓尾侧；黑色箭头——耳屏。

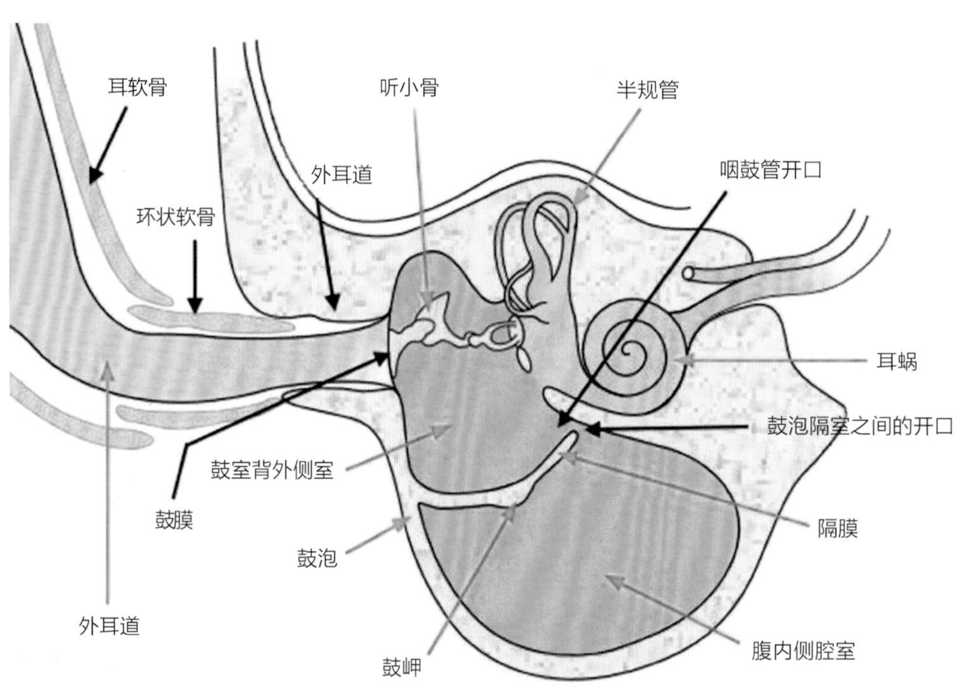


**图 10–2 外耳道、中耳和内耳的示意图**

软骨连接，使得其具有一定的柔韧性和活动性。交界处可见延伸至耳道内的隆起（图 10–3）。环形软骨形成短的水平耳道，并通过纤维组织连接到骨性的外耳道，使其具备一定的灵活性，但水平耳道的活动性仍不如垂直耳道和耳廓。水平耳道的直径通常为 6 ~ 9 mm，这可能会使得耳镜锥体难以进入。

与犬相比，健康猫耳道中耵聍较少，并且是一种膜样的乳脂状分泌物。角质层向外侧移动，将耵聍、脱落细胞和碎屑移动到耳道开口处。在这里，耵聍干燥、脱落，并可通过正常的理毛去除。

## 鼓膜

鼓膜（图 10–4）将外耳道与中耳分开。它位于骨性外耳道内（图 10–2），面向水平面，从背外侧到腹内侧成一定角度，尽管在某些猫中它可能接近垂直。背侧的松弛部较窄，远不如犬的突出。紧张部形成薄的灰白色半透明膜，从锤骨柄放射出明显的条纹。锤骨形成白色直的或略微弯曲的结构，从鼓膜的头背侧缘向腹侧延伸。曲线的凹面朝向吻侧，但不如犬的明显。锤骨被环形血管包围。

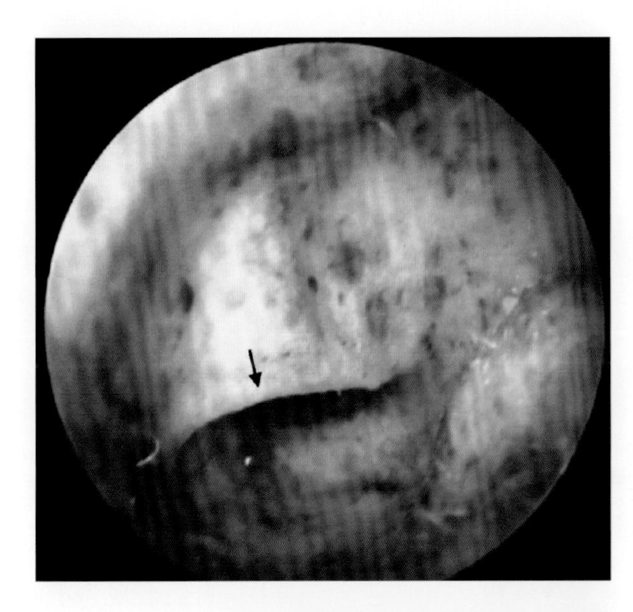

**图 10–3　垂直耳道底部视图**

箭头表示在垂直耳道和水平耳道交界处形成的嵴或隔。

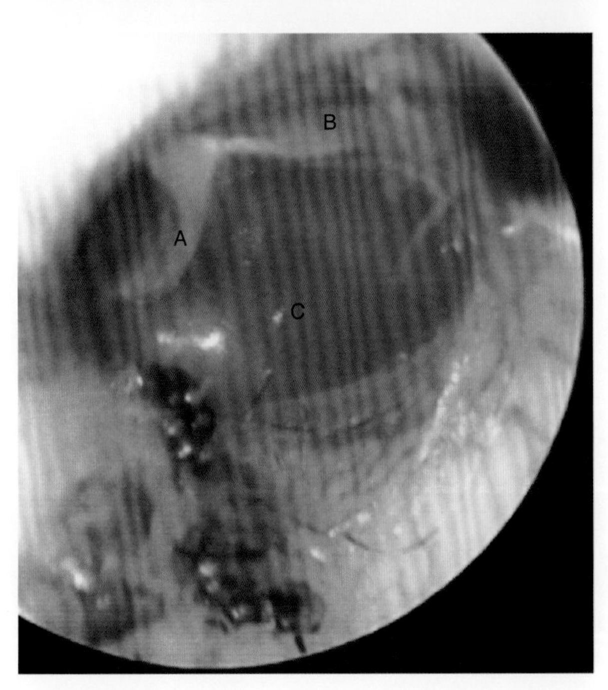


**图 10–4　健康猫的正常鼓膜**

A，锤骨附着；B，松弛部；C，紧张部。

### 中耳

中耳（图 10–2）由骨性隔断分为腹内侧（鼓室内部）和背外侧（鼓室部）室。背外侧室外侧以鼓膜为界，背侧以鼓室上隐窝为界，内侧以耳蜗外侧壁为界。鼓室上隐窝包含听小骨和通向耳蜗（听觉窗）和前庭系统（前庭窗）的开口。咽鼓管开口于中耳内侧壁近骨架起点处，连接中耳与咽部。交感神经干靠近咽鼓管开口，在猫身上比较浅表，在切除息肉、冲洗中耳和（或）治疗耳炎（可导致霍纳综合征）时容易受损。中耳与咽鼓管和咽部的黏膜上皮相连。咽鼓管平衡鼓膜和中耳的黏液上的气压，以使黏液引流到咽部。骨架上的一个小开口使黏液从腹侧鼓泡隔室通过咽鼓管排出。

## 耳炎诊疗的大体流程

1. 识别并治疗感染
    - 使用耳道细胞学检查来识别马拉色菌、细菌和炎性细胞。
    - 必要时进行细菌培养，以鉴定病原微生物种类以及抗菌药物敏感性。
2. 识别和管理原发性病因
    - 进行全面的病史调查和临床检查。
    - 检查耳道的临床病变、分泌物类型、螨虫、异物、炎性息肉和肿瘤。
    - 检查是否有鼓膜破裂和中耳炎的迹象。
3. 识别和管理所有易感性和持久性病因
    - 临床评估慢性炎性变化的范围和严重程度。
    - 考虑 X 线检查、CT 扫描或 MRI 扫描。

## 诊断流程

### 耳部检查

应该仔细检查耳部是否有异常。某些临床症状通常对猫耳炎的原发性病因具有高度特异性（见下文）。健康的猫耳应该可以自由活动、柔软、无痛、无瘙痒，并且几乎没有分泌物。异常坚硬、无法活动的耳道通常是发生了不可逆的纤维变性和（或）矿化。耳道皮肤应发白，薄且光滑。耳道应通畅，其内部薄、光滑且发白，很少或没有分泌物，鼓膜应正常。然而，猫水平耳道内径狭窄使耳镜检查变得艰难。耳道异常的情况下可能很难看到鼓膜。这虽然不妨碍治疗，但应考虑鼓膜破裂的可能性。因此，对耳道进行全面检查可能需要镇静、麻醉、清除一切分泌物和（或）治疗以保持耳道畅通。尽管如此，在不使用耳镜的情况下，对意识清醒的猫仔细检查可帮助识别耳炎的病因以及继发性病变的范围和严重程度。分泌物的性质可能提示存在的问题和（或）感染，但耳道开口处的干燥分泌物外观可能会产生误导，所以应评估耳道内的新鲜分泌物。

### 细胞学检查

所有耳炎都要进行细胞学检查，它可以识别出病原微生物。该检查对混合感染病例特别有用，在混合感染病例中，细菌培养可以鉴别数种具有不同药敏类型的微生物。应使用拭子或耳勺采集耳道样本。在 40 倍镜下，从矿物油制备的样本中可发现螨虫。经风干或热固定后的载玻片使用改良的瑞氏吉姆萨染液染色后，可在高倍镜（400 倍镜或 1000 倍油镜）下进行镜检来识别细胞和病原微生物。

识别生物膜很重要，它会形成又厚又暗又黏的分泌物。在细胞学检查中，它们表现为不同厚度的膜样物质（图 10–5）并可使细菌和细胞变得模糊。生物膜在耳炎中越来越常见。许多微生物可产生生物膜，这有利于它们黏附于耳道表皮、中耳黏膜及周围毛发上。它们还通过物理屏障和改变代谢活性来抑制抗菌药物。最终结果是通过体外试验预估的抗菌药物浓度需要增加。实际上，最低抑菌浓度（minimum inhibitory concentration，MIC）增加了。所有病例的生物膜都应该使用特殊的抗生物膜方案（见下文）。

应量化酵母菌、球菌、杆菌、中性粒细胞和上皮细胞的数量。葡萄球菌（图 10–5b）和马拉色菌（图 10–6）很好鉴别，根据局部耐药模式和之前的治疗方案，可以很好地估计其敏感性。然而，革兰氏阴性细菌（图 10–7）仅凭细胞学检查难以区分。

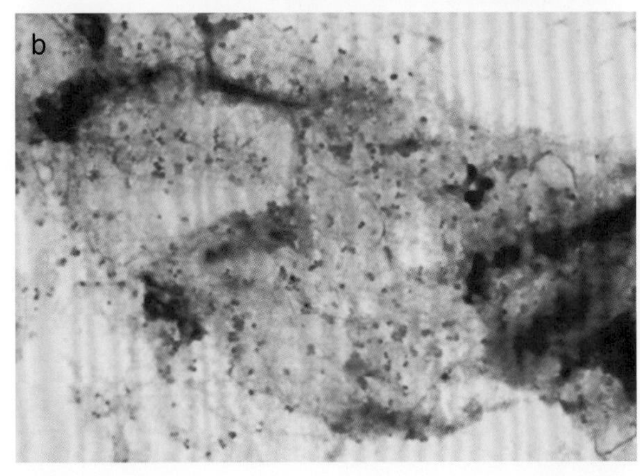


**图 10–5　（a）典型的又暗又厚又黏的耳道生物膜外观；（b）与生物膜相关的葡萄球菌感染，显示球菌包埋在膜状基质中（Rapi–Diff Ⅱ® 染色；400 倍放大）。葡萄球菌通常成对、4 个一组或不规则成团聚集**

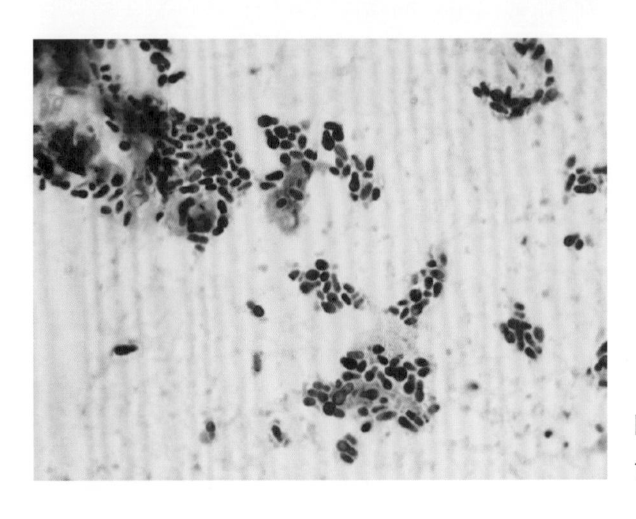

**图 10–6　马拉色菌性耳炎伴大量芽殖酵母菌（Rapi–Diff Ⅱ® 染色；400 倍放大）**

**图 10–7　假单胞菌性耳炎，伴随大量杆菌（A）和中性粒细胞（B）嵌入与生物膜相关的黏性基质（C）中**

所有细菌都会被改良的瑞氏吉姆萨染液染成深蓝色，因此只能推断其革兰氏阴性特征（Rapi–Diff Ⅱ® 染色；400 倍放大）。

### 细菌培养和药敏试验

如果使用外部治疗，大多数外耳炎病例不需要进行细菌培养和药敏试验，因为这些产品的抗生素浓度远远超过细菌的最小抑制浓度（MIC）。

在判读抗生素敏感性和耐药性结果时要格外注意，因为敏感性－耐药性的临界点是基于全身性抗生素治疗后的组织浓度。这并不一定意味着细菌对高浓度的抗生素具有耐药性，因为外部治疗所达到的足够高的抗生素水平仍可能超过 MIC。药敏数据对外用药物效果的预测能力很差，因为耳道中的药物浓度要高得多。最好根据临床症状和细胞学检查来评估治疗反应。

细菌培养可以帮助鉴定致病菌。这在细胞学中难以区分的较少见的病原微生物和（或）药敏模式不可预测时可能是有用的。

抗生素敏感性数据应该用于预测全身性药物的疗效（如在中耳炎病例中），尽管耳组织中的药物浓度可能较低并且需要更高剂量。此外，可以抑制抗菌药物穿透能力和功效的生物膜有效地增加了体内最小抑菌浓度，这意味着体外试验高估了抗菌药物的敏感性。

### 影像学诊断

影像学诊断技术包括 X 线检查、CT 和 MRI。X 线检查（图 10–8）使用最广泛，但敏感性最低。完整的摆位应包括背腹位、侧位、右侧和左侧斜位，必要时，还应拍摄开口头尾位 X 线片[6]。CT 扫描（图 10–9）应用范围没那么广，但速度较快，可以在镇静状态下进行，并且对骨和软组织变化的诊断准确性很高。骨和软组织增强造影可以提示炎症的范围和严重程度，并区分组织密度（如固体组织、脂肪和液体）。MRI 最适合评估耳部周围的软组织和神经，但不能对骨骼结构进行充分成像。

## 耳道的清洗和灌洗

耳部清洁可去除耳道内的碎屑和微生物[4, 5, 7]。一些耳部清洗剂具有广谱抗菌活性[8]。耳道有很多蜡样物质或渗出物的猫应该在治疗期间每天清洗耳道，但是如果耳道碎屑不多，则不需要每天清洗。

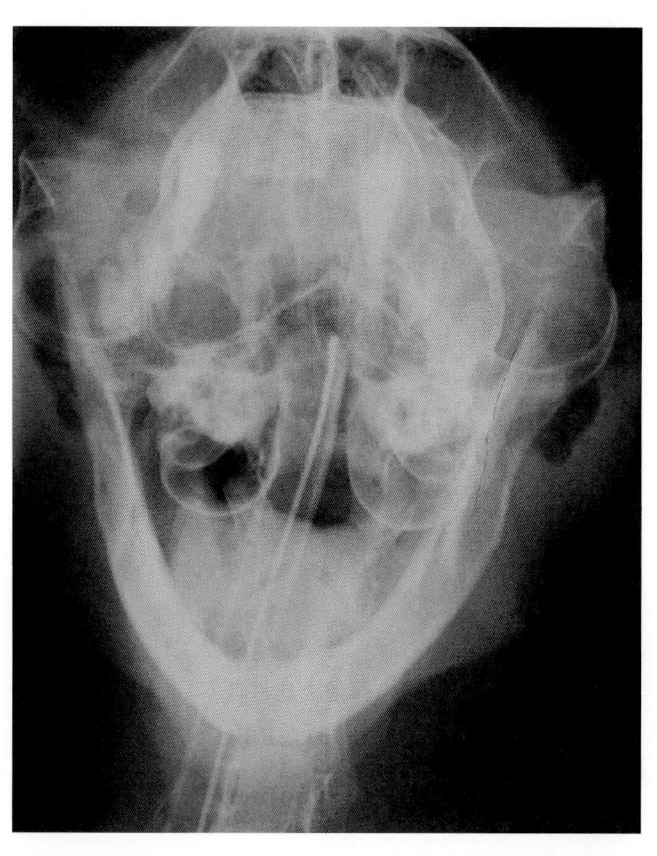

**图 10–8　一只单侧中耳炎患猫的开口头尾位 X 线片**

左侧中耳室有正常的深色气体密度影像。右侧中耳充满与软组织或液体密度类似的不透明物质。

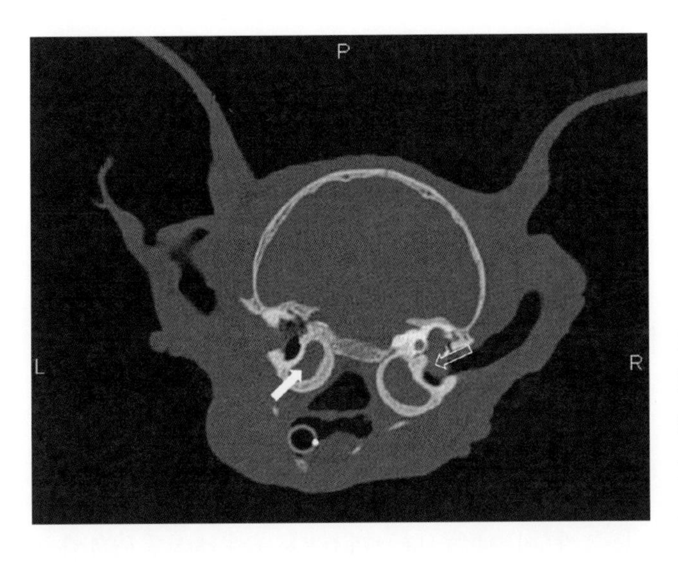


**图 10-9　双侧中耳炎患猫的 CT 扫描**

鼓泡壁有一些与慢性炎症相关的增厚（与图 10-8 中的鼓泡壁相比）。腹侧耳室充满了与液体密度一致的软组织，右背侧耳室也充满了与固体密度一致的软组织。这只猫的右耳有炎性息肉，双耳腹侧大疱有黏液样充血。

向动物主人演示有效的耳部清洗技术是很重要的。

### 耳道清洗剂

耵聍溶解剂（去除表皮上的碎屑）和耵聍软化剂（软化耵聍）（如丙二醇、羊毛脂、甘油、角鲨烷、丁羟甲苯、椰油酰胺甜菜碱和矿物油）可用于软化和去除干燥的蜡样碎屑和（或）蜡样栓塞。主要成分是表面活性剂的耳部清洗剂（如多库酯钠、磺基琥珀酸钙和类似的洗涤剂）对皮脂分泌较多的耳道和化脓性耳道的效果更好。Tris-EDTA 几乎不具有溶解耵聍或洗涤剂活性，但对溃疡性脓性耳道来说比较柔和，并且即使鼓膜破裂也可安全使用。收敛剂（如异丙醇、硼酸、苯甲酸、水杨酸、硫磺、乙酸铝、乙酸和二氧化硅）可以防止耳道黏膜上皮浸渍。抗菌药物［如对氯间二甲苯酚（PCMX）、氯己定和酮康唑］可以帮助治疗和预防感染。Tris-EDTA 本身几乎没有抗菌活性，但高浓度的 Tris-EDTA 可增强抗生素和氯己定的作用[9, 10]。给猫使用耳道清洗剂时要谨慎，某些成分（如洗涤剂、酸和酒精）会刺激耳部和（或）引发耳毒性。

### 耳道灌洗

在全身麻醉下进行耳道灌洗是清洁深层耳道和中耳的唯一方法[4, 5, 7]。可以在手持耳镜或者最好是耳道内窥镜的引导下将公猫导尿管、母猫导尿管或饲管插入耳道，如果有必要，可进入中耳。长度越长、直径越小、放大倍数越大和清晰度越高的耳道内窥镜可以使操作更容易、更准确、更安全。耳道灌洗应使用水或盐水以最大限度地降低耳毒性或霍纳综合征的风险。反复冲吸耳道和（或）中耳直至清洁。有时可能需要先使用耵聍溶解剂来帮助软化和疏松坚硬的耵聍，但是操作时要小心并且最后要彻底冲洗干净。

### 鼓膜切开术

如果鼓膜完好无损但有中耳疾病的迹象［例如，临床症状、鼓膜异常和（或）影像诊断结果］，则应考虑使用鼓膜切开术（人为使鼓膜破裂）[4, 5, 7]。可以使用导尿管、管芯针、脊髓穿刺针或耳勺刺穿鼓膜的腹外侧部分（图 10-4）。这避免了损伤鼓室上隐窝中的重要结构的情况发生。通过鼓膜仅可进入鼓室背外侧大泡，因为骨架（只有部分通路）阻止这些器械直接进入腹内侧间室。

## 耳廓疾病

耳廓疾病（表 10-1）在猫身上相对常见。它们通常与本书其他章节详细介绍的全身性皮肤疾病有关。与更具特异性的耳炎病因相反，耳廓疾病很少影响耳道。

## 外耳炎

### 临床症状

外耳炎的临床症状包括瘙痒、甩头、炎症和分泌物。与犬相比，猫耵聍性耳炎和化脓性耳炎的划分还不明确。蜡样耵聍和脂溢性分泌物可能是无菌的或由马拉色菌或（较少见）细菌过度生长导致（无中性粒细胞或其他炎性渗出物）。猫化脓性耳炎比犬（以耵聍性耳炎为主）更常见。但是，严重的溃疡性假单胞菌性耳炎在猫身上并不常见。

急性单侧外耳炎可能会见到异物，然而慢性单侧中耳炎则提示肿瘤或炎性息肉。猫双侧外耳炎通常与耳螨有关，但慢性病例可能与食物不良反应或其他过敏性疾病有关。

### PSPP 法

耳部感染几乎总是继发于原发性、易感性和持久性病因（PSPP 法——表 10–2）[4, 5]。必须诊断和治疗耳炎的原发性病因。易感性病因可能不容易解决或管理，但可以提醒临床兽医存在这种病因的动物耳炎更容易复发。然而，除了过度清洗或用药，这些病因相比犬来说没那么重要。不重视外耳炎的持久性病因通常会导致慢性复发性耳炎。持久性病因会随着慢性耳炎病程的变化而改变，最终会导致

**表 10–1　耳廓疾病**

| | |
|---|---|
| 脱毛 | 肾上腺皮质功能亢进<br>甲状腺功能减退（罕见）<br>皮肤癣菌病<br>蠕形螨病（罕见）<br>毛囊发育异常（德文卷毛猫）<br>淋巴细胞性和其他毛囊壁炎<br>黏蛋白性脱毛 |
| 瘙痒和嗜酸性粒细胞性皮炎 | 蚊虫叮咬过敏<br>其他昆虫叮咬（包括兔蚤）<br>头颈部皮炎<br>嗜酸性肉芽肿综合征<br>猫背肛螨和犬疥螨（罕见） |
| 脓疱和结痂 | 落叶型天疱疮 |
| 坏死和溃疡 | 药物反应<br>血管炎<br>冷凝集素病<br>冻伤 |
| 增厚、皮屑和色素沉着（伴随或不伴随变形） | 日光性角化病<br>皮角<br>多中心型原位鳞状细胞癌（鲍恩病）<br>耳软骨炎 |
| 结节和溃疡 | 鳞状细胞癌 |
| 结节、溃疡和窦道 | 猫咬伤性脓肿或蜂窝织炎<br>耳血肿（罕见）<br>隐球菌和其他深层真菌感染<br>深层细菌感染（放线菌和诺卡菌）<br>分枝杆菌感染 |

表 10–2　外耳炎的原发性、易感性和持久性病因

|  |  |
| --- | --- |
| 原发性病因（耳病的真实原因） | 耳螨<br>蠕形螨（罕见）<br>异物（罕见）<br>食物不良反应<br>猫特应性综合征（猫特应性皮炎）<br>炎性息肉<br>囊腺瘤病<br>增生性和坏死性耳炎<br>耵聍腺肿瘤<br>脂溢性耳炎 |
| 易感性病因（使耳炎易发或者容易严重） | 结构异常（如垂耳、多毛、耳道狭窄和耵聍性耳道；罕见于猫）<br>游泳（猫罕见）<br>耳道清洗或者用药导致耳道浸渍或刺激 |
| 持久性病因（干扰治疗） | 慢性病理性变化（如上皮细胞移行减少、皮脂腺和耵聍增生、分泌物增多、水肿、纤维化、增厚和狭窄，以及钙化）<br>中耳炎 |

不可逆的变化，需要进行全耳道切除术。

## 细菌和马拉色菌感染

葡萄球菌是最常见的病原（如假中间型葡萄球菌和猫葡萄球菌），其他病原微生物包括链球菌、多杀性巴斯德菌、大肠埃希菌、肺炎克雷伯菌和（或）变形杆菌、假单胞菌、棒状杆菌和放线菌[4, 5]。混合型细菌感染很常见。很多葡萄球菌和革兰氏阴性菌可产生生物膜[11]。它们阻碍清洗，降低抗菌药物的渗透能力和活性（使得 MIC 增加），并为细菌提供保护（图 10–5 和图 10–7）。它们还可以促进耐药性的出现，尤其是革兰氏阴性菌，这种细菌会逐步获得对浓度依赖性抗生素的耐药性突变。

## 一线抗菌治疗

通常对于外耳炎治疗来说，外部抗菌治疗比口服抗生素更有效（表 10–3）。高浓度的抗菌药物（单位通常为 mg/mL）可以克服明显的耐药性。使用足够量的药物渗透耳道很重要——0.5 ～ 1 mL 对于大多数猫来说足够了，但对于体型小的动物来说可能太多了。

浓度依赖性药物（如氟喹诺酮类药物和氨基糖苷类药物）的疗效取决于每天使用的浓度是否至少高于 10 倍 MIC。时间依赖性药物（青霉素和头孢菌素）至少要在 70% 的给药间隔内都维持高于 MIC 的浓度。外部治疗可以很容易做到，这种方法可以在不进行全身代谢的情况下维持很高的药物浓度。大多数外用药物在每天 1 次的给药频率下有效，尽管有些外用药物可能需要每天使用两次。将用于犬的药物应用于猫时要小心，因为可能存在耳毒性。

## 多重耐药菌的外部抗生素治疗

如果经过 1 ～ 2 周的适当治疗后，细胞学检查仍可见细菌，则应考虑耐药性的存在。导致治疗失败的其他原因包括息肉、肿瘤、异物和其他潜在疾病，碎屑、生物膜和耳道清洗不当，耳道狭窄、中耳炎和其他持久性病因，以及依从性差。假单胞菌对许多抗生素耐药，如果治疗失败，它们很容易进一步产生耐药性。治疗多重耐药菌感染的方法有很多（表 10–4），但这些方法尚未被批准用于猫，因此使用时必须小心。

表 10-3 一线外用抗菌药物

| 药物 | 作用 |
| --- | --- |
| 夫西地酸 | 只对革兰氏阳性菌有效<br>对 MRSA 和 MRSP 有效<br>与新霉素 B 合用具有协同抗革兰氏阳性菌的作用 |
| 氟苯尼考 | 广谱抗生素但是对假单胞菌无效 |
| 多黏菌素 B | 广谱抗生素并且对假单胞菌有效<br>有机碎屑可使其失活，因此需要清洗耳道<br>与咪康唑合用具有协同抗革兰氏阴性菌的作用 |
| 庆大霉素 | 广谱抗生素并且对假单胞菌有效 |
| 新霉素 | 广谱抗生素但是对假单胞菌效果不佳 |
| 氟喹诺酮类药物 | 广谱抗生素并且对假单胞菌有效<br>与磺胺嘧啶银合用具有协同抗假单胞菌的作用 |
| 制霉菌素<br>特比萘芬<br>克霉唑<br>咪康唑<br>泊沙康唑 | 广谱抗真菌药 |

注：MRSA，耐甲氧西林金黄色葡萄球菌；MRSP，耐甲氧西林假中间型葡萄球菌。

表 10-4 用于多重耐药菌感染的抗生素

| 抗生素 | 治疗方案 |
| --- | --- |
| 环丙沙星 | 0.2% 溶液。每个耳朵 0.15 ~ 0.3 mL，每 24 h 一次 |
| 恩诺沙星 | 2.5% 注射液。使用 Triz-EDTA、盐水或者 Epi-Otic 以 1 ： 4 稀释后外用，每 24 h 一次；<br>22.7 mg/mL 溶液。每个耳朵 0.15 ~ 0.3 mL，每 24 h 一次 |
| 马波沙星 | 1% 注射液。使用盐水或者 Triz-EDTA 1 ： 4 稀释后外用，每 24 h 一次；<br>用 Triz-EDTA 配制成 2 mg/mL 外用，每 24 h 一次；<br>20 mg/mL 溶液。每个耳朵 0.15 ~ 0.3 mL，每 24 h 一次 |
| 克拉维酸 - 替卡西林[a] | 用 Triz-EDTA 配制成 16 mg/mL 外用，每 24 h 一次；<br>重组注射液。每个耳朵 0.15 ~ 0.3 mL，每 12 h 一次；<br>160 mg/mL 溶液。每个耳朵 0.15 ~ 0.3 mL，每 12 h 一次；<br>有潜在耳毒性 |
| 头孢他啶[a] | 用 Triz-EDTA 配制成 10 mg/mL 外用，每 24 h 一次；<br>100 mg/mL。每个耳朵 0.15 ~ 0.3 mL，每 12 h 一次 |
| 磺胺嘧啶银 | 用盐水稀释成 0.1% ~ 0.5%；与庆大霉素和氟喹诺酮合用有协同作用 |
| 阿米卡星 | 用 Triz-EDTA 配制成 2 mg/mL 外用，每 24 h 一次；<br>50 mg/mL。每个耳朵 0.15 ~ 0.3 mL，每 24 h 一次；<br>即使对其他氨基糖苷类药物耐药，对阿米卡星仍敏感；<br>有潜在耳毒性 |
| 庆大霉素 | 用 Triz-EDTA 配制成 3.2 mg/mL 外用，每 24 h 一次；<br>可能存在耳毒性，但是不常见 |

a 重组液。在 4℃下稳定长达 7 d，在冷冻的情况下可维持 1 个月。

### Tris-EDTA

Tris-EDTA 可以破坏细菌的细胞壁并增强抗生素功效，从而可以解决部分耐药性问题。最好在使用抗生素前 20 ~ 30 min 使用 Tris-EDTA，但也可以同时给药。它具有良好的耐受性并且无耳毒性。高浓度的 Tris-EDTA 与氯己定、庆大霉素和氟喹诺酮类药物合用具有协同作用[9, 10, 12]。

### 生物膜和黏液的治疗

通过彻底的冲洗和抽吸，生物膜可以被物理性地破坏并去除。外用 Tris-EDTA 和 N- 乙酰半胱氨酸（N-acetylcysteine，NAC）可以破坏生物膜，使其容易被去除，并增强抗菌药物的渗透能力。但是，NAC 具有潜在的刺激性（特别是浓度高于 2%时）。全身性服用 NAC（600 mg，口服，每 12 h 一次）可帮助溶解中耳的生物膜。全身性服用 NAC 和溴己新（1 ~ 2 mg/kg，口服，每 12 h 一次）可稀释黏液，有利于炎性息肉形成的慢性黏膜炎症所导致的中耳炎的引流（见下文）。

### 全身性抗菌治疗

全身性用药对外耳炎的效果可能较差，因为细菌仅存在于外耳道和耵聍中，无炎性分泌物，药物渗透到耳道的能力较差。当耳道无法进行外部治疗（例如，耳道狭窄或存在依从性问题，或者怀疑外用药物有不良反应）或中耳炎时，建议使用全身性治疗。应考虑使用组织渗透性良好的高剂量药物（如克林霉素或氟喹诺酮类药物）。如果需要全身性抗真菌治疗，可以口服伊曲康唑（5 mg/kg，每天 1 次）。

## 中耳炎

### 病因和发病机制

中耳炎可能是原发性的也可能是继发性的。炎性息肉（见下文）是猫原发性中耳炎最常见的病因。慢性外耳炎可导致鼓膜浸渍和破裂（图 10-10），尤其是伴发水平耳道狭窄和革兰氏阴性菌感染的情况下。慢性上呼吸道感染导致炎症和鼻咽部细菌增多，并可能蔓延到咽鼓管。眼球后脓肿或耳旁脓肿或其他严重的局部或全身性感染扩散至中耳的情况较少见。中耳感染可使鼓膜破裂从而扩散到耳道或耳周组织和（或）中枢神经系统。

### 临床症状

与中耳炎相关的临床症状可能是慢性的、轻度的和模糊的，直到出现神经异常前都无明显症状（表 10-5、图 10-11 和图 10-12）。

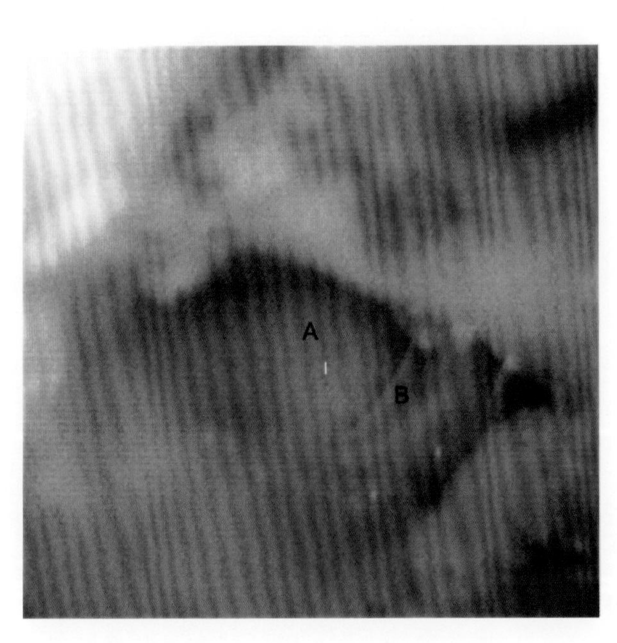


**图 10-10　慢性上呼吸道和中耳感染的猫出现鼓膜破裂**

锤骨（B）后面的中耳黏膜（A）清晰可见。

**表 10-5　与猫中耳炎相关的临床症状**

| 中耳炎 | 神经异常 |
| --- | --- |
| 甩头、摩擦或抓挠 | 霍纳综合征（瞳孔缩小、上眼睑下垂和明显的眼球凹陷）；交感神经干 |
| 沉郁和疼痛；可能不吃坚硬的食物，不让主人抚摸头部 |  |
| 声音定位能力减弱（单侧） | 共济失调和眼球震颤；外周前庭综合征 |
| 耳聋（双侧） | 面瘫；面神经 |

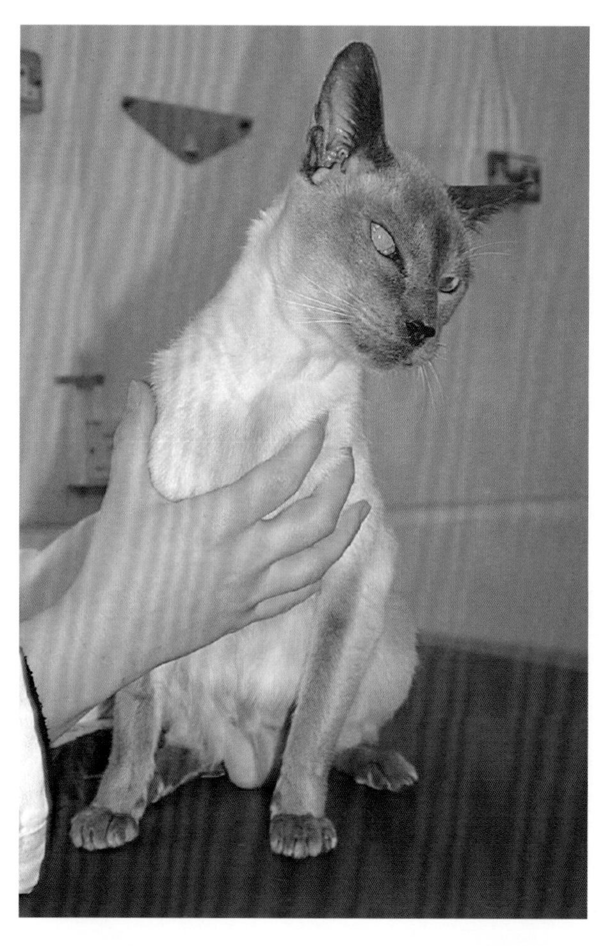

图 10-11　一只与巴斯德菌感染相关的中耳炎患猫出现头倾斜

图 10-12　一只由炎性息肉导致的中耳炎患猫出现霍纳综合征

### 诊断

使用耳道内窥镜和鼓膜切开术对于鼓膜异常和（或）鼓泡中的液体或碎屑是诊断性的。当耳道狭窄限制耳道内窥镜检查时，可以使用影像学技术，如 X 线检查、CT 或 MRI，它们可以提示中耳炎的严重程度以及鼓泡中的溶解性、增生性和（或）扩张性变化。

### 治疗

很多中耳炎病例通过药物治疗可以解决，但大多数病例需要对中耳进行灌洗。如果鼓膜完整，则需要进行鼓膜切开术。

应依据中耳的细菌培养结果选择全身性抗生素，同时要考虑到抗生素渗透中耳的能力。抗生素对慢性炎症的耳道的渗透能力可能较差，应考虑使用高剂量的分布容积高的药物（如氟喹诺酮类药物）[13]。如果致病菌只对外部和（或）肠道外给药敏感，那么全身性治疗可能较困难。外用抗生素和加入糖皮质激素的生理盐水或 Tris-EDTA 可直接用于中耳；以这种方式使用庆大霉素、氟喹诺酮类、头孢他啶和地塞米松时，似乎不会产生耳毒性[5, 14]。目前尚不清楚这些药物在中耳的持效时间，但是，由于耳道本质上是一个死腔，因此药物可能会在中耳内存在数天。因此，每 5 ~ 7 d 滴入一定浓度的溶液可用于治疗口服药物治疗效果较差的多重耐药菌感染。治疗应一直持续到临床症状消失，对于严重病例来说治疗可能需要 6 ~ 8 周。在适当情况下可以口服或外用糖皮质激素和（或）黏液溶解剂。如果感染和炎症得到控制，鼓膜通常会在 2 ~ 3 周内愈合。

药物治疗对慢性中耳炎、鼓泡骨髓炎、胆脂瘤和耳旁脓肿的效果较差。在这些情况下，需要进行全耳道切除 / 外侧鼓泡截骨术。

## 异物

### 临床症状

潜在的异物包括草芒、毛发和其他有机碎屑、棉絮、棉签头和（偶尔可见）导尿管或镊子的碎片。这些异物会引起不同程度的急性疼痛和瘙痒，有时甚至十分剧烈。有些病例可能表现为慢性外耳炎，对治疗反应不佳。多数病例为单侧异物，但也有可能为双侧异物。异物可能会穿透鼓膜并引起中耳炎。

### 诊断

耳道内窥镜检查可能会见到不同程度的炎症和渗出物。渗出物的性质取决于继发的感染。大的异物通常肉眼可见，但可能需要对猫进行镇静或麻醉才能清洗并看到完整的耳道。对于完全进入中耳的异物，可能需要通过高阶影像学来诊断。

### 治疗

异物必须使用手术钳和（或）耳道灌洗来去除。应确保异物被完全去除。即使残留微小的碎片也可能使问题变得复杂。炎症和继发的感染应给予适当治疗（见上文），一旦异物被去除，它们通常会很快痊愈。

## 炎性息肉

### 病因和发病机制

炎性息肉是猫中耳炎和外耳炎的常见原因[15]。它们在年轻猫中最常见，但在老年猫中也可见。炎性息肉大多数是单侧的，但也可能是双侧的。其病因未知，但可能与鼻咽部共生的微生物群落或呼吸道病毒感染的异常炎症反应相关（即使病毒分离为阴性）[16]。

### 临床症状

息肉通常在咽鼓管的开口内或附近出现[15]。它们可能顺着咽鼓管下方蔓延到鼻咽，引起打鼾、声音改变、打喷嚏、咳嗽、呕吐和（或）干呕。耳道内的息肉通常伴发中耳炎（如果鼓膜是完整的；图 10-12）和（或）外耳炎（如果鼓膜破裂且息肉延伸到耳道内）。这通常与继发的细菌感染和耳道的脓性分泌物有关（图 10-13）。息肉延伸到鼓泡的腹内侧隔室是很罕见的。然而，由于咽鼓管和引流孔被息肉和发炎的黏膜阻塞，鼓泡内往往充满黏液（图 10-9）。因此会导致阻塞、浓缩和（或）感染。

## 诊断

单侧耳炎、脓性分泌物、霍纳综合征和（或）中耳炎病史高度提示炎性息肉[15]。息肉可能在耳道（清洗耳道分泌物后；图 10-14）或鼻咽（通常需要镇静并将软腭推向吻侧）中可见。影像学诊断可用于确认息肉和继发感染的范围和严重程度。与 X 线片相比，计算机断层扫描（CT）具有更好的敏感性和特异性。骨骼和软组织增强前后的 CT 图像密度分析可将固体的息肉组织与液体［黏液和（或）脓液］区分开，并显示炎症或感染范围（图 10-9），这可以准确评估息肉的范围。例如，尽管 X 线片可以提示中耳的所有隔室都受到了影响，但 CT 扫描可以进一步显示固体息肉、聚积的黏液和咽鼓管发病的准确范围。CT 扫描还能更准确地评估鼓泡和中耳的骨骼结构的变化［如骨髓炎、骨硬化、增生和（或）溶解］，这对于设计治疗方案至关重要。例如，在大多数情况下，CT 扫描显示固体息肉不会蔓延到腹侧隔室，因此不必进行腹侧鼓泡截骨术。如果老年猫出现息肉样肿物，则也应考虑其他类型的肿瘤，并且可以使用组织病理学来确诊。

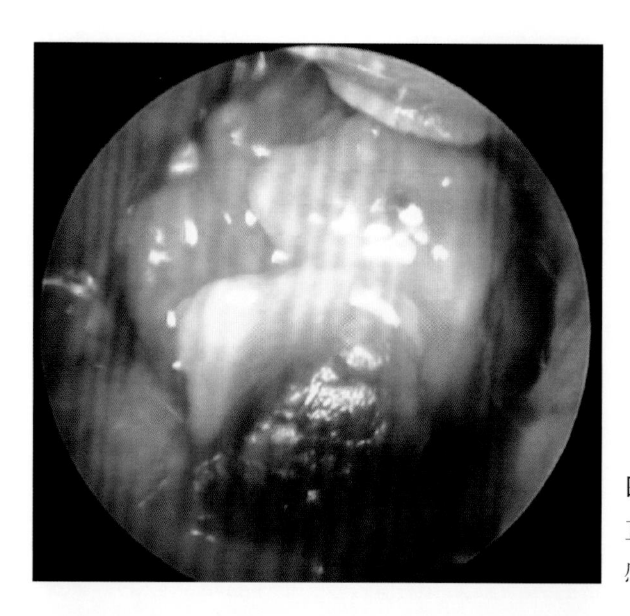

**图 10-13 患有炎性息肉的猫耳道内的蜡样和化脓性碎屑**

直到碎屑被冲洗掉后才能看到息肉。重复使用抗生素导致了 MRSA 感染。

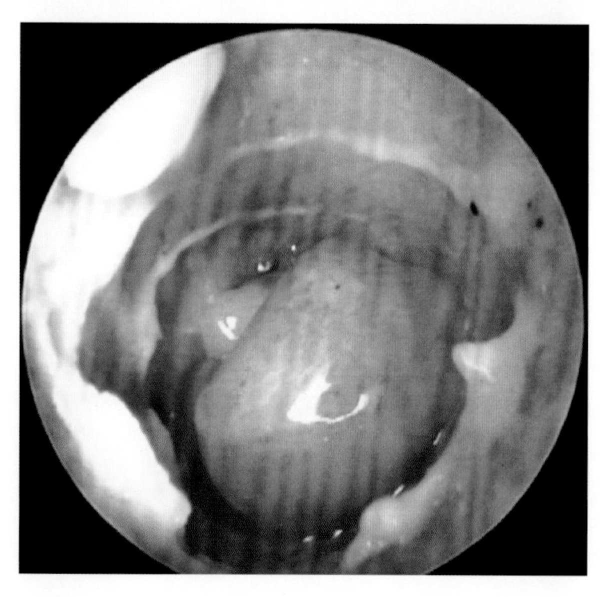

**图 10-14 水平耳道内的炎性息肉**

## 治疗

鼻咽、中耳背外侧和外耳道的息肉可在麻醉状态下使用镊子牵引取出[17, 18]。用一套镊子牢牢夹住息肉，并逐渐牵引，将息肉从中耳内拔出。通常可以将它们一并取出，但有时需要多次尝试（图 10–15）。在牵引息肉前或牵引过程中，旋转息肉基部有助于减少出血。水平耳道内的小息肉可以在手持耳镜或耳道内窥镜的引导下用鳄鱼钳去除。难以用镊子夹住的扁平息肉可用激光消融（图 10–16）。鼓泡的腹内侧隔室内的固体息肉必须通过腹侧鼓泡截骨术去除，尽管这种情况并不常见。

外耳炎和中耳炎通常是并存的，应收集外耳道和中耳的样本进行细胞学检查和微生物培养。息肉本身是无菌的。外耳道和中耳应进行适当冲洗和治疗（见上文关于外耳炎和中耳炎的治疗）。

全身性糖皮质激素（例如，2 mg/kg 的泼尼松龙或 0.2 mg/kg 的地塞米松，每天 1 次，直到痊愈，然后逐渐减量）可以减轻牵拉后的炎症，有助于打开鼓泡孔和咽鼓管，并可能有助于降低复发率[19]。N– 乙酰半胱氨酸（600 mg，口服，每 12 h 一次）或溴己新（2 mg/kg，每 12 h 一次）可帮助稀释黏液并促进中耳引流。

潜在的并发症包括霍纳综合征、前庭综合征和面神经麻痹。霍纳综合征特别常见，因为交感神经干在咽鼓管开口附近，非常靠近息肉的好发部位（图 10–12）。这些问题通常是暂时的，永久性损伤很少见。

**图 10–15 通过牵引去除的炎性息肉（图 10–14）**
完整的根部提示其被成功地完全去除。

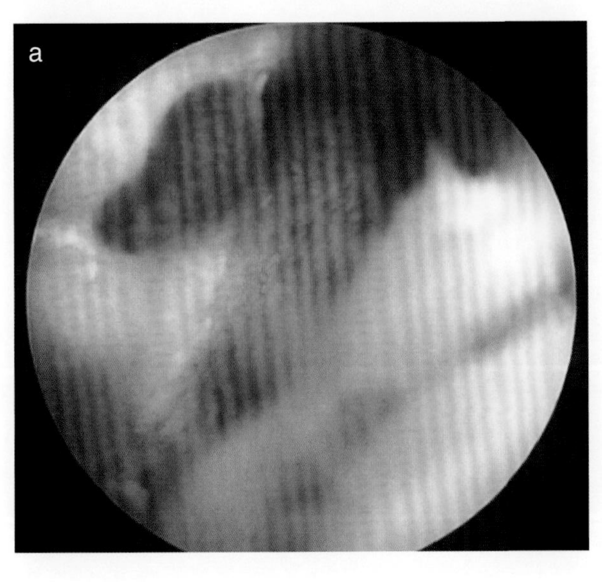


**图 10–16 （a）在水平耳道内出现的无根炎性息肉；（b）经过激光消融和清洗后的水平耳道**

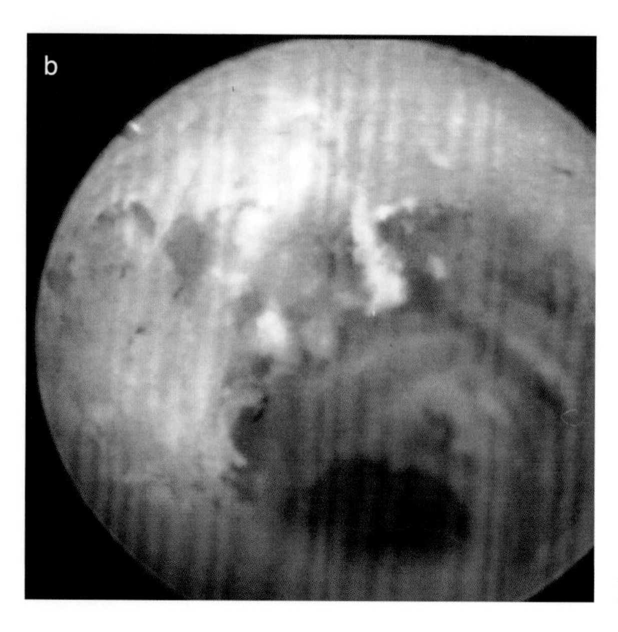


图 10–16 续

## 囊腺瘤病（囊瘤病）

### 病因和发病机制

囊腺瘤病发生于腹侧耳廓和外耳道，表现为多发性、色素沉着性、耵聍性丘疹、结节和囊肿[4, 5, 20]。其病因未知，但可能与遗传易感性和炎性诱因相关，波斯猫可能是好发品种。囊肿最终会阻塞耳道，导致外耳炎和继发感染。

### 临床症状

临床外观具有重要提示意义。早期表现为在耳道开口附近出现多灶性蓝黑色粉刺和丘疹（图 10–17）。它们逐渐增大，数量逐渐增多，形成结节和囊肿，并可能扩散到耳廓、垂直耳道和水平耳道（不常见）（图 10–18），破裂的囊肿释放出棕黑色液体。除非继发感染，否则囊腺瘤病通常不会出现瘙痒或疼痛。耵聍腺瘤和腺癌更常见于老年动物，并形成单个或少量的离散性肿瘤。

### 诊断

基本可以根据临床外观确诊。必要时，组织病理学可以区分腺癌、腺瘤和囊腺瘤病。耳道细胞学检查可用于识别继发的马拉色菌和（或）细菌感染。如果怀疑是中耳炎，可进行高阶影像学检查。

### 治疗

药物治疗适用于早期和（或）症状较轻的病例。任何继发性耳炎都应该得到适当治疗。全身性和（或）外用类固醇可减轻耳肿胀和耵聍增生，可定期外用类固醇来维持缓解。

广泛性的结节和囊肿可以用 $CO_2$、二极管以及其他激光或电烙消融（图 10–19）。术后应联用外用抗生素 / 类固醇以减轻炎症和预防感染。激光消融在长期维持缓解方面非常有效。定期外用类固醇可能会降低囊腺瘤病的复发率。

在药物治疗或激光消融不适用或不可用的情况下，有必要进行全耳道消融加外侧鼓泡截骨术。手术可以治愈，尽管要以牺牲耳朵为代价。

## 耳螨和其他寄生虫

### 病因和发病机制

耳螨是寄生虫性耳炎的最常见病因，其他可能引起耳炎的寄生虫还包括恙螨（主要在耳廓）、蠕形螨（主要在耳廓，很少出现在耳道）和多刺耳蜱（有刺耳蜱，在猫身上罕见）。耳螨在猫和其他动物之间具有高度传染性，并且在多猫环境中［尤其是存在幼龄动物和（或）频繁流动的环境下］很常见。大多数蠕形螨不具有传染性，但戈托伊蠕形螨

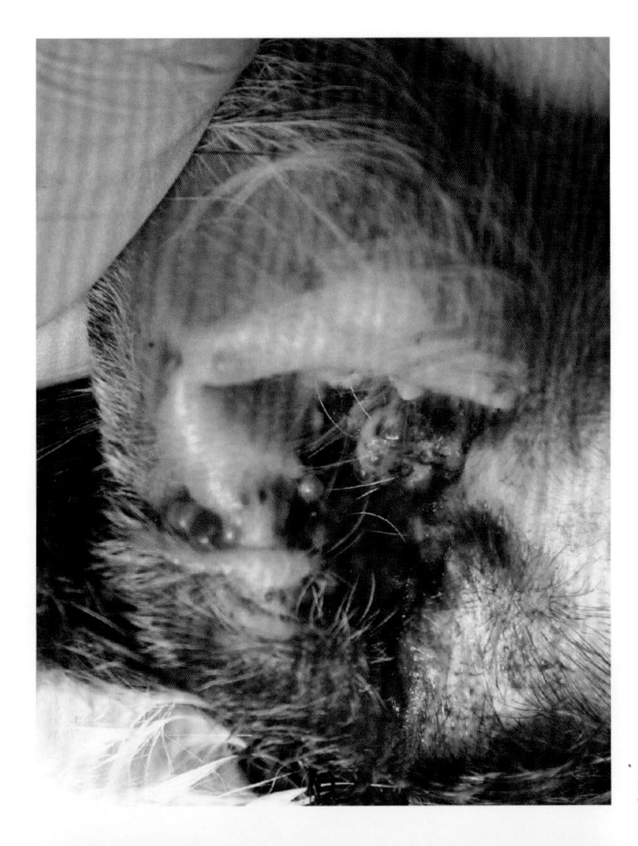

图 10-17　一只囊腺瘤患猫的耳廓，其上可见多发性蓝黑色粉刺和囊肿

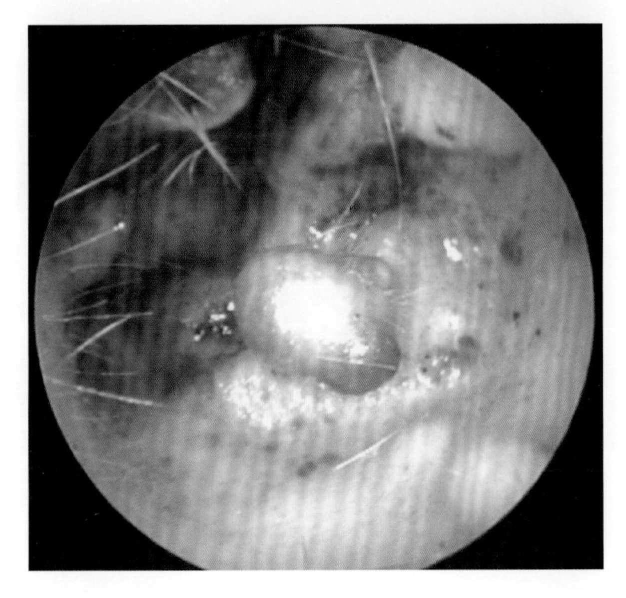

图 10-18　一只囊腺瘤患猫的耳道被多发性囊肿阻塞

可在家养猫之间传播。

## 临床症状

耳螨感染的特征是耳道有大量干褐色的蜡样碎屑，并伴有不同程度的红斑和瘙痒（图 10-20）。瘙痒可能很严重，并延伸到头颈部，所以头颈部皮肤病的鉴别诊断包括耳螨。猫对耳螨可能产生过敏反应，即使少量耳螨也可引起临床症状，还有些猫是耳螨的无症状携带者。蠕形螨也可引起类似的临床症状；耳蜱可导致不同程度的炎症和疼痛性外耳炎。

## 诊断

病史和临床症状高度提示耳螨。仔细进行检耳镜检查时可发现螨虫活动的痕迹（图 10-21）。滴加石蜡油后在显微镜下观察蜡样碎屑时（图 10-22），可见到耳螨和蠕形螨。即使未发现耳螨，也有必要

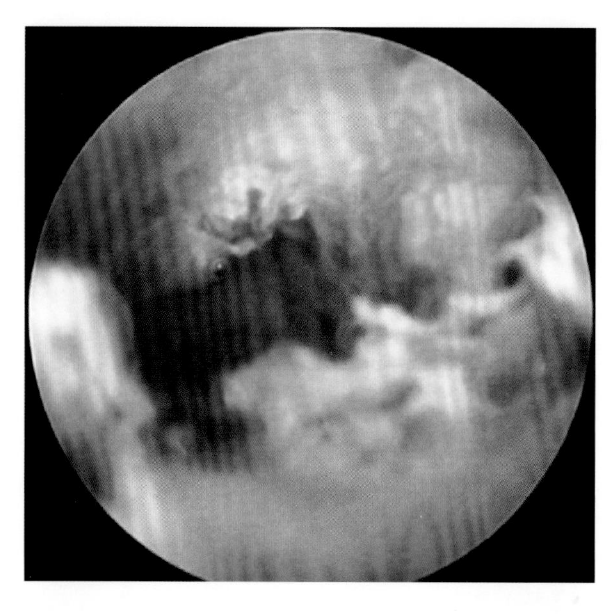

图 10-19 与图 10-18 为同一只猫，图中可见使用激光消融后的囊肿

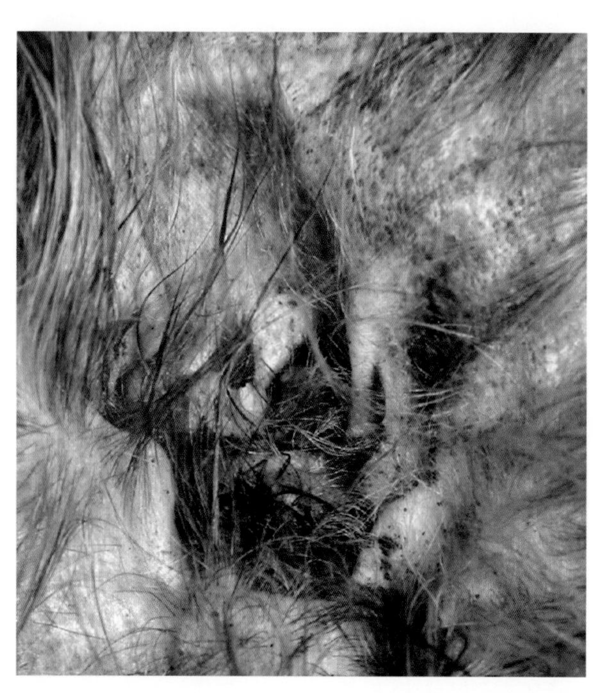

图 10-20 一只感染耳螨的波斯猫耳道开口处的干蜡样分泌物

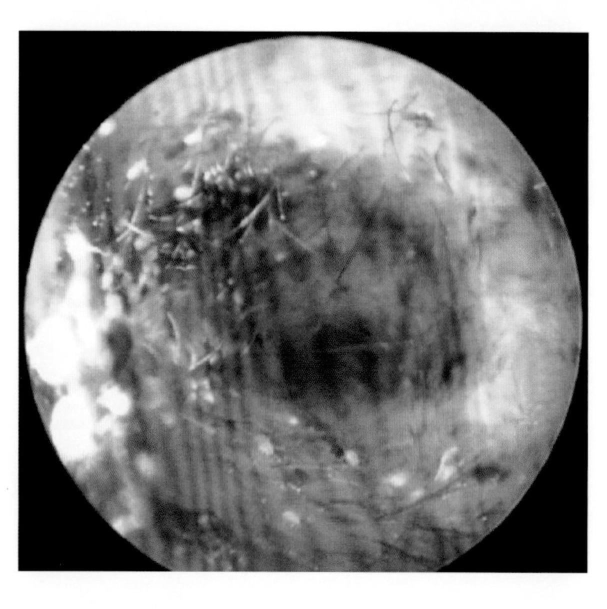

图 10-21 在视频耳镜下观察到的耳螨

进行治疗性诊断，因为少量螨虫可能会被遗漏。在耳廓或其他部位进行拔毛、胶带法或皮肤刮片可诊断蠕形螨。耳蜱在检耳镜下很明显。

### 治疗

大多数除螨产品都对耳螨有效，包括外用氟虫腈、塞拉菌素和吡虫啉/莫昔克丁。异噁唑啉类药物似乎对耳螨和蠕形螨效果很好。所有可能接触耳螨的犬猫都应该进行治疗。在用镊子小心地拔掉耳蜱前应使用合适的药物杀死耳蜱。任何继发性耳炎通常都会迅速消退，但必要时可进行治疗。

## 肿瘤

### 病因和发病机制

耳道肿瘤在老年猫中比较常见。大多数肿瘤为耵聍腺瘤，但恶性腺癌在耵聍腺瘤中的占比高达50%[4, 5, 20]，其他肿瘤在耳道中非常少见。阻塞通常导致继发性外耳炎。恶性肿瘤可导致局部损伤和浸润，并可能扩散到局部淋巴结和远端器官。来自其他组织的肿瘤有时会侵袭中耳和（或）耳道。

### 临床症状

大多数肿瘤发生在耳廓基部和垂直耳道的上半部分，耳道的其他部位也会发生肿瘤。如果存在继发感染，结节可能会被分泌物掩盖。周围组织和（或）局部淋巴结肿大提示局部扩散和（或）转移。

### 诊断

临床表现通常是明显的，尽管耳道深处的单个病变应与炎性息肉、多发性肿瘤和囊腺瘤病相区分。细胞学检查和（或）组织病理学检查可帮助鉴别肿瘤与息肉以及良性与恶性肿瘤（图 10–23）。如果怀疑恶性肿瘤扩散，应对局部淋巴结进行穿刺。影像学检查（尤其是 CT 扫描）可用于确定局部浸润、淋巴结受累和内脏器官转移（如肺）的范围和严重程度。

### 治疗

可触及的良性肿瘤可通过手术切除。激光可用于切除和消融耳道深处的无法手术切除的肿瘤。如果激光不可用或切口范围较大，可采用垂直耳道手术或全耳道切除术来去除肿瘤（图 10–24）。除非有转移扩散，否则预后通常良好。

## 脂溢性耳炎

脂溢性耳炎是一种病因和临床意义不明确的常

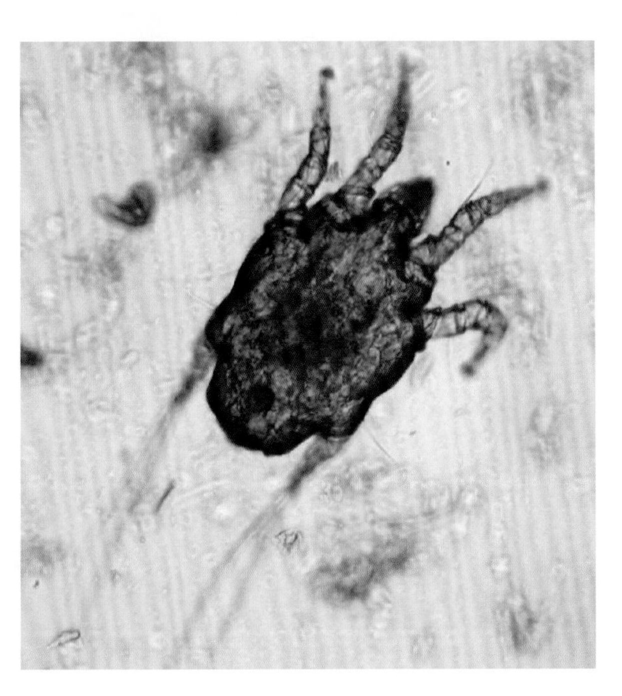

**图 10–22 石蜡油制备的耳道分泌物压片，镜下可见耳螨成虫（100 倍放大）**

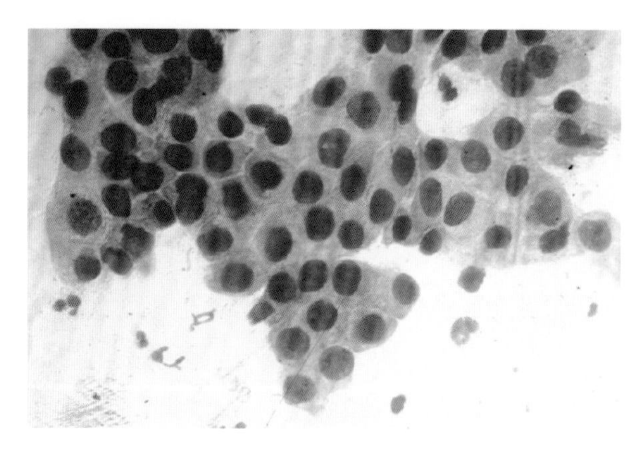

**图 10–23 耵聍腺瘤的细针抽吸细胞学抹片**

大量上皮细胞形成边界清晰且分化良好的薄层，多形性较低。

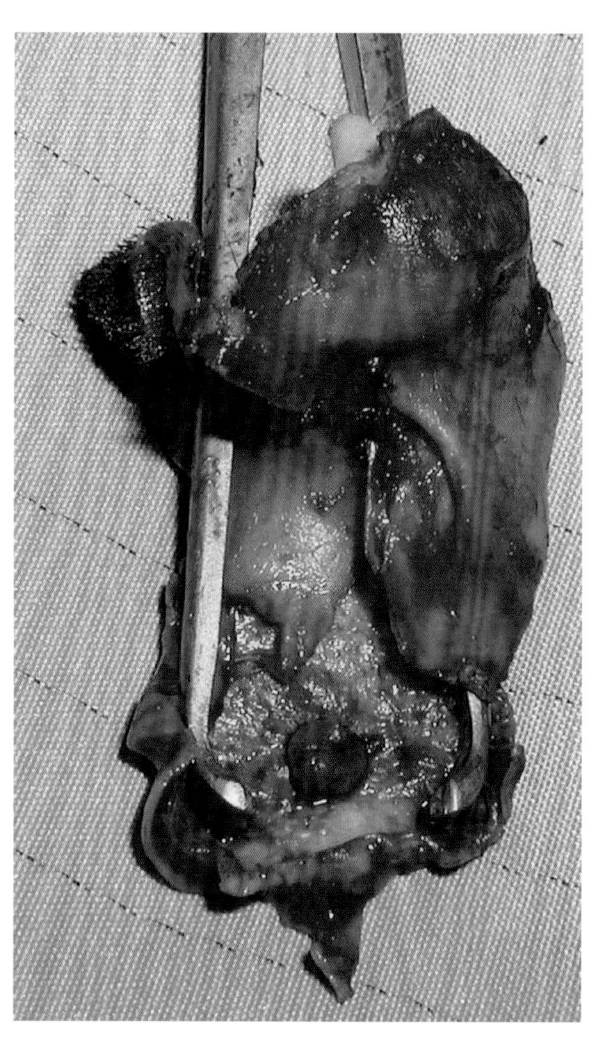

**图 10–24 全耳道切除术切除下来的猫水平耳道内的良性耵聍腺瘤**

该病例可以使用激光消融原位肿瘤并保留耳道。

见疾病[4, 5]。内耳廓和耳道开口处周围出现深色蜡样至油腻皮屑（图 10–25），垂直耳道下半部和水平耳道通常是正常的。患猫可能没有其他临床症状，但可能出现甩头和挠耳朵。

脂溢性耳炎可能继发于炎症，应仔细评估患猫是否存在与耳炎原发性病因相关的症状，如果有，需要进行适当管理。该病可能见于波斯猫和特发性面部皮炎患猫。加拿大无毛猫和德文卷毛猫的内耳廓存在大量耵聍，但不表现症状。应使用细胞学检查排查是否存在细菌或马拉色菌感染。然而，蓄积的蜡样物质可能只是耳道上皮移行产生的，如果没有其他临床症状则不需要治疗。如有必要，可使用耵聍溶解剂 / 耵聍软化剂轻轻擦拭耳道来减少分泌物的蓄积。

## 增生性和坏死性耳炎

### 病因和发病机制

这种疾病的病因尚不明确，但很可能与免疫介导相关[21, 22]。病变出现类似于多形红斑的 T 细胞介导的角质细胞凋亡[22]。它首次在幼猫身上被发现，但现在也有成年猫和老年猫的报道，然而大多数还是发生在 4 岁以下的猫身上[4, 5]。

### 临床症状

临床症状非常具有提示意义。病变通常是对称性的，常见于耳廓基底部、耳道开口处和垂直耳道。有时，病变也会出现在嘴唇、面部、眼周皮肤或其他部位。患猫会出现红斑性和过度角化性斑块，并伴有附着紧密的结痂，更严重的病例可能出现糜烂、溃疡和出血（图 10–26）。耳道继发的细菌或马拉色菌感染可能会掩盖临床症状。

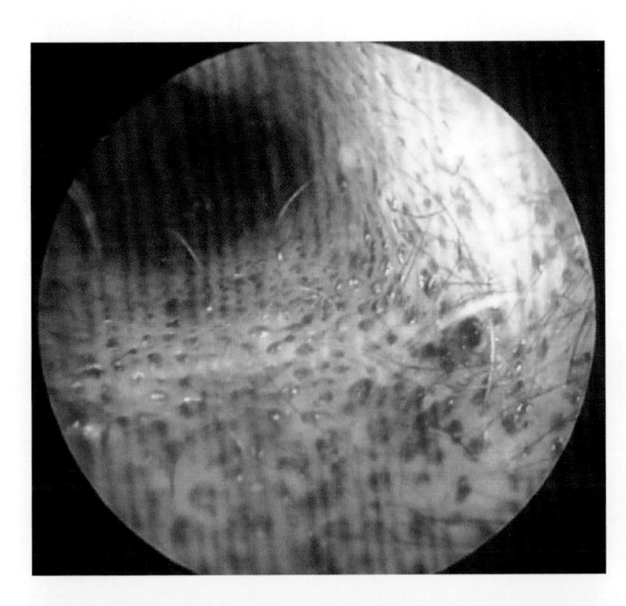

**图 10–25　垂直耳道内存在皮脂 / 耵聍样物质**
局灶性分泌物的蓄积提示腺体增生或分泌过多。

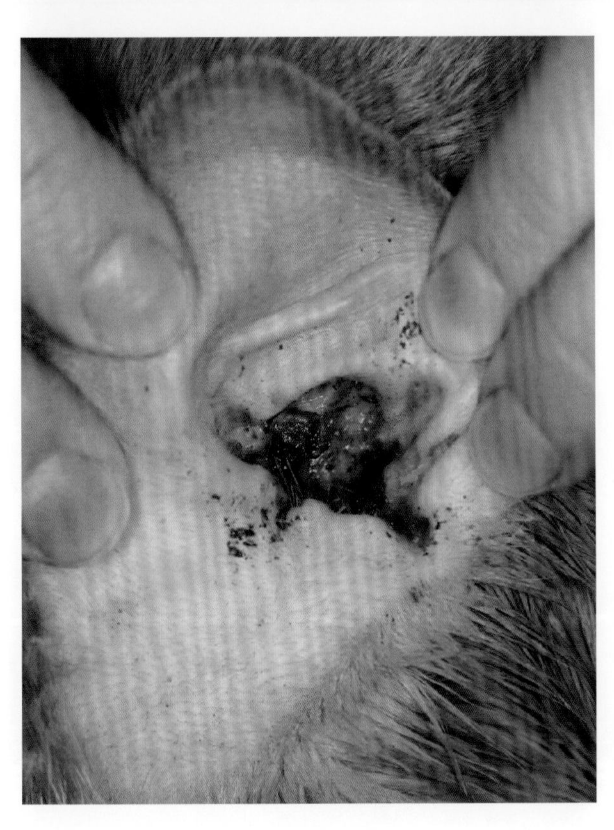

**图 10–26　一只增生性和坏死性耳炎患猫出现的红斑、糜烂和结痂**

### 诊断

诊断通常基于病史和临床症状。细胞学检查应用于识别继发感染，并给予适当治疗[21]。必要时，细胞学检查和组织病理学检查可用于确诊和排除其他会影响耳廓和耳道的鉴别诊断，如落叶型天疱疮、嗜酸性肉芽肿综合征和甲巯咪唑相关的药物反应。

### 治疗

该病预后通常良好[21]。在许多病例中，尤其是幼猫或青年猫身上，可自行消退。外用 0.1% 他克莫司或全身性环孢素通常有良好的效果。一些猫在痊愈后可能不需要进一步治疗，但一些猫可能需要长期治疗来维持疾病的缓解。

## 耳旁脓肿

耳旁脓肿在猫身上很少见。其病因包括病变蔓延至周围软组织的感染严重的外耳炎和（或）中耳炎，咬伤，深层细菌、分枝杆菌和（或）真菌感染，耳道和（或）中耳手术的并发症，以及创伤性耳道撕脱（通常发生在车祸后）（图 10–27）。高阶影像学检查（尤其是造影增强 CT 扫描）可提示感染和炎症的范围和严重程度，包括窦道相邻结构和组织（可包括中枢神经系统）。应从病变组织采集细胞学和微生物培养样本（图 10–28），因为表面继发的细菌感染可能掩盖原发的病原微生物，这可能需要进行手术探查。

治疗方式取决于原发性病因，可能包括手术探

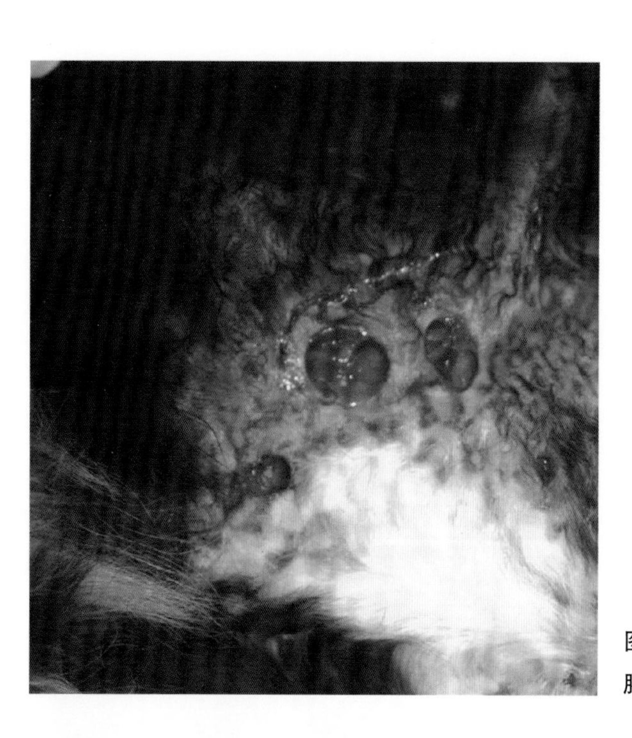

**图 10–27　一只猫由于咬伤导致放线菌感染，并引起广泛性耳旁脓肿、溃疡和窦道**

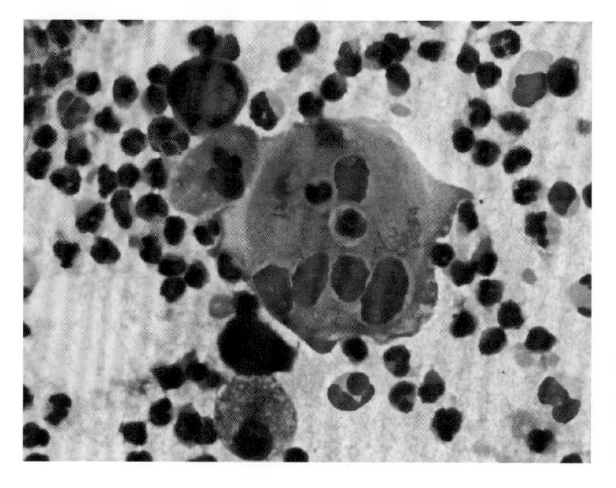

**图 10–28　图 10–27 中的猫的深层组织细胞学检查**

图中可见到脓性肉芽肿性炎症并伴有明显的多核巨细胞，还可见数个串珠样丝状微生物，提示放线菌感染。

查、清创和冲洗、垂直耳道手术或全耳道切除 / 腹侧鼓泡截骨术。应彻底冲洗手术部位、窦道和组织碎屑。深层脓肿或窦道可能需要引流。应根据培养结果选择抗生素并一直给药，直至临床治愈。病程长短取决于感染和炎症的范围以及严重程度。如果手术部位清洁且闭合良好，术后恢复时间将很短；但深层感染（尤其是生长缓慢的微生物，如诺卡菌、放线菌、分枝杆菌和真菌）的疗程将会更长（4 ~ 6 周或更长时间）。

## 参考文献


[1] Ravens PA, Xu BJ, Vogelnest LJ. Feline atopic dermatitis: a retrospective study of 45 cases (2001–2012). Vet Dermatol. 2014; 25:95.

[2] Hobi S, Linek M, Marignac G, Olivry T, Beco L, Nett C, et al. Clinical characteristics and causes of pruritus in cats: a multicentre study on feline hypersensitivity–associated dermatoses. Vet Dermatol. 2011; 22:406–413.

[3] Hensel P, Santoro D, Favrot C, Hill P, Griffin C. Canine atopic dermatitis: detailed guidelines for diagnosis and allergen identification. BMC Vet Res. 2015; 11:196.

[4] Miller WH, Griffin CE, Campbell KL. Diseases of eyelids, claws, anal sacs, and ears. In: Muller and Kirk's small animal dermatology. 7th ed. St Louis: Elsevier–Mosby; 2013. p. 723–773.

[5] Harvey RG, Paterson S. Otitis externa: an essential guide to diagnosis and treatment. Boca Raton: CRC Press; 2014.

[6] Hammond GJC, Sullivan M, Weinrauch S, King AM. A comparison of the rostrocaudal open mouth and rostro 10 degrees ventro–caudodorsal oblique radiographic views for imaging fluid in the feline tympanic bulla. Vet Radiol Ultrasound. 2005; 46:205–209.

[7] Nuttall TJ, Cole LK. Ear cleaning: the UK and US perspective. Vet Dermatol. 2004; 15:127–136.

[8] Swinney A, Fazakerley J, McEwan N, Nuttall T. Comparative in vitro antimicrobial efficacy of commercial ear cleaners. Vet Dermatol. 2008; 19:373–379.

[9] Buckley LM, McEwan NA, Nuttall T. Tris–EDTA significantly enhances antibiotic efficacy against multidrug–resistant Pseudomonas aeruginosa in vitro. Vet Dermatol. 2013; 24:519.

[10] Clark SM, Loeffler A, Schmidt VM, Chang Y–M, Wilson A, Timofte D, et al. Interaction of chlorhexidine with trisEDTA or miconazole in vitro against canine meticillin–resistant and–susceptible Staphylococcus pseudintermedius isolates from two UK regions. Vet Dermatol. 2016; 27:340–e84.

[11] Pye CC, Yu AA, Weese JS. Evaluation of biofilm production by Pseudomonas aeruginosa from canine ears and the impact of biofilm on antimicrobial susceptibility in vitro. Vet Dermatol. 2013; 24:446–E99.

[12] Pye CC, Singh A, Weese JS. Evaluation of the impact of tromethamine edetate disodium dihydrate on antimicrobial susceptibility of Pseudomonas aeruginosa in biofilm in vitro. Vet Dermatol. 2014; 25:120.

[13] Cole LK, Papich MG, Kwochka KW, Hillier A, Smeak DD, Lehman AM. Plasma and ear tissue concentrations of enrofloxacin and its metabolite ciprofloxacin in dogs with chronic end–stage otitis externa after intravenous administration of enrofloxacin. Vet Dermatol. 2009; 20:51–59.

[14] Paterson S. Brainstem auditory evoked responses in 37 dogs with otitis media before and after topical therapy. J Small Anim Pract. 2018; 59:10–15.

[15] Greci V, Mortellaro CM. Management of Otic and Nasopharyngeal, and nasal polyps in cats and dogs. Vet Clin North Am Small Anim Pract. 2016; 46:643.

[16] Veir JK, Lappin MR, Foley JE, Getzy DM. Feline inflammatory polyps: historical, clinical, and PCR findings for feline calici virus and feline herpes virus–1 in 28 cases. J Feline Med Surg. 2002; 4:195–199.

[17] Greci V, Vernia E, Mortellaro CM. Per–endoscopic trans–tympanic traction for the management of feline aural inflammatory polyps: a case review of 37 cats. J Feline Med Surg. 2014; 16:645–650.

[18] Janssens SDS, Haagsman AN, Ter Haar G. Middle ear polyps: results of traction avulsion after a lateral approach to the ear canal in 62 cats (2004–2014). J Feline Med Surg. 2017; 19:803–808.

[19] Anderson DM, Robinson RK, White RAS. Management of inflammatory polyps in 37 cats. Vet Rec. 2000; 147:684–687.

[20] Sula MJM. Tumors and tumorlike lesions of dog and cat ears. Vet Clin North Am Small Anim Pract. 2012; 42:1161.

[21] Mauldin EA, Ness TA, Goldschmidt MH. Proliferative and necrotizing otitis externa in four cats. Vet Dermatol. 2007; 18:370–377.

[22] Videmont E, Pin D. Proliferative and necrotising otitis in a kitten: first demonstration of T–cell–mediated apoptosis. J Small Anim Pract. 2010; 51:599–603.

# 第三部分　猫皮肤病的病因学

# 第十一章　细菌性疾病

Linda Jean Vogelnest

**摘要**

猫细菌性皮肤病的准确诊断对于患病动物的健康和在耐药性增加的情况下合理使用抗生素都很重要。本章综述了与猫细菌感染相关的临床病变和病史特征、高效和准确的诊断及当前的治疗建议。包括诺卡菌病和分枝杆菌病在内的深层感染（见第十二章）已被广泛报道，准确的诊断很重要，其治疗时间长且具有挑战性，尽管它们确实很少发生。相较之下，浅表性细菌性脓皮病（superficial bacterial pyoderma，SBP）是一种更常见的猫皮肤病，很可能被低估，它最常继发于潜在的过敏性皮肤病，但也可能与其他潜在疾病和因素相关。本章综述了 SBP 及深层感染，包括深层细菌性脓皮病、蜂窝织炎、创伤性脓肿、嗜皮菌病、坏死性筋膜炎和环境腐生细菌感染（包括诺卡菌病）。在全科医院很容易确诊猫的细菌性皮肤病。细胞学通常是最有价值的诊断工具，与病史和体格检查相结合，必要时辅以皮肤表面或组织培养和（或）组织病理学检查。本章详细介绍了诊断猫细菌感染的相关细胞学方法，还讨论了治疗原则，包括耐甲氧西林葡萄球菌在猫脓皮病中的潜在作用，重点关注当前在全球范围内可能取代一些过时临床方案的建议。

## 引言

猫的细菌性皮肤病有两种常见表现，与皮肤受感染的深度相关。累及表皮和毛囊的浅表感染最常见，主要与局部和（或）全身抵抗力下降导致的常驻皮肤上的微生物过度繁殖相关。累及真皮和（或）皮下组织的深层感染可能是浅表感染的延伸，或与一系列环境或共生微生物的创伤性植入有关。一些罕见但危及生命的深层细菌感染有全身扩散的风险。

## 正常猫的皮肤和黏膜细菌微生物群

关于猫正常共生细菌的知识有限，大多数研究以培养为基础，并集中于葡萄球菌分离株。口腔似乎是最常见的葡萄球菌携带部位，其次是会阴部[1]。通过 MALDI-TOF 检测对巴西健康猫口咽部的分离株进行鉴定，鉴定出 15 种葡萄球菌，其中金黄色葡萄球菌是唯一的凝固酶阳性葡萄球菌（coagulase-positive staphylococcus，CoPS）菌种，还有一系列凝固酶阴性葡萄球菌（coagulase-negative staphylococci，CoNS）[2]。然而，在西班牙散养的健康猫的口腔中，α-溶血性链球菌的分离株多于葡萄球菌，其次是两种变形菌门（奈瑟菌属和巴斯德菌属）[3]。

在正常猫中，葡萄球菌较少被确定为常驻皮肤细菌，常见的细菌还有微球菌属、不动杆菌属和链球菌属[4]。在分离的葡萄球菌中，CoNS（包括猫葡萄球菌、木糖葡萄球菌和模拟葡萄球菌）比 CoPS 更常见[4–6]，在一些研究中，猫葡萄球菌可能被错误鉴定为模拟葡萄球菌[5, 7]。中间型葡萄球菌（2005 年重新归类为假中间型葡萄球菌）[1, 8] 和金黄色葡萄球菌[5, 9, 10] 作为更常见的 CoPS 分离株，有各种不同的报道。大肠埃希菌、奇异变形杆菌、假单胞菌属、产碱杆菌属和芽孢杆菌属较少从正常猫的皮肤中分离出来[4, 5]。

最近在健康猫（$n = 11$）中进行的 DNA 研究发现，与基于培养的研究相比，正常猫皮肤上的细菌更具多样性且数量更多。有毛皮肤的微生物多样性最丰富，耳前皮肤的物种丰富度最大且均匀，黏膜表面（鼻孔、结膜、生殖道）和耳道（与犬相比）的物种多样性最低。基于培养的研究显示，葡萄球菌属不占主导地位，变形菌门［巴斯德菌科、假单胞菌科、莫拉菌科（如不动杆菌属）］最常见，其次是拟杆菌属（卟啉单胞菌科）、厚壁菌门（脂环芽孢杆菌科、葡萄球菌科、链球菌科）、放线菌门（棒状杆菌科、微球菌属）和梭杆菌门。该研究对包括丙酸杆菌属在内的一些菌种的认识可能不够充分[11]。

细菌的定植因个体而异[4, 11]，也可能因健康和疾病状态而异。已知患有特应性皮炎的人和犬的葡萄球菌携带率会增加。同样，与健康猫相比，过敏猫（$n = 10$）中更常检测到葡萄球菌属，在一些解剖部位（如耳道）会更多一些[11]。与健康口腔相比，患病口腔的葡萄球菌属数量也更多[3]。另一项研究（$n = 98$）比较了健康皮肤与炎症皮肤[9] 的葡萄球菌属数量，结果显示无统计学差异。

总之，迄今为止的研究表明，与犬相比，正常猫皮肤上的变形菌门（包括不动杆菌属、巴斯德菌属和假单胞菌属）比葡萄球菌属更常见，在葡萄球菌中，CoNS 似乎占主导地位。尚不确定葡萄球菌，特别是 CoPS 和 CoNS 是否更容易在病变皮肤上繁殖。

## 浅表性细菌性脓皮病

随着对猫浅表性细菌性脓皮病（SBP）的了解越来越深入，其在皮肤科转诊的猫中占 10% ~ 20%[12–14]。与其他物种一样，猫的 SBP 是一种继发性疾病，最常见于过敏反应[12–14]；10% 的美国转诊的猫[14] 和 60% 的澳大利亚转诊的猫已被证实存在潜在过敏，其中最常见的是特应性皮炎[13]，复发性脓皮病也经常被报道[13, 15]。

### 细菌种类

虽然葡萄球菌属被认为是可能的病原体[1, 2, 9, 12]，但与犬和人的角质细胞相比，假中间型葡萄球菌和金黄色葡萄球菌对正常猫的角质细胞的黏附作用较弱[16]，猫 SBP 中的细菌种类仅在少数猫中得到证实。从一只猫的丘疹和结痂的纯培养物中分离出金黄色葡萄球菌，细胞学检查可见中性粒细胞，并且在抗生素治疗 10 d 后病变完全消退[17]。从另一只猫的鼻孔和皮肤病变（抓痕）中分离出猫葡萄球菌，怀疑猫有跳蚤叮咬过敏反应，细胞学检查提示中性粒细胞和胞内球菌，通过 14 d 抗生素治疗和跳蚤控制，病变完全消退[5]。嗜酸性肉芽肿也可继发脓皮病，嗜酸性斑块或唇部溃疡（$n = 9$）的表面拭子和（或）组织活检中最常见的分离株为假中间型葡萄球菌和金黄色葡萄球菌，细胞学检查同时可见中性粒细胞和胞内球菌。本研究中检测到的其他分离株包括 CoNS、多杀巴斯德菌、犬链球菌和铜绿假单胞菌[12]。

在许多未被诊断为脓皮病的皮肤病变的细菌培养研究中，其分离株均为葡萄球菌；分离株是致病性的还是偶发性的尚不确定，非葡萄球菌分离株很少被报道[4, 7, 9, 17–19]。CoNS 是许多研究中最常见的分离株，占“炎性皮肤”分离株的 96%（$n = 24$）[9]，其中最常见的分离株（首先是猫葡萄球菌，其次是表皮葡萄球菌）分离自非特异性皮炎[7]，第二常见的分离株（模拟葡萄球菌）分离自脓肿、粟粒性皮炎、抓痕、剥脱性皮炎或嗜酸性斑块（$n = 45$）[17]。较少见的 CoNS 分离株包括猪葡萄球菌、木糖葡萄球菌和施氏葡萄球菌亚种[9, 17]。

CoPS 在一些患病猫的皮肤研究中更普遍[4]，其中金黄色葡萄球菌（$n = 69$）[9, 17] 或中间型葡萄球菌（$n = 9$[5]；$n = 30$[20]）是最常见的分离株，其次是链球菌属（10%）、变形杆菌属（10%）、巴斯德菌属和芽孢杆菌属（10%）[20]。

目前尚不确定葡萄球菌（尤其是 CoNS 和 CoPS）对猫脓皮病的重要性，以及是否存在一种类似于人（金黄色葡萄球菌）和犬（假中间型葡萄球菌）的细菌性脓皮病相关的主要致病菌种。

## 临床表现

猫 SBP 的中位发病年龄为 2 岁，范围较广（6 月龄至 16.5 岁），年长的猫也易感（23% 的猫初次发病年龄＞9 岁）[13]。瘙痒很常见，尤其是在伴有潜在过敏症的情况下，澳大利亚 92% 的 SBP 患猫中，重度瘙痒占 56%[13]。与猫 SBP 相关的病变通常表现为自损性，最典型的表现包括多灶性、结痂性、脱毛性的抓痕和糜烂至溃疡性病变（图 11–1 ~ 图 11–4）。除此之外还包括糜烂性丘疹、嗜酸性斑块、嗜酸性肉芽肿和脓疱。最常见的病变部位是面部、颈部、四肢和下腹部[12, 13, 21]。

## 诊断

尽管一些临床病变已被公认为是犬细菌性脓皮病的典型表现[22, 23]，但猫的 SBP 病变特征较少，具有许多非特异性表现（如糜烂、结痂）。因此，诊断试验对于确诊猫脓皮病非常重要（见下文“细胞学”一节；表 11–1），在考虑全身性抗生素治疗前，强烈建议进行诊断试验[22–24]。

细胞学检查一直被认为是最有用的单项检查，其对于中性粒细胞和胞内菌或相关细菌具有诊断价值（图 11–11a）[12, 13, 22, 25]。在犬脓皮病中，当没有或缺乏典型病变（脓疱）时，必须进行细胞学检查，同时对于继发感染或马拉色菌性皮炎的鉴别也很重要[23]。细胞学检查确认的细菌形态［球菌和（或）杆菌］也将指导有效的经验性治疗和（或）细菌培

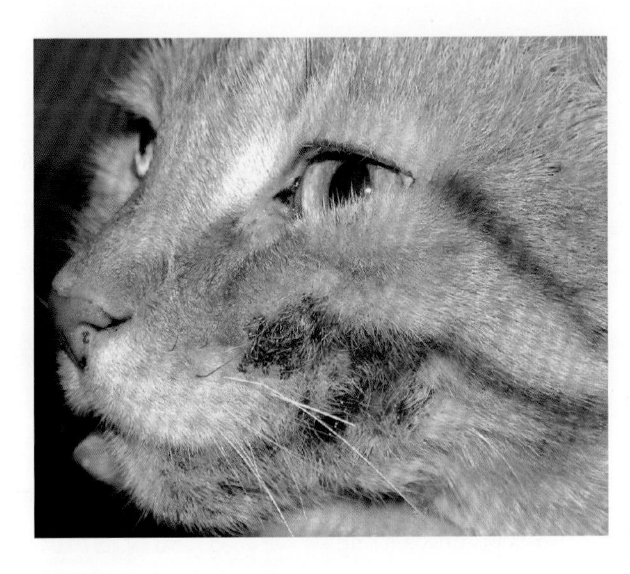

图 11–1　猫继发性细菌性脓皮病（SBP）：渗出性糜烂和结痂

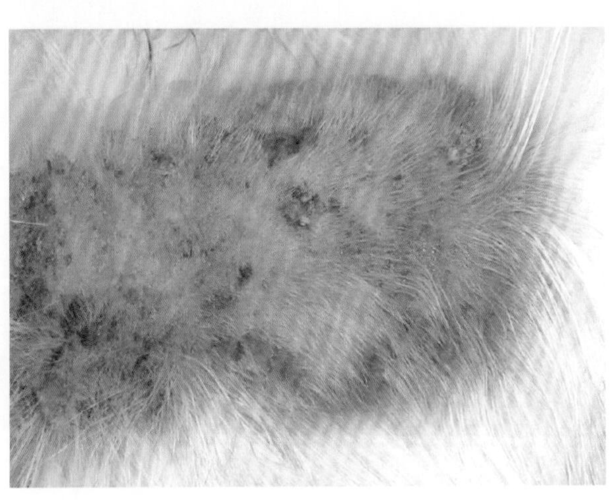

图 11–2　猫 SBP：脱毛、红斑和局部结痂

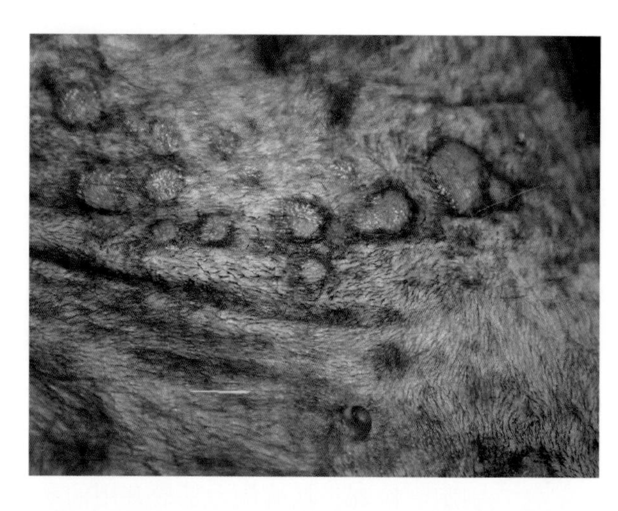
图 11-3 猫 SBP：红斑侵蚀斑块

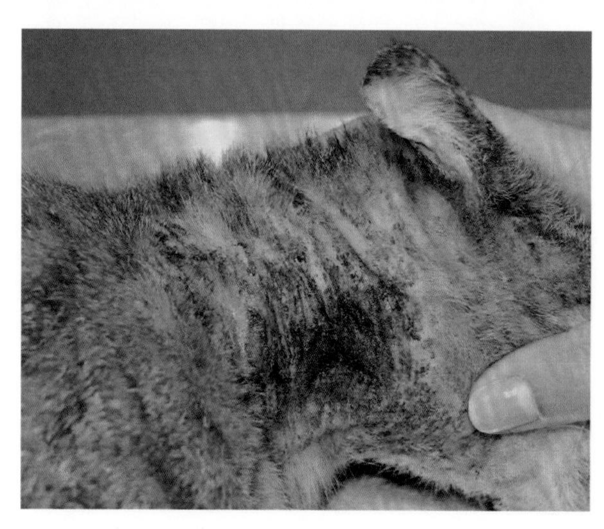
图 11-4 猫 SBP：界限分明的脱毛和红斑伴局灶性结痂

养。胶带压片适用于所有浅表皮肤病变，尤其是干燥病变和因身体部位受限而不好采样的部位，而载玻片压片适用于糜烂至溃疡性病变[22]。据报道，在犬 SBP 中，如果同时存在疾病或药物导致的免疫抑制时，炎性细胞和细菌可能不存在或很少[23]。

与 SBP 诊断相关的组织病理学很少被提及；然而，它可以提供进一步的诊断性信息，特别是如果在之前没有给皮肤表面做清洁或消毒的情况下采集样本时，因为在结痂内经常观察到细菌菌落（图 11-5）（见下文“组织病理学”一节）。对于非典型病变或在无法确诊时，组织病理学也有助于排除其他鉴别诊断[22]。

细菌培养对 SBP 的诊断没有帮助，尤其是没有细胞学评估时，因为分离的细菌可能只是与疾病无关的正常共生菌种（见下文“细菌培养”一节）[6]。一种细菌的纯培养物比混合菌种的分离培养物更有可能与致病病原体相关，但同时进行细胞学检查仍然至关重要[1]。分离的任何葡萄球菌的凝固酶状态对猫脓皮病的诊断帮助都较小，因为 CoNS 和 CoPS 均具有潜在致病性。尽管在诊断上的作用有限，但细菌培养和抗生素敏感性试验（culture and antibiotic susceptibility testing，C&S）对于进行适当的抗生素治疗的指导意义十分重要，尤其是当抗生素出现耐药性时。

## 治疗

由于有关猫 SBP 治疗的研究有限，因此大多数建议是非专业的。然而，最近的指南强调了在考虑全身抗菌治疗前确诊 SBP 的重要性［见下文关于抗生素管理的内容（专栏 11-1）］[1, 22, 23]。在未确诊的情况下过度使用抗生素是以往常见的问题，从专业角度来说，非常不建议出于“以防万一”的考虑

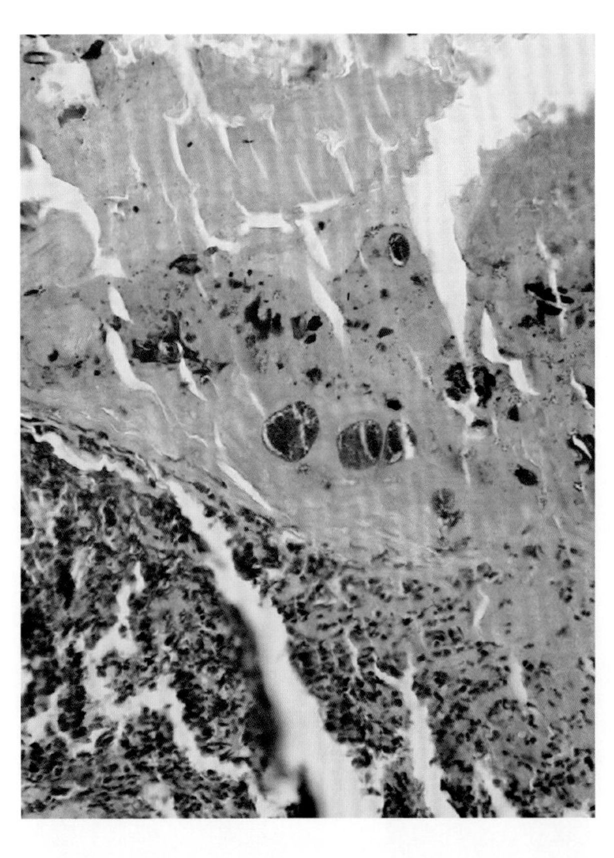

图 11-5　继发于细菌感染的皮肤病变的活检组织中经常观察到细菌菌落，其中以球菌最为常见（H&E，400 倍放大）（由 Dr. Chiara Noli 提供）

表 11-1　猫细菌感染相关皮肤病变的鉴别诊断和有价值的诊断工具

| 病变 | 常见鉴别诊断 | 不常见鉴别诊断 | 诊断工具 |
|---|---|---|---|
| 丘疹 | SBP、过敏[a]、皮肤癣菌病 | 外寄生虫（耳螨、幼蜱、恙螨）；落叶型天疱疮 | 病史（驱虫药、暴露 / 传染）、细胞学检查（胶带压片）、活检（组织病理学） |
| 脱毛、红斑、皮屑、结痂 | SBP、皮肤真菌病、过敏[a]、光化性角化病（非色素性皮肤） | 蠕形螨（*D. gatoi*、*D. cati*）、落叶型天疱疮、外寄生虫（姬螯螨、虱子） | 病史（潜在暴露 / 传染、瘙痒或病变）、细胞学检查（胶带压片）、活检（组织病理学） |
| 糜烂、溃疡、结痂 | SBP、过敏[a]、SCC（非色素性皮肤） | 疱疹病毒性皮炎、原位 SCC、皮肤血管炎 | 病史（瘙痒程度、复发 / 季节性）、细胞学检查（胶带或载玻片压片）、活检（组织病理学） |
| 红斑 | SBP、过敏[a] | 皮肤黄色瘤 | 细胞学检查（胶带或载玻片压片）、活检（组织病理学） |
| 结节（嘴唇、下颏、线性） | SBP、DBP、过敏[a] | 足菌肿病、肿瘤（SCC） | 细胞学检查（FNA）、活检（组织病理学） |
| 结节（边界不清） | 细菌性蜂窝织炎 / 脓肿 | 分枝杆菌、诺卡菌、无菌性脂膜炎 | 细胞学检查（FNA）、活检（组织病理学、C&S） |
| 结节（弥散型） | 肿瘤（多种）、嗜酸性肉芽肿 | 假足菌肿（细菌、癣菌）、足菌肿、组织细胞增多症、无菌性脓性肉芽肿 | 细胞学检查（FNA）、活检（组织病理学、C&S） |
| 脓疱（罕见） | SBP、落叶型天疱疮 | 皮肤癣菌病 | 细胞学检查（挑破后压片）、活检（组织病理学） |

a 特应性皮炎、食物不良反应和（或）跳蚤叮咬过敏。

注：C&S，培养和抗生素敏感性试验；DBP，深层细菌性脓皮病；FNA，细针抽吸；SBP，浅表性细菌性脓皮病；SCC，鳞状细胞癌。

而使用抗生素[22-24, 26]。相较之下，外部抗菌治疗是更有效的“以防万一”的选择，且始终推荐先进行细胞学检查[1]。

### 外部治疗

尽管猫对外部治疗的耐受性较差，有些犬的外部治疗也并没有被认真对待[23]，但当宠物和主人可接受时，外部治疗已被推荐为浅表感染的最佳抗菌治疗方法，尤其是对于局部或轻度病变来说。除此之外，它也被推荐作为耐甲氧西林葡萄球菌（methicillin-resistant staphylococci，MRS）相关脓皮病的最佳治疗选择[1]。外部治疗具有病变消退更快、全身性抗生素使用时间更短、可物理性清除皮肤表面细菌和碎屑，以及减少对共生菌的影响等优点[1, 23]。SBP 患犬在 4 周内每日使用氯己定喷雾（4%），同时每周进行 2 次氯己定药浴，与口服阿莫西林 - 克拉维酸（amoxi-clav）的效果相当[27]。其他小型研究同样表明，单独外部治疗对脓皮病有效[1]。

尽管讨论了一系列犬的外用制剂，但公认的是，在疗效和安全性方面，用于指导药剂最佳选择和方案的研究有限[23]。在猫身上的研究更少。然而，作者发现一系列外用抗菌药物和抗生素有助于治疗一些猫的 SBP，尤其是局部病变。氯己定溶液（2% ~ 3%，每天 1 ~ 2 次）、1% 磺胺嘧啶银乳膏或 2% 莫匹罗星软膏（每天 2 次）具有明显的疗效和较高的安全性[12, 13]，1% 夫西地酸滴眼液（Conoptal®；每天 2 次）也可能有用，特别是对于面部 / 眼周病变。在患病动物中使用莫匹罗星和夫西地酸的副作用引起了人们的关注，这可能会增加人葡萄球菌在动物身上的耐药性，因此建议仅在无其他治疗选择时使用[1, 23]。每周 1 ~ 2 次的药浴（氯己定或吡罗克酮乙醇胺）可作为治疗或抑制 SBP 复发的辅助治疗，缺点是其会导致猫对药浴的耐受性较差。

猫的外部治疗，尤其是软膏或乳膏，可能会导致过度理毛和自损，因此有时会限制使用。针对这个问题，给猫穿衣服和使用绷带可能会有所改善，特别是对于严重瘙痒的猫。虽然主人普遍担心外用药会被舔去，但没有证据证实舔舐会显著降低外部治疗的疗效，因为亲脂性药物在使用后会被迅速吸收。

### 全身性治疗

关于何为治疗 SPB 的最适合的全身性抗生素这一问题，兽医领域尚未形成一致的观点，不同地区的建议存在一些差异[23, 28]。一旦确诊（细胞学检查提示胞内球菌），较为推荐使用一线抗生素作为经验性治疗，培养和抗生素敏感性试验（C&S）对于经验性抗生素治疗反应不佳或 MRS 风险较高（重复的抗生素治疗、其他家庭宠物携带者、一些地理区域）的病例非常重要[1, 12]。

阿莫西林 - 克拉维酸和头孢氨苄通常被认为是猫 SBP 的一线选择（见下文关于抗生素管理的内容）[12, 13]。阿莫西林 - 克拉维酸对嗜酸性斑块有效，对继发于细菌感染的唇部溃疡部分有效[25]。在一些国家，多西环素用于 SBP 的一线治疗，但在一些地

**专栏 11-1　符合良好抗菌管理的猫皮肤细菌感染治疗的重要原则**

- 在开始治疗前有足够的证据确诊细菌感染（除非重度和危及生命）：避免出于“以防万一”的考虑而使用抗生素。
  - 细胞学检查至关重要；皮肤表面拭子的细菌培养不能确认感染。
- 根据推荐的治疗指南，明智地选择抗生素：
  - 假设确诊感染并有相关选择，建议经验性地使用一线抗生素。
  - 如果不良反应限制了一线抗生素的使用，并且培养和抗生素敏感性试验（C&S）支持，则可以使用二线抗生素。
  - 请勿使用三线抗生素（如头孢维星、氟喹诺酮类），除非 C&S 指出缺乏其他一线或二线选择：在没有积极讨论一线口服替代品的情况下，避免因“易操作”而使用三线抗生素。
- 正确的剂量和疗程：
  - 由于皮肤血供相对较差，应使用范围上限的剂量，并对病患进行称重：略微过量而非剂量不足。
  - 遵循不同感染的疗程指南，并在停止治疗前重新评估临床症状和细胞学反应。

区的耐药性[29]以及在其他地区对MRS和多重耐药葡萄球菌的潜在价值[10]表明其可能不太适合一线使用。使用头孢维星作为猫SBP的一线治疗也存在争议，尽管第三代头孢菌素使用率较高，但其被认为是人类医学中至关重要的抗生素，应保留用于危及生命的疾病[26, 30–32]。因此，头孢维星不适用于猫SBP的一线治疗，除非由于依从性问题，没有其他更好的治疗选择。

如果一线抗生素无效或有严重副作用（既往病史表明具有/潜在副作用）限制了一线抗生素的使用，则可考虑使用二线抗生素。猫SBP的主要二线抗生素选择是克林霉素或多西环素，因为疗效的可预测性低于一线抗生素，因此最好根据C&S的结果作出最佳选择（见下文关于抗生素管理的内容）。据记载，南非的葡萄球菌分离株对克林霉素的敏感性低于阿莫西林–克拉维酸和头孢氨苄[8]，马来西亚的葡萄球菌分离株对红霉素的敏感性低于阿莫西林–克拉维酸和头孢氨苄[29]。当一线和早期二线选择的所有口服给药途径均无效时，头孢维星是一种潜在的二线选择。第二代氟喹诺酮类药物（fluoroquinolones，FQ）（恩诺沙星、马波沙星）是最后的选择，但仅限于基于C&S无其他替代药物的病例。FQ易于给药和副作用发生率低不是使用其作为一线或早期二线选择的理由。

三线抗生素很少用于猫SBP的治疗，即使在必要时需要住院和（或）镇静，也更推荐外部治疗而非使用三线抗生素。三线抗生素包括第三代FQ（奥比沙星、普多沙星）、氨基糖苷类（阿米卡星、庆大霉素）和利福平。不鼓励兽医使用关键抗生素（保留用于危及人类生命的感染）治疗任何动物的SBP（见下文关于抗生素管理的内容）。

#### 疗程

尽管缺乏科学依据证实犬或猫SBP的最佳治疗时间，但当前专家建议最适当的治疗时间为3周[1, 26]。当临床病变和感染症状消退后，可考虑缩短疗程；但是，此时重新评估患病动物至关重要[1, 28]。

#### 原发性疾病的治疗

众所周知，必须管理SBP的潜在病因以限制复发。然而，对于SBP和原发性疾病的治疗是否需要同时或连续进行还不太清楚。由于在治疗感染性疾病时禁用免疫抑制治疗，作为总体原则，建议在开始任何持续的糖皮质激素治疗（如用于原发性过敏）之前完成SBP治疗。在某些原发性疾病非常活跃的病例中，在原发性疾病得到控制之前，SBP可能不容易消退。尤其是原发性特应性皮炎的管理，在一些易继发细菌感染的猫中可能非常具有挑战性[13]。在这种情况下，尽管起效较慢，但环孢素治疗保留先天性免疫应答（中性粒细胞、巨噬细胞），因此比糖皮质激素治疗更合适。

## 深层细菌感染

### 下颏结节性肿胀：继发深层细菌性脓皮病

猫下颏痤疮最典型的表现是下颏腹侧出现棕色至黑色的粉刺和毛囊管型，偶尔也出现在下唇或上唇的边缘（见第三十二章）。一部分发病猫出现明显的瘘道和肿胀，通常是继发深层细菌感染所致。在美国转诊医院就诊的患有痤疮的猫中，42%患有深层细菌感染（$n = 72$）[33]，45%从组织培养物中分离出细菌（$n = 22$），所有患病猫的组织病理学上均有毛囊炎和疖病表现。最常见的分离菌（通常在纯培养物中）为CoPS，其次为α–溶血性链球菌、微球菌属、大肠埃希菌和蜡样芽孢杆菌。值得注意的是，从一只健康对照猫的组织活检中分离出大量铜绿假单胞菌[34]。

#### 临床表现

深层脓皮病通常表现为大的丘疹至结节性肿胀，伴有瘘道（图11–6），偶见弥漫性肿胀。皮肤病变通常伴有瘙痒和（或）疼痛，可能出现局部淋巴结肿大[3, 33, 34]。

#### 诊断

细针抽吸（fine needle aspirates，FNA）的细胞学检查或表面清洁后的分泌物提示中性粒细胞和（或）巨噬细胞内的细菌。尽管存在明显的炎症，但结节性病变样本中也可能存在少量细菌，需要仔细检查。

组织病理学通常显示毛囊炎、疖病和毛囊周围结节性脓性肉芽肿性炎症（图 11-7）；在这种情况下，可见毛囊开口处或腔内存在细菌，至少局部存在即可确诊。猫痤疮与一系列组织病理学变化相关，通常以腺体周围和（或）毛囊周围炎症为主。皮脂腺导管扩张和皮脂腺脓性肉芽肿性炎症也有报道[34]。无致病菌的毛囊炎和疖病提示可能会继发细菌性脓皮病，但需要特殊染色排除包括皮肤癣菌病在内的其他原因。

需要对发病区域的无菌组织活检或 FNA 进行细菌培养，以确定致病菌种并进行抗生素敏感试验。

### 治疗

需要给予全身性抗生素；如果细胞学检查有明显的胞内球菌，通常认为适用于头孢氨苄或阿莫西林 - 克拉维酸进行经验性治疗。如果细胞学检查提示杆菌或该区域流行 MRSP，建议进行 C&S，最好是进行组织活检。深层脓皮病的最佳治疗时间尚不确定；通常建议持续至少 4 ~ 6 周，在病变消退或停滞后持续至少 2 周[1, 26]。粉刺通常在细菌感染消退后持续存在，因此进一步治疗潜在疾病对于限制复发感染来说非常重要（见第三十二章）[33]。

**图 11-6　猫下颏粉刺**

由深层细菌感染导致的结节性肿胀和瘘道（由 Dr. Chiara Noli 提供）。

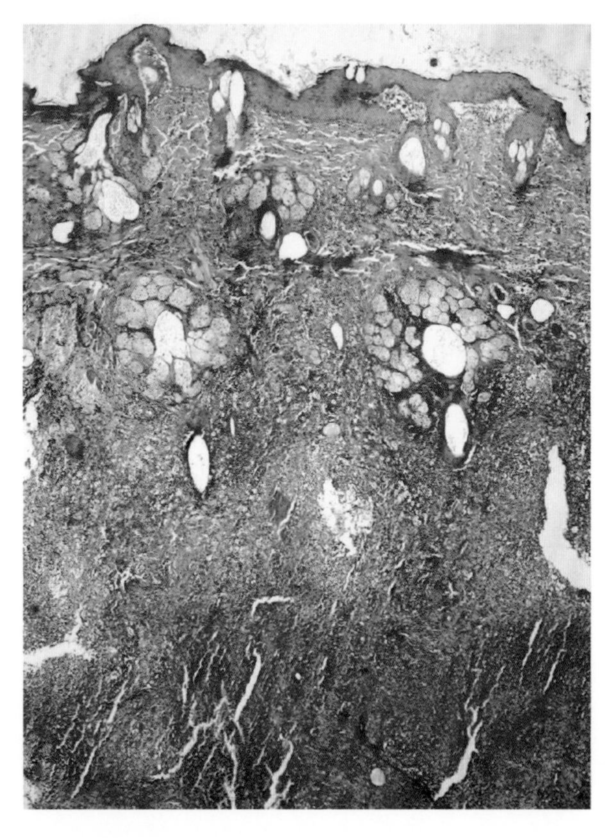

**图 11-7　猫下颏痤疮的组织病理学切片（H&E，40 倍放大）**

真皮中部和深层的多灶性结节性脓性肉芽肿性炎症，主要集中在毛囊，毛囊似乎完全被破坏。出血很明显，临床表现为血液脓性渗出物（由 Dr. Chiara Noli 博士提供）。

## 离散性结节：细菌性假足菌肿

一些细菌可能引起局部离散的深层感染，形成类似真菌或肿瘤性的皮肤结节。感染可能发生在创伤性损伤后，最常见的是葡萄球菌属，但也可能是链球菌属、假单胞菌属、变形杆菌属或放线杆菌属。

### 临床表现

比较典型的症状包括单个或多个炎性结节，伴或不伴瘘道。渗出物可能含有白色颗粒，由致密的细菌菌落组成[35]。曾有一例不太典型的表现为厚结痂的病例报告，该猫 FIV 呈阳性，且细胞学结果支持并发 SBP[36]。

### 诊断

完整结节或新鲜的渗出液压片的 FNA 细胞学检查应显示大量细菌，最常见的是球菌，根据不同致病菌种而有所不同。组织病理学显示结节性至弥漫性脓性肉芽肿性皮炎和（或）脂膜炎伴大量巨噬细胞、多核巨细胞和中心处细菌聚集，通常伴有明亮的嗜酸性无定形外周相（Splendore-Hoeppli 相）（图 11-8 和图 11-9）[35, 36]。

### 治疗

手术切除 / 引流对于治疗很重要，因为全身性抗生素通常难以渗入被包围的细菌处。

## 皮下结节肿胀伴脓肿：厌氧菌

由于厌氧菌的植入，表现为疼痛且快速发展的皮下肿胀在猫身上很常见，最常与争斗所致的伤口有关，偶见于其他皮肤创伤，如手术或插管导致的伤口。致病菌常为厌氧或兼性厌氧的口腔共生菌，包括多杀巴斯德菌、梭形杆菌属、消化链球菌属、卟啉单胞菌属、产气菌种如梭菌属和拟杆菌属[37]。

### 临床表现

边缘不清的水肿和肿胀，可进展为脓肿（图

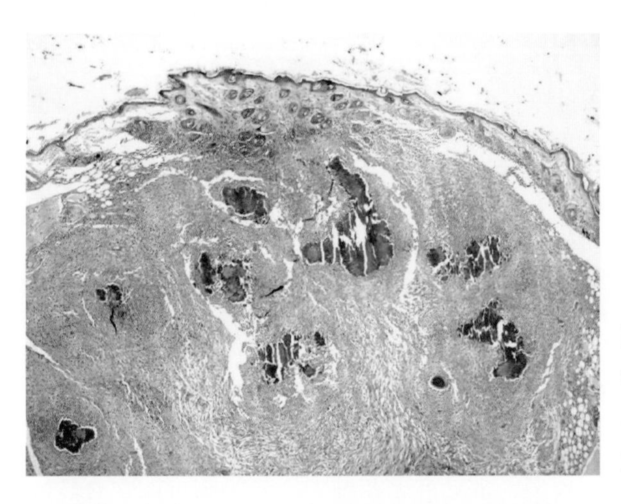

**图 11-8　细菌性假足菌肿的组织病理学切片（H&E，40 倍放大）**
有多灶性结节性脓性肉芽肿性炎症，较大的细菌菌落被鲜红色蛋白样物质覆盖，临床上表现为渗出液中的白色颗粒（由 Dr. Chiara Noli 提供）。

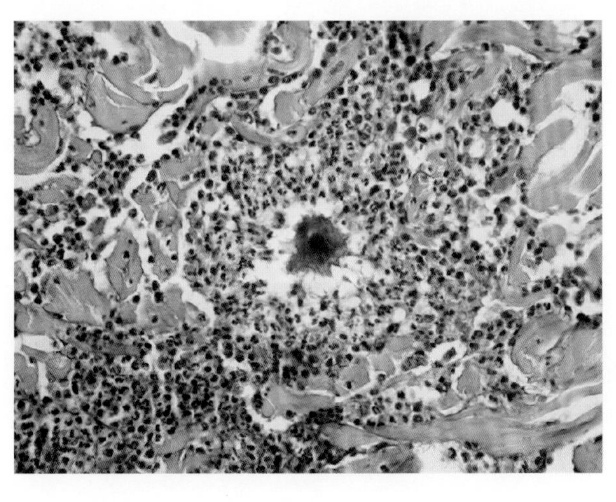

**图 11-9　细菌菌落**
中心为深蓝色，周围为无定形嗜酸性物质（Splendore-Hoeppli 相）（H&E，400 倍放大）（由 Dr. Chiara Noli 提供）。

11–10），有时上覆坏死的皮肤。病变常为单发，但也可能为多发，且经常伴随疼痛。该病常伴有发热和精神沉郁，尤其是病变范围较大或细菌产生毒素时。脓肿内容物常有腐臭味，组织捻发音明显。

**诊断**

临床表现通常具有诊断意义。脓肿内容物的细胞学检查，或早期病变水肿区域的 FNA，应提示强烈的中性粒细胞性炎症，伴有大量杆菌和（或）球菌。混合感染并不少见。通常不需要培养，但厌氧菌取样对于准确鉴定大多数致病细菌来说都非常重要。

**治疗**

早期病变通常用全身性抗生素可以成功控制，大多数微生物对阿莫西林 – 克拉维酸或甲硝唑敏感。拟杆菌属可能对氨苄西林和克林霉素耐药[30]。脓肿的手术引流、感染组织的通气和清洁对治疗很重要。

## 皮下结节肿胀伴溃疡和瘘道：诺卡菌、红球菌和链霉菌

环境中普遍存在大量腐生菌，其中一些细菌感染可能会引起猫边界不清的结节性肿胀伴局灶性溃疡和瘘道。感染通常具有局部侵袭性，一些种属具有传染性，尤其是在免疫功能低下的猫中。大多数感染可能发生在创伤性植入后。

诊断试验对于准确识别这种症状的病因至关重要。除多种潜在细菌外，鉴别诊断包括分枝杆菌（见第十二章）、腐生真菌（见第十四章）和无菌性脂膜炎（见第三十二章）。

对肿胀组织或囊肿的 FNA 或瘘道涂片（皮肤表面消毒后）进行细胞学检查通常显示中性粒细胞和上皮样巨噬细胞，有时伴有多核巨细胞，有或无致病微生物。巨噬细胞内更常检测到微生物，其形态随致病微生物的种属而变化。

组织病理学显示结节性至弥漫性脓性肉芽肿性皮炎和（或）脂膜炎。特殊染色有助于发现可能的致病细菌[38]。

对无菌抽吸液体或活检组织进行细菌培养，以确认致病菌种，这也是确定抗菌药物敏感性的最佳方法。重要的是要提醒实验室对可能存在的不常见细菌做特殊培养。

如果没有新鲜样本可用于细菌培养，PCR 检测可用于鉴定福尔马林固定组织样本中的病原体[39]。

**诺卡菌病**

诺卡菌是普遍存在于土壤和腐烂的植被中的腐生菌，可能导致猫罕见但潜在的严重感染，通常在植入皮肤伤口后发生。诺卡菌感染在猫身上比犬更常见，可能保持局部感染或暴发性广泛发病；后者更可能发生在免疫功能低下的宿主身上。新星诺卡菌是最常见的致病菌种，但也可能出现皮疽诺卡菌或奶牛乳房炎性诺卡菌感染。皮肤感染最常见，偶有病例出现肺部或腹腔内感染[40]。

**临床表现** 典型的临床表现为进行性不规则结节和筛样瘘道（图 11–11），常并发精神不振和呼吸道症状。皮肤感染可能从离散性脓肿开始，逐渐发展为流脓、不愈合的伤口。四肢、下腹部及腹股沟发病较多，常见淋巴结肿大。分泌物可能含有砂砾

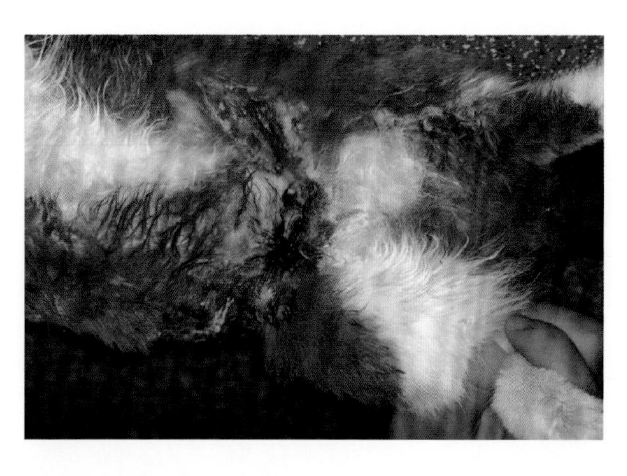

**图 11–10 厌氧菌感染引起的猫腹部皮肤肿胀、溃疡、瘘道形成和皮肤坏死（由 Dr. Chiara Noli 提供）**

状颗粒（细菌微菌落）[40]。

**诊断** 至少部分被抗酸染色的丝状细菌在细胞学和组织病理学检查中通常普遍存在，呈分枝状或串珠状（图 11-12）。在透明脂质空泡中可能发现微生物 [40]。细菌培养较为缓慢，因此重要的是提醒实验室进行特殊培养。

**治疗** 早期急性病变如果及时治疗，即使是免疫功能低下的患病动物，也可获得良好的疗效。手术清创和引流以减少残留微生物是最佳的，建议早期积极切除，以及之后进行矫形手术。C&S 对于最大限度地提高治疗成功率来说非常重要。新星诺卡菌的耐药性往往低于其他菌种，通常对磺胺类药物、四环素类（米诺环素和多西环素）、克拉霉素和氨苄西林 / 阿莫西林敏感，但对阿莫西林 – 克拉维酸（克拉维酸诱导这些菌种产生 β – 内酰胺酶）和 FQ 不敏感。与磺胺类药物相比，推荐阿莫西林（20 mg/kg，每天 2 次）联合克拉霉素（每只猫 62.5 ~ 125 mg，每天 2 次）和（或）多西环素（5 ~ 10 mg/kg，每天 2 次）的治疗方案。通常需要长期治疗（3 ~ 6 个月），短期治疗常见复发。皮疽诺卡菌较少见，但通常具有多重耐药性和高致病性。应考虑使用阿米卡星和（或）亚胺培南联合甲氧苄啶 – 磺胺类药物进行初始肠外治疗 [40]。

**红球菌病**

马红球菌是一种普遍存在的土传细菌，通常在马中致病，导致马患脓性肉芽肿性肺炎和肠炎，马驹死亡率较高。在免疫功能低下的人类中感染率也开始增加，并在少数猫中有过报道，涉及皮肤（结节伴局灶性溃疡和瘘道，最常见于四肢）、腹腔或胸腔和（或）呼吸道 [41–43]。在一份报告中，一只 2 岁雌性家养短毛猫表现不同，其表现为脓性肉芽肿性皮肤病和蜂窝织炎（图 11-13）[43]。报告提示可能是通过局部淋巴结扩散导致的感染 [41–43]。细菌通过皮肤伤口植入，猫与马接触的传染风险最高，感染马

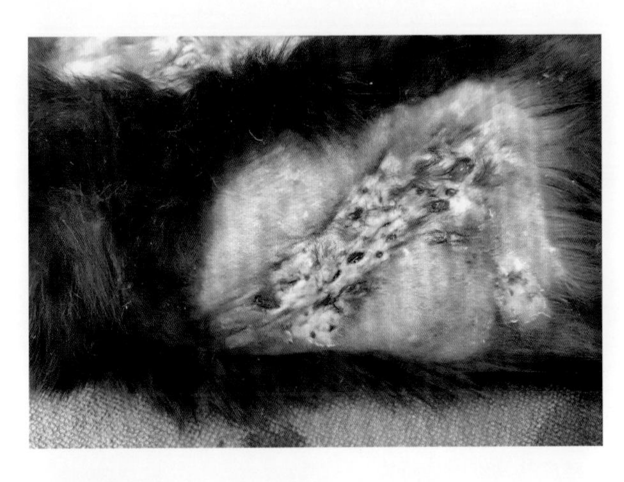

**图 11-11 诺卡菌感染猫的皮肤表现为局部肿胀、溃疡和瘘道（由 Dr. Carolyn O'Brien 提供）**

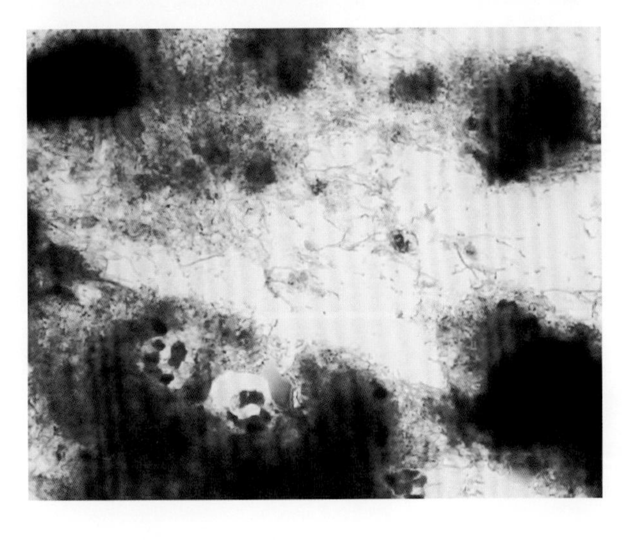

**图 11-12 诺卡菌病的细胞学检查**

可见多组细菌（颗粒）和纤细的丝状星形诺卡菌（MGG，1000 倍放大）（由 Dr. Nicola Colombo 提供）。

驹会通过粪便向环境中散播大量细菌[41]。

**诊断**　FNA 样本的细胞学和（或）组织病理学通常显示巨噬细胞内有革兰氏阳性球菌和球杆菌（图 11–14）[42, 43]。细菌培养对于确诊至关重要；细菌在 48 h 内通过需氧培养易于生长，但液体样本中巨噬细胞内的微生物可能被保护而难以培养，因此组织样本可能是最佳的培养选择[42]。

**治疗**　C&S 对于指导潜在的感染很重要。马红球菌感染通常难以通过常规治疗治愈，建议联合使用利福平和红霉素，但会导致耐药性增加[28]。在一例确诊患有慢性肢体病变的猫病例中，马红球菌对阿莫西林 – 克拉维酸、利福平和红霉素表现出中度敏感性，对头孢氨苄和庆大霉素表现出敏感性，但猫在初始头孢氨苄和随后的外科清创和庆大霉素治疗后病情恶化，并被实施了安乐死[42]。在另一例对多西环素、恩诺沙星和头孢呋辛敏感的猫病例中，恩诺沙星和之后的多西环素的治疗反应较差[43]。然而，据报道，多西环素对感染马红球菌性肺炎的 3 只幼猫有效，这些幼猫来自澳大利亚的一个猫舍中的两窝，感染源尚不确定[41]。

### 链霉菌病

链霉菌属是普遍存在的环境细菌，很少引起可能导致猫四肢和下腹部有瘘道和黑色组织颗粒排出的不规则结节性病变。1 只无皮肤病变的猫肠系膜和淋巴结感染。2 只猫为 FIV 和（或）FeLV 阳性，2 只猫的病毒状态未知[38]。

**诊断**　细胞学和组织病理学检查诊断为革兰氏阳性杆菌和球杆菌，通过 PCR 检测可鉴定细菌种类[38]。

**治疗**　4 只猫均对手术和（或）多种抗生素治疗无反应，并在发病的 6 ~ 18 个月后被安乐死[38]。

### 嗜皮菌病

嗜皮菌病是由刚果嗜皮菌引起的一种接触性传染病和潜在的人兽共患病，最常累及热带和亚热带气候区域的牛、羊和马。该微生物在环境中不易存活，感染或带菌动物是主要传染源。在猫身上很少有相关报道。2 例疑似病例表现为结节性肿胀和覆

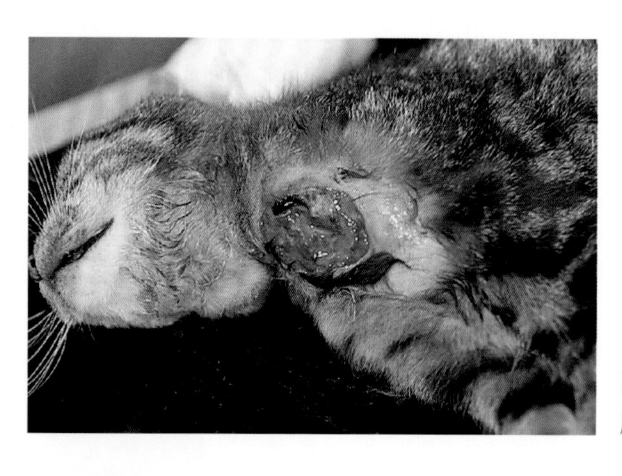

**图 11–13　猫皮肤马红球菌感染**

脓性肉芽肿性皮炎和蜂窝织炎伴浅表溃疡（由 Dr. Anita Patel 提供）。

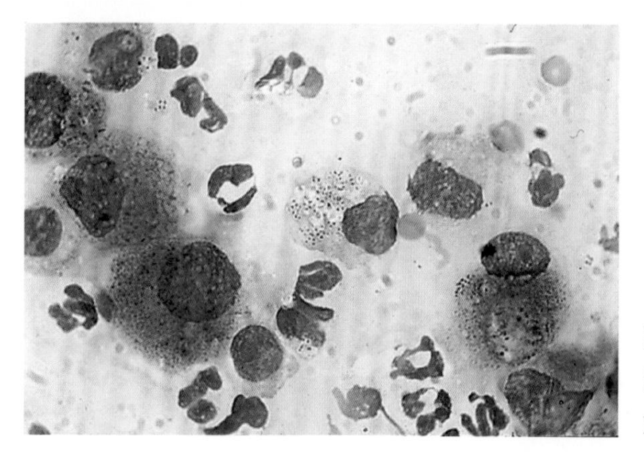

**图 11–14　图 11–13 病例的细胞学检查结果**

巨噬细胞中存在明显的胞内马红球菌（MGG，1000 倍放大）（由 Dr. Anita Patel 提供）。

盖感染淋巴结的瘘道，伴有皮肤表面结痂。组织病理学可见特征性的革兰氏阳性丝状分支细菌，2 只猫都生活在澳大利亚北部热带地区的农场。一只猫成功实施手术切除治疗，另一只猫在确诊前被安乐死[44]。第 3 只猫的唇缘腹侧存在结痂和渗出，对结痂进行纯培养，并分离出刚果嗜皮菌；据报道其对土霉素和青霉素敏感，但对氨苄西林、阿莫西林、庆大霉素和头孢哌酮耐药[45]。第 4 只猫的后肢存在窦道，其细胞学检查发现特征性丝状分支细菌（图 11–15）；细菌培养结果为阴性，但该猫用阿莫西林治疗 10 d 后反应良好[46]。

#### 链球菌感染

据报道，一只猫后肢出现广泛性水肿伴多灶性溃疡和瘘道，与皮肤和下方骨骼表面的大量呈簇状或链状的革兰氏阳性球菌相关，通过组织 PCR 鉴定为链球菌属。在组织病理学检查中可见被嗜酸性无定形物质包围的细菌簇（Splendore-Hoeppli 征）[39]。

#### 放线菌病

放线菌属是包括犬和猫在内的多种动物的口腔内腐生菌，最常与牛颌骨的软组织和骨感染有关。犬的皮肤感染罕见，其特征为结节性肿胀伴分泌物，通常发生在四肢。曾有一只猫腹部被放线菌感染的报道，且同时存在其他细菌感染，但未进行组织病理学检查确诊。除此之外，没有其他关于由放线菌引起的猫皮肤感染的报道[47, 48]。

### 发展迅速的水肿至坏死和脓毒性休克：坏死性筋膜炎

坏死性筋膜炎是由皮下组织（筋膜）和邻近皮肤的严重细菌感染引起的一种发展迅速且致死性的综合征，通常与脓毒性休克相关。犬链球菌是人和犬暴发性疾病公认的病因，也是导致南加州救助所的猫暴发致死性坏死性筋膜炎的原因。对细菌进行了克隆和鉴定，并推测通过密切的身体接触进行传播。犬链球菌是犬和猫泌尿系统、生殖系统和胃肠道中的正常细菌，尽管罕见感染且经常与免疫功能低下有关，但在免疫功能正常的宿主中也可能发生坏死性筋膜炎。该病在犬身上主要表现为皮肤感染，在猫身上常见呼吸系统感染[49]。此外，还报道了一例猫轻微肢体外伤后感染犬链球菌的相关病例[50]。

人类的另一种形式的坏死性筋膜炎还可能发生在轻微皮肤创伤（插管、住院治疗）后，与多种并发细菌相关，包括葡萄球菌属、链球菌属、假单胞菌属和大肠埃希菌属。曾有一例猫的病例报告描述了由鲍曼不动杆菌[51]和多种细菌（大肠埃希菌、肠球菌属、溶血葡萄球菌；大肠埃希菌、粪肠球菌和表皮葡萄球菌）引起的坏死性筋膜炎[52, 53]。

**临床表现**　典型的临床表现为界限不清的水肿和红斑的疼痛区域，与脓毒性休克的快速发展相关（发热、严重精神萎靡、昏睡）。皮肤病变将发展为大面积皮肤坏死（图 11–16）。

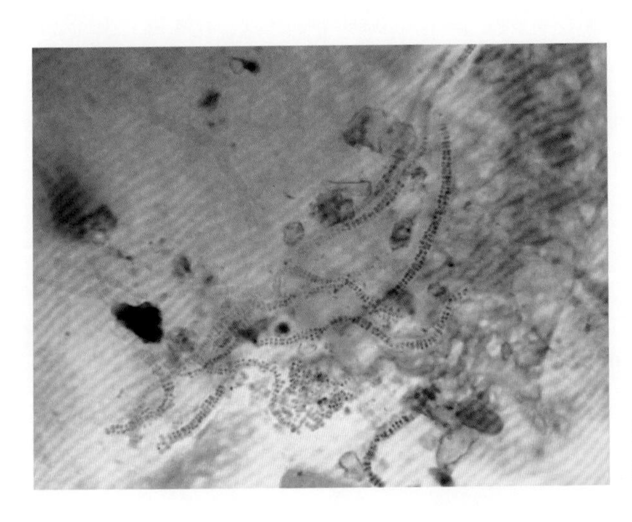

**图 11–15　刚果嗜皮菌的细胞学检查结果**
特征性的类似火车轨道的长条状菌落（Diff Quik，1000 倍放大）。

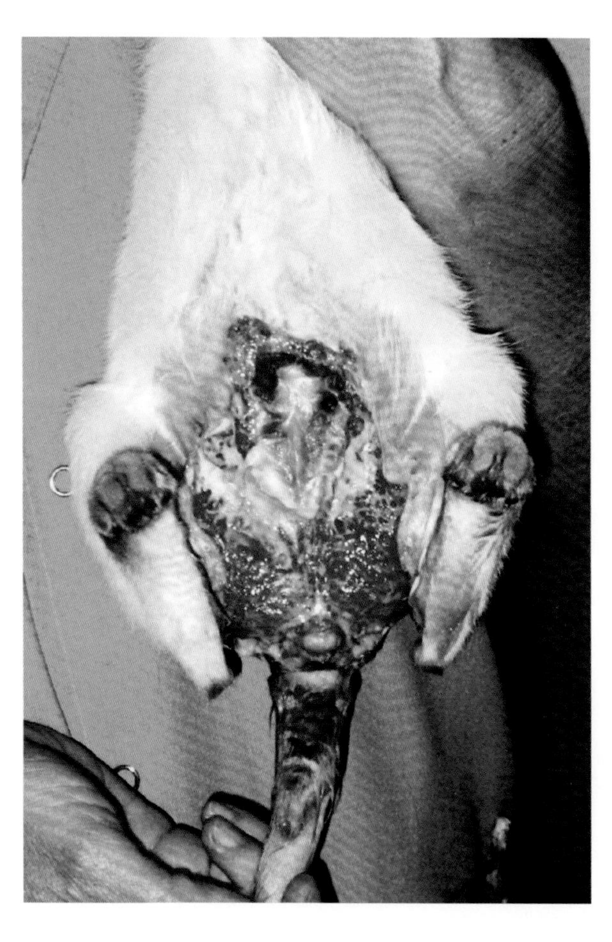

图 11–16 坏死性筋膜炎患猫的大面积皮肤坏死和溃疡（由 Dr. Susan McMillan 提供）

**诊断** 发病区域的 FNA 显示中性粒细胞性炎症，致病菌通常为胞内菌。需要对无菌采集的液体或组织样本进行细菌培养，以确认致病菌种。结合细胞学和（或）组织病理学的细菌形态分析培养结果很重要，因为从渗出液中可能会培养出杂菌。

**治疗** 据报道，猫的大多数病例都是致命的。紧急、大面积的外科清创术，可以去除细菌病灶和所有坏死组织以限制细菌进一步沿着筋膜层感染，这对于未确诊的疑似病例至关重要，同时需要进行广谱静脉内抗菌治疗和重症监护。动物恢复后可能需要进行重建手术[50]。

## 猫皮肤细菌感染的诊断工具

### 临床病变和病史特征

在进行诊断性检测之前，对每个病例进行仔细的临床检查和病史收集，可以缩小鉴别诊断范围，并选择最合适的检测手段。了解特定皮肤病变的鉴别诊断以及相对应的细菌感染是十分有帮助的（表 11–1）。

### 细胞学

在考虑细菌性皮肤病时，细胞学检查通常是最有用的初始检查，并可确诊。最适合的技术随临床病变而变化（表 11–1）。

**胶带压片**适用于所有浅表皮肤病变，包括脱毛、皮屑、结痂、抓痕、溃疡和丘疹。采样前，可使用干纱布轻轻擦拭渗出性病变。优质胶带（干净、透明、黏性强；18 ~ 20 mm 宽）是用于标准载玻片的最佳选择。将胶带条（5 ~ 6 cm 长）牢固粘贴在皮肤病变上，轻轻挤压完整的丘疹或斑块，在胶带干净的地方反复压片以获得大量样本，直至黏着度降低。胶带可用罗曼诺夫斯基染色剂（如 Diff-Quik®）染色，不用进行初始固定（溶解黏合剂，降低透明度）。在猫身上使用红色染剂有助于鉴别嗜酸性粒细胞。胶带可以像载玻片那样浸入染色剂中

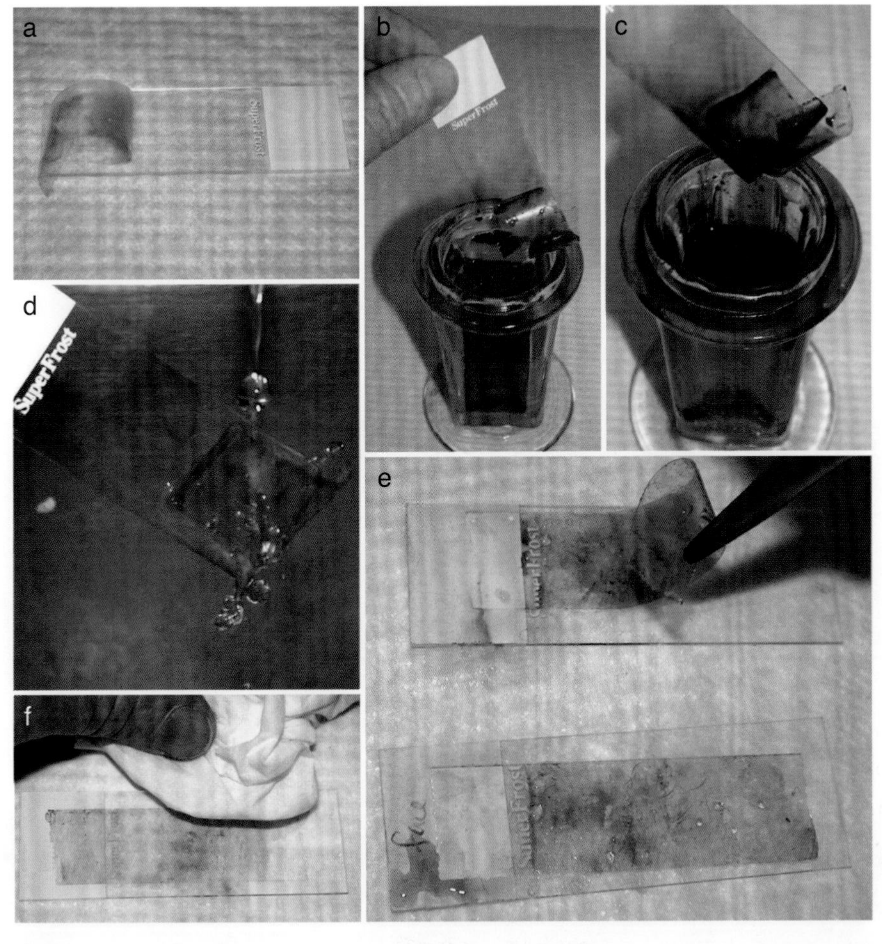


**图 11–17　胶带压片染色**

（a）采集样本后，将胶带一端牢固压在载玻片上，并翻卷成滚轴状；（b）将胶带浸入 Diff–Quik® 的红色染剂中（6×1 s 浸渍）；（c）将胶带浸入 Diff–Quik® 的蓝色染剂中（6×1 s 浸渍）；（d）在温和的水流下冲洗胶带的残留染色剂；（e）用镊子夹住游离边缘使胶带不卷曲，并平铺在载玻片上；（f）用纸巾用力擦拭载玻片表面，让胶带干燥并使其平整地贴在载玻片上。

染色（图 11–17）。

**载玻片压片**适用于湿性病变，包括糜烂和溃疡，以及用无菌针头将脓疱戳破后进行取样。用罗曼诺夫斯基染色剂（包括固定剂）对载玻片染色，不需要热固定。

**细针抽吸**适用于较深的病变，包括较大的丘疹和结节。采样前，应使用酒精对皮肤表面轻轻消毒。用充满空气的针筒将抽吸的样本从针头中快速喷到载玻片上。将载玻片风干，用罗曼诺夫斯基染色剂进行常规染色，或革兰氏和（或）抗酸染色剂染色，以鉴定不常见的细菌种类。

**细胞学样本的解读**　细菌在油镜下非常稀疏（OIF：1000 倍放大）。尽管很容易从皮肤表面拭子（包含数千个 OIF 的样本）中培养出来，但仍需要油镜才能准确识别正常皮肤样本中的细菌。角质细胞上聚集（定植）的细菌数量增加提示细菌过度生长（图 11–18），而细菌存在于细胞内或接近中性粒细胞和（或）巨噬细胞，提示感染（图 11–19 和图 11–20）。在深层样本（如 FNA）中，如果使用无菌采样，则不应存在细菌，出现细菌则视为异常。胶带压片需要一定经验才能进行高效准确的解读。角质细胞通常占主导地位，染色呈浅蓝色至中蓝色，从成片的扁平多边细胞到单个或成簇的碎片（毛囊细胞）。炎性细胞呈紫色，中性粒细胞最常见，可呈小簇状或存在于角质细胞周围。也可能存在嗜酸性粒细胞，尤其是在有潜在过敏反应的病例中。在糜烂性或溃疡性样本中，中性粒细胞通常较为丰富，但在干燥病变中可能相对稀疏。中性粒细胞在皮肤表面迅速退化，常表现为细长的染色质（核流）。应在低倍显微镜（4 倍镜）下扫描胶带，找到密集

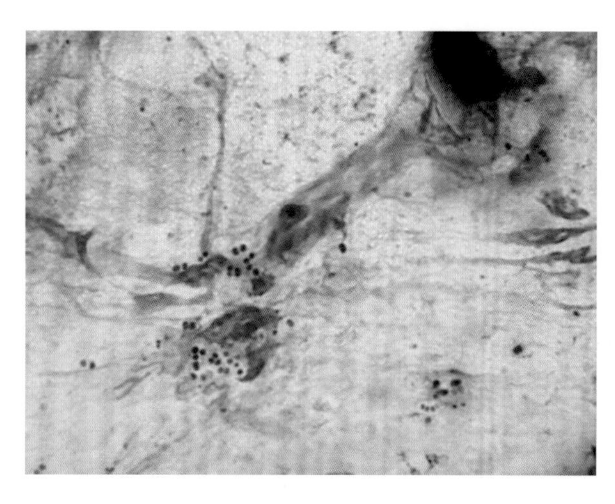

图 11–18 胶带压片中角质细胞上聚集的大量球菌证实细菌过度生长，而一个完整的中性粒细胞（多叶核）内的胞内球菌提示局灶性细菌感染（100 倍镜，油镜；同图 11–17 一样采用 Diff-Quik® 染色）

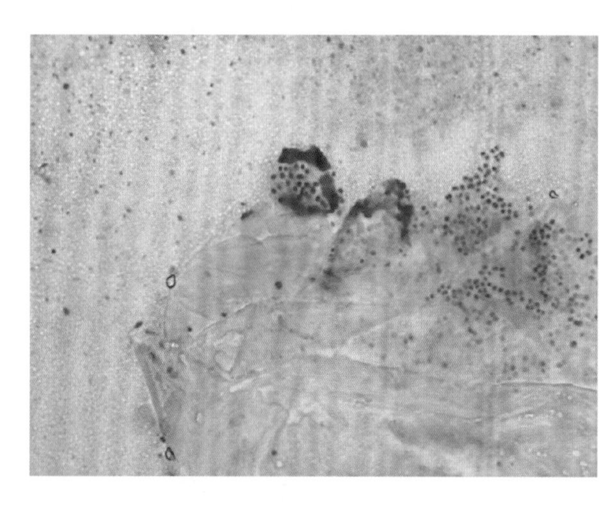

图 11–19 胶带压片中的胞内球菌、退行性中性粒细胞残留物和染色质周围的球菌提示细菌感染（100 倍镜，油镜；同图 11–17 一样采用 Diff–Quik® 染色）

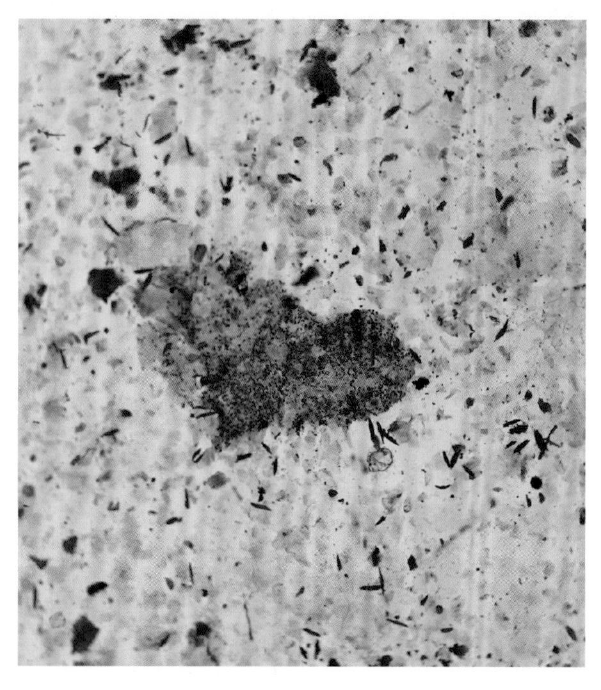

图 11–20 胶带压片中单个和成片的角质细胞分布于中性粒细胞簇周围（4 倍镜；同图 11–17 一样采用 Diff–Quik® 染色）

的细胞或中性粒细胞簇区域，之后在较高倍镜下检查（图 11–20）。将显微镜油直接放置在胶带表面，以便在 OIF 下进行检查。

## 细菌培养

培养和抗生素敏感性试验（C&S）对于由抗生素敏感性不可预测的菌种引起的细菌感染至关重

要，如杆菌和引起散发性深层感染的环境细菌。相反，基于细胞学的经验性治疗被认为适用于许多 SBP 病例[22]。C&S 的适用范围包括重度危及生命的感染、细胞学检查显示大量杆菌（敏感性不可预测）、经验性治疗无法解决病变或者该地区或患病动物存在抗生素耐药菌的流行等情况[1, 22]。目前没有证据支持当前抗生素治疗对致病菌分离有任何负面影响，因此，没有必要停用全身性或外用抗生素[23]。

**浅表皮肤采样**　从原发性病变采集培养样本是最佳的，用针头挑开脓疱和丘疹，之后用培养拭子采样，无须事先进行皮肤消毒[22, 23]。对于丘疹来说，无菌的组织活检可能更可靠[23]。在 SBP 患犬中，干拭子、湿拭子、刮片采样对于浅表病变（包括丘疹）同样有效。细胞学检查确诊 SBP 后，在典型病变处使用拭子用力摩擦 5 ~ 10 s，注意采样前无需皮肤消毒[54]。对一系列皮肤病变进行采样的皮肤表面拭子的培养也被广泛用于许多猫的皮肤培养的研究中[5, 7, 9, 17, 19]。拭子应立即置于转运培养基中，并在运输前使用最佳冷藏手段，以限制污染物的过度生长，尤其是在温暖的气候条件下。

最近从犬 SBP 的单个病变中检测到具有不同程度抗菌药物耐药性特征的假中间型葡萄球菌菌株，通常来说，从脓疱和丘疹分离的菌株，其种属和菌株多样性低于表皮环和结痂。用无菌针头挑开脓疱和丘疹后，使用灭菌拭子擦拭采样；而对结痂和表皮环进行采样时，是用拭子接触病变边缘[55]。这些发现强调了尽可能对原发性病变采样的价值，并提出了从一系列原发性病变中采集多个样本以帮助识别共同导致患病动物感染的所有潜在病原体的重要性。

**深层皮肤采样**　FNA 或用无菌技术的组织活检适用于结节性病变的细菌培养，其中组织样本最可靠。样本采集后可切除表面表皮，以帮助去除污染物。分泌物拭子并不可靠，因为很容易分离出一系列杂菌[22]。当感染原因仍不确定，且一系列具有不同培养要求的感染因子存在差异时，组织培养样本可以在无菌容器中的灭菌生理盐水浸湿拭子上冷藏保存，等待组织病理学检查。

**培养技术**　微生物评估的最低要求应包括葡萄球菌的完整形态（不考虑试管凝固酶状态）和所有培养分离株的抗菌谱[1]。不建议院内培养，尤其是浅表皮肤样本，因为其可能具有临床误导性，导致结果错误和治疗无效[28]。

**培养结果判读**　培养结果应始终根据细胞学检查结果和该位置可能存在的病原体进行判读。仅在实验室中发现细菌生长并不能确认其是致病原。培养分离株的形态必须与细胞学上的细菌形态一致。即使是多重耐药菌也可能是无意中的污染物或偶发的共生菌，在当前的皮肤病中没有任何致病性[1, 22]。然而，正确辨别培养分离株的相关性并不容易，尽管 CoPS 被认为是主要的皮肤病原体，但共生 CoNS 和多种环境腐生菌有时可能具有致病性，尤其是在免疫抑制的动物身上[1, 22]。

## 组织病理学

组织病理学对于许多皮肤深层结节性病变的确诊至关重要。多个切除活检是最佳的采样方式，为了避免大病变的中心区域坏死，应对除大病变外的较小外周病变进行采样。较大的样本应切成小块，以确保福尔马林液能充分浸透。用于组织病理学检查的活检样本应在采样后立即置于福尔马林液中。活检样本也可以冷冻保存，用于 PCR 或其他分子检测。

组织病理学不太适用于浅表感染，但在细胞学检查结果不确定或 SBP 表现不典型的情况下可能很重要。钻孔活检适用于小的皮肤病变（脓疱、丘疹）或均匀的病变（斑块、红斑、结痂）。椭圆形样本对过渡区域和溃疡性病变的边缘最有用。

## PCR 检测

PCR 检测有助于鉴别实验室中不易培养的菌种。理想情况下是对无菌技术采集的新鲜活检组织进行检测，如果组织在福尔马林液中固定＜24 h，也可以对福尔马林液固定的组织样本进行检测。拭子样本的 PCR 检测无法证实环境细菌（如诺卡菌属）的感染，也很可能是皮肤污染物。

## 猫皮肤细菌感染的治疗原则和抗生素管理

### 抗生素的耐药性和管理

近年来，抗生素耐药性的日益增加引起了人们的广泛关注，并对人类和动物的健康以及相关经济学产生了显著影响。不可否认，抗生素的使用可导致正在治疗的菌种产生抗生素耐药性，并且一些耐药病原体或耐药机制可在动物和人类之间双向传播[1, 28, 56]。

自20世纪90年代末以来，与兽医学相关的耐甲氧西林葡萄球菌已被公认为世界难题，其发病率存在地域差异，且耐药的假中间型葡萄球菌（MRSP）、金黄色葡萄球菌（MRSA）和施氏葡萄球菌也迅速增加。获得甲氧西林耐药性意味着对所有β－内酰胺类抗生素（包括头孢菌素）产生耐药性。MRS也经常对其他种类抗生素耐药，特别是FQ和大环内酯类[18, 19]。MRSP尤其具有多重耐药性（对至少6类抗生素耐药）。由于假中间型葡萄球菌是犬猫的主要病原体，这给兽医带来了巨大的新挑战[1]。

在兽医领域，不合理地使用抗生素被认为是使耐药性增强的主要原因[1, 28, 56]。

- **头孢维星**：在最近的研究中被报道为最常用于猫的抗生素，特别是用于皮肤感染或脓肿，但它是第三代头孢菌素，被认为是人类医学中“最高级／关键的抗生素”，保留用于危及生命的感染，或培养和药敏试验未表明有其他合适抗生素可使用时[26, 31]。报道中提到头孢维星的使用通常是为了以防万一，并没有任何临床和（或）细胞学证据证实其对细菌感染的作用[31]。令人震惊的是，1000多只猫中仅0.4%的病例在使用前进行了C&S检测。此外，近23%的患病动物同时接受了糖皮质激素治疗，其中38%接受了长效醋酸甲泼尼龙注射，但这些药物在感染活跃时是禁忌的[31]。因为给药方便就使用头孢维星是不合理的。
- **氟喹诺酮类**：有证据表明，FQ治疗可促进携带更多耐药基因的细菌定植。在英国最近的一项研究中发现，FQ治疗是从犬黏膜样本中分离MRS、多重耐药葡萄球菌和FQ耐药葡萄球菌的显著风险因素[56]。克林霉素和阿莫西林－克拉维酸不会导致耐药性的出现，但是头孢氨苄会导致耐药性产生，可能是因为相对于阿莫西林－克拉维酸，头孢氨苄的治疗时间更长。FQ治疗后可以维持1个月的药效，而头孢氨苄可以维持至少3个月的药效[56]。因此，FQ不应作为一线治疗选择。

**猫MRS感染** 在世界多个地区存在猫MRS感染，尽管很少确诊为脓皮病，但皮肤病变猫的MRSP和MRSA分离株的报道越来越多[6, 8, 10, 57]。报道涉及分离株的不同耐药性，包括澳大利亚MRSA对FQ耐药（11.8%）[10]，泰国MRSP对多种药物耐药[57]，澳大利亚MRSP对TMS（30.8%）、氯霉素（7.7%）或克林霉素（7.7%）耐药[10]。猫的MRSP分离株通常对利福平、FQ（第二代或第三代）和阿米卡星敏感。在猫身上更常分离出的CoNS通常也具有甲氧西林耐药性和多重耐药性[6]。

目前尚不清楚可能增加猫MRS感染的风险因素。在犬中确定的风险因素包括既往抗生素治疗、进食动物粪便和往来动物医院。尽管证实了宠物之间可互相传染包括MRSP在内的葡萄球菌分离株，但多犬家庭的犬似乎很少出现黏膜MRS[56]。

**抗生素的管理** 合理使用抗生素以减少抗生素耐药性是一个重要的概念，被称为抗生素管理。合理使用抗生素的第一个重要原则是只在有足够证据证明患病动物有细菌感染时才使用抗生素。强烈不建议因为“以防万一”使用抗生素，尤其是在无既往诊断或诊断未能确认细菌感染的情况下[23, 24, 26, 30, 31]。

合理使用抗生素的第二个重要原则是根据可能的致病细菌及其可能的敏感性特征明智地选择抗生素。当病原体和抗生素的敏感性可预期时，经验性选择一线抗生素（见下文）是合适的。除非遇到危及生命的情况，否则如果C&S没有表明使用一线抗生素不合适，则不应使用非常规抗生素（二线或三线抗生素）。

**表 11-2　符合抗生素管理指南的猫细菌感染的全身性抗生素选择** *[26, 28, 30, 31, 58]

| | 一线抗生素：经验性治疗（剂量 mg/kg，给药频率） | | | | 二线抗生素：仅当 C&S 支持使用且一线抗生素不适用时；或当 C&S 等待期间可能发生耐药时（剂量 mg/kg，给药频率） | | | | 三线抗生素：仅当 C&S 支持使用且无其他选择时（剂量 mg/kg，给药频率） | | | 关键提示：（非兽用） |
|---|---|---|---|---|---|---|---|---|---|---|---|---|
| 诊断 | AMC（20 ~ 25, BID） | CX（20 ~ 25, BID） | DXY[a]（5, BID） | METR（10, BID） | CLI（5.5 ~ 11, BID） | FQ 2[nd] Marbo（2.7 ~ 5.5, SID），Enro（5, SID） | CHL（50, BID） | TMS（15, BID） | CFV[e]（8, q14 d） | FQ 3[rd] Prado（7.5, SID）Orbi（2.5 ~ 7.5, SID） | GNT、AMK、RIF | VAN、TEI、TEL、LIN |
| SBP/DBP | S[b, c] | S[b] | M | A（仅用于 DBP） | | 部分 MSSP/MSSA 部分 MRSP/MRSA | | | 仅用于 MSSP/ MSSA | 部分 MRSP/ MRSA | MRSP/ MRSA | |
| 脓肿 / 蜂窝织炎 | S | M | M | S | S[d] | R | | | | | | |
| 诺卡菌属 | R | R | M | R | | R | | M | | R | | |
| 红球菌属 | R | R | M | R | | | | | | | M | |
| 不确定 | 强烈不鼓励因“以防万一”而使用抗生素 [24, 56] | | | | | | | | | | | |
| 副作用 | GIT（轻度） | GIT（常见） | 食管狭窄（吞口水） | | GIT（轻度） | 视网膜变性（Enro 较高剂量） | 人手接触后造成骨髓抑制再生障碍性贫血 | 血液恶病质 | | 视网膜变性（Orbi 较高剂量） | 重度风险：肾、肝、耳毒性 | |

* 一些地区差异可接受：合理使用抗生素需要考虑当地可用性、兽医许可、人类使用建议和地区抗生素敏感性数据 [1]。

抗生素缩写：AMC，阿莫西林 – 克拉维酸；AMK，阿米卡星；CFV，头孢维星；CHL，氯霉素；CLI，克林霉素；CX，头孢氨苄、头孢羟氨苄；DXY，多西环素；Enro，恩诺沙星；FQ 2[nd]，第二代氟喹诺酮类药物；FQ 3[rd]，第三代氟喹诺酮类药物；GNT，庆大霉素；LIN，利奈唑胺；Marbo，马波沙星；METR，甲硝唑；Orbi，奥比沙星；Prado，普多沙星；q，每；RIF，利福平；TEI，替考拉宁；TEL，特拉万星；TMS，甲氧苄啶 – 磺胺类药物；VAN，万古霉素。

通用缩写：A，仅为联合用药，不作为单独治疗；C&S，培养和抗生素敏感性试验；DBP，深层细菌性脓皮病；GIT，胃肠道；M，耐药分离株，至少在某些区域；MSSP，甲氧西林敏感的假中间型葡萄球菌；MRSP，耐甲氧西林假中间型葡萄球菌；MSSA，甲氧西林敏感的金黄色葡萄球菌；MRSA，耐甲氧西林金黄色葡萄球菌；R，对常见致病细菌具有高水平耐药性；S，通常对致病细菌具有高水平敏感性；SBP，浅表性细菌性脓皮病。

a 最好考虑二线治疗，特别是在 MRSP 分离株对多西环素更敏感的地区；如果多西环素不可用 / 昂贵，可以使用米诺环素 8 mg/kg，每天 1 次。

b 细胞学检查中存在胞内球菌。

c 当细胞学检查中存在球菌和杆菌时，可以选择；如果细胞学检查中仅存在杆菌，则表明应进行 C&S。

d 一些拟杆菌属会产生耐药性，其中大多数是革兰氏阴性菌。

e 通常被认为是二线抗生素，甚至是一线抗生素；然而，第三代头孢菌素被认为是人医的三线抗生素。

合理使用抗生素的第三个重要原则是使用所选抗生素的正确剂量和持续时间，注意在治疗前对患病动物进行准确称重，并将剂量给足而不是低剂量给药（表 11–2）。尽管缺乏可靠的证据，但通常建议浅表感染的治疗持续 3 周，深层感染的治疗至少持续 4 周（对于具有严重致病性的病原体，有时持续数月）。有关更多指南，请参考特定疾病。

## 抗生素选择

抗生素根据其活性谱的不同被分为几代 [30]，也可以根据目前的用药指南被分为几组。犬或猫细菌感染的最佳抗生素选择尚未达成明确共识 [1, 26, 28, 30, 31, 58]，缺乏科学证据阐明。以下猫皮肤细菌感染的建议是当前基于兽医和人医专家意见的汇编。

一线抗生素是皮肤感染经验性治疗的最佳选择，它们通常耐受性良好，并且对致病细菌具有较好疗效 [26]。经验性治疗适用于猫的脓皮病。猫脓皮病的一线治疗选择如下：

- 阿莫西林 – 克拉维酸或头孢氨苄均对分离的葡萄球菌属具有高度敏感性 [8]。即使在犬 SBP 的 MRS 流行地区，猫 MRS 感染也罕见，并且大多数报道是实验室分离株 [18, 19]。

只有细菌培养结果表明一线抗生素无效时，才应使用二线抗生素；或者在等待 C&S 结果的同时，如果很可能已经对一线抗生素耐药，则应将其作为重度感染的初始经验性治疗。二线抗生素包括较新的广谱抗生素，对动物和人类健康都很重要，因此应谨慎用于必要的病例。并非所有二线治疗选择都是相同的，建议根据地区数据有的放矢地使用 [30]。与猫皮肤感染治疗相关的二线抗生素如下：

- 克林霉素——在许多国家注册用于皮肤和软组织感染。尽管在兽医方面存在一些争议，但大环内酯类抗生素并不是人医的一线抗生素 [30]。在一些研究中也显示，克林霉素对葡萄球菌分离株的敏感性较低，建议在使用前进行细菌培养和药敏试验 [8]。
- 多西环素——在一些地区是一线抗生素。然而，考虑到在一些地区的葡萄球菌分离株中存在高水平耐药性 [10, 29]，即使在其他地区耐药性较低 [8]，通常也不太适合作为一线选择。米诺环素的抗菌谱与多西环素相似，并且在一些国家更便宜、更容易获得，但可能引起更多的胃肠道刺激 [30]。
- 头孢维星——除对革兰氏阳性菌有效外，还对一些革兰氏阴性菌和厌氧菌有效，比第二代头孢菌素（如头孢氨苄）抗菌谱更广。对假单胞菌属和肠球菌的作用通常较差。虽然在兽用药品中通常被认为是一线或二线治疗药物，但第三代头孢菌素被认为是人用药品中至关重要的抗生素，保留用于危及生命的疾病（三线），因此作为二线治疗药物的分类受到质疑 [30]。
- 第二代 FQ（恩诺沙星、双氟沙星、马波沙星、环丙沙星）——主要作用于革兰氏阴性菌，革兰氏阴性菌在皮肤上不常见。
- 甲氧苄啶 – 磺胺类药物——与其他选择相比，猫的副作用风险更高，对许多细菌的敏感性较低，因此降低了该选择的适用性；其可能对一些 MRS 有效。

三线抗生素对动物和人类健康非常重要，尤其是对多重耐药菌的治疗，只有当 C&S 表明缺乏其他治疗选择时，才应考虑使用。许多未获得兽医使用许可 [26, 30]。强烈不鼓励将其用于浅表感染。猫严重的皮肤细菌感染的三线治疗选择如下：

- 第三代 FQ（普多沙星和奥比沙星）——除良好的革兰氏阴性菌覆盖外，与第二代 FQ 相比，革兰氏阳性菌和厌氧菌抗菌谱增加；不太可能对诺卡菌属有效 [30]。
- 氨基糖苷类（庆大霉素、阿米卡星）——可能仅考虑用于危及生命的皮肤感染，有相当大的肾脏副作用风险，需要小心监测，进行短期的液体治疗。
- 其他新老抗生素（氯霉素、克拉霉素、利福平、亚胺培南、哌拉西林）——可能用于 MRS 和多重耐药菌，但产生中度至重度副作用的可能性相当大。

● 新一代抗生素（如万古霉素、替考拉宁、替拉凡星、利奈唑胺）——被认为对人类健康至关重要，强烈不鼓励 / 不能用作兽药[1, 26]。

### 感染 MRS 的患病动物管理

曾有 MRS 在人类和包括猫在内的各种动物之间传播的报道[1, 28]。MRSA 和耐甲氧西林 CoNS（包括溶血葡萄球菌、表皮葡萄球菌和弗氏葡萄球菌）分离自欧洲一个农场的多只猫、马和人，分离株具有相同的特征[59]。因此，当 MRS 感染时，细菌数量多可能增加传播风险，需引起关注。

目前建议避免使感染 MRS 的宠物与其他宠物或人频繁接触，直至感染得到控制，勤洗手、家里加强消毒，以减少传播风险。动物医院也被认为是 MRS 传播的潜在来源，在处理所有患病动物之前需做好手部消毒（适当清洗 / 干燥和使用酒精洗手液），环境需定期清洁和消毒以降低传播风险，MRS 对常用消毒剂敏感。建议对已知 MRS 感染的住院患病动物进行隔离[1, 56]。

尽管 MRS 治疗存在挑战，但耐药分离株的毒力和非耐药分离株相似。目前尚无证据支持定植于患病动物的 MRS 可能脱离定植，因此，目前不推荐对携带 MRS 但临床正常的动物进行筛查[1]。

## 结论

猫皮肤细菌感染包括常见的继发性感染、罕见但可能危及生命的深层和传播性感染。致病病原体包括正常的皮肤黏膜共生菌以及一系列环境腐生菌。抗生素耐药性的产生，特别是葡萄球菌对甲氧西林的耐药性，给兽医带来了越来越大的挑战。准确高效的诊断对加快合理的治疗，以及通过限制对患病动物使用抗生素从而阻止抗生素耐药性增强具有重要意义。

## 参考文献


[1] Morris DO, Loeffler A, Davis MF, Guardabassi L, Weese JS. Recommendations for approaches to methicillin-resistant staphylococcal infections of small animals: diagnosis, therapeutic considerations and preventative measures: Clinical Consensus Guidelines of the World Association for Veterinary Dermatology. Vet Dermatol. 2017; 28:304–330.

[2] Rossi CC, da Silva DI, Mansur Muniz I, Lilenbaum W, Giambiagi–deMarval M. The oral microbiota of domestic cats harbors a wide variety of Staphylococcus species with zoonotic potential. Vet Microbiol. 2017; 201:136–140.

[3] Weese JS. The canine and feline skin microbiome in health and disease. Vet Dermatol. 2013; 24:137–145.

[4] Patel A, Lloyd DH, Lamport AI. Antimicrobial resistance of feline staphylococci in South–Eastern England. Vet Dermatol. 1999; 10:257–261.

[5] Patel A, Lloyd DH, Howell SA, Noble WC. Investigation into the potential pathogenicity of Staphylococcus felis in a cat. Vet Rec. 2002; 150:668–669.

[6] Muniz IM, Penna B, Lilenbaum W. Methicillin–resistant commensal staphylococci in the oral cavity of healthy cats: a reservoir of methicillin resistance. Vet Rec. 2013; 173:502.2. https:// doi.org/10.1136/vr.101971.

[7] Igimi SI, Atobe H, Tohya Y, Inoue A, Takahashi E, Knoishi S. Characterization of the most frequently encountered Staphylococcus sp. in cats. Vet Microbiol. 1994; 39:255–260.

[8] Qekwana DN, Sebola D, Oguttu JW, Odoi A. Antimicrobial resistance patterns of Staphylococcus species isolated from cats presented at a veterinary academic hospital in South Africa. BMC Vet Res. 2017; 13:286. https://doi.org/10.1186/s12917–017–1204–3.

[9] Abraham JK, Morris DO, Griffeth GC, Shofer FS, Rankin SC. Surveillance of healthy cats and cats with inflammatory skin disease for colonization of the skin by methicillin–resistant coagulase–positive staphylococci and Staphylococcus schleiferi ssp. schleiferi. Vet Dermatol. 2007; 18:252–259.

[10] Saputra S, Jordan D, Worthing KA, Norris JM, Wong HS, Abraham R, et al. Antimicrobial resistance in coagulase–positive staphylococci isolated from companion animals in Australia: a one year study. PLoS One. 2017; 12:e0176379. https://doi.org/10.1371/0176379.

[11] Older CE, Diesel A, Patterson AP, Meason–Smith C, Johnson TJ, Mansell J, Suchodolski J, Hoffmann AR. The feline skin microbiota: the bacteria inhabiting the skin of healthy and allergic cats. PLoS One. 2017; 12:e0178555. https://doi.org/10.1371/vr.0178555.

[12] Wildermuth BE, Griffin CE, Rosenkrantz WS. Feline pyoderma therapy. Clin Tech Small Anim Pract. 2006; 21:150–156.

[13] Scott DW, Miller WH, Erb HN. Feline dermatology at Cornell University: 1407 cases (1988– 2003). J Fel Med Surg. 2013;

15:307–316.

[14] Yu HW, Vogelnest LJ. Feline superficial pyoderma: a retrospective study of 52 cases (2001– 2011). Vet Dermatol. 2012; 23:448–455.

[15] Whyte A, Gracia A, Bonastre C, Tejedor MT, Whyte J, Monteagudo LV, Simon C. Oral disease and microbiota in free–roaming cats. Top Companion Anim Med. 2017; 32:91–95.

[16] Wooley KL, Kelly RF, Fazakerley J, Williams NJ, Nuttal TJ, McEwan NA. Reduced in vitro adherence of Staphylococcus spp. to feline corneocytes compared to canine and human corneocytes. Vet Dermatol. 2006; 19:1–6.

[17] Medleau L, Blue JL. Frequency and antimicrobial susceptibility of Staphylococcus spp isolated from feline skin lesions. J Am Vet Med Assoc. 1988; 193:1080–1081.

[18] Morris DO, Rook KA, Shofer FS, Rankin SC. Screening of Staphylococcus aureus, Staphylococcus intermedius, and Staphylococcus schleiferi isolates obtained from small companion animals for antimicrobial resistance: a retrospective review of 749 isolates (2003–04). Vet Dermatol. 2006; 17:332–337.

[19] Morris DO, Maudlin EA, O'Shea K, Shofer FS, Rankin SC. Clinical, microbiological, and molecular characterization of methicillin–resistant Staphylococcus aureus infections of cats. Am J Vet Res. 2006; 67:1421–1425.

[20] Selvaraj P, Senthil KK. Feline Pyoderma – a study of microbial population and its antibiogram. Intas Polivet. 2013; 14(11):405–406.

[21] White SD. Pyoderma in five cats. J Am Anim Hosp Assoc. 1991; 27:141–146.

[22] Beco L, Guaguere E, Lorente Mendez C, Noli C, Nuttall T, Vroom M. Suggested guidelines for using systemic antimicrobials in bacterial skin infections (1): diagnosis based on clinical presentation, cytology and culture. Vet Rec. 2013; 172:72–78.

[23] Hillier A, Lloyd DH, Weese JS, Blondeau JM, Boothe D, Breitschwerdt E, et al. Guidelines for the diagnosis and antimicrobial therapy of canine superficial bacterial folliculitis (Antimicrobial Guidelines Working Group of the International Society for Companion Animal Infectious Diseases). Vet Dermatol. 2014; 25:163–174.

[24] Singleton DA, Sanchez–Vizcaino F, Dawson S, Jones PH, Noble PJ, Pinchbeck GL, et al. Patterns of antimicrobial agent prescription in a sentinel population of canine and feline veterinary practices in the United Kingdom. The Vet J. 2017; 224:18–24.

[25] Wildermuth BE, Griffin CE, Rosenkrantz WS. Response of feline eosinophilic plaques and lip ulcers to amoxicillin trihydrate–clavulanate potassium therapy: a randomized, double–blind placebo–controlled prospective study. Vet Dermatol. 2011; 23:110–118.

[26] Beco L, Guaguere E, Lorente Mendez C, Noli C, Nuttall T, Vroom M. Suggested guidelines for using systemic antimicrobials in bacterial skin infections (2): antimicrobial choice, treatment regimens and compliance. Vet Rec. 2013; 172:156–160.

[27] Borio S, Colombo S, La Rosa G, De Lucia M, Dombord P, Guardabassi L. Effectiveness of a combined (4% chlorhexidine digluconate shampoo and solution) protocol in MRS and non–MRS canine superficial pyoderma: a randomized, blinded, antibiotic–controlled study. Vet Dermatol. 2015; 26:339–344.

[28] Weese JS, Giguere S, Guardabassi L, Morley PS, Papich M, Ricciuto DR, et al. ACVIM consensus statement on therapeutic antimicrobial use in animals and antimicrobial resistance. J Vet Intern Med. 2015; 29:487–498.

[29] Mohamed MA, Abdul–Aziz S, Dhaliwal GK, Bejo SK, Goni MD, Bitrus AA, et al. Antibiotic resistance profiles of Staphylococcus pseudintermedius isolated from dogs and cats. Malays J Microbiol. 2017; 13:180–186.

[30] Whitehouse W, Viviano K. Update in feline therapeutics: clinical use of 10 emerging therapies. J Feline Med Surg. 2015; 17:220–234.

[31] Burke S, Black V, Sanchez–Vizcaino F, Radford A, Hibbert A, Tasker S. Use of cefovecin in a UK population of cats attending first–opinion practices as recorded in electronic health records. J Feline Med Surg. 2017; 19:687–692.

[32] Hardefeldt LY, Holloway S, Trott DJ, Shipstone M, Barrs VR, Malik R, et al. Antimicrobial prescribing in dogs and cats in Australia: results of the Australasian Infectious Disease Advisory Panel Survey. J Vet Intern Med. 2017; 31:1100–1107.

[33] Scott DW, Miller WH. Feline acne: a retrospective study of 74 cases (1988–2003). Jpn J Vet Dermatol. 2010; 16:203–209.

[34] Jazic E, Coyner KS, Loeffler DG, Lewis TP. An evaluation of the clinical, cytological, infectious and histopathological features of feline acne. Vet Dermatol. 2006; 17:134–140.

[35] Walton DK, Scott DW, Manning TO. Cutaneous bacterial granuloma (botryomycosis) in a dog and cat. J Am Anim Hosp Assoc. 1983; 183(19):537–541.

[36] Murai T, Yasuno K, Shirota K. Bacterial pseudomycetoma (Botryomycosis) in an FIV–positive cat. Jap J Vet Dermatol. 2010; 16:61–65.

[37] Norris JM, Love DN. The isolation and enumeration of three feline oral Porphyromonas species from subcutaneous abscessed in cats. Vet Microbiol. 1999; 65:115–122.

[38] Traslavina RP, Reilly CM, Vasireddy R, Samitz EM, Stepnik CT, Outerbridge C, et al. Laser capture microdissection of feline Streptomyces spp pyogranulomatous dermatitis and cellulitis. Vet Pathol. 2015; 205(52):1172–1175.

[39] De Araujo FS, Braga JF, Moreira MV, Silva VC, Souza EF, Pereira LC, et al. Splendore–Hoeppli phenomenon in a cat with osteomyelitis caused by Streptococcus species. J Feline Med Surg. 2014; 16:189–193.

[40] Malik R, Krockenberger MB, O'Brien CR, White JD, Foster D, Tisdall PL, et al. Nocardia infections in cats: a retrospective multi–institutional study of 17 cases. Aust Vet J. 2006; 84: 235–245.

[41] Gunew MN. Rhodococcus equi infection in cats. Aust Vet Practit. 2002; 32:2–5.

[42] Farias MR, Takai S, Ribeiro MG, Fabris VE, Franco SR. Cutaneous pyogranuloma in a cat caused by virulent Rhodococcus equi containing an 87 kb type I plasmid. Aust Vet J. 2007; 85:29–31.

[43] Patel A. Pyogranulomatous skin disease and cellulitis in a cat caused by Rhodococcus equi. J Small Anim Pract. 2002; 43:129–132.

[44] Miller RI, Ladds PW, Mudie A, Hayes DP, Trueman KF. Probable dermatophilosis in 2 cats. Aust Vet J. 1983; 60:155–156.

[45] Kaya O, Kirkan S, Unal B. Isolation of Dermatophilus congolensis from a cat. J Veterinary Med Ser B. 2000; 47:155–157.

[46] Carakostas MC. Subcutaneous dermatophilosis in a cat. J Am Vet Med Assoc. 1984; 185:675–676.

[47] Sharman MJ, Goh CS, Kuipers RG, Hodgson JL. Intra–abdominal actinomycetoma in a cat. J Feline Med Surg. 2009; 11:701–705.

[48] Koenhemsi L, Sigirci BD, Bayrakal A, Metiner K, Gonul R, Ozgur NY. Actinomyces viscosus isolation from the skin of a cat. Isr J Vet Med. 2014; 69:239–242.

[49] Kruger EF, Byrne BA, Pesavento P, Hurley KF, Lindsay LL, Sykes JE. Relationship between clinical manifestations and pulsed–field gel profiles of Streptococcus canis isolates from dogs and cats. Vet Microbiol. 2010; 146:167–171.

[50] Nolff MC, Meyer–Lindenberg A. Necrotising fasciitis in a domestic shorthair cat–negative pressure wound therapy assisted debridement and reconstruction. J Small Anim Pract. 2015; 56:281–284.

[51] Brachelente C, Wiener D, Malik Y, Huessy D. A case of necrotizing fasciitis with septic shock in a cat caused by Acinetobacter baumannii. Vet Dermatol. 2007; 18:432–438.

[52] Plavec T, Zdovc I, Juntes P, Svara T, Ambrozic–Avgustin I, Suhadolc–Scholten S. Necrotising fasciitis, a potential threat following conservative treatment of a leucopenic cat: a case report. Vet Med (Praha). 2015; 8:460–467.

[53] Berube DE, Whelan MF, Tater KC, Bracker KE. Fournier's gangrene in a cat. J Vet Emerg Crit Care. 2010; 20:148–154.

[54] Ravens PA, Vogelnest LJ, Ewen E, Bosward KL, Norris JM. Canine superficial bacterial pyoderma: evaluation of skin surface sampling methods and antimicrobial susceptibility of causal Staphylococcus isolates. Aust Vet J. 2014; 92:149–155.

[55] Larsen RF, Boysen L, Jessen LR, Guardabassi L, Damborg P. Diversity of Staphylococcus pseudintermedius in carriage sites and skin lesions of dogs with superficial bacterial folliculitis: potential implications for diagnostic testing and therapy. Vet Dermatol. 2018; 29:291–295.

[56] Schmidt VM, Pinchbeck G, Nuttall T, Shaw S, McIntyre KM, McEwan N, et al. Impact of systemic antimicrobial therapy on mucosal staphylococci in a population of dogs in Northwest England. Vet Dermatol. 2018; 29:192–202.

[57] Kadlec K, WeiB S, Wendlandt S, Schwarz S, Tonpitak W. Characterization of canine and feline methicillin–resistant Staphylococcus pseudintermedius (MRSP) from Thailand. Vet Microbiol. 2016; 194:93–97.

[58] Lappin MR, Bondeau J, Boothe D, Breitschwerdt FB, Guardabassi L, Lloyd DH, et al. Antimicrobial use Guidelines for Treatment of Respiratory Tract Disease in Dogs and Cats: Antimicrobial Guidelines Working Group of the International Society for Companion Animal Infectious Diseases. J Vet Intern Med. 2017; 31:279–294.

[59] Loncaric I, Kunzel F, Klang A, Wagner R, Licka T, Grunert T, et al. Carriage of methicillin–resistant staphylococci between humans and animals on a small farm. Vet Dermatol. 2016; 27:191–194.

# 第十二章　分枝杆菌病

Carolyn O' Brien

**摘要**

猫可能感染各种快生长分枝杆菌和慢生长分枝杆菌，其在猫身上引起多种临床综合征，从局部皮肤病至弥漫性和潜在致死性感染。对所有致病种属来说，皮肤病是最常见的表现；然而，某些种属可能累及内部，任何器官系统、骨骼或软组织结构均可能感染。快生长分枝杆菌感染通常导致腹股沟区或较少见的腋下、胁腹部或背部出现瘘道性脂膜炎，而慢生长分枝杆菌引起的感染通常表现为孤立性或多发性结节性皮肤病变和（或）局部淋巴结病，尤其是头颈部和（或）四肢。大多数患猫似乎没有潜在的免疫抑制疾病，并且与逆转录病毒阳性状态无关。大多数病例为可自由去户外的成年猫。根据病原种属和首诊时疾病的严重程度，这些感染的治疗可能具有挑战性。通常情况下，所有菌种引起的局部皮肤感染，采用适当的药物和手术（如果必要）联合治疗后，预后相对良好。如果猫发生全身感染，预后明显变差。主人是否愿意承担昂贵的费用进行耗时的（为期数月）多药物治疗也可影响治疗结果。这些微生物的动物源性传播潜力通常较低，但已有牛分枝杆菌的猫—人传播的报道。

分枝杆菌是放线菌门中的需氧、不运动、革兰氏阳性、无芽孢杆菌。鉴定出的 180 多种分枝杆菌[1]几乎都是环境腐生菌。但也有少数例外，如结核分枝杆菌复合群（*Mycobacterium tuberculosis* Complex，MTB）、麻风分枝杆菌及其属、禽分枝杆菌复合群（*M. avium* complex，MAC）成员，如禽分枝杆菌副结核亚种和鼠麻风分枝杆菌，似乎已经进化为专性致病菌。

分枝杆菌菌种在基因型和表型上可分为两个主要类群：快生长分枝杆菌（rapidly growing mycobacteria，RGM）和慢生长分枝杆菌（slowly growing mycobacteria，SGM）。RGM 是 SGM 的祖先，后者基于保守序列的基因分析和最近的全基因组分析形成了一个独立的遗传亚分支[2]。脓肿分枝杆菌 / 龟分枝杆菌复合群似乎是遗传上最古老的类群，其中微小分枝杆菌和与之密切相关的土壤分枝杆菌类群可能是 RGM 和 SGM 之间的进化联系[2]。

分枝杆菌感染在猫身上引起多种临床综合征，从轻微的局部皮肤病到潜在的致死性弥漫性感染。皮肤病是所有致病种属最常见的表现；然而，一些种属，尤其是 MTB 和 MAC，可能累及任何内部器官系统、骨骼或软组织结构。

目前缺乏对大量患有分枝杆菌病的猫的研究，只有一些研究通过遗传分析确定了致病分枝杆菌的种类。这些研究通常仅限于来自特定地理区域的动物，可能不能代表在其他地方居住的猫的疾病，尤其是在发病率和致病种属方面。

与人类免疫缺陷病毒 / 获得性免疫缺陷综合征

患者的 MAC 感染不同，通常分枝杆菌感染的猫似乎没有免疫抑制，并且与逆转录病毒阳性状态无关。无论何种致病种属，大多数病例均是可自由去户外的成年猫，尽管在室内生活的猫中偶有 MAC 感染的报道。

## 快生长分枝杆菌

### 病原学和流行病学

RGM 是环境腐生菌，在陆地和水生生物群落中广泛分布，是独立生存的生物体。RGM 之所以如此命名，是因为它们能够在 24 ~ 45℃（75 ~ 113℉）的合成培养基上 7 d 内生长出来。

RGM 的致病性较低，通常倾向于引起猫的机会性感染，主要是通过皮肤破损引起，如猫抓伤。RGM 引起全身性疾病的倾向性较低，除非宿主免疫功能低下，尽管偶见吸入微生物导致明显免疫功能正常个体的肺炎。该病在猫身上主要表现为下腹部脂膜炎，倾向于由耻垢分枝杆菌、边缘分枝杆菌、偶发分枝杆菌和龟脓肿分枝杆菌类群引起。

病例报告来自美洲（巴西、美国东南部和西南部、加拿大）、大洋洲（澳大利亚和新西兰）和欧洲（芬兰、荷兰、德国和英国）。不同地理区域特定致病微生物的发生率不同。在澳大利亚东部，大多数猫的感染是由耻垢分枝杆菌和边缘分枝杆菌类群引起的，其次是偶发分枝杆菌类群；而在美国西南部，偶发分枝杆菌引起的感染似乎更常见，其次是龟分枝杆菌。

下腹部脂肪垫突出的猫似乎有 RGM 感染的倾向。这可能是由于微生物偏好富含脂质的组织，其可以为病原生长提供甘油三酯，并可能保护病原免受宿主免疫应答的影响。在皮下脂肪量不多的猫中，建立实验性感染的可能性似乎有限 [3]。

### 临床特征

通常，RGM 引起的病变位于腹股沟区，较少见的是腋下、胁腹部或背部。最初，感染表现为皮肤和皮下组织的局限性斑块或结节。随后，患猫表皮薄的部位出现脱毛，并与病变的皮下组织粘连，从而出现特征性的“胡椒罐”外观（图 12-1）。皮肤特征性的局灶性紫色凹陷分解为瘘道，排出水样渗出物，可能化脓并继发感染。病变最终可累及整个

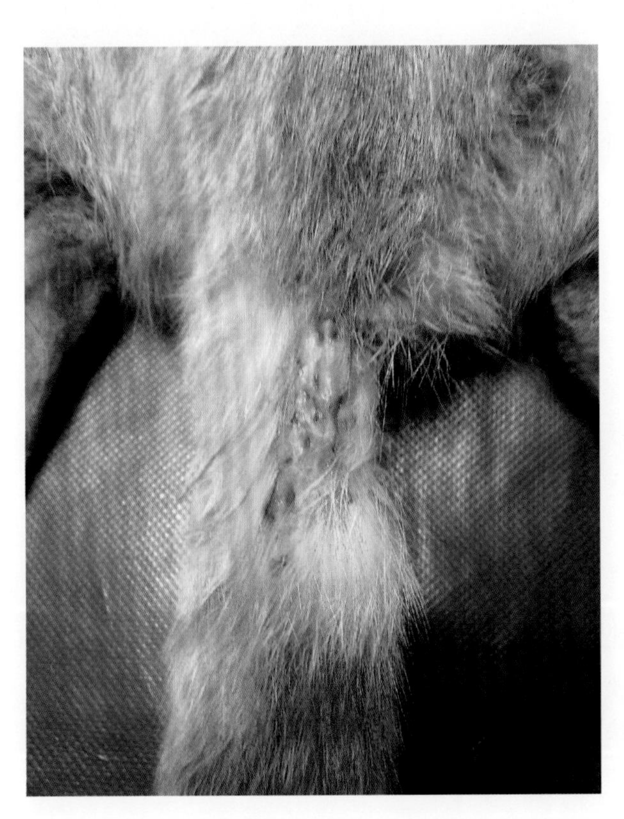

图 12-1　由快生长分枝杆菌（耻垢分枝杆菌）引起的皮炎 / 脂膜炎的典型表现（由 Nicola Colombo 提供）

下腹部、胁腹部、会阴，偶尔累及四肢。不太可能累及内脏器官或淋巴结；罕见累及腹壁。

大多数猫没有全身性疾病的症状，除非皮肤病变继发葡萄球菌和链球菌感染，在这种情况下，动物可能表现出嗜睡、发热、厌食、体重减轻和不愿活动。

## 诊断

细针抽吸和细胞学检查可确定脓性肉芽肿性炎症的存在，用该技术可获得皮下渗出液用于微生物培养，从而确诊。

RGM 在罗曼诺夫斯基染色的细胞学样本或活检组织的苏木精和伊红染色的组织病理学切片上通常不可见。相反，它们用抗酸染色可见，如齐 - 内染色（Ziehl-Neelsen，ZN）或 Fite 染色。

RGM 数量可能很少，在抗酸染色的细胞学检查中不易发现，因此未发现也不能排除诊断。微生物可能在细胞学和组织病理学样本处理过程中丢失，因为它们倾向存在于细胞外，在组织的脂肪空泡里。有时，在细胞学检查或组织病理学检查“抗酸杆菌（acid-fast bacilli，AFB）阴性”的样本上，分枝杆菌培养或分子方法如聚合酶链反应（polymerase chain reaction，PCR）可能获得阳性结果。

皮肤的钻取活检通常不足以获得代表性的组织样本，应首选病变边缘的深层皮下组织活检。RGM 引起的皮炎 / 脂膜炎的组织病理学特征包括含有多灶性至弥漫性脓性肉芽肿性炎症的皮肤溃疡或棘层肥厚，倾向于充分蔓延至皮下组织。在脓性肉芽肿中，中性粒细胞边缘常围绕着一个清晰的、退变的脂肪细胞内区，其中可能含有少量 AFB，外部聚集上皮样巨噬细胞（图 12-2）。在每个脓性肉芽肿之间可见混合炎症反应，主要由中性粒细胞和巨噬细胞组成，但也含有淋巴细胞和浆细胞。AFB 偶尔也可能在巨噬细胞内可见，但在组织切片中很难发现。

当尝试从脂膜炎病变中培养分枝杆菌时，直接从皮肤窦道擦拭采集的样本通常含有大量污染的细菌，其在培养基上的竞争优于 RGM。因此，首选用 70% 乙醇消毒的完整皮肤进行细针抽吸，或者手术采集皮下组织活检样本进行培养。未受污染的 RGM 样本在常规培养基上容易生长，如血液[4]和麦康凯琼脂（无结晶紫）培养基，因此临床医生通常不需要专门要求对这些微生物进行“分枝杆菌培养基”培养。

## 治疗和预后

根据首次诊断的致病种属和疾病严重程度，这些感染的治疗可能具有挑战性。它们通常具有较高的复发率，需要进行长期治疗，并很容易出现天然和（或）获得性耐药。

药敏数据对于可能具有天然耐药性的微生物（如偶发分枝杆菌）或复发性 / 慢性持续性 RGM 感染尤其有用，特别是在猫曾接受过可能诱导获得性耐药的抗生素治疗的情况下。理想情况下，治疗应从一种或两种口服抗生素［多西环素、氟喹诺酮和

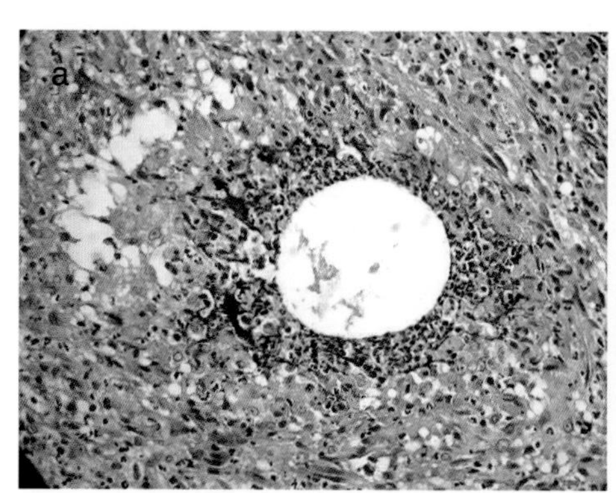


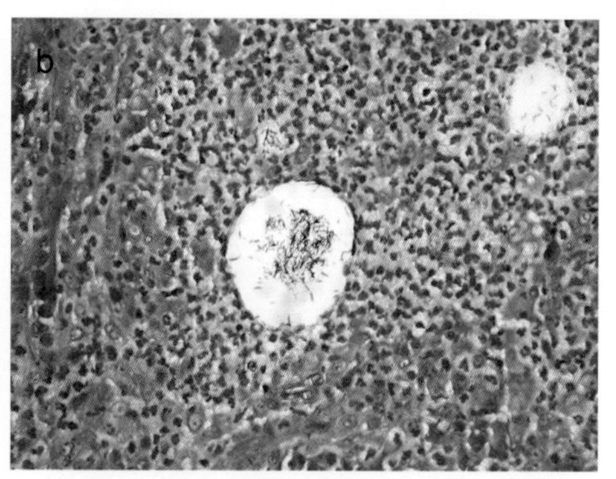


图 12-2 （a）快生长分枝杆菌感染的组织病理学：脓性肉芽肿性炎症，中性粒细胞边缘围绕着透明的退变的脂肪细胞内区，其中含有抗酸细菌（H&E，400 倍放大）；（b）相同样本的齐 - 内染色：杆状细菌被染成红色，易于识别（400 倍放大）（由 Dr. Chiara Noli 提供）

（或）克拉霉素］开始。通常根据经验选择这些药物，直至获得培养和药敏结果。在澳大利亚，多西环素和（或）氟喹诺酮类药物（最好是普多沙星）是最好的；而在美国，克拉霉素是首选药物。耻垢分枝杆菌类群倾向于对克拉霉素具有天然耐药性，一些分离株可能对恩诺沙星或环丙沙星具有耐药性，但不排除对普多沙星敏感[5]。偶发分枝杆菌类群的成员通常对氟喹诺酮类敏感；然而，红霉素诱导甲基化酶（erythromycin-inducible methylase，*erm*）基因的可变表达使其对大环内酯类耐药[6]。大约50% 的偶发分枝杆菌分离株对多西环素敏感[7]。除克拉霉素和利奈唑胺外，龟脓肿分枝杆菌类群分离株倾向于对所有口服药物耐药。药敏资料提示，顽固病例可用氯法齐明、阿米卡星、头孢西丁或利奈唑胺治疗。建议以标准剂量开始治疗，缓慢增加至剂量范围的上限，直至观察到不良反应。

治疗持续时间不定，但建议在所有临床症状消退后继续治疗 1 ～ 2 个月。单独感染区域的整块切除对一些具有顽固性病变的动物有益，通常需要进行整形外科手术[8]或真空辅助伤口闭合[9, 10]。

### 公共卫生风险

RGM 从感染动物向人类的动物源性传播的可能性很小。有一例报告称，一名健康中年女性在被猫咬伤前臂后发生偶发分枝杆菌感染[11]。

## 慢生长分枝杆菌

SGM 类群包括大量机会性环境菌种：专性病原体麻风分枝杆菌和弥漫型麻风分枝杆菌，以及结核分枝杆菌复合群成员。还有一些苛养菌种（传统上被归类为“猫麻风病”的致病菌种）纯培养无法生长，因此其流行病学尚不清楚。

### 结核分枝杆菌

猫对结核分枝杆菌具有天然抵抗力，但偶有报道可能直接因人类的传播而感染[12]。猫的疾病最常由牛分枝杆菌和田鼠分枝杆菌引起[13]。牛分枝杆菌在世界范围内流行。然而，由于广泛的监测、阳性牛的屠宰、牛奶的巴氏杀菌和没有野生动物宿主，欧洲大陆大部分地区、加勒比海部分地区和澳大利亚已没有该病。田鼠分枝杆菌在欧洲和英国流行。其主要宿主似乎是田鼠、鼩鼱、小林姬鼠和其他小型啮齿动物[14]。

这些 MTB 菌种传播给猫的确切途径尚不清楚。从英格兰西南部地区收集的许多啮齿动物（猫的潜猎物）被发现感染了牛分枝杆菌[15]。据报道，传播途径疑似为手术伤口的院内污染[16]。

### MAC 和其他慢生长的腐生菌

猫的疾病有几种是由腐生慢生长分枝杆菌引起的，主要是 MAC 成员，其在世界范围内的水源和土壤中都有分布。一些慢生长菌种在某些环境生态下或特定地理区域更常见，如英国和瑞典的玛尔摩分枝杆菌或胞内分枝杆菌形成的生物膜。有些具有高度限制性，在局部地区流行，如溃疡分枝杆菌感染。

与 MTB 复合群一样，临床表现由感染途径决定。猫可能通过经皮接种受污染的环境物质而感染。大多数慢生长分枝杆菌感染猫可自由去户外，几乎所有病例都没有明显的易感条件。

### 苛养分枝杆菌

新西兰、澳大利亚、加拿大西部、英国、美国西南部、欧洲大陆、新喀里多尼亚、希腊群岛和日本已有“猫麻风病”病例。从历史上看，新西兰和澳大利亚报道的病例是全世界最多的。

遗传学研究已经确定了几种“不可培养”的分枝杆菌：鼠麻风分枝杆菌、暂定种“塔温分枝杆菌”[17, 18]、暂定种猫麻风分枝杆菌[19]和可视分枝杆菌，尽管后者多年来未见报道[20]。鼠麻风分枝杆菌易引起雄性幼猫发病，而暂定种“塔温分枝杆菌”和暂定种猫麻风分枝杆菌更易引起中老年猫发病。暂定种“塔温分枝杆菌”感染没有性别易感性，而暂定种猫麻风分枝杆菌在雄性中引起疾病的可能性略高。

## 临床特征

SGM 感染猫多数有单个或多个结节性皮肤病变和（或）局部淋巴结病，尤其是头部、颈部和（或）四肢（图 12-3）。可观察到皮肤溃疡病变、覆盖受影响淋巴结的皮肤发病，感染偶尔可累及邻近的肌肉和骨骼，MTB 复合群比其他病原体更常引起这种情况。某些情况下，皮肤病变可能广泛存在，累及许多部位。宿主因素（年龄、并发疾病、免疫状态）、致病菌种或接种途径和接种量可能影响疾病的性质。

如果患有全身性疾病，最常见的病原体是 MTB 分枝杆菌复合群（尤其是在英国和新西兰）或 MAC 成员。很少有由其他分枝杆菌菌种引起的全身性感染的记载，包括其他慢生长的腐生菌和暂定种猫麻风分枝杆菌。

## 诊断

结节性皮肤和皮下病变的鉴别诊断包括诺卡菌属和红球菌属（也可能是抗酸的）、真菌或藻类感染和原发性或转移性肿瘤。没有鉴别分枝杆菌感染和其他病因的特异性临床特征，采集代表性组织样本进行细胞学检查或组织病理学和微生物学检查是诊断的必要条件。

在 MTB 复合群流行地区，至关重要的是诊断不能仅仅基于细胞学检查或组织病理学检查结果。理想情况下，应通过分枝杆菌参考实验室或同等实验室去尝试确定每个病例的病原体，特别是在强制报告此类病例可能导致强制人道主义安乐死的情况下。

如果怀疑指数较高，SGM 引起皮肤感染的诊断通常相对简单。当 MTB 复合群成员是可能的病因时，在涉及处理分泌物或溃疡病变和（或）手术或剖检组织的任何程序期间，应佩戴个人防护设备。

理想情况下，如果需要进行微生物学检查，在活检取样进行组织病理学检查时，应采集新鲜组织并用无菌生理盐水浸湿的纱布拭子包裹，并置于无菌容器中。理想情况下，应在送检前通知病理学实验室，因为 SGM 培养和鉴定需要专业知识。

皮肤结节的细胞学样本经罗曼诺夫斯基染色表现出肉芽肿性至脓性肉芽肿性炎症，分枝杆菌可通过其特征性“负染”外观识别（图 12-4），通常位于巨噬细胞内。与 RGM 一样，SGM 通常在罗曼诺夫斯基染色的细胞学检查中或苏木精和伊红染色的组织病理切片上不可见，但可视分枝杆菌和暂定种猫麻风分枝杆菌除外。相反，需要进行齐 - 内（ZN）染色（图 12-5）或类似染色（如 Fite 染色）。根据分枝杆菌菌种和宿主免疫应答的不同，细菌数量可能不同。

MTB 复合群生物体可引起特征性的孤立至融合性肉芽肿（“结核”）。肉芽组织围绕一层混合炎性细胞，由巨噬细胞、中性粒细胞、淋巴细胞和浆细胞组成。肉芽肿中心含有上皮样巨噬细胞和一些中性粒细胞，以及数量不定但通常较少的 AFB，同时可能伴有或不伴有坏死组织。

皮肤 MAC 感染可引起脓性肉芽肿性或肉芽肿

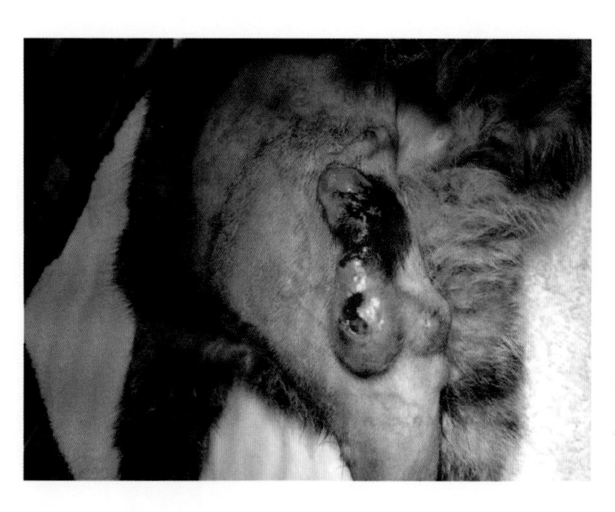

**图 12-3　鼠麻风分枝杆菌感染的雄性幼猫股外侧的大溃疡结节**
尽管皮肤病变广泛存在，但该猫通过包括利福平和氯法齐明在内的多药治疗被治愈（由 Dr. Mei Sae Zhong 提供）。

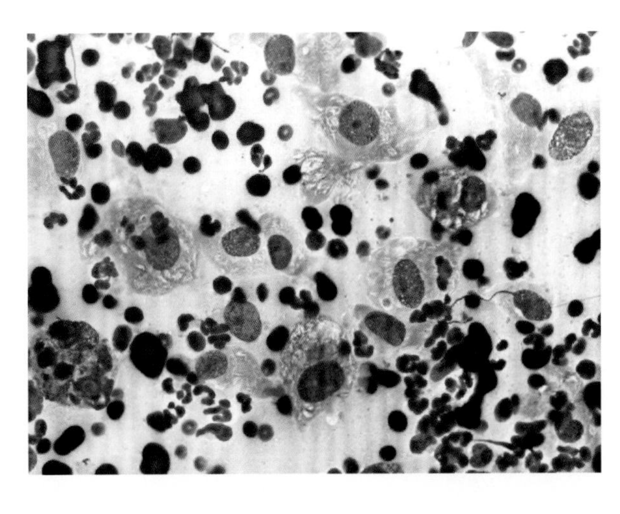

图 12-4　大量巨噬细胞，胞质内充满许多无色杆状区域（Diff Quick，1000 倍放大）（由 Dr. Francesco Albanese 提供）

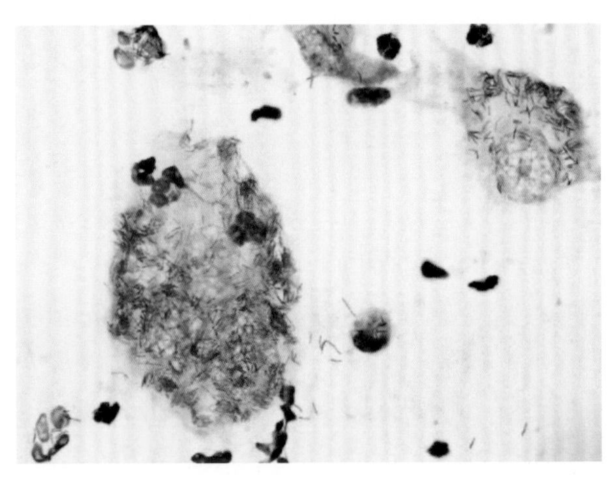

图 12-5　齐 - 内染色（1000 倍放大）可很好地识别许多鲜红色的杆状分枝杆菌（由 Dr. Francesco Albanese 提供）

性炎症，伴有不同的成纤维细胞反应。有时，成纤维细胞反应可能非常明显，难以将疾病与发炎的纤维肉瘤（所谓“分枝杆菌假瘤”）区分开来[21]。在巨噬细胞和梭形细胞内均发现的 AFB 确定了这些病例的潜在病因（图 12-6）。在没有明显的成纤维细胞反应的情况下，病变可能类似于瘤型麻风病。

猫麻风病的病理表现又分为多菌型（瘤型）和少菌型（结核样）[22]。“多菌型”麻风病与弱的细胞介导免疫（cell-mediated immune，CMI）反应相对应。通常观察到许多泡沫状或多核巨噬细胞，含有大量分枝杆菌。无坏死，病变几乎不含淋巴细胞和浆细胞。“少菌型”麻风病与更明显的 CMI 反应共存，在以上皮样组织细胞为主的脓性肉芽肿性炎症中可见中等至少量 AFB。还可见中等数量的淋巴细胞和浆细胞，伴多灶性至融合性坏死。猫未见外周神经发病，这是人类麻风病的特征。

除样本已被环境分枝杆菌污染外，分子方法（如 PCR 和测序）可以为新鲜或冷冻组织、福尔马林固定的石蜡包埋组织切片和罗曼诺夫斯基染色的细胞学载玻片提供高度精确的诊断[23]。应该记住的是，即使显微镜下未观察到 AFB 的样本，也不能排除 PCR 结果为阴性的分枝杆菌感染。

猫 IFN-γ ELISPOT 试验目前已上市[24]。该试验利用牛结核菌素和 ESTAT6/CFP10 诊断感染牛分枝杆菌或田鼠分枝杆菌的猫，并能够区分这两种分枝杆菌。据报道，检测猫牛分枝杆菌感染的敏感性为 90%，检测猫田鼠分枝杆菌感染的敏感性为 83.3%，两者的特异性均为 100%。

已在 TB 患猫中评估了血清抗体检测［多抗原印记免疫测定法（multi-antigen print immune-assay，MAPIA）、TBs TAT-PAK 和快 DPP VetTB］[25]。检测牛分枝杆菌感染的总体敏感性为 90%，检测田鼠分枝杆菌感染的总体敏感性＞40%，特异性为 100%。

重要的是要记住，这些检测不能明确区分活动性感染与潜伏性感染或既往暴露史。从具有相应体征和诊断结果的猫获得的临床样本中培养微生物仍

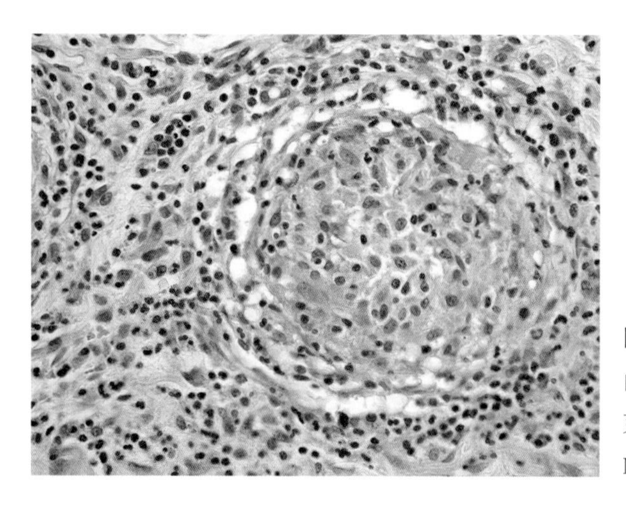

**图 12–6 MTB 复合群感染的组织病理学表现**

由巨噬细胞、中性粒细胞、淋巴细胞和浆细胞组成的肉芽肿。肉芽肿中心含有上皮样巨噬细胞（H&E，400 倍放大）（由 Dr. Chiara Noli 提供）。

然是诊断活动性 TB 的金标准。

## 治疗

缺乏猫分枝杆菌病治疗的对照研究，现有文献包括少数回顾性、观察性病例系列和病例报告。偶有鼠麻风分枝杆菌感染自发消退的报道 [26, 27]；然而，绝大多数 SGM 感染需要经治疗才能痊愈。表 12–1 列出了通常用于治疗猫分枝杆菌病的药物和剂量。

几乎所有 SGM 感染病例均需要初始经验性治疗，因为病原分枝杆菌的鉴定可能需要数周至数月（或可能根本不可用）。初始治疗的选择取决于怀疑的病原体、主人因素（如经济因素和对猫长期经口给药的能力 / 意愿），以及存在可能限制某些药物使用的并发疾病，如使用利福平时存在肝脏疾病。

治疗应至少包括利福平、克拉霉素（或阿奇霉素）和（或）普多沙星（或莫西沙星）。在苛养微生物感染常见的地区，如果可用，纳入氯法齐明也是合理的选择。乙胺丁醇和异烟肼已被用于治疗猫结核病，尽管毒性让其使用受限。只有在对更常用的药物耐药的情况下，才倾向于使用这些药物。如果感染仅限于局部皮肤，手术切除可能是抗生素治疗的有益辅助手段。

随后可根据分枝杆菌菌种鉴定、治疗反应和（或）药敏试验结果（如可用）调整用药。治疗应持续到手术切除后至少 2 个月或临床症状消退。除非诊断为 MTB 复合群感染，否则无须对猫进行隔离。一些药物，尤其是氯法齐明，可诱导光敏性，建议主人在夏季将猫留在室内。

## 预后

所有慢生长菌种引起的局限性皮肤感染，如果及时联合使用适当的抗生素治疗，并在可能的情况下进行手术切除，则预后良好。如果皮肤病发展为全身性感染，则预后明显变差，治疗可能昂贵且耗时。众所周知，长期给猫用药是较难操作的，数月的多药治疗也可能影响结果。

## 公共卫生风险

唯一具有明确猫—人传染风险的 SGM 是牛分枝杆菌，尽管该风险似乎较低。来自英国的一份报告详细描述了 4 例与感染的宠物猫相关的病例（2 例临床感染，2 例亚临床感染）的感染情况 [28]。一名实验室工作人员在接触意外喂食感染肉类后感染的试验猫后发生血清转阳 [29]。目前尚无猫 – 人传播田鼠分枝杆菌的病例报道。

有一份报告称，人因猫抓伤而感染了海分枝杆菌 [30]。然而，这可能代表机械接种，而不是真正的动物源性传播。同样，人几乎没有从猫身上获得任何苛养微生物感染的风险；然而，由于尚不清楚这些分枝杆菌菌种的生态学和传播特征，因此很难完全确定其动物源性传播的可能性。

虽然风险较低，但猫病咨询委员会（总部位于欧洲）建议所有接触感染猫的人了解猫分枝杆菌病动物源性传播的潜在风险 [31]。作为最低限度的预防

表 12-1　通常用于治疗猫分枝杆菌感染的药物

| 药物 | 剂量 | 副作用 / 注意事项 |
|---|---|---|
| 氯法齐明 | 25 mg/ 猫，PO，每 24 h 一次或 50 mg/ 猫，每 48 h 一次 | 皮肤和体液变色（粉红色 - 棕色）、光敏作用、点状角膜病变、恶心、呕吐和腹痛，可能有肝毒性；监测血清肝酶[a] |
| 克拉霉素 | 62.5 mg/ 猫，PO，每 12 h 一次 | 皮肤红斑和水肿、肝毒性、腹泻和（或）呕吐、中性粒细胞减少症、血小板减少症 |
| 阿奇霉素 | 5 ~ 15 mg/kg，PO，每 24 h 一次 | 呕吐、腹泻、腹痛、肝毒性 |
| 利福平 | 10 mg/kg，PO，每 24 h 一次 | 肝毒性和（或）食欲不振、皮肤红斑 / 瘙痒、过敏反应；监测血清肝酶 |
| 多西环素 | 5 ~ 10 mg/kg，PO，每 12 h 一次 | 盐酸或盐酸制剂可引起食管刺激和可能的狭窄 |
| 恩诺沙星<br>马波沙星<br>奥比沙星 | 5 mg/kg，PO，每 24 h 一次<br>2 mg/kg，PO，每 24 h 一次<br>7.5 mg/kg，PO，每 24 h 一次 | 恩诺沙星可能引起猫视网膜毒性；如果可以，首选马波沙星或奥比沙星；大多数禽分枝杆菌复合群微生物对第二代氟喹诺酮类耐药 |
| 普多沙星 | 7.5 mg/kg，PO，每 24 h 一次 | 除非发生胃肠道副作用，否则不与食物同服 |
| 莫西沙星 | 10 mg/kg，PO，每 24 h 一次 | 呕吐和厌食；可分为 12 h 给药一次和（或）与食物同服 |

a 谷丙转氨酶和碱性磷酸酶。

措施，建议在处理这些动物时佩戴手套。这对于任何与猫接触的免疫功能低下的人来说尤其重要。兽医工作人员在处理具有皮肤病变的猫、采集活检样本或进行剖检研究时，应使用个人防护设备。

## 参考文献


[1] Gupta RS, Lo B, Son J. Phylogenomics and comparative genomic studies robustly support division of the genus Mycobacterium into an emended genus Mycobacterium and four novel genera. Front Microbiol. 2018; 9:67.

[2] Fedrizzi T, Meehan CJ, Grottola A, Giacobazzi E, Serpini GF, Tagliazucchi S, et al. Genomic characterization of nontuberculous mycobacteria. Sci Rep. 2017; 7:45258.

[3] Lewis DT, Hodgin EC, Foil S, Cox HU, Roy AF, Lewis DD. Experimental reproduction of feline Mycobacterium fortuitum panniculitis. Vet Dermatol. 1994; 5(4):189–195.

[4] Drancourt M, Raoult D. Cost-effectiveness of blood agar for isolation of mycobacteria. PLoS Negl Trop Dis. 2007; 1(2):e83.

[5] Govendir M, Hansen T, Kimble B, Norris JM, Baral RM, Wigney DI, et al. Susceptibility of rapidly growing mycobacteria isolated from cats and dogs, to ciprofloxacin, enrofloxacin and moxifloxacin. Vet Microbiol. 2011; 147(1–2):113–118.

[6] Nash KA, Andini N, Zhang Y, Brown-Elliott BA, Wallace RJ. Intrinsic macrolide resistance in rapidly growing mycobacteria. Antimicrob Agents Chemother. 2006; 50(10):3476–3478.

[7] Brown-Elliott B, Philley J. Rapidly growing mycobacteria. Microbiol Spectr. 2017; 5:TNMI7-0027-2016.

[8] Malik R, Wigney DI, Dawson D, Martin P, Hunt GB, Love DN. Infection of the subcutis and skin of cats with rapidly growing mycobacteria: a review of microbiological and clinical findings. J Feline Med Surg. 2000; 2(1):35–48.

[9] Guille AE, Tseng LW, Orsher RJ. Use of vacuum-assisted closure for management of a large skin wound in a cat. J Am Vet Med Assoc. 2007; 230(11):1669–1673.

[10] Vishkautsan P, Reagan KL, Keel MK, Sykes JE. Mycobacterial panniculitis caused by Mycobacterium thermoresistibile in a cat. JFMS Open Rep. 2016; 2(2):2055116916672786.

[11] Ngan N, Morris A, de Chalain T. Mycobacterium fortuitum infection caused by a cat bite. N Z Med J. 2005; 118(1211):U1354.

[12] Alves DM, da Motta SP, Zamboni R, Marcolongo-Pereira C, Bonel J, Raffi MB, et al. Tuberculosis in domestic cats (Felis catus) in southern Rio Grande do Sul. Pesquisa Veterinária Brasileira. 2017; 37(7):725–728.

[13] Gunn-Moore DA, McFarland SE, Brewer JI, Crawshaw TR, Clifton-Hadley RS, Kovalik M, et al. Mycobacterial disease in cats in Great Britain: I. Culture results, geographical distribution and clinical presentation of 339 cases. J Feline Med Surg. 2011; 13(12):934–944.

[14] Cavanagh R, Begon M, Bennett M, Ergon T, Graham IM, De Haas PE, et al. Mycobacterium microti infection (vole

tuberculosis) in wild rodent populations. J Clin Microbiol. 2002; 40(9):3281–3285.

[15] Delahay RJ, Smith GC, Barlow AM, Walker N, Harris A, Clifton–Hadley RS, et al. Bovine tuberculosis infection in wild mammals in the south–west region of England: a survey of prevalence and a semi–quantitative assessment of the relative risks to cattle. Vet J. 2007; 173(2):287–301.

[16] Murray A, Dineen A, Kelly P, McGoey K, Madigan G, Ni Ghallchoir E, et al. Nosocomial spread of mycobacterium bovis in domestic cats. J Feline Med Surg. 2015; 17(2):173–180.

[17] Fyfe JA, McCowan C, O'Brien CR, Globan M, Birch C, Revill P, et al. Molecular characterization of a novel fastidious mycobacterium causing lepromatous lesions of the skin, subcutis, cornea, and conjunctiva of cats living in Victoria, Australia. J Clin Microbiol. 2008; 46(2): 618–626.

[18] O'Brien CR, Malik R, Globan M, Reppas G, McCowan C, Fyfe JA. Feline leprosy due to Candidatus 'Mycobacterium tarwinense' further clinical and molecular characterisation of 15 previously reported cases and an additional 27 cases. J Feline Med Surg. 2017; 19(5): 498–512.

[19] O'Brien CR, Malik R, Globan M, Reppas G, McCowan C, Fyfe JA. Feline leprosy due to Candidatus 'Mycobacterium lepraefelis': further clinical and molecular characterisation of eight previously reported cases and an additional 30 cases. J Feline Med Surg. 2017; 19(9):919–932.

[20] Appleyard GD, Clark EG. Histologic and genotypic characterization of a novel Mycobacterium species found in three cats. J Clin Microbiol. 2002; 40(7):2425–2430.

[21] Miller MA, Fales WH, McCracken WS, O'Bryan MA, Jarnagin JJ, Payeur JB. Inflammatory pseudotumor in a cat with cutaneous mycobacteriosis. Vet Pathol. 1999; 36(2):161–163.

[22] Malik R, Hughes MS, James G, Martin P, Wigney DI, Canfield PJ, et al. Feline leprosy: two different clinical syndromes. J Feline Med Surg. 2002; 4(1):43–59.

[23] Reppas G, Fyfe J, Foster S, Smits B, Martin P, Jardine J, et al. Detection and identification of mycobacteria in fixed stained smears and formalin–fixed paraffin–embedded tissues using PCR. J Small Anim Pract. 2013; 54(12):638–646.

[24] Rhodes SG, Gruffydd–Jones T, Gunn–Moore D, Jahans K. Adaptation of IFN–gamma ELISA and ELISPOT tests for feline tuberculosis. Vet Immunol Immunopathol. 2008; 124(3–4):379–384.

[25] Rhodes SG, Gunn–Mooore D, Boschiroli ML, Schiller I, Esfandiari J, Greenwald R, et al. Comparative study of IFNgamma and antibody tests for feline tuberculosis. Vet Immunol Immunopathol. 2011; 144(1–2):129–134.

[26] O'Brien CR, Malik R, Globan M, Reppas G, Fyfe JA. Feline leprosy due to Mycobacterium lepraemurium: further clinical and molecular characterization of 23 previously reported cases and an additional 42 cases. J Feline Med Surg. 2017; 19(7):737–746.

[27] Roccabianca P, Caniatti M, Scanziani E, Penati V. Feline leprosy: spontaneous remission in a cat. J Am Anim Hosp Assoc. 1996; 32(3):189–193.

[28] England PH. Cases of TB in domestic cats and cat–to–human transmission: risk to public very low. 2014. Available from: https://www.gov.uk/government/news/ cases–of–tb–in–domestic–cats–and–cat–to–human–transmission–risk–to–public–very–low.

[29] Isaac J, Whitehead J, Adams JW, Barton MD, Coloe P. An outbreak of Mycobacterium bovis infection in cats in an animal house. Aust Vet J. 1983; 60(8):243–245.

[30] Phan TA, Relic J. Sporotrichoid Mycobacterium marinum infection of the face following a cat scratch. Australas J Dermatol. 2010; 51(1):45–48.

[31] Lloret A, Hartmann K, Pennisi MG, Gruffydd–Jones T, Addie D, Belak S, et al. Mycobacterioses in cats: ABCD guidelines on prevention and management. J Feline Med Surg. 2013; 15(7):591–597.

# 第十三章　皮肤癣菌病

Karen A. Moriello

**摘要**

猫皮肤癣菌病是猫的一种浅表皮肤病。最主要的传播方式是通过直接接触或皮肤破损处接触污染源。犬小孢子菌是猫皮肤癣菌病最主要的病原体，而户外生活的猫可能接触到须毛癣菌。诊断基于互补的诊断试验。循证研究结果显示皮肤癣菌病诊断试验没有金标准。与普遍的认知相反，循证研究发现，超过 91% 未经治疗的猫伍德氏灯检查呈阳性。因此与毛发和皮屑镜检相结合时，伍德氏灯是一种非常有用的快速诊断方法。病原的 PCR 分析也是诊断性的。进行菌种鉴定需要真菌培养。外部抗真菌治疗对于毛发消毒、最大限度地减少疾病传播和防止环境污染是必要的。全身性抗真菌治疗可以根除毛囊内的癣菌感染。循证研究表明，通过持续清除猫的毛发和皮屑可以达到环境消毒的目的。真菌孢子不会在环境中增殖或污染家具。使用洗涤剂可以轻易去除柔软和坚硬表面上的真菌孢子。相比会对人和动物造成危害的家用漂白剂，更推荐使用对须毛癣菌有效的非处方家用消毒剂（如浴室清洁剂）。这是一种低等级的人兽共患皮肤病，可能会导致可治疗的浅表皮肤病变。

## 引言

皮肤癣菌病是一种具有传染性的，可造成皮肤、毛发、皮屑和爪部感染的浅表皮肤病。它是一种不会危及生命，可治疗且可治愈的，低等级的动物传染病，也就是说它不会致死并且易于治疗。健康动物不接受治疗也会痊愈。建议进行治疗以缩短病程，并限制传播给其他易感动物的风险。本章的两个主要目标是：①从近期的循证研究中总结出该疾病的关键点。②提供证据终结互联网上很多围绕该疾病的谣言，这些谣言会耽误治疗，引起动物主人焦虑，最坏的情况下可能会导致错误地给猫实施安乐死。

## 重要病原和新分类

皮肤癣菌是需氧真菌，会侵入并感染角化的皮肤、毛发、皮屑和趾甲。依据宿主易感性将这些病原微生物分为：嗜人性（人类）、嗜动物性（动物）和嗜土性（土壤）。

皮肤癣菌也可以根据其处于无性状态（无性型）还是有性状态（有性型）进行分类[1, 2]。例如，犬小孢子菌属于有性型分节真菌属复合群（犬小孢子菌、铁锈色小孢子癣菌、奥杜宁小孢子菌），是一种变形物种[3]。变形体的命名基于真菌培养的宏观和微观特性。最近，分子检测发现许多物种都是同一物种。2011 年，《阿姆斯特丹真菌命名法宣言》（一种

真菌 = 一个名字）被采纳，目前正在进行重新分类[4]。须毛癣菌和犬小孢子菌被重新归类为分节真菌属。临床医生需要意识到临床书籍已越来越多地使用新的命名法。本章仍将使用传统命名法。

猫最重要的病原体是犬小孢子菌。猫感染须毛癣菌和石膏样小孢子菌的情况较少见。通过传统试验和分子检测已经证实，皮肤癣菌不是猫正常真菌群的一部分[5-7]。

## 流行率

该病的真实流行率不详，因为这种疾病没有过多的报道。最近一个对来自 29 个国家的 73 篇文章的综述表明，皮肤癣菌流行率数据偏倚较大，这取决于猫的来源、研究是前瞻性还是回顾性、数据的收集和解读是在识别癣菌携带之前还是识别癣菌携带之后，以及其他纳入标准[2]。

对于流行率最有帮助的数据来自对病例进行确诊的研究。这些研究一致发现皮肤癣菌在诊所和收容所中的总体流行率较低（＜3%）（专栏 13-1）。在一项来自美国的研究（$n$ = 1407）中，确诊的皮肤癣菌流行率为 2.4%[8]，而在加拿大的一项研究（$n$ = 111）中，确诊的皮肤癣菌流行率为 3.6%[9]。在英国的一项研究（$n$ = 154）中，确诊的皮肤癣菌流行率为 3%[10]。更引人注意的是，在英国的另一项研究中，142 576 只猫的用药记录显示皮肤癣菌病不是最常见的皮肤病，即使有 10.4% 的猫主诉为皮肤癣菌病[11]。在一项针对慢性瘙痒猫的研究中（$n$ = 502），只有 2.1% 的猫被诊断出患有这种疾病[12]。最后，在一项回顾性研究中，对进入开放式动物收容所的猫（$n$ = 5644）进行了连续 24 个月的观察，结果显示皮肤癣菌的流行率为 6%[13]。

**专栏 13-1 疾病流行率关键点**

- 皮肤癣菌病不是引起猫皮肤病变的常见原因（＜3%）。
- “除非有其他证据，否则这就是癣”的说法是错误的。
- 这是幼猫的常见皮肤病。

## 风险因素

皮肤癣菌病的风险因素包括温暖、潮湿的环境，幼龄和群居（如动物收容所或猫舍）[14-21]。患有潜在的年龄相关疾病的“老年猫”或“年龄较大的猫”易患皮肤癣菌病的传闻缺乏科学依据[2]。尚未发现 FeLV 或 FIV 血清阳性的猫感染皮肤癣菌的风险增加[22]。在两项大型研究中，未见接受免疫抑制剂治疗的落叶型天疱疮患猫感染皮肤癣菌的报道[23, 24]。考虑到环孢素在猫上广泛使用，但据报道只有一只猫在使用这种药物的过程中发生皮肤癣菌病[25]。关于品种易感性，波斯猫通常被认为是易感品种。然而，该品种在流行率和治疗研究中被过度关注。皮下皮肤癣菌感染很少见，几乎只在长毛品种中有报道。

## 发病机制、传播和免疫应答的关键点

### 感染的发病机制

节孢子是皮肤癣菌的感染形态，其通过真菌菌丝分裂成较小的感染单位而形成。皮肤癣菌感染分为三个阶段[2]。首先，节孢子在感染后 2 ~ 6 h 内附着在角质细胞上[26-28]。其次，真菌开始生长，芽管从节孢子中长出，穿透角质层。最后，入侵角质结构；皮肤癣菌的菌丝侵入并朝着多个方向生长，包括毛囊。菌丝可以在 7 d 内形成节孢子。通常在 7 ~ 21 d 之内可见明显的临床症状。

### 传播

已有研究使用直接应用感染模型和群居自然暴露试验来探究犬小孢子菌的发生，并提供关于疾病传播的实用见解[29-35]。在直接应用模型中，除非有大量的感染性孢子（每个位置＞$10^4$ 个孢子），否则很难建立感染。成功建立感染的部位需要微创伤和闭塞。可以通过理毛去除感染源的成年猫 / 幼猫无法建立感染。100% 的实验感染猫都出现了伍德氏灯荧光阳性，并最早可在感染后 5 ~ 7 d 观察到。在群居模型中，将一只高度社会化的感染猫与一群健康猫一同饲养，病变以一种清晰的模式发展。社交最频繁的猫首先出现病变，然后所有猫随着时间的推移也都出现了病变。所有病变都从面部和耳朵开始，然后进一步发展。在一项研究中，将皮肤没有任何微创伤的健康猫放在被污染的环境中饲养，实验猫真菌培养呈阳性，但没有出现皮肤病变。给实验猫洗澡或者转移到干净的屋子里让其自行理毛后，真菌培养结果转为阴性。

现在已经证实皮肤癣菌病的传播主要是通过直接接触被感染的动物。理毛是抵抗疾病传播的重要先天保护机制。微创伤是成功建立感染的重要先决条件。瘙痒或自损导致的皮肤微创伤、湿度和外寄生虫都为皮肤癣菌病的发展提供了最佳条件。如果污染源的传播会引起微创伤（如理毛工具）或者处于被污染的环境中的猫自损（如外寄生虫引起的瘙痒），那么污染源的传播会成为风险因素。在没有微创伤和湿度适宜的情况下，来自被污染环境的传播不是一种有效的传播方式。

### 对感染的免疫力和恢复能力

猫感染皮肤癣菌后产生细胞免疫和体液免疫[35–37]。皮内和体外研究表明，感染后恢复能力取决于细胞免疫的强弱。细胞免疫对于防止再次感染很重要。研究表明，感染后治愈的猫可以发生二次感染，但需要大量孢子、更封闭的微环境或两者兼而有之。二次感染症状较轻，并且痊愈更快。

## 临床症状

猫皮肤癣菌病没有特异性的临床症状。皮肤癣菌病的临床症状反映了该病的发病机制：入侵皮肤的角质结构。临床症状还受年龄和整体生理健康情况的影响。例如，患有上呼吸道感染或消化道疾病的幼猫，即使感染轻微也有发展为广泛性病变的风险。

### 临床症状的检查方法

皮肤癣菌病的严重程度反映了猫的整体健康状况。从这个角度来看，猫皮肤癣菌病有不同的临床表现：普通感染、复杂性感染和培养阳性但无病变的感染。普通感染是在健康猫身上发生的疾病。严重程度往往有限，这些猫对治疗反应良好。许多幼猫发生的皮肤癣菌病是自限性的，可自行消退，并且可能从未被确诊。复杂性感染更难治疗，因为病变往往更严重，而且患病的成年猫 / 幼猫往往并发其他疾病，在诊断后不久患上的并发疾病可以解释皮肤病的严重程度，和（或）有一些其他复杂因素使治疗具有挑战性（例如，需要包裹绷带的部位使得外部治疗难以操作）。复杂性感染是指任何无法直接治疗的病例。培养呈阳性的猫既可以是携带癣菌但没有病变，也可以是初诊时病变轻微但没有被发现。因此需要对培养呈阳性但无病变的猫用伍德氏灯重新检查，并寻找病变。洗澡后将猫转移到干净的环境中再次培养可以判断其是否携带癣菌。携带癣菌的猫的培养结果有可能呈阴性；一次洗澡并不足以去除被毛上的所有感染性孢子。

### 常见症状

病变往往是不对称的。如前文所述，对群居感染模型的研究表明，病变倾向于从面部、耳朵和口鼻周围开始，然后发展到爪部和尾巴（图 13–1 ~ 图 13–3）[34, 38]。病变可能是局灶性的或多灶性的。脱毛可能很轻微，但有时主诉最担心的是脱毛过多。有些猫有吐毛球或便秘史，皮屑很常见，有时很明显（图 13–4 和图 13–5）。严重病例可能会出现渗出性甲沟炎。炎症反应可能很轻微也可能很严重，并可能出现弥漫性红斑。猫身上原本不常见毛囊管型和色素沉着，一旦出现，最可能见于皮肤癣菌病患猫。犬小孢子菌可在青年猫身上引起粉刺样病变。瘙痒程度不一，有可能很强烈，类似嗜酸性粒细胞性脓性创伤性皮炎。

### 罕见表现

罕见的临床表现包括与落叶型天疱疮一样的临床症状，其特征是面部和耳部的对称性结痂以及渗出性甲沟炎。单侧或双侧耳廓瘙痒是另一种特殊的临床表现。被感染的毛发位于耳缘或耳背。很少观察到弥漫性多灶性蜡样色素沉着区域。在波斯猫中

图 13–1 一只患有皮肤癣菌病的青年猫的面部病变（由 Dr. Rebecca Rodgers 提供）

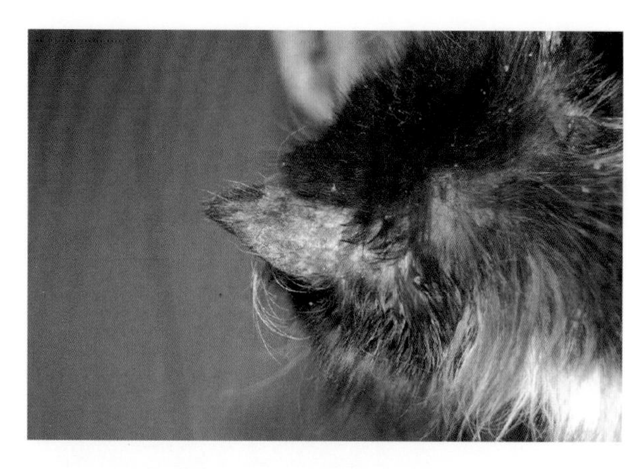

图 13–2 一只患有皮肤癣菌病的波斯猫耳廓出现脱毛和皮屑（由 Dr. Chiara Noli 提供）

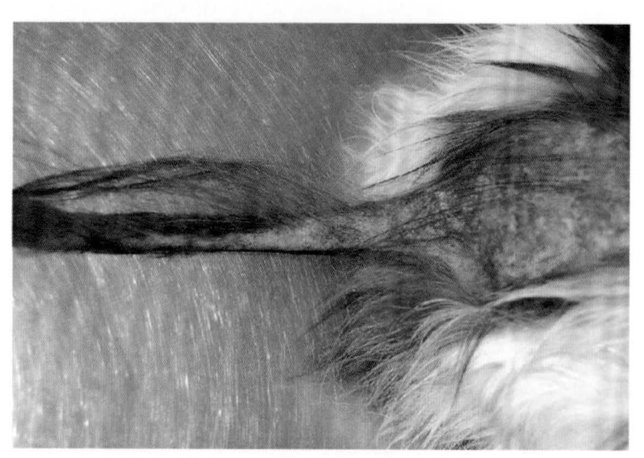

图 13–3 一只波斯猫在皮肤癣菌病后期出现背部和尾部脱毛（由 Dr. Chiara Noli 提供）

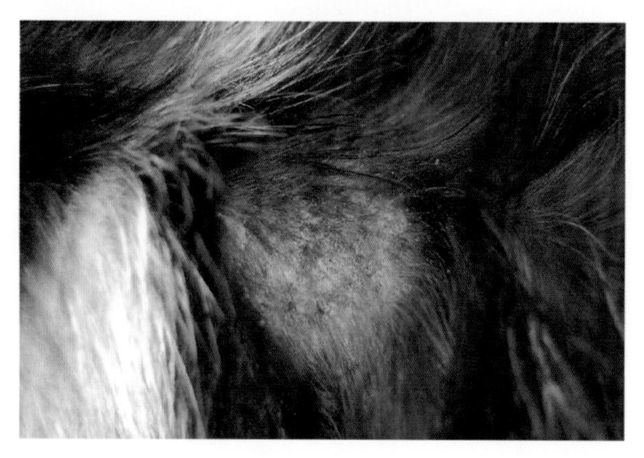

图 13–4 与图 13–2 中的猫为同一只：脱毛斑伴随轻度皮屑（由 Dr. Chiara Noli 提供）

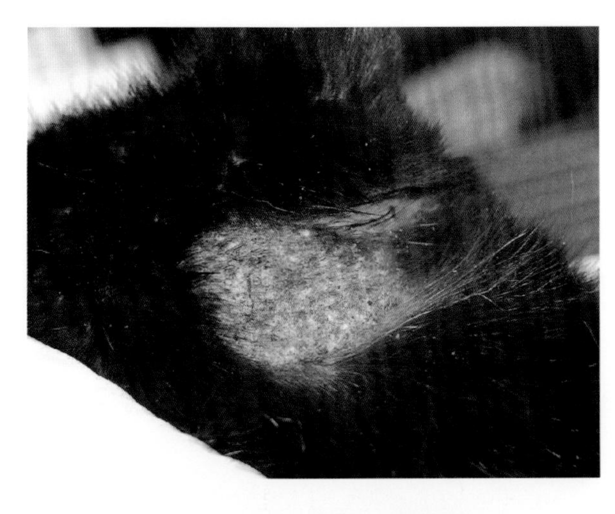

图 13-5　患有皮肤癣菌病的短毛猫出现局灶性脱毛斑和厚皮屑（由 Dr. Chiara Noli 提供）

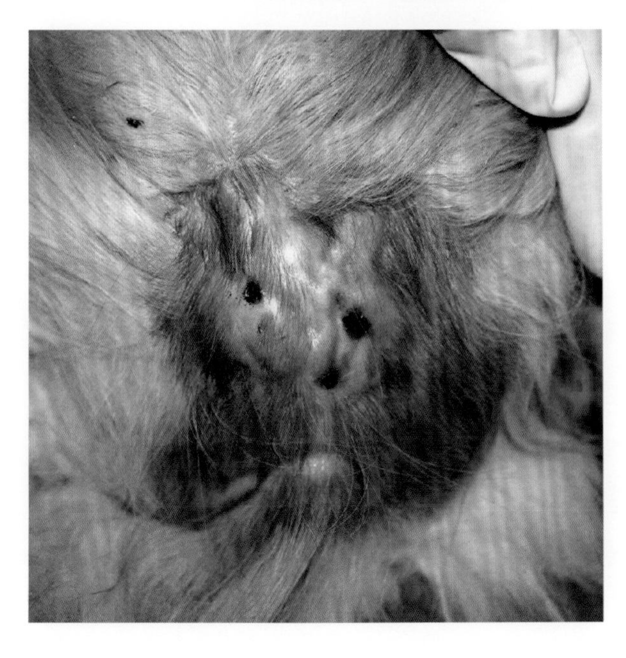

图 13-6　皮肤癣菌性足菌肿引起的溃疡性结节（由 Dr. Andrea Peano 提供）

最常见到皮肤癣菌性结节（图 13-6）。其通常有皮肤癣菌病史，但并非总是如此。这些结节可能会或不会形成溃疡和瘘道。

## 诊断

无法根据临床症状诊断皮肤癣菌病。最近一项循证研究得出的结论是，没有任何一项单独测试可以作为诊断的“金标准”。目前的建议是使用多种互补的诊断程序[2]。皮肤癣菌病的诊断分为两大类：快速诊断（point-of-care，POC）和参考实验室（reference laboratory，RL）测试。全血细胞计数、血清生化检查、尿液分析和影像学诊断虽然对确诊皮肤癣菌病没有帮助，但是这些检测对于评估患有复杂性感染的猫很有帮助。

### 快速诊断学

有 3 种重要的辅助性 POC 诊断试验和工具：皮肤镜、伍德氏灯检查和毛发 / 皮屑的直接镜检。皮肤镜和伍德氏灯检查用于寻找需要进行毛发镜检的可疑毛发。如果通过对毛干和皮屑直接进行检查可以确诊，可以在就诊时就开始治疗。

#### 皮肤镜

皮肤镜（图 13-7 和图 13-8）是一种非侵入性 POC 工具，可以放大和照亮皮肤。皮肤镜的主要用途是寻找要进行直接镜检的毛发。该工具可以配合 / 不配合伍德氏灯检查使用。两项研究发现，犬小孢子菌感染的毛发具有独特的外观[39, 40]。被感染的毛发无光泽，略微弯曲或断裂，且均匀变粗（图13–9）。浅色猫比深色猫更容易发现被感染的毛发。进行该检查的最大障碍是患病动物的配合度。

**伍德氏灯检查**

伍德氏灯是一种 POC 诊断工具，其主要用途是寻找需要进行直接镜检的毛发或观察病变恢复情况。伍德氏灯是一种插电式灯，其紫外线光谱的波长为 320 ~ 400 nm[41]。在兽医皮肤病学中的所有重要的真菌病原里，唯一能发出荧光的是犬小孢子菌。犬小孢子菌感染的毛发具有的特征性绿色荧光是由于水溶性色素位于毛发的皮质或髓质内[42–44]。荧光是感染导致的化学反应的结果，与孢子或传染性物质无关。

图 13–7 手持式皮肤镜（由 Dr. Fabia scarampella 提供）

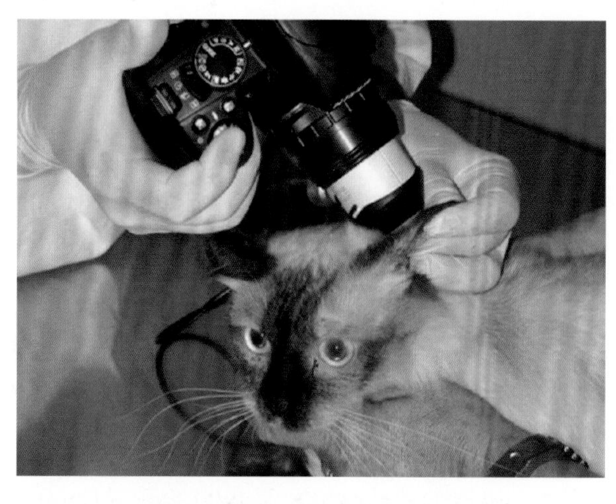

图 13–8 使用皮肤镜对猫进行检查（由 Dr. Fabia scarampella 提供）

图 13–9 用皮肤镜看到的毛发（由 Dr. Fabia scarampella 提供）
箭头所指为被感染的毛发。

一项循证文献综述表明，很多关于伍德氏灯检查的作用、荧光阳性率和作为快速诊断的有效性的普遍看法都是错误的；人们对这一工具的认识还不够。诸如“不到 50% 的菌种发荧光”的看法是基于对来源随机的诊断样本的回顾性研究[15, 45–47]。当分析来自 30 项实验性感染研究和自发性感染研究的数据时，结果出乎意料地不同[2]。实验性感染的猫荧光阳性率为 100%，在自发性感染的研究中，未经治疗的动物的荧光阳性率＞91%。不出意料的是，接受治疗的猫的荧光阳性率较低。经过治疗并痊愈的猫常可见毛尖荧光，这是发生感染后毛囊内残留的色素导致的（图 13–10）。

根据作者的经验，伍德氏灯的使用与掌握皮肤 / 耳朵细胞学样本采集和使用显微镜没有区别。有关伍德氏灯使用的提示，请参见专栏 13–2。需要强调的是，这是一种可以习得的技能。使用真正的伍德氏灯并加以练习，是寻找可疑毛发的有用工具（图 13–11）。这对室内光线下寻找时遗漏的病变非常有帮助（图 13–12）。发荧光的毛发通常见于未经治疗的动物；经过治疗的动物可能很难发现荧光。假阳性和假阴性结果通常是由设备缺少放大功能、患病动物的配合度不高、使用者技术不佳或欠缺练习导致的。伍德氏灯可以快速识别高风险猫。例如，一个动物收容所在 7 个月内收养了 1226 只猫[48]。在这些猫中，有 273 只（22.3%）真菌培养结果呈阳性，但其中只有 60 只猫出现病变、伍德氏灯阳性及直接镜检阳性。剩下的 213 只猫真菌培养阳性，没有病变并且伍德氏灯阴性，因此被认为是癣菌携

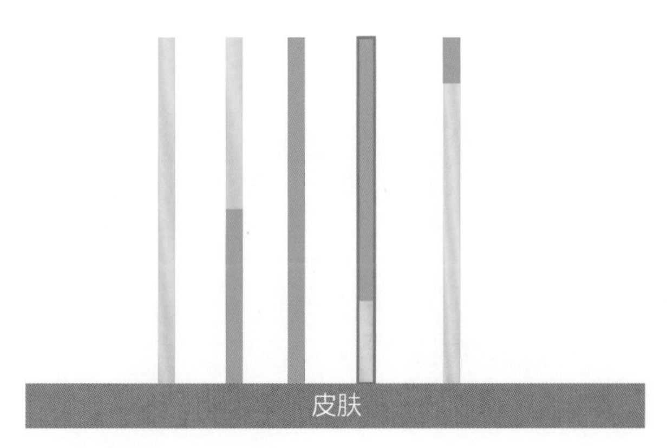


**图 13–10　伍德氏灯检查呈阳性的毛发示意图（从左到右）**

仅在毛干上可见到荧光。未感染的毛发没有荧光。早期受感染的毛发近端可见荧光。随着感染的进展，整个毛干都会发出荧光。当毛囊内的感染被根除后，毛干近端将不再发出荧光（只可见蓝色轮廓的毛发）。这是对治疗反应良好的提示。痊愈的猫通常会残留一些毛尖荧光，因为色素保留在髓质或皮质中（黄色 = 未感染；绿色 = 发荧光，因此是感染的）。有毛尖荧光的毛发培养结果可能呈阳性或阴性。

**专栏 13–2　伍德氏灯临床操作要点**

- 使用紫外线波长为 320 ~ 400 nm 的医疗级别灯源。
- 不要使用手持式电池供电的灯。
- 使用内置放大功能的灯。
- 灯不需要预热。
- 让检查者的眼睛适应黑暗。
- 使用阳性对照玻片。
- 持灯靠近皮肤（2 ~ 4 cm）；减少假阳性荧光。
- 从头部开始缓慢检查毛干。
- 掀起结痂并寻找发苹果绿荧光的毛干。
- 新感染的毛发很短。
- 担心假阳性荧光？检查毛球。

**图 13-11 患有皮肤癣菌病的幼猫**
（a）眼周明显的轻度病变；（b）同一部位明显的伍德氏灯阳性。（由 Dr. Laura Muller 提供）。

**图 13-12 趾间的毛发伍德氏灯阳性**
在室内光线下检查未发现病变。

带者。使用伍德氏灯可快速识别出受感染的猫（60 只猫中有 50 只为幼猫）。

**皮屑和毛发的直接镜检**

直接镜检是一种 POC 诊断试验，可以在临床表现初期确认是否感染皮肤癣菌。可以借助皮肤镜和伍德氏灯或者结合皮肤刮片和拔毛来采集样本。最近的一项研究表明，采集样本的最佳方法是浅表皮肤刮片和从病变处拔出毛发。对猫来说，结合拔毛和病变边缘皮肤刮片可以确诊 87.5％的皮肤癣菌病[49]。在这项研究中没有使用伍德氏灯，如果使用的话，诊断率可能更高。作者使用矿物油悬浮样本并且没有使用清洁剂。清洁剂会破坏荧光，导致伪影并损坏显微镜镜头。使用矿物油悬浮样本是一种既省时又节省成本的检测，因为在镜检的同时还可以排查螨虫。该技术最大的作用是可以比较正常和异常毛发（图 13-13 ~ 图 13-15）。专栏 13-3 总结了直接镜检的要点。

**皮肤细胞学**

皮肤细胞学检查中不会出现大分生孢子。然而，在感染严重的猫身上可能会见到犬小孢子菌的节孢子（图 13-16）。

**真菌培养**

真菌培养可以是 POC 或 RL 诊断试验（专栏 13-5）。如果通过毛发和皮屑的直接镜检可以确诊感染，则使用真菌培养来鉴定皮肤癣菌的种类。如果 POC 无法确诊，则可以通过真菌培养确诊。最近的一项研究表明，当同时使用大范围菌落形成和镜下特征来鉴定菌落时，快速诊断和参考实验室之

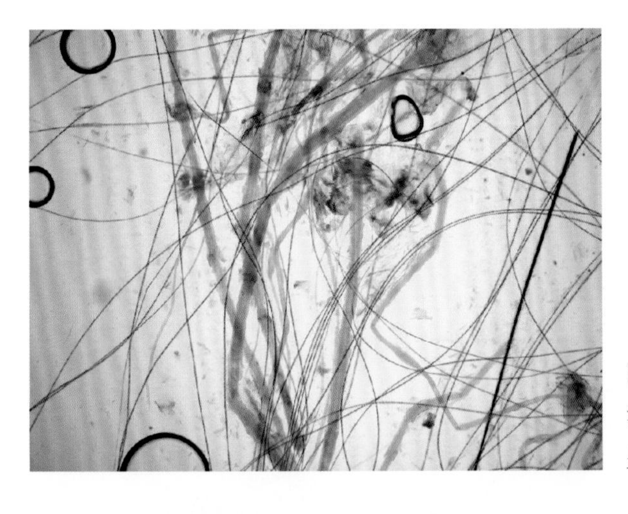

**图 13-13　感染毛发的直接镜检（4 倍镜）**

注意，被感染的毛发颜色浅，比正常毛发粗，正常毛发与之相比呈线状。

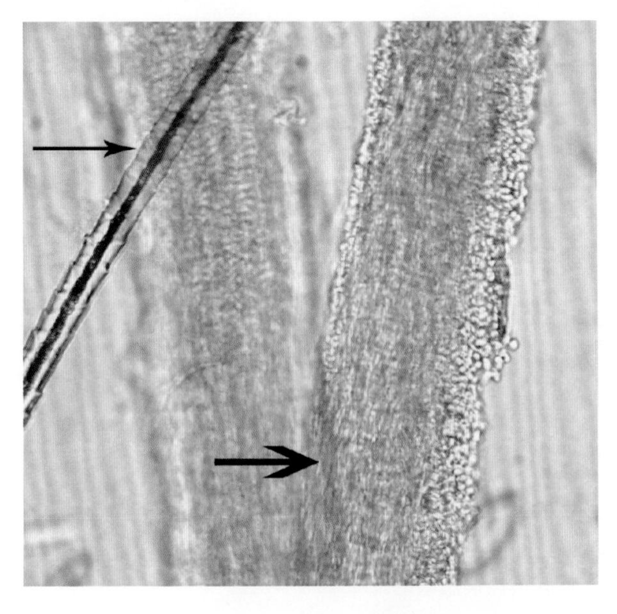

**图 13-14　直接镜检下的感染性毛发（短粗箭头）和非感染性毛发（长细箭头）**

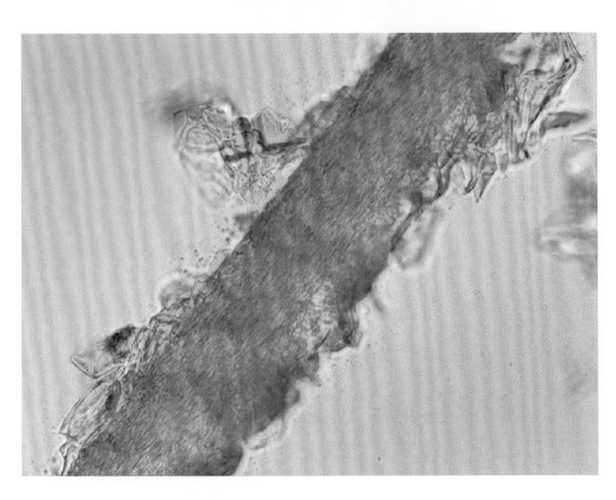

**图 13-15　经乳酸酚棉蓝染色 15 min 后，直接镜检下的感染性毛发**

间存在良好的相关性[50]。但是，当仅凭颜色变化进行诊断时，误诊率可达 20%。

最常用的 POC 真菌培养基是皮肤癣菌检测培养基（Dermatophyte Test Medium，DTM），它由营养培养基、细菌和腐生菌生长抑制剂以及作为 pH 指示剂的酚红组成。有几种该培养基的衍生品可供选择，其中一些声称可以加快生长速度，但是一项研究发现，所有衍生品的效果都大同小异[51]。从实用

## 专栏 13-3 直接镜检的练习要点

使用伍德氏灯或皮肤镜帮助识别可疑毛发。

通过从病变处拔毛和刮片采集样本。

使用刮片刀刮取病变边缘。

使用矿物油悬浮样本；不要使用清洁剂。

盖上盖玻片。

在 4 倍镜下和 10 倍镜下可以很容易看到异常毛发。

与正常毛发相比，被感染毛发的毛干更粗，颜色更浅且通常有折射性。

寻找毛发要点：

- 使用一个对照图谱，显示异常和正常毛发。
- 在玻片上方（2 ~ 3 cm）手持伍德氏灯有助于发现异常毛发。
- 在矿物油中加入乳酚棉蓝或新亚甲蓝染液；检查前将样本静置 10 ~ 15 min；被感染的毛发会呈蓝色。

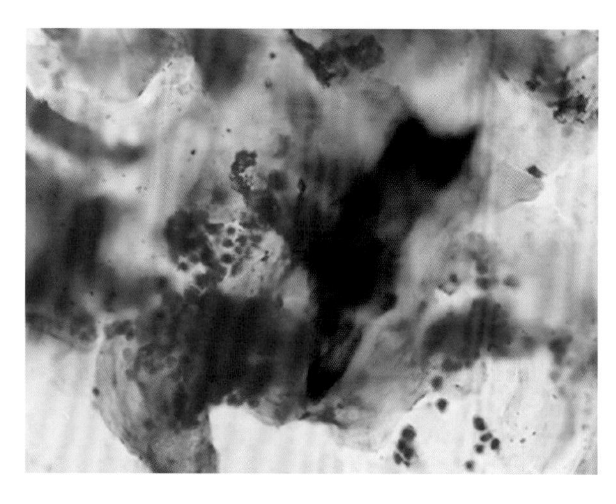

图 13-16 皮肤癣菌病患猫的皮肤细胞学检查

的角度来看，请使用具有大量培养基的 POC 平皿；它很容易用牙刷或毛发接种，也很容易取样进行显微镜检查。作者不建议使用 DTM 玻璃瓶，因为它们很难接种和采样。不建议使用基于“阳性颜色变化”进行诊断的 DTM 玻璃瓶。培养皿应单独储存在塑料袋中，以防止交叉污染并防止干燥和媒介螨虫感染。作者将样本存储在一个塑料容器中，并使用便宜的鱼缸数字温度计监测温度。接种后 5 ~ 7 d 可能出现皮肤癣菌菌落。应每天检查培养皿的生长情况，将培养皿置于光照下观察菌落生长情况（图 13-17）。为了最大限度地减少污染，在样本成长至可用于取样之前不要打开培养皿。使用这种背光技术可以在菌落周围变红前几天看到菌落早期生长。变红是由培养基 pH 变化引起的，因此并不具有诊断意义，它仅能识别出需要采样镜检的菌落（图 13-17）。这种颜色变化通常发生在菌落第一次出现时，但可能在可见真菌生长后 12 ~ 24 h 内发生。所有菌落，包括非致病菌，在生长数天至一周后都会变红。皮肤癣菌菌落绝不会是绿色、灰色、棕色或黑色。病原体呈苍白或浅黄色，有粉末状至棉絮状菌丝生长。所有可疑菌落都应在显微镜下仔细检查（图 13-18 和图 13-19）。

除非采样方式错误，如仅拔出几根毛发而不是使用牙刷进行采样，否则真正感染皮肤癣菌的动物的真菌培养皿上会出现大量菌落。菌落的数量随着感染的自愈或治疗而减少。院内培养最常见的问题之一是犬小孢子菌在 DTM 培养基上孢子化不足或生长不佳或两者兼而有之。导致该问题的一个常见原因是真菌培养皿过度接种。其特征是蓬松的菌落过度生长，但在显微镜下仅可见未孢子化的

**图 13–17　犬小孢子菌开始在 DTM 培养皿上生长**

在白色的棉絮状菌落周围，培养基颜色变红。注意：当接触真菌培养皿时应佩戴手套（由 Dr. Chiara Noli 提供）。

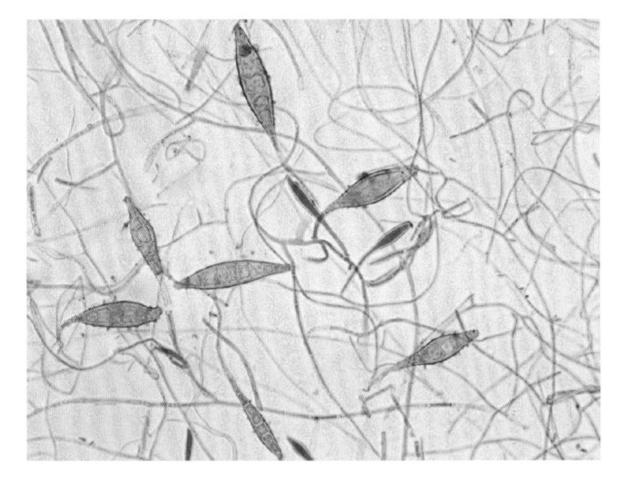

**图 13–18　醋酸胶带制备的犬小孢子菌镜检样本**

检查前将样本静置 15 min 可使大分生孢子更明显。注意锥形末端、粗糙的表面和厚壁。

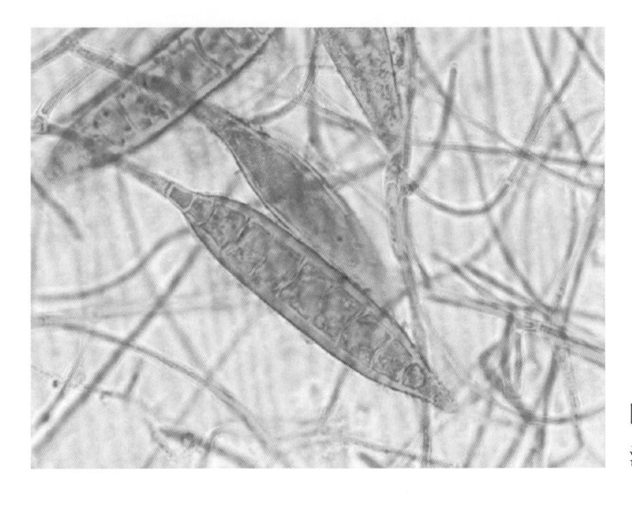

**图 13–19　高倍镜（100 倍放大）下的犬小孢子菌的大分生孢子**

注意其厚壁是每个孢子一致的特征。

菌丝。可以通过将牙刷在培养皿上接种的次数限制为 6 ~ 8 次来避免这种情况，每次刷过的痕迹应清晰可见。

在实际操作中，一个常见的问题是真菌培养皿的培养时间要持续多久。最近研究表明，对人皮肤癣菌进行培养时，培养 17 d 内 98.5% 的培养结果呈阳性 [52]。一项对 2876 例犬小孢子菌培养阳性的回顾性研究表明，在培养 14 d 内 98.2% 的真菌培养结果呈阳性 [53]。经修订后的建议是，如果 14 d 仍未分离出病原或未发现任何菌落生长，则认为真菌培养结果呈阴性。

## 参考实验室诊断学

### PCR

难以通过真菌培养分离病原体，因此人的甲癣通常通过 PCR 进行诊断，这使得越来越多的人关注到 PCR 在诊断动物皮肤癣菌病中的应用。洗澡习惯和使用非处方外部抗真菌药使得通过真菌培养分离人须毛癣菌变得困难。如果参考实验室有标准流程，对组织进行 PCR 检测可用于辅助诊断猫深层皮肤癣菌感染[54, 55]。

越来越多的商业化参考实验室将 PCR 作为诊断试验。该检测相对真菌培养的主要优点是检测周期短。需要注意的是，PCR 敏感性很高，可以同时检测出有活力和无活力的真菌 DNA。此外，与用牙刷采样的真菌培养一样，PCR 不能区分携带癣菌和真正感染。对动物收容所的猫进行商业化 PCR 检测的现场研究发现，PCR 检测具有较高的敏感性和特异性[56, 57]。可以使用牙刷采样，但重要的是仅对病变采样以确保采集足够多的毛发进行分析。或者也可以采集脱落的皮屑和毛球进行检测。在一项现场研究中，小孢子菌属的 qPCR 检测对最初疾病确诊更有帮助，而犬小孢子菌的 qPCR 检测则更适用于确定真菌学治愈[57]。当使用这种检测方法监测真菌学治愈时，在采样前给猫洗澡并吹干可以最大限度地减少无活力 DNA 的干扰。

#### 组织病理学检查

在两种情况下进行组织病理学检查有助于诊断皮肤癣菌病。第一种是当猫的症状不典型并且常规的快速诊断学无法确定病因时。一些患有皮肤癣菌病的猫的临床表现与落叶型天疱疮相似。第二种是怀疑伤口不愈合或结节是由皮肤癣菌（皮肤癣菌性足菌肿或假足菌肿）导致时。要切记确保送检组织尽可能大，因为处理后可能导致样本明显收缩[58]。作者通常使用切除活检或用 6 ~ 8 mm 皮肤活检打孔器对结节进行取样。当怀疑皮肤癣菌病时要告知病理学实验室，因为常规染液（即苏木精和伊红）在检测组织中的真菌时不如过碘酸 - 希夫染液（periodic acid-Schiff，PAS）或六胺银染液（Gomori’s methenamine silver，GMS）敏感。同时，组织（4 ~ 6 mm 打孔器或楔形活检）应送往参考实验室进行真菌培养。

## 治疗

皮肤癣菌病对其他方面健康的动物来说是一种自限性疾病。建议治疗以缩短病程为主，因为该病具有感染性和传染性。治疗方法总结见表 13-1。

### 隔离注意事项

在这种疾病的治疗过程中需要考虑隔离。最新的治疗共识指南提出“隔离需要谨慎，并且隔离时间要尽可能短”。皮肤癣菌病是可以治愈的疾病，但是如果幼年动物或新收养的动物没有适当的社交，行为问题和社交问题可能会伴随终身[2]。这种疾病在幼猫中最常见，同时这个时期对猫的社会化和感情建立至关重要。兽医在建议隔离时需要考虑动物的福利和生活质量。隔离的目的是减少日常清洁的工作量。隔离区应满足全天自由活动、正常行为（如玩耍和跳跃）、睡觉、进食和社交的需求。要切记同时进行全身性治疗和外部治疗可以限制疾病的传播。来自污染环境的感染是一种低效且罕见的传播方式；感染的主要途径是直接接触毛发上的孢子。外部治疗、简单的防护（如手套和长袖衬衫）以及控制某些行为（如不和幼猫/成年猫亲密接触）会使传播风险降到最低。

### 剃毛

目前没有对照研究比较剃毛后的猫与未剃毛的猫在皮肤癣菌病治疗时间上的差异。基于美国皮肤癣菌病治疗方案的结果，作者认为不需要进行常规剃毛。给猫剃毛需要镇静并可能导致热灼伤，但有可能数周后才会发现。基于实验性治疗的研究，剃毛会短暂地使病变恶化和（或）导致周围病变发生[30, 31]。如果需要清理病变或剃毛，请使用儿童用金属钝剪。将猫放在报纸上，以便于处理感染性物质。如果长毛猫治疗缓慢和（或）主人不能彻底浸湿毛发，用剪刀剪掉毛发有助于促进外部抗真菌药的渗透。在进行外部治疗之前先通过梳毛去除破损和容易脱落的毛发，塑料跳蚤梳是最佳的工具。

### 外部治疗

在猫皮肤癣菌病的治疗中，外部治疗与全身性抗真菌治疗同样重要。全身性抗真菌治疗可根除毛

**表 13-1　治疗建议的总结**

| 隔离 |
| --- |
| 在易于打扫的房间内进行隔离。必须满足幼猫 / 成年猫全天自由活动的需求。 |
| 动物可以与主人互动。 |
| 外部治疗 |
| 每周用石硫合剂或恩康唑洗剂或咪康唑 – 酮康唑 – 氯咪巴唑 / 氯己定香波药浴 2 次。 |
| 面部病变可每天外用 2% 咪康唑阴道霜治疗。 |
| 耳道内 / 耳道外病变使用不含抗生素的耳药。 |
| 全身性治疗 |
| 口服伊曲康唑（5 mg/kg），每天 1 次，按照治疗 1 周 / 停药 1 周的频率间断治疗；请勿使用复方或改良的伊曲康唑制剂。 |
| 如果不能使用伊曲康唑，则可以口服特比萘芬（30 ～ 40 mg/kg），每天 1 次。 |
| 不要使用氯酚奴隆、灰黄霉素或氟康唑。 |
| 清洁 |
| 每周清洁 2 次，保持干净。 |
| 尽可能没有猫毛，并在每次清洁间期使用消毒湿巾。 |
| 硬质表面 |
| 重点清除猫的毛发和碎屑，用清洁剂清洗直至明显洁净，漂洗并除去多余的水渍，并使用对须毛癣菌有效的即用型消毒剂（如浴室清洁剂）。 |
| 不再推荐使用漂白剂。 |
| 柔软表面 |
| 需要清洗 2 次达到消毒目的；不要在滚筒内放置过多衣物并使用时间最长的清洗档位。 |
| 用吸尘器吸走猫毛；使用蒸汽清洗机或带毛刷的立式吸尘器清洁 2 次来达到消毒目的。 |
| 监测 |
| 在幼猫 / 成年猫症状消失和毛干荧光阴性后开始监测。 |
| 对于大多数猫，1 次真菌培养阴性结果就代表真菌学治愈。复杂病例可能需要 2 次，可以进行 PCR 检测但可能出现假阳性。 |

囊内的感染，但不会杀死毛干内外的感染性孢子。外部治疗可防止疾病传播，因为它能够最大限度减少感染性孢子在环境中的扩散，即使不能完全避免，也会极大减少由污染源导致的阳性培养结果[59, 60]。同时进行外部治疗将会缩短整体治疗时间。切记，在毛囊内的感染被根除前，猫毛将持续散播感染性孢子。

建议在治疗过程中每周冲洗或药浴 2 次。有被感染风险的犬猫应使用全身性抗真菌冲洗剂或香波进行药浴来将传播风险降到最低。体内试验结果一致认为石硫合剂、恩康唑或咪康唑 / 氯己定香波是最有效的抗真菌产品[60–66]，它们具有杀真菌作用。根据作者的经验，咪康唑 / 氯己定和氯咪巴唑 / 氯己定免洗摩丝在不能洗澡的猫身上（如包裹着绷带或上呼吸道感染的猫）的效果很好。体外试验表明，使用含有咪康唑、酮康唑、氯咪巴唑或过氧化氢成分的抗真菌香波时，浴液的停留时间应不少于 3 min[67]。体外和体内试验都证实了精油的抗真菌活性[59, 68, 69]。

基于皮肤癣菌治疗中心对猫的治疗，未能治愈的最常见原因是在难以治疗的区域存在感染性毛发。动物主人不愿意在猫的面部和耳内 / 耳周使用抗真菌冲洗剂或香波。遗憾的是，当用伍德氏灯检查时发现，那些治疗失败的猫恰好在这些部位发生感染。当病变位于面部和眼周区域时，作者建议使用 2% 咪康唑阴道霜。这种特殊的产品可用于治疗真菌性角膜炎并且很安全[70]。对于耳内感染，可以每日使用抗真菌耳药（氯己定 / 咪康唑或氯己定 / 酮康唑或克霉唑）。

### 全身性抗真菌治疗

全身性抗真菌治疗可根除毛囊内的感染，并与外部治疗配合使用。除非存在禁忌证，否则所有患有皮肤癣菌病的猫都应进行全身性抗真菌治疗。

猫推荐使用的抗真菌药物是伊曲康唑（Itrafungol, Elanco Animal Health）。标签用量为 5 mg/kg，口服，每天 1 次，按照治疗 1 周 / 停药 1 周的频率间断治疗。建议初始疗程为 3 个治疗周期，但是对于那些未在 6 周内达到真菌学治愈的猫，可能需要延长治疗周期[71]。伊曲康唑可在脂肪组织、皮脂腺和毛发中蓄积数周，使其适合用于间断疗法[72]。

伊曲康唑没有年龄或体重限制。当 10 日龄的幼猫连续 4 周口服 5 mg/kg 伊曲康唑时，未见与治疗相关的副作用[72]。该药物具有良好的耐受性，当按照治疗猫皮肤癣菌病的剂量服用该药物时，尚未出现死亡或副作用的报道[2]。副作用很少见，包括流涎、轻度厌食和呕吐[2, 71]，尚未见与之相关的死亡报道。在靶动物的安全性研究中，分别给予猫 5 mg/kg、15 mg/kg 和 25 mg/kg 的伊曲康唑，按照隔周用药的频率一共持续 17 周，其中 8 周为停药恢复期。这期间观察到猫出现与剂量有关的轻度至中度可自愈的症状，包括唾液分泌过多、呕吐和粪便不成形[73]。肝酶升高至高于基准线具有偶发性，与剂量相关，但很少高于正常实验室参考范围。一篇文献综述报道了伊曲康唑在猫身上引起的严重不良反应，但是追溯这些实验结果均可发现实验猫被长时间给予过高剂量的伊曲康唑[2]。

作者听闻很多关于伊曲康唑耐药性的报道，但在进行调查后发现存在耐药性的是复方伊曲康唑。最近一项随机交叉研究中比较了标准胶囊、标准溶液、复方胶囊和复方混悬液[74]。研究结果表明，复方制剂的吸收效果普遍较差且个体差异较大，因此不应该使用复方伊曲康唑。

特比萘芬已成功用于犬小孢子菌皮肤癣菌病的治疗[2]。研究表明，在连续使用特比萘芬 14 d 后，猫毛中的药物浓度很高，并且适合间断疗法[75]。该药在文献中使用的剂量为每天 5 ~ 40 mg/kg；在此基础上，进一步研究的结果表明每天 30 ~ 40 mg/kg 的较高剂量的临床效果更好。最常见的副作用是呕吐、腹泻和软便。

灰黄霉素是第一种用于治疗猫皮肤癣菌病的口服抗真菌药，但鉴于伊曲康唑和特比萘芬的效果更好，因此不再推荐使用。它也是一种已知的致畸物，可引起与剂量无关的特异性骨髓抑制。酮康唑对皮肤癣菌虽有效，但猫对其耐受性差，因此不再使用。氟康唑对皮肤癣菌的效果差，因此不再使用。大量对照研究表明，氯芬奴隆对皮肤癣菌无效，因此不再使用[32, 33, 76]。

### 真菌疫苗

实验室攻毒结果显示犬小孢子菌疫苗无效，但可用作辅助治疗。商业疫苗的用途有限[2]。

## 环境消毒

进行环境消毒的主要目的是最大限度地减少毛发的污染，因为毛发污染会影响真菌学治愈。污染源会导致猫过度治疗、过度隔离、治疗费用提高，甚至在某些情况下被安乐死。通过回顾文献发现，在不存在微创的情况下，仅与受污染的环境接触几乎不会造成人和猫感染[2]。污染严重的环境（如动物收容所）对应激反应严重的猫或易出现皮肤微创的猫（如跳蚤感染）来说是危险因素。

有关环境净化的循证研究表明，不论是从文献中还是从网上，动物主人获取净化环境相关的知识与过去相比变得更简单。皮肤癣菌的孢子只能在角质中存活和增殖。它们并不像许多动物主人所认为的那样能够在环境中扩散。需要跟动物主人强调，皮肤癣菌的孢子不像霉菌那样可以在被水浸泡过的地方过度生长。有些动物主人听说皮肤癣菌可在环境中存活长达24个月。该说法源于一项实验室研究，该研究在不同时间点采集并保存样本（$n = 25$）。在这项研究中，保存时间为13 ~ 24个月的6个样本中有3个在真菌培养基上存活[77]。这项研究没有证明保存的样本能够致病。在另一项研究中，保存的样本能维持活力的最长时间为13个月，并且这些样本无法感染幼猫[78]。根据作者25年的储存样本经验，分离出的真菌失去活力并且培养结果在数月内转为阴性。在一项实验中，5个月内，30%的样本培养结果（45/150）为阴性；9个月后所有样本的培养结果都呈阴性。最后，感染性毛发和皮屑中的孢子对潮湿非常敏感。将100个样本暴露在高湿度环境3 d后，其培养结果均呈阴性。

专栏13–4总结了环境清洁建议。环境清洁的重点应放在机械性清洗和去除碎屑以及将物体表面清洗干净上。需要洗掉物体表面的清洁剂，因为它会使许多消毒剂失活。另外，表面应确保没有多余水分，因为这会稀释消毒剂。最近一项研究表明，对须毛癣菌属有效的家用浴室清洁剂对犬小孢子菌和须毛癣菌属的自然感染形态有效[79]。强烈建议动物主人不要使用家用漂白剂作为消毒剂，因为它没有去污能力，无法渗透有机物，并且它对人类/动物有害。

动物主人经常会问除了清洁他们还能做什么来最大限度地减少环境污染。除了全身性抗真菌治疗外，最重要的是使用外部治疗对毛发进行消毒。在最近的一项研究中，开始治疗一周后适当地清洁结合外部治疗可以使屋内无感染性物质，并且在整个研究过程中始终保持这种状态[69]。在对70个有犬小孢子菌感染的猫的家庭研究中，69个家庭中只有3个家庭需要多次清洁才能达到完全净化的目的。由于不配合，有一家没有达到净化目的[80]。

## 监测和治疗终点

### 真菌学治愈

“真菌学治愈”这一名词在1959年引入兽医文献，并且在一项使用灰黄霉素治疗犬小孢子菌感染的长毛猫的研究中将其定义为连续2次、每次间隔

**专栏13–4　消毒建议总结**

重点强调：孢子不会在环境中扩散，也不会像霉菌一样在物体表面定植，它很容易通过清洁去除，它们对潮湿环境敏感，暴露在环境中后会很快死亡。

清洁要点：“只要是可以进行清洗的东西就可以被净化”和“清洁得如同有客人要来一样干净”。

清洁细节：

- 洗布料：在洗衣机中用热水或冷水清洗2次，无须使用漂白剂。
- 地毯：让宠物远离地毯和（或）每天都用吸尘器清洁地毯。可使用蒸汽清洗机或带毛刷的立式吸尘器洗涤2次来达到消毒目的。
- 将宠物放在容易打扫的房间内，但不要限制活动。关闭衣柜和抽屉，拆下小装饰品。使用抹布或3 M扫尘防尘布（有黏性的速易洁）每日清理碎屑和宠物毛发，然后再用拖布进行擦拭。每周重复2 ~ 3遍。
- 消毒剂不能代替机械性清洁和清洗；孢子就像灰尘，很容易通过机械性清洁去除。
- 机械性清洁是最重要的，清除碎屑，用洗涤剂清洗后漂清，去除多余水分。只需这一步就可以净化表面。
- 未通过清洁去除的孢子需要用消毒剂处理。为了安全起见，使用对须毛癣菌有效的即用型商业消毒剂，彻底润湿无孔表面，然后自然风干。
- 清洁运输笼。
- 除非担心污染物的污染，否则不建议进行环境采样，因为并不划算。

2周的培养结果阴性[81]。犬小孢子菌具有传染性和感染性并且属于人兽共患病，它不是猫正常真菌菌群的一部分，因此有必要对患猫一直治疗直到通过真菌培养（最佳）或者PCR检测无法检出病原。最近一项研究发现，如果对清洁、外部治疗和全身性抗真菌治疗的依从性很好，无其他疾病的猫初次真菌培养阴性代表真菌学治愈率＞90%[82]。

## 治疗周期

动物主人经常问的一句话是"我的猫需要治疗多久？"回答"这是一场持久战"和"直到真菌学治愈"原则上是正确的，但是这种回答可能会引起动物主人的不满。最近一项为期9周的安慰剂对照研究中，按照标签剂量使用伊曲康唑，记录病变恢复情况、伍德氏灯检查结果和每周一次的真菌培养结果[71]。在这项研究中，猫没有接受任何外部治疗。真菌学治愈最早出现在治疗后第4周。在第9周，97.5%的猫（39/40）伍德氏灯检查呈阴性。到第9周结束时，90%的猫（36/40）有至少1次阴性真菌培养结果，60%的猫（24/40）有2次阴性真菌培养结果。一项在收容所进行的研究中，对90只无其他疾病的猫连续使用伊曲康唑2 d同时每周使用石硫合剂药浴2次。最终结果显示达到真菌学治愈的平均天数为18 d（范围为10 ~ 49 d）[62]。后来一项来源随机且患有多种并发症的猫的研究中，平均治愈天数为37 d（范围为10 ~ 93 d）[83]。根据上述这些研究，可以合理地回答那个问题：对于接受伊曲康唑和外部治疗的无其他疾病的猫来说，预计4 ~ 8周可以达到真菌学治愈。如果患猫有并发症，如上呼吸道感染或营养不良，治疗时间会延长。

## 推荐的监测

### 临床治愈

众所周知，临床治愈早于真菌学治愈。治疗时需要解决临床症状，这是动物主人能够观察到的治疗效果。临床症状没有缓解和（或）出现新病变提示治疗存在问题或误诊。根据作者的经验，使用伊曲康唑治疗的猫，其临床症状很快会缓解。

### 伍德氏灯检查

伍德氏灯检查对于发现犬小孢子菌感染的毛发和感染的监测都非常有用。强烈建议使用这种工具监测感染，前提是有合适的伍德氏灯，可以保定猫，并且使房间保持昏暗。随着毛囊中感染被根除，毛干近端部分（如毛囊内的部分）的荧光消失。随着新毛发的生长，毛干上的荧光越来越少。皮肤癣菌病康复的猫通常在毛尖有残留色素，这是初次感染时在毛干中沉积的残留色素。

### PCR检测

商业化PCR检测可以用于评估真菌学治愈，前提是要在充分信任的参考实验室中进行。要牢记PCR可以同时检测出有活力和无活力的真菌DNA。免洗冲洗剂或摩丝会杀死真菌孢子，但由于这些无活性的孢子仍停留在毛发上，因此PCR会检出。只有在临床症状消失、伍德氏灯检查阴性、日常清洁、外部治疗和全身性治疗相结合的情况下，才会考虑进行真菌PCR检测。如果已使用免洗抗真菌药进行外部治疗，则先要给猫洗澡以去除任何残留的真菌DNA。在评估真菌学治愈时，犬小孢子菌的qPCR检测比小孢子菌属qPCR检测更有用[57]。使用循环阈值对评估真菌学治愈没有帮助[84]。

## 真菌培养

评估真菌学治愈最常用的诊断试验是用牙刷采样的真菌培养。对于何时开始监测治疗效果没有定论。需要注意的是，不再将真菌培养结果以"阳性"或"阴性"来报告。每个培养皿的菌落形成单位（colony-forming units，cfu）可提供更有价值的信息（专栏13-5和专栏13-6）。临床检查、真菌培养和伍德氏灯检查用于确认猫是否被感染或治愈。

- 评估真菌学治愈时，每周进行1次真菌培养。
- 真菌培养时间不超过14 d；第14天培养结果为阴性的应该被判为阴性。
- 进行院内培养或选择熟悉牙刷接种操作并且可以每周提供cfu/培养皿的参考实验室。
- 有关使用cfu/培养皿和实际操作的信息，请参见专栏13-6。

● 在真菌学治愈前，要一直进行外部治疗（PCR 阴性或至少 1 次真菌培养结果阴性）。

## 公共安全

皮肤癣菌病是一个重大的公共卫生问题，因为直到最近，仍没有有效且安全的抗真菌治疗方法。动物相关的感染很常见，因为人们与农业有着密切的联系并且兽医缺乏对宠物皮肤病的关注。20 世纪 50 年代末，可用于人和小动物的口服灰黄霉素的研发对人和动物来说是一项重大进展。酮康唑、伊曲康唑、特比萘芬和多种外用抗真菌药的研发是另一项重大进展。

猫皮肤癣菌病是一种与宠物相关的人兽共患病，兽医有责任告知动物主人潜在的风险并提供有关该病的准确信息。读者可以阅读参考文献以获得详细内容[2]。与动物主人沟通的关键点如下：

● 动物和人都会患皮肤癣菌病。在人身上，皮肤癣菌病通常称为“灰甲”或“脚气”。
● 它们是同一种疾病，只是病原体不同。人的主要致病原是毛癣菌属。
● 这种疾病会引起皮肤病变，但是可以治愈。
● 在猫中，这种疾病通过与猫毛或皮肤病变的直接接触传播，这就是为什么外部治疗如此重要。因为外部治疗可降低疾病传播的风险。

**专栏 13–5　真菌培养的操作要点和菌落形成单位的使用**

真菌培养皿

● 使用大容量易打开的培养皿。
● 请勿过度接种；确保在培养皿表面按照统一模式接种。
● 在室内用塑料袋孵育，以防止交叉污染并尽量降低干燥程度。
● 在 25 ~ 30℃下培养。
● 使用背光技术每天检查生长情况。
● 14 d 内无生长的培养皿可以终止培养；不需要培养 21 d。

每周记录 2 次生长情况

● NG——没有生长。
● C——细菌或真菌污染。
● S——可疑生长（菌落早期生长或苍白菌落的早期生长，并带有红色变化）。
● 病原体——需要显微镜鉴定。对于接受治疗的动物，红色的变化可能滞后于苍白菌落的生长，特别是动物快痊愈时。

计算菌落形成单位（仅用于使用牙刷接种的真菌培养）

● 每个培养皿的菌落形成单位可用于监测治疗效果。P 或病原体评分是使用该系统的称号。
    ◎ P3 ≥ 10 cfu/ 培养皿（通常太多而无法计数！）——表示猫处于高风险并且正在感染。
    ◎ P2 5 ~ 9 cfu/ 培养皿——表示需要继续治疗。
    ◎ P1 1 ~ 4 cfu/ 培养皿——提示暴露于感染源或暴露于另一只感染的动物；继续外部治疗；加强环境清洁；考虑是否有被感染的动物。

**注意：**该评分系统方便监测培养结果并直观记录动物的治疗效果。在大多数情况下，严重感染的动物的初次培养评分为 P3。随着治疗的进行，评分逐渐降低。痊愈动物的培养结果是没有任何菌落生长或仅有杂菌生长。该评分系统也有助于识别暴露于污染源的正在接受治疗的动物。这些动物的培养评分通常在阴性和 P1 之间波动。当看到这样的评分后，提示动物主人需要改善家里的卫生状况。随着污染源的去除，真菌培养结果会变成阴性。除了确定是否暴露于污染源外，该系统还可以迅速提示兽医动物是否治疗失败或由于某种原因而复发。持续性的高评分提示治疗反应较差；cfu 突然增高表示复发。

专栏 13-6 P 评分、病变和伍德氏灯检查结果在诊断和治疗犬小孢子菌感染上的解读 *

| P 评分 | 检查 | 毛干的伍德氏灯检查 | 毛尖的伍德氏灯检查 | 解读 | 计划 | 评论 |
|---|---|---|---|---|---|---|
| P3（＞10 cfu/培养皿） | 病变 / 无病变 | 阳性 / 阴性 | 阳性 / 阴性 | 高风险 / 未治愈 | 治疗或者继续治疗 | 即使是一根毛发也会造成 P3 级感染，要仔细检查 |
| P2（5 ~ 9 cfu/培养皿） | 病变 | 阳性 / 阴性 | 阳性 / 阴性 | 高风险 / 未治愈 | 治疗或者继续治疗 | |
| | 无病变 | 阳性 | 阳性 / 阴性 | 高风险 / 未治愈 | 治疗或者继续治疗 | |
| | 无病变 | 阴性 | 阳性 / 阴性 | 治愈 / 低风险 | 再评估，给予抗真菌治疗后重复培养 | 很可能是“污染” |
| P1（1 ~ 4 cfu/培养皿） | 病变 | 阳性 / 阴性 | 阳性 / 阴性 | 高风险 / 未治愈 | 治疗或者继续治疗 | |
| | 无病变 | 阳性 | 阳性 / 阴性 | 高风险 / 未治愈 | 治疗或者继续治疗 | |
| | 无病变 | 阴性 | 阳性 / 阴性（在治愈动物中毛尖也可能是阳性） | 治愈 / 低风险 | 再评估，给予抗真菌治疗后重复培养 | 如果是“被污染猫”，重复培养后会转为阴性 |

注：cfu，菌落形成单位；“污染”是指机械携带来自污染环境的真菌孢子的猫。

* 该方法为美国威斯康星州麦迪逊市戴恩县人道协会的猫科动物治疗计划中使用的处理和监护程序。

经允许转载自参考文献 [2]。

- 使用合理的保护措施，例如，就像对待患有感染性腹泻的动物一样。
- 从环境中感染该病的风险很低。
- 皮肤癣菌病是免疫缺陷动物的常见皮肤病。然而，文献综述表明这些感染是之前存在的皮肤癣菌感染的复发 [85]。动物相关的皮肤癣菌病很少见。
- 免疫缺陷动物感染犬小孢子菌最常见的并发症是治疗时间延长 [86]。

## 参考文献

[1] Weitzman I, Summerbell RC. The dermatophytes. Clin Microbiol Rev. 1995; 8:240–259.

[2] Moriello KA, Coyner K, Paterson S, et al. Diagnosis and treatment of dermatophytosis in dogs and cats.: Clinical Consensus Guidelines of the World Association for Veterinary Dermatology. Vet Dermatol. 2017; 28:266–e68.

[3] Graser Y, Kuijpers AF, El Fari M, et al. Molecular and conventional taxonomy of the Microsporum canis complex. Med Mycol. 2000; 38:143–153.

[4] Hawksworth DL, Crous PW, Redhead SA, et al. The Amsterdam declaration on fungal nomenclature. IMA Fungus. 2011; 2:105–112.

[5] Moriello KA, DeBoer DJ. Fungal flora of the coat of pet cats. Am J Vet Res. 1991; 52:602–606.

[6] Moriello KA, Deboer DJ. Fungal flora of the haircoat of cats with and without dermatophytosis. J Med Vet Mycol. 1991; 29:285–292.

[7] Meason-Smith C, Diesel A, Patterson AP, et al. Characterization of the cutaneous mycobiota in healthy and allergic cats using next generation sequencing. Vet Dermatol. 2017; 28:71–e17.

[8] Scott DW, Miller WH, Erb HN. Feline dermatology at Cornell University: 1407 cases (1988–2003). J Feline Med Surg. 2013; 15:307–316.

[9] Scott DW, Paradis M. A survey of canine and feline skin disorders seen in a university practice: Small Animal Clinic, University of Montreal, Saint-Hyacinthe, Quebec (1987–1988). Can Vet J. 1990; 31:830.

[10] Hill P, Lo A, Can Eden S, et al. Survey of the prevalence, diagnosis and treatment of dermatological conditions in small animal general practice. Vet Rec. 2006; 158:533–539.

[11] O'Neill D, Church D, McGreevy P, et al. Prevalence of disorders recorded in cats attending primary-care veterinary practices in England. Vet J. 2014; 202:286–291.

[12] Hobi S, Linek M, Marignac G, et al. Clinical characteristics and causes of pruritus in cats: a multicentre study on feline hypersensitivity-associated dermatoses. Vet Dermatol. 2011; 22:406–413.

[13] Moriello K. Feline dermatophytosis: aspects pertinent to disease management in single and multiple cat situations. J Feline Med Surg. 2014; 16:419–431.

[14] Lewis DT, Foil CS, Hosgood G. Epidemiology and clinical features of dermatophytosis in dogs and cats at Louisiana State University: 1981–1990. Vet Dermatol. 1991; 2:53–58.

[15] Cafarchia C, Romito D, Sasanelli M, et al. The epidemiology of canine and feline dermatophytoses in southern Italy. Mycoses. 2004; 47:508–513.

[16] Mancianti F, Nardoni S, Cecchi S, et al. Dermatophytes isolated from symptomatic dogs and cats in Tuscany, Italy during a 15-year-period. Mycopathologia. 2002; 156:13–18.

[17] Debnath C, Mitra T, Kumar A, et al. Detection of dermatophytes in healthy companion dogs and cats in eastern India. Iran J Vet Res. 2016; 17:20.

[18] Seker E, Dogan N. Isolation of dermatophytes from dogs and cats with suspected dermatophytosis in Western Turkey. Prev Vet Med. 2011; 98:46–51.

[19] Newbury S, Moriello K, Coyner K, et al. Management of endemic Microsporum canis dermatophytosis in an open admission shelter: a field study. J Feline Med Surg. 2015; 17:342–347.

[20] Polak K, Levy J, Crawford P, et al. Infectious diseases in large-scale cat hoarding investigations. Vet J. 2014; 201:189–195.

[21] Moriello KA, Kunkle G, DeBoer DJ. Isolation of dermatophytes from the haircoats of stray cats from selected animal shelters in two different geographic regions in the United States. Vet Dermatol. 1994; 5:57–62.

[22] Sierra P, Guillot J, Jacob H, et al. Fungal flora on cutaneous and mucosal surfaces of cats infected with feline immunodeficiency virus or feline leukemia virus. Am J Vet Res. 2000; 61:158–161.

[23] Irwin KE, Beale KM, Fadok VA. Use of modified ciclosporin in the management of feline pemphigus foliaceus: a retrospective analysis. Vet Dermatol. 2012; 23:403–e76.

[24] Preziosi DE, Goldschmidt MH, Greek JS, et al. Feline pemphigus foliaceus: a retrospective analysis of 57 cases. Vet Dermatol. 2003; 14:313–321.

[25] Olivry T, Power H, Woo J, et al. Anti-isthmus autoimmunity in a novel feline acquired alopecia resembling pseudopelade of humans. Vet Dermatol. 2000; 11:261–270.

[26] Zurita J, Hay RJ. Adherence of dermatophyte microconidia and arthroconidia to human keratinocytes in vitro. J Invest Dermatol. 1987; 89:529–534.

[27] Vermout S, Tabart J, Baldo A, et al. Pathogenesis of dermatophytosis. Mycopathologia. 2008; 166:267–275.

[28] Baldo A, Monod M, Mathy A, et al. Mechanisms of skin adherence and invasion by dermatophytes. Mycoses. 2012; 55:218–223.

[29] DeBoer DJ, Moriello KA. Development of an experimental model of Microsporum canis infection in cats. Vet Microbiol. 1994; 42:289–295.

[30] DeBoer D, Moriello K. Inability of two topical treatments to influence the course of experimentally induced dermatophytosis in cats. J Am Vet Med Assoc. 1995; 207:52–57.

[31] Moriello KA, DeBoer DJ. Efficacy of griseofulvin and itraconazole in the treatment of experimentally induced dermatophytosis in cats. J Am Vet Med Assoc. 1995; 207:439–444.

[32] Moriello KA, Deboer DJ, Schenker R, et al. Efficacy of pre-treatment with lufenuron for the prevention of Microsporum canis infection in a feline direct topical challenge model. Vet Dermatol. 2004; 15:357–362.

[33] DeBoer DJ, Moriello KA, Blum JL, et al. Effects of lufenuron treatment in cats on the establishment and course of Microsporum canis infection following exposure to infected cats. J Am Vet Med Assoc. 2003; 222:1216–1220.

[34] DeBoer DJ, Moriello KA. Investigations of a killed dermatophyte cell-wall vaccine against infection with Microsporum canis in cats. Res Vet Sci. 1995; 59:110–113.

[35] Sparkes AH, Gruffydd-Jones TJ, Stokes CR. Acquired immunity in experimental feline Microsporum canis infection. Res Vet Sci. 1996; 61:165–168.

[36] DeBoer DJ, Moriello KA. Humoral and cellular immune responses to Microsporum canis in naturally occurring feline dermatophytosis. J Med Vet Mycol. 1993; 31:121–132.

[37] Moriello KA, DeBoer DJ, Greek J, et al. The prevalence of immediate and delayed type hypersensitivity reactions to Microsporum canis antigens in cats. J Feline Med Surg. 2003; 5:161–166.

[38] Frymus T, Gruffydd-Jones T, Pennisi MG, et al. Dermatophytosis in cats: ABCD guidelines on prevention and management. J Feline Med Surg. 2013; 15:598–604.

[39] Scarampella F, Zanna G, Peano A, et al. Dermoscopic features in 12 cats with dermatophytosis and in 12 cats with self-induced alopecia due to other causes: an observational

descriptive study. Vet Dermatol. 2015; 26:282–e63.

[40] Dong C, Angus J, Scarampella F, et al. Evaluation of dermoscopy in the diagnosis of naturally occurring dermatophytosis in cats. Vet Dermatol. 2016; 27:275–e65.

[41] Asawanonda P, Taylor CR. Wood's light in dermatology. Int J Dermatol. 1999; 38:801–807.

[42] Wolf FT. Chemical nature of the fluorescent pigment produced in Microsporum–infected hair. Nature. 1957; 180:860–861.

[43] Wolf FT, Jones EA, Nathan HA. Fluorescent pigment of Microsporum. Nature. 1958; 182:475–476.

[44] Foresman A, Blank F. The location of the fluorescent matter in microsporon infected hair. Mycopathol Mycol Appl. 1967; 31:314–318.

[45] Sparkes A, Gruffydd–Jones T, Shaw S, et al. Epidemiological and diagnostic features of canine and feline dermatophytosis in the United Kingdom from 1956 to 1991. Vet Rec. 1993; 133:57–61.

[46] Wright A. Ringworm in dogs and cats. J Small Anim Pract. 1989; 30:242–249.

[47] Kaplan W, Georg LK, Ajello L. Recent developments in animal ringworm and their public health implications. Ann N Y Acad Sci. 1958; 70:636–649.

[48] Newbury S, Moriello K, Coyner K, et al. Management of endemic Microsporum canis dermatophytosis in an open admission shelter: a field study. J Feline Med Surg. 2015; 17:342–347.

[49] Colombo S, Cornegliani L, Beccati M, et al. Comparison of two sampling methods for microscopic examination of hair shafts in feline and canine dermatophytosis. Vet (Cremona). 2010; 24:27–33.

[50] Kaufmann R, Blum SE, Elad D, et al. Comparison between point–of–care dermatophyte test medium and mycology laboratory culture for diagnosis of dermatophytosis in dogs and cats. Vet Dermatol. 2016; 27:284–e68.

[51] Moriello KA, Verbrugge MJ, Kesting RA. Effects of temperature variations and light exposure on the time to growth of dermatophytes using six different fungal culture media inoculated with laboratory strains and samples obtained from infected cats. J Feline Med Surg. 2010; 12:988–990.

[52] Rezusta A, Gilaberte Y, Vidal–García M, et al. Evaluation of incubation time for dermatophytes cultures. Mycoses. 2016; 59:416–418.

[53] Stuntebeck R, Moriello KA, Verbrugge M. Evaluation of incubation time for Microsporum canis dermatophyte cultures. J Feline Med Surg. 2018; 20:997–1000.

[54] Bernhardt A, von Bomhard W, Antweiler E, et al. Molecular identification of fungal pathogens in nodular skin lesions of cats. Med Mycol. 2015; 53:132–144.

[55] Nardoni S, Franceschi A, Mancianti F. Identification of Microsporum canis from dermatophytic pseudomycetoma in paraffin–embedded veterinary specimens using a common PCR protocol. Mycoses. 2007; 50:215–217.

[56] Jacobson LS, McIntyre L, Mykusz J. Comparison of real–time PCR with fungal culture for the diagnosis of Microsporum canis dermatophytosis in shelter cats: a field study. J Feline Med Surg. 2018; 20:103–107.

[57] Moriello KA, Leutenegger CM. Use of a commercial qPCR assay in 52 high risk shelter cats for disease identification of dermatophytosis and mycological cure. Vet Dermatol. 2018; 29:66.

[58] Reimer SB, Séguin B, DeCock HE, et al. Evaluation of the effect of routine histologic processing on the size of skin samples obtained from dogs. Am J Vet Res. 2005; 66:500–505.

[59] Nardoni S, Giovanelli S, Pistelli L, et al. In vitro activity of twenty commercially available, plant–derived essential oils against selected dermatophyte species. Nat Prod Commun. 2015; 10:1473–1478.

[60] Paterson S. Miconazole/chlorhexidine shampoo as an adjunct to systemic therapy in controlling dermatophytosis in cats. J Small Anim Pract. 1999; 40:163–166.

[61] Moriello K, Coyner K, Trimmer A, et al. Treatment of shelter cats with oral terbinafine and concurrent lime sulphur rinses. Vet Dermatol. 2013; 24:618–e150.

[62] Newbury S, Moriello K, Verbrugge M, et al. Use of lime sulphur and itraconazole to treat shelter cats naturally infected with Microsporum canis in an annex facility: an open field trial. Vet Dermatol. 2007; 18:324–331.

[63] Carlotti DN, Guinot P, Meissonnier E, et al. Eradication of feline dermatophytosis in a shelter: a field study. Vet Dermatol. 2010; 21:259–266.

[64] Jaham CD, Page N, Lambert A, et al. Enilconazole emulsion in the treatment of dermatophytosis in Persian cats: tolerance and suitability. In: Kwochka KW, Willemse T, Von Tscharner C, editors. Advances in Veterinary Dermatology. Oxford: Butterworth Heinemann; 1998. p. 299–307.

[65] Hnilica KA, Medleau L. Evaluation of topically applied enilconazole for the treatment of dermatophytosis in a Persian cattery. Vet Dermatol. 2002; 13:23–28.

[66] Guillot J, Malandain E, Jankowski F, et al. Evaluation of the efficacy of oral lufenuron combined with topical enilconazole for the management of dermatophytosis in catteries. Vet Rec. 2002; 150:714–718.

[67] Moriello KA. In vitro efficacy of shampoos containing miconazole, ketoconazole, climbazole or accelerated hydrogen peroxide against Microsporum canis and Trichophyton species. J Feline Med Surg. 2017; 19:370–374.

[68] Mugnaini L, Nardoni S, Pinto L, et al. In vitro and in vivo antifungal activity of some essential oils against feline isolates of Microsporum canis. J Mycol Med. 2012; 22:179–184.

[69] Nardoni S, Costanzo AG, Mugnaini L, et al. Open–field study comparing an essential oil–based shampoo with miconazole/chlorhexidine for haircoat disinfection in cats with spontaneous microsporiasis. J Feline Med Surg. 2017; 19:697–701.

[70] Gyanfosu L, Koffuor GA, Kyei S, et al. Efficacy and safety of extemporaneously prepared miconazole eye drops in Candida albicans–induced keratomycosis. Int Ophthalmol. 2018; 38:2089–2210.

[71] Puls C, Johnson A, Young K, et al. Efficacy of itraconazole oral solution using an alternating–week pulse therapy regimen for treatment of cats with experimental Microsporum canis infection. J Feline Med Surg. 2018; 20:869–874.

[72] Vlaminck K, Engelen M. An overview of pharmacokinetic and pharmacodynamic studies in the development of itraconazole for feline Microsporum canis dermatophytosis. Adv Vet Dermatol. 2005; 5:130–136.

[73] Elanco US I. Itrafungol itraconazole oral solution in cats. Freedom of Information Summary NADA 141–474, November 2016.

[74] Mawby DI, Whittemore JC, Fowler LE, et al. Comparison of absorption characteristics of oral reference and compounded itraconazole formulations in healthy cats. J Am Vet Med Assoc. 2018; 252:195–200.

[75] Foust AL, Marsella R, Akucewich LH, et al. Evaluation of persistence of terbinafine in the hair of normal cats after 14 days of daily therapy. Vet Dermatol. 2007; 18:246–251.

[76] DeBoer D, Moriello K, Volk L, et al. Lufenuron does not augment effectiveness of terbinafine for treatment of Microsporum canis infections in a feline model. Adv Vet Dermatol. 2005; 5:123–129.

[77] Sparkes AH, Werrett G, Stokes CR, et al. Microsporum canis: Inapparent carriage by cats and the viability of arthrospores. J Small Anim Pract. 1994; 35:397–401.

[78] Keep JM. The viability of Microsporum canis on isolated cat hair. Aust Vet J. 1960; 36:277–278.

[79] Moriello KA. Decontamination of 70 foster family homes exposed to Microsporum canis infected cats: a retrospective study. Vet Dermatol. 2019; 30:178–e55. https://doi.org/10.1111/vde.12722.

[80] Moriello KA. Decontamination of 70 foster family homes exposed to Microsporum canis infected cats: a retrospective study. Vet Dermatol. 2019;30:178–e55. https://doi.org/10.1111/vde.12722.

[81] Kaplan W, Ajello L. Oral treatment of spontaneous ringworm in cats with griseofulvin. J Amer Vet Med Assoc. 1959; 135:253–261.

[82] Stuntebeck RL, Moriello KA. One vs two negative fungal cultures to confirm mycological cure in shelter cats treated for Microsporum canis dermatophytosis: a retrospective study. J Feline Med Surg. 2019. https://doi.org/10.1177/1098612X19858791.

[83] Newbury S, Moriello KA, Kwochka KW, et al. Use of itraconazole and either lime sulphur or Malaseb Concentrate Rinse (R) to treat shelter cats naturally infected with Microsporum canis: an open field trial. Vet Dermatol. 2011; 22: 75–79.

[84] Jacobson LS, McIntyre L, Mykusz J. Assessment of real–time PCR cycle threshold values in Microsporum canis culture–positive and culture–negative cats in an animal shelter: a field study. J Feline Med Surg. 2018; 20:108–113.

[85] Rouzaud C, Hay R, Chosidow O, et al. Severe dermatophytosis and acquired or innate immunodeficiency: a review. J Fungi. 2015; 2:4.

[86] Elad D. Immunocompromised patients and their pets: still best friends? Vet J. 2013; 197:662–669.

# 第十四章　深层真菌病

Julie D. Lemetayer 和 Jane E. Sykes

**摘要**

深层真菌感染在猫身上并不常见。但是，在流行地区，隐球菌病、孢子丝菌病和组织胞浆菌病在免疫功能正常的猫中经常发生。猫的隐球菌病和孢子丝菌病的患病率比犬更高，而猫组织胞浆菌病的患病率与犬相同或可能略高于犬。即使在高流行地区，猫的芽生菌病和球孢子菌病也很罕见。鼻曲霉菌病和眶曲霉菌病在全球也不常见，但有意思的是，短头猫似乎更易感。最后，腐生条件致病性真菌的感染通常是免疫功能正常的猫皮肤意外接种所致，并引起局部症状。但是，偶尔也会发生弥漫性感染。全身性霉菌病患猫经常有皮肤症状。报道的皮肤症状包括多灶性溃疡或非溃疡性皮肤肿块、皮下肿块和有瘘道的脓肿等。皮肤症状通常与疾病的全身症状和（或）其他器官受累相关，应高度怀疑真菌感染。本章的重点是流行病学、临床症状，包括皮肤症状、诊断性检查和猫全身性真菌感染的临床治疗重点。此外，还回顾了目前可用于治疗这些感染的抗真菌药物。

## 引言

猫深层霉菌感染在全球都不常见甚至罕见。1996年的一项发病率研究显示，美国每10 000只猫中有7只猫患有深层霉菌感染[1]。事实上，猫对真菌感染相对耐受，且猫的大多数真菌感染的发病率低于犬，除了隐球菌病和孢子丝菌病。与犬相比，猫也可能更容易感染组织胞浆菌病[2]。本章将重点介绍流行病学、临床症状、诊断性检查和猫全身性真菌感染的临床治疗。

## 隐球菌病

### 流行病学

猫最常见的真菌感染是隐球菌病[1]。隐球菌属是双态担子菌类真菌。导致猫隐球菌病的主要菌种有两种：新型隐球菌和格特隐球菌，罕见其他菌种致病。从日本的一只外耳炎患猫[3]和德国的一只四肢深层感染患猫[4]身上分离出了大隐球菌。从日本的一只弥漫性隐球菌病患猫身上分离出了浅白隐球菌[5]。这3只猫中有2只猫的猫免疫缺陷病毒（feline immunodeficiency virus，FIV）和猫白血病病毒（feline leukaemia virus，FeLV）检测结果为阴性[4, 5]，且在这3只猫中未发现其他可能的潜在免疫缺陷。

新型隐球菌是全球最常分离出的隐球菌种类，包括两个变种：新型隐球菌新生变种和新型隐球菌格鲁比变种。在澳大利亚，新型隐球菌格鲁比变种引起的感染占绝大多数[6]。

格特隐球菌主要分布在美国西海岸、加拿大不列颠哥伦比亚省、南美洲、东南亚（新几内亚、泰

**专栏 14-1 双态真菌**

- 由格特隐球菌和新型隐球菌引起的隐球菌病，在全球是猫最常见的真菌病。
- 在流行地区，猫组织胞浆菌病发病率与犬的发病率一样高或略高于犬。
- 猫更易感孢子丝菌病。
- 猫芽生菌病和球孢子菌病都很少见。
- 大多数猫的免疫功能正常。
- 这些双态真菌疾病都常见皮肤症状。
- 氟康唑是大多数隐球菌病病例的一线治疗药物，伊曲康唑用于隐球菌病（主要是格特隐球菌感染）和其他双态真菌病原感染的耐药病例。
- 严重的病例建议联合使用两性霉素 B。
- 对于中枢神经系统疾病病例和患严重肺部疾病的动物，推荐短期应用抗炎剂量的糖皮质激素。

国），以及非洲和澳大利亚的部分地区。在澳大利亚，新型隐球菌比格特隐球菌更常见，但与新型隐球菌相比，澳大利亚的农村猫和西澳大利亚的猫似乎更易感染格特隐球菌[6, 7]。

新型隐球菌可以在鸟类粪便中发现，特别是鸽子粪便，但也存在于其他来源，包括牛奶、发酵的果汁、空气、灰尘和腐烂的植被[6]。格特隐球菌经常在澳大利亚地区的树洞中存在，特别是桉树，但在其他地区常与别的阔叶树种有关。

隐球菌属可按分子型分类。新型隐球菌格鲁比变种属于 VNⅠ 和 VNⅡ 分子型，而新型隐球菌新生变种属于 VNⅣ 分子型[7]。一种血清型 AD 混合变种被归为 VNⅢ 分子型。格特隐球菌分为 VGⅠ、VGⅡ、VGⅢ 和 VGⅣ 分子型。有人提议按隐球菌的分子型重新命名隐球菌的不同种类，但这仍然存在争议。

## 猫的临床特征

在猫隐球菌病研究评估中，暹罗猫、伯曼猫、布偶猫、阿比西尼亚猫和喜马拉雅猫似乎占大多数[1, 6, 8–10]，但这在加利福尼亚州的一项研究中没有得到证实[11]。一些研究发现该病雄性更易感[10, 12]，但在其他研究中没有发现[6, 9, 11]。经常到户外活动也可能是一个危险因素，但严格控制仅在室内生活的猫也会患病[8]。所有年龄段的猫都会患病，FIV 或 FeLV 状态似乎不是风险因素[6]。

在早期能够控制住疾病的动物身上，潜伏期各不相同，从数月至数年不等[13]。吸入真菌后，许多猫出现上呼吸道症状，包括慢性打喷嚏、鼻分泌物和鼻变形和（或）鼻腔附近结构（如鼻窦）变形（图 14–1）。43% ~ 90% 的病例报告有鼻腔症状[1, 6, 12]。感染还涉及视网膜、引流淋巴结和中枢神经系统（central nervous system，CNS）。临床症状包括下颌淋巴结肿大、失明、瞳孔扩张和固定、瞳孔对光反射迟缓、嗜睡、共济失调、行为改变和定向障碍。在两项研究中，分别有 31% 和 41% 的病例出现单灶性或多灶性溃疡或非溃疡性皮肤肿块[1, 12]。肿块质地坚硬或有波动感、隆起、呈圆拱状，伴有红斑。肿块常发生溃疡，并可渗出灰白色胶状分泌物[1]。其他皮肤病变包括斑块，粟粒状丘疹，坚硬的、圆拱形的、脱毛性和红斑性丘疹或结节[14]。皮肤病变通常是鼻腔病变的延伸。皮肤和皮下组织多灶性病变提示弥漫性感染。其他不常见的部位包括肺部（2% ~ 12% 的病例）[1, 6, 15]、牙龈[15]、唾液腺[6]、中耳[16]、肾脏、关节周围皮下组织、爪垫和骨骼[6]。

## 诊断性检查

全血细胞计数（complete blood count，CBC）、血清生化和尿液分析变化轻微且非特异性[17]。隐球菌病的特异性诊断是血清乳胶凝集试验抗原检测。该检测也可使用胸腔或腹腔积液、尿液和脑脊液（cerebrospinal fluid，CSF）进行分析。对猫

**图 14-1 由格特隐球菌引起的猫鼻隐球菌病**

血清的临床检测敏感性为 90% ~ 100%，特异性为 97% ~ 100%[18]；犬的敏感性相较之下似乎较低。如果抗原检测为阴性，且仍有感染隐球菌的可能，应提交组织样本进行细胞学检查、组织学检查和培养[11]。当滴度为＜1∶200 时，强烈建议进行确诊性检测。酶联免疫吸附试验（enzymelinked immunosorbent assays，ELISA）也在研究中，但目前尚无数据。

在细胞学检查中，隐球菌被荚膜包裹，球形至椭圆形的酵母菌直径为 4 ~ 10 μm，出芽基部狭窄。厚的黏多糖荚膜是病原体的主要毒力因子，因为它可以使病原微生物躲避宿主的免疫系统威胁。在压片染色中显示为一个透明的光圈，使用印度墨汁负染色法可观察到（图 14-2）[19]。然而，荚膜大小不一，有些病例的荚膜很薄[20]，有时会使诊断复杂化。在这些病例的细胞学检查中，组织胞浆菌和隐球菌可能在形态学上一致[20]。

在组织病理学上，酵母菌可能伴有规则排列的肉芽肿或脓性肉芽肿，有时伴有少量嗜酸性粒细胞、淋巴细胞和浆细胞。病变也可能包含大量酵母菌和轻度炎症。这导致在苏木精和伊红染色（H&E）[14]中呈现“肥皂泡”外观，因为病原微生物有厚的、不着染的荚膜。外观表现上，这些病变呈现凝胶状肿块（隐球菌）。

在皮肤活检中，真皮层、脂膜层和皮下组织中常见大量病原微生物[14]，但偶尔，非典型的病变可使诊断复杂化。例如，在一项 4 只皮肤隐球菌病患猫的病例分析中，报道了严重的肉芽肿至脓性肉芽肿皮肤病变伴有大量嗜酸性粒细胞，但 4 只猫中有 3 只猫使用 H&E 染色未观察到病原微生物，且病原微生物没有荚膜[14]。

当 H&E 染色未观察到酵母菌时，某些特殊染色如六胺银染色（Grocott's methenamine silver，GMS）、过碘酸 - 希夫染色（periodic acid-Schiff，PAS）、氨银液染色、齐 - 内染色或黏蛋白染色都可能有助于观察微生物。聚合酶链反应（polymerase chain reaction，PCR）也可以应用于新鲜活检或甲醛固定石蜡包埋组织分析[14]。由于可能发生亚临床鼻腔定植，因此鼻组织可能呈假阳性 PCR 结果，结合上述原因，阳性结果应始终与其他临床表现一同考虑[17]。

也可以送检新鲜组织进行真菌培养。在大多数实验室培养基上隐球菌生长需 2 ~ 10 d。因为

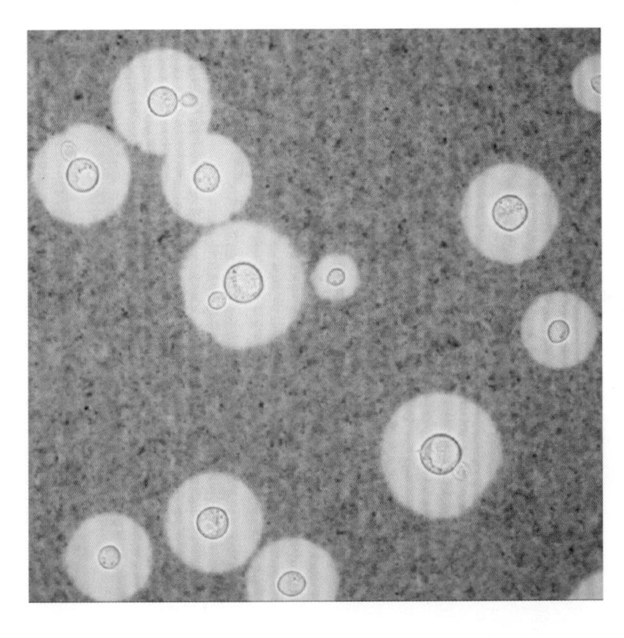

**图 14-2　印度墨汁负染色法中明显的隐球菌多糖荚膜**

这些微生物是以酵母菌形式生长，而不是以霉菌的形式生长，所以与霉菌形式生长的微生物相比，它们在常规真菌培养基上，构成实验室危害的可能性更低[17]。

### 治疗和预后

三唑类药物是治疗隐球菌病的一线药物，对于轻度至中度隐球菌感染可以单一药物治疗。氟康唑常优于伊曲康唑，因为其在脑部、眼部和泌尿道的渗透性良好、成本更低、不良反应最小。但是，有在治疗过程中出现氟康唑耐药的报道[21, 22]。对氟康唑的耐药性可能是 ERG11 的过表达或复制量的改变所致，ERG11 是目标酶 14α-去甲基化酶的编码基因[21, 22]。已证明三唑类药物是通过多药物外排转运体进行外排（新型隐球菌为 AFR1，格特隐球菌 VG Ⅲ分子型为 PDR11）。对氟康唑耐药的菌株对伊曲康唑仍然敏感，但可能对伏立康唑表现出中度耐药[23]。

在中枢神经系统受累的严重病例中，建议在使用氟康唑或伊曲康唑的基础上联用两性霉素 B[24]。虽然两性霉素 B 在 CNS 和玻璃体中的渗透性较差，但在治疗初期时血脑屏障或血眼屏障受到损害，因此仍可见到临床效果。氟胞嘧啶也可与两性霉素 B 联用，因为这两种抗真菌药物之间有协同作用，且氟胞嘧啶在 CNS 中的渗透性良好，但是成本太高。关于猫抗真菌药物的更多信息见表 14-1 和表 14-2。对 CNS 感染的患猫使用短疗程泼尼松龙可能改善预后，因为在抗真菌治疗初期时它减少了 CNS 炎症反应，可能有助于控制神经系统的进一步恶化[25]。

通常情况下，治疗时间必须持续至少 6 ~ 8 个月，且通常需要持续数年[17]。应该对血清抗原滴度进行连续监测，用于评估治疗效果，因为滴度的下降与微生物的清除相关[12]。应在滴度为零之前持续治疗。遗憾的是，在成功治疗和滴度变为阴性后仍然可能复发，有时治疗需要持续长达 10 年[24]。

除了 CNS 感染的患猫，预后通常良好[24, 25]。预后也可能取决于隐球菌的种类和分子型。例如，根据作者的经验，格特隐球菌 VG Ⅲ分子型感染往往比 VG Ⅱ分子型感染更难治愈。虽然 FeLV 可能对治疗效果产生负面影响，但 FIV 对预后的影响尚不清楚。尽管 FIV 阳性的患猫治疗效果通常良好，但这些猫可能有更严重的疾病和（或）对治疗的反应更缓慢[9, 10, 26]。

## 组织胞浆菌病

### 流行病学

荚膜组织胞浆菌是一种双态、土壤传播型真菌，在美国（特别是在中部和东部各州，但也在加利福尼亚州和科罗拉多州有报道）、中美洲、南美洲、

**表 14–1　用于猫的唑类抗真菌药物**

| | 酮康唑 | 氟康唑 | 伊曲康唑 | 伏立康唑 | 泊沙康唑 |
|---|---|---|---|---|---|
| 作用机制 | 抑制 14α – 去甲基化酶，一种 CYT P450 依赖性真菌酶 = 聚集 14α – 甲基甾醇和破坏真菌细胞壁 | | | | |
| 剂量 | 50 mg/ 猫，PO，每 12 ~ 24 h 一次 | 25 ~ 50 mg/ 猫，PO 或 IV，每 12 ~ 24 h 一次 | 5 mg/kg，PO，每 12 ~ 24 h 一次，100 mg 胶囊，每 48 h 一次 [129] 或口服液 3 mg/kg，每 12 ~ 24 h 一次。不要使用复方口服液 [130] | 不适用<br>可能剂量：12.5 mg/ 猫，PO，每 72 h 一次（慎用，可能有严重毒性）[131] | 口服混悬剂：30 mg/kg，给药一次，随后 15 mg/kg，每 48 h 一次，或 15 mg/kg，给药一次，随后 5 ~ 7.5 mg/kg，每 24 h 一次 [90, 120, 132] |
| 临床应用 | 马拉色菌属、双态真菌 | 念珠菌属、马拉色菌属、球孢子菌属、隐球菌属、组织胞浆菌属 | 双态真菌、曲霉菌属和一些其他霉菌 | 酵母菌、双态真菌、多数霉菌，特别是曲霉菌属 | 酵母菌、双态真菌、多数霉菌，包括接合菌病 |
| 抗真菌活性下降 | 对许多霉菌活性不佳，包括曲霉菌属<br>组织胞浆菌：治疗期间出现耐药 | 曲霉菌天然耐药，对许多霉菌活性不佳 | | 申克孢子丝菌、接合菌病 | |
| 组织分布 | 对大多数组织渗透性良好，但对 CNS 不渗透 | 分布广泛，包括眼部、CNS 和肾脏 / 尿液 [133] | 皮肤、骨骼、肺部分布良好。对 CNS、眼部和肾脏 / 尿液渗透有限 | 分布广泛，包括眼部、CNS 和肾脏 / 尿液 | 分布广泛但不包括尿液 |
| 不良反应 | 常见：胃肠道症状、肝毒性 | 耐受性良好。胃肠道症状、肝毒性不常见 | 25% 的病例中有报道 [134]。胃肠道症状、肝毒性和嗜睡 | 视力改变（缩瞳）、共济失调、瘫痪、流涎、低血钾和心律失常 [131] | 胃肠道症状和肝酶升高 |
| 补充说明 | CYT P450 强感受器：许多药物相互作用 | 口服吸收非常好 | 胶囊与食物同服，避免与抗酸药同服。建议进行治疗药物监测（14 ~ 21 d）[135] | 不与食物同服。建议进行治疗药物监测（浓度监测）。CYT P450 强感受器：许多药物相互作用 | 与食物同服，避免与抗酸药同服。口服吸收率低。建议进行治疗药物监测（浓度监测） |

注：CNS，中枢神经系统；CYT P450，细胞色素 P450；PO，口服。

表 14-2　用于猫的其他临床重要的抗真菌药物

| | 两性霉素 B | 特比萘芬 | 卡泊芬净 | 氟胞嘧啶 |
|---|---|---|---|---|
| 作用机制 | 真菌细胞膜与甾醇结合形成穿孔 = 离子渗漏 | 抑制角鲨烯环氧化酶 = 减少真菌膜中麦角甾醇的产生 | 抑制 β-1，3-d 葡聚糖 = 破坏真菌细胞壁的完整性 | 氟胞嘧啶脱氨为 5- 氟尿嘧啶 = 干扰 DNA 复制和蛋白质合成 |
| 剂量 | 脱氧胆酸 AmB：0.25 mg/kg，IV 或 0.5 mg/kg，SC<br>AmB 脂质复合物和脂质 AmB：1 mg/kg，IV，每周 3 次（治疗 12 次以上） | 30 ~ 40 mg/kg，PO，每 24 h 一次 | 1 mg/kg，IV，给药一次，随后 0.75 mg/kg，每 24 h 一次[136] | 25 ~ 50 mg/kg，PO，每 6 ~ 8 h 一次 |
| 临床应用 | 酵母菌、双态真菌和多数霉菌 | 皮肤癣菌，对于各种霉菌感染可能与其他抗真菌药物联用 | 其他抗真菌药物治疗困难的侵袭性曲霉菌病、侵袭性念珠菌病。对组织胞浆菌属和球孢子菌属有一定活性。对其他丝状真菌活性多样化 | 隐球菌属和念珠菌属 |
| 抗真菌活性下降 | 一些曲霉菌属。对腐霉菌疗效不佳 | 已报道一些皮肤癣菌[137]和曲霉菌属[138]耐药 | 隐球菌属、镰刀菌属、根霉属和毛霉属耐药[139] | 从不单独使用，因为会很快耐药 |
| 组织分布 | CNS 及眼部渗透性不佳。脂质和脂质复合物对 CNS 渗透性更好且肾毒性低 | 集中分布在皮肤、指甲和毛发上 | 分布广泛。CNS 和眼部渗透性不佳 | 分布广泛，包括眼部、CNS |
| 不良反应 | 累积性肾毒性（主要是脱氧胆酸 AmB），罕见溶血性贫血[140]。皮下注射部位无菌性脓肿 | 耐受性良好。罕见 GI 毒性和面部瘙痒 | 可能有过敏反应。有短暂发热和腹泻的报道[136] | 骨髓抑制和 GI 症状 |
| 补充说明 | 脂质和脂质复合物形式 CNS 渗透性更好且肾毒性低 | 口服吸收率低[141] | | 肾衰动物避免使用 |

注：AmB，两性霉素 B；CNS，中枢神经系统；GI，胃肠道；IV，静脉注射；PO，口服；SC，皮下注射。

非洲、印度和东南亚流行[27, 28]。在世界各地的各种哺乳动物中都发现了组织胞浆菌病，但除了这些流行地区外，猫组织胞浆菌病病例仅在加拿大安大略省[29]、泰国[30]和欧洲（意大利、瑞士）[28, 31]有报道。在1996年的一项研究中，组织胞浆菌病是美国猫中第二常见的真菌疾病，发病率占兽医数据库中所有猫科医院总数的0.01%[1]。

通过多位点序列分型，将荚膜组织胞浆菌分为8 ~ 9个地理分支：北美洲-1，可能有一株来自非美洲地区的亲缘关系独特的菌株；北美洲-2；拉丁美洲A组；拉丁美洲B组；澳大利亚；荷兰（原产印度尼西亚）；欧亚大陆；非洲[32]。

蝙蝠的肠道和粪便是荚膜组织胞浆菌的主要贮藏场所。它也可以在腐烂的鸟粪中发现（特别是在黑鹂或椋鸟的窝和鸡舍附近）。吸入或摄入后，真菌在猫体内转化为酵母菌，并被吞噬细胞（主要是巨噬细胞）吞噬。这些细胞的运输导致酵母菌通过血液和淋巴管从肺部和胃肠道传播到单核吞噬细胞系统的器官（主要是淋巴结、肝脏、脾脏和骨髓）以及其他组织。酵母菌直径2 ~ 4 μm，被厚4 μm的细胞壁包围，位于单核吞噬细胞内[33]。

## 猫的临床特征

两项研究显示，所有年龄段的猫都可能患病，平均年龄分别为4岁和9岁[1, 34]。波斯猫的比例可能略高[1]。性别易感性尚未明确，但在一项病例分析中，雌性的比例较高[34]。大多数猫不会同时感染FeLV和FIV。这种疾病似乎在1—4月更容易被诊断出来[1]，而且也会感染那些完全室内生活的猫[35]。在确诊组织胞浆菌病之前，报道的临床症状持续时间从2周到3个月不等[1]。

当猫有临床组织胞浆菌病时，弥漫性疾病是最常见的临床表现[36]。弥漫性疾病患猫的临床症状大多为非特异性，包括嗜睡、体重减轻、发热、贫血、脱水、虚弱和厌食[1, 34]。常见呼吸系统症状，如呼吸困难和呼吸急促，但罕见咳嗽。其他常见的临床症状包括肝肿大、黄疸、淋巴结病、脾肿大[36, 37]、眼部症状（脉络膜视网膜炎、前葡萄膜炎或视网膜脱离）[1, 29, 38]和骨骼疾病（单肢或多肢跛行或肿胀）[1, 38, 39]。胃肠道症状，如呕吐、腹泻、黑粪症或便血，猫比犬少见[2]。不常见的感染部位包括皮肤[28, 38, 40, 41]、中枢神经系统[42]、口腔黏膜[43]和膀胱[44]。

皮肤症状通常包括多灶性丘疹和结节，可能形成溃疡和血清样分泌物。也报道过一例弥漫性组织胞浆菌病继发脆皮症病例[41]。患猫颈背部有一大片皮肤撕裂伴有皮肤萎缩，真皮胶原分离，组织学检查可见含有组织胞浆菌属酵母菌的血管内单核细胞。

## 诊断性检查

CBC结果包括贫血，通常为红细胞正常、血色素正常和非再生性贫血[10, 34]。还报道了血小板减少症、白细胞增多症和白细胞减少症。犬和猫外周血涂片偶见吞噬细胞内有荚膜组织胞浆菌[1]。在血清生化检查中，常见低白蛋白血症。肝脏受累的患猫可能有肝酶活性增加和高胆红素血症。高球蛋白血症和氮质血症[33]，以及高钙血症[45]在少数患猫中也有报道。

常见胸部X线片异常，可能为亚临床症状[1, 44]。猫肺组织胞浆菌病的影像学表现包括细小、弥漫性或线性间质型，支气管间质型，弥漫性粟粒状或结节状间质型，以及肺泡型和（或）肺实变区[33]。胸骨淋巴结病变也有报道[46]。X线片上的骨病变为典型的骨溶解病变，但也可能有骨膜和骨膜内增生性病变，主要见于四肢骨骼，特别是肘关节和膝关节[39]。

组织胞浆菌病的明确诊断是通过细胞学检查和组织病理学检查发现组织中有荚膜组织胞浆菌（图14-3）。通常在巨噬细胞内发现此微生物，但有时也会在坏死灶分泌物中发现，并且可能与隐球菌属混淆[20]。至于隐球菌感染，可在多种染色方法中发现酵母菌，如细胞学检查的Diff Quik染色和瑞氏染色，以及组织学检查的GMS或PAS染色。

可在淋巴结、肺脏、肝脏、脾脏、皮肤或骨髓细胞学检查中发现酵母菌。可使用血清抗体测定法，但因为其敏感性和特异性低，所以临床实用性受限[47]。采集患猫血清和尿液样本，进行抗原ELISA检测可用于猫组织胞浆菌病的诊断和监测[46, 47]。

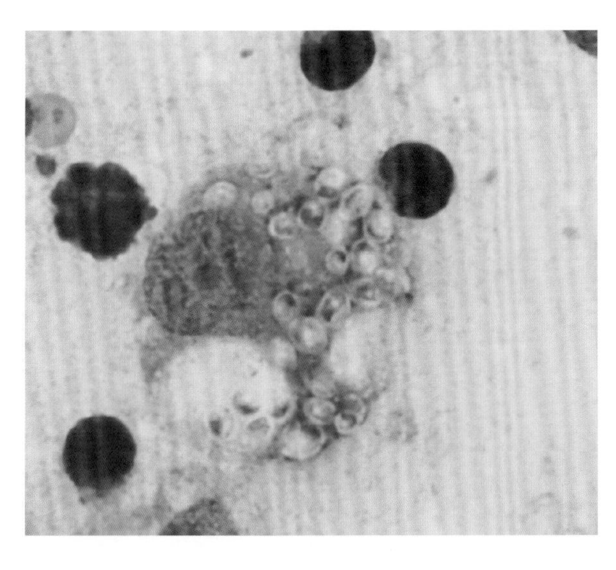

图 14–3　细胞学检查可见细胞内组织胞浆菌属酵母菌微生物

在两项研究中，该检测应用于尿液时的敏感性为 93% ~ 94%，而应用于血清时的敏感性仅为 73%[46, 47]。其中一项研究认为特异性为 100%，包括 20 只被诊断患有其他非真菌性疾病的猫[47]。根据人医文献，与其他真菌病原体存在血清学交叉反应[47]（如芽生菌病），但这也在意料之中。抗原浓度随着有效的抗真菌治疗而降低，而在未得到良好控制或复发的病例中浓度升高[46]。虽然抗原的清除有时先于临床症状缓解，但是有 4 只猫在症状缓解时仍可测出抗原浓度。

真菌培养和 PCR 也可用于诊断组织胞浆菌病。然而，真菌培养对实验室工作人员是一种危害，因此应仅在必要时进行，并应警告实验室可能发生双态真菌感染，以便采取适当的预防措施。虽然大多数培养在 2 ~ 3 周内呈阳性，但可能需要长达 6 周时间孵化生长。PCR 目前尚未用于常规诊断，但在非流行地区可用于少数病例的诊断检查[27, 28, 30, 48]。当在组织病理学上观察到真菌元素时，也可以使用。

### 治疗和预后

伊曲康唑是治疗组织胞浆菌病的首选药物[45]。建议治疗至少 4 ~ 6 个月，在临床症状消失后至少持续用药 2 个月，直到抗原检测为阴性。一些客户可能因伊曲康唑价格高而使用氟康唑，且前者不良反应比后者更常见，特别是肝毒性[35]。一项回顾性研究比较了 17 只接受氟康唑治疗和 13 只接受伊曲康唑治疗的患猫，结果发现两组之间的死亡率和复发率没有差异，提示氟康唑可能是一个合适的替代方案[35]。然而，在人[49]和猫[50]身上，与伊曲康唑相比，氟康唑的疗效较低，并且在治疗过程中出现了氟康唑耐药。氟康唑耐药菌株对伏立康唑的 MIC 值也有增加，但对伊曲康唑或泊沙康唑的 MIC 值没有增加。

脱氧胆酸盐或脂质复合物两性霉素 B 最初可用于治疗患有严重急性肺部疾病、急性弥漫性疾病或 CNS 疾病的猫，治疗后应继续使用伊曲康唑或氟康唑。其他可能的治疗方案包括泊沙康唑用于对伊曲康唑不耐受或对氟康唑无效的患猫。在治疗初期，短期使用抗炎剂量的糖皮质激素可能对患有严重肺部疾病或 CNS 疾病的猫有效。

预后取决于疾病的严重程度，已报道的生存率为 66% ~ 100% 不等[35, 45]。

## 芽生菌病

### 流行病学

皮炎芽生菌也是一种双态真菌。它在环境中是一种菌丝形式，在组织中是一种厚壁出芽酵母菌形式[51]。芽生菌病是猫的一种罕见疾病，大多数感染患猫是通过尸检确诊的。1996 年的一项研究，在 30 年内确诊了 41 例病例，在兽医数据库中，猫芽生菌病占所有猫病例的 0.005%[1]。在北美洲，芽生菌病的病例多见于美国东部和南部地区，尤其是俄亥俄州和密西西比河流域，以及五大湖区，此外还有加拿大，特别是魁北克省、安大略省、马尼托巴省和萨斯喀彻温省[1, 52–54]。芽生菌病也在非洲和印度流行[51]。在泰国也报告了一例猫芽生菌病病例[55]。

在流行地区，皮炎芽生菌在土壤潮湿和有腐烂的植被或动物排泄物的酸性环境的局部地区有发现[52]。吸入土壤或腐烂物质中菌丝期产生的分生孢子是感染的主要途径[51]。通过皮肤穿刺伤口直接接种微生物的情况很少发生。

从肺部开始，微生物可通过血管或淋巴系统传播，导致许多器官出现肉芽肿或脓性肉芽肿性炎症反应，特别是淋巴结、眼部、皮肤、骨骼和大脑。

## 猫的临床特征

在一项研究中发现，芽生菌病有雄性易感性，＜4岁的猫易感此病[1, 53, 56]。但是，在另一个包含8只猫的病例分析中，大多数病例为雌性，年龄超过7岁[52]。此外，暹罗猫、阿比西尼亚猫和哈瓦那棕猫可能易感[1]。免疫抑制似乎在该病的易感性中不起作用[52]，而且严格室内生活的猫也可能患病[52, 57, 58]。

确诊前病程从＜1周至7个月不等，临床症状包括呼吸困难、咳嗽、厌食、嗜睡、体重减轻、外周淋巴结病、跛行、四肢蜂窝织炎、CNS及皮肤和眼部症状（图14–4）[1, 51]。22只患猫中有23%皮肤患病[1]，另一个病例分析的8只患猫中有63%皮肤患病[52]，另外还有6只猫皮肤患病的报道[57, 59]。皮肤症状包括非溃疡性皮肤肿块、溃疡性皮肤病变、有瘘道的脓肿或蜂窝织炎[1, 52, 59]。

## 诊断性检查

猫芽生菌病的血检结果是非特异性的，提示炎症反应过程，如轻度非再生性贫血[52]。高钙血症和骨化三醇浓度升高也有报道[59]。芽生菌病的特异性诊断通常是通过皮肤压片、灌洗液样本或抽吸采样（皮肤、淋巴结或肺部）的细胞学检查。在两项研究中，细胞学检查确诊比例分别为4/6例和4/5例[53, 57]。芽生菌的酵母菌呈圆形至椭圆形，直径为10～20 μm，具有嗜碱性胞浆和厚的双层壁，表现为大量的出芽生殖[51]。有典型的脓性肉芽肿性炎症反应，但有时也以化脓性反应为主。特殊染色，如PAS染色、Gridley真菌染色和GMS染色可以帮助检测酵母菌。组织或骨活检组织学、真菌培养或PCR也可用于芽生菌病的诊断。然而，培养费时，而且对实验室工作人员是一种危害。迄今为止，PCR检测主要用于研究目的[60, 61]，但在一份报告中，一只非流行国家患猫通过PCR确诊了猫芽生菌病[55]。

猫的血清学检测尚未得到很好的评估。在一项研究中，4只芽生菌病患猫使用芽生菌全细胞抗原进行琼脂凝胶免疫扩散（agar gel immunodiffusion，AGID）检测，只有1只呈阳性[1]。

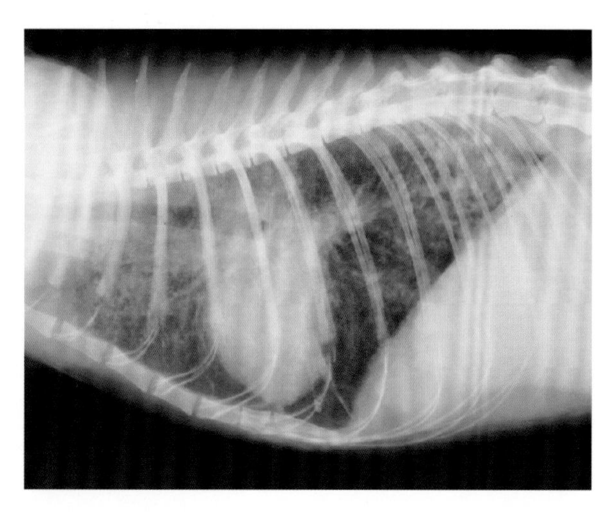

**图14–4　一只肺芽生菌患猫的胸部侧位X线片**

由美国加利福尼亚州立大学戴维斯分校兽医教学医院诊断成像服务提供。

### 治疗和预后

猫芽生菌病通常用伊曲康唑治疗。氟康唑似乎不如伊曲康唑有效，但它可能是用于泌尿道、前列腺和 CNS 感染治疗的最佳选择，因为氟康唑在这些器官中的渗透性好。对于严重疾病，如 CNS 或严重弥漫性疾病患猫，联用两性霉素 B 可能也有效[56, 62]。但是，用两性霉素 B 治疗的 2 只患有严重疾病的猫对治疗反应不佳[63]。新的三唑类药物，包括伏立康唑、泊沙康唑和依沙康唑，对皮肤芽生菌病有药物活性。伏立康唑和泊沙康唑都已成功用于治疗人严重的芽生菌病，特别是累及 CNS 的病例[64]，但通常应避免在猫身上使用伏立康唑，因为猫对伏立康唑毒性敏感。在治疗的前几天，由于对死亡微生物的炎症反应，病变的临床症状和影像学检查可能会恶化。对于累及 CNS 和患严重呼吸道疾病的动物，应考虑短期使用抗炎剂量的糖皮质激素，但最终能否改善预后尚不清楚。

在一项研究中，8 只猫中有 4 只对伊曲康唑或氟康唑治疗反应良好[52]，在另一项研究中，7 只猫中有 4 只对手术切除皮肤病变和给予酮康唑和碘化钾治疗反应良好[1]。然而，在除了这两项研究的另一项研究中，4 只猫中只有 1 只猫接受伊曲康唑治疗后存活[57]。

## 球孢子菌病

### 流行病学

猫球孢子菌病也是一种世界范围内罕见的疾病。已报道的最大的病例分析（48 只猫）来自美国亚利桑那州，其中包括 41 个病例，经过 3 年多的时间得到确诊[65]。球孢子菌病是美国西南部、加利福尼亚州南部和中部、亚利桑那州南部、新墨西哥州南部、得克萨斯州西部、内华达州南部和犹他州、墨西哥北部以及中美洲和南美洲部分地区的半干旱沙漠地区特有的疾病[66]。

球孢子菌病是由粗球孢子菌和波萨达斯球孢子菌引起的。粗球孢子菌多见于加利福尼亚州，而波萨达斯球孢子菌在其他地区也有发现[67]。两种微生物在形态学或病程上没有显著差异[68]。但是，球孢子菌病在加利福尼亚州极为罕见，这表明猫可能不太容易感染粗球孢子菌，或者猫更多生活在有波萨达斯球孢子菌的地区[67]。

球孢子菌属以菌丝形式存在于土壤中，出芽形成节孢子，当土壤受到破坏时释放并分散。吸入这些节孢子后发生感染，但也罕见通过皮肤直接接种微生物。当免疫系统无法阻止该微生物复制进入肺部时，病毒就会发生传播。

### 猫的临床特征

在一项研究中，患猫平均确诊年龄为 6.2 岁[1]，另一项研究是 9 岁，年龄范围为 3 ～ 17 岁不等[68]。在一项研究中，母猫患病的比例更高，17 例中有 12 例是母猫[68]。目前尚无品种易感性的报道，免疫抑制似乎不是该病发展的主要原因[68]。虽然外出活动可能是一个风险因素，但严格室内生活的猫也会患球孢子菌病[68, 69]。据报道，在确诊猫球孢子菌病之前，临床症状持续时间从 1 周以内至 1 年不等，多达 86% 的动物在确诊前临床症状持续不到 1 个月[1, 65, 68]。

大多数患猫确诊时，疾病已呈弥漫性，且弥漫性疾病患猫最常见的临床表现是皮肤症状。48 只患猫中有 56% 出现皮肤症状[65]。皮肤病变包括斑块样结节、伴有瘘道的结节、脱毛、瘢痕和伴有瘘道的硬结、丘疹、脓疱和舌部溃疡[65, 68, 70]。也可出现局部淋巴结病变。一半以上有皮肤症状的患猫还伴有全身性疾病的临床特征，如发热、嗜睡、体重减轻、厌食、跛行或咳嗽[68]。

仅有 25% 的球孢子菌病患猫出现咳嗽或呼吸急促等呼吸道症状[65]。但是，肺部感染可能更常见，因为本研究中许多猫没有进行胸部 X 线片检查，而另一项研究中，在尸检中几乎所有病例都发现肺部感染[66]。肺门淋巴结病、间质型肺型或间质型和支气管间质型混合肺型，胸部 X 线片上罕见胸膜增厚或积液[65]。其他临床症状包括眼部症状，如脉络膜视网膜炎、前葡萄膜炎、视网膜脱离、全眼炎；CNS 症状（有颅内或脊髓病变），如癫痫、感觉过敏、行为改变、后肢无力和共济失调；以及肌肉骨骼症状，如跛行[65, 66, 69, 71, 72]。

限制性心包炎、心包积液和右心衰在犬球孢子菌病中有报道，在猫身上未见报道[66]。但是，在尸检中发现26%的球孢子菌病患猫有心包病变，但并未表现与心脏病相关的临床症状[66]。

## 诊断性检查

在球孢子菌病患猫中，实验室检查异常包括非再生性贫血、白细胞增多症、白细胞减少症、低白蛋白血症和高球蛋白血症[65, 72]。与人类不同的是，在球孢子菌病患猫中没有嗜酸性粒细胞增多的报道[73]。猫球孢子菌病的血清学诊断的敏感性和特异性尚不清楚。大多数商业实验室进行免疫球蛋白G（immunoglobulin G，IgG）和免疫球蛋白M（immunoglobulin M，IgM）抗体的AGID分析。在39只球孢子菌病患猫中，所有患猫在患病期间的某个时间点的血清均呈阳性[65]。在诊断时，29只猫IgM（管状沉淀素）抗体阳性，6只猫IgM抗体阴性但IgG（补体固定）抗体阳性。IgG抗体滴度范围为1∶（2 ~ 128），31只猫滴度≥1∶16。

可以通过穿刺患病淋巴结、皮肤病变、肺部、胸腔积液和支气管肺泡灌洗液进行细胞学检查确诊，但与其他深层真菌病相比，细胞学检查诊断球孢子菌病相对不敏感[67]。在细胞学检查中，常见肉芽肿性或脓性肉芽肿性炎症反应，有时罕见多核巨细胞，少见嗜酸性粒细胞和（或）反应性淋巴细胞。偶尔以化脓性炎症反应为主。如果微生物表现为一个大的（10 ~ 80 μm）圆形深嗜碱性双壁球体，可能包含芽孢。芽孢直径为2 ~ 5 μm，周围有一圈薄且不染色的光圈，核小，呈圆形至卵圆形，密集聚集，呈偏心状。Diff Quik染色和瑞氏染色可以便于观察。

同样，为了在组织学上识别微生物，可能需要对多个活检样本进行评估。可能需要使用特殊染色，如PAS或GMS染色。

在48只猫的分泌物或组织样本的细胞学检查或组织学检查上，只有56%的患猫可观察到球孢子菌[65]。只有23%的患猫的分泌物或组织能培养出球孢子菌，因此阴性培养结果并不能排除球孢子菌病。球孢子菌属可在常规真菌培养基上进行分离培养，但在培养基中生长会对实验室人员的健康构成严重危害，只能在必要时和在设备适当的实验室进行。

使用PCR检测来帮助诊断球孢子菌病尚未在猫身上报道。

## 治疗和预后

伊曲康唑或氟康唑通常用于治疗猫球孢子菌病，但以前也使用过酮康唑。53只猫确诊患球孢子菌病，且主要使用酮康唑治疗，67%的病例治疗后存活[1]。平均治疗持续时间为10个月。

氟康唑可用于累及眼部和CNS的病例，因为它对眼睛和CNS的渗透性更强[71, 72]。伊曲康唑是骨骼受累动物的首选药物，推荐用于对氟康唑治疗无效

### 专栏14–2 霉菌感染

- 猫霉菌感染的患病率低于犬。
- 猫曲霉菌病的皮肤症状罕见。曲霉菌属可导致短头猫易患猫鼻曲霉菌病和眶曲霉菌病。它们也很少引起弥漫性疾病，这种疾病通常见于免疫缺陷患猫。
- 皮肤和皮下组织感染透明丝孢霉病和暗色丝孢霉病，通常是环境真菌通过创伤植入导致患病。大多数猫免疫力强。
- 接合菌病是通过吸入、摄入或伤口污染患病。常见并发免疫抑制。
- 腐皮病是水环境中的运动型双鞭毛浮游孢子，通过受损的皮肤和胃肠道黏膜渗透进入导致患病。主要表现为猫的皮肤和皮下组织病变。
- 对于透明丝孢霉病、暗色丝孢霉病、接合菌病和腐皮病的治疗选择是外科手术彻底大范围切除患病组织，因为抗真菌药物治疗通常无效。

的动物。在人类的非脑膜病例中发现伊曲康唑的疗效略优于氟康唑，但没有统计学意义[74]。此外，对于非常严重和（或）进展迅速的急性肺部疾病或弥漫性球孢子菌病的患病动物，建议使用两性霉素 B，一旦患病动物病情稳定，再使用氟康唑[75]。

对于标准治疗方案无效的患病动物，泊沙康唑或伏立康唑的疗效约为 70%，泊沙康唑较伏立康唑的疗效稍好[72, 76]。棘白菌素联合伏立康唑治疗难治性患病动物也有成功的报道[77]。但是，应该避免在猫身上使用伏立康唑，因为它们对伏立康唑毒性非常敏感。

## 曲霉菌病

### 流行病学

曲霉菌是一种普遍存在的腐生霉菌[78]，存在于世界各地的土壤和腐烂的植被中。导致猫患病的菌种通常包括在烟曲霉菌复合群（烟曲霉菌、新萨托菌属、图鲁斯曲霉菌和宇田川曲霉菌）中[79]。烟曲霉菌复合群成员不能仅通过表型检测准确鉴定，需要进行分子鉴定[79]。黄曲霉菌、构巢曲霉菌、黑曲霉菌、土曲霉菌、宇田川曲霉菌和猫曲霉菌也在少数病例中被检测到[78, 80, 81]。

### 猫的临床特征

猫中最常见的曲霉菌病是鼻曲霉菌病（sino-nasal aspergillosis，SNA）和眶曲霉菌病（sino-orbital aspergillosis，SOA）。发生鼻部或眶部局部感染提示局部防御机制缺陷。在正常情况下，感染是通过物理屏障功能来预防的，如黏液纤毛清除功能和局部先天免疫系统（巨噬细胞和中性粒细胞）[82]。短头猫，尤其是波斯猫或喜马拉雅猫，更易感[78]。有人认为这可能是黏液纤毛清除功能下降所致[78]。其他可能的风险因素包括病毒性上呼吸道感染史、炎性鼻炎、使用糖皮质激素或少见于抗生素治疗史[80, 82]。没有关于曲霉菌病和猫逆转录病毒感染之间的联系的报道[79]。患猫的年龄从 1.5 岁到 13 岁不等（中位年龄为5岁），没有明确的性别易感性[79]。在一项研究中，确诊前的临床症状持续时间从 5 d 以内到 6 周以上不等[1]。

SNA 的临床症状包括打喷嚏、单侧或双侧浆液至黏液脓性鼻分泌物，有时有鼻衄和少见呼吸打鼾、肉芽肿形成、软组织肿块从鼻孔突出和骨溶解。SOA 是一种更具侵入性的 SNA，累及眼球后方。临床表现包括单侧眼球突出、第三眼睑脱出、结膜充血和角膜炎。球后严重受累时，可在口腔后部观察到肿块（图 14-5）。CNS 受累、局部淋巴结病变和发热也有描述。

猫的全身性曲霉菌病罕见，通常与免疫缺陷有关。据报道，有 2 只糖尿病患猫同时患有黑曲霉菌肺炎[83]，38 只猫患有弥漫性曲霉菌病，其中一半以上患猫同时患有免疫抑制疾病（主要是泛白细胞

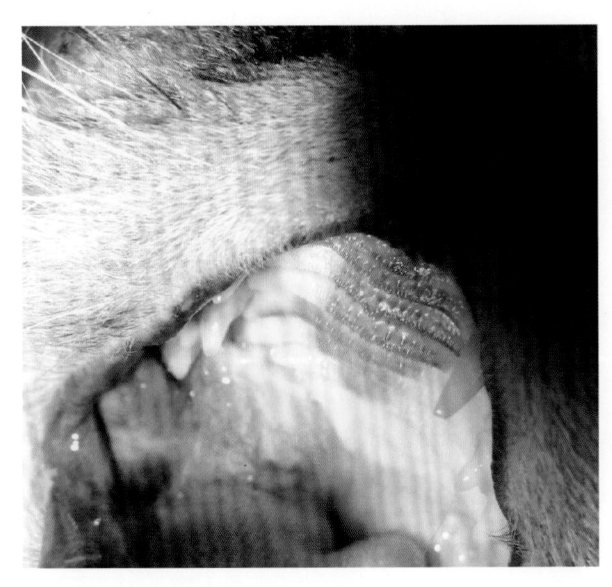

图 14-5　一只眶曲霉菌病患猫的口腔后侧肿块

减少症、FeLV 和猫传染性腹膜炎）[1, 84]。

皮肤病是猫曲霉菌病的一种罕见表现。据报道，一只鼻窦曲霉菌病患猫在鼻 – 眼区域有皮肤病变 [85]，另一只猫的耳部病变培养出玻璃曲霉菌 [86]。

### 诊断性检查

SNA 和 SOA 的诊断需要综合检测，如影像学检查、鼻腔镜检查、细胞学检查和（或）组织学检查以及真菌培养。影像学检查如头部计算机断层扫描（computerized tomography，CT）或磁共振成像（magnetic resonance imaging，MRI）可用于评估鼻甲骨、鼻中隔、筛板的破坏情况，以及鼻窦和球后区域病变情况。在鼻腔镜检查中，可以看到受损的鼻甲和灰白色斑块 [87]。

盲法采样或鼻腔镜引导下黏膜拭子采样、鼻腔刷采样的细胞学检查，鼻腔活检采样或对 SOA 患猫进行超声或 CT 引导下球后肿物穿刺采样的细胞学检查，结果通常易混淆，主要是脓性肉芽肿性炎症反应。有时可见曲霉菌菌丝，但常见假阴性结果。

烟曲霉菌在常规实验室培养基中通常可以生长数天至数周，对实验室人员不构成重大危害。在缺乏鼻腔镜检查、细胞学检查或组织病理学检查支持的情况下，对鼻腔的阳性培养结果要谨慎解读，因为曲霉菌属普遍存在，因此假阳性结果并不少见。只要有可能，应在鼻腔镜引导下采样进行真菌培养，以提高敏感性 [88]。从正常无菌部位（如球后肿块）穿刺采样或活检样本中发现曲霉菌生长，强烈提示 SOA。在一项研究中，23 只猫中有 22 只的真菌培养呈阳性 [79]，但在另一项研究中，真菌培养的敏感性较低 [89]。使用血清学测试（抗体和抗原测试）诊断猫曲霉菌病不可靠 [78, 79, 81, 87, 89]。

### 治疗和预后

猫 SNA 的治疗与犬相似。据报道，3 只猫鼻内注射克霉唑停留 1 h，效果良好 [82, 87]。SOA 和弥漫性曲霉菌病需要进行全身性抗真菌治疗（单一抗真菌药物治疗或两种抗真菌药物联合治疗），但预后较差。治疗 SOA 和弥漫性曲霉菌病的抗真菌药物包括伊曲康唑、两性霉素 B、泊沙康唑、伏立康唑、特比萘芬、卡泊芬净和米卡芬净 [79, 90–92]。伏立康唑对猫有严重毒性，因此不推荐使用。也不推荐使用氟康唑和氟胞嘧啶，因为曲霉菌属对这些抗真菌药物具有天然耐药性 [93]。此外，酮康唑在曲霉菌属中的最低抑菌浓度（MIC）较高很常见。

在 2015 年澳大利亚一项评估犬和猫烟曲霉菌分离株的抗真菌耐药性的研究中，绝大多数分离株对伊曲康唑、伏立康唑、泊沙康唑、克霉唑和恩康唑具有较低的 MIC 值 [93]。有趣的是，7 株分离株对两性霉素 B 具有较高的 MIC 值。

猫曲霉菌对许多抗真菌药物都有很高的 MIC 值 [94]。猫曲霉菌分离株对至少一种三唑类药物具有较高的 MIC 值，且在几种三唑类药物之间存在交叉耐药性。此外，一种分离株也对卡泊芬净具有很高的 MIC 值。

## 其他霉菌病

### 透明丝孢霉病

透明丝孢霉病是由非暗色（透明、无色素）霉菌引起的。英国的一项回顾性研究评估了由真菌引起的 77 例结节性肉芽肿性皮肤病变，发现最常见的病原菌是透明丝孢霉 [95]。报道的与猫疾病相关的种类包括镰刀菌属、支顶孢属、拟青霉属和绿僵菌属等 [95–101]。

透明丝孢霉是在土壤和植物中发现的丝状真菌，分布在世界各地。

透明丝孢霉病患猫的症状包括皮肤结节、鼻窦炎、肺炎、爪部皮炎和角膜炎。

可通过细胞学检查、组织学检查和真菌培养进行确诊。细胞学检查和组织学检查通常显示脓性肉芽肿性炎症反应伴有无色素、常见有分隔、分枝的多形性菌丝。由于某些菌种对常规抗真菌药物的敏感性较低，建议对病原进行培养和准确鉴定，以指导抗真菌药物的选择。但这些真菌是常见的实验室污染菌，有时可以从健康动物的皮肤或毛发中分离出来，非无菌部位的阳性培养结果应结合临床表现进行考虑。

只要有可能，应手术彻底切除患病组织，然后进行抗真菌治疗 3 ~ 6 个月。

治疗小动物透明丝孢霉病最常用的药物包括伊曲康唑和两性霉素 B，但不同的真菌种类对抗真菌药物的敏感性不同。泊沙康唑和棘白菌素（如卡泊芬净）可能比伊曲康唑抑菌活性更有效。镰刀菌属对葡聚糖合成酶抑制剂（如卡泊芬净）天然耐药，但是，与两性霉素 B 联合使用可产生协同作用[98]。

## 暗色丝孢霉病

暗色丝孢霉是一种暗色丝状真菌，在菌丝壁中含有黑色素样色素，偶尔在猫身上引起机会性感染。色素在这些病原菌的毒力和致病性中起着重要作用，因为它通过阻止水解酶的攻击和清除吞噬细胞在氧化破裂过程中释放的自由基，帮助真菌逃避宿主的免疫应答[102]。引起猫疾病的菌种包括外瓶霉属、链格孢霉属、枝孢属、瓶霉属、支孢瓶霉属、细基格孢属、微球壳孢属、丰塞卡孢属、小丛梗孢属和短梗霉属等[86, 98, 102–115]。枝孢属更有可能在免疫能力强的猫中传播。此外，在支孢瓶霉属中，斑替支孢瓶霉与其他真菌相比具有明显的嗜神经性[109, 115, 116]。

暗色丝孢菌在世界各地的土壤、木材和分解植物碎片中都有发现。通常由皮肤接种引起皮肤和皮下组织感染（图 14–6）。大多数患猫的病变发生在头部或四肢，通常呈单个结节，没有全身性疾病表现。罕见因食入或吸入孢子导致深层感染[109]。

猫感染暗色丝孢菌病的易感因素可能包括使用免疫抑制剂治疗，并发疾病，或者与年龄有关的非特异性免疫缺陷。但是，在大多数病例中没有发现明显的免疫抑制[103]，尽管报告中的大多数猫没有进行 FIV 和 FeLV 检测。

可通过细胞学检查、组织学检查和真菌培养进行确诊。分泌物的细胞学检查通常显示为脓性肉芽肿性炎症反应，可能包含有色素的真菌菌丝、假菌丝和（或）酵母菌样细胞。建议采用真菌培养进行确诊。一种间接 ELISA 法已用于检测家猫血清抗链格孢霉 IgG 抗体。然而，链格孢霉病患猫的抗体浓度并不明显高于健康的猫或患有其他疾病的猫[117]。

尽可能选择手术完全切除边缘较宽的患病组织，然后进行抗真菌治疗 3 ~ 6 个月。如果不能完全手术切除，则预后谨慎。暗色丝孢霉病经常有复发的临床表现，许多抗真菌药物都难以根治。在弥漫性或脑部感染的病例中，治疗很少成功，预后较差。酮康唑、伊曲康唑、两性霉素 B、氟胞嘧啶和特比萘芬被用于治疗猫的暗色丝孢霉病，效果各不相同[111, 113]。建议使用特比萘芬与伊曲康唑或泊沙康唑等唑类抗真菌药物联合治疗[114]。如果有改善，建议长期治疗（6 ~ 12 个月），以防止病变复发。

## 接合菌病

接合菌是存在于土壤、水、腐烂物质和粪便中的机会性微生物。其中包括虫霉目的蛙粪霉属和耳霉属，以及毛霉菌目的根霉属、犁头霉属、毛霉属、瓶霉属等[118]。感染被认为是通过吸入、摄入或伤

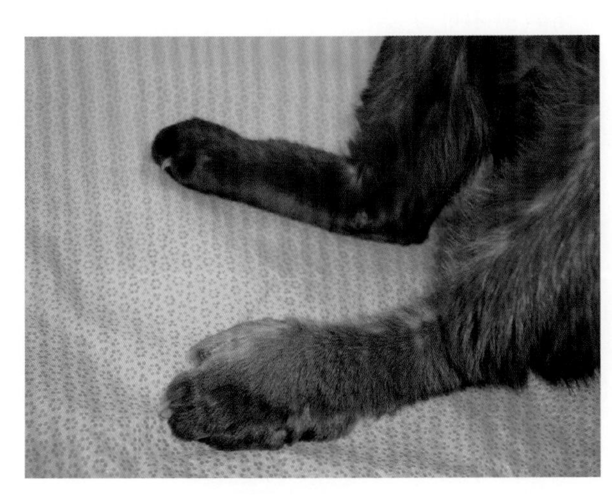

图 14–6　一只猫肿胀的肢端，其皮下组织感染暗色丝孢霉病

口污染引起的。猫罕见毛霉属感染的报道，目前只有一例由毛霉属感染引起的脑部真菌病、皮下组织感染和十二指肠穿孔[119-121]。此外，一项尸检研究报告了12例疑似毛霉菌病,通过组织病理学确诊[84]。这些患猫中大多数的病变涉及胃肠道或肺部，12 只猫中有 6 只可能患有免疫抑制疾病。

一只 3 岁猫患有硬腭溃疡性病变，怀疑耳霉属感染[118]。

确诊接合菌病需要根据细胞学检查或组织病理学检查以及真菌培养。细胞学检查和组织学检查结果包括脓性肉芽肿、化脓性或嗜酸性细胞炎症反应。有时可观察到宽的（＞8 μm）、分隔不清的菌丝，伴有厚的明显的嗜酸性荚膜。组织浸泡在 10% 氢氧化钾中进行显微镜检查，更有可能观察到菌丝元素。组织病理样本使用 GMS 和 PAS 染色也有助于观察菌丝元素。

对于接合菌病，建议进行大面积手术切除（只要有可能）和长期药物治疗。接合菌对抗真菌药物的敏感性各不相同。泊沙康唑和两性霉素 B 被认为是治疗人毛霉菌感染最有效的抗真菌药物[120]。有些接合菌病病人使用伊曲康唑治疗也有较好的疗效[122, 123]。

## 腐皮病

腐皮病是由水生卵菌纲腐霉菌引起的。卵菌是土壤和水生微生物，在动植物演化史上与真菌关系较远，与藻类关系更近[118]。甲壳素是真菌细胞壁的基本成分，在卵菌的细胞壁中通常缺乏，卵菌主要含有纤维素和 β-葡聚糖[118]。与真菌生物相反，麦角甾醇也不是卵菌细胞膜中的主要甾醇。

腐霉菌感染形式是一种水生环境中存在的运动型双鞭毛虫浮游孢子，通过渗透进入受损皮肤或胃肠道黏膜引起感染。腐皮病最常见于热带和亚热带地区，然而，也有来自温带地区的动物感染的报道[124]。该病在美国流行（主要在墨西哥湾沿岸各州），在东南亚、澳大利亚东部沿海、新西兰和南美洲也有病例报道[118]。

猫腐皮病极为罕见，通常表现为皮下组织病变（包括腹股沟、尾尖或眶周区域）、局限于四肢的有瘘道的结节病变或溃疡性斑块样病变[118]。已报道 1 只猫有鼻部和球后肿块[125]，1 只猫有舌下肿块[126]，还有 2 只猫有胃肠道腐皮病[124]。未见特殊品种和性别易感性，但年轻猫可能易感。在 10 只因腐霉菌引起皮肤病变的患猫中，5 只年龄＜10 月龄，年龄范围为 4 月龄至 9 岁[118]。

细胞学检查和组织学检查可见嗜酸性细胞和肉芽肿性炎症反应，明显纤维化和坏死[124]。使诊断复杂化的是，腐霉菌通常不被 H&E 染色，且数量较少。菌丝出现在坏死区域和肉芽肿内，呈清晰的圆形或椭圆形，被窄边的嗜酸性物质勾画出细长结构。PAS 染色效果也不好,但 GMS 染色可以观察到。菌丝很少有分隔和分枝，直径为 2.5 ~ 8.9 mm，与菌丝分隔相比具有厚壁和几乎平行的边[124]。常规组织学检查不能区分腐皮病、链壶菌病和接合菌病，因为它们的组织学检查特征的差异很细微，尽管毛霉菌属使用 H&E、PAS 和 GMS 染色效果同样良好。

组织培养或使用免疫组化、PCR 和（或）血清学可以帮助诊断[124]。分泌物培养通常不成功，而组织培养需要样本特殊处理（未冷藏组织保持湿润）和特殊培养技术。通过 PCR 测序可以确定培养中分离的微生物[127]。

此外，免疫印迹血清学和 ELISA 技术已成功用于确诊一些猫腐皮病[124, 125, 128]。

腐皮病的治疗是尽可能积极地通过手术切除感染组织，切除切缘为 3 ~ 4 cm。单独使用药物治疗对腐皮病通常无效。这可能是因为大多数抗真菌药物的靶点麦角甾醇在卵菌类细胞膜中普遍缺乏。在犬中，伊曲康唑和特比萘芬的联合治疗可能对不完全切除或不能切除的病变有效，酮康唑也常被使用[125]。对于患有胃肠道腐皮病的犬，也建议短期使用泼尼松以改善临床症状（呕吐、食欲下降）[127]。

## 参考文献

[1] Davies C, Troy GC. Deep mycotic infections in cats. J Am Anim Hosp Assoc. 1996; 32:380–391.

[2] Sykes JE, Taboada J. Histoplasmosis. In: Sykes JE, editor. Canine and feline infectious diseases. St Louis: Elsevier Saunders; 2014. p. 587–598.

[3] Kano R, Hosaka S, Hasegawa A. First isolation of Cryptococcus magnus from a cat. Mycopathologia. 2004; 157:263–264.

[4] Poth T, Seibold M, Werckenthin C, Hermanns W. First report of a Cryptococcus magnus infection in a cat. Med Mycol. 2010; 48:1000–1004.

[5] Kano R, Kitagawat M, Oota S, Oosumi T, Murakami Y, Tokuriki M, et al. First case of feline systemic Cryptococcus albidus infection. Med Mycol. 2008; 46:75–77.

[6] O'Brien CR, Krockenberger MB, Wigney DI, Martin P, Malik R. Retrospective study of feline and canine cryptococcosis in Australia from 1981 to 2001: 195 cases. Med Mycol. 2004; 42:449–460.

[7] Lester SJ, Malik R, Bartlett KH, Duncan CG. Cryptococcosis: update and emergence of Cryptococcus gattii. Vet Clin Pathol. 2011; 40:4–17.

[8] Pennisi MG, Hartmann K, Lloret A, Ferrer L, Addie D, Belak S, et al. Cryptococcosis in cats: ABCD guidelines on prevention and management. J Feline Med Surg. 2013; 15:611–618.

[9] McGill S, Malik R, Saul N, Beetson S, Secombe C, Robertson I, et al. Cryptococcosis in domestic animals in Western Australia: a retrospective study from 1995–2006. Med Mycol. 2009; 47:625–639.

[10] Malik R, Wigney DI, Muir DB, Gregory DJ, Love DN. Cryptococcosis in cats: clinical and mycological assessment of 29 cases and evaluation of treatment using orally administered fluconazole. J Med Vet Mycol. 1992; 30:133–144.

[11] Trivedi SR, Sykes JE, Cannon MS, Wisner ER, Meyer W, Sturges BK, et al. Clinical features and epidemiology of cryptococcosis in cats and dogs in California: 93 cases (1988–2010). J Am Vet Med Assoc. 2011; 239:357–369.

[12] Jacobs GJ, Medleau L, Calvert C, Brown J. Cryptococcal infection in cats: factors influencing treatment outcome, and results of sequential serum antigen titers in 35 cats. J Vet Intern Med. 1997; 11:1–4.

[13] Castrodale LJ, Gerlach RF, Preziosi DE, Frederickson P, Lockhart SR. Prolonged incubation period for Cryptococcus gattii infection in cat, Alaska, USA. Emerg Infect Dis. 2013; 19:1034–1035.

[14] Myers A, Meason-Smith C, Mansell J, Krockenberger M, Peters-Kennedy J, Ross Payne H, et al. Atypical cutaneous cryptococcosis in four cats in the USA. Vet Dermatol. 2017; 28:405–e97.

[15] Odom T, Anderson JG. Proliferative gingival lesion in a cat with disseminated cryptococcosis. J Vet Dent. 2000; 17:177–181.

[16] Siak MK, Paul A, Drees R, Arthur I, Burrows AK, Tebb AJ, et al. Otogenic meningoencephalomyelitis due to Cryptococcus gattii (VGII) infection in a cat from Western Australia. JFMS Open Rep. 2015; 1:2055116915585022.

[17] Sykes JE, Malik R. Cryptococcosis. In: Sykes JE, editor. Canine and feline infectious diseases. St Louis: Elsevier Saunders; 2014. p. 599–612.

[18] Trivedi SR, Malik R, Meyer W, Sykes JE. Feline cryptococcosis: impact of current research on clinical management. J Feline Med Surg. 2011; 13:163–172.

[19] Guess T, Lai H, Smith SE, Sircy L, Cunningham K, Nelson DE, et al. Size matters: measurement of capsule diameter in Cryptococcus neoformans. J Vis Exp. 2018; 132:1–10.

[20] Ranjan R, Jain D, Singh L, Iyer VK, Sharma MC, Mathur SR. Differentiation of histoplasma and cryptococcus in cytology smears: a diagnostic dilemma in severely necrotic cases. Cytopathology. 2015; 26:244–249.

[21] Sykes JE, Hodge G, Singapuri A, Yang ML, Gelli A, Thompson GR 3rd. In vivo development of fluconazole resistance in serial Cryptococcus gattii isolates from a cat. Med Mycol. 2017; 55:396–401.

[22] Kano R, Okubo M, Yanai T, Hasegawa A, Kamata H. First isolation of azole-resistant Cryptococcus neoformans from feline cryptococcosis. Mycopathologia. 2015; 180:427–433.

[23] Mondon P, Petter R, Amalfitano G, Luzzati R, Concia E, Polacheck I, et al. Heteroresistance to fluconazole and voriconazole in Cryptococcus neoformans. Antimicrob Agents Chemother. 1999; 43:1856–1861.

[24] O'Brien CR, Krockenberger MB, Martin P, Wigney DI, Malik R. Long-term outcome of therapy for 59 cats and 11 dogs with cryptococcosis. Aust Vet J. 2006; 84:384–392.

[25] Sykes JE, Sturges BK, Cannon MS, Gericota B, Higgins RJ, Trivedi SR, et al. Clinical signs, imaging features, neuropathology, and outcome in cats and dogs with central nervous system cryptococcosis from California. J Vet Intern Med. 2010; 24:1427–1438.

[26] Barrs VR, Martin P, Nicoll RG, Beatty JA, Malik R. Pulmonary cryptococcosis and Capillaria aerophila infection in an FIV-positive cat. Aust Vet J. 2000; 78:154–158.

[27] Balajee SA, Hurst SF, Chang LS, Miles M, Beeler E, Hale C, et al. Multilocus sequence typing of Histoplasma capsulatum in formalin-fixed paraffin-embedded tissues from cats living in non-endemic regions reveals a new phylogenetic clade. Med Mycol. 2013; 51:345–351.

[28] Fischer NM, Favrot C, Monod M, Grest P, Rech K, Wilhelm S. A case in Europe of feline histoplasmosis apparently limited to the skin. Vet Dermatol. 2013; 24:635–638.

[29] Percy DH. Feline histoplasmosis with ocular involvement. Vet Pathol. 1981; 18:163–169.

[30] Larsuprom L, Duangkaew L, Kasorndorkbua C, Chen C, Chindamporn A, Worasilchai N. Feline cutaneous histoplasmosis: the first case report from Thailand. Med Mycol Case Rep. 2017; 18:28–30.

[31] Mavropoulou A, Grandi G, Calvi L, Passeri B, Volta A, Kramer LH, et al. Disseminated histoplasmosis in a cat in Europe. J Small Anim Pract. 2010; 51:176–180.

[32] Kasuga T, White TJ, Koenig G, McEwen J, Restrepo A, Castaneda E, et al. Phylogeography of the fungal pathogen Histoplasma capsulatum. Mol Ecol. 2003; 12:3383–3401.

[33] Bromel C, Sykes JE. Histoplasmosis in dogs and cats. Clin Tech Small Anim Pract. 2005; 20:227–232.

[34] Aulakh HK, Aulakh KS, Troy GC. Feline histoplasmosis: a retrospective study of 22 cases (1986–2009). J Am Anim Hosp Assoc. 2012; 48:182–187.

[35] Reinhart JM, KuKanich KS, Jackson T, Harkin KR. Feline histoplasmosis: fluconazole therapy and identification of potential sources of Histoplasma species exposure. J Feline Med Surg. 2012; 14:841–848.

[36] Atiee G, Kvitko–White H, Spaulding K, Johnson M. Ultrasonographic appearance of histoplasmosis identified in the spleen in 15 cats. Vet Radiol Ultrasoun. 2014; 55:310–314.

[37] Gingerich K, Guptill L. Canine and feline histoplasmosis: a review of a widespread fungus. Vet Med. 2008; 103:248–264.

[38] Clinkenbeard KD, Cowell RL, Tyler RD. Disseminated histoplasmosis in cats: 12 cases (1981–1986). J Am Vet Med Assoc. 1987; 190:1445–1448.

[39] Wolf AM. Histoplasma capsulatum osteomyelitis in the cat. J Vet Intern Med. 1987; 1:158–162.

[40] Carneiro RA, Lavalle GE, Araujo RB. Cutaneous histoplasmosis in cat: a case report. Arq Bras Med Vet Zoo. 2005; 57:158–161.

[41] Tamulevicus AM, Harkin K, Janardhan K, Debey BM. Disseminated histoplasmosis accompanied by cutaneous fragility in a cat. J Am Anim Hosp Assoc. 2011; 47:E36–41.

[42] Vinayak A, Kerwin SC, Pool RR. Treatment of thoracolumbar spinal cord compression associated with Histoplasma capsulatum infection in a cat. J Am Vet Med Assoc. 2007; 230:1018–1023.

[43] Lamm CG, Rizzi TE, Campbell GA, Brunker JD. Pathology in practice. Histoplasma capsulatum Infections. J Am Vet Med Assoc. 2009; 235:155–157.

[44] Taylor AR, Barr JW, Hokamp JA, Johnson MC, Young BD. Cytologic diagnosis of disseminated histoplasmosis in the wall of the urinary bladder of a cat. J Am Anim Hosp Assoc. 2012; 48:203–208.

[45] Hodges RD, Legendre AM, Adams LG, Willard MD, Pitts RP, Monce K, et al. Itraconazole for the treatment of histoplasmosis in cats. J Vet Intern Med. 1994; 8:409–413.

[46] Hanzlicek AS, Meinkoth JH, Renschler JS, Goad C, Wheat LJ. Antigen concentrations as an indicator of clinical remission and disease relapse in cats with histoplasmosis. J Vet Intern Med. 2016; 30:1065–1073.

[47] Cook AK, Cunningham LY, Cowell AK, Wheat LJ. Clinical evaluation of urine Histoplasma capsulatum antigen measurement in cats with suspected disseminated histoplasmosis. J Feline Med Surg. 2012; 14:512–515.

[48] Klang A, Loncaric I, Spergser J, Eigelsreiter S, Weissenbock H. Disseminated histoplasmosis in a domestic cat imported from the USA to Austria. Med Mycol Case Rep. 2013; 2:108–112.

[49] Spec A, Connoly P, Montejano R, Wheat LJ. In vitro activity of isavuconazole against fluconazole–resistant isolates of Histoplasma capsulatum. Med Mycol. 2018; 56:834–837.

[50] Renschler JS, Norsworthy GD, Rakian RA, Rakian AI, Wheat LJ, Hanzlicek AS. Reduced susceptibility to fluconazole in a cat with histoplasmosis. JFMS Open Rep. 2017; 3:2055116917743364.

[51] Bromel C, Sykes JE. Epidemiology, diagnosis, and treatment of blastomycosis in dogs and cats. Clin Tech Small Anim Pract. 2005; 20:233–239.

[52] Gilor C, Graves TK, Barger AM, O'Dell–Anderson K. Clinical aspects of natural infection with Blastomyces dermatitidis in cats: 8 cases (1991–2005). J Am Vet Med Assoc. 2006; 229:96–99.

[53] Davies JL, Epp T, Burgess HJ. Prevalence and geographic distribution of canine and feline blastomycosis in the Canadian prairies. Can Vet J. 2013; 54:753–760.

[54] Easton KL. Cutaneous North American blastomycosis in a Siamese cat. Can Vet J. 1961; 2:350–351.

[55] Duangkaew L, Larsuprom L, Kasondorkbua C, Chen C, Chindamporn A. Cutaneous blastomycosis and dermatophytic pseudomycetoma in a Persian cat from Bangkok, Thailand. Med Mycol Case Rep. 2017; 15:12–15.

[56] Miller PE, Miller LM, Schoster JV. Feline blastomycosis – a report of 3 cases and literature–review (1961 to 1988). J Am Anim Hosp Assoc. 1990; 26:417–424.

[57] Blondin N, Baumgardner DJ, Moore GE, Glickman LT. Blastomycosis in indoor cats: suburban Chicago, Illinois, USA. Mycopathologia. 2007; 163:59–66.

[58] Houseright RA, Webb JL, Claus KN. Pathology in practice. Blastomycosis in an indoor–only cat. J Am Vet Med Assoc. 2015; 247:357–359.

[59] Stern JA, Chew DJ, Schissler JR, Green EM. Cutaneous and

systemic blastomycosis, hypercalcemia, and excess synthesis of calcitriol in a domestic shorthair cat. J Am Anim Hosp Assoc. 2011; 47:e116–120.

[60] Meece JK, Anderson JL, Klein BS, Sullivan TD, Foley SL, Baumgardner DJ, et al. Genetic diversity in Blastomyces dermatitidis: implications for PCR detection in clinical and environmental samples. Med Mycol. 2010; 48:285–290.

[61] Sidamonidze K, Peck MK, Perez M, Baumgardner D, Smith G, Chaturvedi V, et al. Realtime PCR assay for identification of Blastomyces dermatitidis in culture and in tissue. J Clin Microbiol. 2012; 50:1783–1786.

[62] Smith JR, Legendre AM, Thomas WB, LeBlanc CJ, Lamkin C, Avenell JS, et al. Cerebral Blastomyces dermatitidis infection in a cat. J Am Vet Med Assoc. 2007; 231:1210–1214.

[63] Breider MA, Walker TL, Legendre AM, VanEe RT. Blastomycosis in cats: five cases (1979–1986). J Am Vet Med Assoc. 1988; 193:570–572.

[64] McBride JA, Gauthier GM, Klein BS. Clinical manifestations and treatment of blastomycosis. Clin Chest Med. 2017; 38:435–449.

[65] Greene RT, Troy GC. Coccidioidomycosis in 48 cats–a retrospective study (1984–1993). J Vet Intern Med. 1995; 9:86–91.

[66] Graupmann-Kuzma A, Valentine BA, Shubitz LF, Dial SM, Watrous B, Tornquist SJ. Coccidioidomycosis in dogs and cats: a review. J Am Anim Hosp Assoc. 2008; 44:226–235.

[67] Sykes JE. Coccidioidomycosis. In: Sykes JE, editor. Canine and feline infectious diseases. St Louis: Elsevier Saunders; 2014. p. 613–623.

[68] Simoes DM, Dial SM, Coyner KS, Schick AE, Lewis TP. Retrospective analysis of cutaneous lesions in 23 canine and 17 feline cases of coccidiodomycosis seen in Arizona, USA (2009–2015). Vet Dermatol. 2016; 27:346.

[69] Foureman P, Longshore R, Plummer SB. Spinal cord granuloma due to Coccidioides immitis in a cat. J Vet Intern Med. 2005; 19:373–376.

[70] Amorim I, Colimao MJ, Cortez PP, Dias Pereira P. Coccidioidomycosis in a cat imported from the USA to Portugal. Vet Rec. 2011; 169: 232a.

[71] Bentley RT, Heng HG, Thompson C, Lee CS, Kroll RA, Roy ME, et al. Magnetic resonance imaging features and outcome for solitary central nervous system Coccidioides granulomas in 11 dogs and cats. Vet Radiol Ultrasoun. 2015; 56:520–530.

[72] Tofflemire K, Betbeze C. Three cases of feline ocular coccidioidomycosis: presentation, clinical features, diagnosis, and treatment. Vet Ophthalmol. 2010; 13:166–172.

[73] Alzoubaidi MSS, Knox KS, Wolk DM, Nesbit LA, Jahan K, Luraschi-Monjagatta C. Eosinophilia in coccidioidomycosis. Am J Resp Crit Care. 2013; 187.

[74] Galgiani JN, Catanzaro A, Cloud GA, Johnson RH, Williams PL, Mirels LF, et al. Comparison of oral fluconazole and itraconazole for progressive, nonmeningeal coccidioidomycosis. A randomized, double-blind trial. Mycoses Study Group. Ann Intern Med. 2000; 133:676–686.

[75] Galgiani JN, Ampel NM, Blair JE, Catanzaro A, Geertsma F, Hoover SE, et al. 2016 Infectious Diseases Society of America (IDSA) Clinical Practice Guideline for the treatment of coccidioidomycosis. Clin Infect Dis. 2016; 63:E112–E46.

[76] Kim MM, Vikram HR, Kusne S, Seville MT, Blair JE. Treatment of refractory coccidioidomycosis with voriconazole or posaconazole. Clin Infect Dis. 2011; 53:1060–1066.

[77] Levy ER, McCarty JM, Shane AL, Weintrub PS. Treatment of pediatric refractory coccidioidomycosis with combination voriconazole and caspofungin: a retrospective case series. Clin Infect Dis. 2013; 56:1573–1578.

[78] Hartmann K, Lloret A, Pennisi MG, Ferrer L, Addie D, Belak S, et al. Aspergillosis in cats: ABCD guidelines on prevention and management. J Feline Med Surg. 2013; 15:605–610.

[79] Barrs VR, Halliday C, Martin P, Wilson B, Krockenberger M, Gunew M, et al. Sinonasal and sino-orbital aspergillosis in 23 cats: aetiology, clinicopathological features and treatment outcomes. Vet J. 2012; 191:58–64.

[80] Barachetti L, Mortellaro CM, Di Giancamillo M, Giudice C, Martino P, Travetti O, et al. Bilateral orbital and nasal aspergillosis in a cat. Vet Ophthalmol. 2009; 12:176–182.

[81] Whitney BL, Broussard J, Stefanacci JD. Four cats with fungal rhinitis. J Feline Med Surg. 2005; 7:53–58.

[82] Tomsa K, Glaus TA, Zimmer C, Greene CE. Fungal rhinitis and sinusitis in three cats. J Am Vet Med Assoc. 2003; 222:1380–1384.

[83] Leite RV, Fredo G, Lupion CG, Spanamberg A, Carvalho G, Ferreiro L, et al. Chronic invasive pulmonary aspergillosis in two cats with diabetes mellitus. J Comp Pathol. 2016; 155:141–144.

[84] Ossent P. Systemic aspergillosis and mucormycosis in 23 cats. Vet Rec. 1987; 120:330–333.

[85] Malik R, Vogelnest L, O'Brien CR, White J, Hawke C, Wigney DI, et al. Infections and some other conditions affecting the skin and subcutis of the naso-ocular region of cats–clinical experience 1987–2003. J Feline Med Surg. 2004; 6:383–390.

[86] Bernhardt A, von Bomhard W, Antweiler E, Tintelnot K. Molecular identification of fungal pathogens in nodular skin lesions of cats. Med Mycol. 2015; 53:132–144.

[87] Furrow E, Groman RP. Intranasal infusion of clotrimazole for the treatment of nasal aspergillosis in two cats. J Am Vet Med Assoc. 2009; 235:1188–1193.

[88] Sykes JE. Aspergillosis. In: Sykes JE, editor. Canine and feline infectious diseases. St Louis: Elsevier Saunders; 2014. p. 633–659.

[89] Goodall SA, Lane JG, Warnock DW. The diagnosis and treatment of a case of nasal aspergillosis in a cat. J Small Anim Pract. 1984; 25:627–633.

[90] McLellan GJ, Aquino SM, Mason DR, Kinyon JM, Myers RK. Use of posaconazole in the management of invasive orbital aspergillosis in a cat. J Am Anim Hosp Assoc. 2006; 42:302–307.

[91] Smith LN, Hoffman SB. A case series of unilateral orbital aspergillosis in three cats and treatment with voriconazole. Vet Ophthalmol. 2010; 13:190–203.

[92] Kano R, Itamoto K, Okuda M, Inokuma H, Hasegawa A, Balajee SA. Isolation of Aspergillus udagawae from a fatal case of feline orbital aspergillosis. Mycoses. 2008; 51:360–361.

[93] Talbot JJ, Kidd SE, Martin P, Beatty JA, Barrs VR. Azole resistance in canine and feline isolates of Aspergillus fumig atus. Comp Immunol Microbiol Infect Dis. 2015; 42:37–41.

[94] Barrs VR, van Doorn TM, Houbraken J, Kidd SE, Martin P, Pinheiro MD, et al. Aspergillus felis sp nov., an emerging agent of invasive aspergillosis in humans, cats, and dogs. PLoS One. 2013; 8:e64871.

[95] Miller RI. Nodular granulomatous fungal skin diseases of cats in the United Kingdom: a retrospective review. Vet Dermatol. 2010; 21:130–135.

[96] Leperlier D, Vallefuoco R, Laloy E, Debeaupuits J, Thibaud PD, Crespeau FL, et al. Fungal rhinosinusitis caused by Scedosporium apiospermum in a cat. J Feline Med Surg. 2010; 12:967–971.

[97] Pawloski DR, Brunker JD, Singh K, Sutton DA. Pulmonary Paecilomyces lilacinus infection in a cat. J Am Anim Hosp Assoc. 2010; 46:197–202.

[98] Kluger EK, Della Torre PK, Martin P, Krockenberger MB, Malik R. Concurrent Fusarium chlamydosporum and Microsphaeropsis arundinis infections in a cat. J Feline Med Surg. 2004; 6:271–277.

[99] Sugahara G, Kiuchi A, Usui R, Usui R, Mineshige T, Kamiie J, et al. Granulomatous pododermatitis in the digits caused by Fusarium proliferatum in a cat. J Vet Med Sci. 2014; 76: 435–438.

[100] Binder DR, Sugrue JE, Herring IP. Acremonium keratomycosis in a cat. Vet Ophthalmol. 2011; 14(Suppl 1):111–116.

[101] Muir D, Martin P, Kendall K, Malik R. Invasive hyphomycotic rhinitis in a cat due to Metarhizium anisopliae. Med Mycol. 1998; 36:51–54.

[102] Overy DP, Martin C, Muckle A, Lund L, Wood J, Hanna P. Cutaneous Phaeohyphomycosis caused by Exophiala attenuata in a domestic cat. Mycopathologia. 2015; 180:281–287.

[103] Tennant K, Patterson-Kane J, Boag AK, Rycroft AN. Nasal mycosis in two cats caused by Alternaria species. Vet Rec. 2004; 155:368–370.

[104] Bostock DE, Coloe PJ, Castellani A. Phaeohyphomycosis caused by Exophiala jeanselmei in a domestic cat. J Comp Pathol. 1982; 92:479.

[105] Dion WM, Pukay BP, Bundza A. Feline Cutaneous phaeohyphomycosis caused by Phialophora verrucosa. Can Vet J. 1982; 23:48–49.

[106] Sisk DB, Chandler FW. Phaeohyphomycosis and cryptococcosis in a cat. Vet Pathol. 1982; 19:554–556.

[107] Kettlewell P, McGinnis MR, Wilkinson GT. Phaeohyphomycosis caused by Exophiala spinifera in two cats. J Med Vet Mycol. 1989; 27:257–264.

[108] Nuttal W, Woodgyer A, Butler S. Phaeohyphomycosis caused by Exophiala jeanselmei in a domestic cat. N Z Vet J. 1990; 38:123.

[109] Abramo F, Bastelli F, Nardoni S, Mancianti F. Feline cutaneous phaeohyphomycosis due to Cladophyalophora bantiana. J Feline Med Surg. 2002; 4:157–163.

[110] Beccati M, Vercelli A, Peano A, Gallo MG. Phaeohyphomycosis by Phialophora verrucosa: first European case in a cat. Vet Rec. 2005; 157:93–94.

[111] Knights CB, Lee K, Rycroft AN, Patterson-Kane JC, Baines SJ. Phaeohyphomycosis caused by Ulocladium species in a cat. Vet Rec. 2008; 162:415–416.

[112] McKenzie RA, Connole MD, McGinnis MR, Lepelaar R. Subcutaneous phaeohyphomycosis caused by Moniliella suaveolens in two cats. Vet Pathol. 1984; 21:582–586.

[113] Fondati A, Gallo MG, Romano E, Fondevila D. A case of feline phaeohyphomycosis due to Fonsecaea pedrosoi. Vet Dermatol. 2001; 12:297–301.

[114] Evans N, Gunew M, Marshall R, Martin P, Barrs V. Focal pulmonary granuloma caused by Cladophialophora bantiana in a domestic short haired cat. Med Mycol. 2011; 49:194–197.

[115] Bouljihad M, Lindeman CJ, Hayden DW. Pyogranulomatous meningoencephalitis associated with dematiaceous fungal (Cladophialophora bantiana) infection in a domestic cat. J Vet Diagn Investig. 2002; 14:70–72.

[116] Lavely J, Lipsitz D. Fungal infections of the central nervous

system in the dog and cat. Clin Tech Small Anim Pract. 2005; 20:212–219.

[117] Dye C, Peters I, Tasker S, Caney SMA, Dye S, Gruffydd–Jones TJ, et al. Preliminary study using an indirect ELISA for the detection of serum antibodies to Alternaria in domestic cats. Vet Rec. 2005; 156:633–635.

[118] Grooters AM. Pythiosis, lagenidiosis, and zygomycosis in small animals. Vet Clin North Am Small Anim Pract. 2003; 33:695–720.

[119] Ravisse P, Fromentin H, Destombes P, Mariat F. Cerebral mucormycosis in the cat caused by Mucor pusillus. Sabouraudia. 1978; 16:291–298.

[120] Wray JD, Sparkes AH, Johnson EM. Infection of the subcutis of the nose in a cat caused by Mucor species: successful treatment using posaconazole. J Feline Med Surg. 2008; 10:523–527.

[121] Cunha SC, Aguero C, Damico CB, Corgozinho KB, Souza HJ, Pimenta AL, et al. Duodenal perforation caused by Rhizomucor species in a cat. J Feline Med Surg. 2011; 13:205–207.

[122] Mahamaytakit N, Singalavanija S, Limpongsanurak W. Subcutaneous zygomycosis in children: 2 case reports. J Med Assoc Thail. 2014; 97(Suppl 6):S248–53.

[123] Eisen DP, Robson J. Complete resolution of pulmonary Rhizopus oryzae infection with itraconazole treatment: more evidence of the utility of azoles for zygomycosis. Mycoses. 2004; 47:159–162.

[124] Rakich PM, Grooters AM, Tang KN. Gastrointestinal pythiosis in two cats. J Vet Diagn Investig. 2005; 17:262–269.

[125] Bissonnette KW, Sharp NJ, Dykstra MH, Robertson IR, Davis B, Padhye AA, et al. Nasal and retrobulbar mass in a cat caused by Pythium insidiosum. J Med Vet Mycol. 1991; 29:39–44.

[126] Fortin JS, Calcutt MJ, Kim DY. Sublingual pythiosis in a cat. Acta Vet Scand. 2017; 59.

[127] Grooters AM. Pythiosis, lagenidiosis, and zygomycosis. In: Sykes JE, editor. Canine and feline infectious diseases. St Louis: Elsevier Saunders; 2014. p. 668–678.

[128] Thomas RC, Lewis DT. Pythiosis in dogs and cats. Comp Cont Educ Pract. 1998; 20: 63.

[129] Middleton SM, Kubier A, Dirikolu L, Papich MG, Mitchell MA, Rubin SI. Alternate–day dosing of itraconazole in healthy adult cats. J Vet Pharmacol Ther. 2016; 39:27–31.

[130] Mawby DI, Whittemore JC, Fowler LE, Papich MG. Comparison of absorption characteristics of oral reference and compounded itraconazole formulations in healthy cats. J Am Vet Med Assoc. 2018; 252:195–200.

[131] Vishkautsan P, Papich MG, Thompson GR 3rd, Sykes JE. Pharmacokinetics of voriconazole after intravenous and oral administration to healthy cats. Am J Vet Res. 2016; 77:931–939.

[132] Mawby DI, Whittemore JC, Fowler LE, Papich MG. Posaconazole pharmacokinetics in healthy cats after oral and intravenous administration. J Vet Intern Med. 2016; 30:1703–1707.

[133] Vaden SL, Heit MC, Hawkins EC, Manaugh C, Riviere JE. Fluconazole in cats: pharmacokinetics following intravenous and oral administration and penetration into cerebrospinal fluid, aqueous humour and pulmonary epithelial lining fluid. J Vet Pharmacol Ther. 1997; 20:181–186.

[134] Medleau L, Jacobs GJ, Marks MA. Itraconazole for the treatment of cryptococcosis in cats. J Vet Intern Med. 1995; 9:39–42.

[135] Boothe DM, Herring I, Calvin J, Way N, Dvorak J. Itraconazole disposition after single oral and intravenous and multiple oral dosing in healthy cats. Am J Vet Res. 1997; 58:872–877.

[136] Leshinsky J, McLachlan A, Foster DJR, Norris R, Barrs VR. Pharmacokinetics of caspofungin acetate to guide optimal dosing in cats. PLoS One. 2017; 12:e0178783.

[137] Ghannoum MA. Antifungal resistance: monitoring for terbinafine resistance among clinical dermatophyte isolates. Mycoses. 2013; 56:38.

[138] Rocha EMF, Gardiner RE, Park S, Martinez–Rossi NM, Perlin DS. A Phe389Leu substitution in ErgA confers terbinafine resistance in Aspergillus fumigatus. Antimicrob Agents Chemother. 2006; 50:2533–2536.

[139] Diekema DJ, Messer SA, Hollis RJ, Jones RN, Pfaller MA. Activities of caspofungin, itraconazole, posaconazole, ravuconazole, voriconazole, and amphotericin B against 448 recent clinical isolates of filamentous fungi. J Clin Microbiol. 2003; 41:3623–3626.

[140] Ndiritu CG, Enos LR. Adverse reactions to drugs in a veterinary hospital. J Am Vet Med Assoc. 1977; 171:335–339.

[141] Wang A, Ding HZ, Liu YM, Gao Y, Zeng ZL. Single dose pharmacokinetics of terbinafine in cats. J Feline Med Surg. 2012; 14:540–544.

# 第十五章 孢子丝菌病

Hock Siew Han

**摘要**

目前认为申克孢子丝菌是由巴西孢子丝菌、狭义申克孢子丝菌、球形孢子丝菌和卢艾里孢子丝菌组成的一种复合群。由于进化过程的差异，每个菌种都有不同的毒力，这使得它们能够在自己的生态位上茁壮成长并持续存在。目前猫的疾病主要由巴西孢子丝菌、狭义申克孢子丝菌和球形孢子丝菌引起，与患猫打架和皮肤直接接种是疾病传播的主要方式。推测毒力因子的表达，如黏附素、麦角甾醇过氧化物、黑色素、蛋白酶、细胞外囊泡和耐热性，决定了患猫的临床表现。耐热性巴西孢子丝菌表现出最高的致病性，其次是狭义申克孢子丝菌和球形孢子丝菌。它们产生生物膜的能力已被证实，但其临床意义仍有待阐明。尽管对病原和疾病的发病机制进行了全面描述，但由于治疗费用较高、治疗过程漫长、人兽共患的可能性和某些菌株对抗真菌药物敏感性低等问题，其预后仍然很差。

## 引言

申克孢子丝菌复合群（也被称为广义申克孢子丝菌）引起慢性肉芽肿性皮肤或皮下组织感染，主要在人和猫上发病。自 1896 年 Benjamin schenk 博士描述以来，它一直被认为是人兽共患皮下真菌病的重要病因[1]。作为一种热态双态真菌，广义申克孢子丝菌以腐生形式存在于植物碎片或腐烂的有机土壤中，呈无性丝状（25 ~ 30℃）。在有利的温度和环境中（35 ~ 37℃），其转变为酵母菌形式，达到 40℃时可完全抑制其生长，目前为止未观察到有性生殖[2]。这一特征支持了临床孢子丝菌病的流行病学，在过去，最常见的感染途径是在园艺操作时，通过污染的土壤将分生孢子接种到破损的皮肤中。直到最近，才认为猫是一个重要的危险因素和疾病传播者[3-7]。

## 病原学

根据 DNA 测序，目前认为申克孢子丝菌是由巴西孢子丝菌、狭义申克孢子丝菌、球形孢子丝菌和卢艾里孢子丝菌（临床分支）组成的一种复合群，每个菌种都有自己独特的毒力谱和地理分布[8, 9]。按照毒力顺序，巴西孢子丝菌、狭义申克孢子丝菌、球形孢子丝菌是已知的引起猫发病的主要病因[9]。巴西孢子丝菌目前仅在巴西出现，其特征在于固有的耐热性，这是导致全身性发病的原因。该菌种被确认为里约热内卢和圣保罗地区孢子丝菌病流行的主要病因，另外还有狭义申克孢子丝菌和球形孢子丝菌[10-12]。狭义申克孢子丝菌是全球第二大致病性菌种，分布在热带或亚热带地区，有来自美洲、非洲、澳大利亚和亚洲的报道。Zhou 和他的同事根据其内部转录间隔区（internal transcribed spacer，ITS）将狭义申克孢子丝菌细分为临床分支C（最常从美洲和亚洲分离）和D（最常从美洲和非洲分离）[13]，从而证明了这一单一菌种的遗传多样性。最近对来自马来西亚的狭义申克孢子丝菌临床分支D（而不是亚洲常见的临床分支C）的单克隆株的鉴定表明，这个菌种在不断进化，具有经历选择过程和随后扩张种群的能力，视当地环境或宿主选择压力而定[14, 15]。球形孢子丝菌通常被认为是主要在亚洲和欧洲引起孢子丝菌病的菌种，但在美洲和非洲是一种罕见的病因[11, 13, 16–20]。除苍白球孢子丝菌外，在撰写本文时，还没有报道过与环境分支相关的孢子丝菌菌种，如布氏新紫色孢子丝菌、木质孢子丝菌、辣椒孢子丝菌和墨西哥孢子丝菌（苍白球孢子丝菌复合群）会导致猫患病[21]。这些菌种是罕见的孢子丝菌病病原，毒性通常较低，土壤中真菌通过创伤接种到宿主组织中引起机会性感染。这与从动物传播的临床分支中的孢子丝菌菌种形成对比。

## 发病机制

接种后，推测毒力因子的表达，如黏附素、麦角甾醇过氧化物、黑色素、蛋白酶、细胞外囊泡（extracellular vesicles，EV）和耐热性，决定了孢子丝菌病患猫的致病性和临床表现[22, 23]。细胞壁上黏附素和70 kDa糖蛋白（Gp70）的表达介导了真菌与宿主纤连蛋白、Ⅱ型胶原和层粘连蛋白的黏附[24]。真菌的细胞壁由葡聚糖、半乳甘露聚糖、鼠李甘露聚糖、几丁质、糖蛋白、糖脂和黑色素组成，在入侵时提供了在宿主组织内生存的能力，并帮助逃避宿主的固有免疫应答[25–27]。在菌丝体和酵母菌形式中产生的黑色素可以抵抗各种各样的有毒物质。黑色素降低了抗真菌和酶降解的敏感性，并为氧氮自由基、巨噬细胞和中性粒细胞吞噬提供保护[28]。这种真菌容易产生麦角甾醇过氧化物和蛋白酶（蛋白酶1和蛋白酶2），使其逃避吞噬作用和宿主免疫应答[29, 30]。EV（外泌体、微泡和凋亡小体）是由脂质双分子层组成的膜状室，由所有活细胞释放到细胞外基质中，其中包含大量脂质（中性糖脂、固醇和磷脂）、多糖（葡醛酸甘露聚糖、α-半乳糖表位）、蛋白质（脂肪酶、蛋白酶、脲酶、磷酸酶）和核酸（RNA）[31]。这些物质代表了导致耐药性、促进细胞入侵，并最终被先天免疫系统识别的毒力因子。EV对真菌毒力的贡献在新型隐球菌、荚膜组织胞浆菌、巴西芽生菌、合轴马拉色菌、白色念珠菌中，以及最近在巴西孢子丝菌中均有描述[32–39]。具体来说，巴西孢子丝菌的EV载体，如细胞壁葡聚糖酶和热休克蛋白，被证明增加了吞噬作用，但没有消除病原体，刺激细胞因子（IL-12p40和TNFα）的产生，并有利于真菌在皮肤中的建立[38, 40, 41]。目前的蛋白质组学分析显示，巴西孢子丝菌中27%的EV蛋白和申克孢子丝菌中35%的EV蛋白尚待鉴定，包括鉴定其指定的生物学过程[38]。

耐热性是指真菌在37℃下生长或不生长的能力，是另一个重要的毒力因子，在孢子丝菌属中已被确定。在人类中，能够在35℃下生长而不能在37℃下生长的分离株会导致特定的皮肤病变，但那些在37℃下生长（接近人类和动物的核心体温）的分离株会产生弥漫性病变和皮肤外病变。致病性耐热菌种，如巴西孢子丝菌，与非耐热、致病性较低的球形孢子丝菌相比，有导致弥漫性发病的能力。狭义申克孢子丝菌表现出多变的耐热性[14]。

申克孢子丝菌复合群产生生物膜的能力最近已被证实，一份早期的报告表明，生物膜的产生改变了真菌对抗真菌药物的敏感性，然而，其全部的临床意义尚未阐明[42]。

先天性免疫应答和适应性免疫应答在预防疾病进展中都发挥着重要作用。真菌病原相关分子模式（pathogen associated molecular pattern，PAMP）与宿主模式识别受体（pattern recognition receptor，PRR）之间的首次接触是由toll样受体（toll-like-receptors，TLR）-4和TLR-2介导的[43, 44]。在感染开始时，这些受体识别酵母菌细胞的脂质提取物，这些脂质提取物会导致肿瘤坏死因子α（tumour necrosis factor alpha，TNF-α）、白细胞介素（interleukin，IL）-10和一氧化氮（nitric oxide，NO）的产生增加。虽然NO在体外具有抗真菌活性，但在体内，由于其能够增加免疫细胞的凋亡，因此与感染初期和末期的免疫抑制有关[45]。NO 在荚膜组织胞浆菌引起的组织胞浆菌病和巴西芽生菌引起的巴西芽生菌病中也发挥作用[46, 47]。

酵母菌细胞也能够激活抗体依赖的经典补体途径和替代补体途径[48, 49]。抗体识别的主要抗原是一个 70 kDa 的细胞壁糖蛋白，被命名为 Gp70[50]。这种蛋白在真菌的调理中起着关键作用，允许巨噬细胞吞噬细胞和产生促炎细胞因子[51]。然而，有效根除真菌的基础是有效协调的先天性和适应性免疫应答（体液介导和细胞介导）[52]。最近，核苷酸结合寡聚化结构域样受体热蛋白结构 3（nucleotide-binding oligomerization domain-like receptor pyrin domain-containing 3，NLRP3）炎症小体被证明是将先天性免疫应答与获得性免疫应答分支连接起来的关键，通过促进 pro-IL1β 的产生，有助于有效预防这种感染[53]。真菌与树突状细胞的相互作用驱动混合 Th1/Th17 免疫应答，激活巨噬细胞、中性粒细胞和 CD4+T 细胞，释放 IFN-γ、IL-12 和 THF-α，最终减少病原数量[54, 55]。

## 临床表现

猫孢子丝菌病最常发生在年轻的成年猫和自由外出的未去势公猫身上，与打架有关，没有已知的品种易感性[4]。在人类患者中，孢子丝菌病的临床症状可分为 3 种形式：仅皮肤型、淋巴结 - 皮肤型和弥漫型，这取决于致病性真菌的菌种和宿主免疫状态（图 15-1）。这样清晰和独特的临床分类形式并不适用于猫，因此很少使用。

在猫中，通常在头部，尤其是鼻梁处（图 15-2）、四肢远端和尾根处（图 15-3），以及耳廓上（图 15-4）发现慢性不愈合病变，如结节、溃疡和结痂。绝大多数病变发生在宿主身体温度较低的区域，如鼻道和耳尖。如果鼻道患病，通常报道为皮肤外症状，如打喷嚏、呼吸困难和呼吸窘迫，常与皮肤病变同时被报道[5]。皮肤蝇蛆病是近年来报道的一种继发性感染[56]。致命的弥漫性疾病与巴西孢子丝菌感染有关。同时感染猫免疫缺陷病毒（FIV）或猫白血病病毒（FeLV）对临床表现或疾病预后均无显著影响[57]。

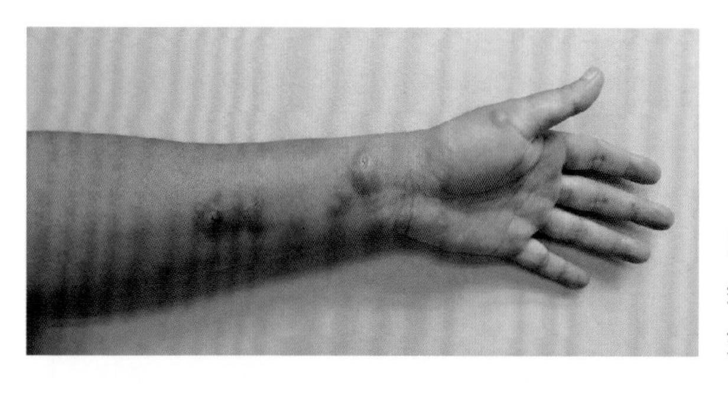

图 15-1 患者被一只孢子丝菌病患猫咬伤后出现的淋巴结 - 皮肤型孢子丝菌病（拇指根部结节）。由于感染的病原耐热性不佳，病变没有发展到手臂以外

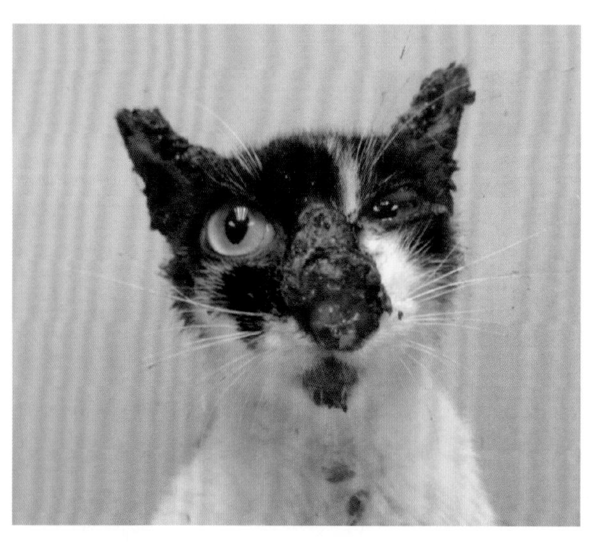

图 15-2 猫孢子丝菌病的典型表现：鼻梁的慢性不愈合伤口

图 15-3 爪部和尾部的慢性不愈合伤口

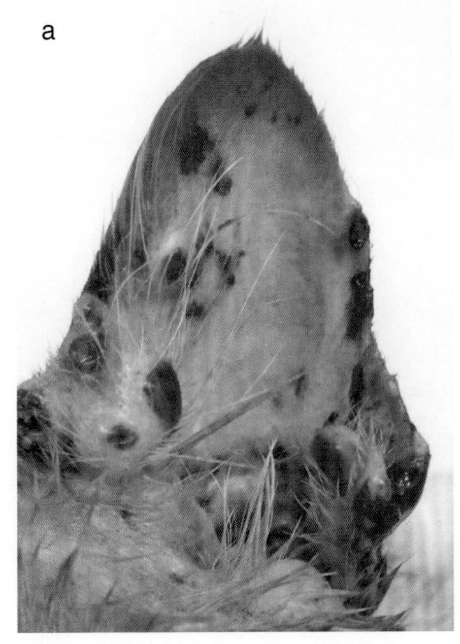

图 15-4 图 a 和图 b 分别是孢子丝菌病患猫的耳廓凹面和凸面，可见大量溃疡性结节

## 诊断

确诊猫孢子丝菌病需要在培养基中分离和鉴定病原。通过形态学研究和生理表型鉴定，以及针对钙调素基因的聚合酶链反应，可以进行菌种鉴定[5]。25 ~ 30℃时，真菌以菌丝形式存在，菌落小，呈白色或浅橙色至橙黄色，无毛样气生菌丝。随后，菌落变黑、潮湿、有褶皱、皮革质地或柔软光滑，伴有狭窄的白色边缘（图 15-5）。然而，一些菌落从开始就是黑色的。在 35 ~ 37℃下，酵母菌菌落呈奶油色或棕褐色、光滑，似酵母[2]。

在细胞学检查中，从皮肤压片上发现大量酵母菌。位于细胞内和细胞外，呈多形性，从经典的雪茄状至圆形或椭圆形，直径为 3 ~ 5 μm，伴有一个薄且透明的环围绕着浅蓝色细胞质（图 15-6）[58]。据估计，细胞学检查患猫的孢子丝菌酵母的敏感性为 79% ~ 84.9%[59, 60]。

在组织学检查中，真皮浅层和深层普遍可见弥漫性脓性肉芽肿性炎症，伴大坏死灶，有时延伸至皮下组织。可见大量圆形至雪茄状微生物，长度为 3 ~ 10 μm，直径为 1 ~ 2 μm，游离在巨噬细胞周围和巨噬细胞内。通常，巨噬细胞细胞质中的微生物由于酵母菌细胞壁不明显而产生大的充满酵母菌的透明袋（图 15-7）[61]。也可使用过碘酸－希夫（PAS）染色，在组织学切片上可看到洋红色的酵母菌。其他诊断技术，如血清学（酶联免疫吸附试验，ELISA）和聚合酶链反应（PCR）也可用于诊断[62, 63]。

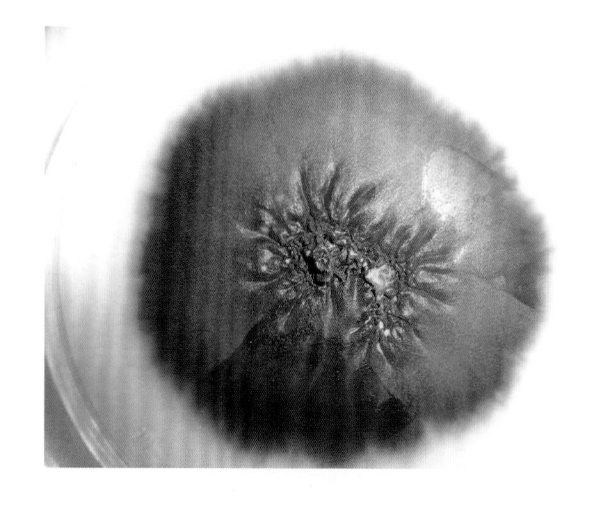

图 15–5 在真菌是成熟菌丝形式时，菌落呈黑色、潮湿、有褶皱、皮革质地或柔软光滑，有狭窄的白色边缘

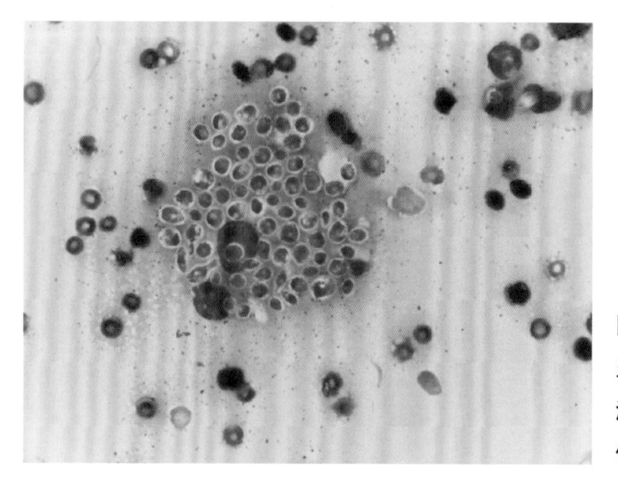

图 15–6 在细胞学检查中，于细胞内和细胞外发现大量酵母菌，呈多形性，从典型的雪茄状到圆形或椭圆形，直径为 3 ~ 5 μm，浅蓝色细胞质周围有一薄而透明的光圈（Diff Quick 染色，1000 倍放大）

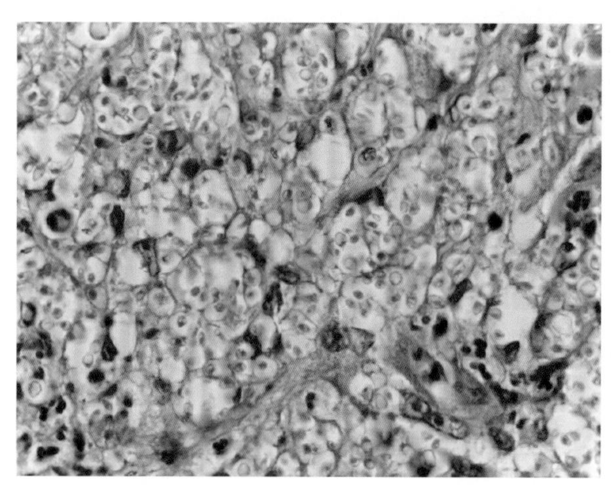

图 15–7 在组织学检查中，可见大量圆形至雪茄状的微生物，长度为 3 ~ 10 μm，直径为 1 ~ 2 μm，游离在巨噬细胞周围或巨噬细胞内。巨噬细胞的细胞质中的微生物由于酵母菌细胞壁不明显而产生大而透明的充满酵母菌的囊袋

## 治疗

治疗猫孢子丝菌病需要数月，在临床治愈后必须至少持续治疗 1 个月。幸运的是，虽然疗程漫长，但目前认为真菌在治疗期间不会产生耐药性[14]。

由于治疗费用高、治疗副作用和人兽共患风险高，以及存在低敏感性菌株，猫孢子丝菌病的预后较差。目前，碘化钾、唑类抗真菌药物（酮康唑、伊曲康唑）、两性霉素 B、特比萘芬、局部热疗法、冷冻手术和手术切除都是患猫的治疗选择。传统上将碘化钾作为治疗选择，要么以饱和形式（饱和碘化钾盐，SSKI），要么以粉末形式重新包装成胶囊。剂量为每 24 h 10 ~ 20 mg/kg[64, 65]。对于患猫来说，重新包装成胶囊的粉末形式比 SSKI 更受欢迎，因为 SSKI 易导致过度流涎。从 48 只猫接受碘化钾治疗的病例报告来看，23 只患猫（47.9%）临床治愈，18 只患猫（37.5%）治疗失败，2 只患猫（4.2%）报告死亡，治疗周期平均为 4 ~ 5 个月。最常见的副作用是缺氧、嗜睡、体重减轻、呕吐、腹泻，以及肝酶、谷丙转氨酶升高。在本研究中没有观察到碘中毒的表现（流泪、流涎、咳嗽、面部肿胀、心动过速）和甲状腺激素异常[64]。由于成本低，碘化钾仍然经常单独使用或与唑类抗真菌药物联合使用，以治疗猫孢子丝菌病[65]。

酮康唑、伊曲康唑等咪唑类药物是目前猫孢子丝菌病的基础治疗药物。伊曲康唑优于酮康唑，因为酮康唑通常伴随较高比例的副作用发生，如呕吐、肝功能障碍和皮质醇代谢改变。伊曲康唑 5 ~ 10 mg/kg 已成功用于治疗猫孢子丝菌病，口服 5 mg/kg 后最大血浆浓度达到（0.7 ± 0.14）mg/L[66]。根据最新的临床实验室标准化协会（Clinical and Laboratory Standards Institute，CLSI）丝状真菌肉汤稀释抗真菌药敏试验参考方法（文献 M38-A2），抗真菌药物对巴西孢子丝菌、狭义申克孢子丝菌和球形孢子丝菌的最低抑菌浓度（MIC）见表 15-1[14, 19, 20, 67, 68]。伊曲康唑可能是治疗的选择，但也有菌株的 MIC 高于 4 mg/L，这是这种抗真菌药物的假定峰值。MIC 值多变可能反映了孢子丝菌复合群进化过程有很大差异，在这个过程中，每个菌种都发展出了自己的毒力因子，使其在生态位上越来越多且持久。在临床上，一些猫孢子丝菌病病例难以治疗，这也反映了上述事实，因此，需要使用高剂量伊曲康唑和（或）联合其他抗真菌药物来治疗这些难治性病例[65, 69]。广义申克孢子丝菌对氟康唑的敏感性通常较低，对特比萘芬和两性霉素 B 的敏感性呈物种依赖性（表 15-1）。尽管有报道称特比萘芬成功治疗了人的孢子丝菌病，但对患猫的效果仍不确定[70, 71]。最近有描述称，由巴西孢子丝菌和狭义申克孢子丝菌合成的黑脓素和真黑素，能抵抗抗真菌药物特比萘芬，起到保护作用，这可能从某种

**表 15-1　所有结果均以 mg/L 表示，根据临床实验室标准化协会（CLSI）丝状真菌菌丝期肉汤稀释抗真菌药敏试验参考方法（文献 M38-A2，2008）**

| | 起源 | *n* | 伊曲康唑 | 氟康唑 | 两性霉素 B | 特比萘芬 | 参考文献 |
|---|---|---|---|---|---|---|---|
| 球形孢子丝菌 | 日本亚组 Ⅰ | 29 | 0.5 ~ 4 | ＞128 | 1 ~ 4 | 未测 | [20] |
| | 日本亚组 Ⅱ | 9 | 0.25 ~ 2 | ＞128 | 2 ~ 4 | 未测 | [20] |
| | 巴西 | 4 | 0.83（0.06 ~ 16） | 53.8（16 ~ 128） | 1（0.2 ~ 4） | 0.03（0.01 ~ 0.06） | [67] |
| | 伊朗 | 4 | 8（1 ~ 16 以上） | ＞64（32 ~ 64 以上） | 5.66（4 ~ 8） | 1.68（1 ~ 2） | [19] |
| 狭义申克孢子丝菌 | 马来西亚 | 40 | 1.3（0.5 ~ 4） | ＞256 | 未测 | 2.85（1 ~ 8） | [14] |
| | 日本 | 9 | 0.5 ~ 1 | ＞128 | 2 | 未测 | [20] |
| | 巴西 | 61 | 0.42（0.03 ~ 16） | 57.7（8 ~ 128） | 1.06（0.03 ~ 2） | 0.05（0.01 ~ 0.50） | [67] |
| | 伊朗 | 5 | 0.76（0.25 ~ 2） | ＞64 | 3.03（1 ~ 8） | 0.38（0.13 ~ 1） | [19] |
| 巴西孢子丝菌 | 巴西 | 32 | 2 | 未测 | 1.2 | 0.1 | [68] |
| | 巴西 | 23 | 0.36（0.06 ~ 2） | 56.7（16 ~ 128） | 1.03（0.2 ~ 4） | 0.06（0.01 ~ 0.50） | [67] |

程度上解释了为什么当患病动物使用这种药物治疗时，体外治疗效果并不总是与体内治疗效果有相关性[72]。两性霉素 B 存在毒性、副作用且成本高，如病变内注射会产生局部无菌脓肿[5]。值得注意的是，孢子丝菌属对兽用抗真菌药物如米卡芬净、5- 氟胞嘧啶甚至泊沙康唑表现出不同程度的敏感性，强调了药敏试验的重要性[14, 20, 68]。在正常的室内照明下，正在消退的肉芽肿在视觉和触觉上与相邻的正常健康皮肤难以区分，在明亮的光源下可以更好地观察（图 15-8）。在肉芽肿完全消退后，应继续治疗 1 个月。局部热疗法是基于真菌在 40℃以上无法生长的事实。然而，这种治疗方式与其在动物上应用的实用性和可能的福利问题有关，并没有作为患猫的可行治疗选择。冷冻疗法与伊曲康唑联合使用已成功治愈 13 只孢子丝菌病患猫中的 11 只，治疗持续 3 ~ 16 个月，中位时间为 8 个月[73]。手术切除局限的单一病变是可行的，但对于全身性、弥漫性病变是不可行的。

## 结论

由于费用高、疗程长、人兽共患风险大、某些菌株易感性低，猫孢子丝菌病的预后仍较差。尽管抗真菌药敏试验为治疗提供了必要的指导，但其缺乏商业实用性和经过验证的峰值，是治疗该病的绊脚石。遗憾的是，目前的兽医抗真菌药物不足以解决真菌敏感性低的问题。

## 参考文献


[1] Schenck BR. On refractory subcutaneous abscess caused by a fungus possibly related to the Sporotricha. Bull Johns Hopkins Hosp. 1898; 9:286–290.

[2] Larone DH. Identification of fungi in culture. In: Medically important fungi: a guide to identification. 5th ed. Washington, DC: ASM Press; 2011. p. 166–167.

[3] Schubach A, Schubach TM, Barros MB, Wanke B. Cat-transmitted sporotrichosis, Rio de Janeiro, Brazil. Emerg Infect Dis. 2005; 11(1):1952–1954.

[4] Rodrigues AM, de Hoog GS, de Camargo ZP. Sporothrix Species Causing Outbreaks in Animals and Humans Driven by Animal-Animal Transmission. PLoSPathog. 2016; 12:e1005638. https://doi.org/10.1371/journal.ppat.100.

[5] Gremião ID, Menezes RC, Schubach TM, Figueiredo AB, Cavalcanti MC, Pereira SA. Feline sporotrichosis: epidemiological and clinical aspects. Med Mycol. 2015; 53(1):15–21.

[6] Gremião IDF, Miranda LHM, Reis EG, Rodrigues AM, Pereira AS. Zoonotic epidemic of sporotrichosis: cat to human transmission. PLoS Pathog. 2017; 13(1):1–7.

[7] Tang MM, Tang JJ, Gill P, Chang CC, Baba R. Cutaneous sporotrichosis: a six-year review of 19 cases in a tertiary referral center in Malaysia. Int J Dermatol. 2012; 51:702–708.

[8] Marimon R, Cano J, Gene J, Sutton DA, Kawasaki M, Guarro J. Sporothrix brasiliensis, S. globosa, and S. mexicana, three new Sporothrix species of clinical interest. J Clin Microbiol. 2007; 45:3198–3206.

[9] Arrillaga-Moncrieff CJ, Mayayo E, Marimon R, Marine M, Gene J, et al. Different virulence levels of the species of Sporothrix in a murine model. Clin Microbiol Infect. 2009; 15:651–655.


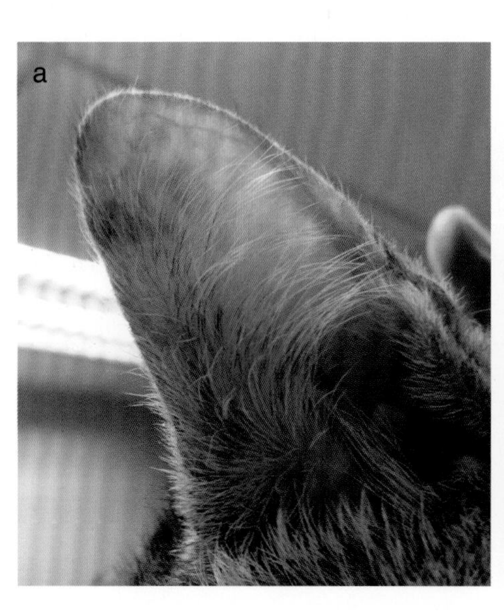

**图 15-8 作者利用亮光源评估和确定治愈情况**

（a）左耳尖出现消退性肉芽肿反应，与邻近的正常组织在触觉和视觉上难以区分，但在明亮的光源下可见。（b）同一患猫治愈后可见肉芽肿完全消退。

[10] Rodrigues AM, de Melo Teixeira M, de Hoog GS, TMP S, Pereira SA, Fernandes GF, et al. Phylogenetic analysis reveals a high prevalence of Sporothrix brasiliensis in feline sporotrichosis outbreaks. PLoS Negl Trop Dis. 2013; 7(6):e2281.

[11] Oliveira MME, Almeida-Paes R, Muniz MM, Barros MBL, Gutierrez-Galhardo MC, Zancope-Oliveira RM. Sporotrichosis caused by Sporothrix globosa in Rio de Janeiro, Brazil: case report. Mycopathologia. 2010; 169:359-363.

[12] Oliveira MME, Almeida-Paes R, Muniz MM, Gutierrez-Galhardo MC, Zancope-Oliveira RM. Phenotypic and molecular identification of Sporothrix isolates from an epidemic area of sporotrichosis in Brazil. Mycopathologia. 2011; 172(4):257-267.

[13] Zhou X, Rodrigues A, Feng P, Hoog GS. Global ITS diversity in the Sporothrix schenckii complex. Fungal Divers. 2013:1-13.

[14] Han HS, Kano R, Chen C, Noli C. Comparisons of two in vitro antifungal sensitivity tests and monitoring during therapy of Sporothrix schenckii sensu stricto in Malaysian cats. Vet Dermatol. 2017; 28:156-e32.

[15] Kano R, Okubo M, Siew HH, Kamata H, Hasegawa A. Molecular typing of Sporothrix schenckii isolates from cats in Malaysia. Mycoses. 2015; 58:220-224.

[16] Watanabe M, Hayama K, Fujita H, Yagoshi M, Yarita K, Kamei K, et al. A case of Sporotrichosis caused by Sporothrix globosa in Japan. Ann Dermatol. 2016; 28:251-252.

[17] Yu X, Wan Z, Zhang Z, Li F, Li R, Liu X. Phenotypic and molecular identification of Sporothrix isolates of clinical origin in Northeast China. Mycopathologia. 2013; 176:67-74.

[18] Madrid H, Cano J, Gene J, Bonifaz A, Toriello C, Guarro J. Sporothrix globosa, a pathogenic fungus with widespread geographical distribution. Rev Iberoam Micol. 2009; 26(3):218-222.

[19] Mahmoudi S, Zaini F, Kordbacheh P, Safara M, Heidari M. Sporothrix schenckii complex in Iran: molecular identification and antifungal susceptibility. Med Mycol. 2016; 54:593-599.

[20] Suzuki R, Yikelamu A, Tanaka R, Igawa K, Yokodeki H, Yaguchi T. Studies in phylogeny, development of rapid identification methods, antifungal susceptibility and growth rates of clinical strains of Sporothrix schenckii Complex in Japan. Med Mycol J. 2016; 57E:E47-57.

[21] Thomson J, Trott DJ, Malik R, Galgut B, McAllister MM, Nimmo J et al. An atypical cause of sporotrichosis in a cat. Med Mycol Case Reports. 2019; 23:72-76.

[22] Barros MB, Paes RA, Schubach AO. Sporothrix schenckii and Sporotrichosis. Clin Microbiol Rev. 2011; 24:633-654.

[23] Rossato L, Moreno F, Jamalian A, Stielow B, Almeida R, de Hoog S, et al. Proteins potentially involved in immune evasion strategies in Sporothrix brasiliensis elucidated by high resolution mass spectrometry. mSphere. 2018; 13:e00514-7.

[24] Teixeira PA, de Castro RA, Nascimento RC, Tronchin G, Torres AP, Lazéra M, et al. Cell surface expression of adhesins for fibronectin correlates with virulence in Sporothrix schenckii. Microbiology. 2009; 155:3730-3738.

[25] López-Esparza A, Álvarez-Vargas A, Mora-Montes HM, Hernández-Cervantes A, Del Carmen C-CM, Flores-Carreón A. Isolation of Sporothrix schenckii GDA1 and functional characterization of the encoded guanosine diphosphatase activity. Arch Microbiol. 2013; 195:499-506.

[26] Morris-Jones R, Youngchim S, Gomez BL, Aisen P, Hay RJ, Nosanchuk JD, et al. Synthesis of melanin-like pigments by Sporothrix schenckii in vitro and during mammalian infection. Infect Immun. 2003; 71:4026-4033.

[27] Teixeira PA, De Castro RA, Ferreira FR, Cunha MM, Torres AP, Penha CV, et al. L-DOPA accessibility in culture medium increases melanin expression and virulence of Sporothrix schenckii yeast cells. Med Mycol. 2010; 48:687-695.

[28] Nosanchuk JD, Casadevall A. Impact of melanin on microbial virulence and clinical resistance to antimicrobial compounds. Antimicrob Agents Chemother. 2006; 50:3519-3528.

[29] Sgarbi DB, da Silva AJ, Carlos IZ, Silva CL, Angluster J, Alviano CS. Isolation of ergosterol peroxide and its reversion to ergosterol in the pathogenic fungus Sporothrix schenckii. Mycopathologia. 1997; 139:9-14.

[30] Lei PC, Yoshiike T, Ogawa H. Effects of proteinase inhibitors on cutaneous lesion of Sporothrix schenckii inoculated hairless mice. Mycopathologia. 1993; 123:81-85.

[31] Joffe LS, Nimrichter L, Rodrigues ML, Del Poeta M. Potential roles of fungal extracellular vesicles during infection. mSphere. 2016; 1:e00099-16.

[32] Rodrigues ML, Nimrichter L, Oliveira DL, Frases S, Miranda K, Zaragoza O, et al. Vesicular polysaccharide export in Cryptococcus neoformans is a eukaryotic solution to the problem of fungal trans-cell wall transport. Eukaryot Cell. 2007; 6:48-59.

[33] Rodrigues ML, Nimrichter L, Oliveira DL, Nosanchuk JD, Casadevall A. Vesicular trans-cell wall transport in fungi: a mechanism for the delivery of virulence-associated macromolecules? Lipid Insights. 2008; 2:27-40.

[34] Albuquerque PC, Nakayasu ES, Rodrigues ML, Frases S, Casadevall A, Zancope-Oliveira RM, et al. Vesicular transport in Histoplasma capsulatum: an effective mechanism for trans-cell wall transfer of proteins and lipids in ascomycetes.

Cell Microbiol. 2008; 10:1695–1710.

[35] Vallejo MC, Matsuo AL, Ganiko L, Medeiros LC, Miranda K, Silva LS, et al. The pathogenic fungus Paracoccidioides brasiliensis exports extracellular vesicles containing highly immunogenic–galactosyl epitopes. Eukaryot Cell. 2011; 10:343–351.

[36] Vargas G, Rocha JD, Oliveira DL, Albuquerque PC, Frases S, Santos SS, et al. Compositional and immunobiological anal–yses of extracellular vesicles released by Candida albicans. Cell Microbiol. 2015; 17:389–407.

[37] Rayner S, Bruhn S, Vallhov H, Anderson A, Billmyre RB, Scheynius A. Identification of small RNAs in extracellular vesicles from the commensal yeast Malassezia sympodialis. Sci Rep. 2017; 7:39742.

[38] Ikeda MAK, de Almeida JRF, Jannuzzi GP, Cronemberger–An–drade A, Torrecilhas ACT, Moretti NS, et al. Extracellular vesicles from Sporothrix brasiliensis are an important viru–lence factor that induce an increase in fungal burden in experimental sporotrichosis. Front Microbiol. 2018; 9:2286.

[39] Huang SH, Wu CH, Chang YC, Kwon–Chung KJ, Brown RJ, Jong A. Cryptococcus neoformans–derived microvesicles enhance the pathogenesis of fungal brain infection. PLoS One. 2012; 7:e48570.

[40] Rossato L, Moreno F, Jamalian A, Stielow B, Almeida R, de Hoog S, et al. Proteins potentially involved in immune evasion strategies in Sporothrix brasiliensis elucidated by ultra–highresolution mass spectrometry. mSphere. 2018; 3:e00514–7.

[41] Nimrichter L, de Souza MM, Del Poeta M, Nosanchuk JD, Joffe L, Tavares PM, Rodrigues ML. Extracellular vesicle–as–sociated transitory cell wall components and their impact on the interaction of fungi with host cells. Front Microbiol. 2016; 7:1034.

[42] Brilhante RSN, de Aguiar FRM, da Silva MLQ, de Oliveira JS, de Camargo ZP, Rodgrigues AM, et al. Antifungal suscep–tibility of Sporothrix schenckii complex biofilms. Med Mycol. 2018; 56:297–306.

[43] Carlos IZ, Sassá MF, da Graca Sgarbi DB, MCP P, DCG M. Current research on the immune response to experimental sporotrichosis. Mycopathologia. 2009; 168:1–10.

[44] Negrini Tde C, Ferreira LS, Alegranci P, Arthur RA, Sundfeld PP, Maia DC, et al. Role of TLR–2 and fungal surface antigen on innate immune response against Sporothrix schenckii. Immuno Invest. 2013; 42:36–48.

[45] Fernandes KS, Neto EH, Brito MM, Silva JS, Cunha FQ, Barja–Fidalgo C. Detrimental role of endogenous nitric oxide in host defense againsts Sporothrix schenckii. Immunology. 2008; 123:469–479.

[46] Brummer E, Division DA. Antifungal mechanism of activated murine bronchoalveolar or peritoneal macrophages for Histoplasma capsulatum. Clin Exp Immunol. 1995; 102:65–70.

[47] Bocca L, Hayashi EE, Pinheiro G, Furlanetto B, Campanelli P, Cunha FQ, et al. Treatment of Paracoccidioides brasil–iensis–infected mice with a nitric oxide inhibitor prevents the failure of cell–mediated immune response. J Immunol. 1998; 161:3056–3063.

[48] Torinuki W, Tagami H. Complement activation by Sporothrix schenckii. Arch Dermatol Res. 1985; 277:332–333.

[49] de Lima FD, Nascimento RC, Ferreira KS, Almeida SR. Antibodies against Sporothrix schenckii enhance TNF–alpha production and killing by macrophages. Scand J Immunol. 2012; 75:142–146.

[50] Ruiz–Baca E, Toreillo C, Perez–Torres A, Sabanero–López M, Villagómez–Castro JC, López–Romero E. Isolation and some properties of a glycoprotein of 70 kDa (Gp70) from the cell wall of Sporothrix shcenckii cell wall. Mem Inst Oswaldo Cruz. 2009; 47:185–196.

[51] Maia DC, Sassá MF, Placeres MC, Carlos IZ. Influence of Th1/Th2 cytokines and nitric oxide in murine systemic infection induced by Sporothrix schenckii. Mycopathologia. 2006; 161:11–19.

[52] Plouffe JF, Silva J, Fekety R, Reinhalter E, Browne R. Cell–mediated immune responses III sporotrichosis. J Infect Dis. 1979; 139:152–157.

[53] Goncalves AC, Ferreira LS, Manente FA, de Faria CMQG, Polesi MC, de Andrade CR, et al. The NLRP3 inflammasome contributes to host protection during Sporothrix schenckii infection. Immunology. 2017; 151:154–166.

[54] Tachibana T, Matsuyama T, Mitsuyama M. Involvement of CD4+ T cells and macrophages in acquired protection against infection with Sporothrix schenckii in mice. Med Mycol. 1999; 37:397–404.

[55] Flores–García A, Velarde–Félix JS, Garibaldi–Becerra V, Rangel–Villalobos H, Torres–Bugarín O, Zepeda–Carrillo EA, et al. Recombinant murine IL–12 promotes a protective TH1/cellular response in Mongolian gerbils infected with Sporothrix schenckii. J Chemother. 2015; 27:87–93.

[56] Han HS, Toh PY, Yoong HB, Loh HM, Tan LL, Ng YY. Canine and feline cutaneous screwworm myiasis in Malaysia: clinical aspects in 76 cases. Vet Dermatol. 2018; 29:442–e148.

[57] Schubach TM, Schubach A, Okamoto T, Barros MB, Figueiredo FB, Cuzzi T, et al. Evaluation of an epidemic of

sporotrichosis in cats: 347 cases (1998–2001). J Am Vet Med Assoc. 2004; 224(10):623–629.

[58] Raskin RE, Meyer DJ. Skin and subcutaneous tissue. In: Canine and feline cytology. 2nd ed. St. Louis: Saunders Elsevier; 2010. p. 41–44.

[59] Pereira SA, Menezes RC, Gremião ID, Silva JN, Honse Cde O, Figueiredo FB, et al. Sensitivity of cytopathological examination in the diagnosis of feline sporotrichosis. J Feline Med Surg. 2011; 13:220–223.

[60] Jessica N, Sonia RL, Rodrigo C, Isabella DF, Tânia MP, Jeferson C, et al. Diagnostic accuracy assessment of cyto-pathological examination of feline sporotrichosis. Med Mycol. 2015; 53(8):880–884.

[61] Gross TL, Ihrke PJ, Walder EJ, et al. Infectious nodular and diffuse granulomatous and pyogranulomatous diseases of the dermis. In: Skin disease of the dog and cat. 2nd ed. Oxford: Blackwell Science; 2005. p. 298–301.

[62] Fernandes GF, Lopes-Bezerra LM, Bernardes-Engemann AR, Schubach TM, Dias MA, Pereira SA, et al. Serodiagnosis of sporotrichosis infection in cats by enzyme-linked immu-nosorbent assay using a specific antigen, SsCBF, and crude exoantigens. Vet Microbiol. 2011; 147:445–449.

[63] Kano R, Watanabe K, Murakami M, Yanai T, Hasegawa A. Molecular diagnosis of feline sporotrichosis. Vet Rec. 2005; 156:484–485.

[64] Reis EG, Gremião ID, Kitada AA, Rocha RF, Castro VP, Barros ML, et al. Potassium iodide capsule treatment of feline sporotrichosis. J Fel Med Surg. 2012; 14:399–404.

[65] Reis ÉG, Schubach TM, Pereira SA, Silva JN, Carvalho BW, Quintana MB, et al. Association of itraconazole and potassium iodide in the treatment of feline sporotrichosis: a prospective study. Med Mycol. 2016; 54:684–690.

[66] Liang C, Shan Q, Zhang J, Li W, Zhang X, Wang J, et al. Pharmacokinetics and bioavailability of itraconazole oral solution in cats. J Fel Med Surg. 2016; 18:310–314.

[67] Ottonelli Stopiglia CD, Magagnin CM, Castrillón MR, Mendes SD, Heidrich D, Valente P, et al. Antifungal susceptibility and identification of Sporothrix schenckii complex isolated in Brazil. Med Mycol. 2014; 52:56–64.

[68] Borba-Santos LP, Rodrigues AM, Gagini TB, Fernandes GF, Castro R, de Camargo ZP, et al. Susceptibility of Sporothrix brasiliensis isolates to amphotericin B, azoles, and terbinaf-ine. Med Mycol. 2015; 53:178–188.

[69] Han HS. The current status of feline sporotrichosis in Malaysia. Med Mycol J. 2017; 58E:E107–13.

[70] Francesconi G, Valle AC, Passos S, Reis R, Galhardo MC. Terbinafine (250mg/day): an effective and safe treatment of cutaneous sporotrichosis. J Eur Acad Dermatol Venereol. 2009; 23:1273–1276.

[71] Vettorato R, Heidrich D, Fraga F, Ribeiro AC, Pagani DM, Timotheo C, et al. Sporotrichosis by Sporothrix schenckii sensu stricto with itraconazole resistance and terbinafine sensitivity observed in vitro and in vivo: case report. Med Mycol Case Reports. 2018; 19:18–20.

[72] Almeida-Paes R, Figueiredo-Carvalho MHG, Brito-Santos F, Almeida-Silva F, Oliveira MME, Zancopé-Oliveira RM. Melanins protect Sporothrix brasiliensis and Sporothrix schenckii from the antifungal effects of terbinafine. PLoS One. 2016; 11:e0152796. https://doi.org/10.1371/journal.pone.0152796.

[73] De Souza CP, Lucas R, Ramadinha RH, Pires TB. Cryosur-gery in association with itraconazole for the treatment of feline sporotrichosis. J Feline Med Surg. 2016; 18:137–143.

# 第十六章　马拉色菌

Michelle L. Piccione 和 Karen A. Moriello

**摘要**

马拉色菌皮炎 / 过度生长是猫的一种浅表真菌（酵母菌）皮肤病。它最常被报道与潜在的过敏性皮肤病、代谢性疾病、肿瘤和副肿瘤综合征有关。常见的临床症状包括外耳炎、皮屑、甲床黑色蜡样碎屑（甲沟炎）、不同程度瘙痒、红斑和渗出性皮炎，尤其是并发细菌性脓皮病时。这种疾病最常通过皮肤细胞学检查确诊。从猫身上分离的菌种主要是厚皮马拉色菌，但也可分离出其他脂质依赖型菌种。治疗选择是伊曲康唑联合抗真菌香波进行外部治疗或使用免洗型抗真菌产品。复发性马拉色菌皮炎是一种潜在诱因的临床症状，其中大多数不会危及生命。在严重大面积患病的猫中，特别是有红斑、脱毛和（或）明显皮屑的患猫，马拉色菌过度生长可能是全身性疾病的临床表现，需要进行全面的系统性评估。

## 引言

马拉色菌是酵母菌微生物，是人类和动物（包括猫）正常皮肤微生物群的一部分[1]。在撰写本文时，至少有 16 种马拉色菌从不同的人和动物身上被分离出来。一篇文献综述揭示了从猫身上分离出来的大量菌种，但分子诊断学正在对其中一些菌种进行重新分类[2]。最近的几项研究再次证实，从猫身上分离出来的最常见的菌种是厚皮马拉色菌、糠秕马拉色菌、娜娜马拉色菌和合轴马拉色菌[3-6]。

在本章中，术语“马拉色菌皮炎”和“马拉色菌过度生长”是同义词，为了简单起见，我们将使用前者。马拉色菌皮炎逐渐被更多的人认为是许多猫皮肤病的并发因素，通常与细菌过度增殖有关。本章的目的是回顾关于猫马拉色菌皮炎的科学文献，并重点总结其临床表现、诊断和治疗。

## 猫马拉色菌病的病因和发病机制

### 生物学特点

马拉色菌属是亲脂性酵母菌，是温血动物皮肤菌群的一部分，倾向在皮脂腺丰富的皮肤上定居。马拉色菌属于担子菌类酵母菌。它们的特征是具有多层细胞壁，并通过单侧出芽繁殖[7]。瓶状酵母菌可能是球形、卵圆形或圆柱形。在一个窄或宽的基部出芽[7]。目前，马拉色菌属包括 16 种，其中 15 种具有脂质依赖性，最常从人类、反刍动物和马身上重复获得（糠秕马拉色菌、球形马拉色菌、蛎壳马拉色菌、限制马拉色菌、斯洛菲马拉色菌、合轴马拉色菌、皮炎马拉色菌、娜娜马拉色菌、日本马拉色菌、大和马拉色菌、马马拉色菌、山羊马拉色菌、兔马拉色菌、巴西马拉色菌、鹦鹉马拉色菌）[8]。唯一的非脂质依赖性菌种是厚皮马拉色菌，通常从犬猫中重复获得[8]。除厚皮马拉色菌外，亲脂性酵母菌需要在培养基中添加长链脂肪酸，利用脂质以获取生存所需的碳源[8]。

### 发病机制

厚皮马拉色菌被认为是一种非致病性的共生微生物，当环境因素合适和（或）宿主的防御机制失效时，它可以成为机会致病菌。维持皮肤微生物平衡的因素包括温度、水合作用、化学成分（汗液、皮脂和唾液）和 pH[9]。当这些因素发生改变时，马拉色菌会过度增殖，在猫的皮肤上作为一种病原体，引发炎症反应。厚皮马拉色菌已被证明能黏附于人的角质细胞，角质细胞通过释放促炎介质作为防御机制[10]。马拉色菌的体液和细胞介导应答已经被证实，任何干扰或减弱这些反应的情况都可能导致其过度增殖[11]。

## 发病率

有许多研究调查了健康猫、皮肤病患猫、特定品种猫、不同皮肤部位以及与其他疾病相关的马拉色菌的携带情况。其中重要的是，研究报告使用了不同的方法（如真菌培养、细胞学检查、真菌培养和细胞学检查结合），使直接比较变得有难度。

在一项对比 10 只没有皮肤病史的家养短毛猫（domestic short-haired，DSH）（对照组）和 32 只斯芬克斯猫的研究中，没有从对照组猫的皮肤中分离出马拉色菌[12]。在斯芬克斯猫中，32 只猫中有 26 只猫分离出马拉色菌，其中 5 只有皮肤油腻表现（图 16–1）。有 73 株马拉色菌，其中 69 株是厚皮马拉色菌。引人注意的是，所有 42 只猫的耳道中都没有分离出马拉色菌。在另一项研究中，比较了几组猫的携带情况：10 只正常 DSH 猫，33 只康沃尔卷毛猫（5 只正常、28 只有脂溢性皮炎），30 只德文卷毛猫（21 只正常、9 只有脂溢性皮炎）[13]。10 只正常猫中有 5 只分离出马拉色菌，15 只康沃尔卷毛猫中有 5 只分离出马拉色菌，30 只德文卷毛猫中有 27 只分离出马拉色菌。当将正常猫和患病猫的数据合并时，分离出的厚皮马拉色菌，70% 来自脂溢性皮炎患猫，仅 17% 来自正常猫。在本研究中，141 株分离株中有 121 株为厚皮马拉色菌。

猫耳道马拉色菌的发病率令人关注，因为猫耳炎是一种常见的问题（见第十章）（图 16–2）。在一项研究中，99 只耳炎患猫中有 63 只猫的耳道中分离出马拉色菌（63.6%），52 只正常猫中有 12 只猫的耳道中分离出马拉色菌（23%）[14]。在本研究中，厚皮马拉色菌、球形马拉色菌和糠秕马拉色菌是最常见的分离株。在另一项研究中，17 只外耳炎患猫中有 9 只分离出马拉色菌，51 只非耳炎猫中有 16 只分离出马拉色菌[15]。同前面一项研究一样，厚皮马拉色菌、球形马拉色菌和糠秕马拉色菌是最常见的分离株。而在另一项研究中，25 只正常猫中有 7 只分离出马拉色菌，20 只患猫中有 15 只分离出马拉色菌[16]。厚皮马拉色菌和合轴马拉色菌是最常见的分离株。

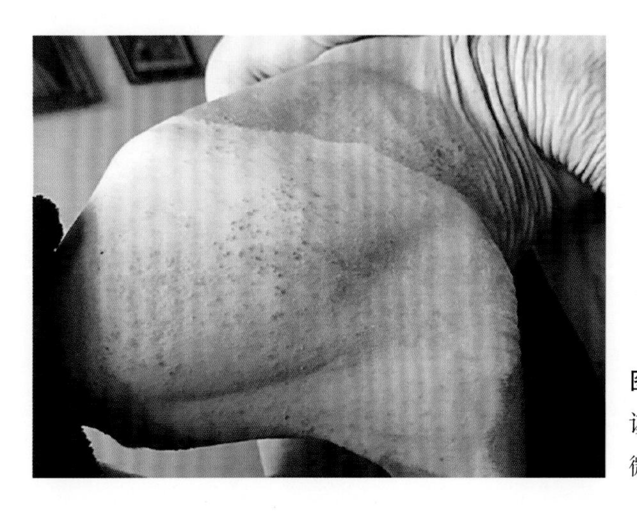

**图 16–1　斯芬克斯猫患脂溢性皮炎和酵母菌过度生长**

该猫的瘙痒程度严重，从丘疹采样的细胞学检查中发现了酵母菌微生物。该猫被诊断出对环境过敏。

另一个关注部位是猫的甲褶（图 16–3）。在一项研究中，从 29 只德文卷毛猫中的 26 只猫的爪褶中分离出酵母菌[17]。在另一项研究中，从 46 只猫的甲褶样本中的 28 个样本中发现马拉色菌[3]。所有 15 只德文卷毛猫、10 只 DSH 猫和 3 只波斯猫都有酵母菌。马拉色菌也常见于斯芬克斯猫的甲褶中[4]。

除此以外，还对波斯猫的面部褶皱进行了马拉色菌皮炎研究[18]。这个品种已知的面部褶皱性皮炎，通常是特发性的。在一个临床病例分析中，调查了 13 只患有特发性面部褶皱性皮炎的波斯猫，发现其中 6 只猫有马拉色菌皮炎。治疗未完全缓解，提示马拉色菌是一个并发因素而非病因。

发病率研究显示了一些共同的趋势。首先，马拉色菌可以在健康猫身上发现，但并不常见。在遗传相关的毛囊发育不良的品种（德文卷毛猫、康沃尔卷毛猫和斯芬克斯猫）中更常见携带马拉色菌。引人注意的是，虽然康沃尔卷毛猫和德文卷毛猫有相似的被毛特征，但分离出的马拉色菌的发病率和种类有所不同。定植程度可能与德文卷毛猫发展为脂溢性皮炎的易感性有关。马拉色菌可从有外耳炎或无外耳炎的猫和猫的甲褶中分离出来，特别是脂溢性皮炎或过敏性皮炎患猫。厚皮马拉色菌是最常见的马拉色菌分离株。

## 马拉色菌和并发症

马拉色菌过度生长 / 皮炎是其他物种皮肤病的常见并发症，类似的情况也开始出现在猫上。

过敏性皮肤病在猫身上很常见，人们也越来越了解马拉色菌皮炎的相关作用（图 16–4）。在一项对 18 只过敏性皮炎患猫的研究中，所有猫都有马拉色菌皮炎[19]。16 只猫在治疗后瘙痒明显减轻。这表明马拉色菌过度生长可能是一些过敏性皮炎患猫的一个作用因素。并非所有过敏性皮炎患猫都有

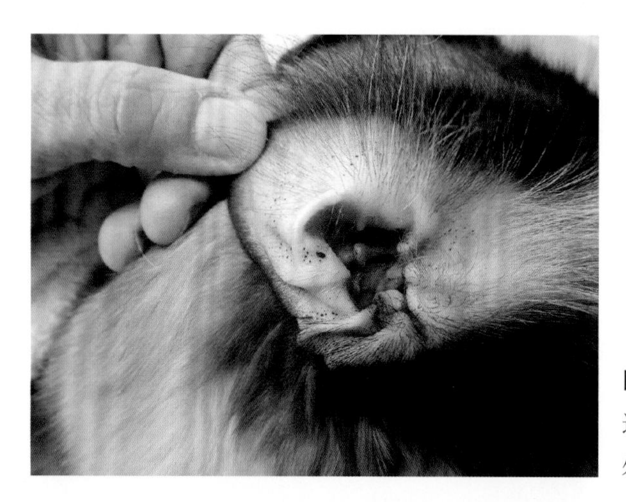

**图 16–2　酵母菌耳炎患猫的耳部**

这是一只过敏性皮炎患猫的耳廓。该猫耳部的瘙痒很严重，而且外用类固醇治疗效果良好。

**图 16–3　马拉色菌皮炎患猫的甲褶**

主人报告说，该猫舔舐和啃咬爪部和甲褶区域。使用外部和全身性抗真菌治疗后病变痊愈。该猫同时患有糖尿病。

马拉色菌皮炎。一项对过敏症患猫（$n$=8）真菌微生物的分子学研究发现，8 只过敏症患猫的 54 份样本中，马拉色菌仅占 21%[20]。

一项对健康猫（$n$=20）、过敏症患猫（$n$=15）和全身性疾病患猫（$n$=15）的耳道菌群研究发现，马拉色菌在过敏性皮炎患猫和全身性疾病患猫中比在健康猫中更常见[21]。在另一项研究中，与逆转录病毒阴性猫相比，马拉色菌在逆转录病毒阳性猫身上更常见[22]。虽然这些猫是健康的，但逆转录病毒感染可能干扰了先天性免疫应答。糖尿病患猫（$n$=16）、甲状腺功能亢进患猫（$n$=20）和肿瘤患猫（$n$=8）皮肤马拉色菌的分离比例与正常猫（$n$=10）比较，没有发现差异[23]。

越来越多的证据表明，马拉色菌皮炎可能与副肿瘤性脱毛和（或）全身性疾病的皮肤症状有关。在上述研究中，从一只副肿瘤综合征和胰腺癌患猫的 9 个皮肤部位分离出了马拉色菌[23]。在另一个病例报告中，从一只患有胸腺瘤的猫身上发现了明显的表皮剥脱性皮肤病和酵母菌过度增殖（图 16-5 和图 16-6），值得注意的是，在肿瘤完全切除后，临床症状完全消失[24]。一个病例报告描述了一只 13 岁的 DSH 猫有渐进性加重的副肿瘤性脱毛病史，

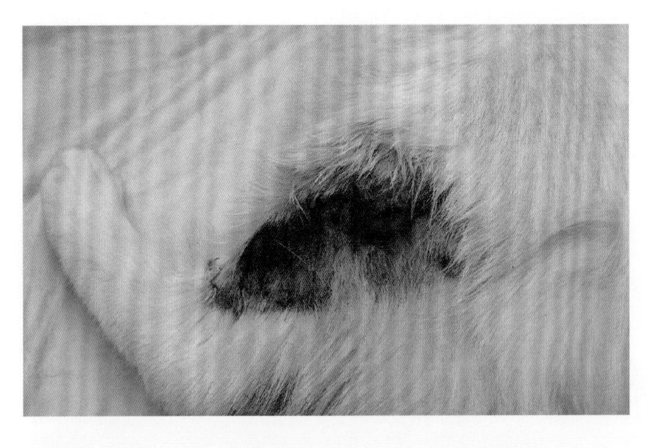

**图 16-4　该猫有过敏性皮炎和嗜酸性皮炎复发区域。细胞学检查显示存在并发细菌和马拉色菌皮炎。同时进行抗菌和抗真菌治疗**

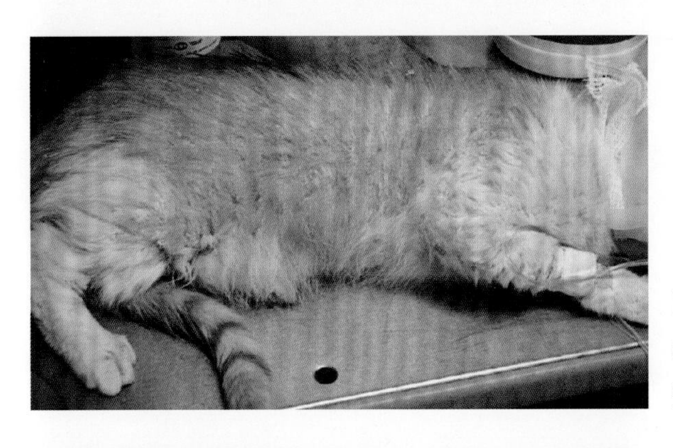

**图 16-5　这是一只有明显表皮剥脱性皮炎的 13 岁患猫，细胞学检查表现为严重的马拉色菌皮炎。该猫有全身性疾病。影像学检查显示有一个胸腺瘤**

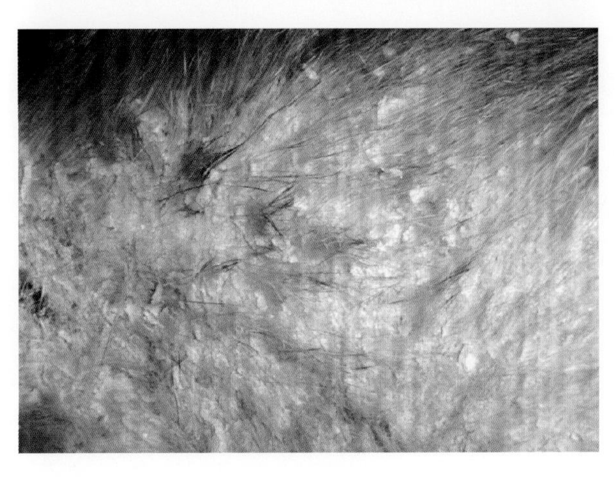

**图 16-6　图 16-5 中猫皮肤上的明显表皮剥落的近距离视图**
可见明显红斑和大片脱落的角质细胞。观察到的皮屑高度提示猫表皮剥脱性皮炎是潜在疾病导致的，可能与胸腺瘤有关或无关。

伴有马拉色菌过度生长。尸检结果显示为胰腺癌伴肝转移[25]。一项回顾性研究评估了猫的 15 个皮肤活检样本，在表皮层或毛囊漏斗部中含有大量马拉色菌[26]。在评估临床资料时，15 只猫中有 11 只出现了多灶性至全身性皮肤病变的急性发作。其中 10 只猫都被安乐死，还有 1 只在出现临床症状 2 个月后死于转移性肝癌。

## 临床症状

猫的马拉色菌皮炎无明显临床症状。临床报告和（或）作者常注意到的临床症状在专栏 16–1 和本章的图片中进行了总结。常见并发的细菌过度增殖（图 16–7）。检查常发现皮屑和蓬乱的被毛（图 16–8），细胞学检查中常发现马拉色菌。许多患有马拉色菌皮炎的猫由于梳理不当，仅进行被毛卫生管理和外部治疗就有效。甲床患病的临床表现可能不同，通常为棕黑色（图 16–3），并可能表现为明显的脂溢性皮屑堆积。

## 诊断

马拉色菌皮炎的诊断是根据一致 / 相似的病史和临床症状，以及对抗真菌治疗有良好反应来识别微生物。

### 细胞学检查

皮肤细胞学检查是调查是否存在马拉色菌的最佳技术。目前还没有细胞学检查标准来确定猫皮肤上马拉色菌的“正常数量”。判断是否存在微生物只能结合猫的临床症状来解释。这些微生物比细菌大得多，大小从 2 ~ 4 μm 到 3 ~ 7 μm 不等。

可以使用透明的醋酸胶带采集皮肤细胞学样本，这样可以在不容易采样的区域采样，如面部、

**图 16–7 马拉色菌和细菌过度生长患猫**
注意红斑、丘疹和皮屑。

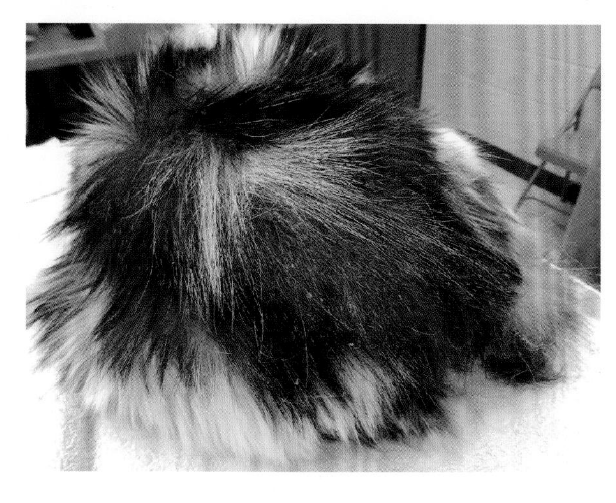

**图 16–8 一只毛发蓬乱的马拉色菌皮炎患猫**

**专栏 16-1　马拉色菌皮炎/过度生长的临床症状**

- 病变可能是全身性或局限性
- 瘙痒程度多变，从无到非常严重
- 红斑
- 弥漫性皮脂溢可能是干性和（或）油性
- 皮屑增加
- 附着皮屑和毛囊管型的毛发
- 外伤性脱毛
- 以棕色蜡样分泌物为特征的色素沉着
- 腹部毛囊堵塞，特别是乳头周围
- 指甲变色为棕色至红棕色
- 甲褶下有蜡质碎屑
- 棕色蜡质碎屑黏附在唇褶处
- 下巴粉刺

马拉色菌耳炎

- 耵聍碎屑增多
- 耳道发红
- 耳道肿胀和狭窄
- 耳廓和（或）耳道瘙痒

指间或甲褶。将一块透明的胶带压在皮肤上，然后使用院内细胞学染色（如 Diff Quick 染色）对胶带进行染色。重要的是不需要使用固定液，用钳子、镊子或家用晾衣夹（作者最喜欢的工具）夹住胶带。应避免将未染色的胶带粘在载玻片上，然后对载玻片进行染色，否则会导致载玻片染色不良和伪影增加。制片准备，在玻璃载玻片上滴一滴镜油，接着用完全干燥的染色胶带粘在油上，然后进行显微镜检查。（推荐）用油镜检查，可直接在胶带上滴一滴镜油。载玻片采样是皮肤采样时使用的最佳工具。为了获得最好的样本，将载玻片放置在目标区域，轻轻地提起皮肤，用两个手指挤压皮肤。这将显著增加样本的细胞量。耳部最佳采样方法是用棉签头采样。甲床的最佳采样方法是用皮肤刮刀，而不是手术刀，轻轻地从爪褶下刮出碎片，然后涂抹在玻璃载玻片上。在所有采样方法中，重点是不要热固定载玻片，因为这会造成伪影和（或）损坏载玻片上的其他细胞。研究表明，延长溶液Ⅱ（嗜碱性，蓝色）的浸泡时间是最能提高酵母菌微生物可视化的方法[27, 28]。作者通常在 4 倍物镜下检查载玻片以找到细胞区，然后在 10 倍物镜和 100 倍物镜下检查。马拉色菌微生物大小不一，很容易在载玻片上看到或黏附在皮肤角质细胞上（图 16-9 和图 16-10）。

## 真菌培养

在临床病例中，很少需要对这种微生物进行培养来诊断。如果需要培养，例如怀疑有抗真菌耐药性，或者要识别菌种，需要记住两个重点。首先，如果使用培养拭子培养皮肤，请用运输介质湿润拭子，并用拭子在大面积皮肤上用力擦拭，同时将拭子头部旋转 360°。根据作者的经验，小面积的干拭子培养是不够的。如果可以，最好使用接触培养板。其次，常见从猫的样本中分离出多个不同菌种。重点是要让实验室知道，非脂质依赖性和脂质依赖性菌种均具有临床意义。厚皮马拉色菌的独特之处在于，在沙氏葡萄糖琼脂培养基中，在 32 ~ 37℃时，不添加脂质的情况下也能生长良好。但是，脂质依赖性马拉色菌菌种，不能在沙氏葡萄糖琼脂培养基中生长。改良 Dixon 琼脂培养基和 Leeming 培养基，支持所有马拉色菌菌种生长。因为在猫的皮肤上存在脂质依赖性酵母菌，因此需要使用脂质补充型培养基，特别是改良 Dixon 琼脂培养基或 Leeming 培养基[8, 29, 30]。

## PCR

PCR 未用于猫马拉色菌皮炎的常规诊断。基于培养的方法并不总是能鉴定出特异性菌种，如果有必要，可以选择聚合酶链反应（PCR）。PCR 使用实验室方法，从样本中扩增 DNA，甚至直接从皮肤或培养物中扩增，具有很高的准确性和有效性[31]。近年来的研究表明，多重实时荧光定量 PCR 技术在动物和人马拉色菌的鉴定中具有较高的有效性[32]。

## 组织病理学和皮肤活检

皮肤活检并不是诊断猫马拉色菌皮炎的常规方

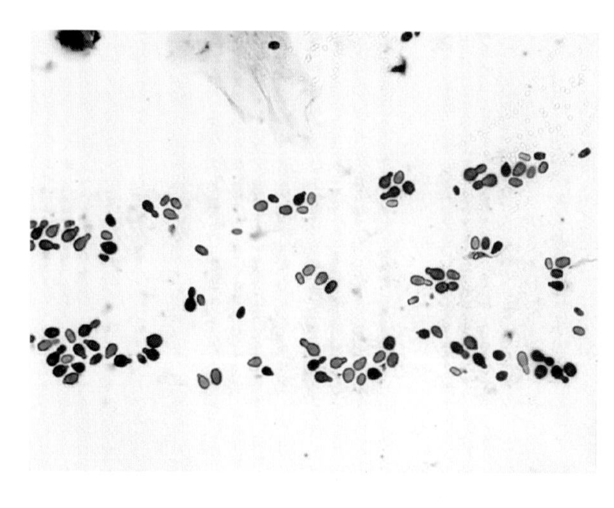

**图 16–9 耳道细胞学检查可见大量马拉色菌**

有花生形和卵圆形微生物。一些微生物没有表现深嗜碱性着染，这在耳道细胞学样本中很常见。

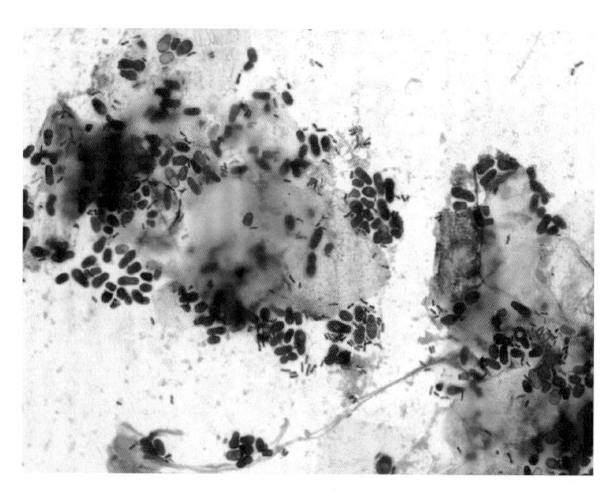

**图 16–10 可见大量马拉色菌微生物附着在皮肤细胞上**

此样本取自一只表皮剥脱性皮炎患猫。注意该样本中同时存在的细菌。

法。如果猫在其他方面是健康的，但在皮肤活检中发现了酵母菌，很可能是潜在的皮肤病导致的，如过敏性疾病或原发性角化异常。然而，如果猫患病，并有明显的皮肤病变，马拉色菌的存在应被解释为全身性疾病的症状，并进行彻底的医学评估。组织学切片报告马拉色菌属酵母菌常在表皮角质层或毛囊漏斗部中被发现[26]。在严重表皮剥脱的病例中，可能在轻度到重度的正角化性过度角化至角化不全性过度角化的区域存在[26]。

## 治疗

猫马拉色菌皮炎的治疗有个体差异，取决于临床症状的严重程度和潜在病因。如果潜在病因没有被发现和治疗，马拉色菌皮炎将不会缓解。如果潜在疾病是慢性的（如过敏性皮肤病），应提醒动物主人，疾病发作会导致马拉色菌皮炎复发。

### 外部治疗

猫马拉色菌皮炎外部治疗的主要障碍是猫和主人的耐受能力。外部治疗是理想的治疗方法。如果毛发打结或有残留的毛发，注意被毛卫生是很重要的。如果猫能耐受洗澡，则选择咪康唑 / 氯己定、酮康唑 / 氯己定，或氯咪巴唑 / 氯己定组合每周 1 次或 2 次。作者发现，让动物主人了解马拉色菌皮炎通常与细菌过度生长有关这一点非常有用，所以组合产品是最好的选择。如果猫在其他方面是健康的，但有全身性病变，则推荐全身洗澡。如果无法洗澡，可以选择使用包括上述成分的免洗摩丝产品。如果病变是局部的，这些组合产品可以只应用于患病区域。重点是要记住，猫的理毛行为会加大对外部产品的不良反应的风险。

### 全身性抗真菌治疗

如果外部治疗无法进行或无效，则需要口服抗真菌药物治疗。口服抗真菌药物的选择是伊曲康唑（Itrafungol，Elanco Animal Health）。治疗猫皮肤癣菌病，需按说明的口服剂量 5 mg/kg，每天 1 次，吃一周停一周交替使用[33]。猫通常对伊曲康唑耐受性良好，这个剂量是安全的。报道的最常见的不良反应是过度流涎、食欲下降、呕吐和腹泻[33]。重要的是要向动物主人强调，不应使用复方伊曲康唑，因为有强有力的证据表明它不具有生物利用度[34]。

两项研究报道了口服伊曲康唑治疗马拉色菌皮炎的疗效。在一项回顾性研究中，15 只猫接受了 5 ~ 10 mg/kg 的伊曲康唑（Itrafungol/Janssen），作为单一治疗，每日口服一次[35]。患猫有局限性病变（$n$=8）或全身性病变（$n$=7）。12 只猫并发外耳炎。伊曲康唑对所有猫有效，无不良反应报告。在另一项研究中，伊曲康唑用于治疗 6 只德文卷毛猫的马拉色菌皮炎并发脂溢性皮炎[36]。临床症状明显改善，炎症和瘙痒症状减轻。

### 酵母菌耳炎

马拉色菌是引起猫外耳炎的常见病因（见第十章）。这在过敏性皮炎患猫中最常见（图 16-2）。如果存在大量酵母菌且瘙痒严重，治疗可能包括使用全身性伊曲康唑。然而，在大多数病例中，马拉色菌耳炎可以通过每周一次的耳部清洁和外用抗真菌 / 糖皮质激素产品进行治疗。马拉色菌外耳炎的长期管理，可通过每周使用 1 ~ 2 次类固醇耳药得以缓解。作者经常让动物主人使用生理盐水或丙二醇中混合等量地塞米松注射液用于滴耳。当主要需求只是发挥抗炎作用时，这避免了不必要的抗菌药物的使用。

## 人兽共患

马拉色菌微生物在人和动物身上都有发现。厚皮马拉色菌不是一种正常的共生微生物。然而，由于脂质依赖性和非脂质依赖性微生物都可以在猫身上定植，兽医卫生工作者在护理猫时保持良好的手部卫生很重要，并需要提醒猫主人也这样做。

## 结论

猫马拉色菌皮炎是一种浅表真菌性皮肤病，可表现出多种临床症状。临床症状是由正常菌群过度增殖引起的，且常见并发细菌过度增殖。马拉色菌皮炎通常与慢性皮肤病有关，如过敏性疾病、皮脂溢和潜在的代谢性疾病，可触发皮肤免疫系统的变化。德文卷毛猫似乎特别容易出现马拉色菌定植，以及与厚皮马拉色菌相关的脂溢性皮炎，且没有全身性疾病表现。细胞学检查是评估皮肤表面马拉色菌属酵母菌密度最有用的技术。此外，接触真菌培养板也能方便地用于酵母菌分离培养和酵母菌菌落定量。PCR 也可用于样本快速鉴定和菌种分析。厚皮马拉色菌是猫中发现的主要菌种，但也有脂质依赖性菌种，尤其是在爪褶中也能存在。伊曲康唑是与外部治疗同时使用的全身性药物。尽管很罕见，但在大面积皮肤病变的猫身上发现马拉色菌皮炎，提示临床医生应考虑这是否为全身性疾病的早期标志。

## 参考文献

[1] Theelen B, Cafarchia C, Gaitanis G, et al. Malassezia ecology, pathophysiology, and treatment. Med Mycol. 2018; 56:S10–25.

[2] Cabañes FJ. Malassezia yeasts: how many species infect humans and animals? PLoS Pathog. 2014; 10:e1003892.

[3] Colombo S, Nardoni S, Cornegliani L, et al. Prevalence of Malassezia spp. yeasts in feline nail folds: a cytological and mycological study. Vet Dermatol. 2007; 18:278–283.

[4] Volk AV, Belyavin CE, Varjonen K, et al. Malassezia pachydermatis and M nana predominate amongst the cutaneous mycobiota of Sphynx cats. J Feline Med Surg. 2010; 12:917–922.

[5] Bond R, Howell S, Haywood P, et al. Isolation of Malassezia sympodialis and Malassezia globosa from healthy pet cats. Vet Rec. 1997; 141:200–201.

[6] Crespo M, Abarca M, Cabanes F. Otitis externa associated with Malassezia sympodialis in two cats. J Clin Microbiol. 2000; 38:1263–1266.

[7] Guillot J, Gueho E, Lesord M, et al. Identification of Malassezia species: a practical approach. J Mycol Med. 1996; 6:103–110.

[8] Böhmová E, Čonková E, Sihelská Z, et al. Diagnostics of Malassezia Species: a review. Folia Vet. 2018; 62:19–29.

[9] Tai–An C, Hill PB. The biology of Malassezia organisms and their ability to induce immune responses and skin disease. Vet Dermatol. 2005; 16:4–26.

[10] Buommino E, De Filippis A, Parisi A, et al. Innate immune response in human keratinocytes infected by a feline isolate of Malassezia pachydermatis. Vet Microbiol. 2013; 163:90–96.

[11] Sparber F, LeibundGut–Landmann S. Host responses to Malassezia spp. in the mammalian skin. Front Immunol. 2017; 8:1614.

[12] Åhman SE, Bergström KE. Cutaneous carriage of Malassezia species in healthy and seborrhoeic Sphynx cats and a comparison to carriage in Devon Rex cats. J Feline Med Surg. 2009; 11:970–976.

[13] Bond R, Stevens K, Perrins N, et al. Carriage of Malassezia spp. yeasts in Cornish Rex, Devon Rex and Domestic short–haired cats: a cross–sectional survey. Vet Dermatol. 2008; 19:299–304.

[14] Nardoni S, Mancianti F, Rum A, et al. Isolation of Malassezia species from healthy cats and cats with otitis. J Feline Med Surg. 2005; 7:141–145.

[15] Crespo M, Abarca M, Cabanes F. Occurrence of Malassezia spp. in the external ear canals of dogs and cats with and without otitis externa. Med Mycol. 2002; 40:115–121.

[16] Dizotti C, Coutinho S. Isolation of Malassezia pachydermatis and M. sympodialis from the external ear canal of cats with and without otitis externa. Acta Vet Hung. 2007; 55:471–477.

[17] Åhman S, Perrins N, Bond R. Carriage of Malassezia spp. yeasts in healthy and seborrhoeic Devon Rex cats. Sabouraudia. 2007; 45:449–455.

[18] Bond R, Curtis C, Ferguson E, et al. An idiopathic facial dermatitis of Persian cats. Vet Dermatol. 2000; 11:35–41.

[19] Ordeix L, Galeotti F, Scarampella F, et al. Malassezia spp. overgrowth in allergic cats. Vet Dermatol. 2007; 18:316–323.

[20] Meason–Smith C, Diesel A, Patterson AP, et al. Characterization of the cutaneous mycobiota in healthy and allergic cats using next generation sequencing. Vet Dermatol. 2017; 28:71–e17.

[21] Pressanti C, Drouet C, Cadiergues M–C. Comparative study of aural microflora in healthy cats, allergic cats and cats with systemic disease. J Feline Med Surg. 2014; 16:992–996.

[22] Sierra P, Guillot J, Jacob H, et al. Fungal flora on cutaneous and mucosal surfaces of cats infected with feline immunodeficiency virus or feline leukemia virus. Am J Vet Res. 2000; 61:158–161.

[23] Perrins N, Gaudiano F, Bond R. Carriage of Malassezia spp. yeasts in cats with diabetes mellitus, hyperthyroidism and neoplasia. Med Mycol. 2007; 45:541–546.

[24] Hljfftee Ma M–V, Curtis C, White R. Resolution of exfoliative dermatitis and Malassezia pachydermatis overgrowth in a cat after surgical thymoma resection. J Small Anim Pract. 1997; 38:451–454.

[25] Godfrey D. A case of feline paraneoplastic alopecia with secondary Malassezia associated dermatitis. J Small Anim Pract. 1998; 39:394–396.

[26] Mauldin EA, Morris DO, Goldschmidt MH. Retrospective study: the presence of Malassezia in feline skin biopsies. A clinicopathological study. Vet Dermatol. 2002; 13:7–14.

[27] Toma S, Cornegliani L, Persico P, et al. Comparison of 4 fixation and staining methods for the cytologic evaluation of ear canals with clinical evidence of ceruminous otitis externa. Vet Clin Pathol. 2006; 35:194–198.

[28] Griffin JS, Scott D, Erb H. Malassezia otitis externa in the dog: the effect of heat–fixing otic exudate for cytological analysis. J Veterinary Med Ser A. 2007; 54:424–427.

[29] Guillot J, Bond R. Malassezia pachydermatis: a review. Med Mycol. 1999; 37:295–306.

[30] Peano A, Pasquetti M, Tizzani P, et al. Methodological issues in antifungal susceptibility testing of Malassezia pachydermatis. J Fungi. 2017; 3:37.

[31] Vuran E, Karaarslan A, Karasartova D, et al. Identification of Malassezia species from pityriasis versicolor lesions with a new multiplex PCR method. Mycopathologia. 2014; 177:41–49.

[32] Ilahi A, Hadrich I, Neji S, et al. Real–time PCR identification of six Malassezia species. Curr Microbiol. 2017; 74:671–677.

[33] Puls C, Johnson A, Young K, et al. Efficacy of itraconazole oral solution using an alternatin–week pulse therapy regimen for treatment of cats with experimental Microsporum canis infection. J Feline Med Surg. 2018; 20:869–874.

[34] Mawby DI, Whittemore JC, Fowler LE, et al. Comparison of absorption characteristics of oral reference and compounded itraconazole formulations in healthy cats. J Am Vet Med Assoc. 2018; 252:195–200.

[35] Bensignor E. Treatment of Malassezia overgrowth with itraconazole in 15 cats. Vet Rec. 2010; 167:1011–1012.

[36] Åhman S, Perrins N, Bond R. Treatment of Malassezia pachydermatis–associated seborrhoeic dermatitis in Devon Rex cats with itraconazole–a pilot study. Vet Dermatol. 2007; 18:171–174.

# 第十七章　病毒性疾病

John S. Munday 和 Sylvie Wilhelm

**摘要**

病毒越来越被认为是引起猫皮肤病的重要病因。猫身上与病毒相关的疾病包括由乳头瘤病毒引起的增生性和肿瘤性皮肤病，由疱疹病毒和痘病毒引起的糜烂性和溃疡性皮肤病，以及由杯状病毒引起的作为更广泛病毒感染一部分的皮肤病变。猫白血病病毒和猫传染性腹膜炎病毒感染的猫身上也可见到皮肤病变。本章对引起猫皮肤病的每种病毒感染的病原学和流行病学，以及疾病临床表现、组织学病变和其他适用的诊断性检查进行了综述，此外还介绍了疾病的预期临床病程和目前推荐的治疗方案。

## 引言

传统上认为病毒很少引起猫的皮肤病。然而，最近30年的研究既扩充了引起猫皮肤病的病毒种类数，也扩充了这些病毒感染引起的皮肤病变类型。猫病毒感染可大致细分为引起增生性或肿瘤性皮肤病的感染（乳头瘤病毒）、引起细胞溶解和通常可自愈的炎性疾病的感染（疱疹病毒、痘病毒），以及作为更广泛病毒感染一部分的不常引起皮肤病变的感染（杯状病毒、猫白血病病毒、猫传染性腹膜炎病毒）。虽然对猫免疫缺陷病毒进行了简要讨论，但目前尚不确定这种病毒是否会引起猫的皮肤病。

## 乳头瘤病毒

乳头瘤病毒（papillomavirus，PV）是一种小的、无包膜的环状双链DNA病毒，通常感染复层鳞状上皮。它们的DNA包含7个开放阅读框（open reading frame，ORF），其中5个编码早期（early，E）蛋白，2个编码晚期（late，L）蛋白[1]。它们的生命周期取决于上皮细胞的终末分化、角化和脱屑，猫PV由于其E7蛋白能够改变这些细胞的正常生长和分化而致病。PV是最古老的病毒家族之一，并与其宿主共同进化了很长时间。因此，多数PV具有种属特异性，绝大多数PV感染无相关症状[2]。

通过比较L1 ORF的相似性对PV进行分类[3]。目前公认有5种PV型会感染猫，包括猫乳头瘤病毒（*Felis catus* papillomavirus，FcaPV）1型，归类于λ乳头瘤病毒属[4, 5]；FcaPV-2，归类于Dyotheta乳头瘤病毒属[6]；FcaPV-3、FcaPV-4和FcaPV-5，尚未完全归类，但很可能将其归类在一个新的猫PV属中[7-9]。

尽管大多数PV感染无症状，但在1990年首次提出PV是猫皮肤病的病因，当时在皮肤斑块中观察到PV诱导的细胞变化[10]。此后，人们越来越认识到PV作为皮肤病病因的重要性，目前认为PV

可引起病毒性斑块/鲍恩样原位癌、一部分鳞状细胞癌、猫肉样瘤、一部分基底细胞癌和皮肤病毒性乳头瘤[11]。

## 猫病毒性斑块/鲍恩样原位癌

传统上认为这些病变是猫的两种独立的皮肤病。然而，由于病毒性斑块和鲍恩样原位癌（Bowenoid in situ carcinoma，BISC）具有许多相同的组织学特征，并且通常可见两种病变之间的过渡性病变[12]，因此这两种病变似乎是相同过程的不同严重程度。

### 病原学和流行病学

FcaPV-2 被认为是这些病变的主要原因[13, 14]。目前的证据表明，大多数幼猫在出生后最初几周内就会从母猫身上感染[15]。FcaPV-2 感染可能是终身的，通常不会刺激抗体应答[16]。由于大多数猫会被 FcaPV-2 感染，但很少出现病毒性斑块/BISC，宿主因素似乎在决定猫是否会发生临床疾病方面很重要。虽然免疫抑制猫发生病毒性斑块/BISC 的风险可能增加，但已报道许多猫出现病变而未发现免疫抑制，并且使猫易于出现病变的因素在很大程度上未知[17]。德文卷毛猫和斯芬克斯猫中病毒性斑块/BISC 的早期发展和严重表现表明存在遗传易感性，但这种易感性的基础尚不清楚[18]。病毒性斑块/BISC 也与 FcaPV-3 和 FcaPV-5 感染有关。目前对这些病毒的流行病学知之甚少。

### 临床表现

病毒性斑块/BISC 最常在 8 ~ 14 岁时发生，尽管在 7 月龄的猫中已有报道[12, 19]。有病毒性斑块的猫往往比有 BISC 的猫更年轻，这支持一些病毒性斑块发展为 BISC 的假说。病毒性斑块最常发生在躯干、头部或颈部，尽管在晚期病例中病变可发生在身体任何部位。其常为多发性的、小的（通常直径＜1 cm）、有或无色素的皮屑性丘疹或斑块，可被薄痂覆盖（图 17-1）。尽管 BISC 在临床上可以表现出与病毒性斑块非常相似的外观，但它们往往更大，隆起更明显，可能溃疡或被浆液性细胞性结痂或厚层角质覆盖（图 17-2）。头、颈和四肢最常发病。病毒性斑块和 BISC 可在有色或无色、有毛或无毛皮肤内形成，两种病变均无典型疼痛或瘙痒[12]。

### 组织病理学与诊断

病毒性斑块的组织学检查表现为轻度表皮增生且边界清晰的病变。细胞有序成熟，未见发育不良（图 17-3）。BISC 的组织学检查显示明显表皮增生且边界清晰的病变，表皮增生可延伸累及毛囊漏斗部。增生的细胞可形成界线清晰的基底细胞实性团块，向真皮下层隆起。深层表现为角质细胞发育不良伴基底细胞和细胞核垂直伸长的细胞（风吹样细胞）聚集[20]。角化不良在 BISC 中很少见。虽然可能存在明显的异型性，但细胞仍然被基底膜限制（图 17-4）。病毒复制可导致明显的 PV 诱导变化。然而，角质细胞发育不良可以阻止病毒复制，PV 诱导的细胞变化在更大更成熟的 BISC 中是罕见的。PV 诱导的变化包括出现大的角质细胞，胞质呈透

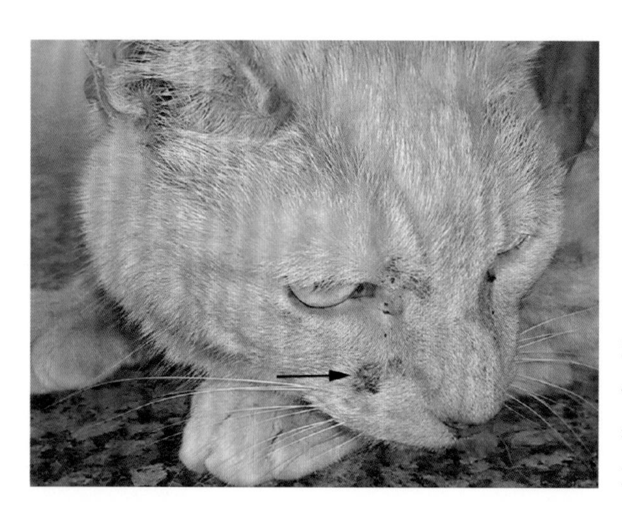

**图 17-1 猫病毒性斑块**

斑块最常表现为猫面部周围的局灶性、轻微隆起的病变。猫病毒性斑块和鲍恩样原位癌似乎是相同疾病过程的不同严重程度，病毒性斑块是疾病较轻的发病形式（由新西兰黑斯廷斯兽医协会的 Dr. sharon Marshall 提供）。

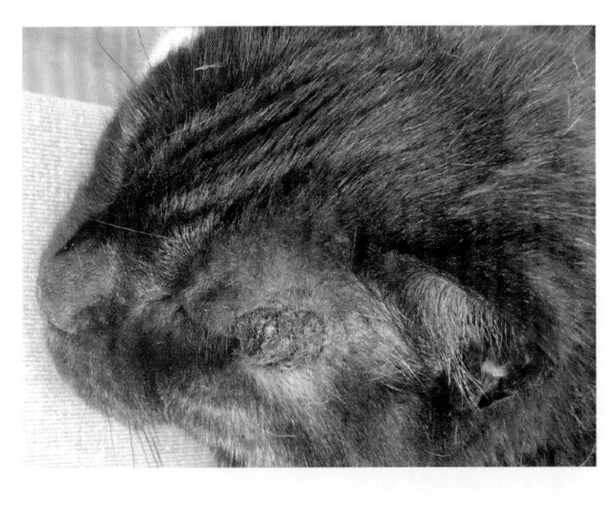

**图 17–2　猫鲍恩样原位癌**

与病毒性斑块一样，它们常出现在猫的头部。与病毒性斑块相比，鲍恩样原位癌更大、凸起更明显，并被增多的角质覆盖。然而，由于病毒性斑块和鲍恩样原位癌代表了相同疾病过程的不同严重程度，两种病变之间没有明确的区别（由澳大利亚悉尼大学兽医教育中心 Dr. Richard Malik 提供）。

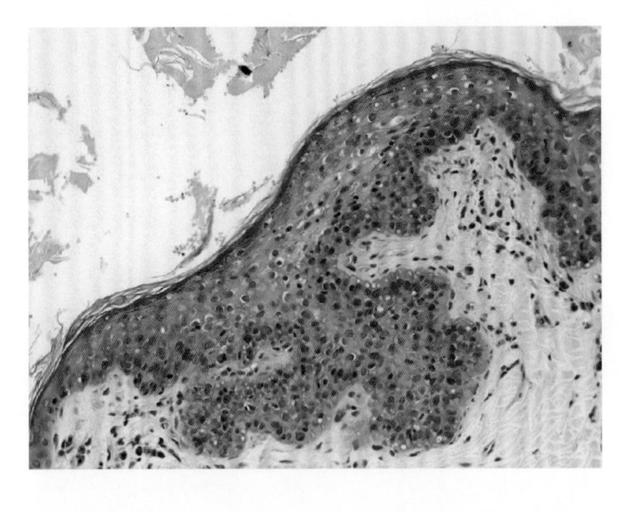

**图 17–3　猫病毒性斑块**

斑块表现为边界清晰的轻度至中度表皮增生灶。增生细胞中很少见发育不良，细胞仍保持有序的成熟过程（H&E，200 倍放大）。

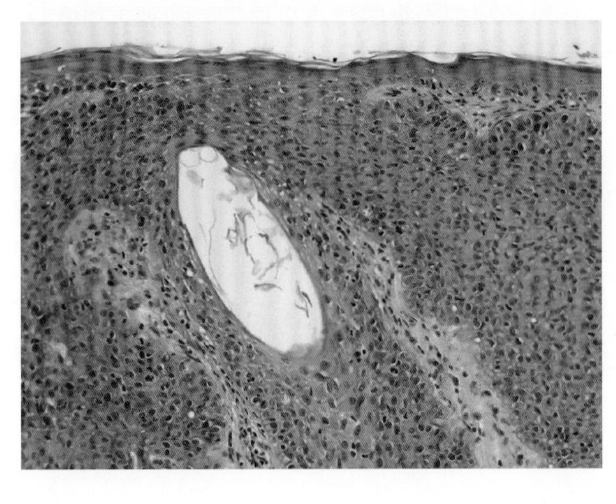

**图 17–4　猫鲍恩样原位癌**

与病毒性斑块相比，增生更明显，毛囊漏斗部明显发病。细胞群内有中度异型性，但不穿透基底膜。虽然乳头瘤病毒诱导的细胞变化在这种病变中很明显，但更晚期的鲍恩样原位癌通常很少包含乳头瘤病毒感染的组织学证据（H&E，200 倍放大）。

明或蓝灰色颗粒状和（或）细胞核皱缩，周围有透明的晕轮（挖空细胞；图 17–5）[17]。可以看到嗜酸性核内包涵体，必须注意将其与核仁区分开来。由 FcaPV–3 或 FcaPV–5 引起的病毒性斑块 /BISC 中可见毛囊内较深处细胞增生或皮脂腺增生。此外，这些病变含有明显的嗜碱性胞浆内包涵体，通常紧贴细胞核[8, 21]。如果未观察到 PV 诱导的变化，则需要与光化性原位癌（光化性角化病）进行鉴别。支持 BISC 而不是光化性病变的特征包括基底细胞核极性的持续改变、病变和正常表皮之间的明显分界以及毛囊发病。此外，光化性病变也常在真皮下层出现日光性弹性组织变性。

免疫组织化学可用于鲍恩样原位癌和光化性原位癌之间的组织学区分存在问题的病例。可使用检测 PV 抗原的抗体。然而，抗原仅在病毒复制过程中产生，在不含 PV 诱导细胞变化的病变中，很少有 PV 感染的免疫组化证据[17]。因此，建议采用 p16$^{CDK2NA}$ 蛋白（p16）免疫组化研究 PV 病因。检测到 p16 明显增加提示 PV 是病因，因为 PV 通过持续增加 p16 的机制引起细胞失调（图 17-6）。相反，在光化性病变中，细胞失调是由不增加 p16 的机制引起的[22]。在进行 p16 免疫组化时，必须记住，只有 G175-405 人 p16 克隆已被证明与猫 p16 蛋白有交叉反应。由于 p53 免疫染色在光化性角化病和 BISC 中都可能存在，这对区分鲍恩样和光化性病变没有帮助[22]。由于存在 PV 无症状感染皮肤的概率，病变中检测到 PV DNA 不能确诊 BISC 或排除光化性原位癌。

### 治疗

病毒性斑块和 BISC 可自发消退，持续存在而不发展，或体积和数量缓慢增加。此外，应仔细监测所有病毒性斑块 /BISC 是否发展为 SCC。德文卷毛猫和斯芬克斯猫的病变可迅速发展为具有转移潜能的 SCC[18, 23]。

手术切除病毒性斑块或 BISC 有望治愈，尽管随后可能在不同位置发生其他病变。咪喹莫特乳膏已被用于治疗人的生殖器疣，并被认为是一种可能的治疗方法。咪喹莫特刺激 toll 样受体并局部增加 α 干扰素和肿瘤坏死因子 - α[24]。它是一种局部疗法，通常每周使用 3 次，持续 8 ~ 16 周。在一项包含 12 只 BISC 患猫的非对照研究中，咪喹莫特使 12 只猫中至少 1 只 BISC 部分消退，5 只猫中至少 1 只 BISC 完全缓解[25]。不良反应包括 5 只猫出现局部红斑和轻度不适，2 只猫出现全身毒性的潜在症状，包括中性粒细胞减少、肝酶升高、厌食和体重减轻。虽然有轶事证据支持使用咪喹莫特乳膏，但需要额外的对照研究来确定这种治疗的疗效和安全性。在人医领域，咪喹莫特也用于治疗基底细胞癌和光化性病变，该药物似乎对 PV 诱导的病变无特异性作用。目前不推荐将咪喹莫特作为人肿瘤前或

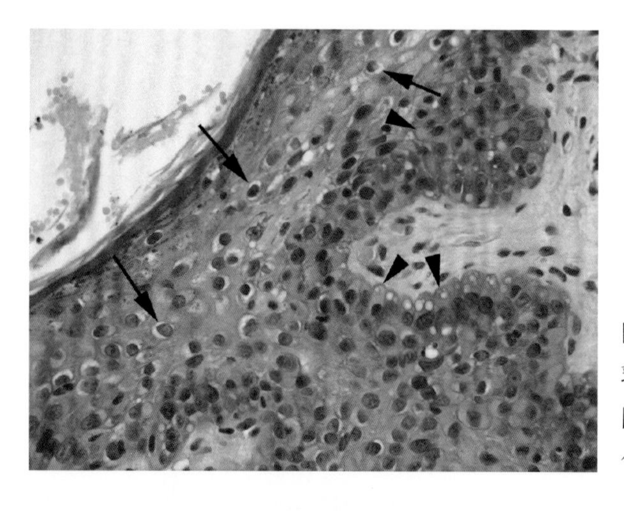

**图 17-5 猫病毒性斑块**

乳头瘤病毒诱导的细胞变化包括出现深染细胞核并被透明晕轮包围的角质细胞（挖空细胞，箭头所示）以及含有数量增加的灰蓝色污迹细胞质的细胞（无尾箭头所示，H&E，400 倍放大）。

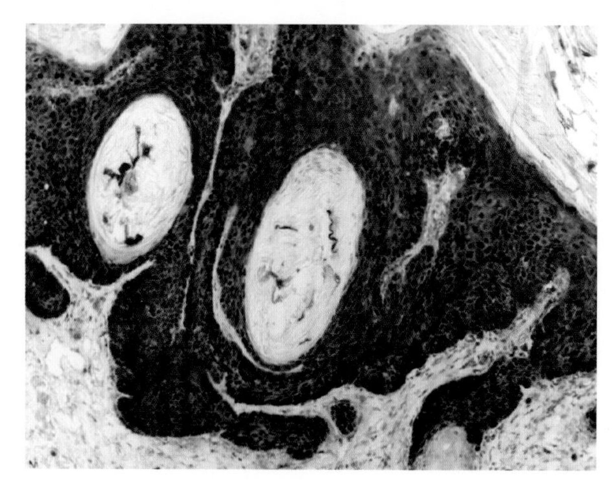

**图 17-6 猫病毒性斑块**

使用抗 p16$^{CDKN2A}$ 蛋白的抗体免疫染色显示强着染的细胞核和细胞质遍布增生的表皮（苏木精复染，400 倍放大）。

肿瘤性皮肤病变的主要治疗方法，但如果没有更好的既定治疗方法，该方法可能有效[26]。同样，在兽医领域，当其他治疗方法不切实际时，咪喹莫特被用于治疗病毒性和非病毒性原位癌，在使用咪喹莫特之前可能不需要调查 PV 病因。光动力疗法可能是另一种治疗选择，因为最近报道了极佳的反应率，但该研究未尝试区分 PV 诱导的原位癌和光化性原位癌[27]。

尚未评估自体疫苗接种作为治疗猫病毒性斑块 / BISC 的方法。然而，考虑到 PV 诱导病变的免疫应答，预期该治疗方法不起作用。目前，几乎没有来自任何种属的证据表明，接种自体或病毒样颗粒疫苗在治疗 PV 诱导的疣或肿瘤前病变方面具有任何显著疗效。

## 皮肤鳞状细胞癌

鳞状细胞癌（squamous cell carcinoma，SCC）是猫最常见的皮肤肿瘤之一，是发病和死亡的重要原因（更多信息见“遗传疾病”一章）。毫无疑问，日光照射是 SCC 的一个重要原因，但有证据表明，PV 也可导致一些肿瘤的发生。PV 作用的证据包括在皮肤 SCC 中比在非皮肤 SCC 样本中更频繁地检测到 FcaPV-2 DNA[13]。此外，在含有 PV DNA 的 SCC 中可见 p16 免疫染色（图 17-7），具有 p16 免疫染色的 SCC 表现出不同的生物学行为，表明它们可能是由不同的致癌途径引起的[28, 29]。此外，可在一部分猫皮肤 SCC 中检测到 FcaPV-2 RNA，已证明 FcaPV-2 表达的蛋白在细胞培养物中具有转化特性[30, 31]。目前的总体证据表明，PV 感染可导致大多数 SCC 发生在有毛、有色素的皮肤上，并且 PV 感染（可能以紫外线作为辅助因子）可促进 1/3 ~ 1/2 的 SCC 发生在无毛、无色素的皮肤上[29]。然而，由于皮肤的无症状感染在猫身上极为常见，目前不可能明确 FcaPV-2 在猫皮肤 SCC 发生中所起的作用。

## 猫肉样瘤

猫肉样瘤是猫罕见的肿瘤，也被称为“纤维乳头瘤”；然而，由于纤维乳头瘤被认为是增生性而不是肿瘤性病变，因此更常使用术语“肉样瘤”。

### 病原学和流行病学

世界范围内，牛乳头瘤病毒（bovine papillomavirus，BPV）14 型在猫肉样瘤中不断被检出[32-34]，因此 BPV-14 感染被认为是本病的病因。BPV-14 是一种 δ 乳头瘤病毒，与马肉样瘤的病原 BPV-1 和 BPV-2 的亲缘关系最近[35]。牛 δ 乳头瘤病毒具有引起牛自愈性纤维乳头瘤和非宿主物种间质瘤的独特能力。奶牛常见 BPV-14 无症状感染[36]，但在大量猫皮肤和口腔样本中未检测到 BPV-14[32]。这表明猫可能是 PV 的终末宿主。目前尚不清楚 BPV-14 是如何从牛传播给猫的。然而，由于这种疾病似乎最常见于生活在奶牛场的猫，因此与牛密切接触似乎是必要的。尚不清楚是否需要任何辅助因子才能使 BPV-14 引起肉样瘤。来自马的证据表明，间充质细胞增殖可能对马肉样瘤的发展很重要，猫打斗造成的伤口可能对 PV 进入真皮和刺激真皮间充质

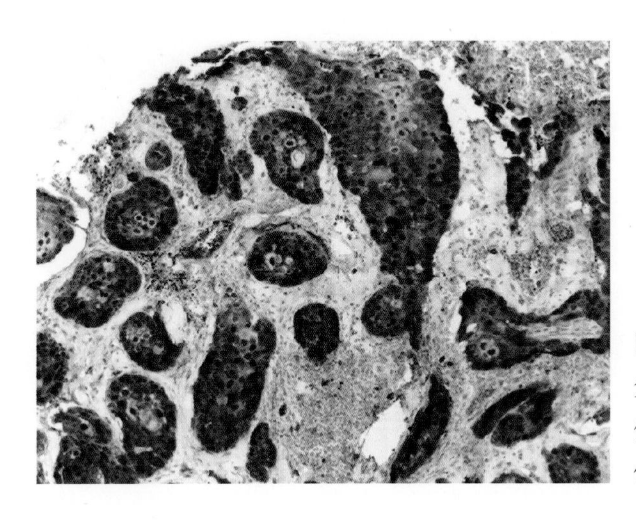

**图 17-7　皮肤鳞状细胞癌**

免疫染色的 p16^CDKN2A 蛋白弥漫于肿瘤细胞的细胞核和细胞质内。使用 PCR 从该肿瘤中扩增出乳头瘤病毒 DNA（苏木精复染，200 倍放大）。

细胞增殖具有重要作用。

### 临床表现

猫肉样瘤仅在来自农村环境的户外生活的猫中有报道，最常见于年轻公猫。它们发展为单发或多发的生长缓慢的外生性非溃疡性结节，最常见于面部周围，特别是鼻人中和上唇，尽管四肢远端和尾部也有肉样瘤的报道（图 17–8）[33]。有一些证据表明，猫肉样瘤也可能罕见地出现在口腔中。

### 组织病理学与诊断

如果在与牛接触的幼龄猫口或鼻周围观察到外生性肿块，应怀疑猫肉样瘤。与典型的 PV 皮肤感染不同，PV 感染局限于真皮 [34]。因此，肉样瘤的主要组织学特征是真皮内中度分化良好的间充质细胞增殖（图 17–9）。增生性真皮肿块被增生的表皮覆盖，表皮通过形成突出的网桩延伸至间充质细胞 [33, 34]。肉样瘤不支持病毒复制，因此其不包含任何 PV 诱导的细胞变化，免疫组化也不会显示存在 PV L1 抗原 [34]。病变中 BPV–14 DNA 的扩增证实了猫肉样瘤的诊断。

### 治疗

虽然猫肉样瘤的临床报道很少，但这些肿瘤似乎是局部浸润性的，但不转移。根据作者的经验，完全手术切除是治愈性的。然而，由于这些病变通常出现在鼻和口周围，完全切除可能存在问题，且猫肉样瘤通常会复发，并在术后生长速率加快。一只患复发性肉样瘤的猫接受了外用咪喹莫特和病变内注射顺铂治疗，但两种治疗方法似乎均未改变病程，并且由于肿瘤的局部效应，该猫最终被安乐死 [35]。

## 基底细胞癌

基底细胞癌是罕见的肿瘤，仅评估了有限病例的 PV 病原。然而，观察到一部分 PV 诱导的病变，支持 PV 在猫基底细胞癌（basal cell carcinoma，BCC）发展中的潜在作用 [20, 37, 38]。尚无报道指出猫

图 17–8 猫肉样瘤

肿块从这只猫靠近鼻人中的位置突出（由纽约伊萨卡康奈尔大学兽医学院 Dr. William Miller 提供）。

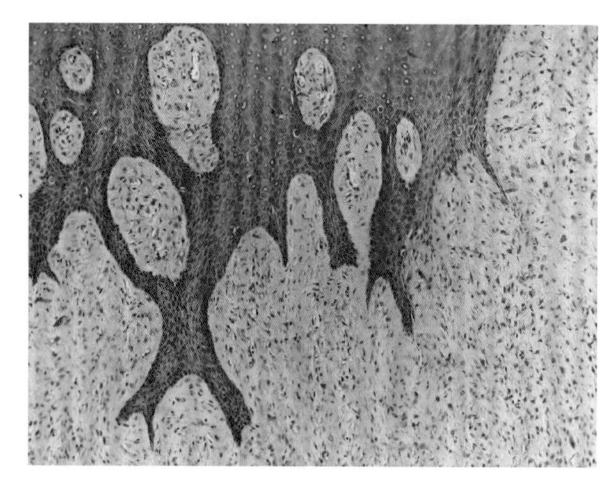

图 17–9 猫肉样瘤

肿瘤由中度分化良好的成纤维细胞组成，被增生的表皮覆盖，表皮形成突出的网桩（H&E，200 倍放大）。

BCC 由 FcaPV-2 引起。相反，猫 BCC 与 FcaPV-3 和一种新型未分类 PV 型相关[37, 38]。

### 皮肤乳头瘤

在猫身上，FcaPV-1 可引起口腔乳头瘤，通常出现在舌腹侧面[39]。也有皮肤病毒性乳头瘤的零星报道。虽然最初怀疑是人 PV 的跨物种感染[40]，但这似乎不太可能；FcaPV-1 从猫口腔传播至皮肤似乎更有可能是这些罕见病变的原因。

## 疱疹病毒

猫疱疹病毒 1 型是一种双链 DNAα 疱疹病毒，是引起幼猫上呼吸道疾病和结膜炎的常见病因。1971 年，据报道疱疹病毒感染也可能引起猫皮炎[41]，目前认为猫疱疹病毒性皮炎是疱疹病毒感染的一种独特表现形式（尽管罕见）。

### 病原学和流行病学

猫疱疹病毒 1 型的感染率很难确定，因为许多猫在幼年时接种了这种病毒的疫苗。未接种猫感染通常会导致上呼吸道疾病的临床症状，如鼻气管炎和结膜炎。虽然临床症状通常在数天或数周内消退，但疱疹病毒可转为潜伏感染，尤其是在三叉神经节。如果猫出现免疫抑制，潜伏感染可能会复发。据推测，皮肤神经内既往疱疹病毒感染复发可引起猫疱疹病毒性皮炎[42]。鉴于免疫抑制在疾病发病机制中可能产生的作用，使用糖皮质激素的猫可能更容易发病[42]。多猫一起生活似乎也会增加风险，但尚不确定这是因为猫因应激而产生免疫抑制还是因为猫更可能暴露于疱疹病毒中[42]。猫疱疹病毒性皮炎与猫免疫缺陷病毒或猫白血病病毒感染无关。虽然既往感染疱疹病毒被认为是该疾病发病机制的关键，但在免疫完善的猫和无既往呼吸道病史的猫中也有疱疹病毒性皮炎的报道[43]。

### 临床表现

疱疹病毒性皮炎似乎最常见于 5 岁左右的猫，尽管已在 4 月龄至 17 岁的猫中报道了该病[42, 44]。大多数患有疱疹病毒性皮炎的猫几乎只在面部有病变，口鼻部背侧至鼻梁和眼周皮肤最常发病（图 17-10）。唇部也可发病，在极少数情况下，病变可在数天内遍及全身[42, 43, 45]。病变通常是由厚的浆液性细胞性结痂覆盖的糜烂和溃疡，称为“溃疡性面部鼻部皮炎和口炎综合征”。病变倾向于大致呈球形，常不对称，但出现对称性病变并不排除疱疹病毒病因。可出现局部淋巴结肿大[45]。在疱疹病毒性皮炎患猫中很少报道口腔病变[45]，发病猫可能有或无呼吸道疾病的活动性或病史证据。皮肤病变可能伴有剧烈瘙痒，从而酷似多种可能的鉴别诊断，尤其是在无呼吸道症状的情况下。根据病变的部位，鉴别诊断包括过敏性皮肤病、杯状病毒相关性皮炎、自身免疫性皮肤病和多形红斑。

剥脱性多形红斑是一种罕见疾病，据报道在疱疹病毒感染后发生。临床症状包括大范围皮屑（表皮剥脱）和脱毛。可能伴随全身性症状，并且在疱疹病毒感染清除后，病变自行消退[46]。

### 组织病理学与诊断

病变组织学显示表皮全层坏死和缺失。坏死区域下方通常有大量炎性细胞，包括高比例的嗜酸性粒细胞（图 17-11）。上皮坏死可扩展到下面的毛囊漏斗部和附件腺体。邻近溃疡区的表皮可能增厚，呈海绵状。病变被明显的浆液性细胞性结痂覆盖，结痂由退行性炎性细胞和纤维蛋白组成。仔细检查邻近的坏死的完整表皮、毛囊和附件腺体可能发现存在罕见的核内病毒包涵体（图 17-12）。它们呈嗜酸性，被可见边缘的核物质围绕。当存在包涵体时，确诊应不存在问题。然而，在没有看见包涵体的情况下，可能需要额外的技术。支持诊断最确凿的证据是使用免疫组织化学证明病变内存在疱疹病毒抗原[44]。使用 PCR 未能从病变中扩增疱疹病毒 DNA 排除了疱疹病毒性皮炎的诊断。然而，由于可通过 PCR 检测到潜伏性或疫苗性疱疹病毒感染的 DNA，或检测到感染的黏膜通过理毛污染的 DNA，该技术不能用于确诊疱疹病毒性皮炎[47, 48]。最近 Persico 等建议，PCR 可用作不存在病毒包涵

**图 17-10　猫疱疹病毒性皮炎**

本病典型表现为面部多发性溃疡性病变，尤其是鼻梁周围（由澳大利亚悉尼大学兽医教育中心 Dr. Richard Malik 提供）。

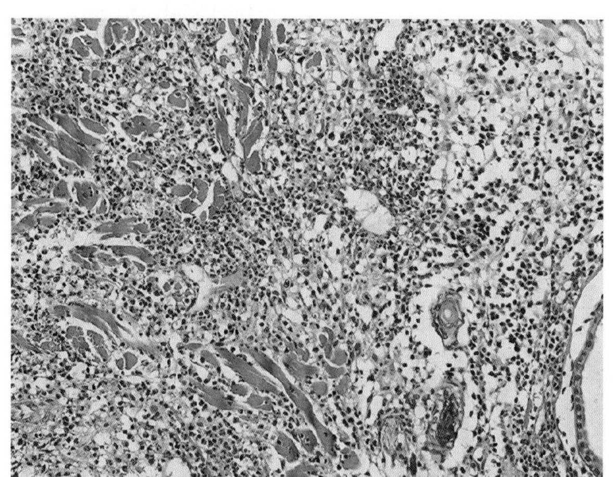

**图 17-11　猫疱疹病毒性皮炎**

真皮中含有大量炎性细胞，包括很大比例的嗜酸性粒细胞（H&E，200 倍放大）。

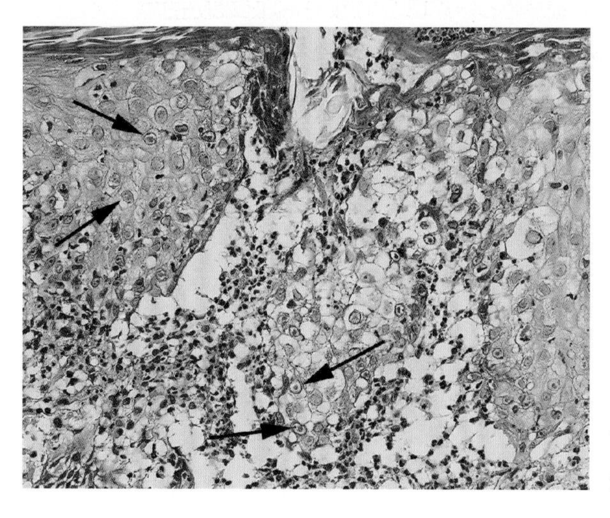

**图 17-12　猫疱疹病毒性皮炎**

邻近溃疡区域的表皮增厚，呈海绵状，一些细胞含有嗜酸性核内病毒包涵体（箭头所示；H&E，400 倍放大）。

体病例的筛查试验，但需要免疫组织化学来确诊疱疹病毒性皮炎[48]。

## 治疗

疱疹病毒性皮炎可自行消退，尽管文献中描述的未经治疗的猫很少，但自愈的概率尚不确定。在一些猫中，支持性护理（如继发细菌感染的治疗）可使疾病的临床症状消退[43]。由于免疫抑制可能促进疾病发展，应停止任何免疫抑制治疗。小病变可通过手术切除，但尚不清楚如果留下病变是否会自行消退[42]。虽然人类疱疹病毒性皮肤病通常会自愈，但已经开发了多种治疗方法来加速疾病痊愈。其中一些抗病毒药物也可能对猫有益，但它们通常具有复杂的药代动力学，可能使其对猫无效或有毒，且均未发现始终安全有效[49, 50]。目前，泛昔洛韦在自然感染猫和实验感染猫的安慰剂对照研究中均有大量的证据支持其疗效。使用的剂量范围从40 ~ 90 mg/kg，每天1次或2次到125 mg/kg，每8 h一次[51, 52]。外用“感冒疮”乳膏，尤其是含喷昔洛韦的乳膏也可能有益，可与全身性泛昔洛韦治疗联用（R. Malik，pers. comm）。干扰素（interferon，IFN），包括IFN α 和重组IFN ω[53]，也被推荐作为潜在的治疗方法，尽管尚未进行对照试验来评估其疗效。IFN α 的剂量范围也很大，从1 MU/m$^2$，皮下注射，每周3次到0.01 ~ 1 MU/kg，每天1次，最长可持续3周。最常使用的剂量为30 U/d[54]。赖氨酸补充剂的有效性存在很大争议，尚未在临床中证实其有益[50, 55]。

## 痘病毒

痘病毒是一种大型有包膜的砖形或椭圆形线性双链DNA病毒。它们的DNA长度为130 ~ 360 kb，编码130 ~ 320个蛋白[56]。大多数痘病毒能够感染多个物种，且由于病毒对表皮角质细胞的嗜性，感染通常会引起皮肤病变。由痘病毒引起的皮肤病在猫身上很少见。在猫身上零星报道了由于感染口疮病毒和伪牛痘病毒（均为副痘病毒）导致的自发消退的增生性皮肤病[57, 58]。然而，绝大多数痘病毒性猫皮肤病是由牛痘病毒（一种正痘病毒）引起的，本节的其余部分描述的是牛痘病毒感染引起的疾病。除了牛痘病毒在猫疾病中的作用外，还必须注意的是，猫作为人类牛痘传染源具有重要意义。

### 病原学和流行病学

对该病毒来说牛痘病毒不是一个合适的名字，因为储存宿主似乎是小型哺乳动物，如岸田鼠、短尾田鼠、地松鼠和沙鼠，牛、人和猫很少感染[59]。储存宿主的地理分布有限，这解释了为什么这种疾病仅限于欧亚大陆西部，被报道的大多数临床病例在英国和德国[59–61]。

由于猫在狩猎过程中受到储存宿主的感染，牛痘仅限于能够进入农村环境的猫，并且由于秋季狩猎增加和储存宿主猎物数量增加，此时病例数量也会增加[60, 62]。皮肤病被认为是在储存宿主咬伤猫后发生的。另有全身性疾病的报道，但尚不确定这是由吸入病毒所致还是由初始皮肤感染的病毒散播全身所致。

虽然牛痘病毒引起的疾病在猫身上罕见，但暴露于该病毒似乎很常见，在西欧的猫中有2% ~ 17%检测到抗正痘病毒的抗体[60, 63, 64]。不出所料，暴露率在可去户外的猫群和有临床病例报道的地区最高[60]。由于易暴露于牛痘的行为因素也易感染猫免疫缺陷病毒（feline immunodeficiency virus，FIV），因此具有抗正痘病毒抗体的猫更可能具有抗FIV抗体也并不奇怪[64]。

### 临床表现

能够接触储存宿主物种的年轻至中年猫会出现病变[65]。病变是由啮齿动物咬伤引起的，因此通常从头部周围或前肢开始。病变随后可能通过理毛扩散至耳和爪，一些猫可出现广泛病变[62, 66]。

被啮齿动物咬伤的接种部位最初的病变通常是单个小的凸起溃疡，被浆液性细胞性结痂覆盖[62]。1 ~ 3周后，可出现另外的类似病变。开始为斑点和小结节，直径增大可达1 cm（图17–13）。然后变为溃疡，形成典型的火山口样病变。这些病变被结痂覆盖，然后在4 ~ 5周内逐渐干燥脱落。瘙痒程度不定[67]。高达20%的猫可出现口腔病变，推测是猫舔舐皮肤病变所致[66]。出现较大面积皮肤坏死伴广泛红斑、水肿、脓肿和蜂窝织炎的猫也有报道（图17–14）[67, 68]。这种更严重的表现是否代表毒力更强的毒株感染尚不确定。猫在感染后1 ~ 3周的病毒血症期可能出现一过性发热和沉郁，但大多数猫在就诊时未表现全身性疾病的症状[54, 66]。罕见情况下，猫可能出现呼吸道症状，可发展为致死性肺炎，尽管皮肤病变仅不同程度地存在于发生呼吸道形式牛痘病的猫中。

瘙痒性病变需要与过敏性皮肤病相鉴别。猫结节性皮肤病的其他鉴别诊断包括真菌或高阶细菌感染以及肿瘤性皮肤病。

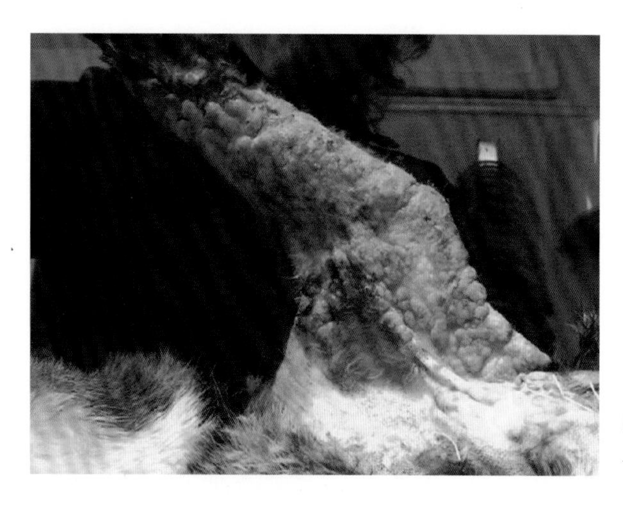

**图 17–13 猫牛痘性皮炎**
该猫前肢出现大量隆起的结节。

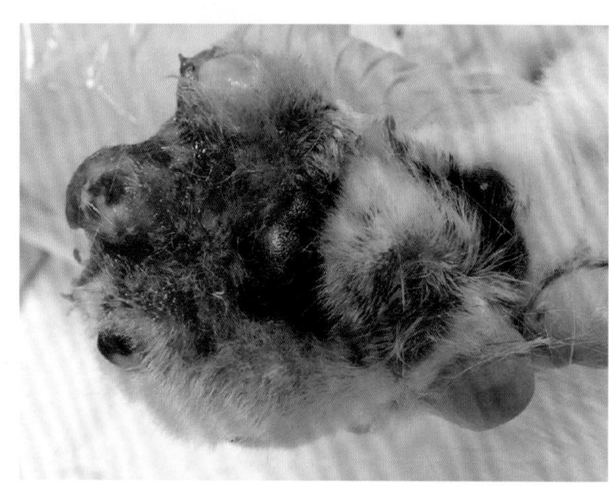

**图 17–14 猫牛痘性皮炎**
该猫病变发展为累及爪部的红斑、水肿和蜂窝织炎。

## 组织病理学与诊断

由于观察到的皮肤病变的非特异性，诊断需要活检和组织学检查。病变检查可见表皮坏死伴溃疡。邻近表皮和毛囊上皮内通常可见明显的气球样变性（图 17–15）。这些细胞内的气球样变性通常提示存在明显的胞浆内痘病毒包涵体。这些包涵体为嗜酸性，呈圆形至椭圆形。病变被浆液性细胞性结痂覆盖，下层的真皮常存在明显的中性粒细胞性炎症。血清学或电镜检查可用于确诊正痘病毒感染，但不能用于鉴定正痘病毒类型。可以使用牛痘病毒特异性单克隆抗体进行免疫组织化学检查[69]。或者，从新鲜活检或结痂材料中分离病毒或使用 PCR 扩增病毒 DNA 可进行精确诊断[70]。

## 治疗

猫牛痘性皮炎的预后良好，大多数病例可自行消退[66]。在广泛或大量病变的病例中，可能需要支持性治疗，包括对继发性细菌感染的治疗。然而，即使有严重皮肤病变的猫，通常也会完全恢复，虽然可能留下瘢痕[67]。血清抗 FIV 抗体检测结果不影响预后[66]。

尚不清楚为什么有些猫会出现呼吸道疾病。禁用免疫抑制剂量的皮质类固醇治疗，因为这可能使之易感呼吸道疾病。虽然已有报道称猫感染猫白血病病毒、猫免疫缺陷病毒或猫泛白细胞减少症病毒后发生致死性肺炎[66, 69]，但这些并发感染的作用尚不确定，且在大多数病例中未发现潜在的免疫抑制[61]。患有呼吸道疾病的猫预后谨慎，尚无特异性治疗显示有益。使用广谱抗生素治疗以预防继发性细菌感染似乎是适当的。此外，4 只患有呼吸道牛痘的猫接受了重组猫干扰素 ω 治疗。尽管其中 2 只猫存活，但目前无法确定干扰素是否能有效治疗猫牛痘[61]。

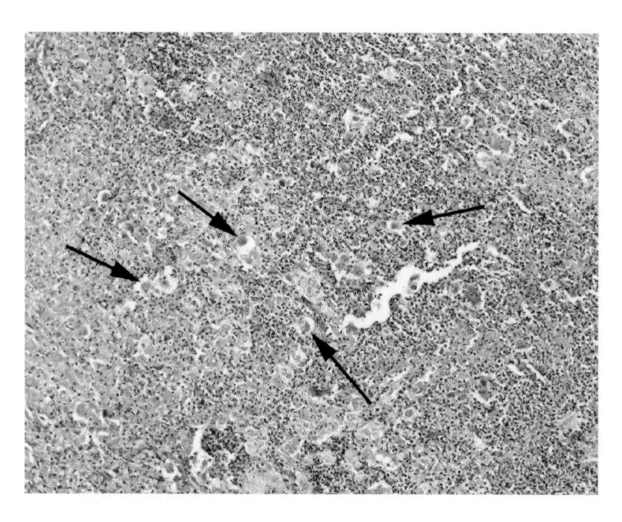

**图 17–15　猫牛痘性皮炎**

检查显示真皮坏死伴大量中性粒细胞。可见表皮细胞分散在炎症内。这些细胞表现出气球样变性，有些有明显的嗜酸性胞浆内病毒包涵体（箭头所示；H&E，200 倍放大）。

牛痘潜在的人兽共患性是制订治疗计划时的一个重要考虑因素，感染猫可导致约 50% 的人感染牛痘 [71]。人感染牛痘通常会导致一过性、局灶性溃疡性病变。然而，可能发生危及生命的全身性牛痘病毒感染，尤其是在免疫抑制个体中 [72]。住院治疗可能最适合免疫抑制的猫。

## 杯状病毒

猫杯状病毒是一种无包膜的二十面体单链 RNA 病毒，为疱疹病毒属。猫杯状病毒被公认为可引起猫上呼吸道疾病和口腔溃疡。极少数情况下，杯状病毒感染也可引起皮肤病变。

### 病原学和流行病学

虽然只有一种杯状病毒感染猫，但这些病毒通常很快发生突变，不同毒株还可以表达不同的抗原，并表现出明显的毒力差异 [73]。猫杯状病毒通常感染猫，通过直接接触被感染的猫传播，并在眼、鼻和口腔分泌物中散播。杯状病毒是全球猫最常见的病毒病原体之一 [73]。皮肤病变的发生可能与更典型的上呼吸道杯状病毒感染有关。然而，严重的全身性皮肤病变通常仅见于发生致命的全身性疾病的猫。这种罕见的杯状病毒病通常表现为暴发式，推测是由于多只猫暴露于最近出现的杯状病毒强毒株。北美和欧洲曾报道过涉及动物医院和动物收容所的致死性全身性疾病暴发，尽管考虑到该病毒的广泛分布，其他国家似乎也可能暴发 [74]。杯状病毒疫苗可降低疾病临床症状的严重程度，但似乎对杯状病毒强毒株感染无保护作用 [75, 76]。

### 临床表现

急性、非致死性猫杯状病毒感染通常表现为口腔（常累及舌）、嘴唇和鼻人中的一过性、自限性水疱溃疡性病变。在身体其他区域很少发现溃疡。还可观察到全身性症状，如发热、沉郁、打喷嚏、结膜炎、眼鼻分泌物和导致跛行并在数天内消退的关节病（一过性发热性跛行综合征）[73]。

已有在 8 周龄至 16 岁的猫中发生致死性全身性疾病的报道，并且成年猫可能更易感 [74, 77, 78]。出现致死性全身性疾病的猫身体不适表现为发热、厌食、嗜睡、虚弱、黄疸或出血性腹泻。许多猫会出现口腔溃疡 [77]。皮肤病变包括四肢和面部水肿伴脱毛、头部（尤其是嘴唇、口鼻部和耳朵）和爪垫溃疡与结痂病变 [73, 77]。腹部及肛门周围病变报道较少（图 17–16）[76]。

据报道，2 只猫在卵巢子宫切除术后不久因杯状病毒感染发生脓疱性皮肤病。在这些猫中，病变仅限于伤口周围的皮肤。由于这 2 只猫也都表现出厌食和沉郁，它们似乎都有致死性全身性疾病。一只猫随后出现胸腔积液需要安乐死，这支持了其全身性疾病的存在 [79]。

## 组织病理学与诊断

病变组织学显示表面和毛囊上皮出现气球样变性和坏死，随后形成溃疡。中性粒细胞性炎症通常明显，溃疡常被浆液性细胞性结痂覆盖（图 17-17）[77]。在表皮完整的情况下，可见表皮内基底层以上的脓疱[76]。也可观察到真皮浅层水肿和血管炎。

致死性全身性杯状病毒感染的诊断不可能仅依靠皮肤样本的组织学检查，而是要将皮肤组织学与严重的全身性疾病的临床表现一起解读，以做出诊断。通过使用免疫组织化学证明病变内存在杯状病毒抗原，支持杯状病毒性皮炎的诊断。还可以使用 PCR 证明病毒核酸的存在，但由于高达 30% 的猫是携带者，应谨慎解读病毒 DNA 的扩增[54]。从临床症状与该疾病一致的猫的血液或病变中检测到杯状病毒核酸是支持杯状病毒性皮炎诊断的良好证据[74]。也可以进行病毒分离和荧光抗体检测[73]。

## 治疗

治疗是支持性的，市售抗病毒药物不能抑制杯状病毒的复制[62]。急性、非致死性全身性疾病预后良好。控制继发感染、定期清洁分泌物、黏液溶解药物（如溴己新）或生理盐水雾化吸入均有帮助。猫通常因口腔溃疡不进食，严重时可能需要放置饲管和肠内营养[54]。

建议对致死性全身性杯状病毒感染的猫进行强化支持治疗，但即使采用此类治疗，报道的死亡率仍达 30% ~ 60%[77]。已研发了猫杯状病毒特异性抗病毒磷酸二酰胺吗啉基低聚物（phosphorodiamidate morpholino oligomer，PMO），并在 3 轮暴发的严重杯状病毒病中用于治疗幼猫。在该试验中，接受 PMO 治疗的 59 只幼猫中有 47 只存活，而 31 只未治疗猫中仅有 3 只存活[80]。这种实验性靶向治疗的成功表明治疗猫杯状病毒感染的新方法可能在未来可用。

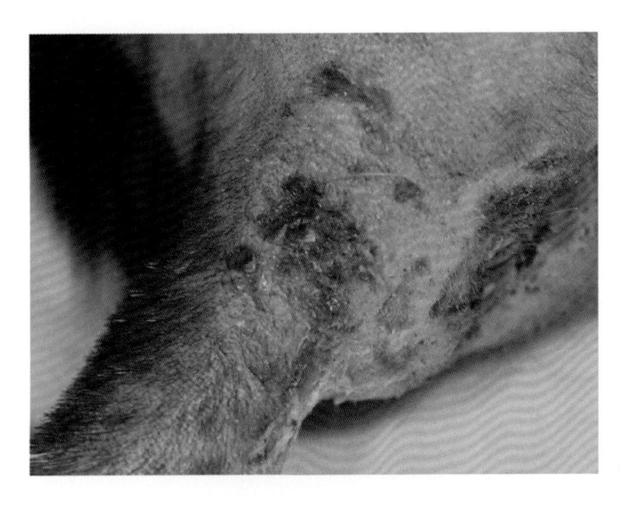

**图 17-16　致死性全身性杯状病毒感染**

猫尾腹侧表面及肛门周围有溃疡和结痂病变。

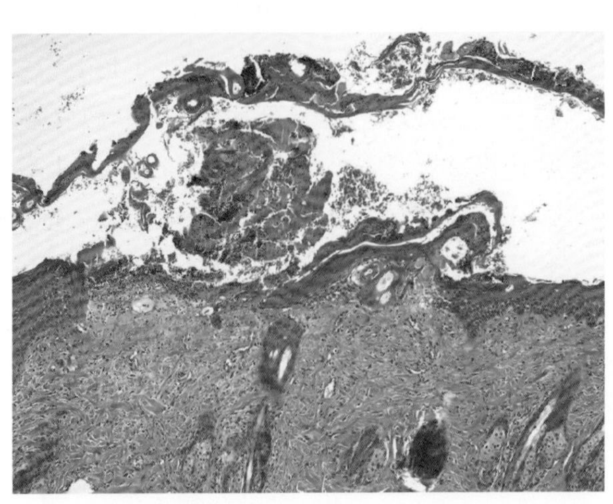

**图 17-17　致死性全身性杯状病毒感染**

组织学显示表皮坏死伴溃疡。溃疡被突出的浆液性细胞性结痂覆盖（H&E，400 倍放大）。

## 猫白血病病毒

猫白血病病毒（feline leukemia virus，FeLV）是一种逆转录病毒，归为γ逆转录病毒属。感染最常通过猫相互理毛传播，但也可通过咬伤和哺乳传播。FeLV 在一些淋巴瘤发生中的作用已得到证实。该病毒在猫皮肤病发生中的作用尚不明确，但 FeLV 的 4 种皮肤表现已被提出。

### 免疫抑制

由于 FeLV 可引起显著的免疫缺陷[81]，其感染可能使得机会性皮肤感染增加。然而，几乎没有直接证据支持猫中由 FeLV 感染引起的皮肤病增加，并且很少见到（如果有的话）携带 FeLV 的猫最初因机会性皮肤感染复发或难以治疗就诊[81]。

### 巨细胞皮肤病

1994 年首次在 6 只猫中报道了这种皮肤病，随后在 2005 年报道了另外一只猫也患该病[82, 83]。疾病由 FeLV 引起的证据是：血清检出 FeLV 抗原，同时通过免疫组织化学证明病变中存在 FeLV 蛋白。引人注意的是，其中 4 只猫之前接种过 FeLV 疫苗，作者推测一些疫苗可能含有感染性 RNA，可能导致巨细胞皮肤病的发生[83]。据作者所知，尚无其他猫巨细胞皮肤病的病例报道，这表明巨细胞皮肤病是猫 FeLV 感染的罕见表现。此外，由于报道数量较少，无法明确证实 FeLV 引起猫巨细胞皮肤病。

据报道，患猫表现出不同的临床症状，包括头部、四肢和爪部周围多发性溃疡[82]，斑状脱毛和皮屑（从背部开始，然后扩展到更广泛的区域）或结痂性皮肤病变（主要局限于头部和耳廓，但也可发生于爪垫和肛周）[83]。许多猫瘙痒明显，且常并发牙龈炎。猫通常表现出全身性疾病的迹象，包括发热和厌食。

本病只能通过组织学诊断。病变组织学显示表皮增生，存在明显的多核角质细胞，可含有多达 30 个细胞核。巨细胞可存在于表层表皮、皮脂腺或毛囊漏斗部[82, 83]。发病表皮内可出现结构紊乱和角质细胞异型性。炎症可能在真皮下层突出，特别是存在继发性细菌感染的情况下。

目前尚无治疗该病的方法，所有报道的患猫均在诊断后不久死亡[82, 83]。

### 猫爪垫皮角

患猫发生多发性角样病变，通常累及多个趾上的多个爪垫（图 17-18）。虽然最初认为这些病变与 FeLV 相关[84]，但随后的研究已经确定了存在未感染 FeLV 的皮角患猫[85, 86]。FeLV 感染是否是疾病发展的严格必要条件目前尚不确定。

在猫身上表现为多个、细长、圆锥形或圆柱形肿块，累及多个趾上的爪垫。病变几乎完全由角质组成，因此通常呈灰色，质地坚硬干燥。组织学表现为分界清晰的致密苍白的正角化柱状物，覆盖极轻度或轻度增生的表皮（图 17-19）。真皮下层的炎症通常极轻微。治疗方法是手术切除，虽然猫爪垫皮角常局部复发。随着病变扩大，可发生开裂，导致继发性炎症和疼痛。

通常可根据这些病变的位置和外观建立临床诊断，尽管继发于鲍恩样原位癌或鳞状细胞癌的皮角如果出现在爪垫上可能需要鉴别。

### 皮肤淋巴瘤

在猫身上检测到 FeLV 与皮肤淋巴瘤之间的相关性并不一致[87–89]，目前看来，感染 FeLV 的猫患皮肤淋巴瘤的风险在最坏的情况下似乎也仅略微增加。

## 猫传染性腹膜炎病毒

猫冠状病毒引起的血管炎（猫传染性腹膜炎，FIP）很少累及皮肤。然而偶有 FIP 和皮肤病变患猫的报道[90–92]。在报道的所有病例中，皮肤病变在临床病程晚期发生，在猫身上也表现出更典型的临床症状，如发热、嗜睡、厌食或眼部病变。多皮肤血管发病导致颈部、前肢或身体更广泛区域出现非瘙痒性、非疼痛性、隆起性丘疹。组织学检查可见肉芽肿性血管炎，免疫组织化学可用于证实冠状病毒抗原的存在。

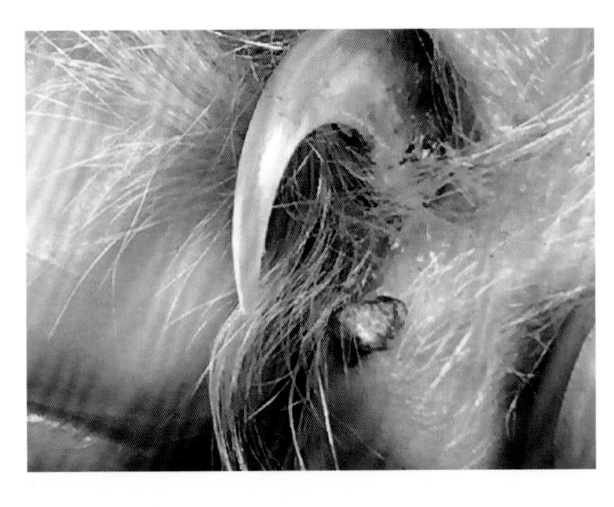

**图 17–18 猫爪垫皮角**

病变为灰色外生性团块，常累及多个爪垫。

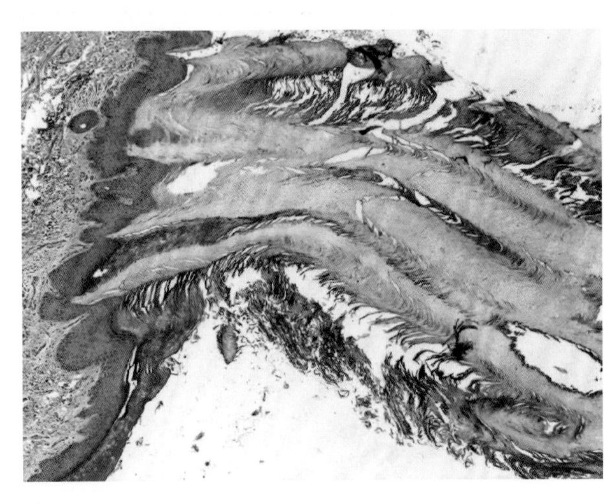

**图 17–19 猫爪垫皮角**

皮角由覆盖在相对正常的表皮上的致密正角化柱状物组成（H&E，50 倍放大）。

## 猫免疫缺陷病毒

猫免疫缺陷病毒（feline immunodeficiency virus，FIV）是慢病毒属的一种逆转录病毒。病毒通常通过打斗传播，因此最常见于自由活动的公猫。虽然猫的实验性感染可导致显著的致死性免疫抑制，但猫的自然感染似乎不太显著，并且 FIV 感染猫的总体寿命似乎并不短于未感染猫的寿命[93]。

目前，很少有证据表明 FIV 感染易诱发猫皮肤病[94]。虽然在 FIV 患猫中报道了一些猫乳头瘤病毒（papillomavirol，PV）皮肤病的原始病例，但尚未进行直接比较以确定 FIV 感染猫是否受到不成比例的影响。此外，FIV 感染猫的 PV 感染率并不高于未感染猫[95]。

FIV 与淋巴瘤风险轻度增加相关，但病毒在肿瘤发生中的确切作用尚不确定[96]。在猫身上，皮肤淋巴瘤与 FIV 无关。虽然报道了皮肤 SCC 和 FIV 感染之间的相关性，但这被怀疑是巧合，因为预计长时间在户外的猫 SCC 和 FIV 感染率都更高[97]。

## 参考文献

[1] Munday JS, Pasavento P. Papillomaviridae and Polyomaviridae. In: NJ ML, Dubovi EJ, editors. Fenner's Veterinary Virology. 5th ed. London: Academic Press; 2017. p. 229–243.

[2] Munday JS. Bovine and human papillomaviruses: a comparative review. Vet Pathol. 2014; 51:1063–1075.

[3] de Villiers EM, Fauquet C, Broker TR, et al. Classification of papillomaviruses. Virology. 2004; 324:17–27.

[4] Tachezy R, Duson G, Rector A, et al. Cloning and genomic characterization of Felis domesticus papillomavirus type 1. Virology. 2002; 301:313–321.

[5] Terai M, Burk RD. Felis domesticus papillomavirus, isolated from a skin lesion, is related to canine oral papillomavirus and contains a 1.3 kb non–coding region between the E2 and L2 open reading frames. J Gen Virol. 2002; 83:2303–2307.

[6] Lange CE, Tobler K, Markau T, et al. Sequence and classifica–

tion of FdPV2, a papillomavirus isolated from feline Bowenoid in situ carcinomas. Vet Microbiol. 2009; 137:60–65.

[7] Dunowska M, Munday JS, Laurie RE, et al. Genomic characterisation of Felis catus papillomavirus 4, a novel papillomavirus detected in the oral cavity of a domestic cat. Virus Genes. 2014; 48:111–119.

[8] Munday JS, Dittmer KE, Thomson NA, et al. Genomic characterisation of Felis catus papillomavirus type 5 with proposed classification within a new papillomavirus genus. Vet Microbiol. 2017; 207:50–55.

[9] Munday JS, Dunowska M, Hills SF, et al. Genomic characterization of Felis catus papillomavirus–3: a novel papillomavirus detected in a feline Bowenoid in situ carcinoma. Vet Microbiol. 2013; 165:319–325.

[10] Carney HC, England JJ, Hodgin EC, et al. Papillomavirus infection of aged Persian cats. J Vet Diagn Investig. 1990; 2:294–299.

[11] Munday JS, Thomson NA, Luff JA. Papillomaviruses in dogs and cats. Vet J. 2017; 225:23–31.

[12] Wilhelm S, Degorce–Rubiales F, Godson D, et al. Clinical, histological and immunohistochemical study of feline viral plaques and bowenoid in situ carcinomas. Vet Dermatol. 2006; 17:424–431.

[13] Munday JS, Kiupel M, French AF, et al. Amplification of papillomaviral DNA sequences from a high proportion of feline cutaneous in situ and invasive squamous cell carcinomas using a nested polymerase chain reaction. Vet Dermatol. 2008; 19:259–263.

[14] Munday JS, Peters–Kennedy J. Consistent detection of Felis domesticus papillomavirus 2 DNA sequences within feline viral plaques. J Vet Diagn Investig. 2010; 22:946–949.

[15] Thomson NA, Dunowska M, Munday JS. The use of quantitative PCR to detect Felis catus papillomavirus type 2 DNA from a high proportion of queens and their kittens. Vet Microbiol. 2015; 175:211–217.

[16] Geisseler M, Lange CE, Favrot C, et al. Genoand seroprevalence of Felis domesticus Papillomavirus type 2 (FdPV2) in dermatologically healthy cats. BMC Vet Res. 2016; 12:147.

[17] Munday JS. Papillomaviruses in felids. Vet J. 2014; 199:340–347.

[18] Ravens PA, Vogelnest LJ, Tong LJ, et al. Papillomavirus–associated multicentric squamous cell carcinoma in situ in a cat: an unusually extensive and progressive case with subsequent metastasis. Vet Dermatol. 2013; 24:642–645, e161–642.

[19] Sundberg JP, Van Ranst M, Montali R, et al. Feline papillomas and papillomaviruses. Vet Pathol. 2000; 37:1–10.

[20] Gross TL, Ihrke PJ, Walder EJ, et al. Skin diseases of the dog and cat: clinical and histopathologic diagnosis. 2nd ed. Oxford: Blackwell Science; 2005.

[21] Munday JS, Fairley R, Atkinson K. The detection of Felis catus papillomavirus 3 DNA in a feline bowenoid in situ carcinoma with novel histologic features and benign clinical behavior. J Vet Diagn Investig. 2016; 28:612–615.

[22] Munday JS, Aberdein D. Loss of retinoblastoma protein, but not p53, is associated with the presence of papillomaviral DNA in feline viral plaques, Bowenoid in situ carcinomas, and squamous cell carcinomas. Vet Pathol. 2012; 49:538–545.

[23] Munday JS, Benfell MW, French A, et al. Bowenoid in situ carcinomas in two Devon Rex cats: evidence of unusually aggressive neoplasm behaviour in this breed and detection of papillomaviral gene expression in primary and metastatic lesions. Vet Dermatol. 2016; 27:215–e255.

[24] Miller RL, Gerster JF, Owens ML, et al. Imiquimod applied topically: a novel immune response modifier and new class of drug. Int J Immunopharmacol. 1999; 21:1–14.

[25] Gill VL, Bergman PJ, Baer KE, et al. Use of imiquimod 5% cream (Aldara) in cats with multicentric squamous cell carcinoma in situ: 12 cases (2002–2005). Vet Comp Oncol. 2008; 6:55–64.

[26] Love W, Bernhard JD, Bordeaux JS. Topical imiquimod or fluorouracil therapy for basal and squamous cell carcinoma: a systematic review. Arch Dermatol. 2009; 145:1431–1438.

[27] Flickinger I, Gasymova E, Dietiker–Moretti S, et al. Evaluation of long–term outcome and prognostic factors of feline squamous cell carcinomas treated with photodynamic therapy using liposomal phosphorylated meta–tetra(hydroxylphenyl) chlorine. J Feline Med Surg 2018:1098612X17752196.

[28] Munday JS, French AF, Gibson IR, et al. The presence of p16 CDKN2A protein immunostaining within feline nasal planum squamous cell carcinomas is associated with an increased survival time and the presence of papillomaviral DNA. Vet Pathol. 2013; 50:269–273.

[29] Munday JS, Gibson I, French AF. Papillomaviral DNA and increased p16CDKN2A protein are frequently present within feline cutaneous squamous cell carcinomas in ultraviolet–protected skin. Vet Dermatol. 2011; 22:360–366.

[30] Altamura G, Corteggio A, Pacini L, et al. Transforming properties of Felis catus papillomavirus type 2 E6 and E7 putative oncogenes in vitro and their transcriptional activity in feline squamous cell carcinoma in vivo. Virology. 2016; 496:1–8.

[31] Thomson NA, Munday JS, Dittmer KE. Frequent detection of transcriptionally active Felis catus papillomavirus 2 in feline cutaneous squamous cell carcinomas. J Gen Virol. 2016;

97:1189–1197.

[32] Munday JS, Knight CG, Howe L. The same papillomavirus is present in feline sarcoids from North America and New Zealand but not in any non-sarcoid feline samples. J Vet Diagn Investig. 2010; 22:97–100.

[33] Schulman FY, Krafft AE, Janczewski T. Feline cutaneous fibropapillomas: clinicopathologic findings and association with papillomavirus infection. Vet Pathol. 2001; 38:291–296.

[34] Teifke JP, Kidney BA, Lohr CV, et al. Detection of papillomavirus-DNA in mesenchymal tumour cells and not in the hyperplastic epithelium of feline sarcoids. Vet Dermatol. 2003; 14:47–56.

[35] Munday JS, Thomson N, Dunowska M, et al. Genomic characterisation of the feline sarcoid-associated papillomavirus and proposed classification as Bos taurus papillomavirus type 14. Vet Microbiol. 2015; 177:289–295.

[36] Munday JS, Knight CG. Amplification of feline sarcoid-associated papillomavirus DNA sequences from bovine skin. Vet Dermatol. 2010; 21:341–344.

[37] Munday JS, Thomson NA, Henderson G, et al. Identification of Felis catus papillomavirus 3 in skin neoplasms from four cats. J Vet Diagn Investig. 2018; 30:324–328.

[38] Munday JS, French A, Thomson N. Detection of DNA sequences from a novel papillomavirus in a feline basal cell carcinoma. Vet Dermatol. 2017; 28:236–e260.

[39] Munday JS, Fairley RA, Mills H, et al. Oral papillomas associated with Felis catus papillomavirus type 1 in 2 domestic cats. Vet Pathol. 2015; 52:1187–1190.

[40] Munday JS, Hanlon EM, Howe L, et al. Feline cutaneous viral papilloma associated with human papillomavirus type 9. Vet Pathol. 2007; 44:924–927.

[41] Johnson RP, Sabine M. The isolation of herpesviruses from skin ulcers in domestic cats. Vet Rec. 1971; 89:360–362.

[42] Hargis AM, Ginn PE. Feline herpesvirus 1-associated facial and nasal dermatitis and stomatitis in domestic cats. Vet Clin North Am Small Anim Pract. 1999; 29:1281–1290.

[43] Sanchez MD, Goldschmidt MH, Mauldin EA. Herpesvirus dermatitis in two cats without facial lesions. Vet Dermatol. 2012; 23:171–173, e135.

[44] Lee M, Bosward KL, Norris JM. Immunohistological evaluation of feline herpesvirus-1 infection in feline eosinophilic dermatoses or stomatitis. J Feline Med Surg. 2010; 12:72–79.

[45] Suchy A, Bauder B, Gelbmann W, et al. Diagnosis of feline herpesvirus infection by immunohistochemistry, polymerase chain reaction, and in situ hybridization. J Vet Diagn Investig. 2000; 12:186–191.

[46] Prost C. P34 A case of exfoliative erythema multiforme associated with herpes virus 1 infection in a European cat. Vet Dermatol. 2004; 15(Suppl. 1):41–69.

[47] Holland JL, Outerbridge CA, Affolter VK, et al. Detection of feline herpesvirus 1 DNA in skin biopsy specimens from cats with or without dermatitis. J Am Vet Med Assoc. 2006; 229:1442–1446.

[48] Persico P, Roccabianca P, Corona A, et al. Detection of feline herpes virus 1 via polymerase chain reaction and immunohistochemistry in cats with ulcerative facial dermatitis, eosinophilic granuloma complex reaction patterns and mosquito bite hypersensitivity. Vet Dermatol. 2011; 22:521–527.

[49] Lamm CG, Dean SL, Estrada MM, et al. Pathology in practice. Herpesviral dermatitis. J Am Vet Med Assoc. 2015; 247:159–161.

[50] Maggs DJ. Antiviral therapy for feline herpesvirus infections. Vet Clin North Am Small Anim Pract. 2010; 40:1055–1062.

[51] Malik R, Lessels NS, Webb S, et al. Treatment of feline herpesvirus-1 associated disease in cats with famciclovir and related drugs. J Feline Med Surg. 2009; 11:40–48.

[52] Thomasy SM, Lim CC, Reilly CM, et al. Evaluation of orally administered famciclovir in cats experimentally infected with feline herpesvirus type-1. Am J Vet Res. 2011; 72:85–95.

[53] Gutzwiller MER, Brachelente C, Taglinger K, et al. Feline herpes dermatitis treated with interferon omega. Vet Dermatol. 2007; 18:50–54.

[54] Nagata M, Rosenkrantz W. Cutaneous viral dermatoses in dogs and cats. Compendium. 2013; 35:E1.

[55] Bol S, Bunnik EM. Lysine supplementation is not effective for the prevention or treatment of feline herpesvirus 1 infection in cats: a systematic review. BMC Vet Res. 2015; 11:284.

[56] Delhon GA. Poxviridae. In: NJ ML, Dubovi EJ, editors. Fenner's Veterinary Virology. 5th ed. London: Academic Press; 2017. p. 157–174.

[57] Fairley RA, Mercer AA, Copland CI, et al. Persistent pseudocowpox virus infection of the skin of a foot in a cat. NZ Vet J. 2013; 61:242–243.

[58] Fairley RA, Whelan EM, Pesavento PA, et al. Recurrent localised cutaneous parapoxvirus infection in three cats. NZ Vet J. 2008; 56:196–201.

[59] Chantrey J, Meyer H, Baxby D, et al. Cowpox: reservoir hosts and geographic range. Epidemiol Infect. 1999; 122:455–460.

[60] Appl C, von Bomhard W, Hanczaruk M, et al. Feline cowpoxvirus infections in Germany: clinical and epidemiological aspects. Berl Munch Tierarztl Wochenschr. 2013; 126:55–61.

[61] McInerney J, Papasouliotis K, Simpson K, et al. Pulmonary cowpox in cats: five cases. J Feline Med Surg. 2016; 18:518–525.

[62] Mostl K, Addie D, Belak S, et al. Cowpox virus infection in cats: ABCD guidelines on prevention and management. J Feline Med Surg. 2013; 15:557–559.

[63] Czerny CP, Wagner K, Gessler K, et al. A monoclonal blocking–ELISA for detection of orthopoxvirus antibodies in feline sera. Vet Microbiol. 1996; 52:185–200.

[64] Tryland M, Sandvik T, Holtet L, et al. Antibodies to orthopox–virus in domestic cats in Norway. Vet Rec. 1998; 143:105–109.

[65] Breheny CR, Fox V, Tamborini A, et al. Novel characteristics identified in two cases of feline cowpox virus infection. JFMS Open Reports. 2017; 3:2055116917717191.

[66] Bennett M, Gaskell CJ, Baxbyt D, et al. Feline cowpox virus infection. J Small Anim Pract. 1990; 31:167–173.

[67] Godfrey DR, Blundell CJ, Essbauer S, et al. Unusual presentations of cowpox infection in cats. J Small Animal Pract. 2004; 45:202–205.

[68] O'Halloran C, Del–Pozo J, Breheny C, et al. Unusual presentations of feline cowpox. Vet Record. 2016; 179:442–443.

[69] Schaudien D, Meyer H, Grunwald D, et al. Concurrent infection of a cat with cowpox virus and feline parvovirus. J Comp Pathol. 2007; 137:151–154.

[70] Jungwirth N, Puff C, Köster K, et al. Atypical cowpox virus infection in a series of cats. J Comp Pathol. 2018; 158:71–76.

[71] Lawn R. Risk of cowpox to small animal practitioners. Vet Rec. 2010; 166:631.

[72] Czerny CP, Eis–Hubinger AM, Mayr A, et al. Animal poxviruses transmitted from cat to man: current event with lethal end. Zentralbl Veterinarmed B. 1991; 38:421–431.

[73] Radford AD, Addie D, Belák S, et al. Feline calicivirus infection: ABCD guidelines on prevention and management. J Feline Med Surg. 2009; 11:556–564.

[74] Deschamps J–Y, Topie E, Roux F. Nosocomial feline cali–civirus–associated virulent systemic disease in a veterinary emergency and critical care unit in France. JFMS Open Reports. 2015; 1:2055116915621581.

[75] Pedersen NC, Elliott JB, Glasgow A, et al. An isolated epizootic of hemorrhagic–like fever in cats caused by a novel and highly virulent strain of feline calicivirus. Vet Microbiol. 2000; 73:281–300.

[76] Willi B, Spiri AM, Meli ML, et al. Molecular characterization and virus neutralization patterns of severe, non–epizootic forms of feline calicivirus infections resembling virulent systemic disease in cats in Switzerland and in Liechtenstein. Vet Microbiol. 2016; 182:202–212.

[77] Pesavento PA, Maclachlan NJ, Dillard–Telm L, et al. Pathologic, immunohistochemical, and electron microscopic findings in naturally occurring virulent systemic feline calicivirus infection in cats. Vet Pathol. 2004; 41:257–263.

[78] Hurley KE, Pesavento PA, Pedersen NC, et al. An outbreak of virulent systemic feline calicivirus disease. J Am Vet Med Assoc. 2004; 224:241–249.

[79] Declercq J. Pustular calicivirus dermatitis on the abdomen of two cats following routine ovariectomy. Vet Dermatol. 2005; 16:395–400.

[80] Smith AW, Iversen PL, O'Hanley PD, et al. Virus–specific antiviral treatment for controlling severe and fatal outbreaks of feline calicivirus infection. Am J Vet Res. 2008; 69:23–32.

[81] Hartmann K. Clinical aspects of feline retroviruses: a review. Viruses. 2012; 4:2684.

[82] Favrot C, Wilhelm S, Grest P, et al. Two cases of FeLV–asso–ciated dermatoses. Vet Dermatol. 2005; 16:407–412.

[83] Gross TL, Clark EG, Hargis AM, et al. Giant cell dermatosis in FeLV–positive cats. Vet Dermatol. 1993; 4:117–122.

[84] Center SA, Scott DW, Scott FW. Multiple cutaneous horns on the footpad of a cat. Feline Practice. 1982; 12:26–30.

[85] Komori S, Ishida T, Washizu M. Four cases of cutaneous horns in the foot pads of feline leukemia virus–negative cats. J Japan Vet Med Assoc. 1998; 51:27–30.

[86] Chaher E, Robertson E, Sparkes A, et al. Call for cases: cat paw hyperkeratosis. CVE Control and Therapy Series. 2016; 282:51–54.

[87] Burr HD, Keating JH, Clifford CA, et al. Cutaneous lympho–ma of the tarsus in cats: 23 cases (2000–2012). J Am Vet Med Assoc. 2014; 244:1429–1434.

[88] Fontaine J, Heimann M, Day MJ. Cutaneous epitheliotropic T–cell lymphoma in the cat: a review of the literature and five new cases. Vet Dermatol. 2011; 22:454–461.

[89] Roccabianca P, Avallone G, Rodriguez A, et al. Cutaneous lymphoma at injection sites: pathological, immunophenotyp–ical, and molecular characterization in 17 cats. Vet Pathol. 2016; 53:823–832.

[90] Cannon MJ, Silkstone MA, Kipar AM. Cutaneous lesions associated with coronavirus–induced vasculitis in a cat with feline infectious peritonitis and concurrent feline immunode–ficiency virus infection. J Feline Med Surg. 2005; 7:233–236.

[91] Martha JC, Malcolm AS, Anja MK. Cutaneous lesions associ–ated with coronavirus–induced vasculitis in a cat with feline infectious peritonitis and concurrent feline immunodeficiency virus infection. J Feline Med Surg. 2005; 7:233–236.

[92] Bauer BS, Kerr ME, Sandmeyer LS, et al. Positive immu–nostaining for feline infectious peritonitis (FIP) in a Sphinx cat with cutaneous lesions and bilateral panuveitis. Vet

Ophthalmol. 2013; 16(Suppl 1):160–163.

[93] Murphy B. Retroviridae. In: NJ ML, Dubovi EJ, editors. Fenner's Veterinary Virology. 5th ed. London: Academic Press; 2017. p. 269–297.

[94] Backel K, Cain C. Skin as a marker of general feline health: cutaneous manifestations of infectious disease. J Feline Med Surg. 2017; 19:1149–1165.

[95] Munday JS, Witham AI. Frequent detection of papillomavirus DNA in clinically normal skin of cats infected and noninfected with feline immunodeficiency virus. Vet Dermatol. 2010; 21:307–310.

[96] Magden E, Quackenbush SL, VandeWoude S. FIV associated neoplasms–a mini–review. Vet Immunol Immunopathol. 2011; 143:227–234.

[97] Hutson CA, Rideout BA, Pedersen NC. Neoplasia associated with feline immunodeficiency virus infection in cats of southern California. J Am Vet Med Assoc. 1991; 199: 1357–1362.

# 第十八章　利什曼病

Maria Grazia Pennisi

**摘要**

感染猫的利什曼原虫包括婴儿利什曼原虫、墨西哥利什曼原虫、委内瑞拉利什曼原虫、亚马逊利什曼原虫和巴西利什曼原虫。婴儿利什曼原虫是猫身上最常报道的物种，可引起猫利什曼病（feline leishmaniosis，FeL）。暴露于婴儿利什曼原虫的猫能够建立细胞介导的免疫应答，不同时产生抗体。与婴儿利什曼原虫相关的临床疾病的患猫血液 PCR 阳性，抗体水平由低至极高均可能。大约一半的 FeL 临床病例是在免疫力受损的患猫中确诊的。皮肤或黏膜病变是最常见的临床表现；但 FeL 是一种全身性疾病。至少一半的病例出现皮肤或黏膜病变和淋巴结肿大，20% ~ 30% 的病例出现眼部或口腔病变和一些特殊症状（体重减轻、厌食、嗜睡），偶尔可见许多其他临床表现（如呼吸道、胃肠道）。弥漫性肉芽肿性皮炎引起的溃疡性和结节性病变是最常见的皮肤表现，主要分布于头部或对称分布于四肢远端。可通过细胞学检查和组织学检查进行诊断，免疫组织化学有助于确认利什曼原虫感染在皮肤病理表现中的致病作用；但 FeL 也可能同时伴有其他皮肤病。聚合酶链反应可用于确定没有利什曼原虫的病变。并发症、并发感染和慢性肾脏疾病影响预后，应进行调查。目前的治疗方法是使用与治疗犬利什曼病相同的药物，一般可达到临床基本治愈；然而可能复发。

## 引言

利什曼病是由利什曼原虫引起的影响人类和动物的原生动物疾病，但利什曼病是用于动物疾病的术语。由婴儿利什曼原虫引起的利什曼病是一种严重的、人兽共患的、病媒传播的疾病，在全世界范围内流行，犬是主要宿主[1]。事实上，大多数感染的犬不会出现临床症状或临床病理异常，但它们能慢性感染且感染白蛉媒介。然而，犬可能会发展为轻微到严重的全身性疾病、经常与其他临床异常和临床病理异常相关的皮肤病变。因此，为了预防犬利什曼病（canine leishmaniosis，CanL）的感染，了解将感染转化为疾病的病理机制，进行早期准确的诊断，并对患犬进行治疗，一直是国内外研究的热点。相反，直到大约 25 年前，猫被认为是对利什曼原虫感染具有抗性的宿主物种，这是基于罕见的病例报告、偶尔在流行地区的猫身上发现寄生虫，以及一项实验感染研究的结果表明感染率有限[2]。在过去的几十年里，报告的临床病例越来越多，使用更敏感的诊断技术进行的调查发现，生活在流行地区的猫的感染率多变，这不容忽视。因此，猫利什曼病（FeL）作为一种新兴疾病出现，使猫作为储存宿主的作用被重新认识。我们现在知道，利什曼病的流行病学是复杂的，在流行地区的媒介传播涉及多种感染白蛉的宿主物种，包括猫。由嗜皮利什曼原虫引起的表皮利什曼病很少在犬和猫中报道。感染猫的嗜皮物种是热带利什曼原虫和旧世界主要的利什曼原虫，以及美洲的墨西哥利什曼原虫、委内瑞拉利什曼原虫和巴西利什曼原虫。嗜皮物种的主要宿主是野生动物，如啮齿动物。

## 病原学、扩散和传播

利什曼原虫属（动基体：锥虫科）包括双相和双异种原生动物，它们作为前鞭毛体在其天然载体——白蛉的肠道中复制。当白蛉通过叮咬接种给脊椎动物宿主时，前鞭毛体会转变为无鞭毛体形式，并在巨噬细胞中通过二分裂繁殖。在猫身上发现的利什曼原虫也同样能感染其他哺乳动物（包括犬和人），属于利什曼原虫亚属（婴儿利什曼原虫、墨西哥利什曼原虫、委内瑞拉利什曼原虫、亚马逊利什曼原虫）或利什曼虫属（巴西利什曼原虫）。

婴儿利什曼原虫是在旧世界和中美洲、南美洲的犬和猫中最常报道的物种。在地中海国家（意大利、西班牙、葡萄牙、法国、希腊、土耳其、塞浦路斯）、伊朗和巴西的猫中发现了婴儿利什曼原虫[3–6]。报告的抗体和血液 PCR 流行率变化很大（从零到 60% 以上），并受到许多因素的影响，如当地的流行水平、检测猫的选择和分析差异[3]。然而，与犬相比，猫的婴儿利什曼原虫抗体和分子发病率通常较低，FeL 病例更罕见[3, 7]。在非流行区，从流行区返回或前往流行区旅行的犬或猫中诊断出 CanL 和 FeL 病例[1, 8–13]。

白蛉传播是利什曼原虫向人和动物传播的最重要方式，几项关于白蛉摄食习惯的研究表明，这也可能在猫感染中发生，但从未进行过调查[3, 14–16]。众所周知，CanL 的非媒介传播（垂直传播，通过输血、交配或咬伤传播）导致了非流行地区犬的本地病例，但没有证据表明这些传播方式与猫有关[1, 10, 17, 18]。然而，输血可能是猫的感染源，在犬和人上已经证明了这一点。事实上，在流行地区发现了与健康犬和人类似的健康猫的血液 PCR 阳性[4–7, 19–22]。

## 发病机制

### 婴儿利什曼原虫

大量针对 CanL 的实验和现场对照前瞻性研究提供了有关 CanL 免疫发病机制的信息，但我们没有针对猫进行过类似研究。在犬体内，负责保护性 CD4 + T 细胞介导免疫的 T 辅助细胞 1（T helper 1，Th1）免疫应答与对疾病的抵抗有关[1]。相反，婴儿利什曼原虫感染的进展、犬和人的损伤及临床症状的发展与主要的 T 辅助细胞 2（T helper 2，Th2）免疫应答以及随之而来的非保护性抗体的产生和 T 细胞衰竭有关[23]。患犬的体液和细胞免疫之间的可变平衡，在 CanL 中可以看到广泛和动态的临床谱系，包括亚临床感染、自限性轻度疾病或严重进行性疾病[1, 24]。患有严重临床疾病和高血寄生虫病的犬表现出高抗体水平和缺乏特异性 γ 干扰素的产生[25]。与小鼠实验模型相似，复杂的遗传背景调节犬对 CanL 的易感性或抵抗力[1, 24]。在猫身上，最近通过测量特异性抗体和 IFN-γ 的产生来探索在疫区暴露于婴儿利什曼原虫引起的适应性免疫应答[26]。一些猫产生了婴儿利什曼原虫特异性 IFN-γ，并发现血液 PCR 阴性和抗体阴性，或在少数情况下边缘性阳性[26]。这意味着，与其他哺乳动物类似，暴露于婴儿利什曼原虫的猫能够产生一种保护性细胞介导的免疫应答，而不同时产生抗体。猫的免疫模式和疾病严重程度之间的关系仍未探索；然而，我们知道患有与婴儿利什曼原虫相关临床疾病的猫有高寄生虫血症和低到非常高的抗体水平[3, 27–32]。此外，纵向研究发现，猫的感染向疾病的进展与抗体滴度的增加有关，另一方面，与 CanL 类似，抗婴儿利什曼原虫治疗获得的临床改善与抗体水平的显著降低有关[33–36]。与一些媒介传播的病原体（如犬恶丝虫、犬埃立克体、犬肝簇虫）共感染可影响 CanL 的寄生虫载量和进展[37–39]。在猫身上，逆转录病毒、冠状病毒、弓形虫或媒介传播的合并感染与婴儿利什曼原虫的抗体和（或）PCR 阳性之间的联系已被探索[5, 20, 40–50]。在某些病例中，只在猫免疫缺陷病毒（FIV）和婴儿利什曼原虫阳性之间发现了显著的关联[41,46,48]。此外，超过 1/3 的 FeL 患猫在进行逆转录病毒合并感染测试时发现 FIV 呈阳性［少数猫白血病病毒（FeLV）也呈阳性］[11, 12, 27–29, 31, 51–69]。在 FIV 和 FeLV 阴性猫中报道的其他 FeL 病例是在受免疫介导性疾病（并用免疫抑制药物治疗）、肿瘤或糖尿病影响的动物中诊断的，我们可以假设大约一半的 FeL 病例是在免疫功能受损的猫中诊断出来的[12, 27–30, 34, 52, 59–61]。

尽管皮肤或黏膜病变是最常见的临床表现，但 FeL 被认为是一种全身性疾病，像 CanL 一样。寄生虫可在其他各种组织中发现，如淋巴结、脾脏、骨髓、眼睛、肾脏、肝脏、胃肠道和呼吸道[8]。

### 美洲嗜皮利什曼原虫属

关于猫对美洲嗜皮利什曼原虫属的适应性免疫应答的一些信息，只能从墨西哥利什曼原虫的病例报告和猫对巴西利什曼原虫的实验感染中推断[70–72]。

在一只由墨西哥利什曼原虫感染引起的复发性结节性皮炎的猫身上，用杜氏利什曼原虫抗原反复进行迟发型超敏反应皮肤测试，结果呈阴性，表明这只猫缺乏细胞介导的适应性免疫应答[70]。抗利什曼原虫抗体的产生似乎是有限的，在 5 只患有墨西哥利什曼原虫感染的嗜皮利什曼病的猫中，只有 2 只在 ELISA 试验中抗体呈阳性，但在蛋白印迹法试验中有 4 只呈阳性[71]。此外，经皮内感染人类巴西利什曼原虫的猫，在病变发生后会产生短期抗体，但通常是在病变愈合后出现[72]。

## 临床表现

### 婴儿利什曼原虫

目前，在流行地区，FeL 的报告频率远低于 CanL，但我们可能低估了该病，特别是不太频繁和不太严重的临床表现，因为过去它与 CanL 一起发生。此外，经常发现合并感染或共病，这可能会导致 FeL 的临床误诊[3, 22, 27–32]。在过去 30 年里报道了大约 100 例临床病例（主要在南欧），它们是目前关于 FeL 知识的唯一来源。因此，我们意识到，目前关于该病的声明和建议的证据不足（Ⅲ ~ Ⅳ期）。

患猫的年龄范围很广（2 ~ 21 岁）；然而，在诊断时大多是成熟的猫（中位年龄为 7 岁），很少是 2 ~ 3 岁的猫[3, 27, 28, 32, 51, 57, 73]。两种性别都有相似的表现，几乎所有的病例都是家养短毛猫。

一些临床表现在诊断时非常常见（在至少一半的病例中发现），如皮肤或黏膜病变和淋巴结肿大。常见的症状（1/4 ~ 1/2 的猫）表现为眼部或口腔病变，以及一些非特异性症状（体重减轻、厌食、嗜睡）。最后，在不到 1/4 的病例中可以看到许多临床症状。患猫通常会表现出不止一种临床症状，并且随着时间的推移往往会发展成不同的病变。

**皮肤和黏膜表现**

大约 2/3 的病例报告中发现了皮肤或黏膜表现，但它们很少是唯一发现的异常[3, 8, 27–30, 73]。在一项来自西班牙病理实验室的研究中，在 4 年期间检查的所有皮肤和眼部活检（$n = 2632$）中，有 0.57% 被诊断为 FeL[73]。

已经描述了几种皮肤检查结果，在同一只猫中往往并存不同的表现或随疾病发展后出现。大部分病变发生在头部。瘙痒症很少被报道，在大多数出现瘙痒的猫中，可以发现并发的皮肤病，如跳蚤过敏、嗜酸性肉芽肿、落叶型天疱疮、鳞状细胞癌（squamous cell carcinoma，SCC）或蠕形螨病[12, 67, 75, 76]。然而，在一个案例中，瘙痒在开始抗利什曼原虫治疗后停止了[77]。

溃疡性皮炎是较常见的皮肤病变，有时有自愈史和病变复发史。在压力点（跗关节、腕关节和坐骨部位）可见边缘隆起的结痂溃疡性病变，通常是对称的，病变较大，直径可达 5 cm（图 18–1）[27, 28, 54, 57, 64, 77]。面部（图 18–2）、嘴唇、耳部、颈部或四肢也有局部单发或多发的较小溃疡[27, 28, 34, 64, 65, 73, 77–79]。少数病例局灶性或弥漫性溃疡性皮炎累及面部、躯干或爪垫[27, 63, 65, 79]。鼻面溃疡也有报道，其中一例与并发鳞状细胞癌相关[30, 54, 58, 67]。另外两个病例的面部深层溃疡活检组织中发现利什曼原虫感染和鳞状细胞癌相关（图 18–3）[56, 76]。遗憾的是，当细胞学检查或组织学检查只检测到利什曼原虫感染时，有两个病例的鳞状细胞癌在第一次咨询时被漏诊[30, 76]。此外，一只在不同部位患有鳞状细胞癌的猫确诊了由婴儿利什曼原虫引起的多灶性溃疡性皮炎[65]。发现溃疡性皮炎与嗜酸性肉芽肿综合征有关，在另一个病例中，一只患有落叶型天疱疮的猫被证实感染了利什曼原虫（通过血清学和皮肤 PCR）[12, 73]。

结节性皮炎也是常见的皮肤病表现，可检出单发、多发或弥漫性、坚硬、脱毛、无痛性结节。它们通常较小（＜1 cm），主要分布在头部，频率由高到低依次分布在眼睑、耳部、下颏、鼻部、嘴唇和舌头[11, 27, 28, 31, 55, 64, 73, 80–83]。结节也可以在四肢上发现，很少在躯干或肛门上发现[12, 55, 73]。在极少数病例中，结节形成溃疡[12, 66, 84]。

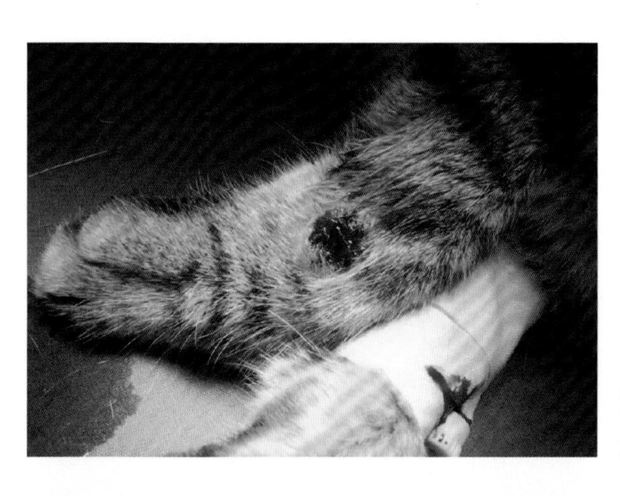

**图 18–1 右前肢大溃疡，边缘隆起**
左前肢也有类似的对称病变。

**图 18–2 在图 18–1 的同一只猫中观察到单独的面部局灶性溃疡（白色箭头）和结膜结节（透明箭头）**

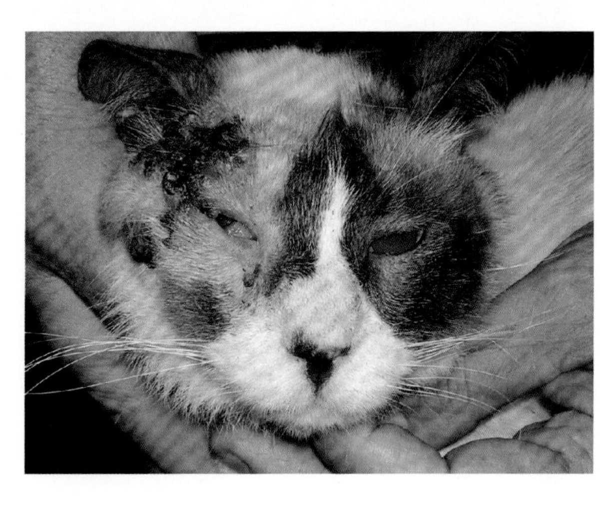

**图 18–3 一只确诊鳞状细胞癌并伴有婴儿利什曼原虫感染的患猫的面部严重溃疡**

与 CanL 不同，在 FeL 中面部或弥漫性皮屑和脱毛报道较少，在这些病例中，组织病理学评估证实患病皮肤中存在无鞭毛体 [29, 63, 73]。仅发现 1 例趾部过度角化 [27]。

在 CanL 中没有报道的非典型 FeL 表现是出现出血性大疱，分别在 3 个病例中观察到，位于鼻面、头部和耳廓边缘 [34, 76]。然而，发生在鼻面的病变被组织学检查诊断为血管瘤 [76]。另外 2 例经细胞学检查发现无鞭毛体 [34]。

**内脏型表现**

淋巴结肿大是最常见的非皮肤病表现 [3]。它通常是多中心的，可以是对称的。淋巴结坚硬，无疼痛，肿大可能与肿瘤相似。约 1/3 的病例报告了单侧或双侧眼部病变，但没有对所有 FeL 患猫进行专门的眼科检查。因此，一些不太严重的眼部发现可能被遗漏。结膜炎（包括结膜结节）和葡萄膜炎是最常见的眼部表现 [11, 27, 31, 34, 60, 62, 64, 68, 73]。在一些猫身上诊断出角膜炎、角膜葡萄膜炎和脉络膜视网膜炎 [27, 31, 34, 67, 78]。在晚期诊断的病例中，全眼炎是弥漫性肉芽肿性炎症逐渐扩大的结果 [60, 73]。

除了单一的牙龈溃疡、结节性舌炎或牙龈瘤样病变外，约 20% 的猫出现慢性口腔炎和咽喉炎，在发炎的口腔组织中发现了寄生虫 [27, 31–34, 52, 58, 60, 62, 66, 78, 83]。

非特异性表现如体重减轻、厌食或嗜睡并不常见 [3]，偶尔有胃肠道（呕吐、腹泻）或呼吸道（慢性流涕、打鼾、呼吸困难、喘息）症状报告 [3, 74]。少见表现为黄疸、发热、脾或肝肿大、流产 [3]。引人注意的是，慢性利什曼鼻炎在一些病例中得到了证实 [58, 64, 73–75]。

### 美国黑热病（American Tegumentary Leishmaniosis，ATL）

在美洲报告了由嗜皮利什曼原虫引起的猫皮肤利什曼病的有限病例 [70, 71, 85–91]。并不是所有种类的利什曼原虫都能从感染的猫身上获得，鉴定出了 9 例墨西哥利什曼原虫 [70, 71, 91]，5 例巴西利什曼原虫 [85–88]，4 例委内瑞拉利什曼原虫 [90]，1 例亚马逊利什曼原虫 [89]。与婴儿利什曼原虫患猫相比，它们都是家养短毛猫或年龄更小的猫（年龄范围：8 月龄 ~ 11 岁；中位年龄为 4 岁）。最常见的表现为单发或多发大至 3 cm × 2 cm 的硬结节。脱毛、不同程度的红斑或溃疡，主要分布在耳廓和面部（眼睑、鼻面、口鼻），很少分布在四肢远端或尾部。在一只感染了巴西利什曼原虫的猫身上发现了一个较大的（6 cm）趾间卵圆形病变 [88]。2 只感染了墨西哥利什曼原虫的猫和另外 2 只感染了巴西利什曼原虫的猫（鼻面或内眦）出现了鼻腔或耳朵溃疡 [71, 86, 87]。可在鼻腔内形成黏膜结节，引起打喷嚏、呕吐和呼吸困难 [71, 85]。在患有 ATL 的猫中未见其他表现；然而，一些委内瑞拉利什曼原虫或墨西哥利什曼原虫感染的病例后续在其他部位出现了新的结节性病变 [70, 90]。

## 诊断

对有症状的猫进行诊断试验，目的是确认利什曼原虫感染，并建立与临床症状的因果关系。在存在皮肤或黏膜病变的情况下，对糜烂和溃疡的皮肤压片、深层溃疡边缘的刮片和结节的细针抽吸进行细胞学评估，显示出脓性肉芽肿型，存在无鞭毛体（在巨噬细胞的细胞质中或细胞外）（图 18-4）[3, 71]。无鞭毛体呈椭圆形，有尖端，大小（3 ~ 4）μm × 2 μm。其特征是垂直于大核的杆状嗜碱性动基体。从无鞭毛体的形态无法区分利什曼原虫的种类。在由婴儿利什曼原虫引起的利什曼病患猫中，从肿大淋巴结、骨髓、鼻渗出物、肝脏和脾脏的细胞学样本中也可发现无鞭毛体，而在循环中性粒细胞中很少发现 [3]。

当细胞学检查结果不确定时，以及当临床表现与肿瘤或免疫介导疾病相匹配时，需要对皮肤或黏膜病变进行活检。无鞭毛体不易通过常规的组织学染色检测，疑似病例应通过免疫组织化学进行研究（图 18-5）。然而，免疫组织化学无法鉴别无鞭毛体利什曼原虫的种类，可以通过聚合酶链反应（polymerase chain reaction，PCR）和扩增子测序鉴别。PCR 也可以用于细胞学切片、福尔马林固定和石蜡包埋的活检。实时荧光定量 PCR 是一种非常敏感的方法，可以提供样本的寄生虫载量。

皮肤病理学评估（图 18–6）显示真皮附件周围弥漫性肉芽肿性炎症，有巨噬细胞、中等数量的无鞭毛体、可变数量的淋巴细胞和浆细胞弥漫性浸润 [12, 73]。覆盖的表皮出现过度角化、棘皮症和溃疡 [73]。结节性病变可见巨细胞 [73]。在结节性病变（以毛囊周围肉芽肿性皮炎为特征）和皮屑性皮炎患猫的苔藓样界面性皮炎中发现了少量寄生虫 [73]。黏膜（和黏膜皮肤）病变有较高的寄生虫载量，可见黏膜下弥漫性肉芽肿性炎症 [62, 68, 73]。在一些病例中，发现了与猫嗜酸性肉芽肿综合征病变相关的皮肤弥漫性肉芽肿性炎症 [54, 73]。据报道，在一只被诊

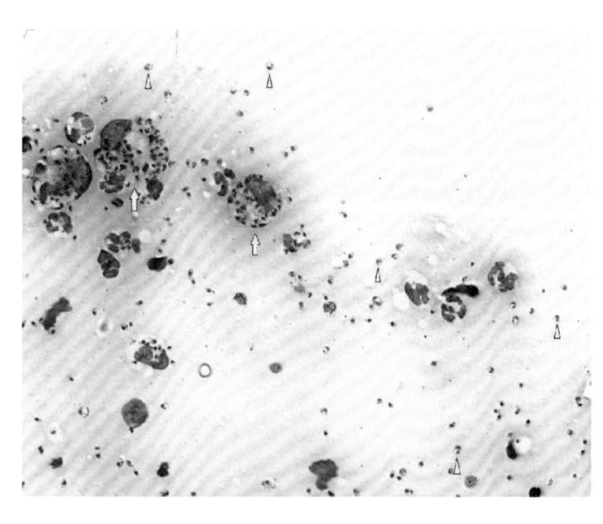

**图 18–4 图 18–1 皮肤病变的细胞学检查**

巨噬细胞 – 中性粒细胞炎症，伴大量细胞内（箭头）和细胞外无鞭毛体。在一些细胞外无鞭毛体中，嗜碱性的杆状动基体清晰可见（无尾箭头）（May Grünwald–Giemsa 染色，1000 倍放大）。

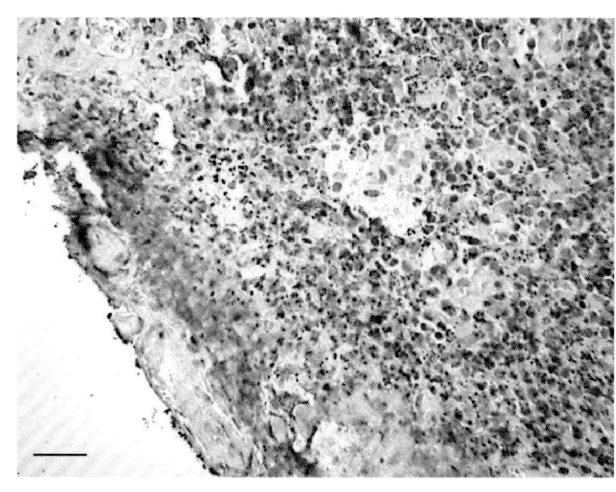

**图 18–5 免疫组织化学提示有深棕色无鞭毛体**

Mayer's 苏木精复染。标尺 =10 μm（由意大利西西里岛动物预防研究所 R. Puleio 提供）。

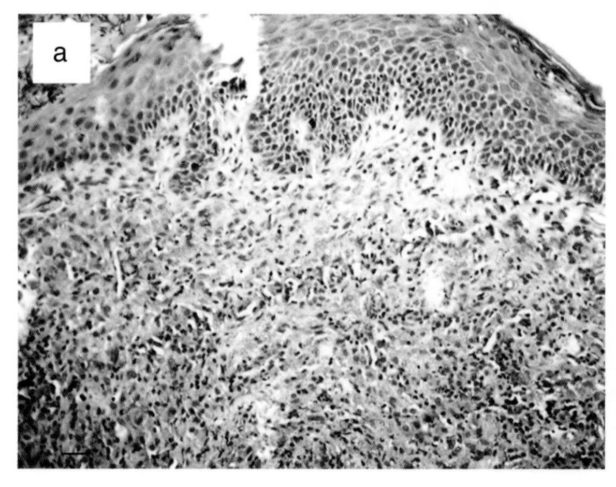



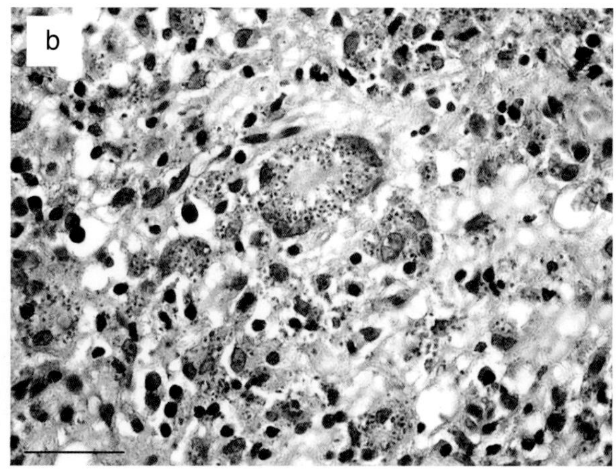



**图 18–6 弥漫性脓性肉芽肿性皮炎（a），巨噬细胞内有大量无鞭毛体（b）**

H&E 染色，标尺 =10 μm（由意大利西西里岛动物预防研究所 R. Puleio 提供）。

断为并发鳞状细胞癌的猫的肿瘤组织中存在被寄生的巨噬细胞的经皮炎性浸润[56]。在另一个病例中，在鳞状细胞癌岛附近观察到寄生的巨噬细胞浸润基质[30]。结节性至弥漫性肉芽肿性皮炎，表皮过度角化、增生，常出现溃疡[71, 85, 91]。

抗婴儿利什曼原虫抗体检测采用定量血清学（IFAT、ELISA 或 DAT）和免疫印迹（Western blot，WB）技术[3]。IFAT 的截止设置为 1∶80 稀释，几乎所有由婴儿利什曼原虫引起的临床 FeL 患猫的抗体水平都很低到很高[43, 92]。相反，患有 ATL 的猫可能无法检测到循环抗体[71]。

对受感染组织的培养发现了大多数情况下在犬或人身上检测到的相同酶原和基因型的猫科动物菌株[3, 30]。

在由婴儿利什曼原虫引起的 FeL 患猫的诊断中，报道的更多的临床病理异常包括轻度至中度的非再生性贫血、高球蛋白血症和蛋白尿[3]。慢性肾病（chronic kidney disease，CKD），在大多数病例的早期阶段［国际肾脏研究协会（IRIS）1 期或 2 期］，通常是在进行包括尿液分析和尿蛋白浓度比在内的肾脏特征分析时被记录的[32, 75]。

很少对 ATL 患猫的临床病理异常进行研究，其中 1 只感染了巴西利什曼原虫的猫出现嗜酸性粒细胞和中性粒细胞[70, 85]。

## 治疗和预后

由婴儿利什曼原虫引起的猫的临床 FeL 的治疗是经验性的，基于最常用于 CanL 患犬的标签外使用药物[3]。长期口服别嘌呤醇（10 ~ 20 mg/kg，每天 1 次或 2 次）作为单一治疗或皮下注射葡甲胺锑酸盐（50 mg/kg，每天 1 次，持续 30 d）作为维持治疗是最常用的方案。通常可以获得临床治愈，但使用方案的有效性和安全性从未在对照研究中进行评估。因此，在治疗期间应非常仔细地监测猫的不良反应（特别是患有肾病的猫）和停止治疗后可能出现的临床复发[3, 27–32, 34, 74]。在猫身上使用别嘌呤醇几天后怀疑出现皮肤药物不良反应（头颈部红斑、脱毛、表皮剥脱和结痂）[75]。停用别嘌呤醇后皮肤反应迅速缓解[75]。在另一只猫身上观察到肝酶升高，降低剂量至 5 mg/kg，每天 2 次后，症状消失[12]。在另外 2 个病例中，急性肾损伤是在开始给予别嘌呤醇几周后确诊的[32]。另一只在 FeL 诊断时同时患有 1 期慢性肾病的猫，在给予葡甲胺锑酸盐和米替福新（2 mg/kg，每天口服 1 次，持续 30 d）后出现氮质血症[75]。随后用一种核苷酸和活性己糖相关化合物来维持该猫的饮食，最近发现这种化合物作为 CanL 患犬的维持治疗有效[75, 93]。

最近在 2 只猫身上使用了多潘立酮（0.5 mg/kg，口服，每天 1 次）和别嘌呤醇，在另一个病例中使用了米替福新[27, 29, 30]。

手术切除结节，但通常复发[12, 27, 54, 81]。在一个病例中，需要采用手术和化疗之间的综合方法来治疗大溃疡[28]。

临床复发与抗体滴度和寄生虫载量升高有关[34]。

患有临床 FeL 的猫在诊断后可以存活数年，即使是那些未经治疗和（或）FIV 呈阳性的猫，除非并发病（肿瘤）和并发症（慢性肾病）发生或发展[32, 68]。

关于 ATL 的治疗和预后的资料很少。部分患墨西哥利什曼 ATL 的猫经手术切除结节后痊愈[91]。然而，根治性切除术对 FIV 和 FeLV 阴性的猫是无效的，病变部位在大约 2 年后复发[70]。随后，新的病变逐渐累及口鼻部，最后累及鼻黏膜，这只猫在确诊 ATL 6 年后，因纵隔淋巴瘤被实施安乐死[70]。

## 预防婴儿利什曼原虫感染

对暴露猫的个体防护可以降低它们被白蛉叮咬感染和发展为临床疾病的风险[3, 22]。在全世界范围内，已证实婴儿利什曼原虫的带菌媒介分别为恶毒白蛉和长须罗蛉，是在叮咬一只患有 FeL 的猫后被发现感染的[33, 94]。这意味着在种群水平上对猫的保护有助于对婴儿利什曼原虫感染的区域控制。事实上，在流行地区，抗体和（或）PCR 阳性猫的百分比往往不容忽视[3–6, 20, 21, 41, 42, 45, 47]。

拟除虫菊酯可用于犬，以防止被白蛉咬伤，但大多数对猫是有毒的[3, 95]。含有10%吡虫啉和4.5%氟氰菊酯的项圈是唯一获准用于猫的拟除虫菊酯类制剂，它可有效降低流行地区猫的婴儿利什曼原虫感染的发病率[22]。

根据目前的知识，通过抗体检测和血液PCR检测献血者是预防猫的非媒介传播的唯一可行措施[96]。

## 参考文献

[1] Solano-Gallego L, Koutinas A, Miró G, Cardoso L, Pennisi MG, Ferrer L, Bourdeau P, Oliva G, Baneth G. Directions for the diagnosis, clinical staging, treatment and prevention of canine leishmaniosis. Vet Parasitol. 2009; 165:1–18.

[2] Kirkpatrick CE, Farrell JP, Goldschimdt MH. Leishmania chagasi and L. donovani: experimental infections in domestic cats. Exp Parasitol. 1984; 58:125–131.

[3] Pennisi M-G, Cardoso L, Baneth G, Bourdeau P, Koutinas A, Miró G, Oliva G, Solano-Gallego L. LeishVet update and recommendations on feline leishmaniosis. Parasit Vectors. 2015; 8:302.

[4] Can H, Döşkaya M, Özdemir HG, Şahar EA, Karakavuk M, Pektaş B, Karakuş M, Töz S, Caner A, Döşkaya AD, İz SG, Öz-bel Y, Gürüz Y. Seroprevalence of Leishmania infection and molecular detection of Leishmania tropica and Leishmania infantum in stray cats of İzmir. Turkey Exp Parasitol. 2016; 167:109–114.

[5] Attipa C, Papasouliotis K, Solano-Gallego L, Baneth G, Nachum-Biala Y, Sarvani E, Knowles TG, Mengi S, Morris D, Helps C, Tasker S. Prevalence study and risk factor analysis of selected bacterial, protozoal and viral, including vector-borne, pathogens in cats from Cyprus. Parasit Vectors. 2017; 10:130.

[6] Metzdorf IP, da Costa Lima MS, de Fatima Cepa Matos M, de Souza Filho AF, de Souza Tsujisaki RA, Franco KG, Shapiro JT, de Almeida Borges F. Molecular characterization of Leish-mania infantum in domestic cats in a region of Brazil endemic for human and canine visceral leishmaniasis. Acta Trop. 2017; 166:121–125.

[7] Otranto D, Napoli E, Latrofa MS, Annoscia G, Tarallo VD, Greco G, Lorusso E, Gulotta L, Falsone L, Basano FS, Pennisi MG, Deuster K, Capelli G, Dantas-Torres F, Brianti E. Feline and canine leishmaniosis and other vector-borne diseases in the Aeolian Islands: Pathogen and vector circulation in a confined environment. Vet Parasitol. 2017; 236:144–155.

[8] Pennisi MG. Leishmaniosis of companion animals in Europe: an update. Vet Parasitol. 2015; 208:35–47.

[9] Cleare E, Mason K, Mills J, Gabor M, Irwin PJ. Remaining vigilant for the exotic: cases of imported canine leishmaniosis in Australia 2000–2011. Aust Vet J. 2014; 92:119–127.

[10] Svobodova V, Svoboda M, Friedlaenderova L, Drahotsky P, Bohacova E, Baneth G. Canine leishmaniosis in three consecutive generations of dogs in Czech Republic. Vet Parasitol. 2017; 237:122–124.

[11] Richter M, Schaarschmidt-Kiener D, Krudewig C. Ocular signs, diagnosis and long-term treatment with allopurinol in a cat with leishmaniasis. Schweiz Arch Tierheilkd. 2014; 156:289–294.

[12] Rüfenacht S, Sager H, Müller N, Schaerer V, Heier A, Welle MM, Roosje PJ. Two cases of feline leishmaniosis in Switzerland. Vet Rec. 2005; 156:542–545.

[13] Best MP, Ash A, Bergfeld J, Barrett J. The diagnosis and management of a case of leishmaniosis in a dog imported to Australia. Vet Parasitol. 2014; 202:292–295.

[14] González E, Jiménez M, Hernández S, Martín-Martín I, Molina R. Phlebotomine sand fly survey in the focus of leishmaniasis in Madrid, Spain (2012–2014): seasonal dynamics, Leishmania infantum infection rates and blood meal preferences. Parasit Vectors. 2017; 10:368.

[15] Afonso MM, Duarte R, Miranda JC, Caranha L, Rangel EF. Studies on the feeding habits of Lutzomyia (Lutzomyia) longipalpis (Lutz & Neiva, 1912) (Diptera: Psychodidae: Phlebotominae) populations from endemic areas of American visceral leishmaniasis in Northeastern Brazil. J Trop Med. 2012; 2012:1. https://doi.org/10.1155/2012/858657.

[16] Baum M, Ribeiro MC, Lorosa ES, Damasio GA, Castro EA. Eclectic feeding behavior of Lutzomyia (Nyssomyia) intermedia (Diptera, Psychodidae, Phlebotominae) in the transmission area of American cutaneous leishmaniasis, State of Paranà. Brazil Rev Soc Bras Med Trop. 2013; 46:547–554.

[17] Karkamo V, Kaistinen A, Näreaho A, Dillard K, Vainio-Siu-kola K, Vidgrén G, Tuoresmäki N, Anttila M. The first report of autochthonous non-vector-borne transmission of canine leishmaniosis in the Nordic countries. Acta Vet Scand. 2014; 56:84.

[18] Naucke TJ, Amelung S, Lorentz S. First report of transmission of canine leishmaniosis through bite wounds from a naturally infected dog in Germany. Parasit Vectors. 2016; 9:256.

[19] Pennisi MG, Hartmann K, Addie DD, Lutz H, Gruffydd-Jones T, Boucraut-Baralon C, Egberink H, Frymus T, Horzinek MC, Hosie MJ, Lloret A, Marsilio F, Radford AD, Thiry E, Truyen U, Möstl K. European Advisory Board on Cat Diseases. Blood transfusion in cats: ABCD guidelines for minimising risks of infectious iatrogenic complications. J Feline Med Surg. 2015;

17:588-593.

[20] Persichetti M-F, Solano-Gallego L, Serrano L, Altet L, Reale S, Masucci M, Pennisi M-G. Detection of vector-borne pathogens in cats and their ectoparasites in southern Italy. Parasit Vectors. 2016; 9:247.

[21] Akhtardanesh B, Sharifi I, Mohammadi A, Mostafavi M, Hakimmipour M, Pourafshar NG. Feline visceral leishmaniasis in Kerman, southeast of Iran: Serological and molecular study. J Vector Borne Dis. 2017; 54:96-102.

[22] Brianti E, Falsone L, Napoli E, Gaglio G, Giannetto S, Pennisi MG, Priolo V, Latrofa MS, Tarallo VD, Solari Basano F, Nazzari R, Deuster K, Pollmeier M, Gulotta L, Colella V, Dantas-Torres F, Capelli G, Otranto D. Prevention of feline leishmaniosis with an imidacloprid 10%/ flumethrin 4.5% polymer matrix collar. Parasit Vectors. 2017; 10:334.

[23] Esch KJ, Juelsgaard R, Martinez PA, Jones DE, Petersen CA. Programmed death 1-mediated T cell exhaustion during visceral leishmaniasis impairs phagocyte function. J Immunol. 2013; 191:5542-5550.

[24] de Vasconcelos TCB, Furtado MC, Belo VS, Morgado FN, Figueiredo FB. Canine susceptibility to visceral leishmaniasis: A systematic review upon genetic aspects, considering breed factors and immunological concepts. Infect Genet Evol. 2019; 74:103293. https://doi. org/10.1016/j.meegid.2017.10.005.

[25] Solano-Gallego L, Montserrrat-Sangrà S, Ordeix L, Martínez-Orellana P. Leishmania infantum-specific production of IFN-γ and IL-10 in stimulated blood from dogs with clinical leishmaniosis. Parasit Vectors. 2016; 9:317.

[26] Priolo, V, Martínez Orellana, P, Pennisi, MG, Masucci, M, Foti, M, Solano-Gallego, L. Leishmania infantum specific production of IFN γ in stimulated blood from outdoor cats in endemic areas. In: Proceedings World Leish 6, Toledo-Spain (16th-20th May 2017), 2017: C1038.

[27] Bardagi, M, Lloret, A, Dalmau, A, Esteban, D, Font, A, Leiva, M, Ortunez, A, Pena, T, Real, L, Salò, F, Tabar, MD. Feline Leishmaniosis: 15 cases. In: Proceedings 8th World Congress of Veterinary Dermatology, Toledo-Spain (31st May-4th June 2016), 2016: 112-113.

[28] Basso MA, Marques C, Santos M, Duarte A, Pissarra H, Carreira LM, Gomes L, Valério-Bolas A, Tavares L, Santos-Gomes G, Pereira da Fonseca I. Successful treatment of feline leishmaniosis using a combination of allopurinol and N-methyl-glucamine antimoniate. JFMS Open Rep. 2016; 2:205511691663000. https://doi.org/10.1177/2055116916630002.

[29] Dedola, C, Ibba, F, Manca, T, Garia, C, Abramo, F. Dermatite esfoliativa associata a leishmaniosi in un gatto. Paper presented at 2° Congresso Nazionale SIDEV, Aci Castello-Catania, Italy, 17th-19th July 2015.

[30] Maia C, Sousa C, Ramos C, Cristóvão JM, Faísca P, Campino L. First case of feline leishmaniosis caused by Leishmania infantum genotype E in a cat with a concurrent nasal squamous cell carcinoma. JFMS Open Rep. 2015; 1:205511691559396. https://doi. org/10.1177/2055116915593969.

[31] Pimenta P, Alves-Pimenta S, Barros J, Barbosa P, Rodrigues A, Pereira MJ, Maltez L, Gama A, Cristóvão JM, Campino L, Maia C, Cardoso L. Feline leishmaniosis in Portugal: 3 cases (year 2014). Vet Parasitol Reg Stud Reports. 2015; 1-2:65-9. https://doi.org/10.1016/j. vprsr.2016.02.003.

[32] Pennisi MG, Persichetti MF, Migliazzo A, De Majo M, Iannelli NM, Vitale F. Feline leishmaniosis: clinical signs and course in 14 followed up cases. Atti LXX Convegno SISVET. 2016; 70:166-167.

[33] Maroli M, Pennisi MG, Di Muccio T, Khoury C, Gradoni L, Gramiccia M. Infection of sandflies by a cat naturally infected with Leishmania infantum. Vet Parasitol. 2007; 145:357-360.

[34] Pennisi MG, Venza M, Reale S, Vitale F, Lo Giudice S. Case report of leishmaniasis in four cats. Vet Res Commun. 2004; 28(Suppl 1):363-366.

[35] Foglia Manzillo V, Di Muccio T, Cappiello S, Scalone A, Paparcone R, Fiorentino E, Gizzarelli M, Gramiccia M, Gradoni L, Oliva G. Prospective study on the incidence and progression of clinical signs in naïve dogs naturally infected by Leishmania infantum. PLoS Negl Trop Dis. 2013; 7:e2225.

[36] Solano-Gallego L, Di Filippo L, Ordeix L, Planellas M, Roura X, Altet L, Martínez-Orellana P, Montserrat S. Early reduction of Leishmania infantum-specific antibodies and blood parasitemia during treatment in dogs with moderate or severe disease. Parasit Vectors. 2016; 9:235.

[37] De Tommasi AS, Otranto D, Dantas-Torres F, Capelli G, Breitschwerdt EB, de Caprariis D. Are vector-borne pathogen co-infections complicating the clinical presentation in dogs? Parasit Vectors. 2013; 6:97.

[38] Morgado FN, Cavalcanti ADS, de Miranda LH, O'Dwyer LH, Silva MRL, da, Menezes, R.C, Andrade da Silva AV, Boité MC, Cupolillo E, Porrozzi R. Hepatozoon canis and Leishmania spp. coinfection in dogs diagnosed with visceral leishmaniasis. Braz J Vet Parasitol. 2016; 25:450-458.

[39] Tabar MD, Altet L, Martínez V, Roura X. Wolbachia, filariae and Leishmania coinfection in dogs from a Mediterranean area. J Small Anim Pract. 2013; 54:174-178.

[40] Ayllón T, Diniz PPVP, Breitschwerdt EB, Villaescusa A, Rodríguez-Franco F, Sainz A. Vector-borne diseases in client-owned and stray cats from Madrid. Spain Vector Borne

Zoonotic Dis. 2012; 12:143–150.

[41] Pennisi MG, Masucci M, Catarsini O. Presenza di anticorpi anti–Leishmania in gatti FIV+ che vivono in zona endemica. Atti LII Convegno SISVET. 1998; 52:265–266.

[42] Pennisi MG, Maxia L, Vitale F, Masucci M, Borruto G, Caracappa S. Studio sull' infezione da Leishmania mediante PCR in gatti che vivono in zona endemica. Atti LIV Convegno SISVET. 2000; 54:215–216.

[43] Pennisi MG, Lupo T, Malara D, Masucci M, Migliazzo A, Lombardo G. Serological and molecular prevalence of Leishmania infantum infection in cats from Southern Italy. J Feline Med Surg. 2012; 14:656–657.

[44] Persichetti MF, Pennisi MG, Vullo A, Masucci M, Migliazzo A, Solano–Gallego L. Clinical evaluation of outdoor cats exposed to ectoparasites and associated risk for vector–borne infections in southern Italy. Parasit Vectors. 2018; 11:136.

[45] Sherry K, Miró G, Trotta M, Miranda C, Montoya A, Espinosa C, Ribas F, Furlanello T, Solano–Gallego L. A serological and molecular study of Leishmania infantum infection in cats from the Island of Ibiza (Spain). Vector Borne Zoonotic Dis. 2011; 11:239–245.

[46] Sobrinho LSV, Rossi CN, Vides JP, Braga ET, Gomes AAD, de Lima VMF, Perri SHV, Generoso D, Langoni H, Leutenegger C, Biondo AW, Laurenti MD, Marcondes M. Coinfection of Leishmania chagasi with Toxoplasma gondii, Feline Immunodeficiency Virus (FIV) and Feline Leukemia Virus (FeLV) in cats from an endemic area of zoonotic visceral leishmaniasis. Vet Parasitol. 2012; 187:302–306.

[47] Solano–Gallego L, Rodríguez–Cortés A, Iniesta L, Quintana J, Pastor J, Espada Y, Portús M, Alberola J. Cross–sectional serosurvey of feline leishmaniasis in ecoregions around the Northwestern Mediterranean. Am J Trop Med Hyg. 2007; 76:676–680.

[48] Spada E, Proverbio D, Migliazzo A, Della Pepa A, Perego R, Bagnagatti De Giorgi G. Serological and molecular evaluation of Leishmania infantum infection in stray cats in a nonendemic area in Northern Italy. ISRN Parasitol. 2013; 2013:1. https://doi.org/10.5402/2013/916376.

[49] Spada E, Canzi I, Baggiani L, Perego R, Vitale F, Migliazzo A, Proverbio D. Prevalence of Leishmania infantum and co–infections in stray cats in northern Italy. Comp Immunol Microbiol Infect Dis. 2016; 45:53–58.

[50] Vita S, Santori D, Aguzzi I, Petrotta E, Luciani A. Feline leishmaniasis and ehrlichiosis: serological investigation in Abruzzo region. Vet Res Commun. 2005; 29(Suppl 2):319–321.

[51] Britti D, Vita S, Aste A, Williams DA, Boari A. Sindrome da malassorbimento in un gatto con leishmaniosi. Atti LIX Convegno SISVET. 2005; 59:281–282.

[52] Caracappa S, Migliazzo A, Lupo T, Lo Dico M, Calderone S, Reale S, Currò V, Vitale M. Analisi biomolecolari, sierologiche ed isolamento in un gatto infetto da Leishmania spp. Atti. X Congresso Nazionale SIDiLV. 2008; 10:134–135.

[53] Coelho WMD, de Lima VMF, Amarante AFT, do, Langoni, H, Pereira VBR, Abdelnour A, Bresciani KDS. Occurrence of Leishmania (Leishmania) chagasi in a domestic cat (Felis catus) in Andradina, São Paulo, Brazil: case report. Rev Bras Parasitol Vet. 2010; 19:256–258.

[54] Dalmau A, Ossó M, Oliva A, Anglada L, Sarobé X, Vives E. Leishmaniosis felina a propósito de un caso clínico. Clínica Vet Pequeños Anim. 2008; 28:233–238.

[55] Fileccia, I. Qual'è la vostra diagnosi? Paper presented at 1st Congresso Nazionale SIDEV, Montesilvano (Pescara, Italia), 21–23, September 2012.

[56] Grevot A, Jaussaud Hugues P, Marty P, Pratlong F, Ozon C, Haas P, Breton C, Bourdoiseau G. Leishmaniosis due to Leishmania infantum in a FIV and FELV positive cat with a squamous cell carcinoma diagnosed with histological, serological and isoenzymatic methods. Parasite Paris. 2005; 12:271–275.

[57] Hervás J, Chacón–M De Lara F, Sánchez–Isarria MA, Pellicer S, Carrasco L, Castillo JA, Gómez–Villamandos JC. Two cases of feline visceral and cutaneous leishmaniosis in Spain. J Feline Med Surg. 1999; 1:101–105.

[58] Ibba, F. Un caso di rinite cronica in corso di leishmaniosi felina. In: Proceedings 62nd Congresso Internazionale Multisala SCIVAC, Rimini–Italy (29th–31st May 2009), 2009:568.

[59] Laruelle–Magalon C, Toga I. Un cas de leishmaniose féline. Prat Méd Chir Anim Comp. 1996; 31:255–261.

[60] Leiva M, Lloret A, Peña T, Roura X. Therapy of ocular and visceral leishmaniasis in a cat. Vet Ophthalmol. 2005; 8:71–75.

[61] Marcos R, Santos M, Malhão F, Pereira R, Fernandes AC, Montenegro L, Roccabianca P. Pancytopenia in a cat with visceral leishmaniasis. Vet Clin Pathol. 2009; 38:201–205.

[62] Migliazzo A, Vitale F, Calderone S, Puleio R, Binanti D, Abramo F. Feline leishmaniosis: a case with a high parasitic burden. Vet Dermatol. 2015; 26:69–70.

[63] Ozon C, Marty P, Pratlong F, Breton C, Blein M, Lelièvre A, Haas P. Disseminated feline leishmaniosis due to Leishmania infantum in Southern France. Vet Parasitol. 1998; 75:273–277.

[64] Pennisi, MG, Lupo, T, Migliazzo, A, Persichetti, M–F, Masucci, M, Vitale, F. Feline Leishmaniosis in Italy: Re–

strospective evaluation of 24 clinical cases. In: Proceedings World Leish 5, Porto de Galinhas, Pernambuco–Brazil (13th–17th May 2013), 2013:P837.

[65] Pocholle E, Reyes–Gomez E, Giacomo A, Delaunay P, Hasseine L, Marty P. A case of feline leishmaniasis in the south of France. Parasite Paris Fr. 2012; 19:77–80.

[66] Poli A, Abramo F, Barsotti P, Leva S, Gramiccia M, Ludovisi A, Mancianti F. Feline leishmaniosis due to Leishmania infantum in Italy. Vet Parasitol. 2002; 106:181–191.

[67] Sanches A, Pereira AG, Carvalho JP. Um caso de leishmaniose felina. Vet Med. 2011; 63:29–30.

[68] Verneuil M. Ocular leishmaniasis in a cat: case report. J Fr Ophtalmol. 2013; 36:e67–72.

[69] Vides JP, Schwardt TF, Sobrinho LSV, Marinho M, Laurenti MD, Biondo AW, Leutenegger C, Marcondes M. Leishmania chagasi infection in cats with dermatologic lesions from an endemic area of visceral leishmaniosis in Brazil. Vet Parasitol. 2011; 78:22–28.

[70] Barnes JC, Stanley O, Craig TM. Diffuse cutaneous leishmaniasis in a cat. J Am Vet Med Assoc. 1993; 202:416–418.

[71] Rivas AK, Alcover M, Martínez–Orellana P, Montserrat–Sangrà S, Nachum–Biala Y, Bardagí M, Fisa R, Riera C, Baneth G, Solano–Gallego L. Clinical and diagnostic aspects of feline cutaneuous leishmaniosis in Venezuela. Parasit Vectors. 2018; 11:141.

[72] Simões–Mattos L, Mattos MRF, Teixeira MJ, Oliveira–Lima JW, Bevilacqua CML, Prata–Júnior RC, Holanda CM, Rondon FCM, Bastos KMS, Coêlho ICB, Barral A, Pompeu MML. The susceptibility of domestic cats (Felis catus) to experimental infection with Leishmania braziliensis. Vet Parasitol. 2005; 127:199–208.

[73] Navarro JA, Sánchez J, Peñafiel–Verdú C, Buendía AJ, Altimira J, Vilafranca M. Histopathological lesions in 15 cats with leishmaniosis. J Comp Pathol. 2010; 143:297–302.

[74] Altuzarra R, Movilla R, Roura X, Espada Y, Majo N, Novella R. Computed tomography features of destructive granulomatous rhinitis with intracranial extension secondary to leishmaniasis in a cat. Vet Radiol Ultrasound. 2018; https://doi.org/10.1111/vru.12666.

[75] Leal RO, Pereira H, Cartaxeiro C, Delgado E, Peleteiro MDC. Pereira da Fonseca, I. Granulomatous rhinitis secondary to feline leishmaniosis: report of an unusual presentation and therapeutic complications. JFMS Open Rep. 2018; 4(2):2055116918811374.

[76] Laurelle–Magalon C, Toga I. Un cas de leishmaniose féline. Prat Med Chir Anim Comp. 1996; 31:255–261.

[77] Monteverde, V, Polizzi, D, Lupo, T, Fratello, A, Leone, C, Buffa, F, Vazzana, I, Pennisi, MG. Descrizione di un carcinoma a cellule squamose in corso di leishmaniosi in un gatto. Atti Congresso Nazionale ceedings of the 7th National Congress of the Italian Society of Veterinary Laboratory Diagnostics (SiDiLV). Perugia 9–10 November. 2006; 7:329–330.

[78] Ennas F, Calderone S, Caprì A, Pennisi MG. Un caso di leishmaniosi felina in Sardegna. Veterinaria. 2012; 26:55–59.

[79] Hervás J, Chacón–Manrique de Lara F, López J, Gómez–Villamandos JC, Guerrero MJ, Moreno A. Granulomatous (pseudotumoral) iridociclitis associated with leishmaniasis in a cat. Vet Rec. 2001; 149:624–625.

[80] Cohelo WM, Lima VM, Amarante AF, Langoni H, Pereira VB, Abdelnour A, Bresciani KD. Occurrence of Leishmania (Leishmania) chagasi in a domestic act (Felis catus) in Andradina, São Paulo, Brazil: case report. Rev Bras Parasitol Vet. 2010; 19:256–258.

[81] Costa–Durão JF, Rebelo E, Peleteiro MC, Correira JJ, Simões G. Primeiro caso de leishmaniose em gato doméstico (Felis catus domesticus) detectado em Portugal (Concelho de Sesimbra). Nota preliminar Rev Port Cienc Vet. 1994; 89:140–144.

[82] Savani ES, de Oliveira Camargo MC, de Carvalho MR, Zampieri RA, dos Santos MG, D'Auria SR, Shaw JJ, Floeter–Winter LM. The first record in the Americas of an autochtonous case of Leishmania (Leishmania) infantum chagasi in a domestic cat (Felix catus) from Cotia County, São Paulo State. Brazil Vet Parasitol. 2004; 120:229–233.

[83] Ortuñez, A, Gomez, P, Verde, MT, Mayans, L, Villa, D, Navarro, L. Lesiones granulomatosas en la mucosa oral y lengua y multiples nodulos cutaneos en un gato causado por Leishmania infantum. In: Proceedings Southern European Veterinary Conference (SEVC), BarcelonaSpain (30th September–3rd October 2011).

[84] Attipa C, Neofytou K, Yiapanis C, Martínez–Orellana P, Baneth G, Nachum–Biala Y, Brooks–Brownlie H, Solano–Gallego L, Tasker S. Follow–up monitoring in a cat with leishmaniosis and coinfections with Hepatozoon felis and "Candidatus Mycoplasma haemominutum". JFMS Open Rep. 2017; 3:205511691774045. https://doi.org/10.1177/2055116917740454.

[85] Schubach TM, Figuereido FB, Pereira SA, Madeira MF, Santos IB, Andrade MV, Cuzzi T, Marzochi MC, Schubach A. American cutaneous leishmaniasis in two cats from Rio de Janeiro, Brazil: first report of natural infection with Leishmania (Viannia) braziliensis. Trans R Soc Trop Med Hyg. 2004; 98:165–167.

[86] Ruiz RM, Ramírez NN, Alegre AE, Bastiani CE, De Biasio MB. Detección de Leishmania (Viannia) braziliensis en gato doméstico de Corrientes, Argentina, por técnicas de biología molecular. Rev Vet. 2015; 26:147–150.

[87] Rougeron V, Catzeflis F, Hide M, De Meeûs T, Bañuls A–L. First clinical case of cutaneous leishmaniasis due to Leishmania (Viannia) braziliensis in a domestic cat from French Guiana. Vet Parasitol. 2011; 181:325–328.

[88] Passos VM, Lasmar EB, Gontijo CM, Fernandes O, Degrave W. Natural infection of a domestic cat (Felis domesticus) with Leishmania (Viannia) in the metropolitan region of Belo Horizonte, State of Minas Gerais. Brazil Mem Inst Oswaldo Cruz. 1996; 91:19–20.

[89] de Souza AI, Barros EM, Ishikawa E, Ilha IM, Marin GR, Nunes VL. Feline leishmaniasis due to Leishmania (Leishmania) amazonensis in Mato Grosso do Sul State. Brazil Vet Parasitol. 2005; 128:41–45.

[90] Bonfante–Garrido R, Valdivia O, Torrealba J, García MT, Garófalo MM, Urdaneta R, Alvarado J, Copulillo E, Momen H, Grimaldi G Jr. Cutaneous leishmaniasis in cats (Felis domesticus) caused by Leishmania (Leishmania) venezuelensis. Revista Científica, FCV–LUZ. 1996; 6:187–190.

[91] Trainor KE, Porter BF, Logan KS, Hoffman RJ, Snowden KF. Eight cases of feline cutaneous leishmaniasis in Texas. Vet Pathol. 2010; 47:1076–1081.

[92] Persichetti MF, Solano–Gallego L, Vullo A, Masucci M, Marty P, Delaunay P, Vitale F, Pennisi MG. Diagnostic performance of ELISA, IFAT and Western blot for the detection of anti–Leishmania infantum antibodies in cats using a Bayesian analysis without a gold standard. Parasit Vectors. 2017; 10:119.

[93] Segarra S, Miró G, Montoya A, Pardo–Marín L, Boqué N, Ferrer L, Cerón J. Randomized, allopurinol–controlled trial of the effects of dietary nucleotides and active hexose correlated compound in the treatment of canine leishmaniosis. Vet Parasitol. 2017; 239:50–56.

[94] da Silva SM, Rabelo PFB, Gontijo, N. de F, Ribeiro RR, Melo MN, Ribeiro VM, Michalick MSM. First report of infection of Lutzomyia longipalpis by Leishmania (Leishmania) infantum from a naturally infected cat of Brazil. Vet Parasitol. 2010; 174:150–154.

[95] Brianti E, Gaglio G, Napoli E, Falsone L, Prudente C, Solari Basano F, Latrofa MS, Tarallo VD, Dantas–Torres F, Capelli G, Stanneck D, Giannetto S, Otranto D. Efficacy of a slowrelease imidacloprid (10%)/flumethrin (4.5%) collar for the prevention of canine leishmaniosis. Parasit Vectors. 2014; 7:327.

[96] Pennisi MG, Hartmann K, Addie DD, Lutz H, Gruffydd–Jones T, Boucraut–Baralon C, Egberink H, Frymus T, Horzinek MC, Hosie MJ, Lloret A, Marsilio F, Radford AD, Thiry E, Truyen U, Möstl K. European Advisory Board on Cat Diseases. Blood transfusion in cats: ABCD guidelines for minimising risks of infectious iatrogenic complications. J Feline Med Surg. 2015; 17:588–593.

# 第十九章　外寄生虫病

Federico Leone 和 Hock Siew Han

**摘要**

猫的外寄生虫性皮肤病极为常见，它们的正确识别对猫和主人的福利都非常重要。本章将讨论最重要的猫外寄生虫病，包括寄生虫的形态学特征、临床症状、诊断技术和治疗选择。这些疾病大多数可以通过临床检查过程中易于进行的检测来诊断，如用放大镜直接检查和用透明细胞胶带采集的样本进行显微镜检查，通过皮肤浅刮和深刮以及拔毛和采集耳分泌物进行显微镜检查。在某些病例中，诊断技术并不是特别敏感，阴性结果无法排除疾病，治疗性试验是确认或排除疾病的唯一方法。最近在市场上推出了新的广谱杀寄生虫药，可有效预防跳蚤和蜱虫感染，并具有杀螨和杀虫活性，将使外寄生虫控制更加容易。然而，对于许多疾病，尚无猫的注册产品和标准化方案。

## 引言

蠕虫和昆虫引起的外寄生虫性皮肤病在猫皮肤病学中非常重要，因为它们被纳入许多瘙痒性皮肤病的鉴别诊断中。其发病率因地理区域和猫的生活方式而异。生活在流浪猫聚集地、繁殖场或繁育所或与流浪猫的潜在接触使猫更易受到寄生虫感染。一些寄生虫病也可能涉及主人，尽管这些感染通常是一过性的，因为寄生虫不适应人体环境，但不应低估这些人兽共患病。

## 背肛螨病

背肛螨，也称猫疥螨。背肛螨病是一种由猫背肛螨引起的猫瘙痒性、感染性皮肤病。螨虫可能感染其他哺乳动物，包括人，尤其是犬[1–3]。其发病率不明，公认是罕见的，但在一些欧洲国家仍有病例报道[3, 4]。与成年猫相比，幼猫更容易发病。

### 形态学

猫背肛螨呈椭圆形，腹侧扁平，背侧凸起；成年雌虫长约 225 μm，雄虫长约 150 μm。头部有一个短而平的吻突。四肢较短，无关节的前肢末端有一个被称为爪垫的吸盘状结构，雌性的吸盘状结构仅存在于两对前肢上。后肢是未发育完全的，不伸出螨虫的身体，两性均携带缺乏吸盘的长刚毛（图 19–1）。背侧角质层呈指纹状同心环，有横向圆形鳞片，无棘。肛门开口位于背侧，虫卵呈椭圆形[4, 5]。

### 生命周期

猫背肛螨的生命周期完全发生在宿主身上（永久性寄生）。在皮肤表面交配后，雌性在角质层中以 2 ～ 3 mm/d 的速度挖掘隧道。每天在隧道中产卵 2 ～ 3 枚，持续 2 ～ 4 周。六条腿的幼虫从卵中孵化出来，经过 2 次蜕皮，从第一代若虫变为第三代若虫，之后变为成虫。在有利的环境条件下，生命周期为 14 ～ 21 d。螨虫以表皮碎屑和间质液为食。

## 流行病学

背肛螨传染性极强，通过直接接触传播。因此，来自繁殖场、繁育所或群居的猫易感。在猫群得以维持的地方，疾病可能会持续并固定存在；这种情况通常发生在城市或市郊地区，如墓地和废墟，以及靠近医院和学校的地方[1]。

背肛螨病是一种人兽共患病，人可以短暂感染，表现出瘙痒、丘疹、水疱和结痂，尤其在四肢和躯干。在一项研究中，63% 的人接触到一只受感染的猫时，表现出背肛螨病的临床症状。60% 的受检患者通过皮肤刮片检测到螨虫[6]。一旦停止与受感染猫的接触，病变会在 3 周内自行消退[6, 7]。

## 临床症状

最初的病变表现为丘疹或结痂性丘疹和皮屑，随着疾病的进展，这些丘疹和皮屑会演变成灰黄色的厚痂，与皮肤表面粘连（图 19-2）。病变最初出现在耳廓边缘，之后累及整个耳廓、面部和颈部。随着疾病的进展，病变可能扩散。通常表现出严重瘙痒，常见自损导致的脱毛、糜烂和溃疡，且易继发细菌或酵母菌感染[1]。梳理毛发和猫蜷缩的睡眠习惯可能导致其扩散到四肢和会阴。如不治疗，猫可能会昏睡和脱水，极少数病例可能死亡[1, 8, 9]。

图 19-1　猫背肛螨成虫

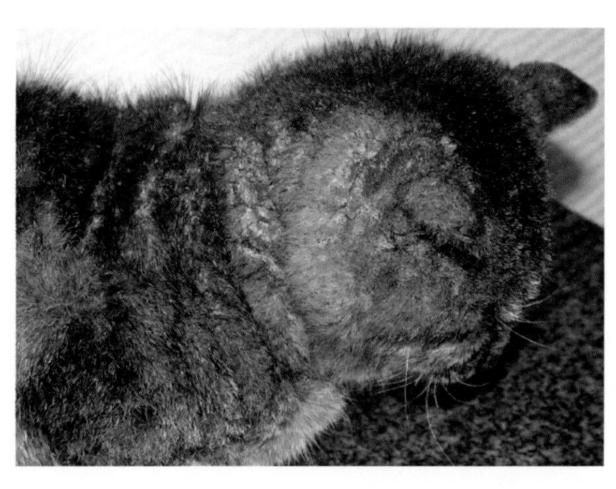

图 19-2　背肛螨患猫的耳缘结痂

### 诊断

诊断需要对皮肤浅刮采集的样本中的寄生虫和（或）虫卵及粪便（圆形和棕色）进行显微镜鉴定（专栏 19–1）。螨虫通常很多，很容易被发现，这点与疥螨相反（图 19–3）[1, 8]。最近，有报道提出通过对使用透明胶带采集的样本进行显微镜检查来诊断背肛螨，其敏感性与皮肤刮片相当。该技术创伤较小，因此适用于嘴唇和眼周等采样困难的身体部位[10]。

### 治疗

用不同的杀螨活性成分可以达到治疗背肛螨的目的。注册产品包括含有依普菌素、非泼罗尼、(S)–甲氧普林和吡喹酮的滴剂[11]，以及含有莫西克丁和吡虫啉的滴剂[12]，可隔月使用 1 次或 2 次。涉及未注册用于该疾病的活性成分的其他方案包括使用赛拉菌素（6 ~ 12 mg/kg，间隔 14 d 或 30 d，使用 2 次）[1, 13, 14]、伊维菌素（0.2 ~ 0.3 mg/kg，皮下注射，间隔 14 d）[1, 7, 15] 和多拉菌素（0.2 ~ 0.3 mg/kg，皮下注射一次）[16]。新的异噁唑啉类外寄生虫杀虫剂已被证明对由螨虫引起的其他疾病有效。目前还没有专门对猫背肛螨进行的研究，但异噁唑啉可能是有效的。背肛螨传染性极强，所有接触猫必须治疗，以避免再次感染。

## 耳螨病

耳螨病是一种由耳螨引起的外耳道寄生虫病。这种螨虫不具有物种特异性，可能感染猫、犬和其他哺乳动物。50% ~ 80% 的猫外耳炎是由耳螨引起的，这在全世界都有发生[5, 17]。

### 形态学

耳螨的身体呈椭圆形，吻部呈长圆锥形。雌性长 345 ~ 451 μm，而雄性较小（274 ~ 362 μm）。四肢较长，有短的蒂，末端有杯状、吸盘状结构，

**专栏 19–1　皮肤浅刮：实用技巧**

- 选择寄生虫的典型位置（如背肛螨寄生的耳缘）。
- 如有必要剪毛，用剪刀代替推子，留几毫米毛发，以免去除含有寄生虫的物质（如结痂）。
- 在皮肤上滴几滴矿物油。
- 在皮肤表面大面积刮取，避免血液污染。
- 进行多次皮肤刮片。
- 如获得大量样本，则将其分别置于多张载玻片上。
- 在载玻片上混合样本，如有必要，加入几滴矿物油，并尝试获得单层样本。
- 盖上盖玻片，用显微镜观察样本，关闭部分遮光镜并调暗光源。这样可以更好地观察寄生虫。

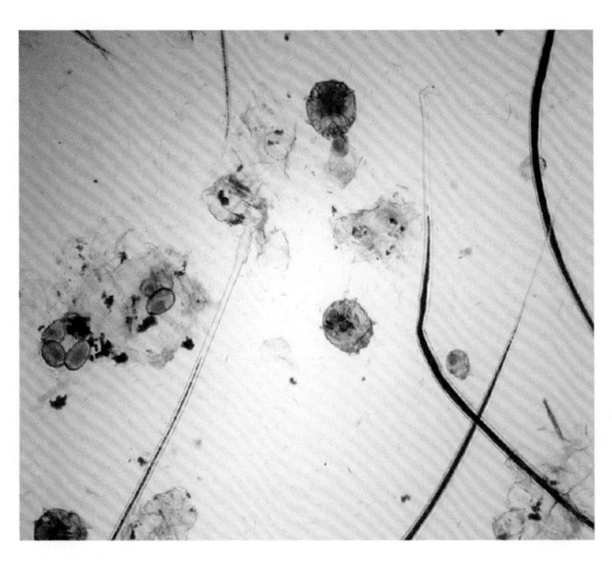

图 19–3　皮肤浅刮：可见螨虫成虫、卵和粪便

虫体利用这种结构在耳耵聍内迅速移动。螨虫成虫表现出性二型性：雄性有 4 对长肢，末端超出身体，腹叶较小；雌性第 4 对腿萎缩，不超出身体而腹叶较大（图 19–4）。虫卵呈椭圆形，一侧稍扁平，长 166 ~ 206 μm [4, 5]。

## 生命周期

耳螨的生命周期完全发生在宿主身上（永久性寄生）。这种螨虫生活在外耳道表面，不挖洞。交配后，雌螨产卵，4 ~ 6 d 孵化。六腿幼虫活跃采食 3 ~ 10 d，蜕皮为八腿原若虫，之后成为第二代若虫 [4, 5]。通常在显微镜检查中观察到交配，涉及雄螨和第二代若虫：雄螨通过交配吸盘附着在第二代若虫上，如果发育为雌螨则发生交配，而发育为雄螨则发生分离 [4, 8]。生命周期需要 3 周才能完成，成虫在宿主上存活约 2 个月。螨虫以皮肤碎屑和液体为食，刺激产生大量耳耵聍，偶尔与血液混合 [8]。在理想的温度条件下，螨虫可以离开宿主存活 12 d[18]。

## 流行病学

耳螨传染性极强，主要通过直接接触受感染的猫传播。同一只猫从一只耳朵感染到另一只耳朵也很常见 [19]。这种螨虫可感染幼猫和成猫，但青少年猫更易感 [19]。可能会发生暂时的人类感染，主要表现为分布在手臂和躯干的丘疹 [20]，但寄生虫性耳炎极为罕见 [21]。

## 临床症状

耳螨可引起瘙痒、红斑和耵聍性外耳炎，几乎总是双侧的。耳螨性耳炎的特征是大量棕黑色干燥的耵聍，看起来像“咖啡粉”（图 19–5）[8]。猫可能会发生对螨虫的超敏反应，患猫会表现出严重的瘙痒，与耳道内的螨虫数量不成正比 [22]。而有些猫的外耳道中可能有大量螨虫却没有瘙痒，这可能是由于没有超敏反应 [4]。感染耳螨的猫可能对屋尘螨的皮内试验呈阳性，如粉尘螨（美洲尘螨）、欧洲尘螨和粗脚粉螨 [23]。该病可能继发细菌或酵母菌感染 [24]。瘙痒的严重程度是导致自损性病变的原因，如脱毛、糜烂、溃疡和结痂，累及耳前区、头部、面部和颈部，并导致耳血肿 [17]。

还可能发生耳外感染，螨虫可能离开外耳道，引起身体其他位置的脱毛和粟粒性皮炎（异位螨虫）[4, 8]。

## 诊断

通过对螨虫或其卵的显微镜观察做出诊断（图 19–6）。首选的技术是用耳拭子采集耳垢进行显微镜检查（专栏 19–2）。必须在使用耵聍溶解剂产品或清洁耳道之前获取样本。为了提高检测的敏感性，建议将拭子穿过耳镜锥头从水平耳道采集更多的样本。通过耳镜检查，可将耳螨显示为移动的白点。在耳外位置的病例中，浅表皮肤刮片可以检测到螨虫 [4]。

## 治疗

许多外部和全身活性成分可用于治疗耳螨。在治疗前，建议用含有耵聍溶解剂的产品清洁耳道，以机械方式去除寄生虫和由螨虫引起的多余耳垢 [8]。外部治疗包括杀螨剂，如氯菊酯或噻苯达唑直接施用于耳道。这些活性成分的残留活性有限，需要每天使用，持续 3 周，以确保所有孵化的卵和新生的幼虫都能接触到药物，尽管它们通常仅被注册使用 7 ~ 10 d [17, 25]。不含杀螨剂的耳科产品也有效，尽管其作用机制尚不清楚。据推测，螨虫死亡是因为杀螨产品使它们不能移动和（或）呼吸 [26, 27]。非泼罗尼滴剂未注册用于耳螨病；然而，在每个耳道上滴一滴，其余滴在肩胛骨之间时，它被证明是有效的 [28]。与外部治疗相比，全身性治疗有许多优点。方便给药增加了主人对连续性治疗的依从性。对于位于耳外的螨虫病例，全身性治疗也是有效的 [17]。在未注册的活性成分中，伊维菌素以 0.2 ~ 0.3 mg/kg 的剂量皮下注射，间隔 14 d，给药 2 次，或每周口服 1 次，持续 3 周，已被证明是有效的 [29]。注册药物包括赛拉菌素和莫昔克丁 – 吡虫啉滴剂，两种药物都是间隔 1 个月给药 2 次 [30, 31]。2016 年发表的一篇回顾性综述建议，每隔 30 d 使用 1 次或 2 次赛拉

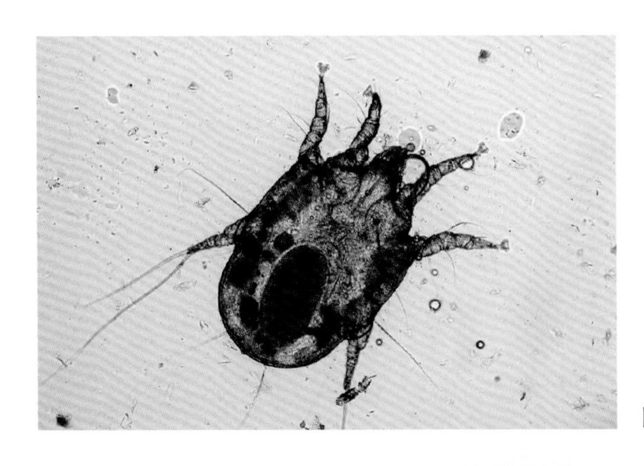
图 19-4 耳螨雌虫

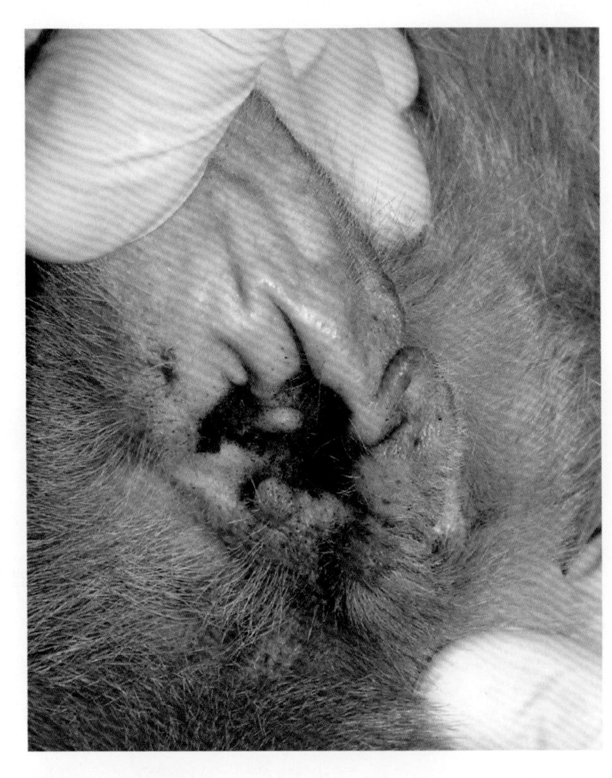
图 19-5 典型的猫耳螨病，耳垢像咖啡渣

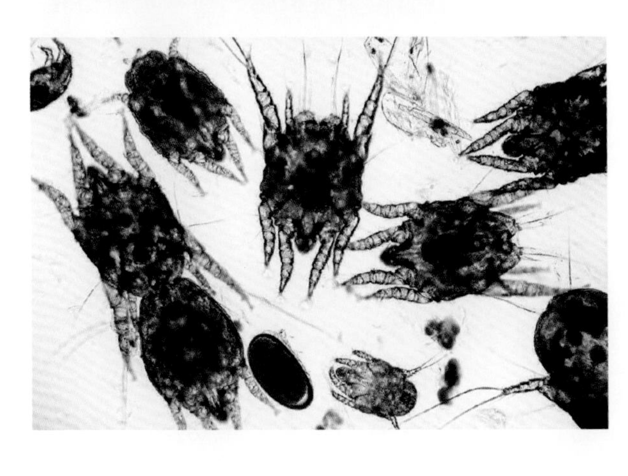
图 19-6 耳分泌物显微镜检查
可见一个虫卵和一只与第二代若虫交配的成年螨虫。

菌素或莫昔克丁 - 吡虫啉滴剂治疗猫耳螨。没有足够的证据推荐其他活性成分[17]。

最近，新的属于异噁唑啉家族的活性成分已经上市。沙罗拉纳和赛拉菌素滴剂已被注册用于治疗耳螨，且单次治疗有效[32]。同样作为单次治疗，氟雷拉纳单独使用或联合莫昔克丁的滴剂治疗也被证

**专栏 19-2 耳分泌物显微镜检查：实用技巧**

- 用棉签从耳道采集样本。
- 在应用耵聍溶解剂或清洁耳道之前采集样本。
- 用耳镜锥头引导拭子以采集更深的样本。
- 将样本涂抹在载玻片上后，用矿物油稀释样本。
- 用盖玻片盖住并在显微镜下观察样本，关闭部分遮光镜并调暗光线。这样可以更好地观察寄生虫。

明是有效的[33, 34]。阿福拉纳只注册用于犬，作为单次的口服用药被成功用于猫[35]。单次使用含有依普菌素、非泼罗尼、（S）- 甲氧普林和吡喹酮的滴剂可有效防止猫的耳螨感染[36]。无论选择哪种治疗方法，所有接触动物都必须进行治疗，因为可能发生传染或存在无症状携带者[29]。

## 姬螯螨病

姬螯螨病是一种由姬螯螨属的螨虫引起的寄生虫性皮肤病。姬肉食螨科的大多数螨虫是以其他螨虫为食的食肉动物，而有些种类只是体外寄生。皮肤病学关注的三个物种是布氏姬螯螨、牙氏姬螯螨和寄食姬螯螨[5]。姬螯螨有物种特异性，布氏姬螯螨适应猫，牙氏姬螯螨适应犬，寄食姬螯螨适应兔子。然而，没有严格的物种特异性，可能存在种间感染[4, 8]。

### 形态学

成虫较大（长 300 ~ 500 μm）；身体呈六边形，根据一些作者的说法，类似于甜椒或盾牌[4]。四肢较短，末端带有梳状附属物，吻突发育良好，触须末端有两个突出的弯钩，看起来像维京人的角（图 19-7）。通过观察位于第 1 对腿的第 3 部分感受器（感棒）的形状，可以区分 3 种姬螯螨。牙氏姬螯螨的感棒呈心形，布氏姬螯螨呈圆锥形，寄食姬螯螨呈圆形[4, 5]。然而，由于感棒形状的个体差异和显微镜固定造成的伪影通常很难鉴别其种类[37]。卵长 235 ~ 245 μm，宽 115 ~ 135 μm，呈椭圆形。与虱卵不同，姬螯螨无卵盖，通过细丝松散地附着在毛干上[4, 8]。

### 生命周期

姬螯螨的生命周期完全发生在宿主身上（永久性寄生）。这种螨虫生活在毛干根部的角质层中，在皮屑中快速移动，不挖洞，并以表皮碎屑和液体为食。卵位于距离皮肤表面 2 ~ 3 mm 的毛干上。六腿幼虫在卵内发育；一旦孵化，进入若虫阶段蜕皮两次，最后变为一只成年螨虫。当环境条件良好时，生命周期为 14 ~ 21 d[4, 5, 8]。

### 流行病学

姬螯螨病传染性极强，通常通过直接接触传

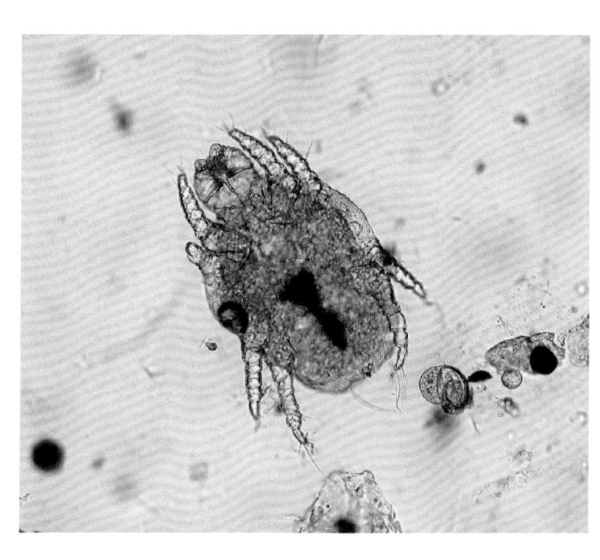

图 19-7 布氏姬螯螨成虫

播[4, 8]。由于成年雌性螨虫在环境中可以存活 10 d，而未成熟阶段的螨虫和雄性螨虫离开宿主后会很快死亡，因此间接传染不太常见[4, 8]。姬螯螨也可由跳蚤、虱子或苍蝇携带[4]。这种疾病更常见于来自宠物店或患有群养的幼年动物，而成年猫的诊断则可见于虚弱或患有全身性疾病的动物[5]。姬螯螨病是一种人兽共患病，人可短暂感染，四肢、躯干和臀部出现严重瘙痒性斑点和丘疹[8, 38, 39]。当患病动物接受杀螨剂治疗时，人的病变会在 3 周内自行消退[8]。

## 临床症状

临床症状的严重程度各不相同[8]。大多数患猫最初表现为腰背区患处的剥脱性皮炎，皮肤表面易脱落小而干燥的发白皮屑（图 19-8）[4, 8]。猫的梳理行为可能会去除皮屑和螨虫，最初疾病可能会缓慢发展且未被发现[8]。之后表皮剥脱可能会变得更严重，被毛可能看起来像"布满灰尘"。许多作者用"行走的皮屑"一词来形容在皮肤表面移动的螨虫。螨虫的颜色发白，因为它们会移动，因此可以与皮屑区分开[4, 8]。瘙痒的严重程度不定，从无瘙痒到严重瘙痒，与螨虫的数量不成正比，这增加了对一些猫过敏现象的怀疑[8, 37, 40]。由于严重瘙痒，一些动物出现了自损性创伤，如脱毛、抓痕、溃疡和结痂[8]。可以观察到粟粒性皮炎或自损性脱毛模式[8, 29]。

## 诊断

通过显微镜下观察寄生虫或其卵可以诊断姬螯螨病，不过由于螨虫体积大，有时可以用放大镜在猫的被毛上直接观察到[4, 8]。首选技术是使用透明细胞胶带采集样本进行显微镜检查（专栏 19-3）。可直接在猫的被毛上采集样本，或在用跳蚤梳梳理被毛后采集样本。另一种有用的技术是皮肤浅刮，特别是在很少有螨虫出现的情况下。毛干的显微镜检查可以观察附着在毛干上的卵（图 19-9）[4, 8, 29, 40, 41]。瘙痒猫可能因过度梳理而食入螨虫或卵，粪便漂浮试验可能有诊断提示[4, 8, 40]。在粪便中，姬螯螨的卵与钩虫卵相似；但它们的体积要大 3 ~ 4 倍（230 μm × 100 μm），并且经常可见胚胎[4, 8]。螨虫可能难以发现，在某些情况下，可以通过治疗性试

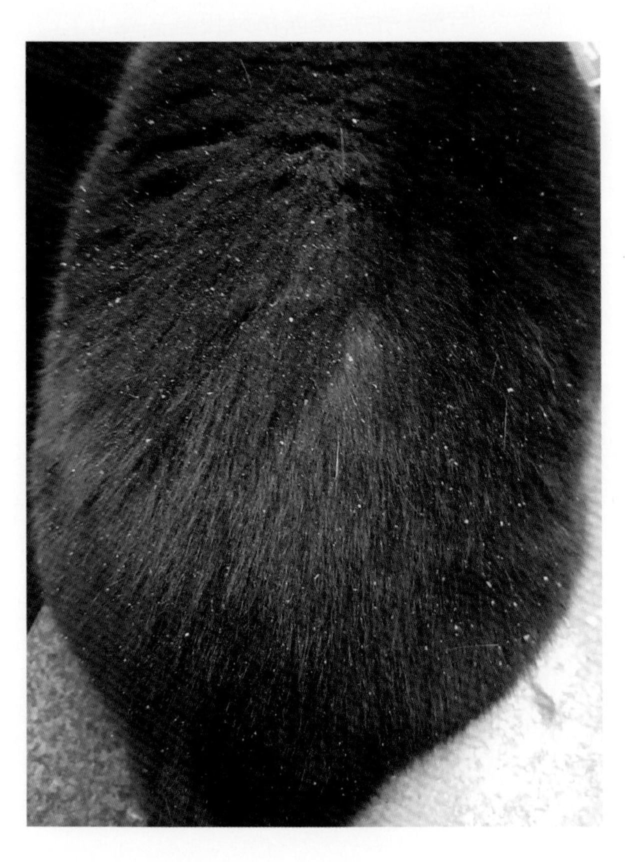

图 19-8　姬螯螨患猫背部的严重皮屑

**专栏 19-3 用透明胶带采集样本进行显微镜检查：实用技巧**

- 选择优质透明胶带。
- 使用胶带多次在皮肤上粘贴采集样本（注意：可能采集不到寄生虫，尤其是长毛猫）。
- 使用被毛梳理技术：用跳蚤梳或手梳理毛发，使样本落在桌面上，桌面应该非常干净。
- 用透明胶带直接从桌面上采集样本。
- 在载玻片上滴几滴矿物油，并用透明胶带覆盖。
- 用盖玻片盖住并用显微镜观察样本，关闭部分遮光镜并调暗光线。这样可以更好地观察寄生虫。

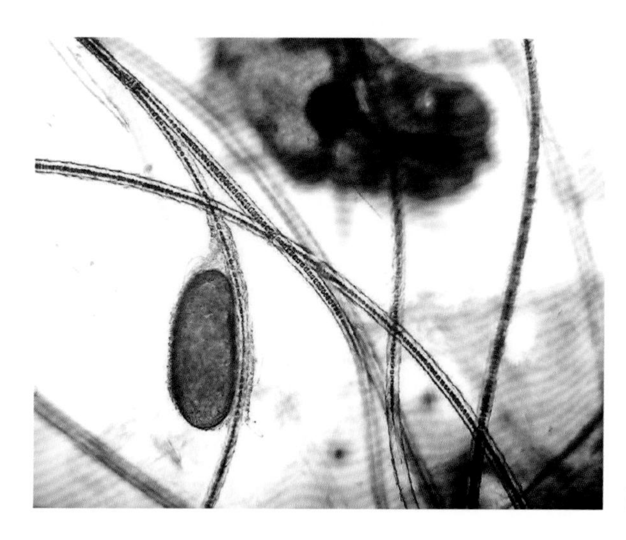

图 19-9 附着在毛干上的姬螯螨卵：卵没有卵盖

验确认诊断 [8, 40]。

### 治疗

目前还没有治疗猫姬螯螨病的已注册的活性成分。已报道外部（非泼罗尼滴剂单次治疗）[42] 或全身（赛拉菌素滴剂治疗，间隔 1 个月，施用 3 次 [40, 43] 或伊维菌素，0.2 ~ 0.3 mg/kg，每 2 周皮下注射 1 次 [41]）杀螨产品有效。

## 恙螨病

恙螨病是由恙螨幼虫引起的一种寄生虫性皮肤病。这种疾病在北美也被称为“草痒螨”或“沙螨病”，在澳大利亚被称为“灌木痒”，在欧洲被称为“秋收螨”[44]。在恙螨总科中，恙螨科包括大约 1500 种，其中只有大约 50 种能侵染鸟类、哺乳动物和人。兽医感兴趣的最重要的品种属于恙螨属，该属包括许多亚属，如新恙螨属和真恙螨属。在欧洲，最常涉及的物种是秋恙螨，而在美国东南部和中部，最常诊断出阿氏真恙螨 [5, 45]。这一家族的主要特征是只有幼虫阶段是寄生的（瞬时寄生），而若虫和成虫则在环境中自由生活。幼虫是寄生性的，不是宿主特异性的，可以侵染包括人类在内的许多物种 [4, 5]。

### 形态学

秋恙螨幼虫呈椭圆形，长 200 ~ 400 μm，其特征为典型的橙红色（图 19-10）。口部包括发育良好的吻突和带有强健镊子状触须的螯。躯干有一个五边形的背侧盾片（在阿氏真恙螨中为矩形），身体上覆盖着长的羽毛状刚毛。肢端有用于附着宿主的三叉爪（在阿氏真恙螨中分叉）[4, 5]。成虫是非寄生性的，长约 1 mm，颜色也呈橙红色 [4]。

### 生命周期

雌性螨虫在土壤中产球形卵。幼虫在 1 周内从卵中孵化，并在地面上主动移动，爬到草上，等待宿主[5]。幼虫需要 80% 的相对湿度，因此它们爬上的植物高度不到 30 cm[45]。一旦接触宿主，幼虫就会用螯肢附着，并通过一种被称为蹬状体的特殊结构进食，蹬状体是由唾液分泌物凝固在宿主表皮上形成的吸管。这种结构允许口器向下穿透到宿主的真皮，并以组织液为食（肠外消化）[4, 46]。在宿主身上寄生的过程中，幼虫从 0.25 mm 长到 0.75 mm，从亮红橙色变成淡黄色[47]。采食 3 ~ 15 d 后，幼虫落在地上，在环境中完成其生命周期。若虫期和成虫期自由生活和活动，以小型节肢动物或它们的卵和植物的液体为食。生命周期超过 50 ~ 70 d，并受季节的强烈影响[4, 5]。

## 流行病学

在欧洲，雌性螨虫往往在春季和夏季产卵，幼虫在夏末和秋季大量繁殖。然而，根据气候的不同，可以完成一个以上的生命周期，也可以在不同季节发现幼虫[4, 48, 49]。

恙螨病不是人兽共患病，因为人是直接从环境中感染的；然而不能排除动物直接传播给人的可能[47]。幼虫季节在农村或森林中工作或待着的人易受感染。临床症状被认为是螨虫唾液的刺激作用和对唾液抗原的获得性过敏所致。在非过敏个体中，会出现瘙痒性斑点和丘疹，而在过敏的患猫中，瘙痒严重，并伴有荨麻疹、丘疹、水疱、发热和淋巴结肿大。病变多见于腕部、前肢曲面、腰线、踝部、腘窝和大腿[47, 49, 50]。在儿童中，报告了“夏季阴茎综合征”：一种对螨虫的急性过敏反应，伴有阴茎红斑、水肿和瘙痒，以及由于部分包茎导致的排尿困难，并伴有尿量减少[51]。

秋恙螨幼虫被认为是伯氏疏螺旋体的潜在载体，可引起莱姆病和嗜吞噬细胞无形体（以前被称为嗜吞噬细胞埃立克体），通过转运或经卵巢传递传播引起人类粒细胞无形体病[52–54]。

## 临床症状

幼虫爬上植物，等待宿主，并通过直接接触附着在宿主身上。因此，寄生虫优先出现在与地面接触的身体部位，如腹部、趾间、爪褶、口鼻部和耳廓，尤其是耳缘基部的褶皱（亨氏袋）。可观察到橙红色的螨虫聚集（图 19–11）[5, 48]。面部位置反映了宿主第一次接触幼虫的部位，与猫的探索行为直接相关，而亨氏袋的位置表皮较薄，有利于蹬状体的形成；此外，亨氏袋还可保护幼虫[48]。

有些猫的感染是完全无症状的，主人可能偶然

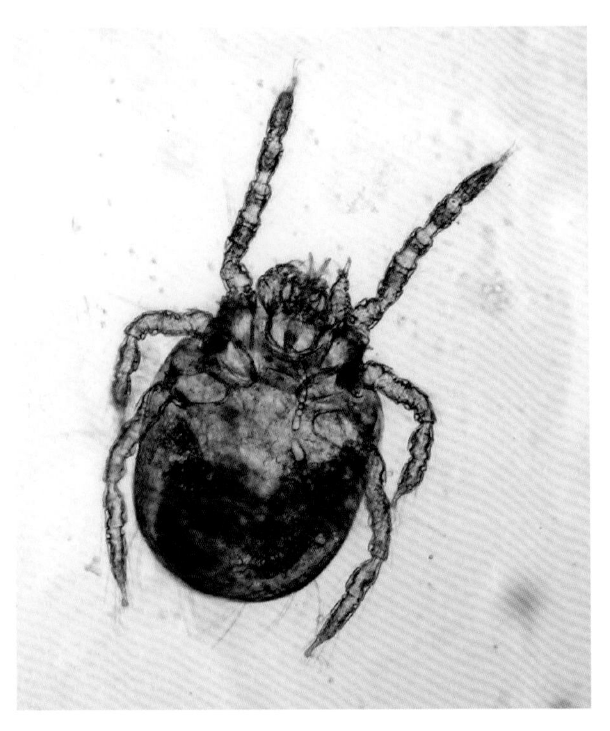

图 19–10　秋恙螨六腿幼虫，呈亮橙红色

发现或在每年接种疫苗的临床检查中观察到螨虫[48]。

患猫表现出不同程度的瘙痒，从中度到重度，可能与个体过敏有关，这种过敏可能在幼虫离开宿主后持续存在[5, 48]。根据瘙痒的严重程度，一些猫会出现结痂性丘疹和自损，如脱毛、抓痕、溃疡和结痂。可能观察到粟粒性皮炎或自损性脱毛[48, 55, 56]。

### 诊断

诊断需要相符的病史以及肉眼和显微镜检查观察到寄生虫。用放大镜检查被毛可以观察到橙色幼虫的小聚集体。通过透明细胞胶带或皮肤浅刮采集的样本的显微镜检查可以识别寄生虫（图 19–12）[48]。

### 治疗

目前还没有恙螨病的注册治疗方法，关于杀螨剂治疗猫这种疾病有效性的研究也很少。这是一种相对容易治疗的疾病，因为许多杀外寄生虫的产品都是有效的；然而，自由进入感染区域的猫经常再次感染。非泼罗尼喷剂[48, 57]、赛拉菌素滴剂[48, 58]和莫西克丁 – 吡虫啉滴剂[48]单次使用有效。这些活性成分似乎可以防止环境再次感染。

## 蠕形螨病

猫蠕形螨病是一种罕见的由蠕形螨属的螨虫引起的寄生虫性皮肤病。目前，利用分子技术已在猫身上鉴定出三个品种：猫蠕形螨、戈托伊蠕形螨和第三种未命名的品种[59, 60]。

### 形态学

猫蠕形螨与犬蠕形螨非常相似，分类学差异极小。身体细长，呈雪茄状。成年雄性长 182 μm，宽 20 μm，成年雌性长 220 μm，宽 30 μm[4, 61, 62]。颚体位于身体前部，呈梯形，带有两条螯肢和两根触须。身体中部的足体，有四对萎缩的腿，每只都有一对跗螯，远端分叉有一个大的、朝向尾侧的上爪。身

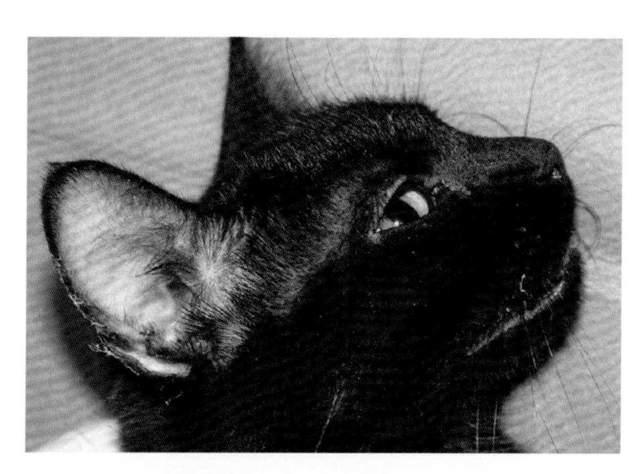

图 19–11 肉眼可见猫头部和耳廓上的橙色寄生幼虫积聚

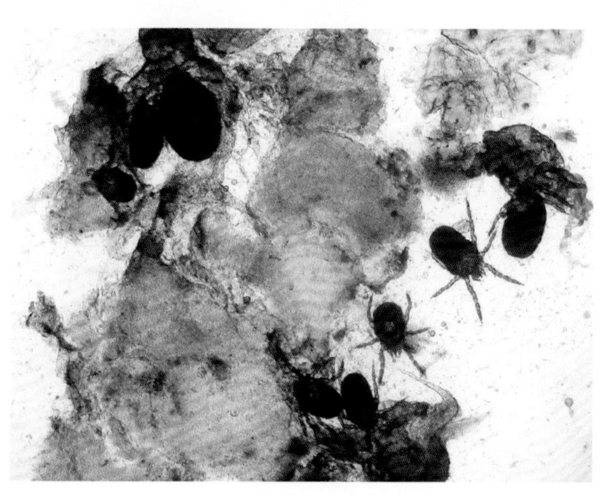

图 19–12 皮肤浅刮：许多秋恙螨幼虫

体的末端是末体，占螨虫身体的 2/3，有横向条纹，末端呈锥形（图 19–13）[61]。雌性生殖系统位于腹侧，第四对腿下方。雄性生殖系统位于背侧，与第二对腿相对应。卵呈椭圆形，平均长 70.5 μm[4, 61]。

戈托伊蠕形螨更小、更短粗，在形态上与仓鼠的寄生虫仓鼠脂螨相似 [8, 63]。雄性长 90 μm，雌性长 110 μm[62–64]。末体不到身体总长的一半，有水平条纹，末端呈圆形（图 19–14）[63, 65]。卵呈椭圆形，比猫蠕形螨卵小 [63]。

第三种未命名的蠕形螨体型中等，身体较短，比猫蠕形螨更短粗，但比戈托伊蠕形螨长且更像锥形 [62, 66, 67]。

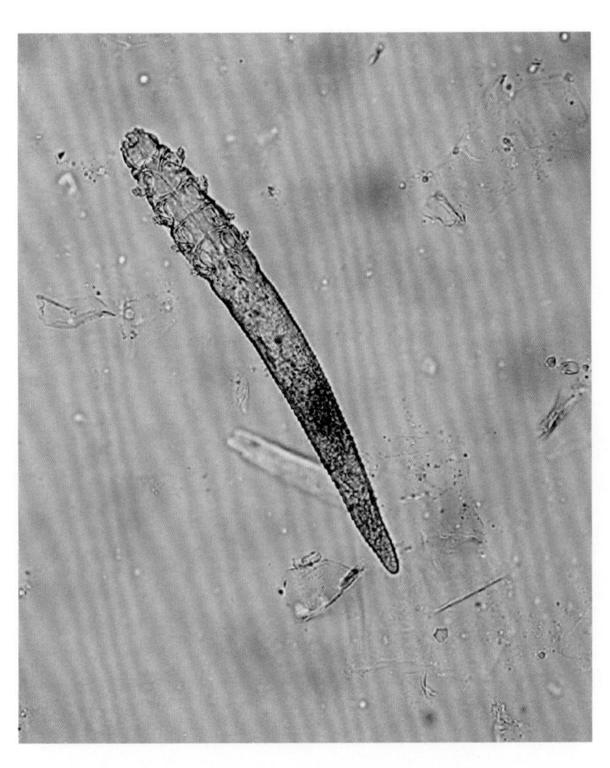

图 19–13　猫蠕形螨：末体占寄生虫身体的 2/3，末端呈锥形

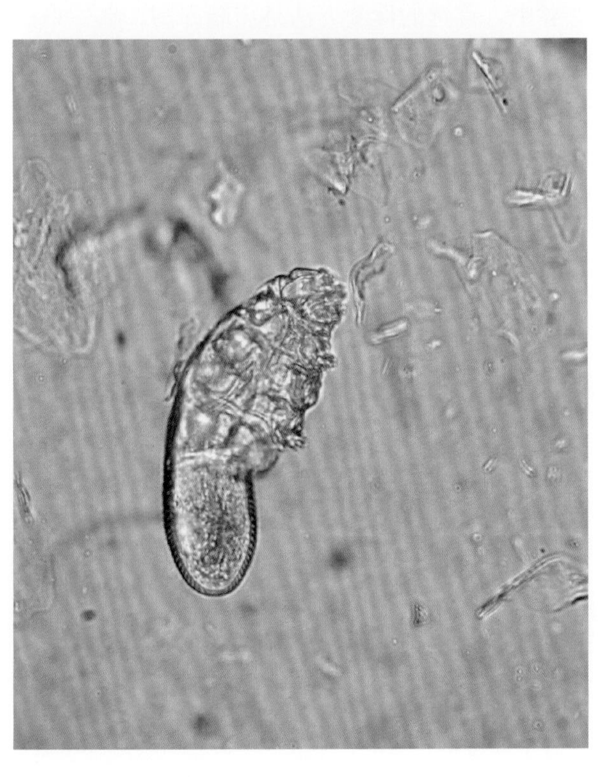

图 19–14　戈托伊蠕形螨：末体不足整个体长的一半，末端呈圆形

猫蠕形螨生活在毛囊中，通常位于皮脂腺管的出口附近，头部向下[61]。而戈托伊蠕形螨生活在角质层中[62–64]。第三种未命名的蠕形螨生活环境未知，因为它从未在组织病理学样本中被描述过[62, 66]。与生命周期相关的信息仅参考猫蠕形螨[61]。

生命周期完全发生在宿主身上（永久性寄生）。在皮肤表面交配；然后受精的雌性进入毛囊产卵。孵化为6条腿的幼虫，经过两个若虫阶段后，第二代若虫移回皮肤表面并发育成成虫，定殖更多的毛囊[61]。

## 流行病学

猫蠕形螨的传播方式未知。犬是在哺乳期的最初几天内，由母犬传染给幼犬的[8]。犬蠕形螨和猫蠕形螨在形态和环境上的相似性表明其传播方式是相同的。这种疾病不会传染。

如果有足够的寄生压力，由戈托伊蠕形螨引起的疾病似乎会在共享相同环境的猫之间传染[64, 66, 68]。目前尚不清楚第三种未命名的蠕形螨是否具有传染性。蠕形螨属是有宿主特异性的螨虫，该病不会人兽共患。

## 临床症状

在感染猫蠕形螨的蠕形螨病中，描述了局部形式和全身形式[4, 8]。局部形式涉及头部和颈部，尤其是眼周和唇周区域以及下颏[4, 8, 69]。病变包括红斑、脱毛、皮屑和结痂。瘙痒程度不等，通常从无瘙痒到轻微瘙痒[8, 69–71]。当疾病涉及外耳道时，会导致双侧耵聍性耳炎，这在猫免疫缺陷病毒（FIV）阳性的猫中经常被报道[72, 73]。在使用糖皮质激素气雾剂长期治疗哮喘的猫身上也出现了局部形式的报道[74]。

全身形式和局部形式引起的病变相似，但更严重、更广泛，涉及口鼻部、颈部、躯干和四肢或全身（图19–15）[8, 65, 69–71]。全身性蠕形螨病通常与免疫抑制治疗或并发全身性疾病有关，如糖尿病、黄瘤病、弓形虫病、系统性红斑狼疮、皮质醇增多症、逆转录病毒感染和鲍恩样原位癌[69, 71, 75, 79]。然而，在某些情况下，无法确定潜在疾病[80]。

在戈托伊蠕形螨感染中，最常见的临床症状是不同程度的瘙痒，从无瘙痒到严重瘙痒，在某些病例中怀疑螨虫过敏（图19–16）[8, 62, 64, 81]。猫可能表现出涉及躯干、胁腹部或四肢的自损性脱毛或抓痕，溃疡和结痂或丘疹和结痂性皮炎（粟粒性皮炎）[64, 81]。这种类型的蠕形螨病与免疫抑制无关[81]。也有同一只猫身上存在不同种类蠕形螨的报道[62, 65]。

## 诊断

猫蠕形螨病是通过对螨虫成虫、未成熟阶段或卵的显微镜检查来诊断的。根据涉及的螨虫种类及位置，所使用的诊断技术有所不同。猫蠕形螨生活在毛囊中，首选的诊断方法是皮肤深刮，然后是拔毛镜检（专栏19–4和专栏19–5）[81]。对位于浅表的戈托伊蠕形螨，建议的方法是皮肤浅刮或用透明细胞胶带采样进行显微镜检查[81]。这些螨虫小而透明，建议通过关闭部分遮光镜来减少通过显微镜的

图19–15　由猫蠕形螨引起的全身性蠕形螨患猫背部大面积脱毛

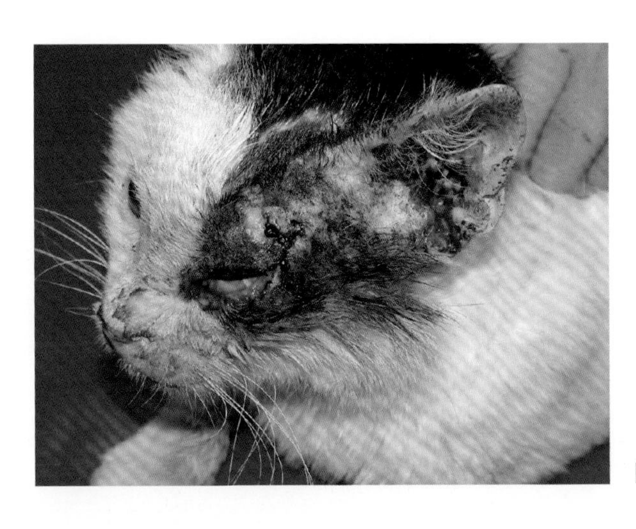

图 19–16　戈托伊蠕形螨患猫严重的自损性病变

**专栏 19–4　拔毛镜检：实用技巧**

- 仔细选择要检查的毛干。
- 使用止血钳或手指抓住毛发基部。
- 沿毛发生长方向拔毛。
- 在载玻片上滴几滴矿物油并将毛干对齐。
- 盖上盖玻片在显微镜下观察样本，关闭部分遮光镜并调暗光线。这样可以更好地观察寄生虫。

**专栏 19–5　皮肤深刮：实用技巧**

- 选择采样部位，避开溃疡和纤维化的区域。
- 必要时剃毛。
- 在皮肤上滴几滴矿物油。
- 刮擦皮肤至观察到毛细血管出血。
- 进行多次皮肤刮片。
- 如获得大量样本，将其分成多张载玻片。
- 在载玻片上混合样本，必要时滴几滴矿物油，尝试获得单层样本。
- 盖上盖玻片在显微镜下观察样本，关闭部分遮光镜并调暗光线。这样可以更好地观察寄生虫。

光量以增加对比度 [64, 65]。在过度理毛的猫身上，可能很难观察到戈托伊蠕形螨，一些作者建议进行粪便漂浮检查 [81, 82]。此外，还有一些作者建议，当怀疑猫感染戈托伊蠕形螨时，用杀螨剂治疗 [64, 81]。

## 治疗

没有针对猫蠕形螨病的注册产品，也没有标准化方案。根据螨虫种类和给药剂量的不同，可使用多种活性成分，但效果不同。一项循证评估建议每周使用 2% 石硫合剂冲洗 [83]；但是，该产品在许多国家不可用。

每周使用 1 次或 2 次双甲脒（0.0125% ~ 0.025%）冲洗和大环内酯对这两种蠕形螨有中度有效性证据，但可能对猫有毒性 [83]。伊维菌素可以口服和皮下给药，对两种蠕形螨都有效；然而，据报道，在戈托伊蠕形螨病例中出现了失败 [62, 64, 81]。多拉菌素（600 μg/kg，每周皮下注射 1 次，持续 2 ~ 3 周）对治疗猫蠕形螨有效 [83, 84]。伊维菌素和多拉菌素都具有严重的中枢神经系统毒性 [62]。

已证明米尔贝肟对猫蠕形螨有效，剂量为 1 ~ 1.5 mg/kg，每天口服 1 次，持续 2 ~ 7 个月 [74, 76]，每周外用 1 次吡虫啉 / 莫西克丁，共 8 次，对戈托伊蠕形螨有效 [85]。

最近，据报道，口服氟雷拉纳的单一治疗对这两种蠕形螨都有效 [86, 87]。戈托伊蠕形螨具有传染性，建议治疗所有接触的猫 [8]。

## 虱病

虱病是一种虱子感染。虱子是一种小型无翅昆虫，长 0.5 ~ 8 mm，背腹扁平，腿上有强有力的爪子附着在毛干上 [4, 88]。大多数哺乳动物，包括人类和鸟类，不包括单孔目动物和蝙蝠，至少可感染一种虱子 [88]。与其他昆虫一样，它们的身体由头部、胸部和腹部组成；有 3 对腿和 1 对触角。它们一生都在宿主身上度过，具有高度的宿主特异性，它们在许多物种身上都有喜欢的特定位置。大多数虱子属于虱亚目或吸吮虱，仅寄生于有胎盘的哺乳动物，咬虱属于细角亚目，以前称为食毛目，寄生于哺乳动物和鸟类。吮吸虱有一个专门的吸血口器，而咬虱并不以血为食，而是以表皮碎屑和毛发为食[4, 88]。猫虱是唯一寄生于猫的虱子。

## 形态学

猫虱是一种咬虱（细角亚目），长 1 ~ 1.5 mm，颜色为米黄色，具有横向深色条纹。头部比胸部宽，形状为五边形，前端尖。在腹侧表面，具有与毛干适配的纵向中间裂缝。两性的触角相似，由 3 部分组成。口器发育良好，有助于虱子持续附着在毛干上（图 19–17）。腿短，末端只有一爪[88]。

## 生命周期

生命周期完全发生在宿主身上（永久性寄生），雌性在宿主身上产下与毛干紧密相连的卵。若虫从卵中孵化，需要蜕皮 3 次成为成虫。幼年阶段与成年阶段相似，但较小且未性成熟，性腺未发育（不完全变态）。整个周期需要 2 ~ 3 周，雌性在其一生中最多可产卵 200 ~ 300 枚，持续约 1 个月[88]。

与其他昆虫相比，虱子的繁殖指数不高；然而，雌性在产卵过程中会产生一种可变为固体的黏稠液体，将不包括卵盖（呼吸孔）的整个长度的卵与毛干黏合在一起。这减少了卵的脱落和未成熟阶段的死亡率，并增加了宿主身上的虱子数量[88]。

## 流行病学

虱子离开宿主后，存活一般不会超过 1 ~ 2 d，通常一生都在同一宿主身上度过。感染猫和易感猫之间通过直接接触传播，因为虱子离开宿主后只会转移到另一个宿主身上[88]。由于高度的宿主特异性，所以只在猫之间发生传播。有报道称，在温带气候中冬季感染率增加和季节性波动可能是由于宿主的被毛特征。长毛猫易感；然而，最严重的病例常见于营养不良的猫或生活在恶劣卫生条件下的猫[8, 88]。

## 临床症状

虱子可感染全身，易感位置包括头部、颈部和腰背部[88]。在猫身上观察到的病变因寄生虫数量和瘙痒的严重程度而不同，瘙痒程度从无到中度不等[8, 88]。有些猫无症状，可观察到虱子在毛干上移动，通常只能看到卵，附着在毛干上，眼观类似于皮屑。仔细检查后，可正确识别椭圆形的白色虫卵。被毛可能会显得暗淡、蓬乱且脏（图 19–18）[8]。另外一些病例可见丘疹和皮屑等原发性病变，或自损继发的病变（蜕皮、结痂）、自损性脱毛或粟粒性皮炎[8]。

## 诊断

通过近距离观察或使用放大镜可以很容易地识别虱子及其卵。毛干显微镜检查和透明细胞胶带采样可确认诊断[8]。梳毛也有助于在诊台上采集样本。当没有发现虱子成虫，只有卵时，这些虱卵必须与同样附着在毛干上的姬螯螨卵相区别。虱卵比姬螯

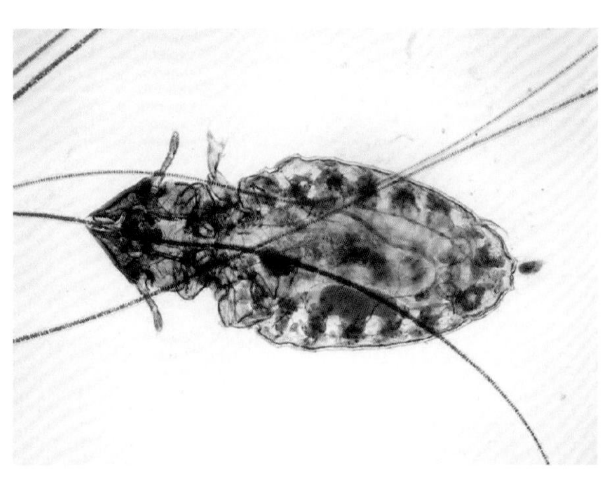

图 19–17　成年猫虱

螨卵大得多，卵盖位于背侧（图 19–19）。此外，虱卵有 2/3 的长度附着在毛干上，而姬螯螨卵则由细纤维松散固定。

### 治疗

市场上大多数杀虫剂都对虱子有效[8]。目前，治疗猫虱病的注册活性成分包括非泼罗尼（滴剂和喷剂）[89] 和赛拉菌素滴剂[90]，最近还有与沙罗拉纳联合的产品可用。建议使用所有这些产品进行单一治疗；然而，虫卵对大多数杀虫剂具有抗药性。建议在 14 d 后重复治疗，以确保杀死在第一次治疗后从卵中孵出的虱子。治疗范围必须扩大到所有接触的猫[8, 88]。

## 猫毛螨病

猫毛螨（猫被毛螨）是蜱螨纲疥螨目螨虫，该科是专门攫取哺乳动物毛发的小而长的室内螨虫。其他值得注意的被毛螨包括分别感染豚鼠和兔子的豚鼠背毛螨和兔驼背螨。猫毛螨的特征是身体侧向压缩，前腿短，有由前足体突片状垂悬物和触须基节组成的用于抓握的特殊变形结构，具有抓握毛干的能力。它们的腿终止于可移动的步带盘，这是一种膜状结构，支撑爪的剩余部分，有助于最大限度地接触并抓紧毛发。该品种的雄性拥有大的肛门吸盘，用于在交配过程中固定在雌性身上。雌性产卵之后孵化成 6 条腿的幼虫，然后变成 8 条腿的若虫，最后蜕皮为成虫（图 19–20）。猫毛螨以宿主身上脱落的角质细胞、真菌孢子、皮脂及花粉为食。准确的生命周期尚未完全描述，通过直接接触传播。美国南部（得克萨斯州、佛罗里达州）、澳大利亚、新西兰、新喀里多尼亚、法属圭亚那、加勒比、斐济、马来西亚、菲律宾、印度、新加坡和南美洲都有报道，但其发病率被认为有漏报的。除猫科动物外，猫毛螨对人或任何其他物种均无人兽共患性。

图 19–18　感染虱子的患猫，被毛蓬乱且看起来脏脏的

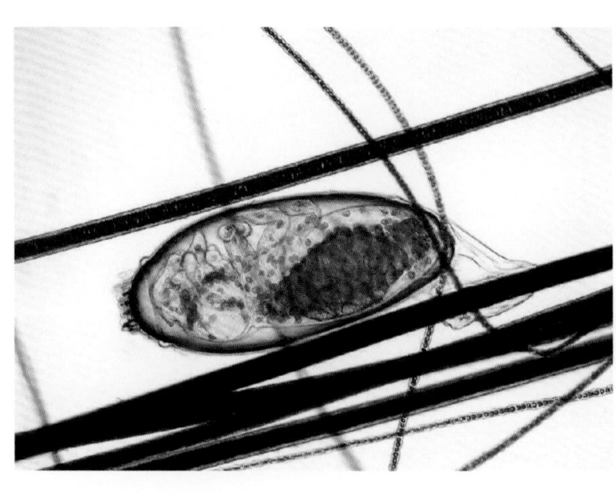

图 19–19　紧密附着在毛干上的有卵盖的虱卵

## 临床症状

大多数受感染的猫都没有症状，但有报道称易感宿主有病理反应。在这些猫中，描述了一种自损性、非炎性的尾部脱毛。脱毛通常始发于会阴 / 尾端，在那里，最常分离出螨虫，然后扩散到大腿外侧、腹部和胁腹部（图 19-21）[91]。受感染的猫通常表现为皮屑产生增加，被毛干燥、无光泽、易脱落。其他皮肤以外的症状，如牙龈炎、胃肠紊乱（毛球）和因刺激引起的不安也可能出现。由于螨虫可以引起皮肤以外的症状，兽医考虑把这种寄生虫作为一个可能的鉴别诊断是非常重要的，尤其是当这些皮肤以外症状存在的时候。

## 诊断

可以通过会阴、后肢侧面或颈部区域的拔毛或胶带粘贴进行显微镜检查来诊断，在这些部位更容易观察到寄生虫[91]。螨虫很容易在明显的严重感染中被发现，但在过度自我理毛的患猫中可能很难发现。

## 治疗

这种寄生虫对所有杀螨剂都很敏感。已发表的疗效报告包括非泼罗尼、莫西克丁 - 吡虫啉和氟雷拉纳[92, 93]。每两周外用一次赛拉菌素也同样有效。

# 猫皮蝇蛆病

蝇蛆病被定义为苍蝇幼虫感染活体脊椎动物，可能与取食宿主组织有关，也可能与之无关[94]。在大部分蝇蛆病的病例中，无论苍蝇种类如何，如嗜人锥蝇新世界螺旋锥蝇（New-World screwworm，NWS）或蛆症金蝇旧世界螺旋锥蝇（Old-World screwworm，OWS），都会在活宿主身上产卵，其引起的疾病称为皮蝇蛆病。历史上，NWS 的分布范围

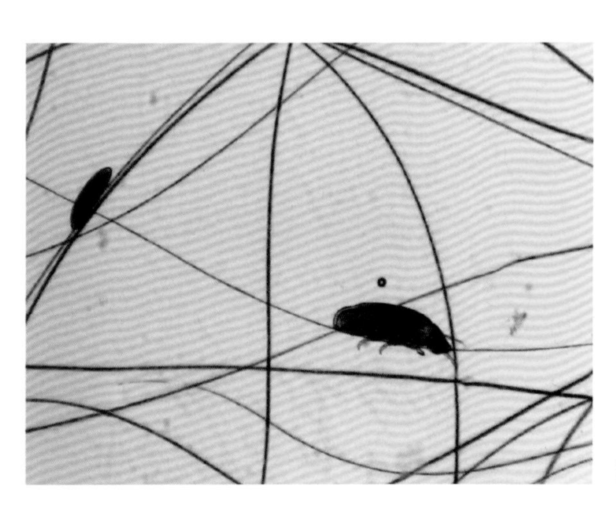

图 19-20　典型的拔毛可见雌性猫毛螨若虫和虫卵

图 19-21　一只猫毛螨病患猫，可见双侧对称性非炎性自损性脱毛

从美国南部各州延伸到墨西哥、中美洲、加勒比和南美洲北部国家，再到乌拉圭、智利北部和阿根廷北部。其分布范围在冬季缩小，在夏季扩大，从而在边缘地区产生季节性，在中部地区全年发生。随着无菌昆虫技术（sterile insect technique，SIT）的成功实施，NWS 已从美国、墨西哥、库拉索岛、波多黎各传入中美洲国家，如危地马拉、伯利兹、萨尔瓦多、洪都拉斯、尼加拉瓜和巴拿马。顾名思义，OWS 局限于旧世界，包括非洲大部分地区（从埃塞俄比亚和撒哈拉以南国家到南非北部）、中东海湾地区、印度次大陆和东南亚（马来西亚、新加坡、印度尼西亚、菲律宾到巴布亚新几内亚）。OWS 最近被报道在中国香港和中国广西南部发现[95]。

## 临床症状

雌性嗜人锥蝇和蛆症金蝇通常在伤口边缘产卵。卵在 12 ~ 24 h 内孵化。正如螺旋锥蝇的名字所暗示的那样，孵化出来的幼虫会挖洞或将头部朝下拧入宿主组织并开始进食。这导致渗出性和溃疡性病变，病变内容易看到蛆，散发出特征性的腐败气味（图 19-22）。这些难闻的腐烂伤口会吸引更多的苍蝇产卵，造成超级感染，从而导致未经治疗的宿主因败血症而死亡。在大约 7 d 的进食后，幼虫落在地上，挖洞并化蛹，成虫在大约 7 d 内从蛹室中出现。成年未去势雄性家养短毛猫易因猫间打斗而发展为螺旋锥蝇蛆病，在报道这两种疾病的地区，有些猫同时被诊断为孢子丝菌病。猫的螺旋锥蝇蛆病最常见的发生部位是爪部，其次是尾巴和会阴[96]。从组织破坏的严重程度来看，人们可以合理地预期，精心梳理的宿主会快速清除这些幼虫，从而突显宿主与寄生虫的关系。然而，幼虫诱导免疫抑制状态的能力使宿主对感染的耐受性极强，因此一些患病动物在感染的晚期需要医疗护理。

## 治疗

标准包装剂量的烯啶虫胺（Capstar®，Elanco，IL，USA），按照制造商的建议给药（随餐或不随餐），是药物供应国最常见的治疗方式。使用烯啶虫胺治疗的犬在 24 h 内的杀幼虫效果为 94.1% ~ 100%，关于猫的数据很少[97-99]。一旦幼虫死亡，则手动移除幼虫并清理创口，如果创口内没有留下幼虫（异物），通常会很快愈合。在无法获得烯啶虫胺的地区，标签外使用全身 / 局部伊维菌素（0.3 ~ 0.6 mg/kg）和（或）含有蝇毒磷、残杀威和磺胺的局部粉状杀虫剂（Negasunt™ Dusting Powder，Bayer Pharmaceuticals，Maharashtra，India），用于治疗农场动物的皮蝇蛆病。除烯啶虫胺外，兽医治疗猫皮蝇蛆病的选择非常有限。由于这一限制，许多猫仍然需要标签外使

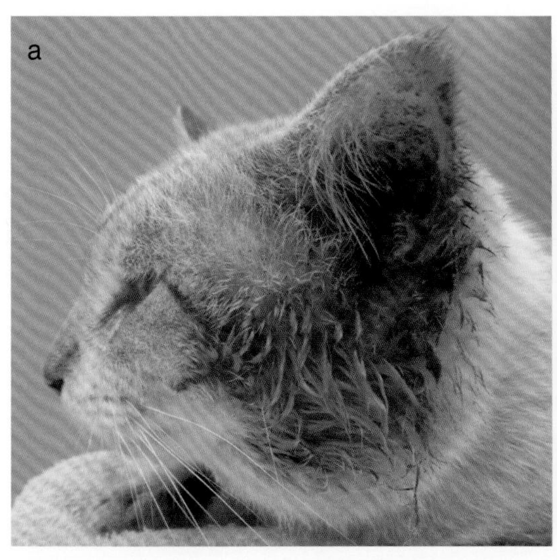

图 19-22 （a）猫的左耳基部有渗出性、溃疡性、肿胀和红斑的伤口，具有典型的腐败气味；（b）仔细检查后，这些病变内清晰可见钻到下面的幼虫

用伊维菌素和氨基甲酸酯，这原本是用于农场动物的产品。

## 参考文献


[1] Leone F, Albanese F, Fileccia I. Feline notoedric mange: a report of 22 cases. Prat Méd Chir Anim Comp. 2003; 38:421–427.

[2] Leone F. Canine notoedric mange. Vet Dermatol. 2007; 18(2):127–129.

[3] Foley J, Serieys LE, Stephenson N, et al. A synthetic review of notoedres species mites and mange. Parasitology. 2016; 9:1–15.

[4] Bowman DD, Hendrix CM, Lindsay, et al. The Arthropods. In: Bowman D, editor. Feline Clinical Parasitology. Ames: Iowa State University Press; 2002. p. 355–455.

[5] Wall R, Shearer D. Mites (Acari). In: Veterinary Ectoparasites: biology, pathology & control. 2nd ed. Oxford: Blackwell Science; 2001. p. 23–54.

[6] Chakrabarti A. Human notoedric scabies from contact with cats infested with Notoedres cati. Int J Dermatol. 1986; 25(10):646–648.

[7] Foley RH. A notoedric mange epizootic in an island's cat population. Feline Pract. 1991; 19:8–10.

[8] Miller WH, Griffin CE, Campbell KL. Parasitic skin disease. In: Muller and Kirk's small animal dermatology. 7th ed. St. Louis: Elsevier Mosby; 2013. p. 284–342.

[9] Leone F, Albanese F, Fileccia I. Epidemiological and clinical finding of notoedric mange in 30 cats. Vet Dermatol. 2005; 16(5):359.

[10] Sampaio KO, de Oliveira LM, Burmann PM, et al. Acetate tape impression test for diagnosis of notoedric mange in cats. J Feline Med Surg. 2016; 15:1–4.

[11] Knaus M, Capári B, Visser M. Therapeutic efficacy of Broadline against notoedric mange in cats. Parasitol Res. 2014; 113(11):4303–4306.

[12] Hellmann K, Petry G, Capari B, et al. Treatment of naturally Notoedres cati–infested cats with a combination of imidacloprid 10%/moxidectin 1% spot–on (advocate®/advantage® multi, Bayer). Parasitol Res. 2013; 112(Suppl 1):57–66.

[13] Itoh N, Muraoka N, Aoki M, et al. Treatment of Notoedric cati infestation in cats with selamectin. Vet Rec. 2004; 154(13):409.

[14] Fisher MA, Shanks DJ. A review of the off–label use of selamectin (stronghold/revolution) in dogs and cats. Acta Vet Scand. 2008; 50:46.

[15] Sivajothi S, Sudhakara Reddy B, et al. Notoedres cati in cats and its management. J Parasit Dis. 2015; 39(2):303–305.

[16] Delucchi L, Castro E. Use of doramectin for treatment of notoedric mange in five cats. J Am Vet Med Assoc. 2000; 216(2):215–216.

[17] Yang C, Huang HP. Evidence–based veterinary dermatology: a review of published studies of treatments for Otodectes cynotis (ear mite) infestation in cats. Vet Dermatol. 2016; 27(4):221–e56.

[18] Otranto D, Milillo P, Mesto P, et al. Otodectes cynotis (Acari: Psoroptidae): examination of survival off–the–host under natural and laboratory conditions. Exp Appl Acarol. 2004; 32(3):171–179.

[19] Sotiraki ST, Koutinas AF, Leontides LS, et al. Factors affecting the frequency of ear canal and face infestation by Otodectes cynotis in the cat. Vet Parasitol. 2001; 96(4):309–315.

[20] Herwick RP. Lesions caused by canine ear mites. Arch Dermatol. 1978; 114(1):130.

[21] Lopez RA. Of mites and man. J Am Vet Med Assoc. 1993; 203(5):606–607.

[22] Powell MB, et al. Reaginic hypersensitivity in Otodectes cynotis infestation of cats and mode of mite feeding. Am J Vet Res. 1980; 41(6):877–882.

[23] Saridomichelakis MN, Koutinas AF, Gioulekas D, et al. Sensitization to dust mites in cats with Otodectes cynotis infestation. Vet Dermatol. 1999; 10(2):89–94.

[24] Roy J, Bédard C, Moreau M, et al. Comparative short–term efficacy of Oridermyl(®) auricular ointment and revolution(®) selamectin spot–on against feline Otodectes cynotis and its associated secondary otitis externa. Can Vet J. 2012; 53(7):762–766.

[25] Ghubash R. Parasitic miticidal therapy. Clin Tech Small Anim Pract. 2006; 21(3):135–144.

[26] Scherk–Nixon M, Baker B, Pauling GE, et al. Treatment of feline otoacariasis with 2 otic preparations not containing miticidal active ingredients. Can Vet J. 1997; 38(4):229–230.

[27] Engelen MA, Anthonissens E. Efficacy of non–acaricidal containing otic preparations in the treatment of otoacariasis in dogs and cats. Vet Rec. 2000; 147(20):567–569.

[28] Coleman GT, Atwell RB. Use of fipronil to treat ear mites in cats. Aust Vet Pract. 1999; 29(4):166–168.

[29] Curtis CF. Current trends in the treatment of Sarcoptes, Cheyletiella and Otodectes mite infestations in dogs and cats. Vet Dermatol. 2004; 15(2):108–114.

[30] Shanks DJ, McTier TL, Rowan TG, et al. The efficacy of selamectin in the treatment of naturally acquired aural infestations of otodectes cynotis on dogs and cats. Vet Parasitol.

2000; 91(3-4):283-290.

[31] Fourie LJ, Kok DJ, Heine J. Evaluation of the efficacy of an imidacloprid 10%/moxidectin 1% spot-on against Otodectes cynotis in cats. Parasitol Res. 2003; 90(Suppl 3):S112-113.

[32] Becskei C, Reinemeyer C, King VL, et al. Efficacy of a new spot-on formulation of selamectin plus sarolaner in the treatment of Otodectes cynotis in cats. Vet Parasitol. 2017; 238(Suppl 1):S27-30.

[33] Taenzler J, de Vos C, Roepke RK, et al. Efficacy of fluralaner against Otodectes cynotis infestations in dogs and cats. Parasit Vectors. 2017; 10(1):30.

[34] Taenzler J, de Vos C, Roepke RKA, et al. Efficacy of fluralaner plus moxidectin (Bravecto® plus spot-on solution for cats) against Otodectes cynotis infestations in cats. Parasit Vectors. 2018; 11(1):595.

[35] Machado MA, Campos DR, Lopes NL, et al. Efficacy of afoxolaner in the treatment of otodectic mange in naturally infested cats. Vet Parasitol. 2018; 256:29-31.

[36] Beugnet F, Bouhsira E, Halos L, et al. Preventive efficacy of a topical combination of fipronil (S)-methoprene eprinomectin praziquantel against ear mite (Otodectes cynotis) infestation of cats through a natural infestation model. Parasite. 2014; 21:40.

[37] Schmeitzel LP. Cheyletiellosis and scabies. Vet Clin North Am Small Anim Pract. 1988; 18(5):1069-1076.

[38] Lee BW. Cheyletiella dermatitis: a report of fourteen cases. Cutis. 1991; 47(2):111-114.

[39] Wagner R, Stallmeister N. Cheyletiella dermatitis in humans, dogs and cats. Br J Dermatol. 2000; 143(5):1110-1112.

[40] Chailleux N, Paradis M. Efficacy of selamectin in the treatment of naturally acquired cheyletiellosis in cats. Can Vet J. 2002; 43(10):767-770.

[41] Paradis M, Scott D, Villeneuve A. Efficacy of ivermectin against Cheyletiella blakei infestation in cats. J Am Anim Hosp Assoc. 1990; 26(2):125-128.

[42] Scarampella F, Pollmeier M, Visser M, et al. Efficacy of fipronil in the treatment of feline cheyletiellosis. Vet Parasitol. 2005; 129(3-4):333-339.

[43] Fisher MA, Shanks DJ. A review of the off-label use of selamectin (stronghold/revolution) in dogs and cats. Acta Vet Scand. 2008; 50:46.

[44] Takahashi M, Misumi H, Urakami H, et al. Trombidiosis in cats caused by the bite of the larval trombiculid mite Helenicula miyagawai (Acari: Trombiculidae). Vet Rec. 2004; 154(15):471.

[45] McClain D, Dana AN, Goldenberg G. Mite infestations. Dermatol Ther. 2009; 22(4):327-346.

[46] Shatrov AB. Stylostome formation in trombiculid mites (Acariformes: Trombiculidae). Exp Appl Acarol. 2009; 49(4):261-280.

[47] Caputo V, Santi F, Cascio A, et al. Trombiculiasis: an under-reported ectoparasitosis in Sicily. Infez Med. 2018; 26(1):77-80.

[48] Leone F, Di Bella A, Vercelli A, et al. Feline trombiculosis: a retrospective study in 72 cats. Vet Dermatol. 2013; 24(5):535-e126.

[49] Guarneri C, Chokoeva AA, Wollina U, et al. Trombiculiasis: not only a matter of animals! Wien Med Wochenschr. 2017; 167(3-4):70-73.

[50] Guarneri F, Pugliese A, Giudice E, et al. Trombiculiasis: clinical contribution. Eur J Dermatol. 2005; 15(6):495-496.

[51] Smith GA, Sharma V, Knapp JF, et al. The summer penile syndrome: seasonal acute hypersensitivity reaction caused by chigger bites on the penis. Pediatr Emerg Care. 1998; 14(2):116-118.

[52] Fernández-Soto P, Pérez-Sánchez R, Encinas-Grandes A. Molecular detection of Ehrlichia phagocytophila genogroup organisms in larvae of Neotrombicula autumnalis (Acari: Trombiculidae) captured in Spain. J Parasitol. 2001; 87(6):1482-1483.

[53] Kampen H, Schöler A, Metzen M, et al. Neotrombicula autumnalis (Acari, Trombiculidae) as a vector for Borrelia burgdorferi sensu lato? Exp Appl Acarol. 2004; 33(1-2):93-102.

[54] Literak I, Stekolnikov AA, Sychra O, et al. Larvae of chigger mites Neotrombicula spp. (Acari: Trombiculidae) exhibited Borrelia but no Anaplasma infections: a field study including birds from the Czech Carpathians as hosts of chiggers. Exp Appl Acarol. 2008; 44(4):307-314.

[55] Leone F, Cornegliani L, Vercelli A. Clinical findings of trombiculiasis in 50 cats. Vet Dermatol. 2010; 21(5):538.

[56] Fleming EJ, Chastain CB. Miliary dermatitis associated with Eutrombicula infestation in a cat. J Am Anim Hosp Assoc. 1991; 27:529-531.

[57] Nuttall TJ, French AT, Cheetham HC, et al. Treatment of Trombicula autumnalis infestation in dogs and cats with a 0.25 per cent fipronil pump spray. J Small Anim Pract. 1998; 39(5):237-239.

[58] Leone F, Albanese F. Efficacy of selamectin spot-on formulation against Neotrombicula autumnalis in eight cats. Vet Dermatol. 2004; 15(Suppl.1):49.

[59] Frank LA, Kania SA, Chung K, et al. A molecular technique for the detection and differentiation of Demodex mites on cats. Vet Dermatol. 2013; 24(3):367-369. e82-e83.

[60] Ferreira D, Sastre N, Ravera I, et al. Identification of a third feline Demodex species through partial sequencing of the 16S rDNA and frequency of Demodex species in 74 cats using a PCR assay. Vet Dermatol. 2015; 26(4):239–e53.

[61] Desch C, Nutting WB. Demodex cati Hirst 1919: a redescription. Cornell Vet. 1979; 69(3):280–285.

[62] Löwenstein C, Beck W, Bessmann K, et al. Feline demodicosis caused by concurrent infestation with Demodex cati and an unnamed species of mite. Vet Rec. 2005; 157(10):290–292.

[63] Desch CE Jr, Stewart TB. Demodex gatoi: new species of hair follicle mite (Acari: Demodecidae) from the domestic cat (Carnivora: Felidae). J Med Entomol. 1999; 36(2):167–170.

[64] Saari SA, Juuti KH, Palojärvi JH, et al. Demodex gatoi–associated contagious pruritic dermatosis in cats a report from six households in Finland. Acta Vet Scand. 2009; 51:40.

[65] Neel JA, Tarigo J, Tater KC, et al. Deep and superficial skin scrapings from a feline immunodeficiency virus–positive cat. Vet Clin Pathol. 2007; 36(1):101–104.

[66] Kano R, Hyuga A, Matsumoto J, et al. Feline demodicosis caused by an unnamed species. Res Vet Sci. 2012; 92(2):257–258.

[67] Moriello KA, Newbury S, Steinberg H. Five observations of a third morphologically distinct feline Demodex mite. Vet Dermatol. 2013; 24(4):460–462.

[68] Morris DO. Contagious demodicosis in three cats residing in a common household. J Am Anim Hosp Assoc. 1996; 32(4):350–352.

[69] Guaguere E, Muller A, Degorce–Rubiales F. Feline demodicosis: a retrospective study of 12 cases. Vet Dermatol. 2004; 15(Suppl 1):34.

[70] Stogdale L, Moore DJ. Feline demodicosis. J Am Anim Hosp Assoc. 1982; 18:427–432.

[71] Medleau L, Brown CA, Brown SA, et al. Demodicosis in cats. J Am Anim Hosp Assoc. 1988; 24:85–91.

[72] Kontos V, Sotiraki S, Himonas C. Two rare disorders in the cat: Demodectic otitis externa and Sarcoptic mange. Feline Pract. 1998; 26(6):18–20.

[73] Van Poucke S. Ceruminous otitis externa due to Demodex cati in a cat. Vet Rec. 2001; 149(21):651–652.

[74] Bizikova P. Localized demodicosis due to Demodex cati on the muzzle of two cats treated with inhalant glucocorticoids. Vet Dermatol. 2014; 25(3):222–225.

[75] White SD, Carpenter JL, Moore FM, et al. Generalized demodicosis associated with diabetes mellitus in two cats. J Am Vet Med Assoc. 1987; 191(4):448–450.

[76] Vogelnest LJ. Cutaneous xanthomas with concurrent demodicosis and dermatophytosis in a cat. Aust Vet. 2001; 79(7):470–475.

[77] Zerbe CA, Nachreiner RF, Dunstan RW, et al. Hyperadrenocorticism in a cat. J Am Vet Med Assoc. 1987; 190(5):559–563.

[78] Chalmers S, Schick RO, Jeffers J. Demodicosis in two cats seropositive for feline immunodeficiency virus. J Am Vet Med Assoc. 1989; 194(2):256–257.

[79] Guaguère E, Olivry T, Delverdier–Poujade A, et al. Demodex cati infestation in association with feline cutaneous squamous cell carcinoma in situ: a report of five cases. Vet Dermatol. 1999; 10(1):61–67.

[80] Bailey RG, Thompson RC, Nickels DG. Demodectic mange in a cat. Aust Vet J. 1981; 57(1):49.

[81] Beale K. Feline demodicosis: a consideration in the itchy or overgrooming cat. J Feline Med Surg. 2012; 14(3):209–213.

[82] Silbermayr K, Joachim A, Litschauer B, et al. The first case of Demodex gatoi in Austria, detected with fecal flotation. Parasitol Res. 2013; 112(8):2805–2810.

[83] Mueller RS. Treatment protocols for demodicosis: an evidence–based review. Vet Dermatol. 2004; 15(2):75–89.

[84] Johnstone IP. Doramectin as a treatment for canine and feline demodicosis. Aust Vet Pract. 2002; 32(3):98–103.

[85] Short J, Gram D. Successful treatment of Demodex gatoi with 10% Imidacloprid/1% Moxidectin. J Am Anim Hosp Assoc. 2016; 52(1):68–72.

[86] Matricoti I, Maina E. The use of oral fluralaner for the treatment of feline generalised demodicosis: a case report. J Small Anim Pract. 2017; 58(8):476–479.

[87] Duangkaew L, Hoffman H. Efficacy of oral fluralaner for the treatment of Demodex gatoi in two shelter cats. Vet Dermatol. 2018; 29(3):262.

[88] Wall R, Shearer D. Lice. In: Veterinary Ectoparasites: biology, pathology & control. 2nd ed. Oxford: Blackwell Science; 2001. p. 162–178.

[89] Pollmeier M, Pengo G, Longo M, et al. Effective treatment and control of biting lice, Felicola subrostratus (Nitzsch in Burmeister, 1838), on cats using fipronil formulations. Vet Parasitol. 2004; 121(1–2):157–165.

[90] Shanks DJ, Gautier P, McTier TL, et al. Efficacy of selamectin against biting lice on dogs and cats. Vet Rec. 2003; 152(8):234–237.

[91] Ketzis JK, Dundas J, Shell LG. Lynxacarus radovskyi mites in feral cats: a study of diagnostic methods, preferential body locations, co–infestations and prevalence. Vet Dermatol. 2016; 27:425–e108.

[92] Clare F, Mello RMLC. Use of fipronil for treatment of Lynxacarus radovskyi in outdoor cats in Rio de Janeiro (Brazil).

Vet Dermatol. 2004; 15(Suppl 1):50. (abstract)

[93] Han HS, Noli C, Cena T. Efficacy and duration of action of oral fluralaner and spot-on moxidectin/imidacloprid in cats infested with Lynxacarus radovskyi. Vet Dermatol. 2016; 27:474–e127.

[94] Catts EP, Mullen G. Myiasis (Muscoidea, Oestroidea). In: Mullen G, Durden L, editors. Medical and veterinary entomology. Orlando: Academic Press; 2002. p. 317–343.

[95] Fang Fang, Qinghua Chang, Zhaoan Sheng, Yu Zhang, Zhijuan Yin, Jacques Guillot, Chrysomya bezziana: a case report in a dog from Southern China and review of the Chinese literature. Parasitology Research.

[96] Hock Siew Han, Peik Yean Toh, Hock Binn Yoong, Hooi Meng Loh, Lee Lee Tan, Yin Yin Ng, (2018) Canine and feline cutaneous screw-worm myiasis in Malaysia: clinical aspects in 76 cases. Vet Dermatol. 29(5):442–e148.

[97] Clarissa P de Souza, Guilherme G. Verocai, Regina HR Ramadinha, (2010) Myiasis caused by the New World screwworm fly (Diptera: Calliphoridae) in cats from Brazil: report of five cases. J Feline Med Surg. 12(2):166–168.

[98] Thaís R. Correia, Fabio B. Scott, Guilherme G. Verocai, Clarissa P. Souza, Julio I. Fernandes, Raquel M.P.S. Melo, Vanessa P.C. Vieira, Francisco A. Ribeiro, (2010) Larvicidal efficacy of nitenpyram on the treatment of myiasis caused by Cochliomyia hominivorax (Diptera: Calliphoridae) in dogs. Vet Parasitol. 173(1–2):169–172.

[99] Hock Siew Han, Charles Chen, Carlo Schievano, Chiara Noli, (2018) The comparative efficacy of afoxolaner, spinosad, milbemycin, spinosad plus milbemycin, and nitenpyram for the treatment of canine cutaneous myiasis. Vet Dermatol. 29(4):312–e109.

# 第二十章　跳蚤生物学、过敏和控制

Chiara Noli

**摘要**

跳蚤是最常见的外寄生虫，在猫身上会发生跳蚤叮咬过敏。临床症状表现为瘙痒、脱毛、自损性脱毛、嗜酸性肉芽肿综合征和粟粒性皮炎，通常累及（但不限于）身体的尾背部和腹部。根据临床表现和跳蚤控制的反应得出诊断。跳蚤控制的方法是使用杀成虫剂和昆虫生长调节剂（insect growth regulators，IGR），前者可以杀死猫身上的成虫，后者可以抑制环境中成虫前阶段的发育。

## 引言

在猫身上最常见的跳蚤种类是猫栉首蚤（图 20-1）。最近发表了一篇关于其生物学和生态学的综述[1]。跳蚤是多种疾病的原因和（或）媒介，如严重感染的幼猫贫血、绦虫感染、莱姆病、鼠疫、病毒、血液寄生虫、猫抓病和跳蚤过敏[1, 2]。应认识到其中的一些情况，如猫绦虫或猫主人的猫抓病，是跳蚤感染的症状，即使猫是无症状的携带宿主。

跳蚤叮咬过敏是迄今为止由猫身上的跳蚤引起的最常见疾病，其流行程度取决于地理位置和当地寄生虫的预防习惯。在最近欧洲的一项多中心研究中，发现跳蚤叮咬过敏约占所有猫瘙痒病例的 1/3[3]。

## 跳蚤过敏的发病机制

猫每天被跳蚤叮咬数次[4]。跳蚤将口器穿过表皮插入真皮，从毛细血管中吸取血液。在此过程中，它们在表皮和真皮浅层内沉积多达 15 种唾液蛋白，可软化组织并防止血液凝固[5, 6]。对这些蛋白的超敏反应可诱导局部水肿和细胞浸润，可能在叮咬后形成红斑性丘疹。目前尚无特定研究确定与自然致敏猫相关的跳蚤唾液的精确致敏成分。一项研究表明，猫唾液抗原 -1（feline salivary antigen-1，FSA1）可能是实验致敏实验猫的主要跳蚤唾液抗原[7]。通常认为非过敏动物在被叮咬时很少或没有不适，只有跳蚤过敏受试者会出现瘙痒和皮肤病。

对猫跳蚤过敏的发病机制知之甚少。大多数跳蚤过敏猫对跳蚤过敏原的皮内皮试呈速发型阳性反应，也有迟发型阳性反应，还有报道发现 4 型超敏反应[8, 9]。与犬一样，通过 ELISA 方法可在跳蚤过敏猫的血清中发现过敏原特异性 IgE[8, 10]。尚未在猫身上发现后期 IgE 介导的细胞反应和皮肤嗜碱性粒细胞超敏反应。

对仅出现轻度临床症状的 12 周龄幼猫（18 只中有 10 只）的致敏研究结果表明，与生命晚期接触跳蚤的猫相比，生命早期接触跳蚤的猫发生跳蚤过敏的可能性更低[11]。作者认为早期接触跳蚤可诱导耐受性，而口服跳蚤实验性暴露的猫倾向

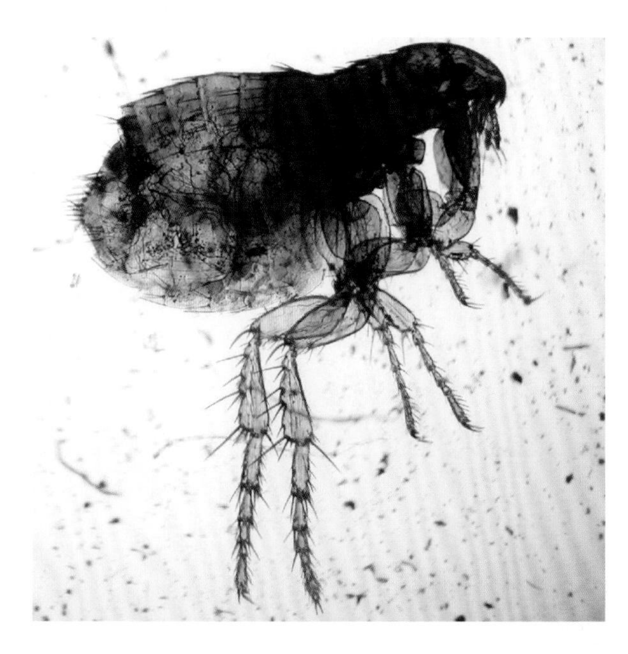

图 20–1　猫栉首蚤的显微镜下形态（4 倍放大）

于具有轻微的临床症状，并且体内和体外试验评分较低，与对照组无统计学差异[11]。在同一研究中，16 ~ 43 周龄连续接触跳蚤的猫对活跳蚤产生了速发型或迟发型反应。然而，相同猫的皮内试验或血清学检测并非全呈阳性。据报道，在实验性致敏后，速发型试验反应可持续 90 d 以上[7]。一项专门设计用于阐明间歇性接触跳蚤叮咬作用的研究表明，其对跳蚤过敏临床症状的发展既没有保护作用，也没有诱发作用[12]。

## 临床表现

跳蚤叮咬超敏反应的发生无年龄、品种或性别易感性。大多数病例的跳蚤控制完全缺乏或不完整或执行错误。临床症状通常在温暖的月份加重，特别是在夏季结束时，跳蚤数量处于高峰。然而，许多主人在此时停止进行跳蚤控制，因为他们认为不再需要。

猫跳蚤过敏的临床症状与猫身上其他过敏引起的临床症状无差异，包括瘙痒、粟粒性皮炎、自损性脱毛、嗜酸性斑块和嗜酸性肉芽肿、唇部溃疡和头颈部抓痕[3]。关于这些临床表现更全面的描述见第二十一章。所有这些症状均可在实验性致敏研究中重现[12]。跳蚤叮咬过敏病变的发病率详见表 20–1[3]。一项在 502 只瘙痒猫中进行的多中心研究报告表明，与其他过敏相比，跳蚤叮咬超敏反应猫易出现尾背部的瘙痒和粟粒性皮炎病变（图 20–2）[3]。在同一研究中，30% 的跳蚤叮咬过敏患猫出现非皮肤症状，如结膜炎、鼻炎、呕吐、腹泻和软便，3% 的猫出现耳炎[3]。

## 鉴别诊断和诊断程序

猫的皮肤病学检查应始终包括通过用密齿梳彻底梳理患猫的全身，以寻找跳蚤及其粪便（图 20–3 ~ 图 20–5）。跳蚤粪便是干燥的血液构成的，易识别，因为它们会在白色湿润的纸巾上留下棕色印记。跳蚤或跳蚤粪便并不总是存在，因为猫经常理毛，可在数小时内清除所有跳蚤[13]。此外，跳蚤过敏患猫脱落到环境中的虫卵数量较少，导致动物和环境感染不太明显[13]。因此，被毛中无跳蚤或跳蚤粪便并不能排除跳蚤过敏的诊断。跳蚤过敏的主要鉴别诊断是其他过敏反应，如食物不良反应和环境过敏性皮炎，因为它们具有上述所有临床表现。其他不太常见的鉴别包括别的寄生虫病（见第十九章）、精神性脱毛（见第二十九章）、皮肤癣菌病（粟粒性皮炎）和罕见的、瘙痒性、免疫介导性、自身免疫性和肿瘤性疾病。

可通过进行皮内试验确认跳蚤过敏的疑似诊断。皮内注射（0.05 mL）跳蚤过敏原，进行阴性对

表 20-1 跳蚤叮咬过敏患猫过敏的临床症状的发病率（参考 Hobi）

| 临床症状 | 发病率 | 最常见的分布 |
|---|---|---|
| 粟粒性皮炎 | 35% | 尾背部、大腿尾侧或全身 |
| 对称性脱毛 | 39% | 背尾部和胁腹部<br>腹部 |
| 头颈部瘙痒和抓痕 | 38% | 头部和颈部 |
| 嗜酸性肉芽肿综合征（包括嗜酸性肉芽肿、嗜酸性斑块和唇部溃疡） | 14% | 肉芽肿：口部，下颏、后肢尾侧<br>斑块：腹部、腹股沟<br>唇部溃疡：上唇 |

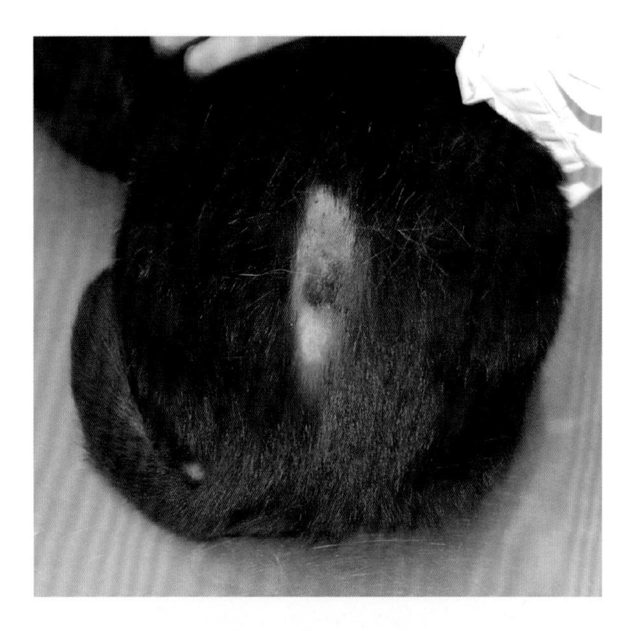

图 20-2 跳蚤叮咬过敏患猫背部的自损性病变

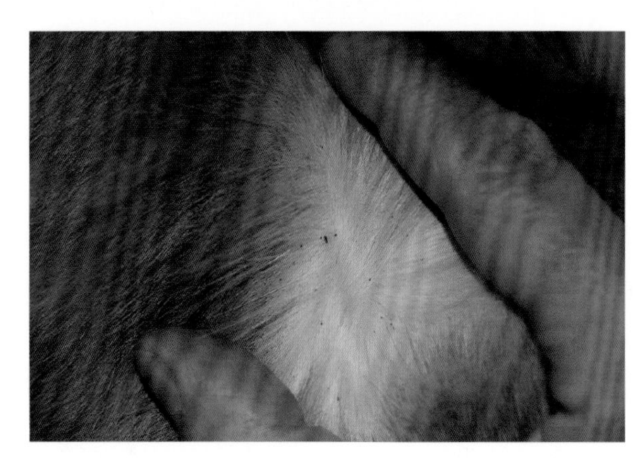

图 20-3 非过敏猫被毛上可见跳蚤和跳蚤粪便

照（生理盐水）和阳性对照（组胺），并在 15 min 和 48 h 时判读。当前或近期给予糖皮质激素或抗组胺药（短效糖皮质激素和抗组胺药为 2 周，长效糖皮质激素为 8 周）可能导致假阴性结果。已有正常猫假阳性反应的描述：在一项研究中，36% 接触跳蚤的临床正常的猫对跳蚤过敏原具有皮肤试验速发型阳性反应 [14]。

在早期研究中，报告的阳性预测值为 85% ~ 100% [9, 12, 15]，而最近使用 3 种不同提取物进行的研究获得了 33% 的敏感性和 78% ~ 100% 的特异性 [8]。在一项跳蚤超敏反应实验诱导研究中，速发型皮内试验阳性反应的存在与临床症状的发展无关 [11]。早期

**图 20–4　通过跳蚤梳获取的感染跳蚤的猫身上的大量跳蚤粪便和成蚤**

**图 20–5　图 20–4 中材料的显微镜检：跳蚤粪便呈红色卷曲状结构**
它们由超过 90% 的干燥猫血形成。这是雌性跳蚤的一项重要“投资”，因为跳蚤粪便是跳蚤幼虫的主要营养来源。

研究中使用的过敏原为全蚤提取物（1 : 1000 w/v），而最近开发了对体内试验更灵敏的跳蚤唾液或纯化唾液过敏原 [5]。然而，在实验诱导的猫跳蚤叮咬过敏中，纯化过敏原的皮内试验结果在与临床症状的相关性方面并不优于粗提物 [11, 12]。此外，尚不清楚由犬推断的浓度（1 : 1000 w/v）是否适用于猫，或是否应使用更高浓度 [16]。

使用全蚤提取物或纯化跳蚤唾液或重组跳蚤唾液过敏原进行的体外血清学试验（ELISA），可用于测定猫血清中的过敏原特异性 IgE。读者应注意，这些检测可能仅识别 IgE 介导的患病动物，而不能诊断仅有迟发型反应的动物。此外，在无临床疾病的情况下，正常猫也可能具有过敏原特异性 IgE [8, 11, 12]。在一项研究 [8] 中，使用跳蚤提取物进行的血清学试验的敏感性和特异性分别为 88% 和 77%，在另一项研究 [15] 中分别为 77% 和 72%，后者的阳性预测值较低，为 0.58。

跳蚤唾液仅占全蚤提取物的 0.5%，使用跳蚤唾液过敏原对犬进行体外试验得到的结果远优于使用全蚤提取物进行的试验 [17]。唾液过敏原的体外试验和高亲和力受体 FcεR1α 的总体准确率是 82%，可能是诊断猫跳蚤过敏更可靠的工具（Mc Call）。

在临床中，正确诊断的最佳方法是实施有效的外寄生虫控制，且同时 / 随后采用良好的低过敏原饮食。如果获得改善，食物激发可以区分跳蚤叮咬过敏和食物过敏反应。如果未获得改善，则可考虑环境过敏或其他发病率较低的瘙痒状况（见第二十三章中关于瘙痒猫诊断程序的详细描述）。

## 治疗

跳蚤控制对于有效治疗跳蚤叮咬过敏至关重要。成蚤是专性外寄生虫[4]，必须对猫进行外部或全身性跳蚤控制。然而，从卵到蛹的生命阶段的发育发生在感染宠物当前的家庭环境中，而不是在宿主身上，这需要辅助环境治疗[1, 4, 18]。与其他猫接触是另一个传染源。遗憾的是，在一项对跳蚤感染动物主人进行的调查中，仅有 71% 的犬和 50% 的猫在过去 12 个月内接受过跳蚤治疗[19]。治疗跳蚤最常见的挑战之一是许多主人对宠物和家中可能有跳蚤的假设持怀疑态度（特别是在猫被毛上没有看到寄生虫和粪便的情况下），并感到愤怒，因此不愿意进行彻底的跳蚤控制。宿主发生过敏不需要大量的跳蚤，只有进行良好的全年跳蚤控制才能预防跳蚤感染，才能增加主人的依从性。

### 跳蚤周期和生态学

兽医应花时间彻底解释为什么，以及如何进行正确的跳蚤控制。从告诉主人一些关于跳蚤周期的事情开始[1, 4]。跳蚤在宿主上产卵，并在产卵后 8 h 内脱落。在动物睡觉、进食或花费大量时间的地方虫卵计数高。虫卵 1 ~ 10 d 后孵化（图 20-6）。幼虫在环境中自由生活，在家具和地毯下、地毯纤维深处或有机碎屑下（草、枝、叶）主动活动，以躲避光线。5 ~ 11 d 后，幼虫产生丝状茧，为其提供保护和伪装。幼虫在茧内发育为蛹，然后在 5 ~ 9 d 成为年轻的成虫。茧中的跳蚤受到很好的保护，不受杀虫剂和不利的环境条件的影响，可能在静止状态下存活长达 50 周。如果有潜在的宿主在那里，跳蚤就会离开茧，并迅速跳在宿主身上。如果没有宿主，新出现的跳蚤可以在环境中存活数天（长达 2 周）。如果跳蚤找不到家畜，它们往往会在找到自己喜欢的宿主之前咬人。成蚤是动物的永久性寄生虫。它们一落在宿主上，就开始进食。36 ~ 48 h 后在宿主身上产下第一个虫卵。一只雌性跳蚤每天能产生多达 40 ~ 50 个卵，在 100 d 左右的生命中能够产生多达 2000 个卵。整个周期的最短时长为 12 ~ 14 d，在大多数家庭条件下平均为 3 ~ 4 周，冬季也是如此。成蚤仅占猫生活环境中所有跳蚤的 1% ~ 5%，95% ~ 99% 的跳蚤处于卵、幼虫或蛹的阶段。事实上，人们认为在温带气候中，屋内是小动物再次感染的主要场所。

### 跳蚤控制

成功控制跳蚤的要素是活性成分的有效性和安全性，它们可能具有较长的残留活性。对跳蚤有效的分子通常属于两类：一类是杀死成蚤（杀成虫剂），另一类是抑制成虫前阶段的发育（昆虫生长调节剂）。为了在叮咬和引起过敏反应前杀死宿主身上的成蚤，需要在动物身上使用杀成虫剂。单独使用杀成虫剂仅能杀死 1% ~ 5% 的跳蚤种群，并不能阻止环境（家庭）感染，即虫卵、幼虫和蛹，占整个跳蚤种群的 95% ~ 99%。昆虫生长调节剂能

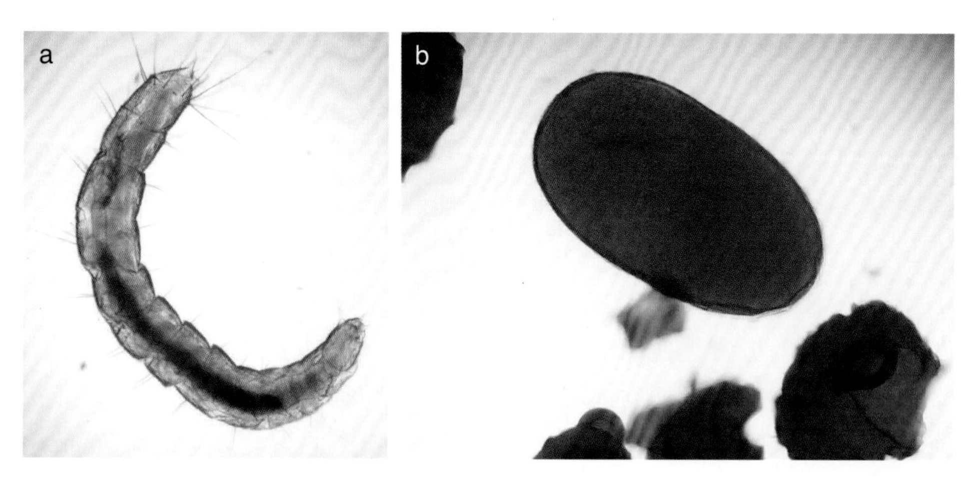


图 20-6　在一只跳蚤感染猫的生活环境（沙发）中发现的跳蚤粪便、卵和幼虫（4 倍放大）

够抑制虫卵和幼虫的发育，减少环境感染，但不能防止过敏动物被来自“室外”的成蚤叮咬。因此，需要两种类型的产品一起进行有效的跳蚤控制，尤其是对跳蚤过敏的动物，以便打破至少两个阶段的跳蚤生命周期。市场上可获得的猫用抗寄生虫产品及其特征见表 20–2。

Rust 最近对已发表的关于跳蚤控制措施的试验进行了广泛回顾[1]。快速、可靠消除猫感染的最佳方法是给予口服驱虫药。烯啶虫胺是起效最快的药物，最快在给药后 15 ~ 30 min 即可观察到作用[20]。在猫进入诊所后立即给予烯啶虫胺是诊断跳蚤存在的好方法，因为在就诊期间可以看到跳蚤掉落在桌

**表 20–2　在撰写本文时，市场上可获得的猫用抗跳蚤的抗寄生虫产品**

| 产品名[a] | 活性成分 | 剂型[b] | 使用年龄低限 | 寄生虫[c] | IGR 效应 |
|---|---|---|---|---|---|
| 福来恩 | 非泼罗尼 | 滴剂 | 8 周龄 | 跳蚤、蜱虫、虱子、姬螯螨 | 无 |
| 新版福来恩 | 非泼罗尼<br>甲氧普林 | 滴剂 | 8 周龄 | 跳蚤、蜱虫、虱子、姬螯螨 | 有 |
| 爱普多 | 非泼罗尼<br>吡丙醚 | 滴剂 | 10 周龄 | 跳蚤、蜱虫、虱子、姬螯螨 | 有 |
| 博莱恩 | 非泼罗尼<br>甲氧普林<br>依普菌素<br>吡喹酮 | 滴剂 | 7 周龄 | 跳蚤、虱子、耳螨、蠕形螨、心丝虫、背肛螨、姬螯螨、管圆线虫、消化道线虫、绦虫 | 有 |
| 旺滴净 | 吡虫啉 | 滴剂 | 8 周龄 | 跳蚤 | 有 |
| 爱沃克 | 吡虫啉<br>莫昔克丁 | 滴剂 | 9 周龄 | 跳蚤、虱子、耳螨、蠕形螨、心丝虫、背肛螨、姬螯螨、消化道线虫 | |
| 大宠爱 | 赛拉菌素 | 滴剂 | 6 周龄 | 跳蚤、虱子、耳螨、蠕形螨、心丝虫、背肛螨、姬螯螨、消化道线虫 | 有 |
| 妙宠爱 | 赛拉菌素<br>沙罗拉纳 | 滴剂 | 8 周龄 | 跳蚤、蜱虫、虱子、耳螨、蠕形螨、姬螯螨、背肛螨、心丝虫、蝇蛆病、消化道线虫 | 有 |
| 恳福特 | 多杀菌素 | 片剂（随餐给药！） | 14 周龄 | 跳蚤、蝇蛆病 | 无 |
| Activyl | 茚虫威 | 滴剂 | 8 周龄 | 跳蚤 | 无 |
| Vectra felis | 呋虫胺<br>吡丙醚 | 滴剂 | 7 周龄 | 跳蚤 | 有 |
| 贝卫多 | 氟雷拉纳 | 滴剂（12 周） | 8 周龄 | 跳蚤、虱子、蜱虫、耳螨、蠕形螨、背肛螨、姬螯螨、蝇蛆病 | 无 |
| 贝卫多加强版 | 氟雷拉纳<br>莫昔克丁 | 滴剂（12 周） | 9 周龄 | 跳蚤、蜱虫、虱子、耳螨、蠕形螨、姬螯螨、背肛螨、心丝虫（8 周）、消化道线虫、蝇蛆病 | 无 |
| Credelio | 洛替拉纳 | 片剂（随餐给药！） | 8 周龄 | 跳蚤、蜱虫、虱子、耳螨、蠕形螨、姬螯螨、背肛螨、蝇蛆病 | 无 |
| 索来多 | 吡虫啉<br>氟氯苯菊酯 | 项圈（6 ~ 8 个月） | 10 周龄 | 跳蚤、蜱虫、白蛉、蚊子 | 是 |
| 诺普星 | 烯啶虫胺 | 片剂（72 h 活性） | 4 周龄 | 跳蚤、蝇蛆病 | 无 |

a 表中报告了使用该成分上市的原始 / 首个产品。根据国家的不同，目前还有含有非泼罗尼、非泼罗尼 / 甲氧普林、非泼罗尼 / 吡丙醚和吡虫啉的其他几种产品。

b 每月给药 1 次，除非另有说明。

c 表中报告了“标签内”和“标签外”的寄生虫。

子上。然而，由于其作用持续时间短（猫为 48 h），作为跳蚤预防手段并不十分实用（应每 48 ~ 72 h 给药一次）。其他起效较慢（8 ~ 12 h）但具有月度持续时间优势的口服跳蚤控制产品为多杀菌素和洛替拉纳[21, 22]。在一项研究中，犬主人认为口服产品比外部滴剂更有效[23]，可能是由于给药方式更可靠。没有关于猫的数据。

其他常见的跳蚤控制措施是每 4 周在肩胛骨之间给予含有杀成虫剂（吡虫啉、非泼罗尼、赛拉菌素、氰氟虫腙、呋虫胺、茚虫威）的滴剂。这些药物中的每一种在实验室临床试验中都被证明具有极佳的杀蚤效果（至少 90%），可持续长达 4 周[1]。其中，茚虫威是一种促杀虫剂，必须被昆虫酶生物激活，以生成能够杀死跳蚤和蜱虫的活性代谢物。在哺乳动物中，茚虫威被肝脏代谢为无活性的分子，无毒，因此被美国环境保护局指定为“低风险”的杀虫剂。

最近，一种基于氟雷拉纳（一种新型抗寄生虫药，异噁唑啉类药物）的新型猫用滴剂已上市，具有长达 3 个月的抗跳蚤残留活性[24]。氟雷拉纳经皮吸收后分布于全身，跳蚤需要叮咬猫才能被杀死。3 个月的持续时间可能会提高主人的依从性，首选用于过敏受试者。

有一种注册用于猫的跳蚤项圈，含有 10% 的吡虫啉和 4.5% 的氟氯菊酯，具有 6 ~ 8 个月的杀蚤活性。本品的优点是比滴剂或片剂便宜，对利什曼病的媒介——跳蚤、蜱虫、蚊子和白蛉，都具有更高的依从性和驱避效果[25]。

上述一些杀虫剂也具有杀卵和杀幼虫活性（如吡虫啉[26]或赛拉菌素[27]），而其他杀虫剂可与昆虫生长调节剂（IGR）结合配制，如吡丙醚或甲氧普林。IGR 干扰成蚤前阶段的发育，成蚤前阶段占整个跳蚤种群的绝大多数（高达 99%）。它们对哺乳动物的毒性非常低，因为它们作用于昆虫特有的代谢途径。给予对动物具有 IGR 效应产品背后的想法是，脱落到环境中的经过治疗的毛发能够抑制虫卵的孵化和（或）幼虫的蜕皮。使用 IGR 是减少环境跳蚤种群的基础，从而减少猫的跳蚤负荷和随后的临床症状。含有甲氧普林或吡丙醚的 IGR 喷雾剂也可用于环境中，尤其是在严重或反复感染的情况下。然而，试图控制家养动物跳蚤种群的主要战略问题是处理保护性蚤蛹中的年轻成蚤[23]。在所有虫卵、幼虫和其他成虫被杀死后，这些蛹可在数月中产生存活的成虫，在某些情况下可能需要重复应用环境治疗。最近，已证明 0.4% 环境二甲硅油喷雾剂能够防止茧中出现年轻的成蚤，并可有效将幼虫和成虫固定在环境中[28]，有效期持续 3 周以上。

某些物理措施有助于控制跳蚤。清洗表面可清除幼虫取食的有机物和跳蚤粪便。吸尘器可清除 20% 的幼虫和高达 60% 的虫卵，以及跳蚤粪便和有机物。吸尘器可将地毯中的纤维吸高，以帮助喷雾的渗透。垫料和其他可清洗的物品应尽可能在最高温度下清洗。地毯和软家具不应洗涤，因为增加湿度有利于幼虫发育。

## 如何进行有效的跳蚤控制和失败的原因

必须常年对家庭中的每只动物使用杀成虫剂，且必须对环境或所有宠物使用 IGR。必须彻底和持续地实施跳蚤控制，以便有效；因此，客户依从性是成功控制跳蚤最重要的因素。症状复发通常是因为缺乏跳蚤控制，这可能是由于以下一个或多个因素所致[29]：

- 使用无效产品。
- 剂量不足或没有给屋内的所有动物驱虫。
- 使用不含 IGR 的杀成虫剂或不含杀成虫剂的 IGR。
- 两次给药之间的时间间隔过长。

询问主人如何进行跳蚤控制几乎总能发现问题，我们的任务是解释跳蚤控制的重要性，并说服他们完善跳蚤控制措施。

尽管必须进行跳蚤控制，但这可能不足以在所有病例中完全控制皮肤病，尤其是在与未治疗的个体持续接触时。在这些病例中，需要进行止痒治疗。关于猫止痒药物的详细讨论，参见第二十三章。

已探索了针对跳蚤免疫原性唾液蛋白或跳蚤消化道内抗隐藏抗原的疫苗接种潜力，结果各不相同，可为未来跳蚤过敏管理提供可能的便利[7, 30–32]。

## 结论

跳蚤叮咬过敏是猫最重要的过敏性皮肤疾病之一，可表现为不同的临床症状，有许多可能的鉴别诊断。皮内和体外过敏试验并不总是可靠的诊断工具，通过杀成虫剂和昆虫生长调节剂进行严格的跳蚤控制是诊断和治疗这种疾病的最佳工具。

## 参考文献

[1] Rust MK. The biology and ecology of cat fleas and advancements in their Pest management: a review. Insects. 2017;8:118.

[2] Shaw SE, Birtles RJ, Day MJ. Arthropod transmitted infectious diseases of cats. J Feline Med Surg. 2001; 3:193–209.

[3] Hobi S, Linek M, Marignac G, et al. Clinical characteristics and causes of pruritus in cats: a multicentre study on feline hypersensitivity–associated dermatoses. Vet Dermatol. 2011; 22:406–413.

[4] Dryden MW, Rust MK. The cat flea: biology, ecology and control. Vet Parasitol. 1994; 52:1–19.

[5] Frank GR, Hunter SW, Stiegler GL, et al. Salivary allergens of Ctenocephalides felis: collection, purification and evaluation by intradermal skin testing in dogs. In: Kwochka KW, Willemse T, von Tscharner C, editors. Advances in veterinary dermatology, volume 3. Oxford: Butterworth Heinemann; 1998. p. 201–212.

[6] Lee SE, Johnstone IP, Lee RP, et al. Putative salivary allergens of the cat flea, Ctenocephalides felis felis. Vet Immunol Immunopathol. 1999; 69:229–237.

[7] Jin J, Ding Z, Meng F, et al. An immunotherapeutic treatment against flea allergy dermatitis in cats by co–immunization of DNA and protein vaccines. Vaccine. 2010; 28:1997–2004.

[8] Bond R, Hutchinson MJ, Loeffler A. Serological, intradermal and live flea challenge tests in the assessment of hypersensitivity to flea antigens in cats (Felis domesticus). Parasitol Res. 2006; 99:392–397.

[9] Lewis DT, Ginn PE, Kunkle GA. Clinical and histological evaluation of immediate and delayed flea antigen intradermal skin test and flea bite sites in normal and flea allergic cats. Vet Dermatol. 1999; 10:29–38.

[10] McCall CA, Stedman KE, Bevier DE, Kunkle GA, Foil CS, Foil LD. Correlation of feline IgE, determined by Fcε RIα–based ELISA technology, and IDST to Ctenocephalides felis salivary antigens in a feline model of flea bite allergic dermatitis. Compend Contin Educ Pract Vet. 1997; 19 (Suppl. 1):29–32.

[11] Kunkle GA, McCall CA, Stedman KE, Pilny A, Nicklin C, Logas DB. Pilot study to assess the effects of early flea exposure on the development of flea hypersensitivity in cats. J Feline Med Surg. 2003; 5:287–294.

[12] Colombini S, Hodgin EC, Foil CS, Hosgood G, Foil LD. Induction of feline flea allergy dermatitis and the incidence and histopathological characteristics of concurrent indolent lip ulcers. Vet Dermatol. 2001; 12:155–161.

[13] McDonald BJ, Foil CS, Foil LD. An investigation on the influence of feline flea allergy on the fecundity of the cat flea. Vet Dermatol. 1998; 9:75–79.

[14] Moriello KA, McMurdy MA. The prevalence of positive intradermal skin test reactions to lea extracts in clinically normal cats. Comp Anim Pract. 1989; 19:28–30.

[15] Foster AP, O'Dair H. Allergy skin testing for skin disease in the cat in vivo vs in vitro tests. Vet Dermatol. 1993; 4:111–115.

[16] Austel M, Hensel P, Jackson D, et al. Evaluation of three different histamine concentrations in intradermal testing of normal cats and attempted determination of the irritant threshold concentrations of 48 allergens. Vet Dermatol. 2006; 17:189–194.

[17] Cook CA, Stedman KE, Frank GR, Wassom DL. The in vitro diagnosis of flea bite hypersensitivity: flea saliva vs. whole flea extracts. In: Proceedings of the 3rd veterinary dermatology world congress, 1996 Spet 11–14. Edinburgh; 1996. p. 170.

[18] Osbrink WLA, Rust MK, Reierson DA. Distribution and control of cat fleas in homes in Southern California (Siphonaptera: Pulicidae). J Med Entomol. 1986; 79:135–140.

[19] Peribáñez MÁ, Calvete C, Gracia MJ. Preferences of pet owners in regard to the use of insecticides for flea control. J Med Entomol. 2018; 55:1254–1263.

[20] Dobson P, Tinembart O, Fisch RD, Junquera P. Efficacy of nitenpyram as a systemic flea adulticide in dogs and cats. Vet Rec. 2000; 147:709–713.

[21] Cavalleri D, Murphy M, Seewald W, Nanchen S. A randomized, controlled field study to assess the efficacy and safety of lotilaner (Credelio™) in controlling fleas in client–owned cats in Europe. Parasit Vectors. 2018; 11:410.

[22] Paarlberg TE, Wiseman S, Trout CM, et al. Safety and efficacy of spinosad chewable tablets for treatment of flea infestations of cats. J Am Vet Med Assoc. 2013; 242:1092–1098.

[23] Dryden MW, Ryan WG, Bell M, et al. Assessment of owner–administered monthly treatments with oral spinosad or topical spot–on fipronil/(S)–methoprene in controlling

fleas and associated pruritus in dogs. Vet Parasitol. 2013; 191:340–346.

[24] Bosco A, Leone F, Vascone R, et al. Efficacy of fluralaner spot-on solution for the treatment of ctenocephalides felis and otodectes cynotis mixed infestation in naturally infested cats. BMC Vet Res. 2019; 15:28.

[25] Brianti E, Falsone L, Napoli E, et al. Prevention of feline leishmaniosis with an imidacloprid 10%/flumethrin 4.5% polymer matrix collar. Parasit Vectors. 2017; 10:334.

[26] Jacobs DE, Hutchinson MJ, Stanneck D, Mencke N. Accumulation and persistence of flea larvicidal activity in the immediate environment of cats treated with imidacloprid. Med Vet Entomol. 2001; 15:342–345.

[27] McTier TL, Shanks DJ, Jernigan AD, Rowan TG, Jones RL, Murphy MG, et al. Evaluation of the effects of selamectin against adult and immature stages of fleas (Ctenocephalides felis felis) on dogs and cats. Vet Parasitol. 2000; 91:201–212.

[28] Jones IM, Brunton ER, Burgess IF. 0.4% dimeticone spray, a novel physically acting household treatment for control of cat fleas. Vet Parasitol. 2014; 199:99–106.

[29] Halos L, Beugnet F, Cardoso L, et al. Flea control failure? Myths and realities. Trends Parasitol. 2014; 30:228–233.

[30] Heath AW, Arfsten A, Yamanaka M, et al. Vaccination against the cat flea Ctenocephalides felis felis. Parasite Immunol. 1994; 16:187–191.

[31] Halliwell REW. Clinical and immunological response to alum-precipitated flea antigen in immunotherapy of flea-allergic dogs: results of a double blind study. In: Ihrke PJ, Mason IS, White SD, editors. Advances in veterinary dermatology, vol. 2. Oxford: Pergamon Press; 1993. p. 41–50.

[32] Kunkle GA, Milcarsky J. Double-blind flea hyposensitization trial in cats. J Am Vet Med Assoc. 1985; 186:677–680.

# 第二十一章 猫特应性综合征：流行病学和临床表现

Alison Diesel

**摘要**

人们对猫特应性综合征在疾病发病机制和临床表现方面的了解尚浅，尽管在犬中该病的表现非常明确。虽然存在许多相似之处，但特应性皮炎在犬和猫中是否为同种疾病仍存在争议。猫特应性皮炎通常被称为“猫特应性综合征”或“非跳蚤、非食物超敏反应性皮炎（non-flea，non-food hypersensitivity dermatitis，NFNFHD）”。尽管犬和猫的诊断过程相似，均为排除性诊断，但免疫球蛋白 E（immunoglobulin-E，IgE）参与猫特应性综合征的证据尚无定论。与犬特应性皮炎一样，瘙痒仍然是猫的患病特征；然而，患猫瘙痒和病变模式的分布更多变。患有猫特应性综合征的猫通常表现为四种常见皮肤反应模式中的至少一种（头部 / 颈部 / 耳廓瘙痒伴抓痕、自损性脱毛、粟粒性皮炎、嗜酸性皮肤病变）。此外，还可能观察到非皮肤临床症状。

## 引言

尽管在犬和人类中的表现非常明确，但人们对猫特应性综合征在疾病发病机制和临床表现方面的了解尚浅。虽然存在许多相似之处，但特应性皮炎在犬和猫中是否为同种疾病仍存在争议。通常，当比较两个物种的过敏性皮肤病时，猫已知 / 记录的过敏性皮肤病要少得多，尤其是关于特应性皮炎。虽然自 1982 年以来，术语“猫特应性”一直是兽医文献中常用的术语[1]，但在讨论猫的疾病时，该术语已不受青睐。“猫特应性皮炎”最初用于描述患有复发性瘙痒性皮肤病、皮内试验中对几种环境过敏原呈阳性反应，且已排除其他瘙痒原因（如外寄生虫、感染）的猫临床综合征。由于缺乏 IgE 参与疾病过程的结论性证据，当提及历史上所称的猫特应性皮炎（atopic dermatitis，AD）时，大多数皮肤科兽医倾向于使用“猫特应性综合征”（feline atopic syndrome，FAS）或“非跳蚤、非食物超敏反应性皮炎”（NENFHD）[2]。

虽然两个物种罹患该病仍然需要排除性诊断，但猫特应性综合征对兽医从业者提出了一组独特的挑战。这不仅包括解释诊断试验的难题，还包括评估患猫特有的特定临床综合征，与犬相比，目前治疗干预的选择有限。本章旨在讨论目前已知的关于猫特应性综合征的发病机制、疾病流行病学和观察到的临床表现。随后的章节将介绍关于诊断评估和当前治疗的讨论。

## 猫特应性综合征的发病机制

与特应性皮炎发病机制相对明确的犬和人相比[3-5]，文献中关于猫特应性综合征发生的信息仍然很少。尽管在犬和人疾病发病机制的某些领域，信息量持续增长（尤其是屏障功能的影响和更具体的免疫因素的影响方面），但其中许多焦点尚未在过敏猫中进行探索。然而，关于特应性皮炎发病相关因素（遗传影响、环境因素、免疫异常）和屏障功能对病程的影响涉及的病史经典三联征的讨论，已有记录。

## 遗传因素

已充分确定犬和人的遗传易感性通常会导致过敏表型，尤其是与特应性皮炎的发生相关。这已在几项人类双胞胎研究中得到证实[6]，并评估了丝聚蛋白突变作为促成因素的影响[7]。已经描述了几种常见发病犬种的特定表型[8]；然而，与人类一样，很明显遗传学只是其中的一部分。犬特应性皮炎的复杂基因型，有多个基因参与疾病发展的遗传成分，确实说明了疾病的多方面性质。也就是说，通过某些有记录的遗传变异和对某些病患遗传影响的进一步理解，针对特定分子的靶向治疗可能在未来得以开发和实施[9]。

然而，关于猫特应性综合征发生中的遗传影响仅有粗略的记录[10]。虽然在猫身上确实存在该疾病的遗传组分似乎是合理的，但这在多大程度上得以显现，目前尚不清楚。

## 环境因素

与犬和人的特应性皮炎一样，暴露于环境过敏原会加重特应性综合征患猫的临床症状[11]。这在自然发生的疾病表现中很明显，并得到了临床模型的支持。在一项使用空气过敏原应用于健康猫和过敏猫皮肤的改良斑贴试验研究中，仅特应性综合征患猫出现与自发性疾病患猫病变皮肤相似的炎性浸润[12]。尚未研究在实验室环境中应用或暴露于空气过敏原是否会导致在猫中出现如在犬中一样的与特应性综合征相关的更广泛病变[13]。

尽管阳性“过敏试验”不能诊断任何已知物种的特应性皮炎，但猫特应性皮炎的历史定义[1]包括皮内过敏原试验中对环境过敏原有多种阳性反应的猫的描述。环境过敏原的皮内过敏原检测（以及血清过敏原检测）仍然是支持猫特应性综合征临床诊断的基石（见第二十二章中的进一步讨论）。这与许多特应性综合征患猫对过敏原免疫治疗的有利反应相结合，进一步支持了环境因素在疾病发病机制中的影响。

## 特应性综合征患猫的免疫学结果

综合考虑疾病的所有方面，犬特应性皮炎的当前定义描述了“一种具有遗传易感性的炎性和瘙痒性过敏性皮肤病，具有与 IgE 抗体相关的特征性临床特征，最常直接针对环境过敏原”[14]。已在犬和人中明确证实了 IgE 的影响；然而，猫特应性综合征的这种相关性尚不明确。事实上，IgE 的作用在导致疾病发展的免疫因素方面仍然是一个有争议的领域。部分论点源于猫血清 IgE 水平与临床疾病缺乏相关性[15]；然而，过敏原特异性 IgE 水平并不总是与犬特应性皮炎的临床疾病相关[16]。然而，有合理的证据支持 IgE 在猫过敏性皮炎中的影响。对猫进行了被动皮肤过敏试验，以证明通过注射过敏个体的血清，将过敏原特异性皮肤反应性从致敏/过敏猫转移至未经处理的猫[17, 18]。然而，如果在注射前加热血清，则不会发生这种反应。加热过程可使 IgE 失活，而不使其他抗体失活，从而支持 IgE 参与[17, 19, 20]。当将抗 IgE 注射到正常猫的皮肤中时，会发生速发型和迟发型炎症反应[21]，与之前在自发性过敏性皮肤病患猫中报道的结果具有许多相同的肉眼可见的特征和显微镜下特征[10, 15]。然而，在该组注射 IgG 时未观察到相似的炎症反应[21]，再次表明了 IgE 参与着猫过敏性皮炎。已确认 IgE 在猫的其他过敏性疾病中的作用，最显著的是猫哮喘[20, 22]。鉴于这种情况在过敏性皮肤病患猫（假定）中并不罕见[23]，IgE 在两种疾病表型中的可疑作用不容忽视。

尽管猫特应性综合征的免疫发病机制仍存在一些不确定性，但与患有慢性特应性皮炎的人和犬相比，过敏猫皮肤中存在类似的炎性浸润模式[24]。与无过敏性皮炎的猫相比，过敏猫皮肤上参与固有和获得性免疫系统的某些细胞类型数量发生了变化。

据报道，树突状细胞（包括郎格罕细胞）在过敏猫皮肤中的数量较多[24, 25]。这些细胞与环境结合，导致发生过敏性炎症，并与人特应性皮炎的产生有关[26]。嗜酸性粒细胞，常见于多个物种的各种过敏性疾病，在过敏猫的皮肤上额外增加。事实上，这些细胞在猫过敏性皮炎的炎性病变中明显浸润，尤其是在粟粒性皮炎病变中，并且怀疑是猫皮肤过敏中超敏反应的更特异性指标[27]。组织炎症继发于颗粒内容物（包括主要碱性蛋白）释放以及炎性细胞因子表达[28]。虽然肥大细胞并非猫过敏性皮炎所特有，但与健康猫皮肤相比，过敏猫皮肤中的肥大细胞通常会增加[27]。此外，正如在特应性皮炎病患中所观察到的[29]，过敏猫皮肤中的肥大细胞颗粒含量发生变化。在患有过敏性皮肤病的猫中，观察到类胰蛋白酶染色的肥大细胞数量明显少于糜蛋白酶[27]。将其与健康猫皮肤进行比较，其中类胰蛋白酶染色可观察到所有肥大细胞，糜蛋白酶染色时可观察到约 90% 的肥大细胞[30]。

已充分证实有利于辅助性 T 细胞 2（Th2）而非 Th1 的 T 细胞应答偏斜，是犬和人特应性皮炎免疫学发展的一部分。T 细胞似乎也参与了猫特应性综合征的免疫发病机制。在组织病理学研究中已经观察到这一点，与 CD8+ 相比，过敏猫皮肤中 CD4+T 细胞群增加；这些细胞通常在健康猫的皮肤中未观察到[31]。此外，与健康对照猫相比，在过敏猫的皮肤中发现产生 IL-4 的 T 细胞数量增加，支持 Th2 浸润[32]。然而，与健康对照猫相比，过敏猫外周血中的 T 细胞群偏斜尚未得到证实[31]。特应性综合征患猫的皮肤或外周血中的炎性细胞因子谱也尚未得到很好的阐明。当比较正常、病变和非病变过敏猫的皮肤时，无法检测到各种炎性白细胞介素和其他细胞因子的基因表达差异[33]。最近，已证实与无过敏性皮肤病的猫相比，过敏猫血清中 IL-31 的循环水平增加[34]，如犬特应性皮炎所示。这表明这种炎性细胞因子参与了猫过敏性皮肤病；然而，致病作用尚未确定。

### 皮肤屏障和其他因素

屏障功能在特应性皮炎病人和犬皮肤中的作用已成为越来越重要的研究领域。然而，这一因素在猫特应性综合征患猫中尚未得到很好的探索。一项研究在健康猫的不同身体部位观察到经表皮水分流失（transepidermal water loss，TEWL）、皮肤水合作用和 pH 的差异[35]。最近，一项研究检查了猫特应性综合征患猫中 TEWL 与临床症状严重程度之间的关系[36]。使用两种评分系统评估过敏猫的皮肤病变［猫过敏性皮炎评分（Scoring Feline Allergic Dermatitis，SCORFAD）以及猫范围和严重程度指数（Feline Extent and Severity Index，FeDESI）］，观察到 TEWL 与某些身体部位的临床病变严重程度呈正相关，尤其是使用 SCORFAD 测量时。观察到与 FeDESI 评分的相关性较低。虽然与健康对照猫相比，过敏猫的 TEWL 确实可能存在差异，但与患有特应性皮炎的犬和人相比，该测量可能不太有用。

在患有特应性皮炎的人和犬中，细菌感染和酵母菌过度生长可加重疾病的临床症状。在一些患有猫特应性综合征的猫中似乎也是如此；然而，与过敏犬或人相比，过敏猫较少发生细菌或酵母菌的继发性感染。尽管确切的意义尚未确定，但越来越多的证据记录了特应性个体微生物组的变化。事实上，在人[37]和犬[38]中均有报道，最近在过敏猫中报道了与健康对照猫相比的情况[39]。虽然物种间存在一些相似之处（例如，与健康对照猫相比，葡萄球菌在过敏个体中更丰富），但还存在其他物种差异。与过敏犬和人相反，过敏猫似乎保留了微生物多样性，因为与健康个体相比，过敏猫的细菌种类数量无显著差异[39]。此外，在面对过敏“发作”时，犬和人的特定身体位置可以观察到细菌群落差异，而过敏猫的整个身体被改变的细菌种群定植，与采样位置无关。推测这是由猫挑剔的理毛行为所致。这些差异可以部分解释为什么与在人和犬中观察到的结果相比，继发性感染在过敏猫中不太常见。这种微生态失调在疾病发展和（或）对治疗干预的反应中有什么意义仍有待发现。

## 猫特应性综合征的流行病学

兽医文献中尚未充分描述猫特应性综合征在猫

中的确切患病率。对美国一家教学医院就诊的猫进行回顾性研究发现，在 15 年的时间里，“过敏”占该医院猫皮肤病的 32.7%。“特应性皮炎”本身占观察到的猫皮肤病的 10.3%[40]。在加拿大一所大学教学医院进行的为期 1 年的类似研究中，111 只患病动物中有 7 只（6.3%）被诊断为“特应性皮炎”[41]。然而，在另一项评估英国全科医疗中观察到的皮肤病的研究中，154 只猫中只有 2 只（1.3%）被诊断为“特应性皮炎”。然而，值得注意的是，在没有明确病因的猫中观察到其他皮肤反应模式（如粟粒性皮炎、嗜酸性肉芽肿综合征）[42]。这种患病率差异也可部分解释为全科兽医与皮肤科兽医专家获得的诊断差异。

## 猫特应性综合征的临床表现

与犬特应性皮炎一样，猫特应性综合征的临床症状主要是猫出现瘙痒。然而，相比之下，患猫瘙痒和病变的分布不太明确。犬特应性皮炎的临床症状通常遵循非常可预测的模式，包括面部、耳廓凹面、腋窝和腹股沟褶皱、腹侧、会阴部皮肤、关节屈曲面和爪[43, 44]。然而，猫的瘙痒和病变通常包括任何一种或多种反映猫皮肤炎症反应的公认皮肤反应模式[2]。虽然这些模式不能反映特定的病因，但它们通常提示潜在的过敏性皮肤病。

### 头部 / 颈部 / 耳廓瘙痒伴抓痕

也被称为颈面部瘙痒性皮炎，与该反应模式相关的病变仅限于猫的身体前部。猫的颈部到尾侧通常表现正常。而面部、耳部、颈部可能有抓痕、结痂、脱毛、红斑等标志（图 21–1）。在某些情况下，瘙痒可能严重到导致明显的自损。

### 自损性脱毛

在过去，患有自损性脱毛（通常被称为“对称性脱毛”“鬼剃头”或“过度理毛”）的猫被过度诊断为行为异常和精神性脱毛。有了这种反应模式，猫会通过过度舔舐、咀嚼或拉扯发病身体区域，造成部分或近乎完全的脱毛（图 21–2）。在过度理毛的地方，毛发经常会出现断裂和粗糙。可能存在或不存在并发的皮肤红斑和表皮脱落。

### 粟粒性皮炎

因小米种子（小颗粒谷物）而得名，猫的粟粒性皮炎病变往往可被触诊而不是被直接观察到。病变最常沿颈部和背部出现；但耳前皮肤毛发稀疏区为观察患猫粟粒性皮炎的最佳位置，不必剪除毛发（图 21–3）。病变具体表现为小的、针尖样红斑性结痂性丘疹。触诊时，病变会感觉像皮肤下的小砂砾或小米粒，就好像在摸粗砂纸。

### 嗜酸性皮肤病变

该组病变包括嗜酸性肉芽肿、嗜酸性斑块和唇部（“无痛性”“侵蚀性”）溃疡。这种病变的集合过去被称为猫“嗜酸性肉芽肿综合征”；然而，由于其独特的临床和组织病理学表现，许多皮肤科兽医在描述猫身上的这些病变时，不赞成使用该术语。

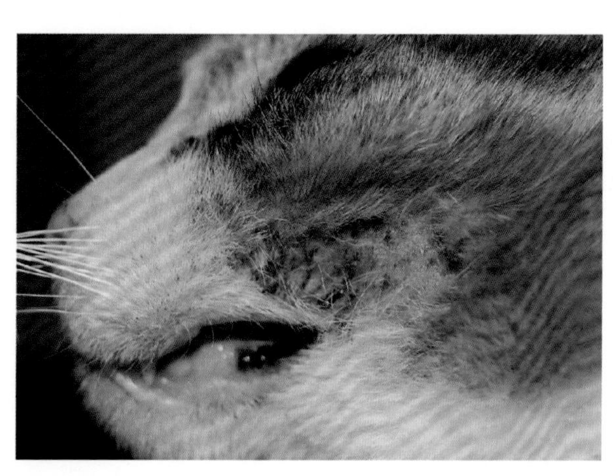

图 21–1 猫特应性综合征继发颈面部瘙痒的猫

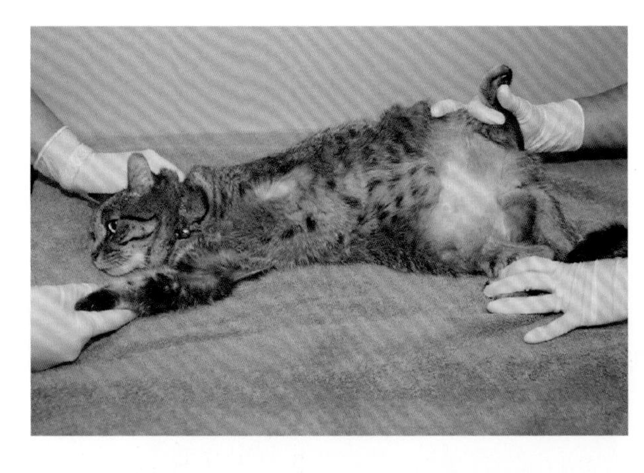

**图 21-2　猫特应性综合征继发自损性脱毛的猫**

注意前肢截肢部位线性的过度理毛，以及对侧的腋窝脱毛。

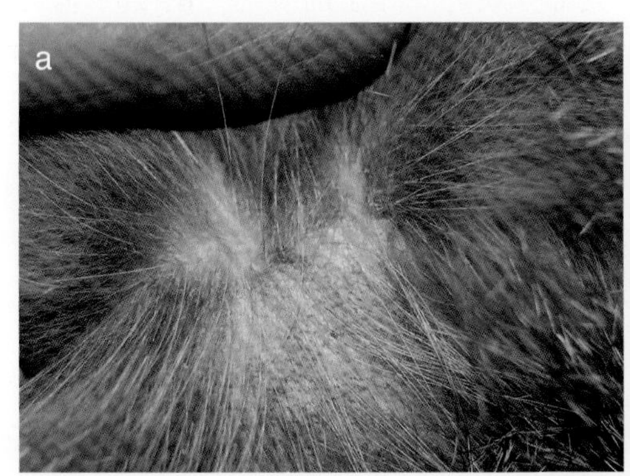

**图 21-3　（a）患有跳蚤过敏性皮炎的猫背部粟粒性皮炎病变；（b）猫特应性综合征患猫头部的粟粒性皮炎病变**

尽管它们可以出现在任何给定的体表区域，但嗜酸性肉芽肿可能最常出现在大腿后侧（图 21-4a）或颏部腹侧表面（图 21-4b）。前者可称为“线性肉芽肿”，后者可称为“肥下巴”或“撅嘴”猫病变。肉芽肿通常是半坚硬的，边界相当清楚，可在有或无瘙痒时见到。另外，猫特应性综合征可继发口腔肉芽肿（图 21-4c）。猫最初可能表现为吞咽困难、流口水、食欲下降，甚至呼吸困难的临床症状，这取决于病变的大小。或者在无任何明显临床异常的情况下，可通过口腔检查发现。

在无临床症状的情况下，也可能出现嘴唇（无痛性）溃疡。这些火山口性、溃疡性病变可单侧存在，也可双侧存在于患猫的上唇（图 21-5）。沿鼻人中延伸至鼻面是相当常见的现象。

在这 3 种病变中，嗜酸性斑块倾向于伴有严重的瘙痒和并发的自损性脱毛。病变可再次出现在身体的任何部位，最常见于下腹部。嗜酸性斑块通常为边界清晰的红色斑块样病变，表面光泽、湿润。病变常为多灶性，可融合成较大的、单发的斑块（图 21-6）。

## 皮肤外临床症状

虽然皮肤病学表现是猫特应性综合征的标志，但过敏猫也可能存在其他皮肤外临床症状。这可能包括过敏性耳炎、鼻窦炎和结膜炎，以及某些患猫的猫小气道疾病（“猫哮喘”）。然而，这些疾病 / 临床表现同时发生的频率尚不清楚。

作为颈面部瘙痒性皮炎的一部分，耳廓瘙痒是特应性综合征患猫中相当常见的临床症状。然而，在耳镜检查中，外耳道本身往往外观正常。这与特应性皮炎患犬相反，因为其通常表现为继发于过敏性疾病的红斑性外耳炎[2]，通常被误认为耳螨侵扰，许多特应性综合征患猫会表现为复发性耵聍性外耳炎，常在没有细菌或酵母菌等感染性微生物的情况下出现。这可能导致可观察到的猫耳部瘙痒。

经常有特应性综合征患猫的报道，打喷嚏可能

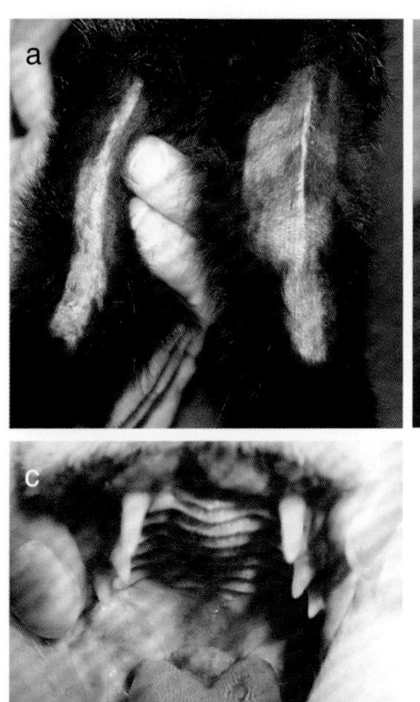


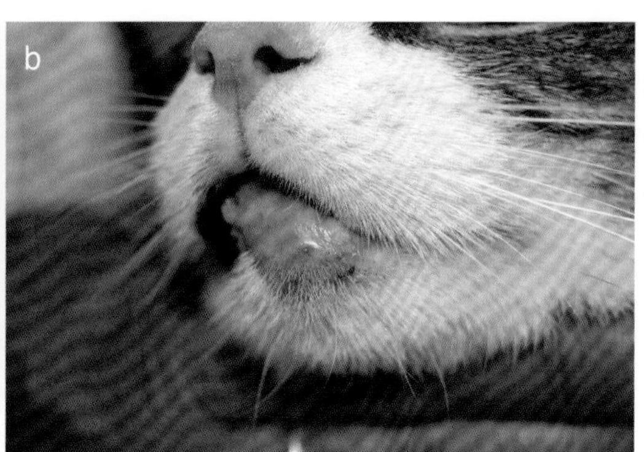


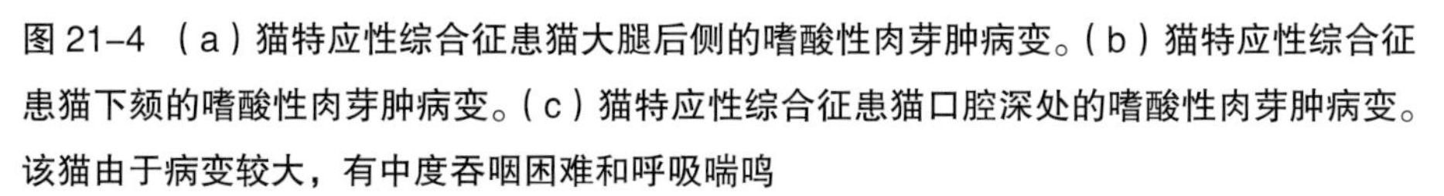

图 21-4 （a）猫特应性综合征患猫大腿后侧的嗜酸性肉芽肿病变。（b）猫特应性综合征患猫下颏的嗜酸性肉芽肿病变。（c）猫特应性综合征患猫口腔深处的嗜酸性肉芽肿病变。该猫由于病变较大，有中度吞咽困难和呼吸喘鸣

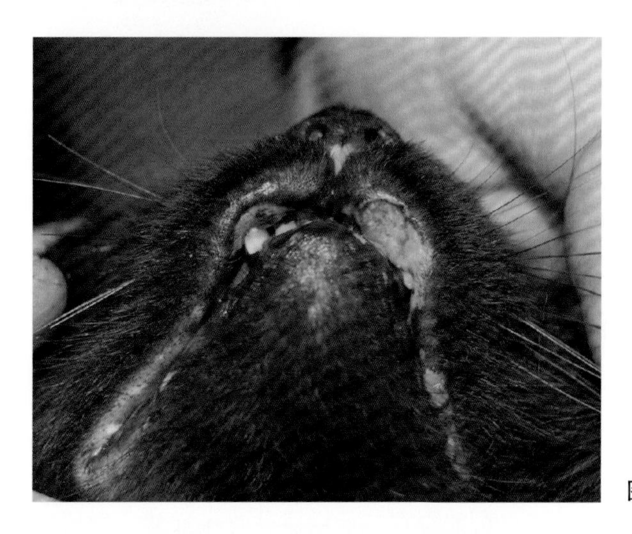

图 21-5 猫特应性综合征患猫的双侧上唇无痛性溃疡

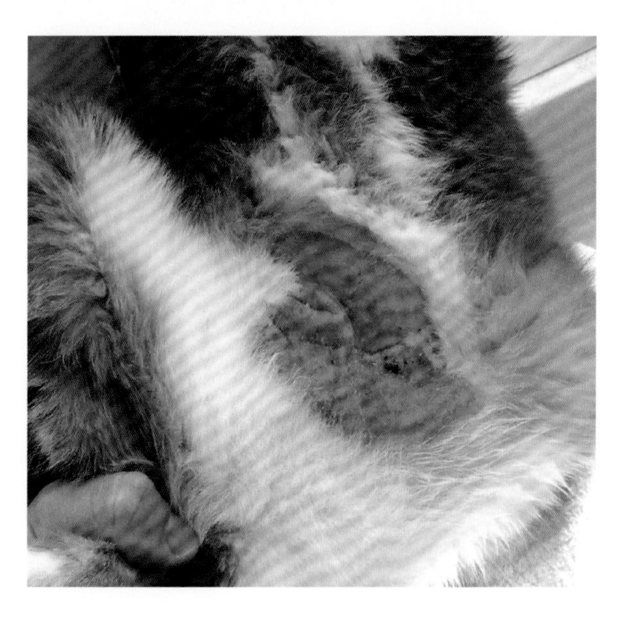

图 21-6 猫特应性综合征患猫腹部大的嗜酸性斑块

仔细检查患猫的病变，可见多个较小斑块融合，形成所见的较大病变。

提示过敏猫的鼻窦炎。尽管无法确定确切的发病率，但有报道显示特应性综合征患猫的此种并发临床症状的发生概率高达 50%[45]。虽然兽医文献中仅记录了 1 例猫过敏性鼻炎的报道[46]，但这可能被漏报，因为在没有经明确诊断（如活检）的情况下，可能会直接解决掉这种临床怀疑。然而，这些症状在特应性综合征患猫中的确切发病率尚不清楚，因为影像学研究尚未调查这些并发的疾病表现。

与过敏的其他皮肤外表现一样，特应性综合征患猫并发猫哮喘的患病率尚不确定。猫小气道疾病或猫哮喘是一种复杂的综合征；然而，许多猫具有过敏的发病机制[22]。在一项评估小气道疾病患猫吸入性过敏原阳性反应患病率的初步研究中[23]，并发或既存皮肤异常的发生率相当高，因此难以找到患猫进行研究。这一发现可能表明同时患有过敏性气道疾病和猫特应性综合征的猫所占百分比更高。然而，在某些情况下，呼吸道症状的严重程度可能掩盖并发皮肤病的存在，或猫哮喘的治疗（即糖皮质激素）可能控制皮肤过敏的症状，从而掩盖真实的临床表现。有必要进行进一步研究，以更好地阐明两种疾病之间的关系。

## 结论

猫特应性综合征与犬特应性皮炎有几个相似之处，主要是在临床诊断中涉及瘙痒。然而，两物种的过敏性疾病，在疾病临床表现和发病机制的特殊性质方面的相似性仍存在很大的不确定性。关于猫特应性皮炎患猫，仍存在大量信息有待发现。与犬相比，兽医文献中缺乏关于过敏猫的研究报告。

## 参考文献


[1] Reedy LM. Results of allergy testing and hyposensitization in selected feline skin diseases. J Am Anim Hosp Assoc. 1982; 18:618–623.

[2] Hobi S, Linek M, Marignac G, Olivry T, Beco L, Nett C, et al. Clinical characteristics and causes of pruritus in cats: a multi-centre study on feline hypersensitivity-associated dermatoses. Vet Dermatol. 2011; 22:406–413.

[3] Marsella R, De Benedetto A. Atopic dermatitis in animals and people: an update and comparative review. Vet Sci. 2017; 4(3):37.

[4] Peng W, Novak N. Pathogenesis of atopic dermatitis. Clin Exp Allergy. 2015; 45(3):566–574.

[5] Martel BC, Lovato P, Bäumer W, Olivry T. Translational animal models of atopic dermatitis for preclinical studies. Yale J Biol Med. 2017; 90(3):389–402.

[6] Elmose C, Thomsen SF. Twin studies of atopic dermatitis: interpretations and applications in the filaggrin era. J Allergy. 2015; 2015:902359.

[7] Amat F, Soria A, Tallon P, Bourgoin-Heck M, Lambert N, Deschildre A, Just J. New insights into the phenotypes of atopic dermatitis linked with allergies and asthma in children: an overview. Clin Exp Allergy. 2018; 48(8):919–934.

[8] Wilhem S, Kovalik M, Favrot C. Breed-associated phenotypes in canine atopic dermatitis. Vet Dermatol. 2010; 22:143–149.

[9] Nuttal T. The genomics revolution: will canine atopic dermatitis be predictable and preventable? Vet Dermatol. 2013; 24(1):10–18.e.3–4.

[10] Moriello KA. Feline atopy in three littermates. Vet Dermatol. 2001; 12:177–181.

[11] Prost C. Les dermatoses allergiques du chat. Prat Méd Chir Anim Comp. 1993; 28:151–153.

[12] Roosje PJ, Thepen T, Rutten VP, et al. Immunophenotyping of the cutaneous cellular infiltrate after atopy patch testing in cats with atopic dermatitis. Vet Immunol Immunopathol. 2004; 101:143–151.

[13] Marsella R, Girolomoni G. Canine models of atopic dermatitis: a useful tool with untapped potential. J Invest Dermatol. 2009; 129(10):2351–2357.

[14] Halliwell R, the International Task Force on Canine Atopic Dermatitis. Revised nomenclature for veterinary allergy. Vet Immuno Immunopathol. 2006; 114:207–208.

[15] Taglinger K, Helps CR, Day MJ, Foster AP. Measurement of serum immunoglobulin E (IgE) specific for house dust mite antigens in normal cats and cats with allergic skin disease. Vet Immunol Immunopathol. 2005; 105:85–93.

[16] Lauber B, Molitor V, Meury S, Doherr MG, Favrot C, Tengval K, et al. Total IgE and allergen-specific IgE and IgG antibody levels in sera of atopic dermatitis affected and non-affected Labrador and Golden retrievers. Vet Immunol Immunopathol. 2012; 149:112–118.

[17] Gilbert S, Halliwell RE. Feline immunoglobulin E: induction of antigen-specific antibody in normal cats and levels in spontaneously allergic cats. Vet Immunol Immunopathol. 1998; 63:235–252.

[18] Reinero CR. Feline immunoglobulin E: historical perspective, diagnostics and clinical relevance. Vet Immunol Immunopathol. 2009; 132:13–20.

[19] Gilbert S, Halliwell RE. Production and characterization of polyclonal antisera against feline IgE. Vet Immunol Immunopathol. 1998; 63:223–233.

[20] Lee–Fowler TM, Cohn LA, DeClue AE, Spinkna CM, Ellebracht RD, Reinero CR. Comparison of intradermal skin testing (IDST) and serum allergen–specific IgE determination in an experimental model of feline asthma. Vet Immunol Immunopathol. 2009; 132:46–52.

[21] Seals SL, Kearney M, Del Piero F, Hammerberg B, Pucheu–Haston CM. A study for characterization of IgE–mediated cutaneous immediate and late–phase reactions in non–allergic domestic cats. Vet Immunol Immunopathol. 2014; 159:41–49.

[22] Norris Reinero CR, Decile KC, Berghaus RD, Williams KJ, Leutenegger CM, Walby WF, et al. An experimental model of allergic asthma in cats sensitized to house dust mite or Bermuda grass allergen. Int Arch Allergy Immunol. 2004; 135:117–131.

[23] Moriello KA, Stepien RL, Henik RA, Wenholz LJ. Pilot study: prevalence of positive aeroallergen reactions in 10 cats with small airway disease without concurrent skin disease. Vet Dermatol. 2007; 18:94–100.

[24] Taglinger K, Day MJ, Foster AP. Characterization of inflammatory cell infiltration in feline allergic skin disease. J Comp Pathol. 2007; 137:211–223.

[25] Roosje PJ, Whitaker–Menezes D, Goldschmidt MH, et al. Feline atopic dermatitis. A model for Langerhans cell participation in disease pathogenesis. Am J Pathol. 1997; 151:927–932.

[26] Novak N. An update on the role of human dendritic cells in patients with atopic dermatitis. J Allergy Clin Immunol. 2012; 129:879–886.

[27] Roosje PJ, Koeman JP, Thepen T, et al. Mast cells and eosinophils in feline allergic dermatitis: a qualitative and quantitative analysis. J Comp Pathol. 2004; 131:61–69.

[28] Liu FT, Goodarzi H, Chen HY. IgE, mast cells, and eosinophils in atopic dermatitis. Clin Rev Allergy Immunol. 2011; 41:298–310.

[29] Jarvikallio A, Naukkarinen A, Harvima IT, et al. Quantitative analysis of tryptaseand chymase–containing mast cells in atopic dermatitis and nummular eczema. Br J Dermatol. 1997; 136:871–877.

[30] Beadleston DL, Roosje PJ, Goldschmidt MH. Chymase and tryptase staining of normal feline skin and of feline cutaneous mast cell tumors. Vet Allergy Clin Immunol. 1997; 5:54–58.

[31] Roosje PJ, van Kooten PJ, Thepen T, Bihari IC, Rutten VP, Koeman JP, et al. Increased numbers of CD4+ and CD8+ T cells in lesional skin of cats with allergic dermatitis. Vet Pathol. 1998; 35:268–273.

[32] Roosje PJ, Dean GA, Willemse T, et al. Interleukin 4–producing CD4+ T cells in the skin of cats with allergic dermatitis. Vet Pathol. 2002; 39:228–233.

[33] Taglinger K, Van Nguyen N, Helps CR, et al. Quantitative real–time RT–PCR measurement of cytokine mRNA expression in the skin of normal cats and cats with allergic skin disease. Vet Immunol Immunopathol. 2008; 122:216–230.

[34] Dunham S, Messamore J, Bessey L, Mahabir S, Gonzales AJ. Evaluation of circulating interleukin–31 levels in cats with a presumptive diagnosis of allergic dermatitis. Vet Dermatol. 2018; 29:284. [abstract]

[35] Szczepanik MP, Wilkołek PM, Adamek ŁR, et al. The examination of biophysical parameters of skin (transepidermal water loss, skin hydration and pH value) in different body regions of normal cats of both sexes. J Feline Med Surg. 2011; 13:224–230.

[36] Szczepanik MP, Wilkołek PM, Adamek ŁR, et al. Correlation between transepidermal water loss (TEWL) and severity of clinical symptoms in cats with atopic dermatitis. Can J Vet Res. 2018; 82(4):306–311.

[37] Sanford JA, Gallo RL. Functions of the skin microbiota in health and disease. Semin Immunol. 2013; 25(5):370–377.

[38] Rodrigues Hoffmann A, Patterson AP, Diesel A, Lawhon SD, Ly HJ, Elkins Stephenson C, et al. The skin microbiome in healthy and allergic dogs. PLoS One. 2014; 9(1):e83197.

[39] Older CE, Diesel A, Patterson AP, Meason–Smith C, Johnson TJ, Mansell J, et al. The feline skin microbiota: the bacteria inhabiting the skin of healthy and allergic cats. PLoS One. 2017; 12(6):e0178555.

[40] Scott DW, Miller WH, Erb HN. Feline dermatology at Cornell University: 1407 cases (1988–2003). J Fel Med Surg. 2013; 15(4):307–316.

[41] Scott DW, Paradis M. A survey of canine and feline skin disorders seen in a university practice: small animal clinic, University of Montréal, Saint–Hyacinthe, Québec (1987–1988). Can Vet J. 1990; 31:830–835.

[42] Hill PB, Lo A, Eden CAN, Huntley S, Morey V, Ramsey S, et al. Survey of the prevalence, diagnosis and treatment of dermatological conditions in small animal general practice. Vet Rec. 2006; 158:533–539.

[43] Griffin CE, DeBoer DJ. The ACVD task force on canine atopic dermatitis (XIV): clinical manifestations of canine

atopic dermatitis. Vet Immunol Immunopathol. 2001; 81(3–4):255–269.

[44] Hensel P, Santoro D, Favrot C, Hill P, Griffin C. Canine atopic dermatitis: detailed guidelines for diagnosis and allergen identification. BMC Vet Res. 2015; 11:196.

[45] Foster AP, Roosje PJ. Update on feline immunoglobulin E (IgE) and diagnostic recommendations for atopy. In: August JR, editor. Consultations in feline internal medicine. 5th ed. St. Louis: Elsevier; 2006. p. 229–238.

[46] Masuda K, Kurata K, Sakaguchi M, Yamashita K, Hasegawa A, Ohno K, Tsujimoto H. Seasonal rhinitis in a cat sensitized to Japanese cedar (Cryptomeria japonica) pollen. J Vet Med Sci. 2001; 63:79–81.

# 第二十二章　猫特应性综合征：诊断

Ralf S. Mueller

**摘要**

猫特应性综合征是由环境或食物过敏原引起的疾病的病原学诊断。因此，目前还没有单一的测试能够可靠地区分猫特应性综合征与其鉴别诊断。该综合征与多种临床反应模式相关，如粟粒性皮炎、嗜酸性肉芽肿、导致非炎性脱毛或溃疡性结痂性皮炎的瘙痒。通过排除基于病史和临床检查的所有鉴别诊断来确诊。因此，诊断程序因不同的反应模式而不同。由于食物不良反应和跳蚤叮咬过敏是所有这些反应模式的鉴别诊断，因此，对于所有疑似猫特应性综合征的猫来说，良好的外寄生虫控制和食物排除试验是推荐的诊断工作的一部分。根据临床症状，可能需要进行其他诊断检查，如细胞学检查、伍德氏灯检查、毛发显微镜检查、真菌培养或活检。

## 引言

与具有不同临床特征的犬特应性皮炎相比，猫特应性综合征的特征是许多皮肤反应模式明显不同[1, 2]。粟粒性皮炎、嗜酸性肉芽肿综合征或无损伤瘙痒，导致非炎性脱毛或伴有溃疡和结痂的继发性脱皮，都可能是由猫特应性综合征引起的。与犬特应性皮炎相似，猫特应性综合征是基于病史、临床症状和排除鉴别诊断的诊断[3]。然而，上述每个反应模式具有不同的鉴别诊断列表，因此需要稍微不同的方法。本章将讨论与猫特应性综合征相关的各种皮肤反应模式的鉴别诊断，以及每种模式的诊断程序。

## 诊断的总体原则

彻底的病史和临床检查，对于制定猫特应性综合征常见皮肤反应模式的鉴别诊断列表至关重要。要问的重要问题取决于个体反应模式和可能导致的鉴别诊断。跳蚤、食物或环境过敏原可导致所有上述临床症状，因此，关于当前外寄生虫控制、饮食习惯、粪便软硬（当主人清理粪便时）和尝试食物排除试验的所有问题与所有这些反应模式相关[1]，其他诊断仅与选定模式关联。例如，据报道，耳螨侵扰是粟粒性皮炎[4]的一个原因，但不存在嗜酸性肉芽肿，关于以前的耳病和家庭中其他发病动物的问题很重要。非炎性脱毛可能由蠕形螨病[4]或罕见的内分泌疾病或斑秃引起，这些疾病对于粟粒性皮炎患猫无须考虑。患猫的年龄和对全身症状的仔细询问可能为内分泌疾病提供临床线索。一旦确定了鉴别诊断及其基于病史和临床发现的优先顺序列表，就开始进行排除或确认这些诊断的试验。当然，为了尽快验证诊断中付出的努力，也取决于动物主人及其投入时间和金钱的意愿。对于某些患病动物，随后将按照疾病可能性或排除必要性的顺序进行测试（如波斯猫的皮肤癣菌培养），而其他猫主人将选择同时进行一系列化验，以便更快地排除一些鉴别诊断。一旦排除了其他鉴别诊断，猫特应性综合征的诊断就得到了确认。

## 猫粟粒性皮炎的诊断程序

虽然粟粒性皮炎（图 22-1）通常被认为是由对跳蚤和环境或食物过敏原的过敏反应引起的（事实上，这些是大多数猫粟粒性皮炎的原因），但也可能有其他原因，需要在个别患病动物中单独考虑。除跳蚤以外的外寄生虫，尤其是螨类，如布氏姬螯螨或耳螨，也可能导致粟粒性皮炎（表 22-1）。皮肤癣菌或细菌感染可能导致或促成粟粒性皮炎的临床症状。在罕见的情况下，落叶型天疱疮和肥大细胞瘤可出现类似的小结痂性丘疹。最后，一些营养不足，如食物中缺乏必需脂肪酸，可能导致粟粒性皮炎。在大多数情况下，与当前的饲喂行为无关。根据临床病史和体格检查，皮肤刮片、外寄生虫控制、皮肤细胞学检查或活检和食物排除试验，均可用于对患有粟粒性皮炎的猫个体进行检查。皮肤活检是鉴别过敏性与免疫介导性或肿瘤性皮肤病的首选诊断试验。然而，它不太可能区分外寄生虫和过敏症，也不能可靠地区分过敏原因。

**表 22-1　引起或促成粟粒性皮炎的疾病**

| | |
|---|---|
| 过敏 | 跳蚤叮咬过敏 |
| | 环境特应性综合征 |
| | 食物诱发的特应性综合征 |
| 感染性疾病 | 皮肤癣菌病 |
| | 细菌感染 |
| | 猫疥螨病 |
| | 耳螨病 |
| | 猫蠕形螨病 |
| 免疫介导性疾病 | 落叶型天疱疮 |
| 肿瘤性疾病 | 肥大细胞瘤 |
| 营养缺乏 | 脂肪酸缺乏 |

## 猫瘙痒的治疗方法

无病变的初始瘙痒可能导致非炎性脱毛，或由于自损导致溃疡和结痂，通常在头部和颈部区域。这些反应模式有不同的可能病因。

非炎性脱毛（图 22-2）最常见由跳蚤、食物或环境过敏原或其任何组合引起[1, 2]。瘙痒猫伴非炎性脱毛的主要鉴别诊断是精神性脱毛[5]。环境的重大变化，如从农村到城镇或城市的迁移、新猫迁入社区、家中出现新生儿或新动物，或家庭工作时间的变化，可能会导致一些猫过度舔舐。在这种情况

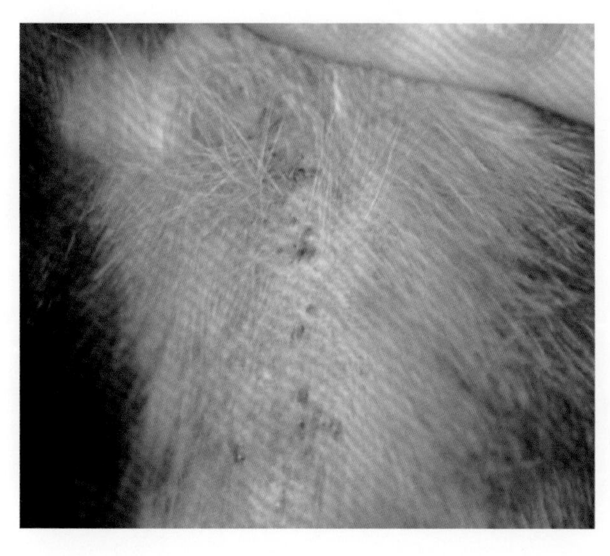

图 22-1　家养短毛猫的粟粒性皮炎伴小结痂

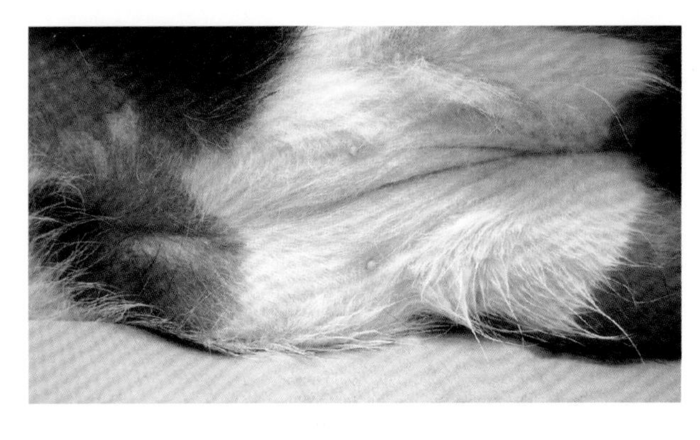

图 22-2 一只 7 岁雄性去势家养短毛猫腹部的非炎性稀毛症和脱毛

下，咨询兽医行为学家可能会有所帮助，建议在对食物排除试验或控制跳蚤没有反应的情况下进行咨询。在皮肤癣菌病的早期阶段，可能不存在或忽略相关的轻微皮屑和成片小丘疹[6]，真菌检测，如伍德氏灯检查、毛发显微镜检查、培养或 PCR，可能是有用的诊断程序。但是，请记住，由于瞬时环境污染，PCR 反应可能出现假阳性。极少数情况下，内分泌病（如肾上腺皮质功能亢进）可能导致猫出现非瘙痒性非炎性脱毛，通常伴随其他全身症状[7-9]。这种猫需要进行激素检测。异常脱毛，如静止期大量脱毛［应激使某一区域的所有毛囊进入同步静止期（静止期），脱毛发生在 6 ~ 12 周后，此时新毛在真皮深层再生］或生长期大量脱毛（严重的代谢性疾病或化疗导致毛干在毛囊腔内断裂造成毛干受损，引起脱毛）可以通过彻底的病史调查排除或产生怀疑。在世界范围内有限的地理区域已诊断出与蠕形螨病相关的下腹部脱毛，并与瘙痒性非炎性脱毛相关（表 22-2）。

头颈部瘙痒有时会导致广泛的结痂和溃疡（图 22-3），这可能是环境过敏原引起的，但也可考虑食物过敏原、跳蚤叮咬过敏和其他外寄生虫感染，

**表 22-2 导致猫脱毛的疾病**

| | |
|---|---|
| 过敏 | 跳蚤叮咬过敏 |
| | 环境特应性综合征 |
| | 食物诱发的特应性综合征 |
| 精神性疾病 | 精神性脱毛 |
| 感染性疾病 | 皮肤癣菌病 |
| 内分泌疾病 | 猫蠕形螨病 |
| | 甲状腺功能减退 |
| | 肾上腺皮质功能亢进 |
| 药物反应 | 甲巯咪唑诱导的脱毛 |
| 杂病 | 静止期大量脱毛 |
| | 生长期大量脱毛 |

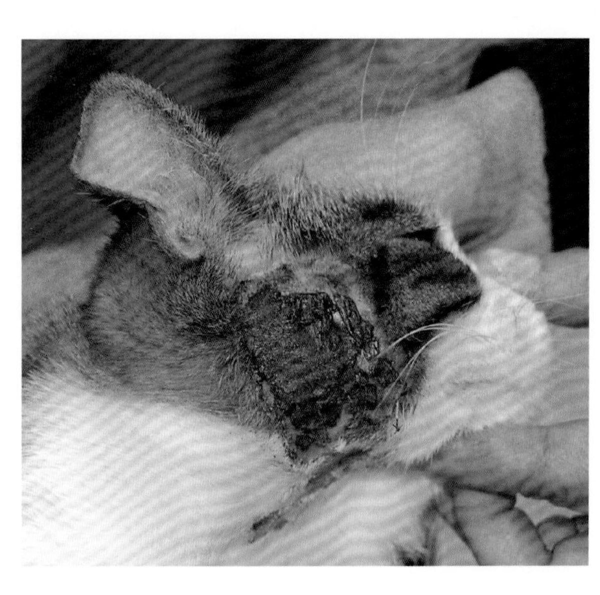

图 22-3 一只头部严重瘙痒的猫身上有一个大的结痂和抓痕（由 Dr. Chiara Noli 提供）

如猫疥螨或耳螨[1, 2]。细菌或酵母菌的继发感染经常发生。皮肤癣菌感染时如果皮肤发炎，可能发生瘙痒。如果以前有上呼吸道感染的临床病史，并且累及黏膜表面，则应考虑猫疱疹病毒或杯状病毒感染。在罕见的情况下，牛痘病毒感染也可能导致不同程度的瘙痒、溃疡和结痂性皮肤病，伴有发热和厌食[10]。牛痘是通过被啮齿动物咬伤而接种的，最初会形成一个孤立病变。随后的病毒血症可导致发热和多灶性皮肤病变。这些猫可能具有高度传染性，据报道死于病毒性肺炎。结痂的PCR检测是首选的诊断工具，它速度快，而且结痂中含有丰富的痘病毒包裹体。在组织病理学上，牛痘病毒可通过胞浆内嗜酸性包涵体鉴定，疱疹病毒可通过嗜酸性皮炎、毛囊炎和疖病并仔细寻找双嗜性核内包涵体来鉴定。

瘙痒可能是由跳蚤、食物或环境过敏原引起的，但也可能由其他原因引起，如药物反应或老年猫的副肿瘤性瘙痒。如果甲状腺功能亢进患猫在服用甲巯咪唑后出现瘙痒，停药通常会使自损快速缓解，应选择甲状腺功能亢进的替代疗法。对于年龄较大的瘙痒患猫，尤其是头颈部马拉色菌感染的猫，应考虑副肿瘤性皮肤病。根据病史和体格检查，当考虑副肿瘤性瘙痒时，超声检查、X线检查［和（或）CT/MRI］、淋巴结抽吸、全血细胞计数和血清生化检查都可能适用。

## 猫嗜酸性肉芽肿综合征病变的处理方法

嗜酸性肉芽肿综合征的病变可在猫特应性综合征中观察到[1, 2]。无痛性唇部溃疡（图22–4）（通常为不对称溃疡，位于上唇的黏膜边缘，并且经常覆盖着厚厚的黄色黏附性渗出物）、嗜酸性肉芽肿（图22–5）（丘疹至线状病变，经常糜烂或溃疡，常见于大腿后侧）和在腹部和大腿内侧发现的嗜酸性斑块（图22–6）（通常高度瘙痒）都可能由跳蚤、食物或环境过敏原引起，因此外寄生虫控制和食物排除试验是对患有嗜酸性肉芽肿综合征病变的猫进行彻底诊断的一部分。有时，鳞状细胞癌可能是一种

图22–4　6岁雌性家养短毛猫上唇的无痛性溃疡（由Dr. Chiara Noli提供）

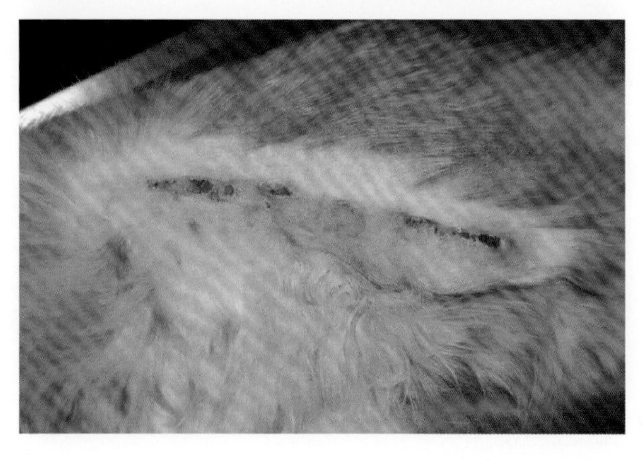

图22–5　大腿上嗜酸性肉芽肿的线性病变（由Dr. Chiara Noli提供）

鉴别诊断，尤其是对于头部无色素或毛发稀疏区域有病变的老年猫。对这些猫也需要进行活检。

## 排除皮肤感染

虽然猫的皮肤感染比犬少，但它们确实会发生在猫身上，这可能对瘙痒和临床症状都有显著影响。需要对其进行识别和治疗，以获得最佳的治疗结果。按压涂片的细胞学评估是鉴定细菌或酵母菌感染的首选检测[11]。如果皮肤和结痂非常干燥，通常通过去除一些结痂并从结痂下表面获取细胞学样本来获得更多分泌物。带有胞内细菌的中性粒细胞（图 22-7）无疑可以证实细菌性皮肤感染。细菌或酵母菌的存在必须根据微生物数量、临床症状和采样部位进行判读。据报道，大量马拉色菌属酵母菌（图 22-8）可能是猫体内恶性肿瘤的临床线索；然而，也可能在过敏性皮肤病患猫身上发现它们。对于可能患有皮肤癣菌病的猫，用伍

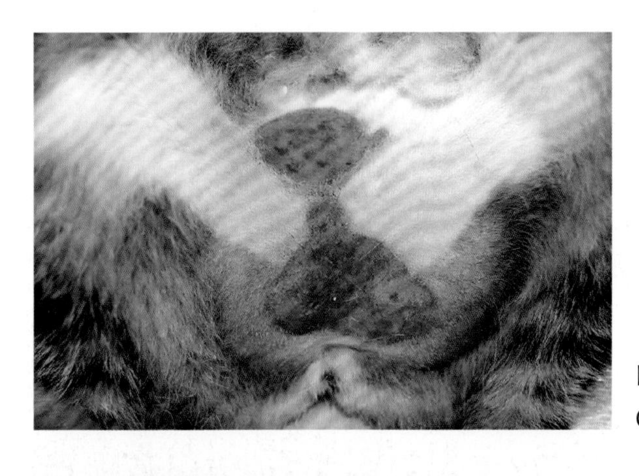

图 22-6 与图 22-4 是同一只猫：腹部有大的嗜酸性斑块（由 Dr. Chiara Noli 提供）

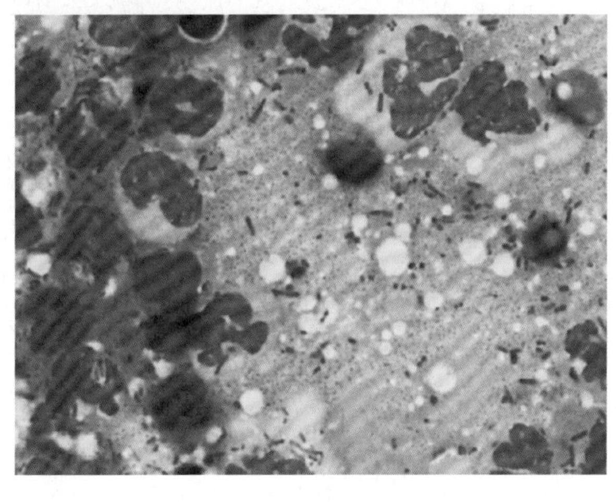

图 22-7 斑块的按压涂片：中性粒细胞与胞浆外球菌和杆菌

后者可能起源于口腔菌群（Diff Quick, 1000 倍放大）（由 Dr. Chiara Noli 提供）。

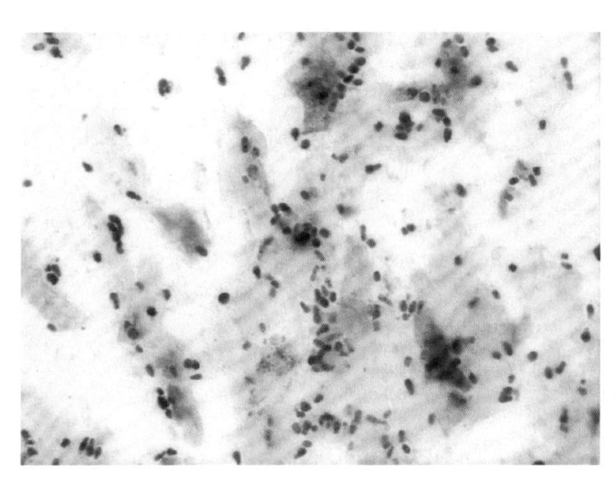

图 22-8 来自过敏猫皮肤上的大量马拉色菌属酵母菌（Diff Quick，400 倍放大）（由 Dr. Chiara Noli 提供）

德氏灯检查、毛发显微镜检查、真菌培养或真菌抗原 PCR 检查皮肤可能有效。

## 排除外寄生虫

重要的是要确定主人使用过的控制外寄生虫的剂型、使用的确切产品、使用频率，以及给家中哪些动物用过。市场上的一些产品对跳蚤和蜱虫有很高的功效；其他药物也可用于治疗螨虫感染。有效和全面的外寄生虫控制不仅应针对跳蚤，还应针对螨虫。大环内酯或异噁唑啉是此类体外驱虫药的范例。除常规的杀成虫药外，是否需要额外的环境控制将取决于患病动物个体、环境和气候。温暖潮湿的气候有利于跳蚤的繁殖。在有利的环境中有大量的未成熟阶段跳蚤，在房屋或公寓中喷洒昆虫生长调节剂，如甲氧普林或吡丙醚，将加速患猫的临床改善。同样，在有多只动物的家庭中，幼蚤阶段（如卵、幼虫和蛹）的环境负荷较大，也需要这种环境控制。

## 进行食物排除试验

此时，食物排除试验是识别由食物抗原引起的猫特应性综合征的唯一可靠检测[12]。从理论上讲，这需要饲喂动物从未吃过的蛋白质种类。然而，在猫身上，这种看似简单的操作往往难以实现。首先，许多猫的食物比犬丰富得多，而且患猫在一周内每天摄入不同的蛋白质来源也很常见。其次，猫是习惯性动物，比犬更容易拒绝吃新的食物。此外，几天内拒绝进食会增加猫肝脏脂质沉积的风险，绝对不建议在达到依从性之前让猫挨饿。因此，在进行成功的食物排除试验之前，可能需要对几种不同的食物种类进行试验，作者建议，如果猫突然决定不吃，主人可以选择两种蛋白质来源。

动物主人可以选择家庭烹饪的限定食物、单一蛋白商品日粮和水解日粮。许多单一蛋白商品日粮已被证明受到标签外其他蛋白质来源的污染，尽管尚未评估这些污染的临床相关性。因此，作者更喜欢在家烹饪食物或用超水解日粮来诊断食物诱发的猫特应性综合征。猫是专性食肉动物，因此在选择自制食物时，可以给予纯蛋白质。虽然不需要碳水化合物，但缺乏碳水化合物可能会降低猫的适口性和依从性。理想情况下，蛋白质来源应与最初喂养的蛋白质有较大的物种差异。如果猫吃的是以鸡肉和火鸡为主的猫粮，那么换成鸭肉可能不如兔肉或马肉那么合适。同样，如果猫一直吃羊肉和牛肉为基础的食物，那么鹿肉或山羊肉可能不是理想的替代品，因为对于这些猫来说，这些过敏原之间的交叉反应可能性一般远高于鸵鸟肉或鳄鱼肉。然而，目前还没有建立关于食物过敏猫的临床交叉反应信息。

应专门喂养限定食物约 8 周，在此期间，90% 以上有食物不良反应的猫将得到改善[13]。在这 8 周内，不允许使用其他蛋白质来源。从技术上讲，一只能够去户外的猫需要在整个食物试验过程中被限制在室内。如果无法实现，并且猫没有反应，则不能可靠地排除食物不良反应。然而，对猫来说这一过程可能确实太紧张了。作者认为，对可以随意出入室内和室外的猫，进行食物排除试验可能仍然有必要，因为仅仅减少诱导过敏的蛋白质数量，就可能会降低瘙痒阈值。在多猫家庭中，所有猫都应接受限定食物，或者患猫应完全分开喂养，以避免意外摄入不同的蛋白质来源。

如果经过 8 周的正确食物排除试验后，临床症状没有改善，则很可能不是食物不良反应导致的。然而，如果临床情况有所改善，则必须重新用以前的食物激发，因为这种改善可能是由于食物，但也可能是由于季节变化、不同或更可靠的同时给予的治疗，以及与食物无关的其他原因。如果再次饲喂先前食物的激发试验导致临床症状的复发，且在喂食限定食物后症状再次消失，则确认食物不良反应的诊断。长期而言，可以通过对单一蛋白质的连续再激发来识别有问题的过敏原，可以给猫喂食商业化水解日粮或单一蛋白日粮，或者可以继续进行食物排除试验。如果动物主人选择后者，建议咨询兽医营养师，以平衡家庭自制的食物，避免营养不足。

## 结论

猫特应性综合征是一种与多种临床反应模式相关的病原学诊断，如粟粒性皮炎、嗜酸性肉芽肿、导致非炎性脱毛或溃疡性结痂性皮炎的瘙痒。通过排除基于病史和临床检查的所有鉴别诊断来确诊。由于食物不良反应和跳蚤叮咬过敏是所有这些反应模式的鉴别诊断，因此，对于所有疑似猫特应性综合征的猫来说，良好的外寄生虫控制和食物排除试验是推荐的诊断工作的一部分。根据临床症状，可能需要进行其他诊断检查，如细胞学检查、伍德氏灯检查、毛发显微镜检查、真菌培养或活检。

## 参考文献

[1] Hobi S, Linek M, Marignac G, Olivry T, Beco L, Nett C, et al. Clinical characteristics and causes of pruritus in cats: a multi-centre study on feline hypersensitivity-associated dermatoses. Vet Dermatol. 2011;22:406–413.

[2] Ravens PA, Xu BJ, Vogelnest LJ. Feline atopic dermatitis: a retrospective study of 45 cases (2001–2012). Vet Dermatol. 2014;25:95–102, e27–28.

[3] DeBoer DJ, Hillier A. The ACVD task force on canine atopic dermatitis (XV): fundamental concepts in clinical diagnosis. Vet Immunol Immunopathol. 2001;81:271–276.

[4] Scheidt VJ. Common feline ectoparasites part 2: Notoedres cati, Demodex cati, Cheyletiella spp. and Otodectes cynotis. Feline Pract. 1987;17:13–23.

[5] Waisglass SE, Landsberg GM, Yager JA, Hall JA. Underlying medical conditions in cats with presumptive psychogenic alopecia. J Am Vet Med Assoc. 2006;228:1705–1709.

[6] Scarampella F, Zanna G, Peano A, Fabbri E, Tosti A. Dermoscopic features in 12 cats with dermatophytosis and in 12 cats with self-induced alopecia due to other causes: an observational descriptive study. Vet Dermatol. 2015;26:282–e63.

[7] Boord M, Griffin C. Progesterone secreting adrenal mass in a cat with clinical signs of hyperadrenocorticism. J Am Vet Med Assoc. 1999;214:666–669.

[8] Rand JS, Levine J, Best SJ, Parker W. Spontaneous adult-onset hypothyroidism in a cat. J Vet Intern Med. 1993;7:272–276.

[9] Zerbe CA, Nachreiner RF, Dunstan RW, Dalley JB. Hyperad-renocorticism in a cat. J Am Vet Med Assoc. 1987;190:559–563.

[10] Appl C, von Bomhard W, Hanczaruk M, Meyer H, Bettenay S, Mueller R. Feline cowpoxvirus infections in Germany: clinical and epidemiological aspects. Berliner und M ü nchner Tier. rztliche Wochenschrift. 2013;126:55–61.

[11] Mueller RS, Bettenay SV. Skin scrapings and skin biopsies. In: Ettinger SJ, Feldman EC, Cote E, editors. Textbook of veterinary internal medicine. Philadelphia: W.B. Saunders; 2017. p. 342–345.

[12] Mueller RS, Unterer S. Adverse food reactions: pathogenesis, clinical signs, diagnosis and alternatives to elimination diets. Vet J. 2018;236:89–95.

[13] Olivry T, Mueller RS, Prelaud P. Critically appraised topic on adverse food reactions of companion animals (1): duration of elimination diets. BMC Vet Res. 2015;11:225.

# 第二十三章　猫特应性综合征：治疗

Chiara Noli

**摘要**

猫过敏性皮炎是一种慢性疾病，在可能的情况下，避免过敏原是最佳的治疗选择。如果不可能，则根据个体病例联合实施对因、对症、外部、抗菌和营养治疗。对因治疗以过敏原试验和脱敏为基础，仅有少数病例可治愈。所有其他病例均需要某种对症治疗，尽可能避免长期给予糖皮质激素。其他全身性治疗包括环孢素、抗组胺药、奥拉替尼、棕榈酰乙醇酰胺、马罗匹坦和多不饱和脂肪酸（polyunsaturated fatty acid，PUFA），这些药物并非对每例病例均有效，有些药物未注册用于猫。外部治疗对猫不易应用，因为仅有少数研究证实其疗效。本章将讨论过敏原试验和脱敏，以及外部和（或）全身对症治疗的利弊。

## 引言

猫过敏性皮炎是一种慢性疾病。临床兽医必须让客户了解，除非确定并清除致病过敏原，否则很少可能治愈。成功管理过敏性皮炎的关键是客户教育、对治疗方案的长期配合，以及对因、对症、外部、抗菌和营养的联合治疗。治疗计划的选择将取决于病例个体，即猫（病变的严重程度和患猫的脾气）和主人（经济情况、耐心、投入给猫的时间、个人偏好）。应明确解释过敏原试验和脱敏，以及外部和（或）全身对症治疗的利弊，包括可能的组合和成本，以帮助主人做出明智的选择。专栏 23-1 提供了如何治疗过敏猫的临床指南。

## 过敏性皮炎的治疗和生活质量

由于舔舐和抓挠导致的瘙痒和自损的皮肤病变对猫和主人的生活质量（quality of life，QoL）有显著的负面影响[1]，应从第一次就诊开始考虑减轻不适的治疗。然而，在两项关于猫过敏治疗的研究中，瘙痒和病变的减轻始终大于 QoL 的改善[2, 3]。这是由于治疗给药和复诊对猫和主人的 QoL 均有负面影响，因为治疗猫肯定比治疗犬更困难，并且心理压力来源更大。在为过敏猫设计治疗计划时应考虑这一现实情况，并且治疗计划应在很长一段时间内得到猫和主人的支持。应根据患病动物和主人的具体情况定制个性化给药方式（口服、外用、注射）、制剂（片剂、口服液、洗剂、喷雾剂）和频率。饲喂“皮肤病”处方粮和（或）与食物混合的必需脂肪酸和（或）棕榈酰乙醇酰胺（palmitoylethanolamide，PEA）补充剂，可能是减少炎症和瘙痒以及其他止痒药物需求（剂量和频率）的非创伤性方式。

**专栏 23-1　瘙痒猫的实用治疗方法**

1. 诊断期（从首次给予至停止喂食限定食物）：

- 建议在每种情况下进行口服 / 外部跳蚤控制。
- 对于非季节性瘙痒，猫应接受 2 个月的限定食物，使用水解食物更好。
- 如果以瘙痒为主且需要减轻，可在前 6 周同时以逐渐减少的剂量给予猫短效口服皮质类固醇，可以隔天给予 1 次。可考虑使用奥拉替尼或马罗匹坦作为替代药物。在此阶段应避免使用环孢素，因为药效滞后时间很长，停药后瘙痒复发也需要很长时间。这会导致难以评估特定食物。

2. 过敏原特异性免疫治疗（allergen specific immunotherapy，ASIT）的前几个月：

- 在整个 ASIT 期间，建议在每种情况下进行口服 / 外部跳蚤控制。
- 如果瘙痒为轻度或中度，考虑抗组胺药和（或）超微粒化 PEA、EFA、皮肤病处方粮和外用醋丙氢可的松。
- 如果这些治疗无效或瘙痒为中度至重度，则在 ASIT 的前几个月（诱导期）考虑使用环孢素或奥拉替尼或马罗匹坦。虽然可以在 ASIT 期开始时给予几天全身性皮质类固醇（特别是如果选择环孢素作为维持治疗），但应避免长期使用，因为它们可能干扰 ASIT 的脱敏机制。每 2 ~ 3 个月可停用止痒治疗，以更好地评估 ASIT 疗效。

3. 长期对症治疗：

- 建议在所有情况下都要进行口服 / 外部跳蚤控制。
- 如果瘙痒为轻度至中度，考虑抗组胺药和（或）超微粒化 PEA、EFA、皮肤病处方粮和外用醋丙氢可的松联合治疗。
- 如果这些措施无效或瘙痒为中度至重度，则考虑长期环孢素给药。皮质类固醇可在前 2 周使用。
- 如果不能选择环孢素（如烦躁不安），则替代方案是隔天给予低剂量皮质类固醇（最好配合类固醇节制药，如抗组胺药、EFA 或超微粒化 PEA）或奥拉替尼或马罗匹坦。

4. 发作管理：

- 发作最好用短期（5 ~ 15 d）大剂量皮质类固醇治疗。如果可能，之后应进行长期管理（第 3 项）。

## 对因治疗

### 过敏原鉴别：猫过敏原试验

对于有瘙痒和皮肤病变的过敏猫，通过过敏原试验以鉴别可能的过敏原是必要的，但该试验不能用于诊断过敏，因为有些健康猫可能显示阳性结果，而有些过敏猫的检测结果可能为阴性[4-7]。给犬使用的皮内试验对猫的价值有限，因为风团较小、柔软且为一过性，试验结果难以判读。使用荧光素可提高皮内试验的可读性和可靠性[8, 9]。猫过敏性皮肤试验的一个问题是，直到现在，在猫身上使用的针对犬皮肤标准化的过敏原溶液，对其适用性的了解有限。已经发表了关于猫过敏原阈值浓度的初步研究，尽管仅针对花粉，研究的也是健康动物[10]。另一个问题是所有猫都需要麻醉，因为应激会造成皮质醇释放，干扰风团形成[11]。为了克服这些问题，经皮（点刺）试验目前是猫的研究目标，并被认为是皮内试验的良好替代方法[12, 13]，但目前尚无猫物种特异性的市售试剂盒。与犬一样，不应对正在接受皮质类固醇治疗的猫进行皮内过敏原试验。

血清检测更容易进行，可由世界各地的几个实验室提供。其优点是易于进行（仅需一份血样），不需要麻醉，可对接受皮质类固醇治疗的猫进行检测。虽然体外过敏试验无法区分过敏猫和正常猫[4-7]，但其可用于选择 ASIT 溶液中包含的过敏原。没有研究证实一种方法一定优于另一种方法。基于人高亲和力 IgE 受体（FcE-RI）（Allercept®；Heska AG，Fribourg，Switzerland）的克隆 α 链的常用且研究充分的方法也可用于猫。最近的一项研究发现，快速筛查免疫测定（Allercept® E-Screen 2nd Generation；Heska AG，Fribourg，Switzerland）的结果与完整的AllercepTpanel 之间有很强的一致性；因此，筛查检测可能有利于预测完整的血清过敏原特异性 IgE 检测的结果[4]。

### 避免过敏原

如果致病过敏原已被正确识别，则避免过敏原是有用的。室内过敏的猫［例如，对屋尘螨（如尘螨属）和储藏螨（如腐食酪螨、粗脚粉螨和嗜鳞螨）过敏］或毛屑过敏的猫，可以在户外度过更多的时间。由于卧室中的屋尘螨水平远高于房屋的其余部分，限制猫进入这些房间可能是有帮助的。如果是室内过敏原，用“高效微粒空气过滤器”（high-efficiency particle air filter，HEPA）真空吸尘器频繁吸尘可能会降低过敏原负荷，或者为人类哮喘病患设计的保护性家具罩可能有价值。含有杀螨剂或昆虫生长调节剂的喷雾剂或雾化器（产生细雾的装置）可能对屋尘螨 / 储藏螨过敏有帮助。对垫料、地毯、地板、家具等定期使用过氧化二苯甲酰喷雾剂，不仅能杀死螨虫，还能降解其代谢产物（过敏原）。一项针对屋尘螨 / 储藏螨敏感犬的研究表明，在家中使用过氧化二苯甲酰喷雾剂可诱导 48% 的瘙痒消退和 36% 的瘙痒改善[14]。遗憾的是，目前还没有关于猫避免过敏原的研究。

### 免疫疗法

过敏原特异性免疫治疗（ASIT）是每年瘙痒持续时间超过 4 个月的病例的首选对因治疗。过敏原通常通过皮下注射给予，慢慢增加浓度和剂量，并且降低给药频率。尚未在猫身上研究免疫治疗的作用机制。在犬和人身上，由 Th2 向 Th1 偏斜的免疫应答的转变以及 T 调节淋巴细胞的增加，似乎是产生耐受性的原因[15]。方案因厂商和佐剂而异。ASIT 被认为对猫是安全有效的，经治疗的 50% ~ 80% 的患病动物获得了良好至非常好的反应（至少 50% 得到改善）[16-20]。普遍认为副作用（如瘙痒增加或速发型过敏反应）比犬中更少见[17]。

与犬一样，在开始给药后 3 ~ 18 个月，可以观察到瘙痒和皮肤病变的临床症状减轻。因此，在免疫治疗的初始阶段，可能需要对症治疗。如果治疗有效，则给予患病动物终生 ASIT 维持治疗。可能只有一部分病例仅通过单独的免疫治疗得到控制，而其他病例将至少需要在一年中的部分时间里进行辅助对症治疗。在作者进行的一项尚未发表的回顾性研究中，约 10% 的猫在 4 ~ 5 年后可达到过敏缓解，并可停止 ASIT 而不复发。Vidémont 和 Pin 也报告了类似的观察结果[21]。

目前有一种替代的舌下给药选择，轶事报道称疗效与皮下给药相似；然而，尚无关于猫的报告发表。对少数猫进行了冲击免疫治疗研究（在药物控制下，在数小时内实施整个诱导期治疗），认为其安全有效[22]。

## 对症治疗

下文所述药物的剂量、给药和不良反应总结见表 23-1。

### 糖皮质激素

糖皮质激素在抑制过敏性皮炎症状方面非常有效。猫的糖皮质激素的药理学数据很少：猫似乎比犬需要更高的剂量，因为猫的皮肤和肝脏中糖皮质激素受体的密度是犬的一半[23]，并且对活性泼尼松龙的代谢优于前体药物泼尼松[24]。

常规方案建议口服泼尼松龙 1 ~ 2 mg/kg 或口服甲泼尼龙 0.8 ~ 1.6 mg/kg，每天 1 次，直至瘙痒缓解（通常需要 3 ~ 15 d），然后将剂量减少至隔天 1 次，然后每周进一步减少至控制临床症状的最低剂量（通常为 0.5 ~ 1 mg/kg，隔天 1 次）。如果泼尼松龙或甲泼尼龙看似无效，猫的良好替代方案是口服地塞米松或曲安西龙（均为 0.1 ~ 0.2 mg/kg），然后逐渐减量至 0.02 ~ 0.05 mg/kg，每 2 ~ 3 d 一次，用于维持治疗。使用上述剂量的甲泼尼龙和曲安西龙未导致果糖胺升高或高于参考范围，而曲安西龙导致淀粉酶升高的幅度高于甲泼尼龙[25]。

当无法口服给药时，使用醋酸甲泼尼龙（通常为 15 ~ 20 mg/ 猫，SC），其作用持续时间为 3 ~ 6 周，应仅考虑用于难治性猫。随着时间的推移，重复注射缓释长效针剂的效果似乎越来越低，因此可能需要增加频率和（或）给予更高的剂量，发生不良反

表 23-1　用于猫过敏性皮炎的主要止痒和抗炎药物

| 口服止痒药 | 剂量 | 适应证 | 禁忌证 | 副作用 |
|---|---|---|---|---|
| 糖皮质激素：<br>泼尼松龙<br>甲泼尼龙<br>曲安西龙<br>地塞米松 | 诱导期每 24 h 一次：<br>1 ~ 2 mg/kg<br>0.8 ~ 1.6 mg/kg<br>0.1 ~ 0.2 mg/kg<br>0.1 ~ 0.2 mg/kg<br>维持期：诱导剂量的 1/4 ~ 1/2，每 48 ~ 72 h 一次 | 瘙痒和炎症迅速减轻，嗜酸性肉芽肿综合征病变消退 | 糖尿病、肾病、肝病、FIV 和（或）FeLV 阳性状态 | 皮肤脆弱综合征、糖尿病、充血性心力衰竭、多尿和多饮、膀胱和皮肤感染、蠕形螨病和皮肤癣菌病易感性增加 |
| 环孢素 | 第 1 个月 7 mg/kg，每 24 h 一次。然后在第 2 个月，每 48 h 一次，如果症状得到控制，则每周两次作为维持剂量 | 长期使用以保持瘙痒和病变缓解 | 肾病、肝病、FIV 和（或）FeLV 阳性状态、恶性肿瘤、进食生肉、狩猎和捕食 | 一过性呕吐和（或）腹泻（24%）、体重减轻、牙龈增生（2%）、肝脏脂质沉积（2%）、全身性弓形虫病 |
| 奥拉替尼（标签外用药） | 1 mg/kg，每 12 h 一次 | 无需使用糖皮质激素即可快速减轻瘙痒 | 无可用信息。需注意的是，与环孢素相同，怀疑肾脏疾病是禁忌 | 可用信息有限。在一项研究中，一些猫的肾脏指标升高，而在另一项研究中未观察到。必须进行密切监测 |
| 棕榈酰乙醇酰胺 | 10 ~ 15 mg/kg，每 24 h 一次<br>可作为糖皮质激素节制药物 | 轻度瘙痒和嗜酸性肉芽肿综合征 | 无 | 无 |
| 马罗匹坦 | 2 mg/kg，每 24 h 一次 | 瘙痒 | 无长期使用的可用信息。肝脏和心脏疾病是禁忌 | 无使用超过 2 ~ 4 周的可用信息 |

注：抗组胺药报告见表 23-2。

应的风险同样也会增加。在这些情况下，应考虑替代疗法（如口服或注射环孢素）。

通常认为猫对糖皮质激素耐受良好；但可能发生不良反应，且可能很严重[26]。其中包括皮肤萎缩伴皮肤脆弱（图 23-1），充血性心力衰竭，对糖尿病（特别是肥胖猫）、多饮和多尿的易感性增加，对膀胱和皮肤感染的易感性增加，包括发生皮肤癣菌病和蠕形螨病。然而，最近的一项研究发现，在长期口服或注射缓释糖皮质激素治疗的猫中没有发现菌尿的证据[27]。

醋丙氢可的松外用喷雾剂可用于治疗局部瘙痒，并减少全身用药的需要。已证明本品可引起极轻微的皮肤变薄和局部免疫抑制，犬的全身吸收率非常低。一项对 10 只猫进行的开放性先导性试验确定，其能够改善过敏猫的瘙痒和皮肤病变，并通过每天或隔天维持给药对其进行控制[28]。

## 环孢素

环孢素是一种来源于真菌多孔木霉的多肽。其作用方式是通过抑制钙调磷酸酶。对皮肤免疫系统的多种成分有多种免疫学作用，在过敏性皮炎的急、慢性期均有活性。在控制猫过敏性皮炎临床症状方面，环孢素与泼尼松龙的疗效相同[29]。预期 75% ~ 85% 的病例在治疗当月内瘙痒会显著减轻[30]。猫的初始口服给药剂量为每天 7 mg/kg[31]。该剂量应至少给药 1 个月，如果有效，逐渐减量至隔天 1 次。隔天给药成功 1 个月后，可尝试逐渐减量至每周 2 次。约 15% 和 60% 的皮肤过敏猫可分

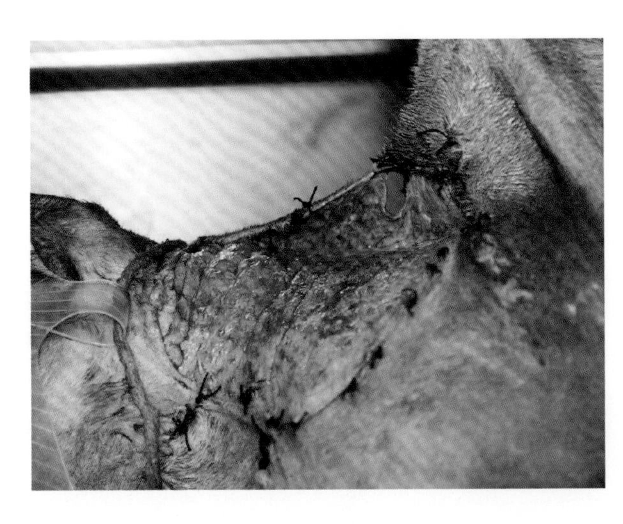

**图 23-1　猫因皮肤脆弱而出现大溃疡，每月注射 20 mg 醋酸甲泼尼龙治疗 1 次，持续 5 个月。停药后猫已完全恢复**

别在隔天或每周 2 次给药的情况下得到控制[32, 33]。开始环孢素治疗后会出现 2 ~ 3 周的滞后期，在此期间看不到效果，应提醒犬主人。在犬中，已描述了 3 周的泼尼松或奥拉替尼与环孢素联合给药，可在滞后期快速减轻瘙痒[34, 35]，但未获得关于猫的此类数据。

专利猫产品（猫用 Atopica®，Elanco）是一种微乳化环孢素液体制剂（100 mg/mL），不能与水混合。为了最大化吸收，环孢素应在餐前 2 h 给药；然而，最近的数据表明，环孢素与食物同服不会改变临床效果[36]。当与食物混合时，这种制剂并不总是可口的，当直接在口腔内给药时，它会引起一些猫唾液分泌过多。环孢素给药后可给一管水，以克服该问题。最近报告了以 2.5 ~ 5 mg/kg 的剂量，每 24 ~ 72 h 注射一次环孢素（50 mg/mL）的成功使用[37]，可考虑用于难治性猫的治疗。

猫通常对环孢素耐受良好。在高达 1/4 的病例中报告的不良反应为一过性呕吐和（或）腹泻，应提醒主人可能发生这些情况[38]。在前 2 ~ 3 周内，马罗匹坦（2 mg/kg）与环孢素联合给药被认为可减少呕吐并快速缓解瘙痒（见下文关于马罗匹坦的止痒作用的描述）。其他报告的不良反应是体重减轻（16%）和罕见的牙龈增生（图 23-2），以及厌食和肝脏脂质沉积（各 2% 的病例）[38]。猫应为 FIV-FeLV 阴性，由于存在发生致死性弓形虫病的风险，因此不应允许猫食生肉[39]。预防性或同时（治疗期间）测量 IgG 和（或）IgM 抗弓形虫血清滴度似乎对预测弓形虫病的发展无用。临床兽医应警惕接受环孢素治疗的猫出现任何神经和（或）呼吸症状或体重显著减轻（超过 20%）。

## 抗组胺药

抗组胺药通过竞争性阻断 H1 受体来抑制组胺的作用。与犬一样，抗组胺药治疗的反应各不相同，可能需要尝试几种不同的药物，每种药物治疗 15 d，以确定哪种药物（如果有）更有效。据报道（在 Scott 1999[40] 总结的既往非对照研究中），猫对抗组胺药有反应的比例为 20% ~ 73%（表 23-2）。

尤其是西替利嗪，是近期在猫身上进行的研究对象。药理学研究表明，西替利嗪给猫口服吸收良好，能够维持高血浆浓度至少 24 h[41]。在一项开放性研究中，5 mg/ 猫，每 24 h 一次，表明 41%（13/32）的过敏猫瘙痒减轻；然而，其中只有少数（1/13）改善超过 50%，而大多数（10/13）改善不足 25%[42]。随后对 21 只过敏猫进行的随机、双盲、安慰剂对照、交叉试验证实，只有 10% 的猫在接受西替利嗪 1 mg/kg，每 24 h 一次给药后改善了 50% 以上，而安慰剂组猫仅改善了 20%，两组之间的瘙痒或病变无统计学差异[43]。

## 奥拉替尼

奥拉替尼（Apoquel®，Zoetis）是一种注册用于犬的 JAK1 抑制剂，能够阻断细胞内代谢通路，其通路会导致炎性细胞和角质细胞的过敏活化，并引

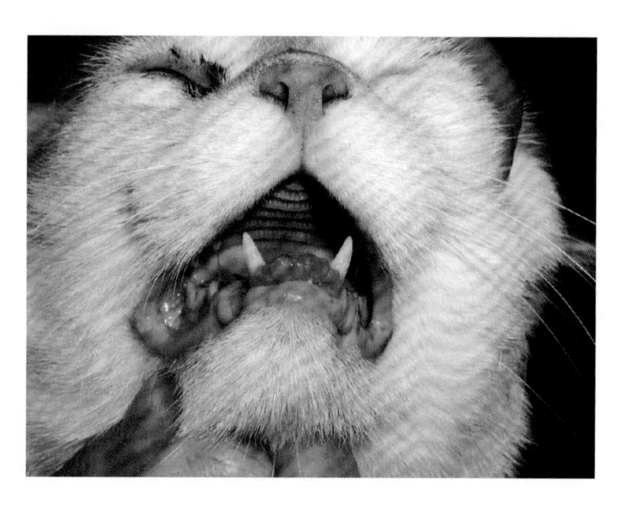

图 23–2 每天使用 10 mg/kg 环孢素治疗 3 个月的猫牙龈增生。当剂量降至 5 mg/kg，隔天 1 次时，病变显著改善

表 23–2 报告用于治疗过敏猫瘙痒的口服抗组胺药

| 抗组胺药 | 剂量 | 副作用 | 报告的有效性（对照猫的百分比） |
|---|---|---|---|
| 阿米替林 | 5 ~ 10 mg/ 猫，每 12 ~ 24 h 一次 | | |
| 西替利嗪 | 1 mg/kg 或 5 mg/ 猫，每 24 h 一次 | | 最高 41% |
| 氯苯那敏 | 2 ~ 4 mg/ 猫，每 8 ~ 24 h 一次 | 嗜睡 | 最高 73% |
| 氯马斯汀 | 0.25 ~ 0.68 mg/ 猫，每 12 h 一次 | 嗜睡、软便 | 最高 50% |
| 赛庚啶 | 2 mg/ 猫，每 12 h 一次 | 嗜睡、呕吐、行为障碍 | 最高 40% |
| 苯海拉明 | 1 ~ 2 mg/kg 或 2 ~ 4 mg/ 猫，每 8 ~ 12 h 一次 | | |
| 非索非那定 | 2 mg/kg，最多 30 ~ 60 mg/ 猫，每 24 h 一次 | | |
| 羟嗪 | 5 ~ 10 mg/ 猫，每 8 ~ 12 h 一次 | 行为障碍 | |
| 苯唑咪嗪 | 15 ~ 30 mg/ 猫，每 12 h 一次 | | 最高 50% |
| 异丙嗪 | 5 mg/ 猫，每 24 h 一次 | | |

起神经纤维瘙痒症。最近，在一项先导性研究[44]和一项甲泼尼龙对照研究[3]中，研究了奥拉替尼在猫身上的标签外使用。奥拉替尼 1 mg/kg，每 12 h 给药一次的疗效与相同剂量的甲泼尼龙相似，但无明显优势。给药 1 个月，通常耐受性良好；然而，在一些猫中观察到肾脏指标轻度升高[3]。在另一项研究中，在每天给予 2 次 1 mg/kg 或 2 mg/kg 奥拉替尼 28 d 的猫中未观察到临床、血液学或生化改变[45]。当禁用糖皮质激素并需要快速缓解瘙痒时，奥拉替尼可能是一种有用的替代治疗。应提醒读者，奥拉替尼未注册用于猫，其在该物种中的长期安全性未知。建议定期进行血液学和生化监测，以进行长期维持治疗。

## 棕榈酰乙醇酰胺

棕榈酰乙醇酰胺（PEA）是一种天然存在于动植物中的生物活性脂质。PEA 是由几种不同类型的细胞对组织损伤产生反应进而形成的，并通过控制肥大细胞（抑制脱颗粒）和其他炎性细胞（如巨噬细胞和角质细胞）的功能发挥作用。因此，PEA 可降低过敏性皮炎动物的皮肤炎症和神经敏感性。一项对 17 只出现嗜酸性肉芽肿和嗜酸性斑块的猫进行的开放性先导研究显示，PEA（10 mg/kg，每 24 h 一次，持续 30 d）改善了 64.3% 的猫的瘙痒、红斑和脱毛，并降低了 66.7% 的猫嗜酸性斑块和肉芽肿的范围和严重程度[46]。最近，一种含有可提高生物利用度并改善有效性的超微粒化 PEA（PEA-um）的产品被投放到国际兽医市场。一项多中心、安慰剂对照、随机试验确定了 PEA-um（15 mg/kg，每 24 h 一次）在非季节性过敏性皮炎患猫中的糖皮质激素节制作用[47]。在同一项研究中，PEA-um 被证明能够延长短疗程口服糖皮质激素的作用，几乎没有明显的不良反应。

### 马罗匹坦

马罗匹坦是一种神经激肽 -1 受体拮抗剂，能够阻断 P 物质（致瘙痒神经激肽）与其受体的相互作用。在一项 2 mg/kg 剂量的开放性初步研究中，已报告对 12 只过敏猫中的 11 只的瘙痒和病变有效[48]。如果每天 1 次，持续给药 2 ~ 4 周，马罗匹坦的耐受性良好。没有关于其长期治疗安全性的信息。

### 补充 ω-3 和 ω-6 脂肪酸

仅有少数既往的非对照研究调查了必需脂肪酸（EFA）在猫粟粒性皮炎和嗜酸性肉芽肿病变中的疗效[49-52]。这些出版物报告了 40% ~ 60% 的治疗动物的疗效。在观察到任何获益之前，会出现 6 ~ 12 周的滞后期。很可能只有少数患病动物可以通过单纯脂肪酸治疗得到控制。在犬中确定，EFA 可能具有糖皮质激素或环孢素节制作用，但未在猫身上进行研究来证实这一点。饲喂良好的皮肤病处方粮可能是补充过敏猫 EFA 的有效途径。

## 参考文献

[1] Noli C, Borio S, Varina A, et al. Development and validation of a questionnaire to evaluate the quality of life of cats with skin disease and their owners, and its use in 185 cats with skin disease. Vet Dermatol. 2016; 27:247–e58.

[2] Noli C, Ortalda C, Galzerano M. L'utilizzo della ciclosporina in formulazione liquida (Atoplus gatto®) nel trattamento delle malattie allergiche feline. Veterinaria (Cremona). 2014; 28:15–22.

[3] Noli C, Matricoti I, Schievano C. A double-blinded, randomized, methylprednisolone controlled study on the efficacy of oclacitinib in the management of pruritus in cats with nonflea nonfood induced hypersensitivity dermatitis. Vet Dermatol. 2019; 30:110–e30.

[4] Diesel A, DeBoer DJ. Serum allergen-specific immunoglobulin E in atopic and healthy cats: comparison of a rapid screening immunoassay and complete-panel analysis. Vet Dermatol. 2011; 22:39–45.

[5] Bexley J, Hogg JE, Hammerberg B, et al. Levels of house dust mite-specific serum immunoglobulin E (IgE) in different cat populations using a monoclonal based anti-IgE enzyme-linked immunosorbent assay. Vet Dermatol. 2009; 20:562–568.

[6] Gilbert S, Halliwell REW. Feline immunoglobulin E: induction of antigen-specific antibody in normal cats and levels in spontaneously allergic cats. Vet Immunol Immunopathol. 1998; 63:235–252.

[7] Taglinger K, Helps CR, Day MJ, et al. Measurement of serum immunoglobulin E (IgE) specific for house dust mite antigens in normal cats and cats with allergic skin disease. Vet Immunol Immunopathol. 2005; 105:85–93.

[8] Kadoya-Minegishi M, Park SJ, Sekiguchi M, et al. The use of fluorescein as a contrast medium to enhance intradermal skin tests in cats. Austr Vet J. 2002; 80:702–703.

[9] Schleifer SG, Willemse T. Evaluation of skin test reactivity to environmental allergens in healthy cats and cats with atopic dermatitis. Am J Vet Res. 2003; 64:773–778.

[10] Scholz FM, Burrows AK, Griffin CE, Muse R. Determination of threshold concentrations of plant pollens in intradermal testing using fluorescein in clinically healthy nonallergic cats. Vet Dermatol. 2017; 28:351–e78.

[11] Willemse T, Vroom MW, Mol JA, Rijnberk A. Changes in plasma cortisol, corticotropin, and alpha-melanocyte-stimulating hormone concentrations in cats before and after physical restraint and intradermal testing. Am J Vet Res. 1993; 54:69–72.

[12] Rossi MA, Messinger L, Olivry T, Hoontrakoon R. A pilot study of the validation of percutaneous testing in cats. Vet Dermatol. 2013 Oct; 24:488–e115.

[13] Gentry CM, Messinger L. Comparison of intradermal and percutaneous testing to histamine, saline and nine allergens in healthy adult cats. Vet Dermatol. 2016; 27:370–e92.

[14] Swinnen C, Vroom M. The clinical effect of environmental control of house dust mites in 60 house dust mite-sensitive dogs. Vet Dermatol. 2004; 15:31–36.

[15] Mueller RS, Jensen-Jarolim E, Roth Walter F, et al. Allergen immunotherapy in people, dogs, cats and horses – differences,

similarities and research needs. Allergy. 2018; . early view online; 73:1989. https://doi.org/10.1111/all.13464.

[16] Carlotti D, Prost C. L'atopie féline. Le Point Vétérinaire. 1988; 20:777–784.

[17] Trimmer AM, Griffin CE, Rosenkrantz WS. Feline immunotherapy. Clin Techniques Small An Pract. 2006; 21:157–161.

[18] Ravens PA, Xu BJ, Vogelnest LJ. Feline atopic dermatitis: a retrospective study of 45 cases (2001–2012). Vet Dermatol. 2014; 25:95–102.

[19] Reedy LM. Results of allergy testing and hyposensitization in selected feline skin diseases. J Am Anim Hosp Assoc. 1982; 18:618–623.

[20] Löewenstein C, Mueller RS. A review of allergen-specific immunotherapy in human and veterinary medicine. Vet Dermatol. 2009; 20:84–98.

[21] Vidémont E, Pin D. How to treat atopy in cats? Eur J Comp An Pract. 2009; 19:276–282.

[22] Trimmer AM, Griffin CE, Boord MJ, et al. Rush allergen specific immunotherapy protocol in feline atopic dermatitis: a pilot study of four cats. Vet Dermatol. 2005; 16:324–329.

[23] Broek AHM, Stafford WL. Epidermal and hepatic glucocorticoid receptors in cats and dogs. Res Vet Sci. 1992; 52:312–315.

[24] Graham-Mize CA, Rosser EJ, Hauptman J. Absorption, bioavailability and activity of prednisone and prednisolone in cats. In: Hiller A, Foster AP, Kwochka KW, editors. Advances in veterinary dermatology, vol. 5. Oxford: Blackwell; 2005. p. 152–158.

[25] Ganz EC, Griffin CE, Keys DA, et al. Evaluation of methylprednisolone and triamcinolone for the induction and maintenance treatment of pruritus in allergic cats: a double-blinded, randomized, prospective study. Vet Dermatol. 2012; 23:387–e72.

[26] Lowe AD, Campbell KL, Graves T. Glucocorticoids in the cat. Vet Dermatol. 2008; 19:340–347.

[27] Lockwood SL, Schick AE, Lewis TP, Newton H. Investigation of subclinical bacteriuria in cats with dermatological disease receiving long-term glucocorticoids and/or ciclosporin. Vet Dermatol. 2018; 29:25–e12.

[28] Schmidt V, Buckley LM, McEwan NA, Rème CA, Nuttall TJ. Efficacy of a 0.0584% hydrocortisone aceponate spray in presumed feline allergic dermatitis: an open label pilot study. Vet Dermatol 2012; 23: 11–16, e3–4.

[29] Wisselink MA, Willemse T. The efficacy of cyclosporine a in cats with presumed atopic dermatitis: a double blind, randomized prednisolone-controlled study. Vet J. 2009; 180:55–59.

[30] King S, Favrot C, Messinger L, et al. A randomized double-blinded placebo-controlled study to evaluate an effective ciclosporin dose for the treatment of feline hypersensitivity dermatitis. Vet Dermatol. 2012; 23:440–e84.

[31] Roberts ES, Speranza C, Friberg C, et al. Confirmatory field study for the evaluation of ciclosporin at a target dose of 7.0 mg/kg (3.2 mg/lb) in the control of feline hypersensitivity dermatitis. J Feline Med Surg. 2016; 18:889–897.

[32] Steffan J, Roberts E, Cannon A, et al. Dose tapering for ciclosporin in cats with nonflea-induced hypersensitivity dermatitis. Vet Dermatol. 2013; 24:315–322.

[33] Roberts ES, Tapp T, Trimmer A, et al. Clinical efficacy and safety following dose tapering of ciclosporin in cats with hypersensitivity dermatitis. J Feline Med Surg. 2016; 18:898–905.

[34] Panteri A, Strehlau G, Helbig R, et al. Repeated oral dose tolerance in dogs treated concomitantly with ciclosporin and oclacitinib for three weeks. Vet Dermatol. 2016; 27:22–e7.

[35] Dip R, Carmichael J, Letellier I, et al. Concurrent short-term use of prednisolone with cyclosporine A accelerates pruritus reduction and improvement in clinical scoring in dogs with atopic dermatitis. BMC Vet Res. 2013; 3(9):173.

[36] Steffan J, King S, Seewald W. Ciclosporin efficacy in the treatment of feline hypersensitivity dermatitis is not influenced by the feeding status. Vet Dermatol. 2012; 23(suppl. 1):64–65. (abstract)

[37] Koch SN, Torres SMF, Diaz S, et al. Subcutaneous administration of ciclosporin in 11 allergic cats – a pilot open-label uncontrolled clinical trial. Vet Dermatol. 2018; 29:107–e43.

[38] Heinrich NA, McKeever PJ, Eisenschenk MC. Adverse events in 50 cats with allergic dermatitis receiving ciclosporin. Vet Dermatol. 2011; 22:511–520.

[39] Last RD, Suzuki Y, Manning T. A case of fatal systemic toxoplasmosis in a cat being treated with cyclosporin a for feline atopy. Vet Dermatol. 2004; 15:194–198.

[40] Scott DW, Miller WH Jr. Antihistamines in the management of allergic pruritus in dogs and cats. J Small Anim Pract. 1999; 40:359–364.

[41] Papich MG, Schooley EK, Reinero CR. Pharmacokinetics of cetirizine in healthy cats. Am J Vet Res. 2008; 69:670–674.

[42] Griffin JS, Scott DW, Miller WH Jr, et al. An open clinical trial on the efficacy of cetirizine hydrochloride in the management of allergic pruritus in cats. Can Vet J. 2012; 53:47–50.

[43] Wildermuth K, Zabel S, Rosychuk RA. The efficacy of cetirizine hydrochloride on the pruritus of cats with atopic dermatitis: a randomized, double-blind, placebo-controlled,

crossover study. Vet Dermatol. 2013; 24:576–681, e137–138.

[44] Ortalda C, Noli C, Colombo S, Borio S. Oclacitinib in feline nonflea–, nonfood–induced hypersensitivity dermatitis: results of a small prospective pilot study of client–owned cats. Vet Dermatol. 2015; 26:235–e52.

[45] Lopes NL, Campos DR, Machado MA, Alves MSR, de Souza MSG, da Veiga CCP, Merlo A, Scott FB, Fernandes JI. A blinded, randomized, placebo–controlled trial of the safety of oclacitinib in cats. BMC Vet Res. 2019; 15(1):137.

[46] Scarampella F, Abramo F, Noli C. Clinical and histological evaluation of an analogue of palmitoylethanolamide, PLR 120 (comicronized Palmidrol INN) in cats with eosinophilic granuloma and eosinophilic plaque: a pilot study. Vet Dermatol. 2001 Feb; 12(1):29–39.

[47] Noli C, Della Valle MF, Miolo A, Medori C, Schievano C; Skinalia Clinical Research Group. Effect of dietary supplementation with ultramicronized palmitoylethanolamide in maintaining remission in cats with nonflea hypersensitivity dermatitis: a double–blind, multicentre, randomized, placebo–controlled study.Vet Dermatol. 2019; 30:387–e117.

[48] Maina E, Fontaine J. Use of maropitant for the control of pruritus in non–flea, non–foodinduced feline hypersensitivity dermatitis: an open label uncontrolled pilot study. J Feline Med Surg. 2019; 21:967–972.

[49] Harvey RG. Management of feline miliary dermatitis by supplementing the diet with essential fatty acids. Vet Rec. 1991; 128:326–329.

[50] Harvey RG. The effect of varying proportions of evening primrose oil and fish oil on cats with crusting dermatosis (miliary dermatitis). Vet Rec. 1993a; 133:208–211.

[51] Harvey RG. A comparison of evening primrose oil and sunflower oil for the management of papulocrustous dermatitis in cats. Vet Rec. 1993b; 133:571–573.

[52] Miller WH, Scott DW, Wellington JR. Efficacy of DVM Derm caps liquid in the management of allergic and inflammatory dermatoses of the cat. JAAHA. 1993; 29:37–40.

# 第二十四章　蚊虫叮咬过敏

Ken Mason

**摘要**

由于猫会季节性地接触蚊子，猫的蚊虫叮咬过敏在世界范围内都有分布。独特的皮肤病变是面部、耳部和鼻部的点状溃疡、结痂和色素改变。叮咬带来的瘙痒会引起猫搔抓面部和鼻部，导致出血。有些猫会出现爪垫过度角化、结痂和色素改变。在下午晚些时候将猫限制在室内可减轻症状的严重程度；间歇性使用皮质类固醇也有帮助。新型驱避型拟除虫菊酯 / 除虫菊酯对猫是安全的，并被证明对患猫有效。

## 引言

猫蚊虫叮咬过敏是一种不常见的呈季节性且外观独特的瘙痒性皮炎，通常累及面部、耳部和爪垫[1-4]。该病最初由 Wilkinson 和 Bate 于 1984 年描述为嗜酸性肉芽肿综合征的季节性变种，住院后得到改善[5]。

1991 年，Mason 和 Evans 假设病因是蚊虫叮咬过敏，当时他们意识到病变仅限于短毛或无毛区域，如鼻部和爪垫[1]。作者证实，当猫暴露于家庭环境时，剪除前额上的短毛会导致病变。多猫家庭中只有一些猫出现了病变，这进一步支持了环境过敏的原因。

蚊虫叮咬导致皮肤病的最终证据在图 24–1 ~ 图 24–4 中得到了证实。

## 发病机制和流行病学

与跳蚤过敏性皮炎（flea allergy dermatitis，FAD）相似，蚊虫叮咬过敏是 IgE 介导的 I 型（速发型）超敏反应[1, 2, 4]。本病具有季节性，春季间断性发生，并持续至夏季，秋季减弱，冬季通常消退。在随后的几年中，过敏和病变的严重程度可能会增加，这取决于天气模式是否有利于蚊子滋生。无年龄、性别易感性；通常在经历过一个蚊虫季节以上的成年猫身上发病。在蚊子流行的地域，外出活动的猫身上更易发生。在多猫家庭中，只有一只或几只猫患病。这种疾病可能发生在猫接触蚊子的任何地方。

## 临床症状

蚊虫叮咬过敏显著且典型的临床表现为红斑、耳缘结痂和溃疡、丘疹至小结节，在有毛的耳表面有局灶性结痂，鼻梁上有点状溃疡至严重的结痂病变，鼻面出现红斑、溃疡和脱色（图 24–1 和图 24–5）。爪垫上可能存在过度角化，常涉及边缘和不同程度的色素改变。在蚊子猛烈叮咬期间，瘙痒会很严重，导致自损和出血。

还有其他各种不太典型的病变，尤其是生活在沼泽和灌溉区域等蚊子侵扰严重地区的猫，如嗜酸

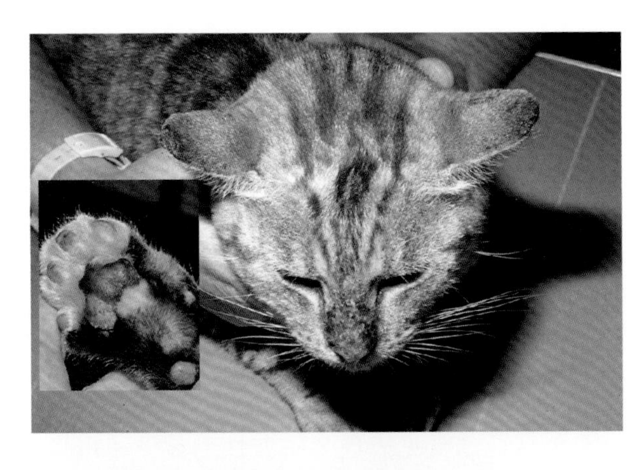

图 24-1　检查时，猫表现为耳尖结痂溃疡，鼻梁和爪红斑、结痂、色素减退，以及鼻面小点状溃疡和色素脱失

图 24-2　住院 1 周后，猫的病变得到改善。返回家庭环境前剃除前额被毛，以证明被毛较短的区域易发生病变

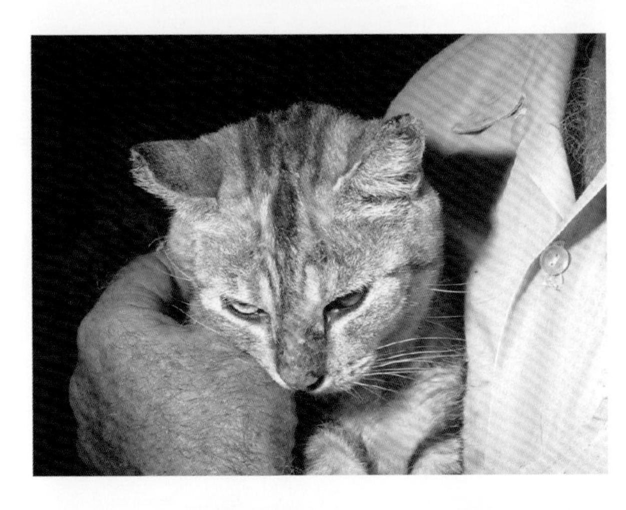

图 24-3　在家庭环境中 1 周后复查：剃毛区域出现新病变，之前改善的病变加重。然后将猫放回家，并在外面覆盖了蚊帐的笼子中饲养

图 24-4　当居住在蚊帐密闭笼内的外部环境中时，病变再次改善。在蚊帐上剪了一个洞后，蚊子可以进入并再次叮咬猫

性斑块、无痛性唇部溃疡（图 24-6）、无毛的下颏结节和身体上的线性肉芽肿。偶见嗜酸性角膜结膜炎，并随着蚊子叮咬与否而出现或消失。

局部淋巴结（特别是下颌淋巴结）可能增大，体温可能轻度升高。

## 鉴别诊断和诊断试验

临床症状具有明显的特征性，可在典型病例中做出诊断；然而，存在潜在的替代诊断，如鳞状细胞癌和疱疹病毒（FeHV-1）性皮炎，因此可能需要进行确认试验。疱疹病毒性皮炎可在鼻梁上出现大的结痂，在鳞状细胞癌中，可发展为耳尖和鼻部的糜烂、结痂性病变，特别是白色皮肤。考虑到在面对个别的爪垫角化时很难做出诊断，爪垫过度角化可能是一个诊断难题。在嗜酸性肉芽肿综合征病变的情况下，应考虑其他过敏原因。

如果怀疑过敏原来自蚊子，皮内皮肤试验和血液免疫分析可能有助于确诊。血液学检查可能显示嗜酸性粒细胞计数升高。同样，如果以嗜酸性粒细胞为主，病变和淋巴结的细胞学检查可以提供支持，并可能有助于排除其他疾病，如鳞状细胞癌。

如果在医院、无蚊家庭或围栏中隔离时急症症状在数天内消退，且返回家庭的室外环境时瘙痒和病变复发，则可确诊。

病变的组织病理学检查以嗜酸性粒细胞毛囊坏死为典型特征。常见表现为嗜酸性毛囊炎和疖病、表面浆液性细胞性结痂、棘层水肿的增生性表皮，伴嗜酸性粒细胞外排和微脓疱及弥漫性真皮嗜酸性炎症，伴少量淋巴细胞，偶见火焰状结构（图 24-7）。

## 治疗

尽可能避开蚊子是治疗的主要手段。应在室内防虫围栏内饲喂患猫，以防接触蚊子。为犬或人设计的驱虫剂对猫有毒性[6]。然而，来自菊花的天然

图 24-5 蚊子叮咬鼻子后，皮肤再次出现炎症，再次进行皮肤活检，可见缝线

图 24-6 因蚊虫叮咬过敏引起的嗜酸性溃疡（无痛性溃疡）损伤上唇

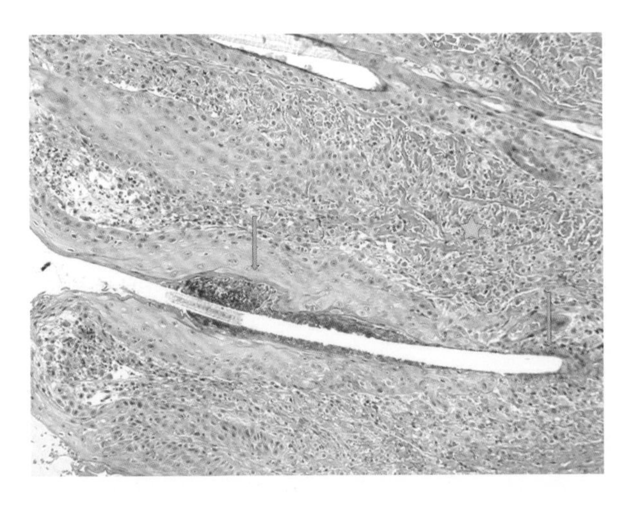

图 24-7　组织病理学切片 H&E 染色显微图片显示嗜酸性粒细胞和巨噬细胞性毛囊坏死（箭头）及真皮炎症（星号）

除虫菊酯和较新的合成氟菊酯对猫是安全的，可以帮助管理蚊虫叮咬过敏患猫。很少有产品被批准用于猫的这种疾病，但一些产品，如项圈，已被证实对利什曼病的白蛉媒介有驱避活性[7-9]。补充止痒剂量的糖皮质激素有助于预防疾病复发。

控制庭院环境中的蚊子可能有帮助，也是人类预防疾病的重要考虑。应消除积水，减少蚊子滋生地。

## 结论

蚊虫叮咬过敏的典型表现非常独特，无需支持性测试即可做出诊断。然而，不太典型的爪垫过度角化是一个诊断挑战，可能未注意到病因，导致长期使用高剂量皮质类固醇和随后产生严重的不良反应。在傍晚和夜间把猫关在家里，戴上氟菊酯项圈可能有帮助。

## 参考文献

[1] Mason KV, Evans AG. Mosquito bite-caused eosinophilic dermatitis in cats. J Am Vet Med Assoc. 1991; 198(12):2086-2088.

[2] Nagata M, Ishida T. Cutaneous reactivity to mosquito bites and its antigens in cats. Vet Dermatol. 1997; 8(1):19-26.

[3] Johnstone AC, Graham DG, Andersen HJ. A seasonal eosinophilic dermatitis in cats. N Z Vet J. 1992; 40(4):168-172.

[4] Ihrke PJ, Gross TL. Conference in dermatology—no. 2 mosquito-bite hypersensitivity in a cat. Vet Dermatol. 1994; 5(1):33-36.

[5] Wilkinson GT, Bate MJ. A possible further clinical manifestation of the feline eosinophilic granuloma complex. J Am Anim Hosp Assoc. 1984; 20:325-331.

[6] Dymond NL, Swift IM. Permethrin toxicity in cats: a retrospective study of 20 cases. Aust Vet J. 2008; 86(6):219-223.

[7] Stanneck D, Kruedewagen EM, Fourie JJ, Horak IG, Davis W, Krieger KJ. Efficacy of an imidacloprid/flumethrin collar against fleas and ticks on cats. Parasit Vectors. 2012; 5:82.

[8] Stanneck D, Rass J, Radeloff I, Kruedewagen E, Le Sueur C, Hellmann K, Krieger K. Evaluation of the long-term efficacy and safety of an imidacloprid 10% / flumethrin 4.5% polymer matrix collar (Seresto (R)) in dogs and cats naturally infested with fleas and/or ticks in multicentre clinical field studies in Europe. Parasit Vectors. 2012; 5:66.

[9] Brianti E, Falsone L, Napoli E, et al. Prevention of feline leishmaniosis with an imidacloprid 10%/flumethrin 4.5% polymer matrix collar. Parasit Vectors. 2017; 10:334.

# 第二十五章　自身免疫性疾病

Petra Bizikova

**摘要**

猫的自身免疫性皮肤病（autoimmune skin disease，AISD）罕见，在皮肤科医生接诊的所有猫皮肤病病例中所占比例不到2%。猫最常见的自身免疫性皮肤病是落叶型天疱疮，可在文献中找到大量病例报告和系列病例。相比之下，其他自身免疫性皮肤病罕见，仅限于过去20年同行评审文献中发表的少数病例报告。其中许多疾病在临床和组织学上与人和犬中描述的疾病同源，尽管这些猫对应疾病的病理机制尚不清楚，但假设存在导致表皮内聚力破坏或皮肤附件破坏的相似机制。这些机制涉及自身抗体，如落叶型天疱疮、寻常型天疱疮、副肿瘤性天疱疮和自身免疫性表皮下水疱病，或自身反应性T细胞，如副肿瘤性天疱疮、皮肤狼疮和白癜风。本章将概述已发表文献中关于猫自身免疫性皮肤病的前沿知识。

## 引言

健康的免疫系统每天都能保护身体免受病原体的侵入，防止自身受损或潜在的肿瘤细胞的攻击。然而，在特定情况下（遗传、环境、感染等），免疫系统可能会出错，开始靶向攻击自身抗原。这种自身免疫耐受的破坏导致了身体的损伤，在20世纪初被Paul Ehrlich命名为恐怖自毒症。这种自身免疫攻击可由自身抗体（如天疱疮）或自身反应性T淋巴细胞（如皮肤狼疮）引起。AISD在猫身上罕见，在皮肤科医生接诊的所有猫皮肤病病例中所占比例不到2%[1]。猫最常见的AISD是落叶型天疱疮，可在文献中找到大量病例报告和系列病例。相比之下，其他AISD罕见，仅限于过去20年同行评审文献中发表的少数病例报告。由于AISD在猫身上罕见，关于自身抗原的同一性和疾病发病机制的信息仍然未知。

## 影响表皮和真皮－表皮黏接的自身免疫性皮肤病

完整的皮肤是一个至关重要的器官，在对抗物理和化学损伤的一线防御机制中发挥作用。其完整性取决于维持细胞－细胞和细胞－基质黏接的复杂结构[2, 3]。在猫身上发现了几种破坏这种内聚力的AISD。这种黏接被破坏的机制因疾病类型而异。

（a）由于桥粒解离破坏角质细胞黏接——表皮内水疱形成［落叶型天疱疮（pemphigus foliaceus，PF）、寻常型天疱疮（pemphigus vulgaris，PV）、副肿瘤性天疱疮（paraneoplastic pemphigus，PNP）］。

（b）由于真皮－表皮分离破坏基底膜黏接——表皮下水疱形成［大疱性类天疱疮（bullous pemphigoid，BP）、黏膜类天疱疮（mucous membrane pemphigoid，MMP）］。

## 桥粒自身免疫

### 落叶型天疱疮（PF）

落叶型天疱疮（PF）是猫最常见的自身免疫性皮肤病，约占皮肤科医生接诊的所有猫皮肤病病例的1%[1]。尽管猫PF的发病机制尚未像在犬中那样进行研究，但人们认为，与犬和人一样，抗角质细胞IgG自身抗体可破坏角质细胞之间的桥粒黏接，并以脓疱的形式诱导角质层下水疱（图25-1a）。事实上，已在大多数PF猫中检测到组织结合和循环抗角质细胞IgG（图25-2d）[4, 5]。人和犬的主要靶向自身抗原分别是桥粒芯蛋白-1和桥粒胶蛋白-1，对于猫的PF仍然未知。

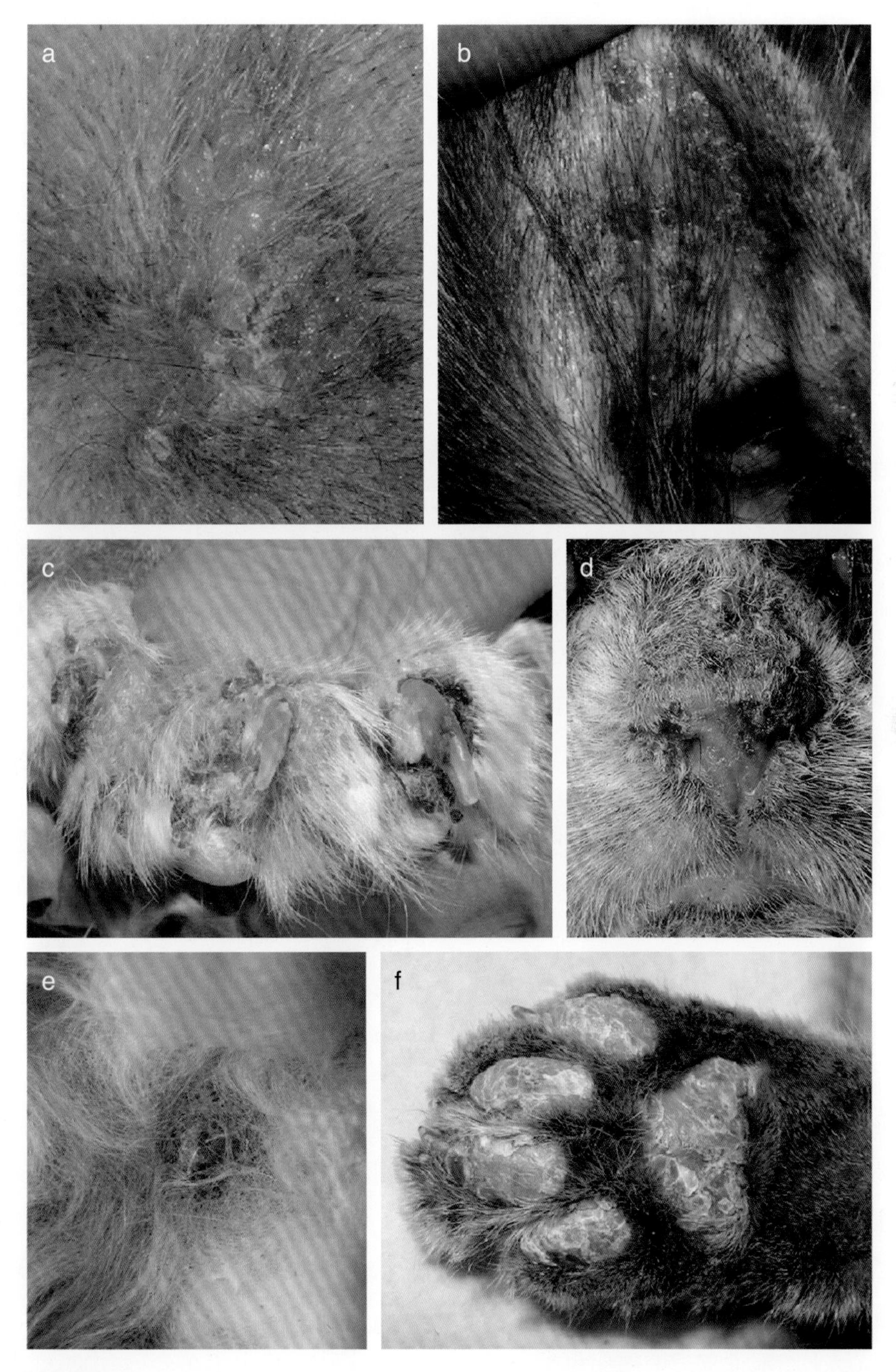


**图25-1　猫PF的临床病变**

（a）脓疱和皮屑-结痂；（b）界限清晰的皮屑-结痂，提示耳廓内侧有脓疱起源；（c）爪部皮褶伴红斑、浅表糜烂、皮屑-结痂和脓性渗出物；（d）鼻面和鼻背部糜烂和皮屑-结痂；（e）乳晕有皮屑-结痂；（f）爪垫上有糜烂和皮屑-结痂。（由Dr. Andrea Lamm提供）

### 病征

据报道，不同品种的猫均可患 PF，但品种易感性尚未得到证实。最常报告的品种包括家养短毛猫、暹罗猫、波斯猫和波斯猫杂交品种、缅甸猫、喜马拉雅猫和家养中长毛猫[6]。PF 通常发生在成年猫中（中位发病年龄约为 6 岁），尽管范围差异很大（0.25 ~ 16 岁）[4, 6–9]。性别易感性尚未得到证实，但根据最近的综述[6]，母猫的比例似乎略高。在大多数猫中，无法确定触发 PF 发作的特定因素。与胸腺瘤相关的药物触发和 PF 的罕见报告见文献[8, 10–16]。

### 临床症状

猫 PF 的原发性皮肤病变是角质层下脓疱，因其浅表本质，可迅速进展为糜烂和结痂。事实上，后两种皮肤病变可能是体格检查期间的唯一病变。病变通常为双侧对称，耳廓和爪部皮褶处是最常发病的身体区域（图 25–1b，c）[6]。爪部皮褶通常呈现黏稠的脓性渗出物的蓄积，这通常由于该身体区域比其他区域更常观察到继发性细菌感染[17]。其他典型发病的身体部位包括鼻腔、眼睑、爪垫和乳晕区域（图 25–1d，e）。典型的爪垫病变包括皮屑、结痂和过度角化，但通常不如犬明显（图 25–1f）。可在爪垫周围发现不会接触地面的脓疱。大多数猫（81%）在两个或多个身体区域表现出病变，而局限于单个身体区域的病变不太常见（19%）。超过一半的猫瘙痒，并表现出全身症状，如嗜睡、发热和（或）厌食。

### 诊断程序

诊断程序中最关键和最具挑战性的步骤是确定角质层下脓疱过程。事实上，虽然猫有几种糜烂性皮肤病，但以原发性角质层下脓肿伴棘层松解为表现的疾病列表，仅限于 PF 和脓疱性皮肤癣菌病的轶事报道；据报道，后者极少甚至从未出现过棘层松解[18]。大疱性脓疱病是一种角质层下脓疱性皮炎，在人和犬中由金黄色葡萄球菌和假中间型葡萄球菌引起不同程度的棘层松解，目前尚无关于猫的报道[19, 20]。提示角质层下脓疱性皮炎的病变包括完整的脓疱（界限清晰，大小精确到几毫米），表面糜烂或出现皮屑和结痂（图 25–1）。从完整的脓疱、具有活跃的糜烂和渗出的结痂下面、趾甲周围的干酪性脓液和（或）类似病变的活检中，可以通过细胞学检查来确认疾病的棘层松解性质。确保活检样本中包括结痂非常重要。活检样本的显微镜检查显示，中性粒细胞或混合中性粒细胞和嗜酸性粒细胞、角质层下或颗粒层内有棘层松解角质细胞，数量通常很多（图 25–2a，b）。在结痂内可发现棘层松解影细胞，在许多情况下，这可能是疾病过程的唯一组织学证据。临床上不能排除感染的病例应考虑进行需氧菌培养，怀疑有皮肤癣菌病的病例应考虑进行真菌培养和特殊染色，特别是活检样本中出现脓疱性毛囊炎、淋巴细胞性毛囊壁炎和（或）明显的过度角化时。通过直接或间接免疫荧光进行抗角质细胞自身抗体的免疫学检测尚未上市，也不清楚此类检测的敏感性，尤其是特异性。因此，目前 PF 的诊断是基于皮肤病变的特征和分布，排除感染，以及支持性细胞学和（或）组织病理学证实棘层松解性脓疱性皮炎[21]。

### 治疗

PF 患猫通常对治疗有反应，其中大多数病例（93%）在数周内（中位时间，3 周）实现疾病控制（活跃病变停止和原始病变愈合）[6]。在大多数猫中，可通过糖皮质激素单独治疗［如泼尼松龙，2 ~ 4 mg/(kg · d)；曲安西龙，0.2 ~ 0.6 mg/(kg · d)；地塞米松，0.1 ~ 0.2 mg/(kg · d)］实现疾病控制。仅当疾病变得不活跃至少 2 周，且大多数原始皮肤病变已愈合时，才建议减少剂量（尽管可以减得更快，但建议每 2 ~ 4 周减少 20% ~ 25% 的剂量）。以下 3 种情况可对猫使用非甾体类药物：①使用适当剂量的糖皮质激素在 4 周内未实现疾病控制；②表现出与糖皮质激素相关的严重不良反应；③糖皮质激素的剂量无法显著降低。据报道，可诱导猫实现疾病控制的非甾体类药物包括环孢素［5 ~ 10 mg/(kg · d)］、苯丁酸氮芥［0.1 ~ 0.3 mg/(kg · d)］、硫唑嘌呤（1.1 mg/kg，隔天 1 次）[7] 和金硫葡糖（每周 0.5 mg/kg）。后两种药物不常用，因为骨髓抑制的风险较高（硫唑嘌呤）或其无法上市（金硫葡糖）。猫服用硫唑嘌呤的副作用风险是可能导致剂量依赖性，并且据报道，较低剂量（如 0.3 mg/kg，隔天 1 次）可成功管理其他免疫介导性疾病[22]。

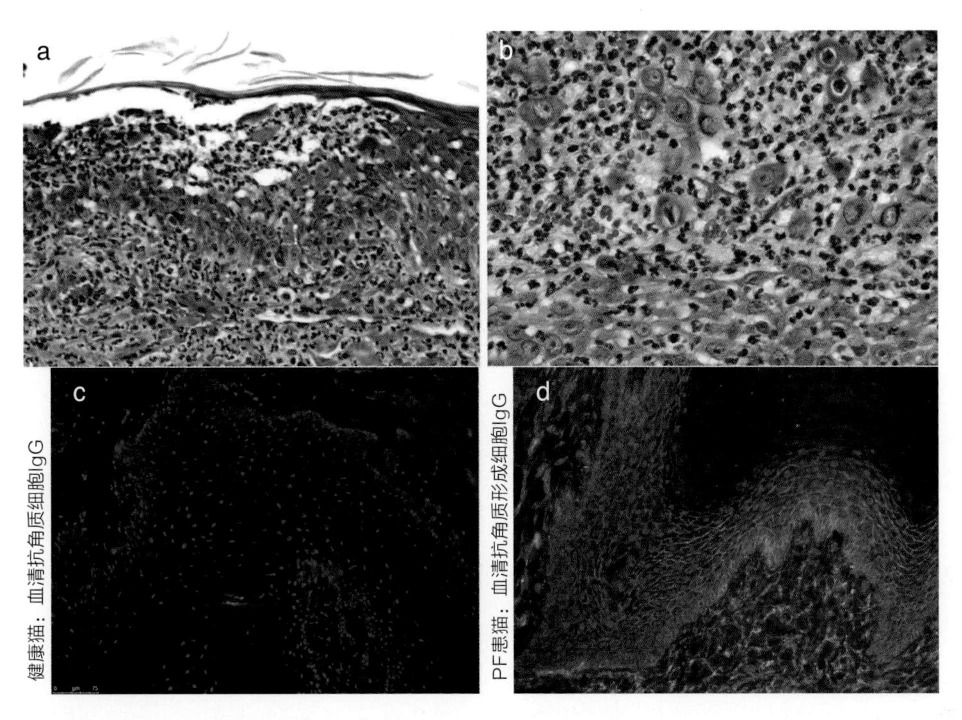


**图 25-2 猫 PF 的组织病理学和间接免疫荧光**

（a）角质层下脓疱伴棘层松解角质细胞。（b）单个和成簇的棘层松解角质细胞的特写（由 Dr. Keith Linder 提供）。（c，d）使用健康猫血清（c）和 PF 患猫血清（d）的间接免疫荧光。注意 PF 患猫样本的细胞间、网状免疫荧光模式（d）是由循环抗角质细胞 IgG 抗体引起的。

**专栏 25-1 使用与人类天疱疮相似的原则治疗猫 PF[42]**

（Ⅰ）诱导快速实现疾病控制（即新病变停止形成和旧病变开始愈合的时间）。

一线治疗：泼尼松龙或甲泼尼龙 2 ~ 4 mg/(kg · d)（或类似作用药物；如曲安西龙、地塞米松），直至疾病得到控制。

（Ⅱ）一旦达到巩固阶段（即至少 2 周内未出现新病变且约 80% 的原始病变已愈合），开始逐渐减少糖皮质激素剂量（每 2 周减少 25%）。在降低日剂量前，还应考虑逐渐减量至隔天给药 1 次。

（Ⅲ）继续逐渐减少糖皮质激素的剂量，直至确定最低有效剂量或猫能够在停药后保持缓解状态（据报道，约 15% 的猫在停药后长期缓解）。

a. 考虑外用糖皮质激素（如醋丙氢可的松）或他克莫司控制轻微、局部发病。

b. 如果发病更严重，将糖皮质激素的剂量增加至末次有效剂量。如果 2 周内发作不能控制，将糖皮质激素剂量增加至初始免疫抑制剂量。

（Ⅳ）如果出现以下情况，则添加非甾体类免疫抑制药物 *。

a. 糖皮质激素的剂量不能减少到足以限制与长期糖皮质激素治疗相关的副作用风险。

b. 患病动物因使用糖皮质激素而出现无法耐受的副作用。

c. 4 ~ 6 周内糖皮质激素单药治疗不能实现疾病控制。

* PF 患猫经常选择的非甾体类免疫抑制药物是环孢素［5 ~ 10 mg/(kg · d)］或苯丁酸氮芥（0.2 mg/kg，隔天 1 次）。

（Ⅴ）维持治疗。

a. 用尽可能低的药物剂量维持疾病；尽量减少糖皮质激素的用量，或用非甾体类免疫抑制药物完全替代。

b. 监测副作用（通常每 6 ~ 12 个月进行一次全血细胞计数、生化检查、尿液分析和尿液培养，但检测的频率和类型取决于使用的药物、猫的年龄及其全身健康状况）。

c. 避免潜在的触发因素（如紫外线等）。

根据文献综述，只有少数猫（15%）似乎在停药后实现长期疾病缓解[6]。大多数猫需要使用糖皮质激素或非甾体类药物（如环孢素或苯丁酸氮芥）进行长期药物治疗。中位维持剂量通常低于诱导疾病控制所需的剂量［例如，泼尼松龙，0.5 mg/(kg·d)；地塞米松，0.03 mg/(kg·d)；环孢素，5mg/(kg·d)］。据报道，多西环素和烟酰胺联合用药也是 PF 患猫的有效维持治疗方法[17]。在难治性病例中，可考虑使用其他免疫抑制剂（如吗替麦考酚酯、来氟米特），但目前缺乏这些药物对猫 PF 的疗效证据。

### 寻常型天疱疮（PV）

在 AISD 中，PV 对于动物（包括猫）比人更值得排查[4]。由于报道的病例数量较少，无法在猫身上可靠地评估品种、年龄和性别易感性。猫、犬和人的 PV 之间的临床和组织学同源性表明了相似的病理机制；然而，虽然桥粒芯蛋白 -3 已被证实是人和犬 PV 中的主要靶自身抗原，但猫 PV 中的主要靶抗原仍未知。

#### 临床症状

与人类相似，动物 PV 的原发性病变是弛缓性水疱，迅速进展为深层糜烂（图 25-3a ~ c）。由于水疱的脆弱性，更常观察到糜烂，牵拉水疱皮可引起更多的上皮开裂形成空腔，从而形成糜烂前体，这种开裂甚至会延伸至更远的距离（边缘尼氏征）。皮肤黏膜交界处或有毛皮肤的病变上可形成结痂。目前，关于猫的病变分布借鉴于少数病例和轶事报告[4,23]。与人和犬一样，病变经常累及口腔，尤其是牙龈和硬腭、嘴唇、鼻面和鼻人中（图 25-3a, b）。还观察到人、犬和马身上的有毛皮肤[20,24]和爪垫发病（图 25-3c）。常见流涎、口臭、吞咽困难、嗜睡、颌下淋巴结肿大等。

#### 诊断程序

由于很少发现完整的水疱，原发性糜烂性疾病，尤其是口腔和黏膜皮肤交界处发病，是猫 PV 的主要鉴别诊断。包括疱疹病毒或杯状病毒引起的病毒

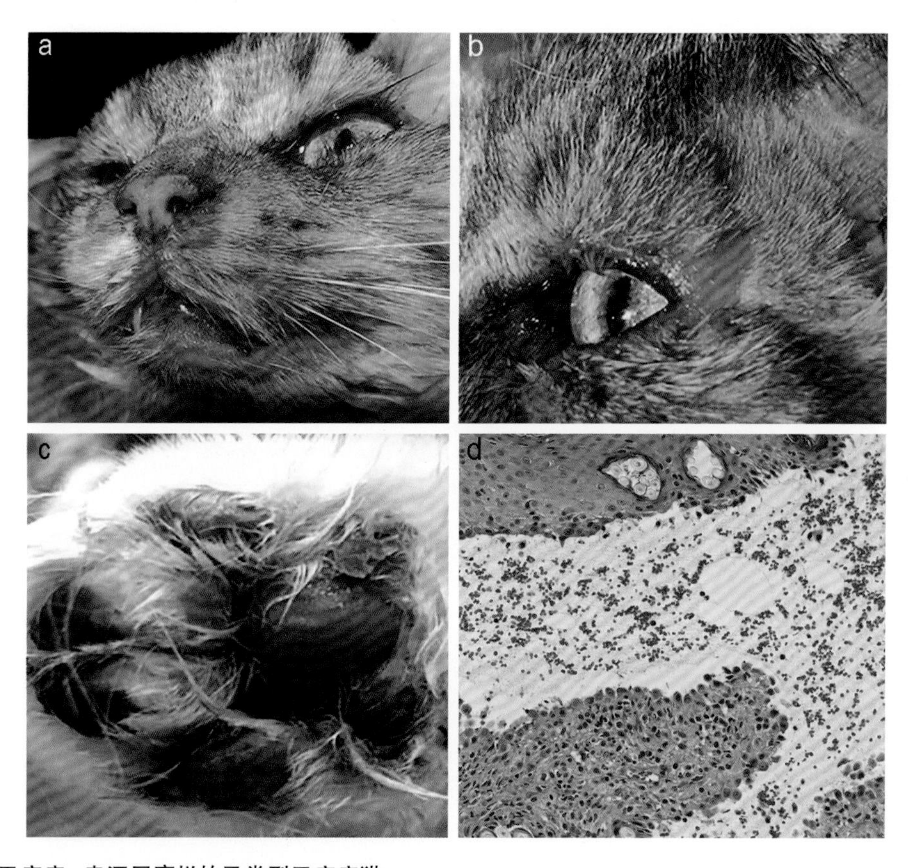


**图 25-3　寻常型天疱疮：患深层糜烂的寻常型天疱疮猫**

累及（a）口腔、嘴唇和鼻人中，（b）眼周，（c）爪垫。猫寻常型天疱疮的组织病理学显示典型的基底上棘层松解（d）（由 Dr. Karen Trainor 提供）。

性口炎和慢性溃疡性口炎等常见病或自身免疫性表皮下水疱性皮肤病等罕见病。猫 PV 的诊断通过活检证实，活检显示基底上棘层松解，基底细胞仍附着在基底膜上（图 25-3d）。应从水疱或糜烂边缘采集组织病理学样本，样本应包括发病组织以及邻近水疱或糜烂的完整组织。抗角质细胞自身抗体的直接和间接免疫荧光的诊断价值尚未在猫身上被阐明，到目前为止，在 PV 猫中仅发现了组织结合而非循环的抗角质细胞抗体[4, 23]。

**治疗**

关于猫 PV 治疗和效果的信息非常有限。据报道，口服糖皮质激素［泼尼松龙 4 ~ 6 mg/(kg · d)］可诱导相对快速的疾病控制。对于泼尼松龙单药治疗无法控制疾病的猫，应考虑使用类固醇节制药物[23]。

### 副肿瘤性天疱疮（PNP）

在文献中发现了一例与胸腺瘤相关的猫 PNP 病例[25]。猫表现出进行性、深度糜烂性皮炎，累及内耳廓、下腹部和胸部、会阴和腋窝[25]。与人和犬的 PNP 相反，该猫未显示黏膜发病。组织病理学证实了与 PV 和多形红斑一致的变化，包括基底上棘层松解伴淋巴细胞界面性皮炎和表皮多层角质细胞凋亡。直接免疫荧光发现患病动物皮肤中有抗角质细胞 IgG 抗体，间接免疫荧光发现循环中的抗角质细胞 IgG 自身抗体结合口腔黏膜以及膀胱上皮细胞。后一项观察表明存在额外的斑蛋白自身反应性，这一特征见于 PNP 的人类患者和患犬[20, 26]。在 PNP 病例中，在伴或不伴暂时性免疫抑制的情况下切除肿瘤应该是可治愈的，但如果肿瘤不能成功治疗，则预期治疗效果不佳（图 25-4）。

## 基底膜自身免疫

### 黏膜类天疱疮（MMP）

MMP 是一种罕见的自身免疫性表皮下水疱病，首选累及人、犬和猫的黏膜和皮肤交界处。MMP 具有免疫异质性，其自身抗体靶向基底膜带的成分，如胶原 XⅦ、层粘连蛋白 -332、BP230 或整合素[27–29]。

在 2 只成年猫中描述了自然发生的 MMP，其中一只最初被诊断为大疱性类天疱疮[29, 30]。在这 2 只猫中鉴定出抗 XⅦ 型胶原（其中一只猫）和层粘连蛋白 -332（另一只猫）的自身抗体。这 2 只猫均为成年期发病，但由于描述的病例数量较少，因此无法确定年龄、性别或品种易感性。

**临床症状**

这 2 只猫的眼睑、嘴唇和软腭，以及内耳廓的黏膜和黏膜皮肤交界处均出现水疱和（或）深层糜烂和溃疡。

**诊断程序**

由于很少发现完整的水疱，原发性糜烂性疾病，尤其是影响口腔和黏膜皮肤的疾病，是猫 MMP 的主要鉴别诊断。包括由疱疹病毒或杯状病毒引起的病毒性口腔炎和慢性溃疡性口腔炎等常见病或 PV

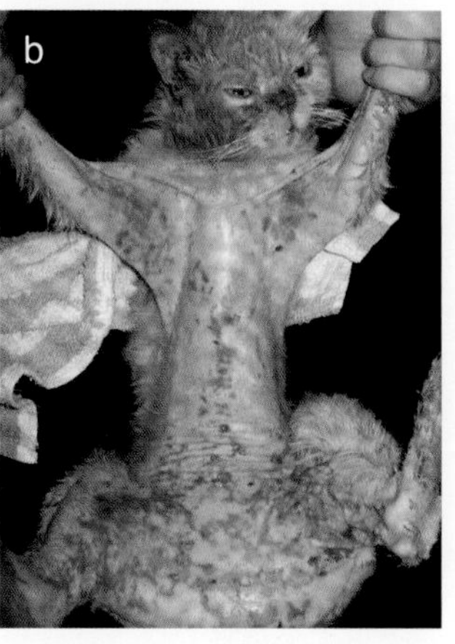


**图 25-4　副肿瘤性天疱疮：患胸腺瘤所致副肿瘤性天疱疮的猫**

在内耳廓和鼻人中（a），以及腹部尾侧、大腿内侧、会阴、胸部腹侧和腋窝（b）存在深层糜烂（由 Dr. Peter Hill 提供）。

等罕见病。有必要进行组织病理学检查，以确认真皮和表皮间是否分离形成空腔。在描述的 2 例病例中，真皮和表皮间形成空腔，可能伴有或不伴有轻微真皮炎症，由树突状 / 组织细胞组成，偶见中性粒细胞和嗜酸性粒细胞[29, 30]。商业性的先进免疫学检测不适用于兽医；然而，由于 MMP 在免疫学上具有异质性，诊断标准包括成年发病的水疱病伴黏膜和黏膜皮肤交界处显性表型（图 25-5a ~ c），组织学证实真皮 - 表皮分离形成空腔（图 25-5d），以及理想情况下，证实抗基底膜区 IgG 存在。

**治疗**

关于治疗和效果的信息仅适用于这 2 只猫中的 1 只。该猫经口给予泼尼松［4 mg/(kg · d)］，在 1 个月内快速控制疾病，并在随后的 6 个月内逐渐减少泼尼松的剂量。这只猫在停药后仍处于长期缓解状态[30]。通常而言，在管理这种罕见的自身免疫性皮肤病时，可考虑 PF 的治疗原则。

**大疱性类天疱疮（BP）**

人类的 BP 是最常见的自身免疫性表皮下水疱性皮肤病，相比之下，BP 在动物中罕见。文献中仅可以找到免疫证实猫 BP 的单一描述［猫 #2；猫 #1 符合 MMP 的诊断标准（Olivry，私人交流）］[30]。与人和犬一样，BP 患猫可产生抗 XVII 型胶原 NC16A 结构域的 IgG[30]。

**临床症状**

BP 病变表面看上去似乎不太严重，主要表现为

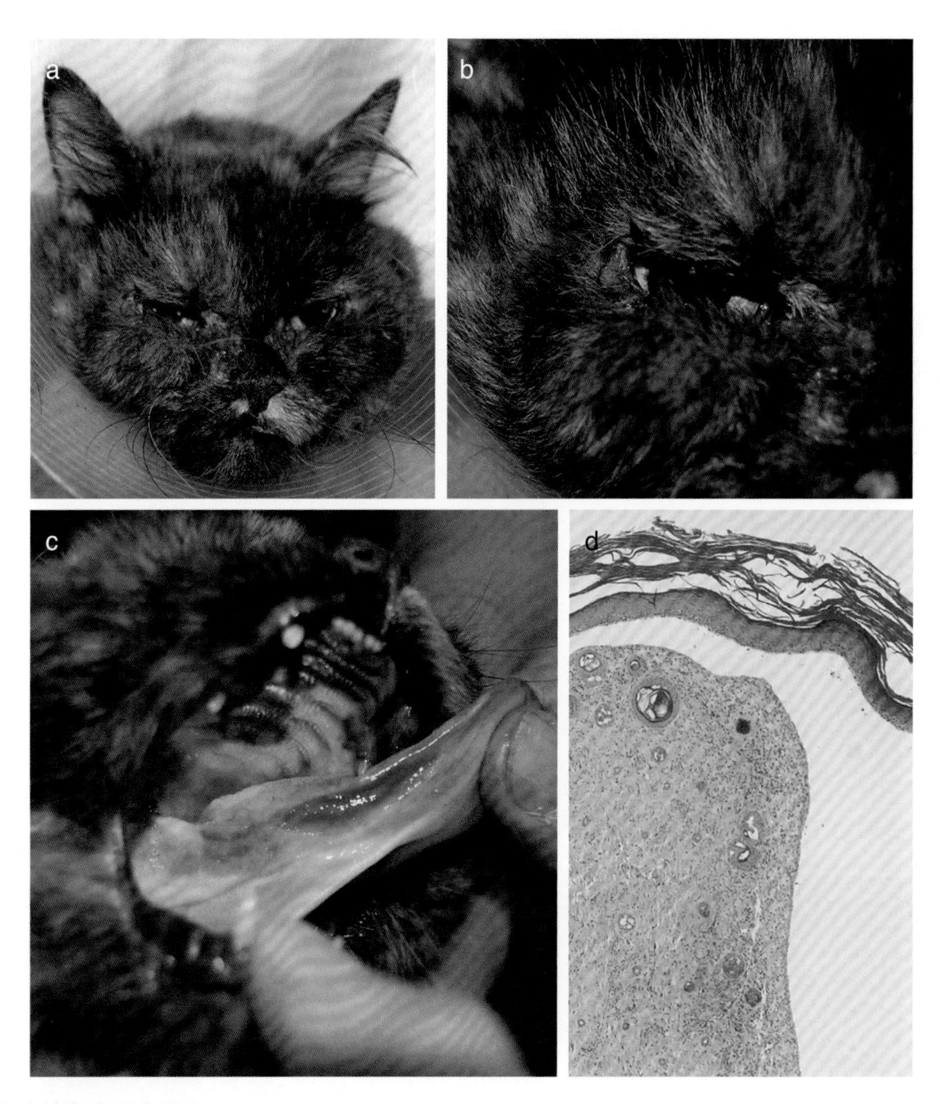

**图 25-5 自身免疫性表皮下水疱病**

（a ~ c）影响眼睑和舌头的深层糜烂（由 Dr. Chiara Noli 提供）；（d）组织学证实真皮 - 表皮分离（由 Dr. Deborah Simpson/ Judith Nimmo 提供）。

出现在耳部、躯干和四肢的水疱和糜烂，可见轻微的黏膜病变。

**诊断程序**

由于很少发现完整的水疱，影响黏膜和有毛皮肤的其他原发性糜烂性疾病是猫 BP 的主要鉴别诊断。包括疱疹病毒性口炎和皮炎、其他自身免疫性表皮下水疱性皮肤病伴有毛皮肤发病、PV、PNP、多形红斑等。组织病理学是证实真皮－表皮分离并形成空腔的必要条件，可伴有由肥大细胞、淋巴细胞组成的浅表真皮炎症，偶见嗜酸性粒细胞和中性粒细胞。组织病理学检查无法区分个体自身免疫性表皮下水疱性疾病，且抗原特异性免疫学检测对兽医来说是不可商购的。因此，诊断标准仅限于成年发病的水疱病，具有有毛皮肤显性表型，组织学证实真皮－表皮分离形成空腔，理想情况下，显示抗基底膜区 IgG。裂解深度可通过患病动物皮肤样本的Ⅳ型胶原染色进行评估，这有助于区分 BP 与伴有Ⅶ型胶原自身免疫性表皮下水疱病[31]。

**治疗**

关于治疗和预后的信息仅适用于 1 只猫。这只猫口服泼尼松和多西环素仅实现疾病部分控制和暂时缓解[30]。通常，在管理这种罕见的自身免疫性皮肤病时，可考虑 PF 的治疗原则。

## 自身免疫性皮肤病导致角质细胞损伤

### 红斑狼疮（lupus erythematosus，LE）

对猫来说，皮肤和系统性红斑狼疮是罕见且不明确的疾病，在过去 30 年中发表的病例数量有限[32, 33]。患猫通常为成年猫（＞5 岁），在所有系统性红斑狼疮（systemic lupus erythematosus，SLE）患猫中，暹罗猫占比较多，尤其是与住院群体相比时。疑似患有皮肤红斑狼疮（cutaneous lupus erythematosus，CLE）的猫被诊断为盘状红斑狼疮（discoid lupus erythematosus，DLE）；然而，其临床症状并不总是与人和犬 DLE 中描述的一致[32, 34, 35]。在已发表的系统性红斑狼疮猫中，仅 1 例符合美国风湿病协会标准的病例并发红斑狼疮特异性皮肤病变[36]。

在猫身上，与 CLE 一致的皮肤病变包括红斑、脱毛、皮屑、糜烂和结痂，伴或不伴色素沉着。在具有相关临床病变的病例中，报告累及鼻面、面部和躯干[33, 36]。红斑狼疮特异性皮肤病变的组织学特征为淋巴细胞界面性皮炎伴基底层角质细胞水样变性，偶见单细胞坏死。也可观察到淋巴细胞界面性毛囊炎和毛囊萎缩[36]。还可观察到基底膜区增厚，在 1 只猫中检测到基底膜区 IgM 沉积[33]。在少数这些猫中检测到低抗核抗体（antinuclear antibody，ANA）滴度，但尚不清楚这些结果的诊断价值，因为客户拥有的 30% 健康猫也具有低至高 ANA 滴度[37]。对猫 CLE 的治疗知之甚少。通过外用类固醇和避光成功治疗了病变局限于鼻面的病例[33]，而使用免疫抑制剂量的泼尼松［最初 4 mg/(kg・d)，最终 2 mg/kg，隔天 1 次］治疗更广泛的病例伴其他非皮肤病学相关问题[36]。

## 靶向皮肤黑素细胞的自身免疫性皮肤病

### 白癜风

白癜风是一种罕见疾病，已在猫身上被报道过。这种情况的特征是皮肤黑素细胞进行性丢失。即使在人类中病因也不完全清楚，历史上曾提出多种学说。然而，最近将现有理论交织成单一理论的趋同理论已被接受[38]。白癜风皮肤中的 T 细胞和炎性微环境受到广泛关注，已被证明对黑素细胞具有细胞毒性，并参与疾病进展。毫不奇怪，靶向淋巴细胞（糖皮质激素、钙调磷酸酶抑制剂、JAK 抑制剂）和促进耐受的治疗在管理人类这种疾病方面值得期待。我们对猫白癜风的了解有限[39, 40]。暹罗猫的报告较多[39, 41]。特征性的临床特征是白斑病，多发于鼻面、口唇和眼睑，但可见爪垫色素减退以及片状至泛发性白斑病和白毛症（图 25-6）。通常无可见的皮肤炎症。组织学显示表皮和毛囊中黑素细胞减少或完全丧失。可见到表皮下方迁移来的淋巴细胞。白癜风被认为是猫的一种影响美观的疾病，目前尚未发表一种成功的治疗方法。

图 25–6 以鼻和爪垫色素减退为特征的白癜风（由 Dr. Silvia Colombo 提供）

## 参考文献


[1] Scott DW, Miller WH, Erb HN. Feline Dermatology at Cornell University: 1407 Cases (1988–2003). J Feline Med Surg. 2013; 15:307–316.

[2] LeBleu VS, Macdonald B, Kalluri R. Structure and function of basement membranes. Exp Biol Med (Maywood). 2007; 232:1121–1129.

[3] Delva E, Tucker DK, Kowalczyk AP. The desmosome. Cold Spring Harb Perspect Biol. 2009; 1:a002543.

[4] Scott DW, Walton DL, Slater MR. Immune–mediated dermatoses in domestic animals: ten years after – Part I. Comp Cont Educ Pract. 1987; 9:424–435.

[5] Levy B, Mamo LB, Bizikova P. Circulating antikeratinocyte autoantibodies in cats with pemphigus foliaceus (Abstract). Austin: North America Veterinary Dermatology Forum; 2019.

[6] Bizikova P, Burrows M. Feline pemphigus foliaceus: original case series and a comprehensive literature review. BMC Vet Res. 2019; 15:1–15.

[7] Caciolo PL, Nesbitt GH, Hurvitz AI. Pemphigus foliaceus in eight cats and results of induction therapy using azathioprine. J Amer An Hosp Assoc. 1984; 20:571–577.

[8] Preziosi DE, Goldschmidt MH, Greek JS, et al. Feline pemphigus foliaceus: a retrospective analysis of 57 cases. Vet Dermatol. 2003; 14:313–321.

[9] Irwin KE, Beale KM, Fadok VA. Use of modified ciclosporin in the management of feline pemphigus foliaceus: a retrospective analysis. Vet Dermatol. 2012; 23:403–409.

[10] McEwan NA, McNeil PE, Kirkham D, Sullivan M. Drug eruption in a cat resembling pemphigus foliaceus. J Small Anim Pract. 1987; 28:713–720.

[11] Prelaud P, Mialot M, Kupfer B. Accident Cutane Medicamenteux Evoquant Un Pemphigus Foliace Chez Un Chat. Point Vet. 1991; 23:313–318.

[12] AFFOLTER VK, TSCHARNER CV. Cutaneous drug reactions: a retrospective study of histopathological changes and their correlation with the clinical disease. Vet Dermatol. 1993; 4:79–86.

[13] Barrs VR, Beatty JA, Kipar A. What is your diagnosis? J Small Anim Pract. 2003; 44(251):286–287.

[14] Salzo P, Daniel A, Silva P. Probable pemphigus foliaceus–like rug reaction in a cat (Abstract). Vet Dermatol. 2014; 25:392.

[15] Biaggi AF, Erika U, Biaggi CP, Taboada P, Santos R. Pemphigus foliaceus in cat: two cases report. 34th World Small Animal Veterinary Association Congress. Brazil: São Paulo, 21–24 July 2009.

[16] Coyner KS. Dermatology how would You handle this case? Vet Med. 2011; 106:280–283.

[17] Simpson DL, Burton GG. Use of prednisolone as monotherapy in the treatment of feline pemphigus foliaceus: a retrospective study of 37 cats. Vet Dermatol. 2013; 24:598–601.

[18] Gross TL, Ihrke PJ, Walder EJ, Affolter VK. Pustular diseases of the epidermis (Superficial pustular dermatophytosis). In: Skin diseases of the dog and cat. 2nd ed. Oxford, UK: Blackwell Science Ltd; 2005. p. 11–13.

[19] Gross TL, Ihrke PJ, Walder EJ, Affolter VK. Pustular diseases of the epidermis (Impetigo). In: Skin diseases of the dog and cat. 2nd ed. Oxford, UK: Blackwell Science Ltd; 2005. p. 4–6.

[20] Olivry T, Linder KE. Dermatoses affecting desmosomes in animals: a mechanistic review of acantholytic blistering skin diseases. Vet Dermatol. 2009; 20:313–326.

[21] Olivry T. A review of autoimmune skin diseases in domestic animals: I – superficial pemphigus. Vet Dermatol. 2006; 17:291–305.

[22] Willard MD. Feline inflammatory bowel disease: a review. J Feline Med Surg. 1999; 1:155–164.

[23] Manning TO, Scott DW, Smith CA, Lewis RM. Pemphigus diseases in the feline: seven case reports and discussion. JAAHA. 1982; 18:433–443.

[24] Winfield LD, White SD, Affolter VK, et al. Pemphigus vulgaris in a welsh pony stallion: case report and demonstration of antidesmoglein autoantibodies. Vet Dermatol. 2013;

24:269–e60.

[25] Hill PB, Brain P, Collins D, Fearnside S, Olivry T. Putative paraneoplastic pemphigus and myasthenia gravis in a cat with a lymphocytic thymoma. Vet Dermatol. 2013; 24:646–649, e163–164.

[26] Kartan S, Shi VY, Clark AK, Chan LS. Paraneoplastic pemphigus and autoimmune blistering diseases associated with neoplasm: characteristics, diagnosis, associated neoplasms, proposed pathogenesis, treatment. Am J Clin Dermatol. 2017; 18:105–126.

[27] Xu HH, Werth VP, Parisi E, Sollecito TP. Mucous membrane pemphigoid. Dent Clin N Am. 2013; 57:611–630.

[28] Olivry T, Chan LS. Spontaneous canine model of mucous membrane pemphigoid. In: Chan LS, editor. Animal models of human inflammatory skin diseases. 1st ed. Boca Raton: CRC Press; 2004. p. 241–249.

[29] Olivry T, Dunston SM, Zhang G, Ghohestani RF. Laminin–5 is targeted by autoantibodies in feline mucous membrane (cicatricial) pemphigoid. Vet Immunol Immunopathol. 2002; 88:123–129.

[30] Olivry T, Chan LS, Xu L, et al. Novel feline autoimmune blistering disease resembling bullous pemphigoid in humans: igg autoantibodies target the NC16A ectodomain of type XVII collagen (BP180/BPAG2). Vet Pathol. 1999; 36:328–335.

[31] Olivry T, Dunston SM. Usefulness of collagen IV immunostaining for diagnosis of canine epidermolysis bullosa acquisita. Vet Pathol. 2010; 47:565–568.

[32] Willemse T, Koeman JP. Discoid lupus erythematosus in cats. Vet Dermatol. 1990; 1:19–24.

[33] Kalaher K, Scott D. Discoid lupus erythematosus in a cat. Feline Pract. 1991; 17:7–11.

[34] Kuhn A, Landmann A. The classification and diagnosis of cutaneous lupus erythematosus. J Autoimmun. 2014; 48–49:14–19.

[35] Olivry T, Linder KE, Banovic F. Cutaneous lupus erythematosus in dogs: a comprehensive review. BMC Vet Res. 2018; 14:132–018–1446–8.

[36] Vitale C, Ihrke P, Gross TL, Werner L. Systemic lupus erythematosus in a cat: fulfillment of the American Rheumatism Association Criteria with Supportive Skin Histopathology. Vet Dermatol. 1997; 8:133–138.

[37] Abrams–Ogg ACG, Lim S, Kocmarek H, et al. Prevalence of antinuclear and anti–erythrocyte antibodies in healthy cats. Vet Clin Pathol. 2018; 47:51–55.

[38] Kundu RV, Mhlaba JM, Rangel SM, Le Poole IC. The convergence theory for vitiligo: a reappraisal. Exp Dermatol. 2019; 28:647–655.

[39] López R, Ginel PJ, Molleda JM, et al. A clinical, pathological and immunopathological study of vitiligo in a Siamese cat. Vet Dermatol. 1994; 5:27–32.

[40] Alhaidari Z. Cat Vitiligo. Ann Dermatol Venereol. 2000; 127:413.

[41] Alhaidari, Olivry, Ortonne, et al. Vet Dermatol. 1999; 10:3–16.

[42] Murrell DF, Pena S, Joly P, et al. Diagnosis and management of pemphigus: Recommendations by an international panel of experts. J Am Acad Dermatol. 2018 Feb 10. pii: S0190–9622(18)30207–X. doi: 10.1016/j.jaad.2018.02.021. [Epub ahead of print]

# 第二十六章　免疫介导性疾病

Frane Banovic

**摘要**

近 20 年来，随着猫免疫介导性皮肤病的范围显著扩大，鼓励兽医熟悉各种免疫驱动性皮肤病的特征性临床特征，以便早期诊断和适当治疗。本章描述了猫的不同免疫介导性皮肤病的病征、临床症状、实验室和组织病理学结果，以及治疗效果。

## 多形红斑、史 – 约综合征和中毒性表皮坏死松解症

1860 年由 von Hebra 首次描述，多形红斑（erythema multiforme，EM）长期以来被认为是一个系列疾病中的一部分，包括史 – 约综合征（Stevens-Johnson syndrome，SJS）和中毒性表皮坏死松解症（toxic epidermal necrolysis，TEN）[1]。目前在人[2]、犬[3]和猫中公认的临床分类将 SJS 和 TEN 定义为具有相同疾病谱的变体，其特征性临床表现和因果关系方面不同于 EM 的子集。药物被认为可诱导大多数 SJS/TEN，但感染触发因素在 EM 中占主导地位，这表明停药是 SJS/TEN 治疗和预后的关键因素[2, 3]。

### 多形红斑

EM 是一种累及皮肤和（或）黏膜（包括口腔）的急性免疫介导性疾病[4]。在人类中，典型的 EM 代表一种水疱性和溃疡性皮肤病，其特征为四肢对称分布的靶样病变或虹膜样病变（即 3 个不同的色带）[2, 4, 5]。非典型 EM 的特征为大的广泛性圆形大疱性病变（即 2 个不同色带的非典型靶区），累及躯干。根据黏膜发病和后者存在的全身疾病特征，EM 可分为轻症（erythema multiforme minor，EMm）和重症（erythema multiforme major，EMM）[2, 4, 5]。典型和非典型 EM 的病变可以融合，但不会像 SJS 那样导致大面积的蜕皮。EM 病例皮肤分离形成空腔仅限于 EMm 的 1% ~ 3% 体表面积（即呈肢端分布），但在非典型 EMM 中分布可能更广泛，达 10% 的体表面积[2, 4, 5]。

兽医文献中仅有少量猫的 EM 病例[6–12]。在报告的 8 例病例中，3 例描述了累及身体腹侧的局部多灶性斑丘疹和靶样病变，另外 3 只猫描述了伴或不伴黏膜皮肤或颊黏膜发病的广泛结痂和（或）溃疡（图 26–1a，b）。引人注意的是，在 1 例病例中描述了重度溃疡伴结痂累及 50% 以上的身体区域，包括爪垫和甲床[10]。与 EM 患犬相似[3]，EM 患猫的病变如果包括红斑性斑疹伴广泛蜕皮 / 溃疡和继发性结痂，会作为 EMM 病例发表，但其实可能是 SJS。

提出的 EM 病理机制包括自身反应性 T 细胞生成和抗原（病毒、细菌、药物）负载的上皮细胞激活，导致周围角质细胞裂解引起表皮损伤[13]。7 例

EM 患猫与药物有关；而 3 例病例报告先前发生不明原因的喉气管炎或接种猫鼻气管炎 - 杯状病毒 - 猫瘟疫苗。与人和犬 EM 病患相似，在几份药物诱导 EM 的报告中，对猫 EM 诊断的准确性存在疑问[10]，因为其中一些病例可能表现出 SJS 或 SJS/TEN 重叠。

引人注意的是，在一例病例中提出了一种拟定的猫疱疹相关的 EM，其中猫疱疹病毒 1（feline herpes virus 1，FHV1）的 DNA 是从就诊前 2 周出现广泛剥脱性皮炎、脱屑和上呼吸道感染史的猫皮肤活检中分离得到的[12]。人类单纯疱疹病毒（human herpes simplex virus，HSV）诱导的 EM 中的病变无病毒（即不存在病毒性细胞病变），但含有 HSV DNA 片段，通常包括表达聚合酶基因 Pol 的序列[13]。皮肤中的病毒蛋白表达（Pol 显著表达，很少是胸苷激酶）通过募集病毒特异性 CD4 辅助性 T 细胞 1 型的 Vβ 限制群，产生干扰素（IFN-γ），启动病变发生。这种早期病毒特异性应答之后是放大的炎症级联反应，其特征为细胞因子生成增加和对自身抗原应答的 T 细胞蓄积，自身抗原可能由裂解或凋亡的病毒感染细胞释放[13]。虽然被提出作为人类疱疹相关 EM 的类似病，但仍需要对猫疱疹相关 EM 的拟定病例进行更好的表征和描述，以确定病毒复制和存在病毒包涵体，方可区分感染和真正的 EM

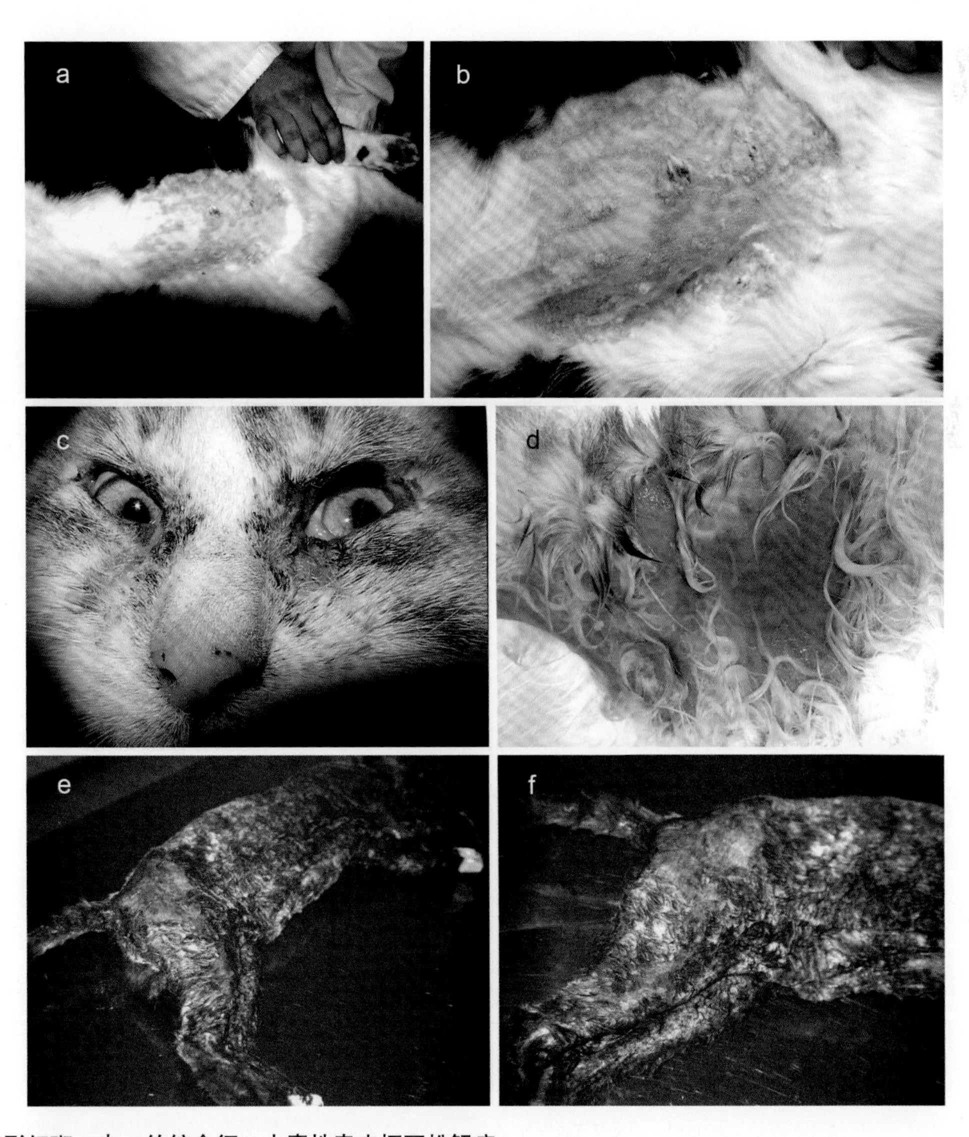

**图 26-1 猫多形红斑、史 - 约综合征、中毒性表皮坏死松解症**

（a，b）多灶性斑丘疹和靶样病变，累及多形红斑患猫的身体腹侧；（c）严重的双侧眼周红斑性糜烂伴内眦和外眦表皮脱落；（d ~ f）下腹部和腹股沟区域存在红斑性糜烂伴表皮脱落或易脱落。（由 Dr. Chiara Noli 和 Dr. Silvia Colombo 提供）。

样模式。

组织学上，EM 是典型的细胞毒性界面性皮炎，表现为经表皮角质细胞凋亡伴水肿变性和基底层角质细胞角化不良[13]。重要的是，EM 的诊断主要基于病史和临床表现，因为组织病理学特征不是该疾病的特异性特征[13]。根据活检部位和临床疾病分期，对靶样病变中心活检，全层坏死可能是其主要病变，而界面性皮炎伴空泡变性可见于病变边缘（“带状改变”）[13]。与人和犬相似[2, 3]，猫 EM 可通过临床病理学诊断。EM 在组织学上可能难以与猫的其他细胞毒性界面皮肤病区分，尤其是 SJS/TEN、胸腺瘤相关副肿瘤性剥脱性皮肤病、非胸腺瘤相关剥脱性皮炎和皮肤红斑狼疮的某些变体（cutaneous lupus erythematosus，CLE）。

EM 的治疗方法因疾病严重程度和因果关系而异；拟定的猫疱疹相关 EM 的临床病程通常具有自限性，可在数周内消退，且无明显后遗症[12]。应及时停用任何触发 EM 的可疑药物。在重症 EM 中，根据病因，建议全身糖皮质激素联合抗病毒治疗（如泛昔洛韦）。一些持续性 EM 患猫可能对口服免疫抑制药物环孢素（5 ~ 7 mg/kg，每 24 h 一次）或吗替麦考酚酯（10 ~ 12 mg/kg，每 12 h 一次）有反应。

## 史 – 约综合征 / 中毒性表皮坏死松解症

SJS 和 TEN 是罕见的，主要是药物诱导的严重皮肤 T 细胞介导的免疫应答，其特征为表皮和黏膜上皮广泛脱落[2, 3]。这两个术语描述了相同疾病谱的变体，其中 SJS 的范围较小（发病体表面积不到 10%），TEN 的范围更广（发病体表面积超过 30%）[2, 3]。

人、犬和猫中 SJS/TEN 疾病谱的临床症状具有同源性[2, 3, 14, 15]：病患表现出疼痛、不规则和扁平的红斑 / 紫癜性斑疹和斑片，其水疱形成融合的较大的表皮脱落区域（图 26–1c ~ f）。然而，在兽医文献中仅能发现极少数猫 SJS/TEN 病例的深入表征[14, 16–18]。病变可弥漫性累及全身皮肤；黏膜皮肤交界处、黏膜（如口腔、直肠、结膜）和爪垫经常发病。裸露的真皮渗出血清和病变可继发感染，形成结痂，有潜在的败血症风险。严重时，呼吸道和胃肠道上皮坏死松解伴有支气管阻塞、严重腹泻和多种全身并发症，包括多器官功能衰竭。

区分 TEN 和 SJS 的主要临床症状是表皮脱落的体表面积，定义为在疾病最严重阶段已经脱落（如水疱、糜烂）或容易脱落（即假尼氏征阳性）的任何坏死皮肤[2, 3]。一些患有 TEN 的猫，最初表现出不到 10% 体表面积的表皮脱落，这是 SJS 的典型程度，但严重程度在几天内进展至 30% 体表面积，这是更典型的 TEN[14]。尽管 SJS/TEN 具有显著的临床表现，但许多疾病可表现为猫的突发斑疹，以及皮肤和黏膜水疱。一些临床鉴别诊断包括重症 EM、热灼伤、血管炎、继发于胸腺瘤的剥脱性皮炎和非胸腺瘤剥脱性皮炎。

据报道，药物是 SJS/TEN 的主要原因，在药物摄入后的前几周内有发生超敏反应的风险[19]。

一种新的疾病特异性程序，即药物相关性表皮坏死松解症评估（Assessment of Drug Causality in Epidermal Necrolysis，ALDEN），最近已在 SJS/TEN 人类患者中得到验证，并显示优于之前的程序[19]；最近的猫 SJS/TEN 病例报告也使用 ALDEN 进行药物相关性评估[14]。在犬中，SJS/TEN 与几种药物之间存在强相关性，如 β – 内酰胺和甲氧苄啶增强磺胺类抗生素、苯巴比妥和卡洛芬[3, 15]。在猫身上，已报告 β – 内酰胺类抗生素、有机磷杀虫剂和 d– 柠檬烯存在强相关性[14, 16–18]。目前，导致 SJS/TEN 发生的精确分子和致病细胞机制已得到部分了解。SJS/TEN 的病变特征为广泛的表皮角质细胞凋亡和坏死，这一过程由药物或药物 / 肽特异性细胞毒性 T 淋巴细胞（cytotoxic T–lymphocytes，CTL）和（或）自然杀伤（natural killer，NK）细胞启动[20]。药物可通过直接与 I 类主要组织相容性复合体结合刺激免疫系统，导致特定 CTL 群体的克隆扩增，从而浸润皮肤并分泌可溶性促凋亡因子，如颗粒溶素、Fas 配体、穿孔素和颗粒酶[20]。

虽然病史和临床症状提示 SJS/TEN 的诊断，但皮肤活检是支持临床诊断和排除其他水疱性皮肤病的必要条件。组织病理学检查发现多个表皮淋巴细胞界面性皮炎伴细胞凋亡，进展为表皮凝固性坏死，表皮脱落伴溃疡（图 26-2）[14]。与人和犬 SJS/TEN 相似，猫的 EM 和 SJS/TEN 之间可能存在组织学重叠[14]。因此，病理学家的显微镜解释应仅限于 EM-TEN 表皮坏死性疾病的总体诊断，不同病种的进一步亚分类应取决于病史、临床症状和皮肤病变程度[15]。在疑似 SJS/TEN 猫病例中，应鼓励临床兽医进行多次活检，因为这些患猫的一些皮肤活检可能缺乏上皮，对诊断无用（图 26-2c，d）。猫 TEN 皮肤活检中不存在真皮坏死，尽管在某些情况下会出现大溃疡和细菌定植[15]。了解这一点很重要，因为当皮肤坏死的确切深度较浅时，在临床上可能难以确定，组织学检查有助于疾病分类。

虽然罕见，但 SJS/TEN 是一种毁灭性疾病；在人类中，SJS 的死亡率＜10%，TEN 的死亡率上升至 40%[19]。猫的 TEN 有较高的死亡率，这证实了 TEN 是构成急诊的少数皮肤病之一[14, 16–18]。早期识别和及时进行适当的管理是必要的，可以挽救生命。立即停用可疑药物（最常见的是 β-内酰胺类、磺胺类药物、NSAID）并转诊至急救中心是改善 SJS/TEN 预后的关键。广泛的表皮缺失导致大量液体、电解质和血浆蛋白损失。需要用与烧伤相似的支持治疗（积极补液、抗菌治疗、伤口护理、镇痛和营养支持）。免疫抑制剂（如糖皮质激素、环孢素、吗替麦考酚酯）的使用一直存在争议，但最近的证据表明，在疾病早期发展过程中，环孢素可能对人体有益[21]。

## 假性斑秃

假性斑秃是一种罕见的猫毛发疾病，推测是免疫介导性疾病，特征为非瘙痒性永久性脱毛，外观无炎症[22–24]。

### 发病机制

人类假性斑秃的发病机制尚不完全清楚。一些可疑因素包括获得性自身免疫性疾病、疏螺旋体感染和毛囊干细胞库衰老；然而，家族性假性斑秃病例系列表明，遗传因素可能起作用[22]。

一个关键特征是靶向毛囊中峡部的毛囊周围淋巴细胞浸润，损伤毛囊隆突干细胞，导致永久性瘢

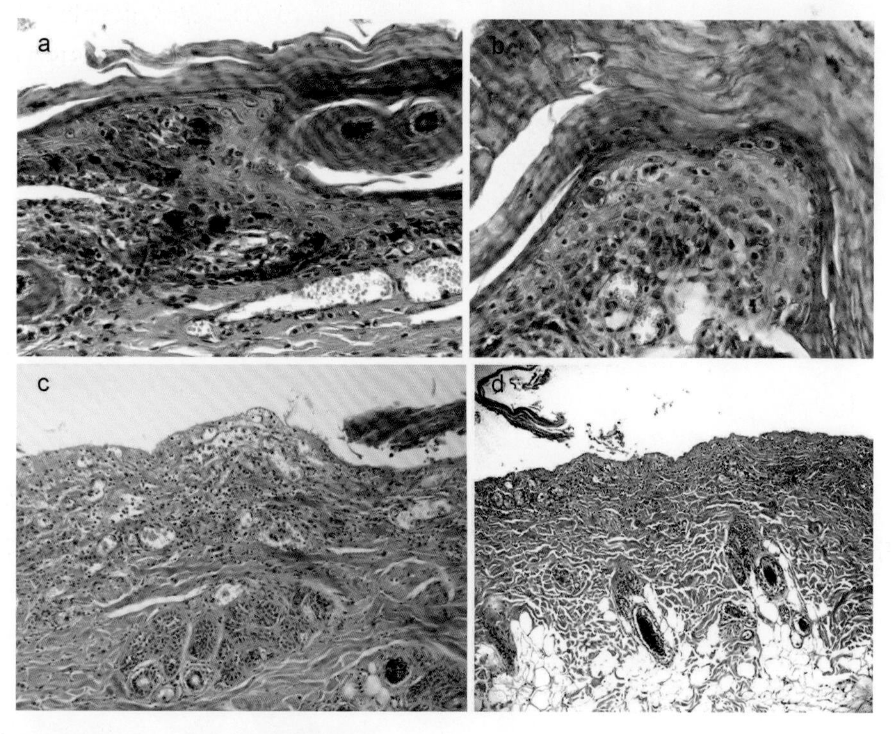

**图 26-2　中毒性表皮坏死松解症（TEN）的组织病理学**

（a，b）淋巴细胞界面性皮炎伴淋巴细胞外排进入表皮，凋亡角质细胞的淋巴细胞卫星现象和浅表表皮水肿变性是 TEN 的主要炎症模式；（c，d）如果对 TEN 的溃疡区进行活检，通常观察到完全溃疡和上皮丢失，无诊断价值。（由 Dr. Chiara Noli 和 Dr. Silvia Colombo 提供）。

痕性脱毛 [22–24]。对一只猫皮肤活检组织进行的免疫研究显示，毛囊峡部上皮内的细胞毒性 CD8+ 淋巴细胞占优势，而毛囊周围真皮富含 CD4+ 淋巴细胞和 CD8+ 淋巴细胞，以及 CD1+ 树突状抗原呈递细胞 [24]。在猫体内发现了抗多种毛囊蛋白（包括毛发角蛋白）和毛发透明蛋白的循环自身抗体（IgG 类）。然而，我们假设体液免疫应答发生在毛囊破坏后的隐形毛囊表位 [24]。

## 临床症状

病变的特征为或多或少对称、非炎性、片状至弥漫性脱毛，可能开始于面部，然后扩散至腹侧、腿部和爪部（图 26–3a）[24]。无瘙痒，观察不到断裂的毛发。引人注意的是，一些爪子上可能存在甲裂。

## 诊断

可能的鉴别诊断包括几乎所有以相对非炎性、无症状（非瘙痒性）脱毛为特征的皮肤病，如斑秃、毛囊发育不良、精神性脱毛、内分泌疾病和皮肤癣菌病 [23, 24]。明确的诊断基于皮肤活检，应从最大脱毛区域、边缘至健康毛发区域，以及健康有毛皮肤获得多个样本。特征性早期组织病理学结果是不同程度的炎性细胞（包括淋巴细胞、组织细胞和较少的浆细胞）严重聚集，主要位于毛囊峡部（图

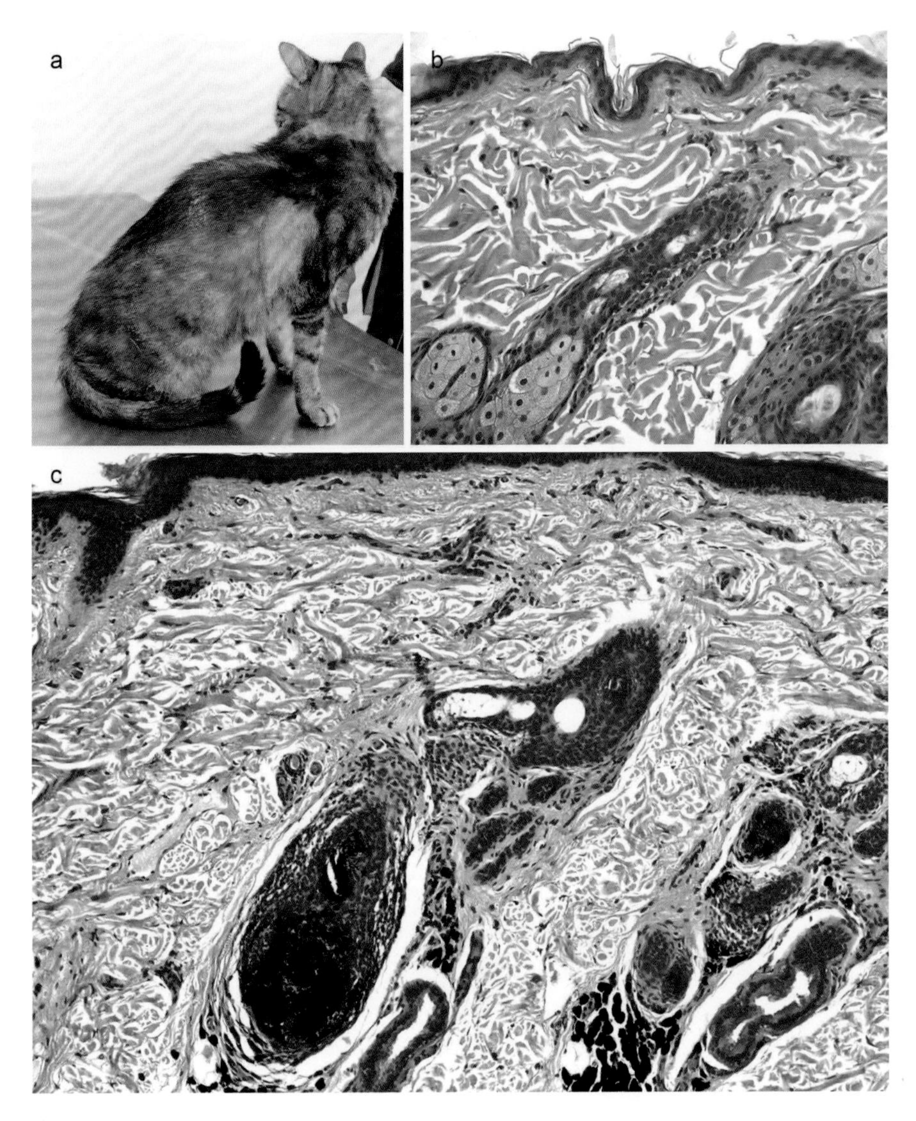


**图 26–3 猫假性斑秃**

（a）胁腹部、颈部和腹部泛发性、非瘙痒性、非炎性脱毛。（b，c）组织病理学显示峡部及其周围有中度毛囊性炎症；毛球和附件保持正常。（由 Dr. Chiara Noli 提供）

26-3b，c）。在病变后期，炎症较轻，毛囊发生萎缩，代之以纤维束[23, 24]。

### 临床管理

目前还没有明确的方法来阻止人类的假性斑秃，推测是由于毛囊隆突干细胞破坏。在人类中，该疾病对外用和全身性糖皮质激素无效[22]。单只猫口服环孢素（5 mg/kg，每 12 h 一次）后可见一过性毛发再生长（图 26–4）[24]。

## 耳廓软骨炎

耳廓软骨炎是猫的一种罕见疾病，以耳廓软骨的炎症和破坏为特征[25–32]。

### 发病机制

在人类中，复发性多软骨炎（relapsing polychondritis，RPC）是一种炎性结缔组织免疫介导性疾病，其特征为累及关节和非关节软骨结构的炎症和破坏反复发作，导致出现进行性解剖结构变形和功能障碍[33, 34]。RPC 的确切发病机制尚未明确；据推测，细胞介导的对软骨的免疫破坏导致细胞因子释放和局部炎症，随后在易感宿主中产生自身抗体（抗Ⅱ型胶原和 matrilin–1 的循环抗体）[33, 34]。

在猫身上已识别出类似的罕见疾病，并有 14 例病例被报告[25–32]。然而，在 11 只猫中仅耳廓软骨发病，未观察到像人类 RPC 中那样典型的复发性。因此，在猫身上，使用术语 RPC 可能是不合适的，仅有耳廓软骨炎症和破坏的病例应使用耳廓软骨炎一词。与人 RPC 相似，猫发病软骨的组织病理学检查显示炎性浸润，由不同比例的 T 淋巴细胞、中性粒细胞、巨噬细胞和浆细胞组成，早期局限于软骨膜，随后扩散至软骨[25–32]。

### 临床症状

主要是青中年猫发病；发病年龄为 1.5 ~ 14.5 岁（中位年龄为 3 岁）。未报告性别或品种易感性。患猫表现为耳廓肿胀、呈红斑至紫红色且通常疼痛；随着时间的推移，病变进展为耳廓卷曲和变形（图 26–5a ~ d）[25–32]。本病可单侧开始，向两侧扩散，也可双侧开始，两侧严重程度不同。除了耳廓症状，猫通常全身健康。然而，一些猫可能出现发热或 RPC 发病的其他症状，如葡萄膜炎、其他软骨的软骨炎、关节炎和心脏病[25–32]。

### 诊断

在人类中，RPC 的诊断是临床医生面临的真正挑战，同样基于临床依据[33]。人类 RPC 的诊断标准至少涉及一个 McAdam 标准（即双侧耳廓软骨炎、非糜烂性血清阴性炎性多关节炎、鼻软骨炎、眼部炎症、呼吸道软骨炎和前庭损伤）和阳性组织学证实或两个 McAdam 标准和对糖皮质激素或氨苯砜给药呈阳性反应[33]。根据人类标准，仅 1 例报告的猫病例符合人类 RPC 的诊断标准，其耳廓、肋骨、喉、气管和四肢存在软骨淋巴细胞炎症[32]。在仅涉及耳廓软骨的猫病例中，皮肤活检显示软骨变性伴

图 26–4　猫经口给予 5 mg/kg 环孢素，每天 2 次，共 30 d，给药前（a）和给药后（b）眼睑假性斑秃对比图（由 Dr. Chiara Noli 提供）

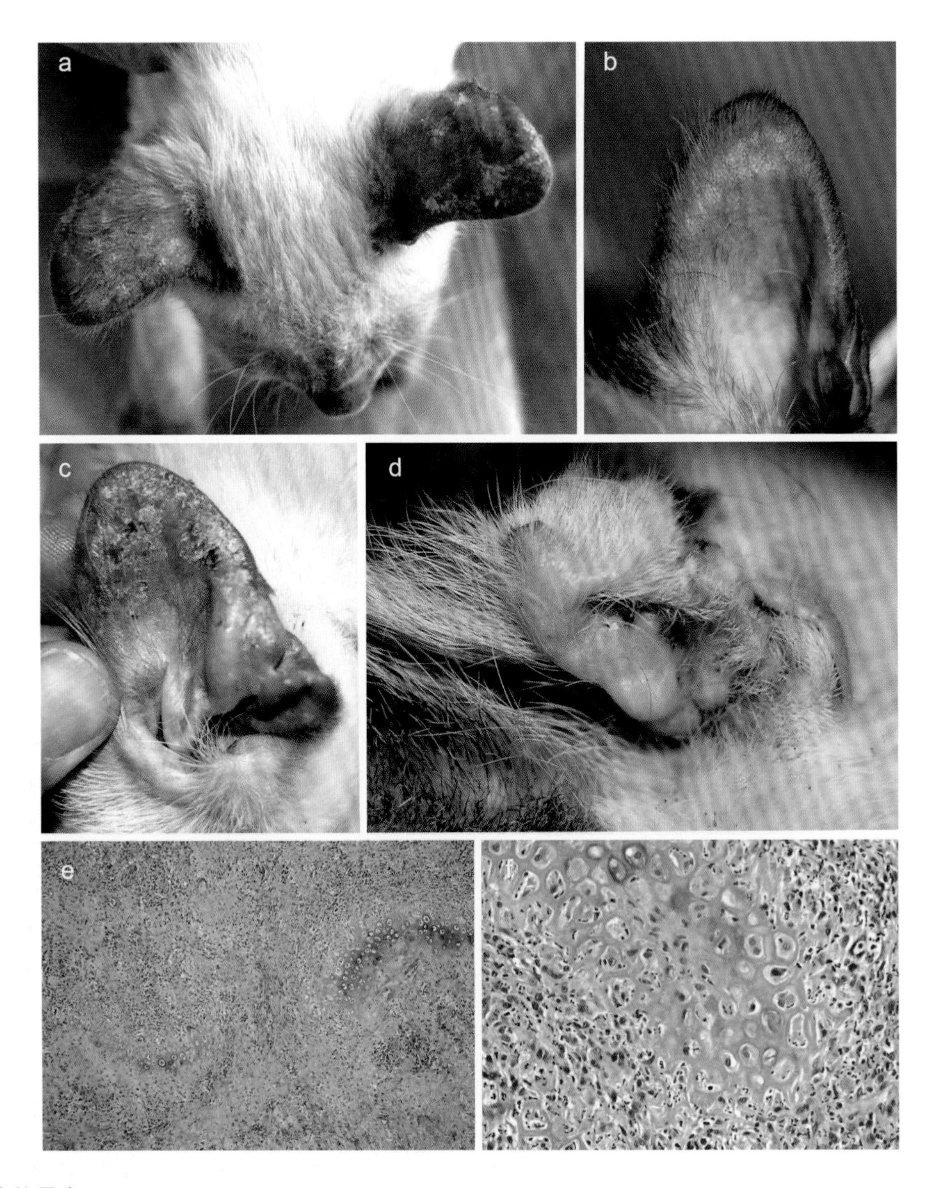


**图 26–5 猫耳廓软骨炎**

（a ~ d）耳廓严重红斑、增厚、结痂和肿胀，并发展为组织纤维化和变形。（e，f）软骨变性伴软骨膜混合炎症，包括淋巴细胞、巨噬细胞和中性粒细胞；软骨周围有中度纤维化。淋巴细胞在几个区域侵入软骨组织，导致软骨丢失。（由 Dr. Chiara Noli 提供）。

淋巴细胞浸润、软骨膜淋巴细胞浸润和纤维化（图 26–5e，f）[25–32]。真皮最常显示中度血管周围炎症伴淋巴细胞和中性粒细胞浸润。2 只猫免疫复合物的直接免疫荧光染色为阴性 [26]。

## 临床管理

人类复发性多软骨炎的治疗目标是控制炎症危象和长期抑制免疫介导的发病机制 [33]。尽管已有多种药物可用于治疗，包括糖皮质激素、非甾体抗炎药，以及免疫抑制和细胞毒性药物，但尚无循证指南用于治疗 RPC[33]。在单个猫 RPC 病例中，连续 4 个月经口给予环孢素（5 ~ 7.5 mg/kg，每天 1 次）和氨苯砜（1 mg/kg，每天 1 次）未能成功控制临床症状 [32]。一些仅有耳廓软骨炎症状的猫未经治疗随时间推移自发改善 [30]。氨苯砜（1 mg/kg,每天 1 次）似乎可导致一些临床症状改善，而口服糖皮质激素（泼尼松龙 1 mg/kg，每天 1 次）治疗 2 ~ 3 周对猫耳廓软骨炎病例无效 [30]。1 例病例中，手术切除胰腺后治愈 [30]。

## 浆细胞性爪部皮炎

浆细胞性爪部皮炎是一种罕见的皮肤病，仅在猫身上描述，其特征为爪垫肿胀和软化，偶尔可见溃疡[25, 35–44]。

### 病因和发病机制

这种疾病的原因和发病机制尚不清楚。根据组织浆细胞增多、高丙种球蛋白血症、组织培养阴性和微生物制剂的特殊染色，以及对免疫调节剂的良好反应，怀疑为对感染源或衍生残留抗原的免疫应答。尽管在许多猫（44% ~ 62%）中观察到并发猫免疫缺陷病毒（feline immunodeficiency virus，FIV）感染，但尚不清楚 FIV 病毒是否在猫浆细胞性爪部皮炎的发病机制中发挥重要作用[38, 41, 42]。

### 临床症状

未报告年龄、品种或性别易感性；常见 6 月龄至 12 岁的猫发病[35–44]。最初的临床症状包括无症状的肿胀和软化，通常为多个爪垫；很少有单个爪垫发病。主要累及中央掌骨或跖骨垫。然而，趾垫偶尔可能会显示症状，但通常不那么严重（图 26–6a，b）。就诊时，发病趾垫肿胀，感觉呈蘑菇状或松弛状，其表面呈白色、皮屑状，有白纹。趾垫可能溃疡，引起疼痛和跛行。可发生趾垫溃疡或结节区域的复发性出血，以及继发性细菌感染。部分患猫可见到发热、厌食、嗜睡和淋巴结肿大。少数浆细胞性爪部皮炎患猫偶尔会出现鼻部浆细胞性皮炎或口炎伴增生性、溃疡性咽炎和腭弓赘生物斑块的症状[44]。此外，猫偶尔会出现免疫介导的肾小球肾炎或肾淀粉样变性[36]。

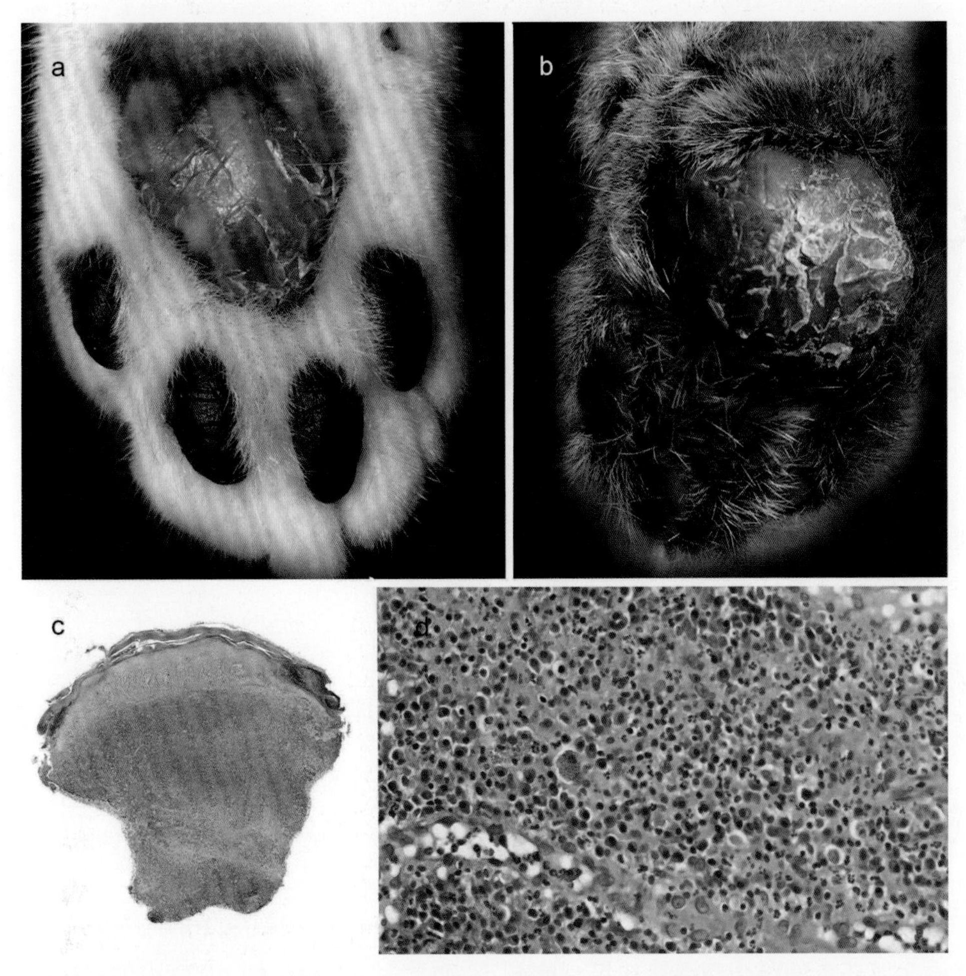


图 26–6 （a，b）掌垫肿胀和松弛，伴有色素减退（a）、糜烂和皮屑（c，d）。真皮和爪垫的皮下脂肪组织通常弥漫性浸润，主要为浆细胞、一些中性粒细胞和淋巴细胞，使正常结构模糊不清。还观察到含拉塞尔小体的浆细胞（莫特细胞）

### 诊断

病史和临床表现通常非常显著，并得到细针抽吸（fine needle aspirate，FNA）的支持，FNA 显示浆细胞。通过组织病理学确诊，显示浆细胞、中性粒细胞和淋巴细胞弥漫性浸润[38, 41, 42]。在病变波及多个趾垫的“典型”病例表现和主要显示浆细胞的抽吸细胞学检查中，可能不需要皮肤活检。主要鉴别诊断为爪垫嗜酸性肉芽肿，典型病例的趾间或身体其他区域可同时有皮肤病变，不会引起弥漫性爪垫肿胀或波及多爪。如果仅涉及单个趾垫，应考虑肿瘤。感染因子和异物也是鉴别诊断[38, 41, 42]。如果进行皮肤活检，组织病理学检查发现浅表和深层血管周围浆细胞性皮炎，伴频繁的弥漫性真皮甚至邻近脂肪组织浆细胞浸润；通常可见拉塞尔小体（莫特细胞）(图 26-6c, d)。慢性病变时可见到纤维化。

### 临床管理

猫浆细胞性爪部皮炎的预后各不相同，因为在一些患病动物中，临床症状可能自发消退，而其他患病动物可能需要免疫调节剂和终生治疗[35–44]。

首选的初始治疗药物是多西环素，这是一种具有免疫调节特性的廉价抗生素，属于四环素类抗生素[42, 43]。据报道，多西环素可使一半以上的猫浆细胞性爪部皮炎病例产生部分或完全的临床缓解。尽管最初报告每只猫使用 25 mg，但多西环素的给药剂量应为 10 mg/kg，每天 1 次或 5 mg/kg，每 12 h 一次。由于胶囊和片剂的食管通过时间延迟，猫在任何片剂或胶囊给药期间均易发生药物诱导的食管炎，并导致食管狭窄[45–47]。多西环素的盐酸盐（盐酸多西环素）主要与猫的食管炎和食管狭窄相关[47, 48]。为了帮助输送片剂和胶囊并避免食道狭窄形成，猫多西环素给药后应始终用 6 mL 水冲洗或给少量食物。应避免使用多西环素复合混悬剂，因为此类制剂的上市违反了一些国家的法规，包括美国。继续多西环素治疗，直至爪垫具有正常的肉眼外观，可能需要长达 12 周（图 26-7）；达到完全缓解后，缓慢减少多西环素的给药频率，如果可能，则停药[42, 43]。

在对多西环素治疗反应不佳和严重临床症状的患病动物中，可能需要短期全身糖皮质激素治疗联合口服环孢素（5 ~ 7.5 mg/kg，每 24 h 一次）。口服泼尼松龙最常用的剂量是 2 ~ 4 mg/kg，每天 1 次，然后在获得良好反应后逐渐减量。在泼尼松龙无效的病例中，口服曲安奈德 0.4 ~ 0.6 mg/kg，每天 1 次或地塞米松 0.5 mg，每天 1 次也有效。一旦疾病得到完全控制，口服环孢素逐渐减量。

爪垫脂肪的手术切除也被认为有效，是药物治疗无效病例的一种选择，随访 2 年，手术治疗的趾垫无疾病复发报告[37–39]。

## 猫增生性和坏死性外耳炎

猫增生性和坏死性外耳炎（proliferative and necrotizing otitis externa，PNOE）是一种罕见的猫皮肤病，仅在少数报告中描述过[48–52]。

### 病因和发病机制

猫 PNOE 的发病机制目前尚不清楚。使用胸苷激酶和聚合酶糖蛋白的引物对猫疱疹病毒 1 进行聚合酶链反应分析，5 只猫的结果为阴性[48]，而免疫组织化学染色排除了疱疹病毒、杯状病毒或乳头瘤病毒的活动性感染[49]。猫增生性和坏死性外耳炎病变的初步组织病理学描述提示角质细胞角化不良是该病的主要特征。然而，Videmont 等[50]证明猫 PNOE 病变中 CD3 阳性 T 细胞浸润表皮诱导角质细胞凋亡（天冬氨酸蛋白水解酶 3 阳性）。总之，有人提出猫 PNOE 与多形红斑具有相同的特征，并涉及针对角质细胞的 T 细胞介导的发病机制。

### 临床症状

最初的猫 PNOE 描述涉及 2 ~ 6 月龄的幼猫，但目前公认猫 PNOE 可影响高达 5 岁的猫[48–52]。该病的特征是边界清晰的红色斑块，伴有粘连的、厚的、有时为深棕色的角质碎屑（图 26-8a，b）。病变常为双侧对称性，耳廓内侧和耳道入口最常发病。随着病变进展，发生糜烂和溃疡。病变偶尔波及部分猫的耳前区，常扩展至耳道，在耳道内常见继发性细菌或马拉色菌感染[48-52]。

## 诊断

病史和临床表现通常非常显著，通过组织病理学确诊，发现表皮（图 26-8c，d）和毛囊外根鞘重度增生伴散在皱缩的高嗜酸性角质细胞伴固缩核（凋亡细胞）（图 26-8e，f）。真皮含有混合性（浆细胞性、中性粒细胞性或嗜酸性粒细胞性和肥大细胞性）炎性浸润，病例间各不相同。

## 临床管理

报告的猫 PNOE 治疗选择有限；最初在一些幼猫中报告了 12 ～ 24 个月后的自发消退[48]，而其他报告表明并非所有病例均发生自发消退[49]。局部和全身糖皮质激素对本病表现出从部分改善到完全缓解的不同反应。这种可变反应可能是不同类型的全身性糖皮质激素给药，以及局部类固醇治疗效力选择的结果[49, 52]。3 篇报道倾向于在猫 PNOE 病变处外用 0.1% 他克莫司软膏，每天 2 次，以达到完全缓解（图 26-9）[49-51]。

## 参考文献

[1] Hebra von F. Acute exantheme und hautkrankheiten, Handbuch der Speciellen Pathologie und Therapie. Erlangen: Verlag von Ferdinand von Enke; 1860. p. 198-200.

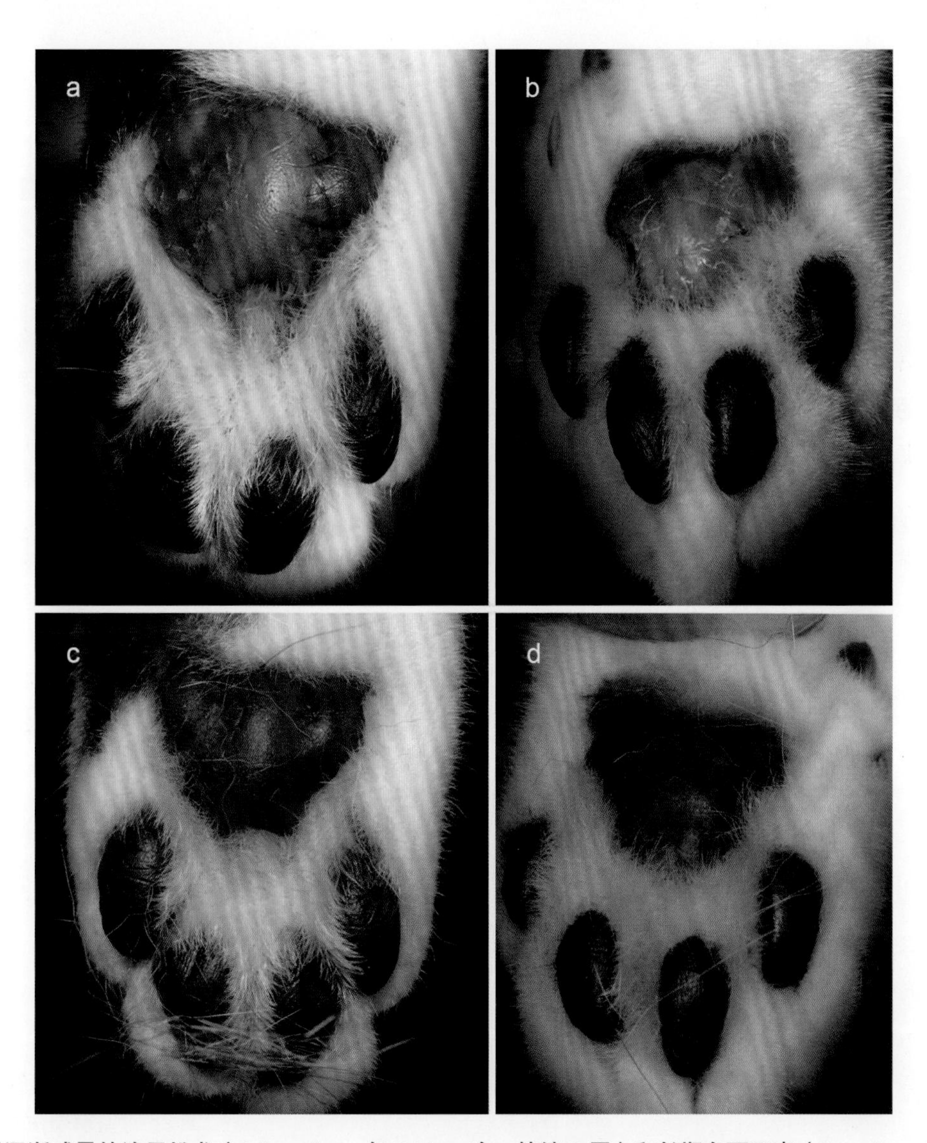


图 26-7　猫接受逐渐减量的泼尼松龙（0.5 mg/kg，每 24 h 一次，持续 2 周）和长期多西环素（5 mg/kg，每 24 h 一次）治疗浆细胞性爪部皮炎。在治疗的 5 周内，掌垫（a，b）的初始肿胀和色素减退几乎完全消退（c，d）

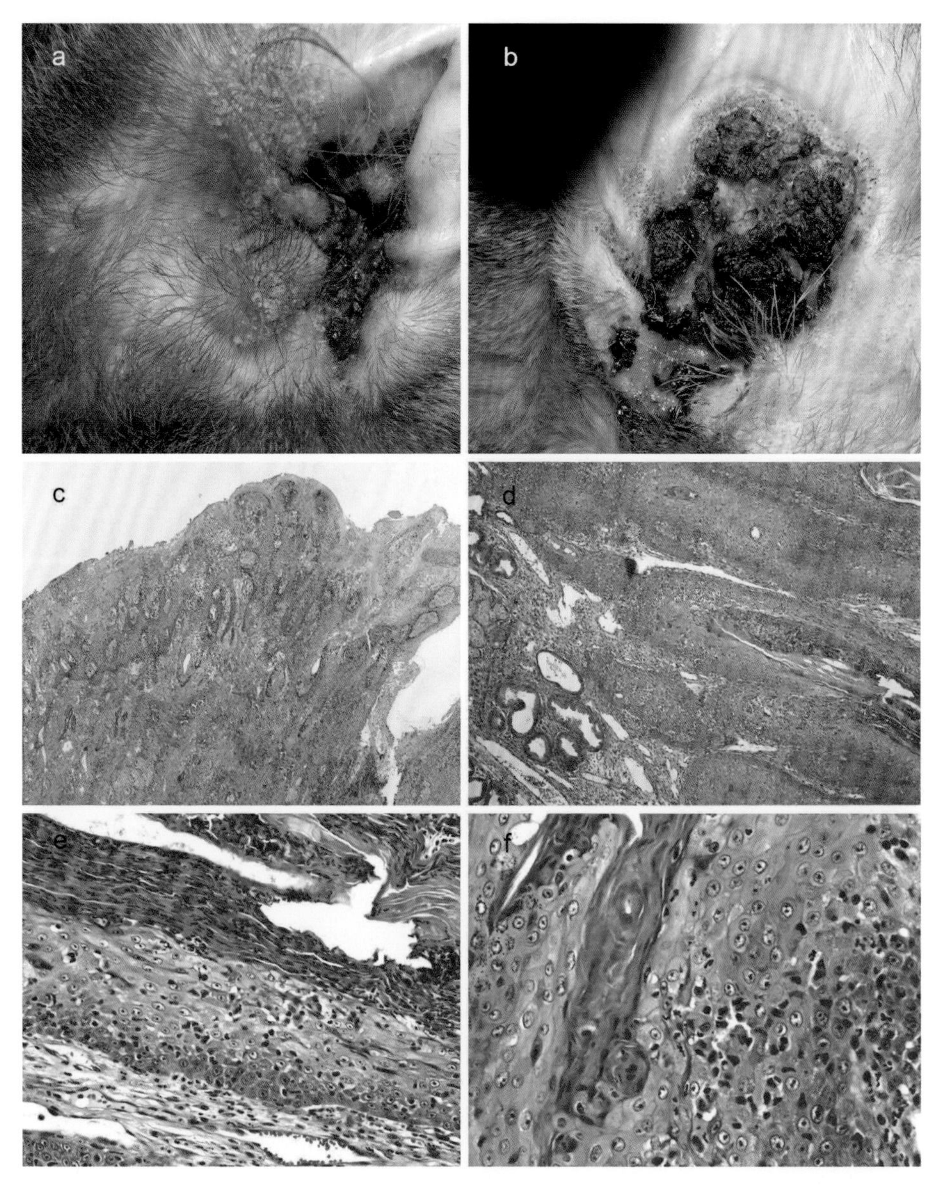


**图 26-8 猫增生性和坏死性外耳炎**

（a，b）在耳廓内侧、耳道入口和面部耳前区存在边界清晰的红斑性斑块伴粘连、厚的深褐色角质碎屑；（c，d）严重的表皮增生和强烈的浅表皮炎；（e，f）重度增生的表皮和浅表毛囊上皮内存在散在的凋亡样角质细胞，部分区域被淋巴细胞包围。

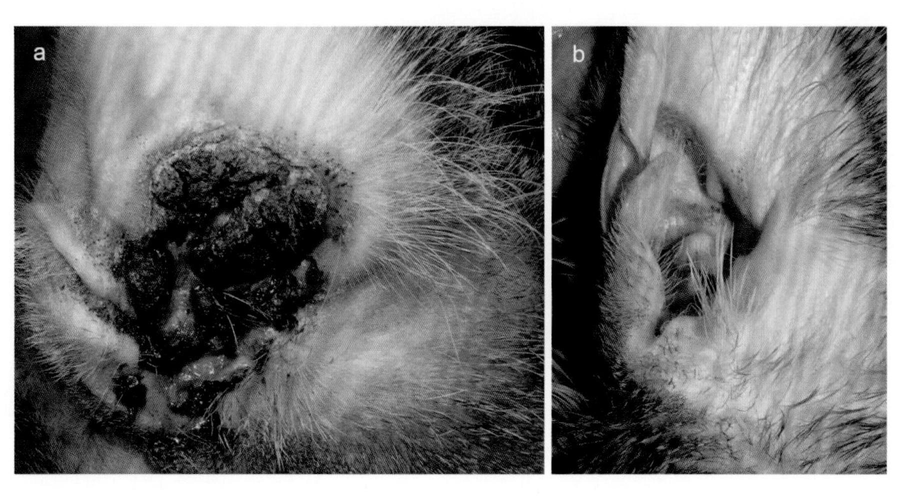


**图 26-9 猫增生性和坏死性外耳炎**
**治疗前（a）和治疗后（b）外用他克莫司，每天 2 次，持续 30 d**

[2] Bastuji-Garin S, Rzany B, Stern RS, et al. Clinical classification of cases of toxic epidermal necrolysis, Stevens-Johnson syndrome and erythema multiforme. Arch Dermatol. 1993; 129:92-96.

[3] Hinn AC, Olivry T, Luther PB, et al. Erythema multiforme, Stevens-Johnson syndrome and toxic epidermal necrolysis in the dog: clinical classification, drug exposure and histopathological correlations. J Vet Allergy Clin Immunol. 1998; 6:13-20.

[4] Sokumbi O, Wetter DA. Clinical features, diagnosis, and treatment of erythema multiforme: a review for the practicing dermatologist. Int J Dermatol. 2012; 51:889-902.

[5] Kempton J, Wright JM, Kerins C, et al. Misdiagnosis of erythema multiforme: a literature review and case report. Pediatr Dent. 2012; 34:337-342.

[6] Scott DW, Walton DK, Slater MR, et al. Immune-mediated dermatoses in domestic animals: ten years after - Part II. Compend Contin Educ Pract Vet. 1987; 9:539-551.

[7] Olivry T, Guaguere E, Atlee B, et al. Generalized erythema multiforme with systemic involvement in two cats. Proceeding of the 7th annual meeting of the ESVD. Stockholm, Sweden; 1990.

[8] Affolter VK, von Tscharner C. Cutaneous drug reactions: a retrospective study of histopathological changes and their correlation with the clinical disease. Vet Dermatol. 1993; 4:79-86.

[9] Noli C, Koeman JP, Willemse T. A retrospective evaluation of adverse reactions to trimethoprim-sulfonamide combinations in dogs and cats. Vet Q. 1995; 17:123-128.

[10] Scott DW, Miller WH. Erythema multiforme in dogs and cats: literature review and case material from the Cornell University College of veterinary medicine (1988-1996). Vet Dermatol. 1999; 10:297-309.

[11] Byrne KP, Giger U. Use of human immunoglobulin for treatment of severe erythema multiforme in a cat. J Am Vet Med Assoc. 2002; 220:197-201.

[12] Prost C. A case of exfoliative erythema multiforme associated with herpes virus 1 infection in a European cat. Vet Dermatol. 2004; 15(Suppl. 1):51.

[13] Aurelian L, Ono F, Burnett J. Herpes simplex virus (HSV)-associated erythema multiforme (HAEM): a viral disease with an autoimmune component. Dermatol Online J. 2003; 9:1.

[14] Sartori R, Colombo S. Stevens-Johnson syndrome/toxic epidermal necrolysis caused by cefadroxil in a cat. JFMS Open Rep. 2016; 6:1-6.

[15] Banovic F, Olivry T, Bazzle L, et al. Clinical and microscopic characteristics of canine toxic epidermal necrolysis. Vet Pathol. 2015; 52:321-330.

[16] Lee JA, Budgin JB, Mauldin EA. Acute necrotizing dermatitis and septicemia after application of a d-limonene based insecticidal shampoo in a cat. J Am Vet Med Assoc. 2002; 221:258-262.

[17] Scott DW, Halliwell REW, Goldschmidt MH, et al. Toxic epidermal necrolysis in two dogs and a cat. J Am Anim Hosp Assoc. 1979; 15:271-279.

[18] Scott DW, Miller WH. Idiosyncratic cutaneous adverse reactions in the cat: literature review and report of 14 cases (1990-1996). Feline Pract. 1998; 26:10-15.

[19] Sassolas B, Haddad C, Mockenhaupt M, et al. ALDEN, an algorithm for assessment of drug causality in Stevens-Johnson syndrome and toxic epidermal necrolysis: comparison with case-control analysis. Clin Pharmacol Ther. 2010; 88:60-68.

[20] Chung WH, Hung SI, Yang JY, et al. Granulysin is a key mediator for disseminated keratinocyte death in Stevens-Johnson syndrome and toxic epidermal necrolysis. Nat Med. 2008; 14:1343-1350.

[21] Ng QX, De Deyn MLZQ, Venkatanarayanan N, Ho CYX, Yeo WS. A meta-analysis of cyclosporine treatment for Stevens-Johnson syndrome/toxic epidermal necrolysis. J Inflamm Res. 2018; 11:135-142.

[22] Alzolibani AA, Kang H, Otberg N, Shapiro J. Pseudopelade of Brocq. Dermatol Ther. 2008; 21(4):257-263.

[23] Gross TL, et al. Mural diseases of the hair follicle. In: Skin diseases of the dog and cat, clinical and histopathologic diagnosis. Ames: Blackwell Science; 2005a. p. 460-479.

[24] Olivry T, Power HT, Woo JC, et al. Anti-isthmus autoimmunity in a novel feline acquired alopecia resembling pseudopelade of humans. Vet Dermatol. 2000; 11:261-270.

[25] Scott DW. Feline dermatology 1979-1982: introspective retrospections. J Am Anim Hosp Assoc. 1984; 20:537.

[26] Bunge M, et al. Relapsing polychondritis in a cat. J Am Anim Hosp Assoc. 1992; 28:203.

[27] Lemmens P, Schrauwen E. Feline relapsing polychondritis: a case report. Vlaams Diergeneeskd Tijdschr. 1993; 62:183.

[28] Boord MJ, Griffin CE. Aural chondritis or polychondritis dessicans in a dog. Proc Acad Vet Dermatol Am Coll Vet Dermatol. 1998; 14:65.

[29] Delmage D, Kelly D. Auricular chondritis in a cat. J Small Anim Pract. 2001; 42(10):499-501.

[30] Gerber B, Crottaz M, von Tscharner C, et al. Feline relapsing polychondritis: two cases and a review of the literature. J Feline Med Surg. 2002; 4(4):189-194.

[31] Griffin C, Trimmer A. Two unusual cases of auricular cartilage disease. Proceedings of the North American veterinary

dermatology forum. Palm Springs; 2006.

[32] Baba T, Shimizu A, Ohmuro T, Uchida N, Shibata K, Nagata M, Shirota K. Auricular chondritis associated with systemic joint and cartilage inflammation in a cat. J Vet Med Sci. 2009; 71:79–82.

[33] Kingdon J, Roscamp J, Sangle S, D'Cruz D. Relapsing polychondritis: a clinical review for rheumatologists. Rheumatology (Oxford). 2018; 57:1525–1532.

[34] Stabler T, Piette J–C, Chevalier X, et al. Serum cytokine profiles in relapsing polychondritis suggest monocyte/macrophage activation. Arthritis Rheum. 2004; 50:3663–3667.

[35] Gruffydd–Jones TJ, Orr CM, Lucke VM. Foot pad swelling and ulceration in cats: a report of five cases. J Small Anim Pract. 1980; 21:381–389.

[36] Scott DW. Feline dermatology 1983–1985: "the secret sits". J Am Anim Hosp Assoc. 1987; 23:255.

[37] Taylor JE, Schmeitzel LP. Plasma cell pododermatitis with chronic footpad hemorrhage in two cats. J Am Vet Med Assoc. 1990; 197:375–377.

[38] Guaguere E, Hubert B, Delabre C. Feline pododermatitis. Vet Dermatol. 1992; 3:1–12.

[39] Yamamura Y. A surgically treated case of feline plasma cell pododermatitis. J Jpn Vet Med Assoc. 1998; 51:669–671.

[40] Dias Pereira P, Faustino AM. Feline plasma cell pododermatitis: a study of 8 cases. Vet Dermatol. 2003; 14:333–337.

[41] Guaguere E, et al. Feline plasma cell pododermatitis: a retrospective study of 26 cases. Vet Dermatol. 2004; 15:27.

[42] Scarampella F, Ordeix L. Doxycycline therapy in 10 cases of feline plasma cell pododermatitis: clinical, haematological and serological evaluations. Vet Dermatol. 2004; 15:27.

[43] Bettenay SV, Mueller RS, Dow K, et al. Prospective study of the treatment of feline plasmacytic pododermatitis with doxycycline. Vet Rec. 2003; 152:564–566.

[44] De Man M. What is your diagnosis? Plasma cell pododermatitis and plasma cell dermatitis of the nose apex in cat. J Feline Med Surg. 2003; 5:245–247.

[45] Westfall DS, Twedt DC, Steyn PF, et al. Evaluation of esophageal transit of tablets and capsules in 30 cats. J Vet Intern Med. 2001; 15:467–470.

[46] Melendez LD, Twedt DC, Wright M. Suspected doxycycline–induced esophagitis and esophageal stricture formation in three cats. Feline Pract. 2000; 28:10–12.

[47] German AJ, Cannon MJ, Dye C. Oesophageal strictures in cats associated with doxycycline therapy. J Feline Med Surg. 2005; 7:33–41.

[48] Gross TL, et al. Necrotizing diseases of the epidermis. In: Skin diseases of the dog and cat, clinical and histopathologic diagnosis. Ames: Blackwell Science; 2005b. p. 75–104.

[49] Mauldin EA, Ness TA, Goldschmidt MH. Proliferative and necrotizing otitis externa in four cats. Vet Dermatol. 2007; 18(5):370–377.

[50] Videmont E, Pin D. Proliferative and necrotising otitis in a kitten: first demonstration of T–cell–mediated apoptosis. J Small Anim Pract. 2010; 51(11):599–603.

[51] Borio S, Massari F, Abramo F, Colombo S. Proliferative and necrotising otitis externa in a cat without pinnal involvement: video–otoscopic features. J Feline Med Surg. 2013; 15:353–356.

[52] Momota Y, Yasuda J, Ikezawa M, Sasaki J, Katayama M, Tani K, Miyabe M, Onozawa E, et al. Proliferative and necrotizing otitis externa in a kitten: successful treatment with intralesional and topical corticosteroid therapy. J Vet Med Sci. 2017; 10:1883–1885.

# 第二十七章　内分泌和代谢性疾病

Vet Dominique Heripret 和 Hans S. Kooistra

**摘要**

内分泌和代谢紊乱可能导致皮肤和被毛的改变。关于甲状腺疾病，甲状腺功能亢进是猫最常见的内分泌疾病，而甲状腺功能减退在猫身上罕见。糖尿病也是猫高发的内分泌疾病。与皮肤和被毛变化相关的肾上腺皮质疾病也发生在猫身上，不仅限于皮质醇分泌过多，还包括性激素分泌过多。除了在这些内分泌疾病中观察到的皮肤变化外，还有与代谢性疾病相关的皮肤病，如浅表坏死松解性皮炎、黄瘤病和获得性皮肤脆弱综合征。

## 引言

皮肤及皮肤附件受一系列激素的影响。因此，皮肤和被毛的变化可能是内分泌和代谢紊乱的表现。内分泌和代谢性皮肤病在猫身上不如犬常见，这可以通过在该物种中通常与皮肤和被毛变化相关的内分泌疾病发生率较低来解释。猫最常见的两种内分泌疾病是甲状腺功能亢进和糖尿病，但在这些情况下可能观察不到皮肤特异性的变化。

## 甲状腺

### 幼年型甲状腺功能减退症

先天性甲状腺功能减退在猫身上相当罕见，但已有少数病例报道发表[1-3]。先天性甲状腺功能减退可能是甲状腺发育不全或甲状腺激素合成缺陷所致。关于后者，迄今为止仅报道了具有所谓器质化缺陷的猫，即由于甲状腺过氧化物酶活性缺陷导致的甲状腺激素合成问题[4]。器质化缺陷导致的甲状腺功能减退的临床特征与甲状腺发育不全无差异。发病的幼猫表现为不成比例的侏儒症、嗜睡和被毛干燥无光泽，但无明显脱毛[5]。智力发育似乎迟缓。乳牙可持续到成年，但给予甲状腺激素治疗后会脱落[2, 6]。器质化缺陷导致的甲状腺功能减退的猫在颈部触诊时可检查到增大的甲状腺（甲状腺肿）。

获得性幼年型甲状腺功能减退症（罕见）的其他原因是淋巴细胞性甲状腺炎和碘缺乏（见下文）。据报道，淋巴细胞性甲状腺炎常见于近亲繁殖的猫，7 周龄时已出现嗜睡和被毛无光泽等症状[7]。

### 获得性成年型甲状腺功能减退症

碘缺乏是获得性甲状腺功能减退的主要原因。它发生在主人过于字面地认为猫是食肉动物的时候。仅由肉类组成的饮食在许多方面都是缺乏的，当然也缺乏碘。缺乏甲状腺激素这种必需成分可能导致 TSH 诱导的甲状腺增生。严重缺碘的动物会出现甲状腺肿大和甲状腺功能减退的症状（如嗜睡）。在习惯于饲喂富含碘的商品粮的国家，该疾病不再出现。

自发性成年型甲状腺功能减退症在猫身上相当罕见，但最近的一项研究表明患病率可能高于之前认为的[8]。被毛改变、嗜睡和肥胖是自发性成年型甲状腺功能减退症患猫的常见临床症状。引人注意的是，几只患获得性甲状腺功能减退的猫发生了与甲状腺增生相关的甲状腺肿大型甲状腺功能减退。

获得性甲状腺功能减退也可能是医源性的，尤其是在接受甲状腺功能亢进治疗的猫中，这种情况在该物种中经常发生。医源性甲状腺功能减退可能是由于双侧甲状腺切除术、抗甲状腺药物过量使用或放射性碘治疗的不良反应[9]。皮肤病症状相当无特异性，包括理毛减少、背部无光泽和被毛状况差（图 27–1）。

甲状腺功能减退的猫循环中 TSH 浓度升高。临床症状对左旋甲状腺素替代疗法反应迅速。

## 甲状腺功能亢进

甲状腺功能亢进是一种常见于中老年猫的疾病，患猫平均年龄为 12 ～ 13 岁。甲状腺激素过多由甲状腺腺瘤样增生或腺瘤产生，累及一个或两个甲状腺叶（更常见）[10]。主要临床症状与代谢加快相关（体重减轻、多食、多尿和胃肠道问题）。约 30% 的病例出现皮肤症状，但无特异性[11]。报道的皮肤症状包括过度脱毛、皮屑、过度理毛引起的局灶性脱毛、毛发无光泽和趾甲过度生长（图 27–2）。在非常慢性的病例中可见躯干完全脱毛的情况。诊断基于病史、体格检查及甲状腺素（T4）水平。治疗包括手术、抗甲状腺药物、放射性碘治疗或限碘食物。

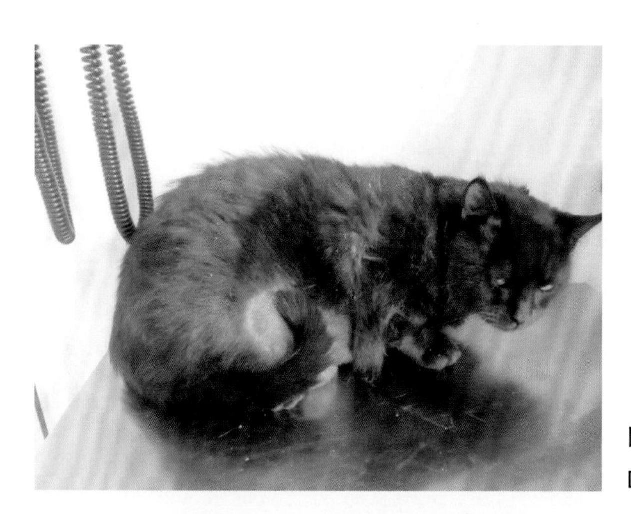

图 27–1 猫获得性甲状腺功能减退：被毛蓬乱和干性皮脂溢（由 Dr. G. Zanna 提供）

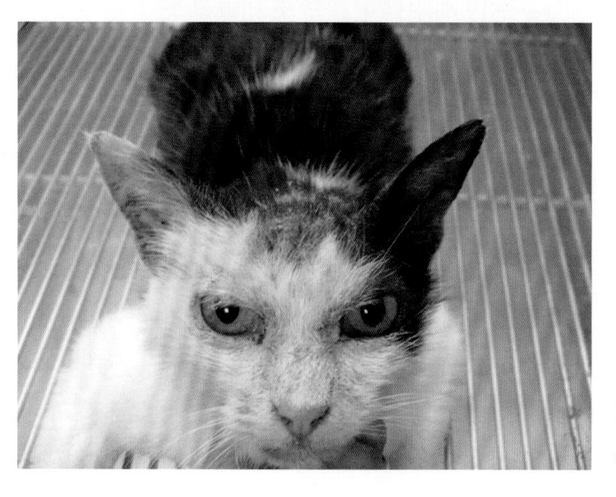

图 27–2 猫的甲状腺功能亢进：弥漫性脱毛、干性皮脂溢和皮肤干燥

## 糖尿病

与猫糖尿病相关的皮肤病变很少被提及，一些与糖尿病相关的病变，如皮肤萎缩，实际上可能是由潜在的库欣综合征引起的。由于确诊时体况较差和理毛减少，可见干性皮脂溢伴毛发无光泽和弥漫性脱毛，可能是由脂质和蛋白质代谢异常所致。血管异常罕见于猫，但有作者曾报道过一只猫对轻微皮肤创伤（用于液体治疗的导管和鼻饲管的固定部位）有坏死性反应（图 27–3）。黄瘤病可能与糖尿病相关（见下文）（图 27–4）。

## 肾上腺

皮质醇是猫肾上腺释放的主要糖皮质激素，这表明自发性糖皮质激素过量本质上是皮质醇增多。长期暴露于不适当升高的血浆皮质醇浓度可导致临床症状，通常称为库欣综合征，该病于 1932 年由 Harvey Cushing 首次在人类中描述。在长期治疗中，外源性糖皮质激素可引起相同的症状，即医源性肾上腺皮质功能亢进。

### 自发性皮质醇增多症

自发性皮质醇增多症是一种中老年猫多发的疾病。没有明显的性别易感性，而在一些病例报告中，母猫的比例略高于公猫[12-14]。80% ~ 90% 患有自发性皮质醇增多症的猫是垂体腺瘤分泌 ACTH 过多的结果。其余病例均由肾上腺皮质肿瘤（腺瘤或更常见的癌）自主分泌皮质醇过多导致，而与 ACTH 无关。

许多症状可能与糖皮质激素的作用有关，即以分解蛋白质为代价的糖异生和脂肪生成增加。主要的临床症状是躯干肥胖和肌肉、皮肤萎缩。自发性皮质醇增多症患猫的皮肤病变可能不如犬明显。然而，长期暴露于过量的糖皮质激素将导致皮肤症状，包括皮肤变薄、脱毛和皮肤无光泽或皮脂溢（图

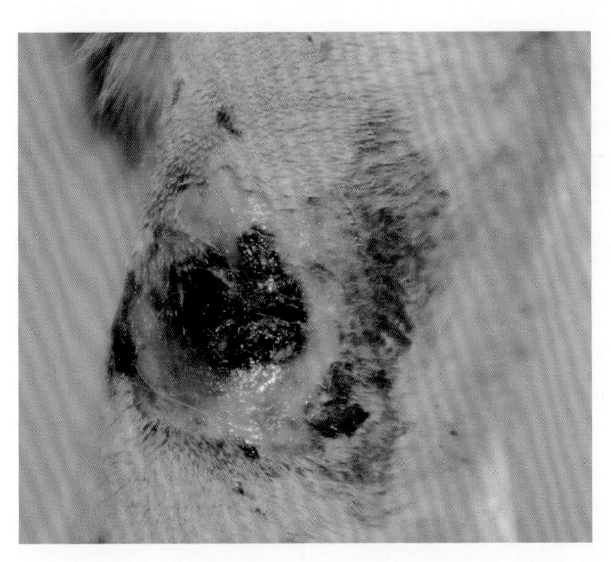

图 27–3　糖尿病：放置静脉导管后皮肤坏死

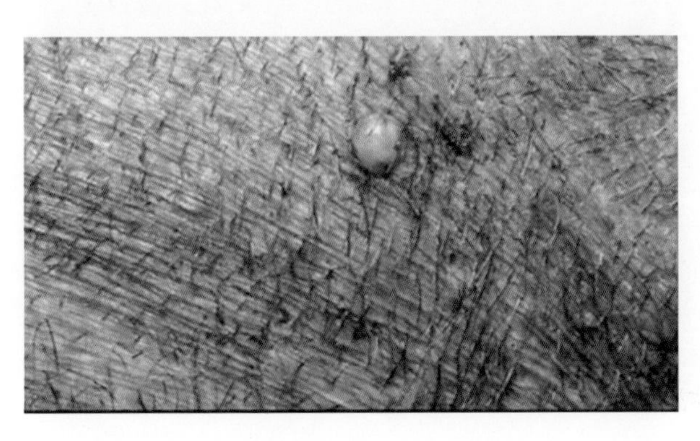

图 27–4　与糖尿病相关的黄瘤（由 Dr. Guaguère 提供）

27-5)。在某些情况下，皮肤变脆弱，以至于在常规处理时易于撕裂，导致猫出现全层皮肤缺损(图27-6)[15]。这些皮肤撕裂伤是获得性皮肤脆弱综合征的一部分(见下文)。继发于皮质醇增多症诱导的免疫抑制，皮肤和甲床以及泌尿道、呼吸道和胃肠道感染也很常见[12]。猫由于糖皮质激素过量导致多尿/多饮的易感性远低于犬，仅在发生糖尿病时才可能变得明显。猫比犬更容易受到糖皮质激素的致糖尿病作用的影响，在大多数报道的猫皮质醇增多症病例中都存在糖尿病。对皮质醇增多症的怀疑往往是由于糖尿病治疗中遇到的胰岛素抵抗。除高血糖以外的临床病理学参数大多不显著。血浆碱性磷酸酶(alkaline phosphatase，AP)活性升高在皮质醇增多症的犬中常见。在犬中，这主要是由于同工酶在65℃下的诱导稳定性高于其他AP同工酶。在猫身上，糖皮质激素不会诱导这种同工酶。此外，AP在猫身上的半衰期非常短。

用于诊断猫皮质醇增多症的内分泌试验包括ACTH刺激试验、低剂量地塞米松抑制试验(low-dose dexamethasone suppression test，LDDST)和测定尿皮质醇与肌酐比值(urinary corticoid-to-creatinine ratio，UCCR)。由于其敏感性较低，不建议将ACTH刺激试验作为疑似自发性皮质醇增多症患猫的初始诊断试验。与猫皮质醇增多症相关的糖尿病可能导致UCCR假阳性，这意味着该物种UCCR的主要适应证是排除皮质醇增多症。LDDST是筛查猫自发性皮质醇增多症准确性最高的检测方法。在猫身上，LDDST通常使用0.1 mg/kg地塞米松(IV)进行，这与犬不同，因为超过20%的健康猫在地塞米松0.01 mg/kg剂量下不会诱发抑制作用[16]。相反，一些患有垂体依赖性皮质醇增多症的猫对地塞米松抑制非常敏感，这可能导致假阴性结果[17]。

当临床症状和LDDST提示皮质醇增多症时，下一个诊断步骤是区分垂体依赖性皮质醇增多症和肾

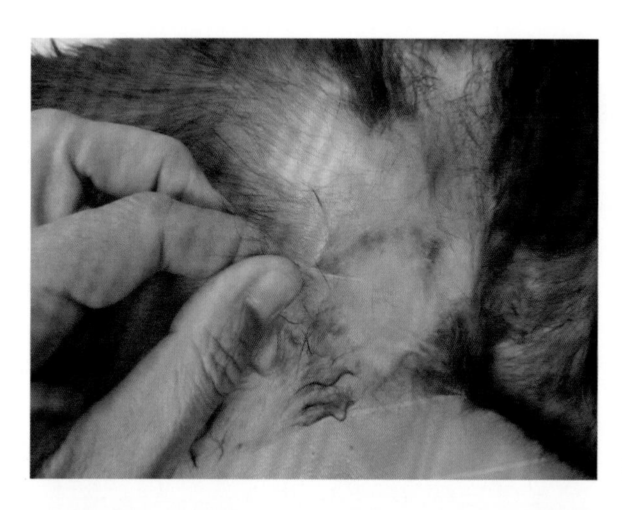

图27-5 猫的垂体依赖性皮质醇增多症：皮肤非常薄

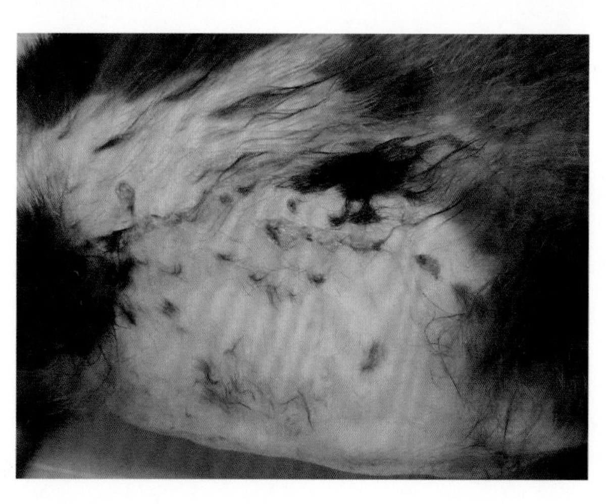

图27-6 与图27-5是同一只猫：皮肤撕裂伤

上腺肿瘤性皮质醇增多症。LDDST 中循环皮质醇浓度抑制超过 50% 表明为垂体依赖性皮质醇增多症。肾上腺皮质肿瘤引起的皮质醇增多症可通过测定血浆 ACTH 浓度与不可抑制的垂体依赖性皮质醇增多症相鉴别。此外，肾上腺皮质肿瘤通常很容易通过超声检查发现。肾上腺和垂体可视化的首选检查是磁共振成像（magnetic resonance imaging，MRI）和计算机断层扫描（computed tomography，CT）。超声检查成本较低，所需时间较少且不需要麻醉，因此通常为首选，但其比 CT 或 MRI 难解读。超声检查可准确评估肿瘤的大小，并能提供与周围组织侵袭性相关的信息。

治疗皮质醇增多症的目的是消除 ACTH 或自主皮质醇过量的来源，实现皮质醇正常化，消除临床症状，减少长期并发症和死亡率，并改善生活质量。放疗[18]和手术切除致病肿瘤（垂体切除术[19，20]或肾上腺切除术）是目前唯一可能消除 ACTH 或自主皮质醇过量来源的治疗选择。

药物治疗是猫皮质醇增多症的常用治疗方法，旨在消除临床症状，最常用的药物是曲洛斯坦。尽管基于回顾性研究，曲洛斯坦是首选的治疗药物，但缺乏对该药物在猫身上药代动力学的研究[12，14，21]。曲洛斯坦是一种合成的类固醇类似物，可竞争性抑制类固醇生成酶 3β–羟类固醇脱氢酶，该酶是所有类型的肾上腺皮质激素生成所必需的。因此，曲洛斯坦可抑制皮质醇和醛固酮的生成。由于与食物同服可显著增加吸收的速度和程度，因此曲洛斯坦应始终与食物同服。当给予最佳剂量的曲洛斯坦时，多尿 / 多饮会在几周内减少，皮肤病变会在 2 周至 3 个月后消失[12]。在一些猫中，糖尿病可能会随之缓解[22]。

曲洛斯坦的最佳给药剂量存在显著差异，目前的建议是以低于生产商推荐的剂量作为初始剂量使用，与较高剂量相比同样有效，但引起的不良反应较少。由于皮质醇抑制的持续时间＜12 h，每天 2 次给予曲洛斯坦可以改善临床症状，同时保持每日总剂量相对较低，显著减少不良反应。目前的建议是以 1 ～ 2 mg/kg 的初始剂量开始，每天 1 ～ 2 次。曲洛斯坦通常耐受性良好，主要不良反应是一过性肾上腺皮质功能减退，可能合并或继发完全肾上腺皮质功能减退。

为了使曲洛斯坦成功地治疗皮质醇增多症，频繁的监测至关重要。近十年来，人们一直致力于确定监测曲洛斯坦治疗的最佳方法。在所有方法中，临床症状评价是第一步。首选的监测方法是使用 ACTH 刺激试验，监测肾上腺分泌皮质醇的剩余能力。ACTH 刺激试验的时间至关重要，因为这会影响结果，建议将试验时间与曲洛斯坦作用效果最好的时间点保持一致（曲洛斯坦给药后 2 ～ 3 h）。尽管 ACTH 刺激试验被广泛使用，但其作为曲洛斯坦治疗的监测工具尚未得到验证，并且人们对结果的变化取决于试验的时间以及是否反映了临床控制程度仍存在一些担忧。合成的 ACTH 在有些国家不容易获得。最近提出的替代方法是测量给药前皮质醇浓度，并将其与主人反映的临床症状进行比较。

## 医源性皮质功能亢进和医源性继发性肾上腺皮质功能减退

与自发性皮质醇增多症一样，由于糖皮质激素或孕激素给药导致的糖皮质激素过量体征的出现取决于暴露的严重程度和持续时间。不同个体的影响不同，在猫身上似乎不太明显。糖皮质激素治疗数周后，可出现向心性肥胖、肌无力和皮肤萎缩等典型的身体变化。在一项对 12 只医源性皮质功能亢进猫的研究中[23]，100% 的病例存在少毛症（局限性或全身性）（图 27–7），16% 存在皮肤撕裂（图 27–8）。停用皮质类固醇后，皮肤病变临床改善的平均时间为 4.5 个月（1 ～ 12 个月）。

全身和外部应用皮质类固醇均可引起下丘脑–垂体–肾上腺皮质轴的迅速和持续抑制。根据剂量、连续性、持续时间和制剂或剂型，这种抑制作用可能在皮质类固醇停药后持续数周或数月。糖皮质激素受体与孕激素的亲和力可能对猫的垂体–肾上腺皮质系统产生类似的长期抑制作用[24]。因此，停止皮质类固醇治疗可能导致皮质类固醇戒断综合征，即猫可能发生继发性肾上腺皮质功能不全。皮质类固醇戒断综合征的主要特征是厌食、嗜睡和体重减

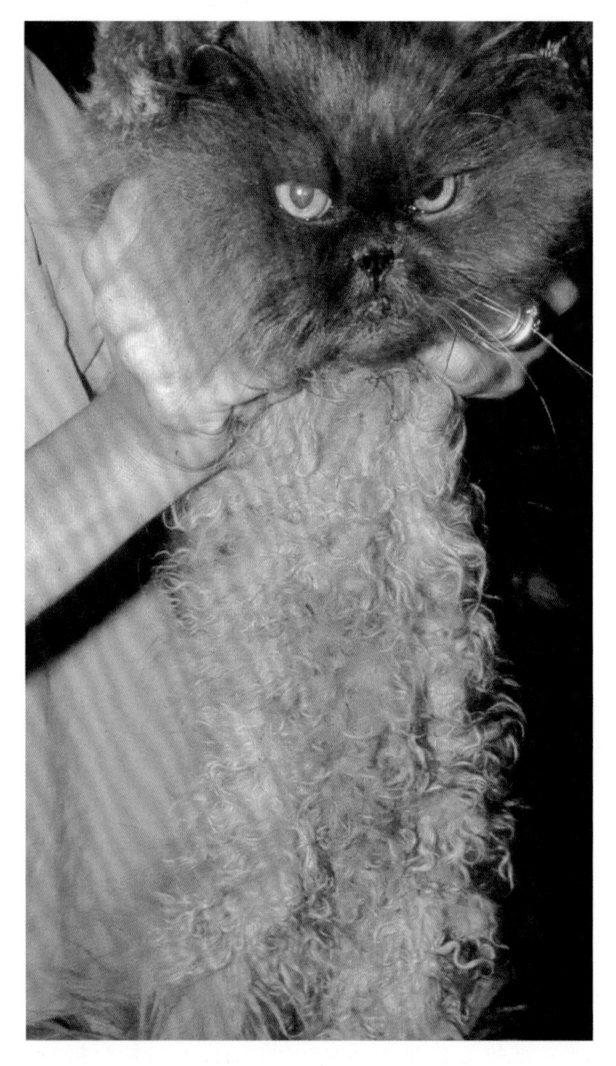

图 27-7 猫的医源性皮质功能亢进：被毛变薄

图 27-8 猫皮肤脆弱综合征导致的大面积皮肤撕裂

轻。因此，应逐渐减量，与自发性皮质醇增多症转变为正常化类似，最初至少给予 2 倍的维持剂量。

## 性激素

在猫（雄性或雌性）中从未描述过与自发性睾丸或卵巢性激素紊乱相关的皮肤病变。

用于预防发情但也可用于治疗各种皮肤病和行为障碍的孕激素给药可能导致猫的皮肤和被毛发生变化。给予醋酸甲羟孕酮后曾有过注射部位局灶性脱毛的报道（图 27-9），口服醋酸甲羟孕酮或醋酸甲地孕酮均可能导致皮肤萎缩或黑色素减少。

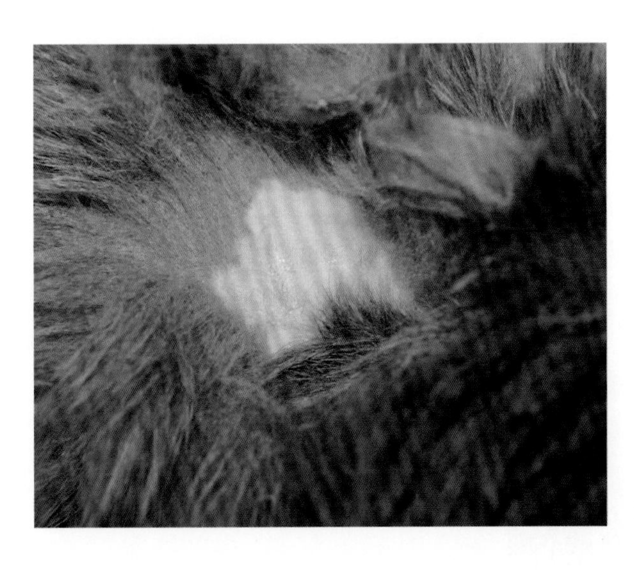

图 27-9　醋酸甲羟孕酮皮下注射后脱毛

这些变化最有可能是孕激素的内源性糖皮质激素活性所致[24, 25]。

据报道，与肾上腺皮质肿瘤相关的性激素生成过多[26–29]，临床症状与皮质醇增多症相似，如糖尿病调节不良、皮肤变薄和张力减退，以及皮肤脆性增加。绝育后的猫，如果出现新的机体和行为性变化（如去势公猫的尿液标记和攻击性），应考虑分泌性类固醇激素的肾上腺皮质肿瘤。去势公猫阴茎上出现棘刺，而绝育母猫可出现外阴增生。内分泌检测显示雄烯二酮、睾酮、雌二醇、17- 羟孕酮和（或）孕酮的血浆浓度升高，这些值可能在 ACTH 刺激后升高。可通过超声检查、CT 或 MRI 获得关于肿瘤大小、周围组织的侵袭性和是否存在转移的信息。肾上腺切除术是首选的治疗方法，通常可使临床症状消退。

猫尾腺增生或“种马尾”在未去势公猫中已有描述，以前曾认为与高雄激素血症有关；然而，去势不能缓解这种情况，在去势公猫和绝育母猫中也有关于猫尾腺增生的病例报告。

## 代谢紊乱

### 浅表坏死松解性皮炎（见第三十一章）

本病又被称为肝皮综合征或代谢性表皮坏死征或坏死松解性游走性红斑。仅在患有肝病[30]或胰高血糖素肿瘤[31]的猫中偶有报道。皮肤病变为脱毛、红斑、糜烂和结痂。可能伴有瘙痒[30]以及爪垫损伤引起的疼痛[31]。组织病理学检查可见经典的“法国国旗”外观（蓝色基底层增生，白色棘层和红色角质层角化不全）。

### 皮肤黄色瘤（黄瘤病）

黄色瘤是与脂质蓄积和肉芽肿反应相关的皮肤或皮下淡黄色丘疹样病变（图 27-4）。猫的黄瘤病可能与家族性高脂蛋白血症和糖尿病有关，也可能是特发性的[32]。曾有 1 例病例报告无任何血脂异常[33]。皮肤病变为灰色至黄色丘疹、斑块或结节，类似烛蜡。周围皮肤表现为红斑，瘙痒或不瘙痒，有时伴有疼痛。四肢远端经常受累，但身体各处均可发生病变。

诊断是基于病变外观及其组织病理学检查，以泡沫状组织细胞和多核巨细胞（图顿细胞）为特征。如果识别出潜在病因，则通过治疗该潜在疾病可缓解病变。对于特发性疾病，饲喂低脂饮食可能会缓解症状[33]。

## 获得性皮肤脆弱综合征

获得性皮肤脆弱综合征（acquired cutaneous fragility syndrome，ACFS）是一种罕见的皮肤病，以皮肤变薄导致皮肤脆弱和自发性、非出血性、非疼痛性撕裂为特征。如前所述，潜在病因包括自发性和医源性皮质功能亢进，也包括肝脏脂质沉积和肿瘤形成，有些是特发性的。当发病机制尚不清楚时，推测严重的代谢紊乱可能对胶原代谢产生负面影响。

据推测，可能存在两种临床病变：一种表皮非常薄（如在肝脏脂质沉积中所见），另一种皮肤完全萎缩（如在库欣综合征中所见）；然而，还需要进一步的研究来证实这种差异。临床症状表现为皮肤变薄，然后在轻微创伤（保定、抓伤、注射等）时自发撕裂。皮肤撕裂伤可能特别大（图 27–10）。预后谨慎，其取决于潜在原因和伤口的愈合（图 27–11）；可能需要结合每日伤口清洁、清创、减张和对合缝合进行分期伤口闭合[34]。

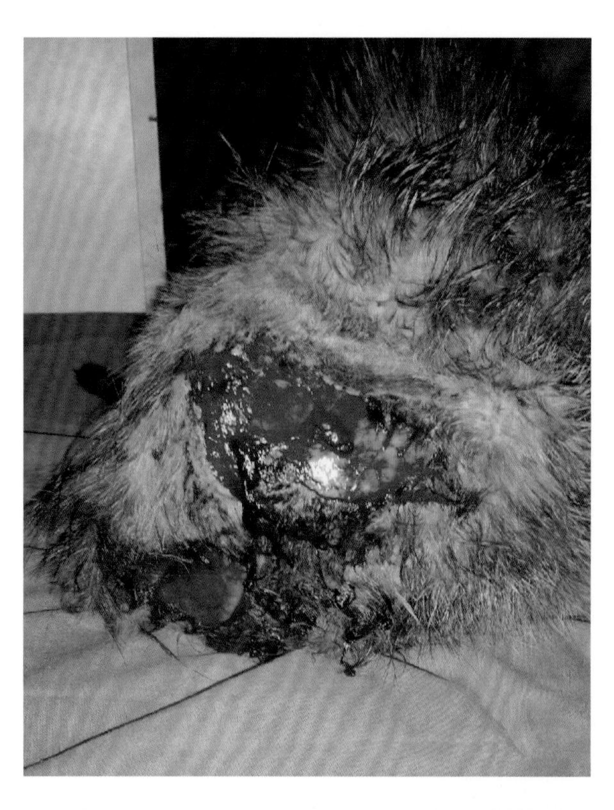

**图 27–10 有多处撕裂伤的 ACFS 患猫**

由于重度口炎，该猫每月接受 20 mg 醋酸甲泼尼龙注射治疗，持续 3 年（由 Dr. Chiara Noli 提供）。

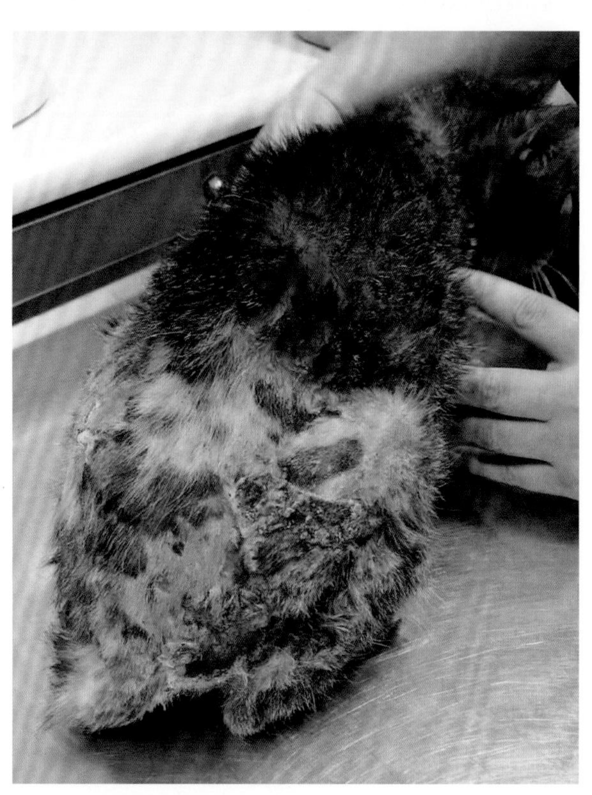

**图 27–11 与图 27–10 是同一只猫，治疗 2 周后症状减轻**

# 参考文献


[1] Diehm M, Dening R, Dziallas P, Wohlsein P, Schmicke M, Mischke R. Bilateral femoral capital physeal fractures in an adult cat with suspected congenital primary hypothyroidism. Tierarztl Prax Ausg K Kleintiere Heimtiere. 2019; 47:48–54.

[2] Jacobson T, Rochette J. Congenital feline hypothyroidism with partially erupted adult dentition in a 10–month–old male neutered domestic shorthair cat: a case report. J Vet Dent. 2018; 35:178–186.

[3] Lim CK, Rosa CT, de Witt Y, Schoeman JP. Congenital hypothyroidism and concurrent renal insufficiency in a kitten. J S Afr Vet Assoc. 2014; 85:1144.

[4] Gruffydd JBR, TJ J, Sparkes AH, Lucke VM. Preliminary studies on congenital hypothyroidism in a family of Abyssinian cats. Vet Rec. 1992; 131:145–148.

[5] Bojanick K, Acke E, Jones BR. Congenital hypothyroidism of dogs and cats: a review. N Z Vet J. 2011; 59:115–122.

[6] Crowe A. Congenital hypothyroidism in a cat. Can Vet J. 2004; 45:168–170.

[7] Schumm–Draeger PM, Länger F, Caspar G, Rippegather K, Hermann G, Fortmeyer HP, Usadel KH, Hübner K. Spontane Hashimoto–artige Thyreoiditis im Modell der Katze (Spontaneous Hashimoto–like thyroiditis in cats). Verh Dtsch Ges Pathol. 1996; 80:297–301.

[8] Peterson ME, Carothers MA, Gamble DA, Rishniw M. Spontaneous primary hypothyroidism in 7 adult cats. J Vet Intern Med. 2018; 32:1864–1873.

[9] Peterson ME, Nichols R, Rishnow M. Serum thyroxine and thyroid–stimulating hormone concentration in hyperthyroid cats that develop azotaemia after radioiodine therapy. J Small Anim Pract. 2017; 58:519–530.

[10] Peterson ME. Animal models of disease: feline hyperthyroidism: an animal model for toxic nodular goiter. J Endocrinol. 2014; 223:97–114.

[11] Thoday KL, Mooney CT. Historical, clinical and laboratory features of 126 hyperthyroid cats. Vet Rec. 1992; 131:257–264.

[12] Boland LA, Barrs VR. Peculiarities of feline hyperadrenocorticism: update on diagnosis and treatment. J Feline Med Surg. 2017; 19:933–947.

[13] Chiaramonte D, Greco DS. Feline adrenal disorders. Clin Tech Small Anim Pract. 2007; 22:26–31.

[14] Valentin SY, Cortright CC, Nelson RW, et al. Clinical findings, diagnostic test results, and treatment outcome in cats with spontaneous hyperadrenocorticism: 30 cases. J Vet Intern Med. 2014; 28:481–487.

[15] Daley CA, Zerbe CA, Schick RO, Powers RD. Use of metyrapone to treat pituitary–dependent hyperadrenocorticism in a cat with large cutaneous wounds. J Am Vet Med Assoc. 1993; 202:956–960.

[16] Peterson ME, Graves TK. Effects of low dosages of intravenous dexamethasone on serum cortisol concentrations in the normal cats. Res Vet Sci. 1988; 44:38–40.

[17] Meij BP, Voorhout G, Van Den Ingh TS, Rijnberk A. Transsphenoidal hypophysectomy for treatment of pituitary–dependent hyperadrenocorticism in 7 cats. Vet Surg. 2001; 30:72–86.

[18] Mayer MN, Greco DS, LaRue SM. Outcomes of pituitary irradiation in cats. J Vet Intern Med. 2006; 20:1151–1154.

[19] Meij BP. Hypophysectomy as a treatment for canine and feline Cushing's disease. Vet Clin North Am Small Anim Pract. 2001; 31:1015–1041.

[20] Meij B, Voorhout G, Rijnberk A. Progress in transsphenoidal hypophysectomy for treatment of pituitary–dependent hyperadrenocorticism in dogs and cats. Mol Cell Endocrinol. 2002; 197:89–96.

[21] Mellet–Keith AM, Bruyette D, Stanley S. Trilostane therapy for treatment of spontaneous hyperadrenocorticism in cats: 15 cases (2004–2012). J Vet Intern Med. 2013; 27:1471–1477.

[22] Muschner AC, Varela FV, Hazuchova K, Niessen SJ, Pöppl ÁG. Diabetes mellitus remission in a cat with pituitary–dependent hyperadrenocorticism after trilostane treatment. JFMS Open Rep. 2018; 4:205511691876770. https://doi.org/10.1177/2055116918767708.

[23] Lien YH, Huang HP, Chang PH. Iatrogenic hyperadrenocorticism in 12 cats. J Am Anim Hosp Assoc. 2006; 42:414–423.

[24] Middleton DJ, Watson ADJ, Howe CJ, Caterson ID. Suppression of cortisol responses to exogenous adrenocorticotrophic hormone, and the occurrence of side effects attributable to glucocorticoid excess, in cats during therapy with megestrol acetate and prednisolone. Can J Vet Res. 1987; 51:60–65.

[25] Selman PJ, Wolfswinkel J, Mol JA. Binding specificity of medroxyprogesterone acetate and proligestone for the progesterone and glucocorticoid receptor in the dog. Steroids. 1996; 61:133–137.

[26] Boag AK, Neiger R, Church DB. Trilostane treatment of bilateral adrenal enlargement and excessive sex steroid hormone production in a cat. J Small Anim Pract. 2004; 45:263–266.

[27] Boord M, Griffin C. Progesterone secreting adrenal mass in a cat with clinical signs of hyperadrenocorticism. J Am Vet Med Assoc. 1999; 214:666–669.

[28] Quante S, Sieber–Ruckstuhl N, Wilhelm S, Favrot C, Dennler M, Reusch C. Hyperprogesteronism due to bilateral adrenal carcinomas in a cat with diabetes mellitus. Schweiz Arch

TierheilkdSchweiz Arch Tierheilkd. 2009; 151:437–442.

[29] Rossmeisi JH, Scott–Montcrieff JC, Siems J, et al. Hyper–adrenocorticism and hyperprogesteronemia in a cat with an adrenocortical adenocarcinoma. J Am Anim Hosp Assoc. 2000; 36:512–517.

[30] Kimmel SE, Christiansen W, Byrne KP. Clinicopathological, ultrasonographic, and histopathological findings of superficial necrolytic dermatitis with hepatopathy in a cat. J Am Anim Hosp Assoc. 2003; 39:23–27.

[31] Asakawa MG, Cullen JM, Linder KE. Necrolytic migratory erythema associated with a glucagon–producing primary hepatic neuroendocrine carcinoma in a cat. Vet Dermatol. 2013; 24:466–469.

[32] Grieshaber TL. Spontaneous cutaneous (eruptive) xanthoma–tosis in two cats. J Am Anim Hosp Assoc. 1991; 27:509.

[33] Ravens PA, Vogelnest LJ, Piripi SA. Unique presentation of normolipæmic cutaneous xanthoma in a cat. Aust Vet J. 2013; 91:460–463.

[34] McKnight CN, Lewis LJ, Gamble DA. Management and closure of multiple large cutaneous lesions in a juvenile cat with severe acquired skin fragility syndrome secondary to iatrogenic hyperadrenocorticism. J Am Vet Med Assoc. 2018; 252:210–214.

# 第二十八章　遗传疾病

Catherine Outerbridge

**摘要**

一些猫皮肤病具有品种易感性，很多病例报告表明一窝内不同发病个体具有相似的先天性皮肤变化。这些表现都增加了对某些皮肤病可能存在遗传原因的怀疑。公认的猫遗传性皮肤病代表遵循单基因遗传模式（Leeb et al., Vet Dermatol 28:4–9. https://doi.org/10.1016/j.mcp.2012.04.004, 2017）。这些疾病罕见发生，但随着用于评估遗传疾病的现有诊断工具的改进，猫基因组的单核苷酸多态性（single nucleotide polymorphism，SNP）图谱已经改善，因此该类疾病的确诊数量有可能增加（Lyons, Mol Cell Probes. 26:224–30. https://doi.org/10.1016/j. mcp.2012.04.004, 2012; Mullikin et al., BMC Genomics. 11:406. http://www. biomedcentral.com/1471–2164/11/406, 2010）。本章将讨论一些猫遗传性皮肤病，这些皮肤病可影响表皮、真皮 – 表皮交界处、毛囊或毛干、真皮和色素沉着。关于猫毛色和毛发长短遗传学的讨论见第二章。

## 遗传性角化病或角化不良

### 波斯猫和喜马拉雅猫的特发性面部皮炎

这种进行性、特发性面部皮炎被认为是遗传性的，多发于年轻的波斯猫和喜马拉雅猫[4, 5]。病因尚不清楚，发病猫出现中度到严重的黏腻的深色油腻碎片，认为是皮脂腺起源，这些碎片覆盖在皮肤患处。这种黏附的碎片产生了描述性术语“脏脸病”。眼周区域、鼻 / 面部褶皱、口周区域、下巴和鼻口部最常发病（图 28–1）。患猫也可表现为双侧耵聍性外耳炎[4]。在一些猫中，类似的病变波及到其他的局部皮肤区域，如外阴周围。粘连毛发下方的皮肤通常有炎症表现。猫有不同程度的瘙痒，可自损引起糜烂和溃疡。继发性细菌感染和（或）马拉色菌皮炎经常发生，可能是导致一些猫瘙痒的主要因素。病变通常在出生后第一年内出现，一些猫直到年龄较大才接受兽医治疗。病变呈慢性进行性发展，瘙痒可加剧。

进行皮肤活检时，应在非自损区域进行，活检前不应去除任何黏附的碎片。组织学表现为表皮和毛囊漏斗部棘层肥厚，并伴有不同程度的棘层水肿。可有轻度至明显的中性粒细胞和嗜酸性粒细胞炎症，可形成表皮脓疱。在一些活检中也可见腔内毛囊炎和散在的基底细胞凋亡或空泡化。轻度至中度角化不全性过度角化伴不同程度的中性粒细胞结痂。该疾病中观察到的组织学变化与棘层水肿的过敏反应中观察到的变化存在一些重叠[6]。

患猫的治疗方案较为复杂，包括识别并适当的使用全身性抗生素和抗真菌药，以及外部抗菌治疗控制继发感染。外部的抗脂溢治疗有助于改善能够耐受外部治疗的猫的外观。全身抗炎治疗可以选择糖皮质激素，或者口服 5 ~ 7 mg/kg 环孢素。外用 0.1% 他克莫司也是很有帮助的（图 28–2）[7]。如果治疗间断或未能识别和治疗继发性皮肤和（或）耳部感染，再复发时病变会更加严重且瘙痒加剧。患有过敏性皮炎的猫可能表现以面部为主的瘙痒，因此如果特发性面部皮炎患猫具有过敏性皮炎的其他临床症状，考虑特发性面部皮炎作为并发疾病的可能性并进行适当管理。

## 猫原发性皮脂溢

原发性皮脂溢罕见于猫，但在波斯猫、喜马拉雅猫和异国短毛猫中均有报道[8, 9]。在波斯猫中，发现了该病是常染色体隐性遗传[8]。原发性皮脂溢可以与特发性面部皮炎相区别，因为原发性皮脂溢患猫通常在较小的年龄表现出临床症状，常在出生后的前几周，并且具有更广泛的病变。据报道，患严重皮脂溢的幼猫无有效治疗方案，这些病例通常被安乐死。临床症状的严重程度各不相同，轻度发病的猫需要剪毛以保持短毛，并需要抗皮脂溢的外部治疗以管理其临床症状。

## 孟加拉猫溃疡性鼻部皮炎

这种罕见的疾病影响年轻孟加拉猫的鼻面。尽管尚未确定潜在病因，但推测其具有遗传成分，因为均为青年猫，且均属于一个品种。第一份报告描述了在瑞典[10]、意大利和英国[11]幼猫中的病变，但在北美也观察到了发病猫（图 28–3）。在一项研究中发现，与正常猫相比，患病猫角质层厚度显著降低[11]。病变在出生后第一年内发生，初始病变主要是鼻面的轻度皮屑，之后逐渐进展为较厚的、粘连的结痂，伴过度角化，可能开裂，如果结痂脱落，

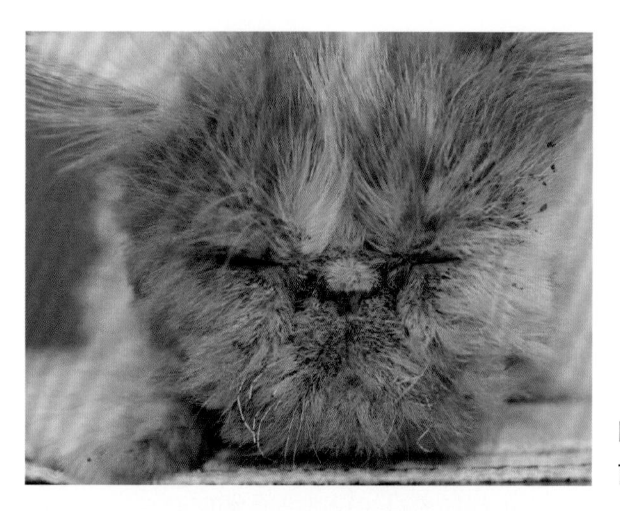

图 28–1 一只 3 岁雄性去势波斯猫，最初表现为该品种的特发性面部皮炎和继发性细菌感染（由加州大学戴维斯分校皮肤科提供）

图 28–2 同一只猫在接受泼尼松龙、抗生素和 0.1% 他克莫司外部给药 1 个月并维持新奇蛋白日粮 5 个月后的皮肤状态（由加利福尼亚州立大学戴维斯分校皮肤科提供）

可导致糜烂面。病变处未见瘙痒或疼痛。

在考虑积极治疗前，应注意该类患猫的病变可能自发消退 [11]。积极治疗包括口服泼尼松龙，外用水杨酸、氢化可的松、润肤剂和不同的抗生素。经评估，外用他克莫司软膏是最有效的治疗方法，可明显改善 4 只猫的鼻面病变 [10]。

## 影响真皮 – 表皮连接处的遗传疾病

### 大疱性表皮松解症

大疱性表皮松解症（epidermolysis bullosa，EB）是一组罕见的遗传性水疱性皮肤病，在人类和包括猫在内的多个物种中均有报道。该病的标志是皮肤和黏膜极度脆弱，形成水疱，在摩擦后进展为糜烂和溃疡 [12]。病变发生在身体易受摩擦及压力的区域，如口腔和肢体远端。大疱性表皮松解症是基因突变所致，基因突变可改变维持真皮表皮连接结构完整性的关键蛋白 [12]。人的 EB 有三种类型，猫的 EB 只有两种类型 [12]。

#### 猫交界性大疱性表皮松解症

这种形式的 EB 已在家养短毛猫和暹罗猫中报道过 [13, 14]。幼猫在出生后前几个月出现病变，表现为口内和唇溃疡、耳廓糜烂、趾甲脱落和爪垫溃疡（图 28–4）。皮肤活检的组织学提示表皮下分离，其中过碘酸 – 希夫（periodic acid–Schiff，PAS）染色证实致密层附着在裂隙底部，支持交界性 EB 的诊断 [14]。间接免疫荧光研究显示，γ –2 层粘连蛋白 5 链（现在称为层粘连蛋白 332）染色减少的记录 [14]。认为常染色体隐性遗传模式可能是由于发病猫的母亲和兄弟姐妹没有任何病变 [14]。

#### 猫营养不良性大疱性表皮松解症

在一只家养短毛猫和一只波斯猫中曾报告了这

图 28–3　具有黏着性结痂的孟加拉猫，典型病变为该品种的溃疡性鼻部皮炎

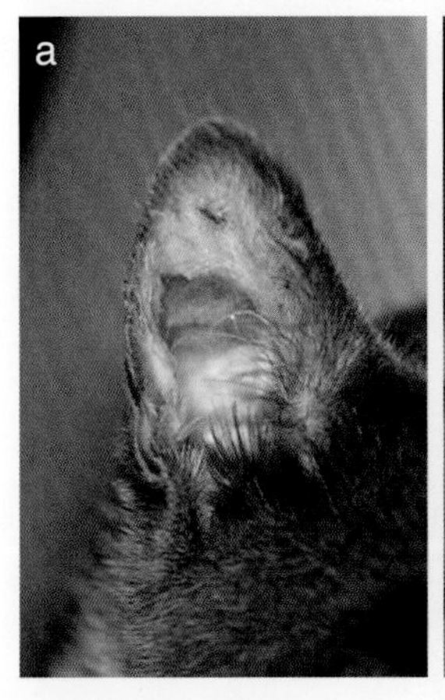


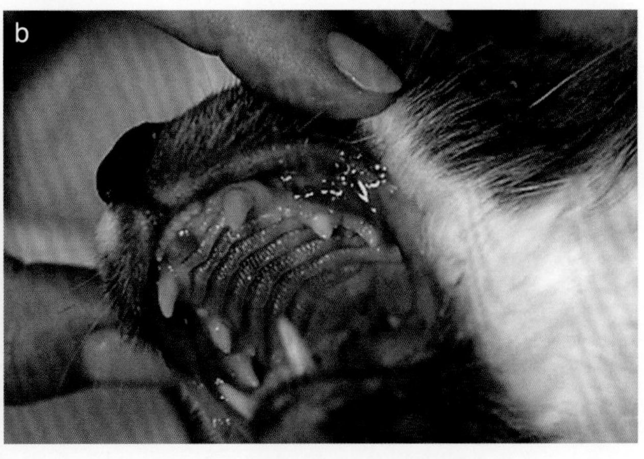


图 28–4　交界性大疱性表皮松解症

（a）初次就诊时左耳内耳廓的浅表性溃疡；（b）6 月龄重度口炎的猫（经允许，引用自参考文献 [14]）。

种形式的 EB[15, 16]。患猫在幼年时发生累及舌、腭、牙龈的口内溃疡。所有指（趾）甲脱落伴甲沟炎、爪垫溃疡，以及波斯猫的背部溃疡[16]都是已识别的临床病变。2 例病例报告的皮肤活组织检查均显示真皮表皮分离，免疫组化研究证实分离发生在致密层成分Ⅳ型胶原下方[15, 16]。对一只猫的进一步研究证实，锚定纤维的数量减少，锚定纤维的主要成分Ⅶ型胶原也减少[16]。有人提出，Ⅶ型胶原基因 COL7A1 的突变是导致猫的遗传性 EB 的原因[16]。

## 影响被毛的遗传疾病

### 先天性少毛症

先天性少毛症罕见，以出生时无毛发或出生后第 1 个月毛发脱落为特征。根据其分布可将少毛症分为局限性或广泛性。在某些情况下，会出现其他缺陷，如爪、牙齿或泪腺的异常，这是外胚层发育不良的特征。皮肤活检结果显示，毛囊明显减少、毛囊缩小或无毛囊。兽医文献中零星报道了伯曼猫[17]、暹罗猫[18]、缅因猫[19]和德文卷毛猫[20]的先天性少毛症。在这些报告中，发病幼猫出生时无毛（图 28-5）或在出生后最初几周内脱毛。在暹罗猫中，被报道为常染色体隐性遗传。在其中一些品种中，尚未有后续报道。伯曼猫的遗传模式、基因突变和相关的临床症状现在已经被很好地认识[21]。先天性脱毛发生在毛囊数量或质量和（或）其产生的毛干完整性发生改变时[22]。

#### 具有品种特异性的先天性少毛症或被毛变化（见第二章）

某些品种的猫以其先天性少毛症为特征。这些品种包括斯芬克斯猫、彼得秃猫、顿斯科伊猫和柯汉娜猫[23]。斯芬克斯猫是一种常染色体隐性无毛等位基因（hr）的纯合子，该等位基因由角蛋白 71 基因（KRT71）突变引起[23]。角蛋白 71 存在于小鼠和人的内毛根鞘中[23]。斯芬克斯猫皮肤的组织学描述性研究描述了定义不明确和异常的内根鞘和正常的毛囊密度，伴有小的、弯曲的和扭结的毛囊，以及畸形的、直径较小的毛干[24]。彼得秃猫、顿斯科伊猫都是源于俄罗斯猫的常染色体显性无毛品种[23]。彼得秃猫是顿斯科伊猫繁育成东方品种的结果。其少毛症的基因突变和由此产生的病因尚不清楚。患猫从无毛到有薄而短的细毛不等。柯汉娜猫是一种来自夏威夷的常染色体显性无毛品种，没有触须[23]。还有一些无毛品种是与其他品种杂交出来的。

德文卷毛猫的卷曲毛也是由 KRT71 基因突变造成的，是斯芬克斯猫的无毛（hr）等位基因和隐性基因[23]。产生特征性无毛表现型的斯芬克斯猫的

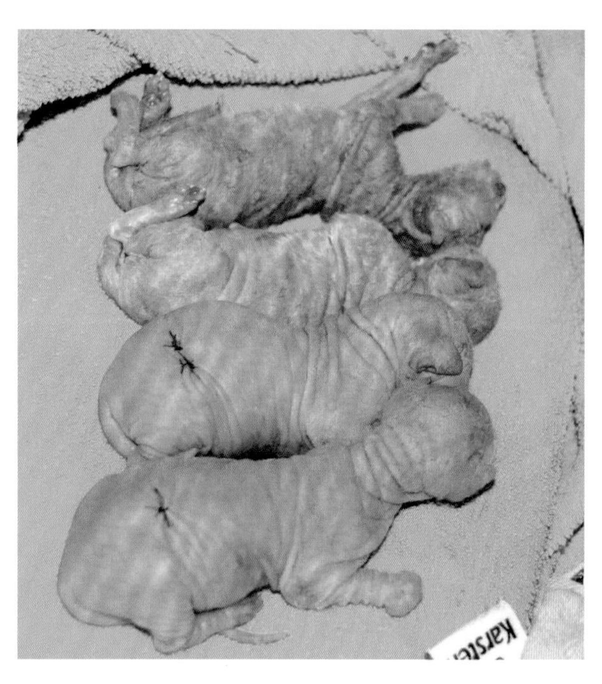

图 28-5　一窝 4 只新生的挪威幼猫，其中 2 只表现为广泛脱毛，2 只外观正常（由 Dr. Barbara Petrini 提供）

KRT71 突变，对猫的正常毛发基因是隐性的。人类毛发表型也是由 KRT71 突变引起的[25]。柯尼斯卷毛猫的卷曲毛是由品种内的固定等位基因产生的隐性性状造成的[25]。在溶血磷脂酸受体 6（LPAR6）基因中发现的突变是柯尼斯卷毛猫卷曲毛的原因[25]。该基因编码结合油酰 -L-α- 溶血磷脂酸（LPA）的受体，LPA 对毛发生长和维持毛干完整性及正常质地非常重要[25]。

**伯曼猫的先天性少毛症和预期寿命短 (CHSLE)**

先天性少毛症和预期寿命短（congenital hypotrichosis and short life expectancy，CHSLE）是伯曼猫的常染色体隐性性状。该病被公认为是“裸鼠”严重联合免疫缺陷（severe combined immunodeficiency，SCID）综合征的第一个非啮齿动物模型[21]。该综合征在 20 世纪 80 年代被首次报道，描述了出生时无毛的患病幼猫在出生后 8 个月内死于呼吸道或胃肠道感染[26]。尸检时发现发病幼猫胸腺组织缺失，并且各种淋巴网状组织（脾脏、派尔集合淋巴结和淋巴结）中的淋巴细胞耗竭[19]。目前公认这种遗传性皮肤病是 FOXN1 突变的表达，导致蛋白质无法正常合成[21]。FOX 蛋白是重要的转录因子，FOXN1 在胸腺和毛囊的上皮细胞中均有表达[21]。正常功能蛋白是胸腺和毛囊上皮正常发育的重要转录因子[21]。因此，该突变导致发病幼猫出现 CHSLE 的无功能蛋白和无毛表现型。

发病幼猫无毛或可能长出稀疏、短小、脆弱的被毛（图 28-6）。无毛皮肤会出现过度的皮褶和油性角化不全[21]。除皮肤外观改变外，患病幼猫在新生早期的行为和生长均正常[21]。由于免疫缺陷，它们最终在出生后几个月内死于呼吸道或胃肠道感染。通过 AnimaLabs© 进行基因检测，可用于筛选育种动物是否为 FOXN1 突变的携带者，以避免产出患病幼猫。

## 皮脂腺发育不良

在来自北美和欧洲的 10 只无血缘关系的幼猫中，描述了与皮脂腺分化异常相关的进行性脱毛[27]。对幼猫进行检查，发现其在 4 ~ 12 周龄时开始出现不同程度的皮屑、结痂和进行性脱毛。病变始于头部，然后累及全身大部分，但其中 2 只幼猫尾部

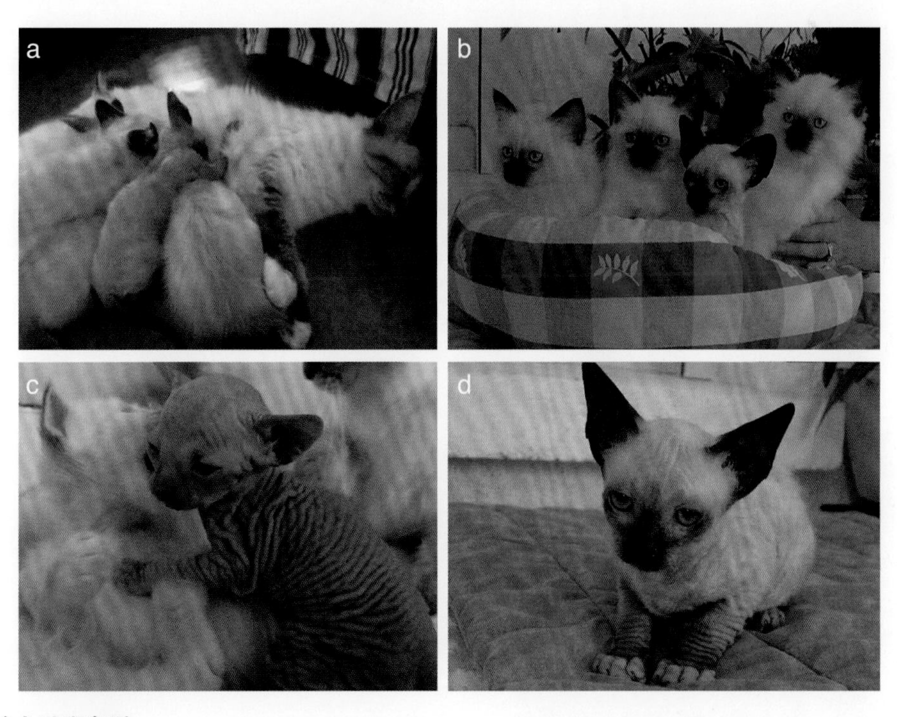


**图 28-6　伯曼猫的少毛症表型**

（a，b）无毛猫在正常的同窝猫中出生，它们的父母是长毛的重点色。（c）3 周龄无毛幼猫，皮肤褶皱。（d）12 周龄的无毛幼猫，毛发及胡须稀疏。图 a 和图 c 为同一只先天性雄性患病猫，2013 年出生。图 b 和图 d 为一只 12 周龄的雌性幼猫，2004 年出生，是一只先天性患病动物的近亲。（引用自参考文献 [21]）

未发病。泛发性皮屑的严重程度各不相同，有明显的毛囊管型。部分幼猫眼周、口周、耳廓、耳道结痂严重。皮肤活检的组织学评估显示皮脂腺形态异常伴腺体减小和异常皮脂腺细胞不规则机化[27]。由于发病幼猫的年龄较小，提出了可能影响皮脂腺和毛囊发育的遗传缺陷，并与小鼠中观察到的相似表型进行了比较[27]。

## 遗传性结构性毛干缺陷

### 扭毛

这种毛干结构异常的特征是毛干变平并绕其轴线扭转 180°（图 28-7）[28]。在人类皮肤病学中，它被认为是一种获得性和先天性疾病，可以独立发生，也可能与多种不同的具有全身体征的先天性缺陷和综合征相关[28]。毛干角质未发现异常，有人认为内毛根鞘的异常会导致毛干的异常发育[28]。由于毛发变平和扭曲可能造成毛干断裂，因此患有扭毛的猫通常表现为脱毛[29]。一窝发病幼猫出现全身脱毛。幼猫在出生后最初几周内死亡或被安乐死[30]。在皮肤活检的组织学检查中，毛囊弯曲，伴过度角化[30]。在一只 1 岁的家养短毛猫中描述了耳廓、头部背侧和颊骨区域、内侧腕和跗骨、腋下和尾尖的对称性、非炎性脱毛，无全身性疾病体征（图 28-8）[29]。发病猫的毛干表现出典型的变平和扭曲（图 28-7），一些毛干根部具有更紧密的卷曲外观[29]。纵切面毛囊组织病理学检查可见部分毛干形态异常[29]。毛发镜检时可根据毛干的这种特征性改变迅速做出诊断。

### 阿比西尼亚猫的毛干异常

有一份报告称，3 只猫的胡须和初级毛干出现了独特的异常变化[31]。发病毛发的毛干尖端或毛干发生肿胀，被描述为洋葱形。临床上，如果初级毛干发病，则毛发显得刚硬，感觉粗糙。皮肤活检未见毛囊异常。如果为疑似猫，识别毛干或胡须上的特征性肿胀将具有诊断价值。

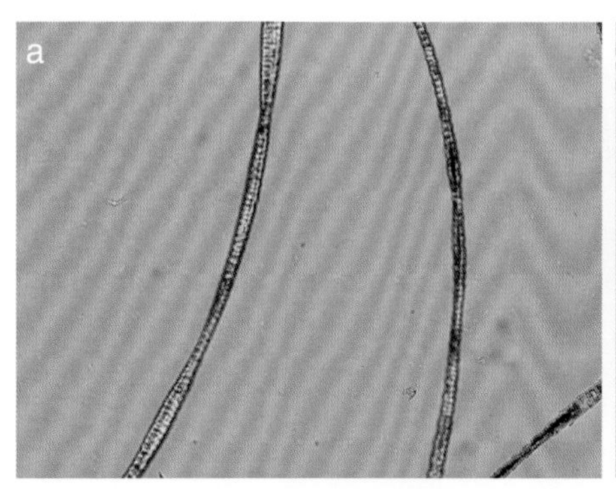


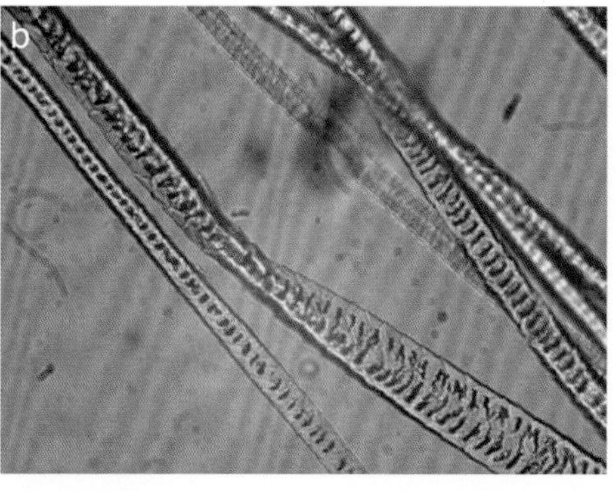


**图 28-7 扭毛的微观图像**
毛发沿纵轴变平和扭曲（由 Dr. Silvia Colombo 提供）。

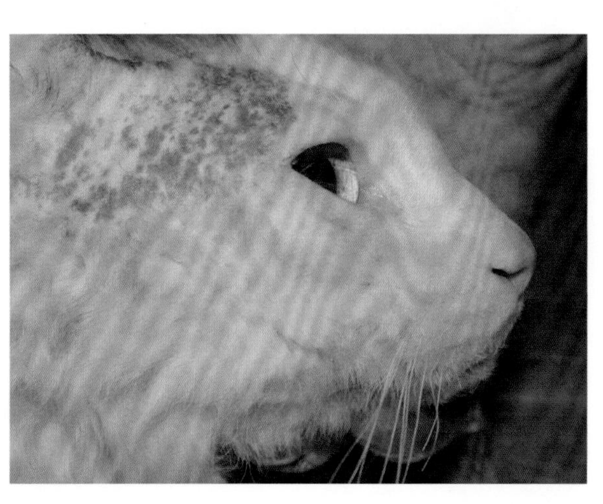

**图 28-8 与图 28-7 为同一只猫，面部大面积少毛症**

## 影响胶原的遗传疾病

人类的埃勒斯－当洛斯综合征是一组影响皮肤结缔组织和血管系统的遗传疾病，其临床表现取决于特定的缺陷。随着时间的推移，人们了解到了更多关于其潜在分子缺陷和突变的信息，因此对这些疾病进行了重新分类。术语脆皮病和皮肤脆弱症均为该病的描述性术语，因为每个术语均指皮肤明显脆弱。

### 猫脆皮病

几十年来，随着许多个体病例报告的发表，人们已经认识到猫的这种胶原蛋白疾病[32]，并被小动物皮肤病学（*Small Animal Dermatology*）教科书所引用。常见品种是喜马拉雅猫和家养短毛猫，其中喜马拉雅猫的脆皮病属于常染色体隐性遗传。分子缺陷尚不明确，但生化研究发现由于前胶原肽酶活性降低和胶原酶增加导致前胶原加工缺陷[33]。猫脆皮病可能涉及一种以上的突变，因为它也可能是一些猫的常染色体显性性状。常染色体显性性状在纯合子状态下可能具有致死性[34, 35]，这与结构蛋白突变导致胶原蛋白异常沉积到纤维中相关[32]。

患猫的皮肤出现不同程度的伸展性增加（图28-9）和抗张强度降低，后者导致撕裂（图28-10）。皮肤撕裂可在最小创伤下发生，造成大的撕裂伤口，并迅速愈合，留下非常薄且缺乏抗张强度的瘢痕，因此瘢痕区域可能会形成新的伤口。过度伸展的特征是皮肤松散地附着和悬挂在下层组织上，尤其是在腿部[36]。伸展指数是指背腰区皮肤的垂直高度除以猫的长度并乘以100[36]。据报道，在脆皮病患猫中，伸展指数＞19%[37]。该计算公式可能有助于量化伸展程度，但并不总是可靠的，因为其受许多因素的影响，包括年龄、水合状态和腹胀程度。皮肤活检显示胶原纤维排列紊乱、变细、变短和破碎[38]。患有脆皮病的缅甸猫有焦痂和病变下出血的坏死区域。溃疡性病变继发于血管受损引起的坏死而不是皮肤撕裂。由于皮肤伸展过度和血管壁的潜在脆弱性，血管损伤机制被认为是对皮肤血管的牵

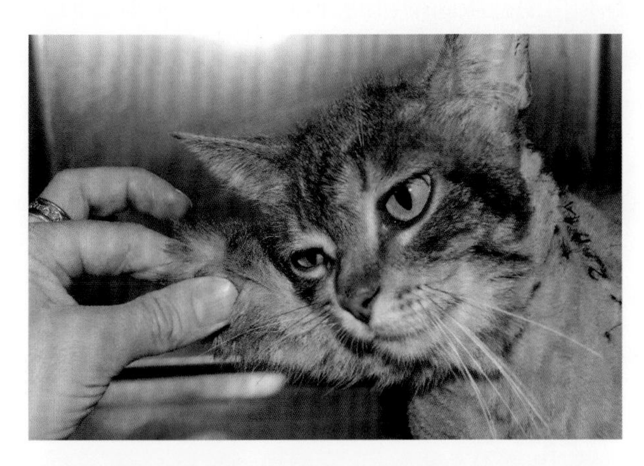

**图 28-9 猫先天性脆皮病和弹性组织增生：皮肤具有高度伸展性，远远超过健康猫（由 Dr. Chiara Noli 提供）**

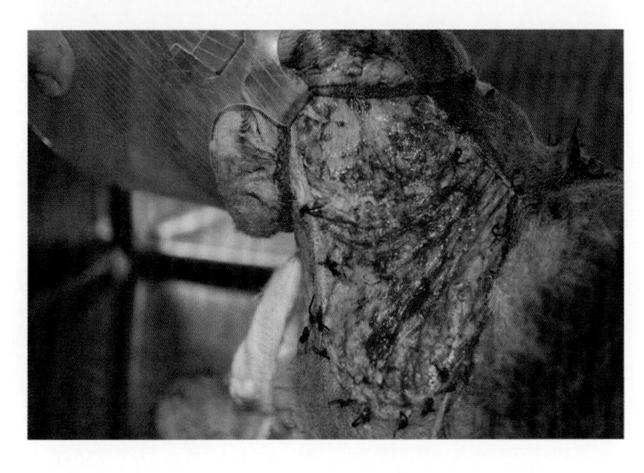

**图 28-10 与图 28-9 为同一只猫：第一次尝试缝合大面积伤口未成功，导致新的撕裂（由 Dr. Chiara Noli 提供）**

拉性创伤[36]。该病目前尚无根治方法，患猫应改变饲养环境，以尽量减少创伤。计划在不久的将来提供缅甸猫脆皮病的基因检测[36]。诊断是基于全面的病史、体格检查结果和皮肤活检来评价胶原蛋白。

## 遗传性色素异常

皮肤和被毛的正常颜色取决于表皮或毛球中黑素细胞的数量及其发挥功能的能力。成黑素细胞由神经嵴细胞发育而来，迁移至皮肤、眼睛、内耳和软脑膜，在这些部位分化为黑素细胞[39]。黑素细胞必须合成称为黑素小体的细胞器，而黑素小体需要结构蛋白和黑素生成酶才能成功合成黑色素。色素沉着的变化，无论是色素减退导致的白斑病或白发病，还是色素沉着导致的表皮色素增加，都可能是遗传性或获得性的[39]。

### 导致色素减退的遗传疾病（黑素减退）

色素减退的遗传性原因可能是导致黑素细胞数量减少（黑素细胞减少症）或最终导致黑色素异常或黑色素生成量减少（黑素减少症）的突变（图 28–11）[39]。

#### Chediak-Higashi 综合征

Chediak–Higashi 综合征发生于人类和其他哺乳动物，如小鼠、大鼠、狐狸、牛、阿留申水貂、美洲野牛、虎鲸和家猫[40]。在猫身上，这是一种罕见的“蓝烟”色波斯猫常染色体隐性遗传病，其同时也有黄色虹膜。在人、水貂和小鼠中，已确定编码水泡运输蛋白的 LYST 基因突变，对一些细胞器的发育和溶酶体融合至关重要[40, 41]。这种突变影响多个细胞中的细胞器。该突变的结果解释了在毛干中观察到的巨黑素体和在发病个体的外周巨噬细胞及中性粒细胞中观察到的特征性大嗜酸性溶酶体。巨黑素体解释了非典型毛色，白细胞的异常导致感染易感性增加。患猫也容易因血小板功能障碍而出血，因部分眼皮肤白化病而怕光。患有该病的人类接受异基因造血细胞移植，以治疗血液学和免疫学异常[41]。根据表型特征、临床症状和外周血涂片上的特征性变化对猫进行诊断。猫无特殊治疗方法，应监测个体的继发感染和出血倾向。患猫不应用于育种。

#### 猫瓦登伯格综合征

人的瓦登伯格综合征是黑素细胞减少性黑素减少症的结果，黑素减少症是由影响黑素细胞迁移和分化的多种不同突变所致[39]。在家畜（包括猫）中，该综合征与白毛、蓝色或异色虹膜和耳聋相关（图 28–11）。色素缺乏导致白色毛发和眼睛颜色苍白是一种常染色体显性性状，对于耳聋和眼睛颜色具有不完全外显率[39]。白猫并不总是蓝眼睛或耳聋，耳聋和白毛蓝眼睛的可变外显率反映了哪些基因参与影响黑素细胞。发生与该综合征相关的耳聋是因为需要黑素细胞［通常存在于内耳血管上皮（称为血管纹）］通过向内淋巴分泌大量钾离子来建立耳蜗内电位，因此如果没有这些黑素细胞，就会出现耳聋[42]。黑素细胞对 KIT 信号传导的反应各不相同；皮肤黑素细胞受到 KIT 的强烈影响，而最终驻留在内耳或虹膜的黑素细胞对内皮素 3（endothelin 3，EDN3）或肝细胞生长因子（hepatocyte growth

图 28–11 猫的瓦登伯格综合征表现为耳聋、白毛和虹膜异色（经许可，引用自参考文献 [39]）

factor，HGF）有反应[42]。

### 白化病

白化病是一种先天性疾病，由编码酪氨酸酶的基因突变导致，并导致发病个体的皮肤、毛发和眼睛缺乏色素。患有完全白化病的猫的被毛是白色的，眼睛是蓝色的，色素层中的色素减少，因此眼睛可以出现淡红色的色素层反射（图 28–12）。猫中的这种白化表型与酪氨酸酶（tyrosinase，TYR）基因的一种以上突变相关[43, 44]。白化猫的皮肤活检组织样本中无色素，但显示正常表皮，黑素细胞清晰，因为其缺乏产生黑色素的能力（图 28–12）。

在暹罗猫和缅甸猫中观察到的温度敏感性白化病有两种致病突变。得到的等位基因是影响 TYR 基因的暹罗猫和缅甸猫温度敏感等位基因。这导致猫身上皮温较低的区域（耳朵、爪子和面部）出现较深的色素。所有出现暹罗猫或缅甸猫重点色的猫其突变等位基因为纯合子。

## 导致色素沉着过度的遗传疾病

当表皮或角质层中的黑色素增加时，会导致色素沉着。色素沉着过度更常见的是皮肤的获得性改变，而不是遗传性改变。猫有遗传性黄斑色素沉着。

### 橘猫的单纯性雀斑

这是在橘猫中观察到的一种色素沉着过度的外观变化。这些猫沿眼睑、鼻面、唇缘和牙龈出现界限分明的色素沉着斑（图 28–13）。这种特征性的黄斑黑变病始于猫年轻时，随着时间的推移，出现的色素斑程度可能会加深。病变的组织病理学表明，发病的黄斑病变中角质细胞内黑色素增加。

图 28–12　猫酪氨酸酶阴性白化病（经许可，引用自参考文献[39]）

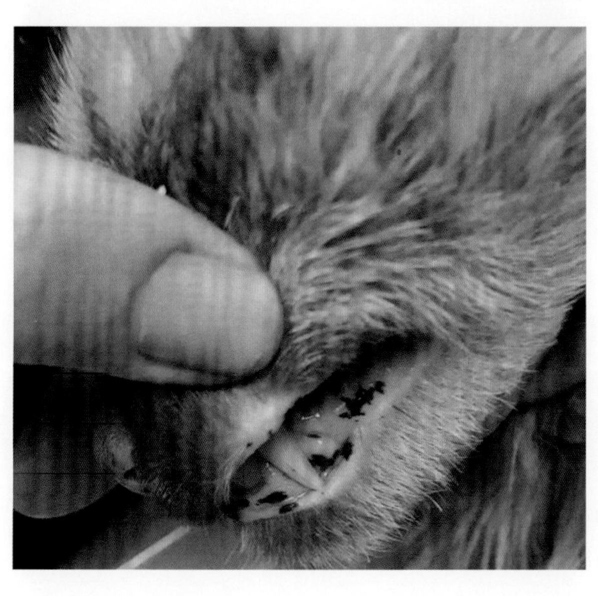

图 28–13　橘猫的嘴唇和鼻面上有色素沉着斑，这是在橘猫中观察到的单纯性雀斑的特征

### 猫斑丘疹性皮肤肥大细胞增多症

这不是色素沉着的原发性紊乱，但病变可能是色素沉着过度。最初在 3 只相关的斯芬克斯猫中报道，并被称为猫色素性荨麻疹[45]，主要在斯芬克斯猫和德文卷毛猫中报道了猫斑丘疹皮肤肥大细胞增多症。这些品种与遗传有关，都有 KRT71 基因突变。据描述，发病猫出现不同程度的色素沉着的瘙痒性斑丘疹，结痂病变对称，主要累及头部、颈部、躯干和四肢（图 28–14）[45]。皮肤活检的组织病理学显示血管周围至真皮弥漫性浸润分化良好的肥大细胞和少量嗜酸性粒细胞[45]。在 5 只不相关的德文卷毛猫中描述了相似的临床表现，尽管一些猫的病变分布不太典型，仅在胸部腹侧有弥漫性病变[46]。仅在确诊继发感染的猫中记录到瘙痒和色素沉着病变，皮肤活检的组织病理学观察到的嗜酸性粒细胞多于该疾病的原始报告[46]。提出的这些临床表现可能是皮肤反应造成的[46]。

在人类中，如果肥大细胞增多症仅累及皮肤，则为局限性，如果肥大细胞浸润累及皮肤和其他器官，如胃肠道或骨髓，则为全身性。猫全身性肥大细胞增多症是一种源自造血系统的肥大细胞恶性肿瘤[47]。有一例猫皮肤肥大细胞瘤播散至内脏器官引起全身性肥大细胞增多症的报道[48]。迄今为止，报道的猫皮肤肥大细胞增多症病例均未证实进展为全身性。

根据临床病变、品种，以及排除其他可能的鉴别诊断（过敏、外寄生虫和皮肤癣菌），最近回顾了 13 只诊断为该疾病的猫的临床信息，并提出了该疾病的新分类[49]。所有猫均为斯芬克斯猫、德文卷毛猫或德文卷毛猫杂交品种，猫幼龄时已发生皮肤病变。就诊时的中位年龄为 15 月龄，但就诊前猫患病的中位时间为 8 个月[49]。将基于三种不同临床表现的拟定分类与用于人皮肤肥大细胞增多症的分类系统进行比较。三种亚型的病变类型、分布、瘙痒严重程度和自发消退的可能性不同[49]。在一种被称为“多形性斑丘疹性皮肤肥大细胞增多症”的形式中，病变是局限于身体前部（猫的头部、颈部和肩部）的大风团或丘疹，存在中度瘙痒，但无色素沉着[49]。具有中度瘙痒和更广泛的红斑和小丘疹（融合）病变的猫，除了自损性病变外，该类病变被称为“单一”形式[49]。第三种形式被称为“色素性斑丘疹性皮肤肥大细胞增多症”；这是一种更慢性的形式，除融合丘疹和自损性病变外，还伴有重度瘙痒和泛发性色素沉着及苔藓样病变[49]。第一种形式的预后最好，大多数猫最终能够终止治疗；其他两种形式的猫需要皮质类固醇、抗组胺药或环孢素持续治疗[49]。

猫皮肤肥大细胞增多症的诊断需要正确的信息、典型品种的幼猫、在病变类型和分布方面匹配的临床表现，以及排除任何可能原因的瘙痒和斑丘疹性皮炎的系统诊断评价。这将包括评估外寄生虫、过敏性皮炎和继发性感染。在 3 只患有丘疹性嗜酸性 / 肥大细胞性皮炎的德文卷毛猫的病例中说明了这一点的重要性，最初提示色素性荨麻疹样皮炎，实际上患有皮肤癣菌病[50]。接受抗真菌治疗后，所有病变均消退。

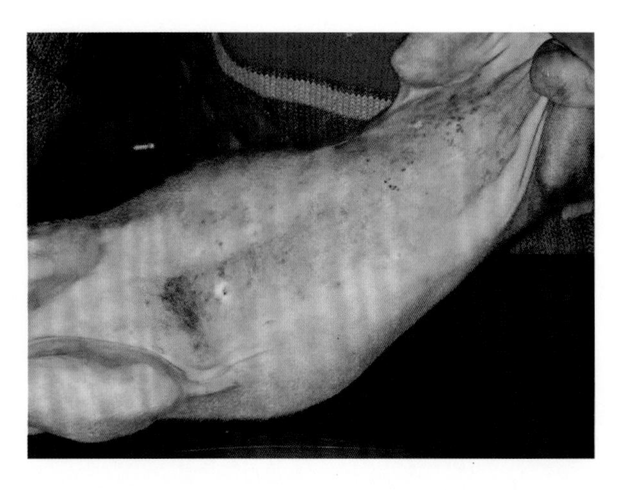

图 28–14 患色素性荨麻疹的德文卷毛猫腹侧躯干上的线性红斑丘疹和小结痂（由 Dr. Chiara Noli 提供）

## 累及淋巴管的疾病

### 原发性淋巴水肿

原发性淋巴水肿是由于淋巴系统的先天性缺陷引起的身体区域性肿胀，不能从外周引流液体（图28–15）。皮肤呈现冰凉、凹陷性水肿，以四肢多见。可通过专利蓝紫色染料试验进行诊断：将无菌的5%染液皮下注射到皮肤中[51]。染料的弥散分布表明不存在完整的淋巴转运。对于这种情况，除了使用姑息性利尿剂外，没有其他治疗方法。

图 28–15　猫原发性淋巴水肿（由 Dr. Chiara Noli 提供）

## 参考文献


[1] Leeb T, Muller EJ, Roosje P, Welle M. Genetic testing in veterinary dermatology. Vet Dermatol. 2017; 28:4–9. https://doi.org/10.1111/vde.12309.

[2] Lyons LA. Genetic testing in cats. Mol Cell Probes. 2012; 26:224–230. https://doi.org/10.1016/j. mcp.2012.04.004.

[3] Mullikin JC, Hansen NF, Shen L, Ewbling H, Donahue WF, Tao W, et al. Light whole genome sequence for SNP discovery across domestic cat breeds. BMC Genomics. 2010; 11:406. http://www.biomedcentral.com/1471–2164/11/406

[4] Bond R, Curtis CF, Ferguson EA, Mason IS, Rest J. Idiopathic facial dermatitis of Persian cats. Vet Dermatol. 2000; 11:35–41.

[5] Powers HT. Newly recognized feline skin disease. Proceedings of the 14th AAVD/ACVD meeting. San Antonio; 1998. p. 17–20.

[6] Gross TL, Ihrke PJ, Walder EJ, Affolter VK. Skin diseases of the dog and cat. 2nd ed. Oxford: Blackwell Science Ltd; 2005. 114p.

[7] Chung TH, Ryu MH, Kim DY, Yoon HY, Hwang CY. Topical tacrolimus (FK506) for the treatment of feline idiopathic facial dermatitis. Aust Vet J. 2009; 87:417–20. https://doi.org/10.1111/j.1751–0813.2009.00488.

[8] Paradis M, Scott DW. Hereditary primary seborrhea oleosa in Persian cats. Feline Pract. 1990; 18:17–20.

[9] Miller WH, Griffen CE, Canmbell KL. Muller and Kirk's small animal dermatology. 7th ed. St. Louis: Elsevier Mosby; 2013. p. 576.

[10] Bergval K. FC–25: a novel ulcerative nasal dermatitis of Bengal cats. Vet Dermatol. 2004; 15(Supp 1):28.

[11] St A, Abramo F, Ficker C, McNabb S. P–36 Juvenile idiopathic nasal scaling in three Bengal cats. Vet Dermatol. 2004; 15(Supp 1):52.

[12] Medeiros GX, Riet–Correa F. Epidermolysis bullosa in animals: a review. Vet Dermatol. 2015; 26:3–e2. https://doi.org/10.1111/vde.12176.

[13] Johnstone I, Mason K, Sutton R. A hereditary junctional mechanobullous disease in the cat. Proceedings of the second world congress of veterinary dermatology association. Montreal; 1992:111–112.

[14] Alhaidari Z, Olivry T, Spadafora A, Thomas RC, Perrin C, Meneguzzi, et al. Junctional epidermolysis bullosa in two domestic shorthair kittens. Vet Dermatol. 2006; 16:69–73.

[15] White SD, Dunstan SM, Olivry T, Naydan DK, Richter K. Dystrophic (dermolytic) epidermolysis bullosa in a cat. Vet Dermatol. 1993; 4:91–95.

[16] Olivry T, Dunstan SM, Marinkovitch MP. Reduced anchoring fibril formation and collagen VII immunoreactivity in feline dystrophic epidermolysis bullosa. Vet Pathol. 1999; 36:616–618.

[17] Casal ML, Straumann U, Sigg C, Arnold S, Rusch P. Congen–

ital hypotrichosis with thymic aplasia in nine Birman kittens. J Am Anim Hosp Assoc. 1994; 30:600–602.

[18] Scott DW. Feline dermatology 1900–1978: a monograph. J Am Anim Hosp Assoc. 1980; 16:313.

[19] Bourdeau P, Leonetti D, Maroille JM, Mialot M. Alopécie héréditaire généralisée féline. Rec Med Vet. 1988; 164:17–24.

[20] Thoday K. Skin diseases in the cat. In Pract. 1981; 3:22–35.

[21] Abitbol M, Bossé P, Thomas A, Tiret L. A deletion in FOXN1 is associated with a syndrome characterized by congenital hypotrichosis and short life expectancy in Birman cats. PLoS One. 2015; 10:e0120668. https://doi.org/10.1371/journal.pone.0120668.

[22] Meclenberg L. An overview of congenital alopecia in domestic animals. Vet Dermatol. 2006; 17:393–410.

[23] Gandolfi B, Outerbridge CA, Beresford LG, Myers JA, Pimental M, Alhaddad H, et al. The naked truth: Sphynx and Devon Rex cat breed mutations in KRT71. Mamm Genome. 2010; 21:509–515. https://doi.org/10.1007/s00335-010-9290-6.

[24] Genovese DW, Johnson T, Lam KE, Gram WD. Histological and dermatoscopic description of sphinx cat skin. Vet Dermatol. 2014; 26:523–e90. https://doi.org/10.1111/vde.12162.

[25] Gandolfi B, Alhaddad H, Affolter VK, Brockman J, Haggstrom J, Joslin SE, et al. To the root of the curl: a signature of a recent selective sweep identifies a mutation that defines the Cornish Rex cat breed. Palsson A, ed. PLoS One. 2013; 8:e67105. https://doi.org/10.1371/journal. pone.0067105.

[26] Hendy-Ibbs PM. Hairless cats in Great Britain. J Hered. 1984; 75:506–507.

[27] Yager JA, Tl G, Shearer D, Rothstein E, Power H, Sinke JD, et al. Abnormal sebaceous gland differentiation in 10 kittens ('sebaceous gland dysplasia') associated with hypotrichosis and scaling. Vet Dermatol. 2014; 23:136–e30. https://doi.org/10.1111/j.1365-3164.2011.01029.x.

[28] Mirmirani P, Samimi SS, Mostow E. Pili torti: clinical findings, associated disorders, and new insights into mechanisms of hair twisting. Cutis. 2009; 84:143–147.

[29] Maina E, Colombo S, Abramo F. Pasquinelli. A case of pili torti in a young adult domestic short-haired cat. Vet Dermatol. 2012; 24:289–e68. https://doi.org/10.1111/vde.12004.

[30] Geary MR, Baker KP. The occurrence of pili torti in a litter of kittens in England. J Sm Anim Pract. 1986; 27:85–88.

[31] Wilkinson JT, Kristensen TS. A hair abnormality in Abyssinian cats. J Small Anim Pract. 1989; 30:27–28.

[32] Miller WH, Griffen CE, Canmbell KL. Muller and Kirk's small animal dermatology. 7th ed. St. Louis: Elsevier Mosby; 2013. p. 603.

[33] Counts DF, Byer PH, Holbrook KA, Hegreberg GA. Dermatosparaxis in a Himalayan cat: I—biochemical studies of dermal collagen. J Investig Dermatol. 1980; 74(2):96–99. https://doi. org/10.1111/1523-1747.ep12519991.

[34] Scott DW. Feline dermatology; introspective retrospections. J An Am Hosp Assoc. 1984; 20:537.

[35] Minor RR. Animal models of heritable diseases of the skin. In: Goldsmith EL editor. Biochemistry and physiology of skin. New York: Oxford University Press; 1982.

[36] Hansen N, Foster SF, Burrows AK, Mackie J, Malik R. Cutaneous asthenia (Ehlers-Danlos-like syndrome) of Burmese cats. J Feline Med Surg. 2015; 17:945–963. https://doi.org/10.1177/1098612X15610683.

[37] Freeman LJ, Hegreberg G, Robinette JD. Ehlers-Danlos syndrome in dogs and cats. Semin Vet Med Surg. 1987; 2(3):221–227.

[38] Sequeira JL, Rocha NS, Bandarra EP, Figueiredo LM, Eugenio FR. Collagen dysplasia (cutaneous asthenia) in a cat. Vet Pathol. 1199; 36:603–606.

[39] Alhaidari Z, Olivry T, Ortonne JP. Melanocytogenesis and melanogenesis: genetic regulation and comparative clinical diseases. Vet Dermatol. 1999; 10:3–16.

[40] Reissman M, Ludwig A. Pleiotropic effects of coat colour-associated mutations in humans, mice and other mammals. Semin Cell Dev Biol. 2013; 24:576–587.

[41] Kaplan J, De Domenico I, McVey Ward D. Chediak-Higashi syndrome. Curr Opin Hematol. 2008; 15:22–29. https://doi.org/10.1097/MOH.0b013e3282f2bcce.

[42] Ryugo DK, Menotti-Raymond M. Feline deafness. Vet Clin North Am Small Anim Pract. 2012; 42:1179–1207.

[43] Imes DL, Geary A, Grahn A, Lyons A. Albinism in the domestic cat (Felis Catus) is associated with a tyrosinase (TYR) mutation. Anim Genet. 2006; 37:175–178. https://doi.org/10.1111/j.1365-2052.2005.01409.x.

[44] Abitbol A, Boss P, Grimard B, Martignat L, Tiret L. Allelic heterogeneity of albinism in the domestic cat. Stichting International Foundation for Anim Genet. 2016; 48:121–128. https://doi. org/10.1111/age.12503.

[45] Vitale CB, Ihrke PJ, Olivry T, Stannard T. Feline urticarial pigmentosa in three related sphynx. Vet Dermatol. 1996; 7:227–233.

[46] Noli C, Colombo S, Abramo F, Scarampella F. Papular eosinophilic/mastocytic dermatitis (feline urticarial pigmentosa) in Devon Rex cats: a distinct disease entity or a histopathological reaction pattern. Vet Dermatol. 2004; 15:253–259.

[47] Woldenmeskel M, Merrill A, Brown C. Significance of

cytological smear evaluation in diagnosis of splenic mast cell tumor–associated systemic mastocytosis in a cat (Felis catus). Can Vet J. 2017; 58:293–295.

[48] Lamm CC, Stern AW, Smith AJ. Disseminated cutaneous mast cell tumors with epitheliotropism and systemic mastocytosis in a domestic cat. J Vet Diagn Investig. 2009; 21:710–715.

[49] Ngo J, Morren MA, Bodemer C, Heimann M, Fontaine J. Feline maculopapular cutaneous mastocytosis: a retrospective study of 13 cases and proposal for a new classification. J Feline Med Surg. 2018; 21:394. https://doi.org/10.1177/1098612X18776141.

[50] Colombo S, Scarampella F, Ordeix L, Roccoblanca P. Dermatophytosis and papular eosinophilic/mastocytic dermatitis (urticarial pigmentosa–like dermatitis) in three Devon Rex cats. J Feline Med Surg. 2012; 14:498–502.

[51] Jacobsen JO, Eggers C. Primary lymphoedema in a kitten. J Small Anim Pract. 1997; 38:18–20.

# 第二十九章 精神性疾病

C. Siracusa 和 Gary Landsberg

**摘要**

梳理行为对于保持猫的皮肤和被毛健康至关重要，猫在一天中有大部分时间都在进行梳理。正常的理毛行为是猫身心健康良好的标志。理毛行为的改变可能是由皮肤或全身的疾病引起的。包括理毛减少在内的“疾病行为”可能是潜在疾病的早期症状，但理毛增加也可能与疾病有关（Fatjo and Bowen, Medical and metabolic influences on behavioural disorders. In: Horwitz DF, Mills DS, editors. BSAVA manual of canine and feline behavioural medicine. 2nd ed. Gloucester: BSAVA; p. 1–9, 2009; Rochlitz, Basic requirements for good behavioural health and welfare in cats. In: Horwitz DF, Mills DS, editors. BSAVA manual of canine and feline behavioural medicine. 2nd ed. Gloucester: BSAVA; p. 35–48，2009）。在应激或有冲突时，理毛行为也会发生显著变化。为了应对应激，一些猫过度理毛、舔、咬、咀嚼、吮吸毛发导致脱毛（精神性脱毛），而另一些猫则停止理毛。特别是，过度理毛可能是由冲突或应激引起的替代行为或强迫症（很像人类的强迫性洗涤或拔毛癖）（Landsberg et al., Behavior problems of the dog and cat. 3rd ed. Philadelphia: Elsevier Saunders, 2013）。

许多行为改变是应激和健康问题的共同作用。例如，疼痛可能是特定关节部位过度理毛的初始触发因素。一旦出现这种行为，病变可能会由于自损、感染或瘙痒等而恶化，以及由于疾病因素和主人的反应引起焦虑和应激加重。因此，要有效治疗精神性皮肤病必须同时解决潜在的心理障碍和可能的疾病（Fatjo and Bowen, Medical and metabolic influences on behavioural disorders. In: Horwitz DF, Mills DS, editors. BSAVA manual of canine and feline behavioural medicine. 2nd ed. Gloucester: BSAVA; p. 1–9, 2009; Rochlitz, Basic requirements for good behavioural health and welfare in cats. In: Horwitz DF, Mills DS, editors. BSAVA manual of canine and feline behavioural medicine. 2nd ed. Gloucester: BSAVA; p. 35–48, 2009; Landsberg et al., Behavior problems of the dog and cat. 3rd ed. Philadelphia: Elsevier Saunders, 2013）。

本章讨论的精神性皮肤病包括精神性脱毛、过度理毛和咬尾、感觉过敏和过度抓挠。

## 异常理毛行为和应激

猫白天大部分时间都在梳理毛发。猫生活的环境会影响它们梳理毛发的时间。农场猫花费约 15% 的时间进行梳理，而群养的实验室猫会将 30% 的时间用在舒适行为上，包括梳理[4]。猫理毛有多种作用。可保持皮肤和毛发清洁，有助于健康。理毛有助于维持“群体气味”，加强同一群体个体之间的社交纽带。为此，猫以一种被称为“互相理毛”的高度合作行为相互梳理（图 29-1）[5]。猫皮肤中含有大量的1型（默克尔细胞）和2型（鲁菲尼小体）慢适应（slow-adapting，SA）受体，这就解释了为什么猫对抚摸和触摸如此敏感。这种敏感也可能在感觉过敏和攻击行为中发挥作用。SA受体与快适应（rapidly adapting，RA）受体一起存在于触须基部、面部、嘴唇和口腔；这可能解释了猫在其触觉受体受到过度刺激时，可能对另一个体或对自身发出“猝不及防的攻击”[6, 7]。猫的背中缝核中5-羟色胺能神经元亚群与咀嚼、舔舐和梳理等运动密切相关。对头部、颈部和面部进行刺激也可激活神经元[8]。梳理毛发也会出现在应激的猫身上，例如，在情绪冲突、挫折或感知到威胁的情况下，作为一种替代行为，其目的是扭转不良情绪的增加[5]。如果应激持续存在，理毛的频率和强度可能会急剧增加，并发展为初始触发因素以外的疾病，成为一种强迫性行为[3]。

当应激反应被激活时，即当动物感知到其身体或情感稳态受到威胁或挑战时，替代行为（坐立不安）是动物（和人类）可能表现出的4种应对策略之一。其他可能的反应是反抗行为，包括具有攻击性（战斗）、逃避（逃跑）和强直性不动（僵直）[6]。熟悉所有类型的应激反应使观察者可以探知与过度理毛相关的应激行为，因为动物可以从一种应激行为转变为另一种，而并不立即表现出过度理毛。例如，主人可能观察到猫的反抗行为（嘶嘶声、拍打等）增加或隐藏的倾向增加，但不过度理毛。刚开始出现理毛的时间和频率增加，主人可能会忽视。只有当随后出现皮肤和（或）被毛病变时，问题才表现出来。这可能是由于人们的存在会对梳理行为产生抑制作用（僵直）；或者，当主人在身边时，一些猫可能会受到更多的刺激，因此，梳理自己的积极性变低。某些情况下，主人在猫过度理毛时对其施加惩罚（如口头惩罚或喷水）可能导致猫在其面前不梳理。因此，能够认识到攻击性和恐惧增加以及活动减少是应激的症状，有助于通过识别和消除应激源（例如，与其他家猫或犬冲突、环境变化或婴儿到来）来防止强迫性过度理毛[3]。

强迫性行为被定义为一系列源自正常行为的动作，包括梳理毛发，在脱离控制的情况下以重复、过度、仪式化和持续的方式进行[9]。应激和情绪被激发的猫将理毛作为一种替代行为，但并不是所有经历慢性应激的猫都会发展为强迫性理毛。当过度理毛从替代行为转变为强迫行为时，在特定的触发（被解放）后并没有显示出来，它是非常强烈和夸张的，且很难打断。过度理毛是猫中最常报道的强迫性行为[10]。猫的遗传因素和早期经历决定了个体的应对策略，决定了当猫暴露于慢性应激时，是否会发展为强迫性行为。尽管强迫性理毛的病理生理学尚不十分清楚，但已提出5-羟色胺传递异常为主要机制，阿片类药物和多巴胺也可能参与其调节[8, 11, 12]。根据就诊时的症状，涉及过度理毛的强迫性行为可分为：

- 精神性脱毛。
- 咬尾、啃、自损。
- 过度抓挠。

当重复行为同时发生但可能有不同病因的非特异性症状时，我们将其定义为“综合征”。猫感觉

图29-1　猫相互理毛：一只猫舔另一只猫（由C. Siracusa提供）

过敏是一种综合征，包括过度理毛的重复行为。

详细的病史调查是制定鉴别诊断的基础。与身体疾病的许多症状不同，在兽医看诊期间通常无法观察到行为特征。而且，环境应激源在发病机制和强迫行为的治疗中起重要作用；因此，兽医应积极询问动物主人潜在的应激源。要求主人拍摄猫居住环境（房屋、院子、房屋周围区域）的照片和视频，以及猫与家庭成员和家庭宠物的互动，对做出诊断和制订治疗计划有很大帮助。还应询问关于过度理毛（或表现出的其他异常行为）的模式、频率、持续时间和位置，以及主人对该行为的反应。最后，兽医应询问主人是否尝试解决该行为，并记录解决该行为的结果[3, 7, 9, 13]。需要询问的相关问题见表 29-1。

## 行为与医学疾病的交集：免疫应答

直到现在，我们一直将注意力集中在情绪失调上，作为过度理毛和强迫性理毛的原因。然而，有些确定的医学原因，应重点进行鉴别诊断：导致疼痛或瘙痒的疾病（如食物不良反应、特应性疾病、寄生虫超敏反应）、寄生虫（包括跳蚤、螨虫和虱子）、真菌感染（包括马拉色菌和皮肤癣菌病）、内分泌疾病（包括肾上腺皮质功能亢进）、全身性疾病（如肝皮综合征和甲状腺功能亢进），以及局限性疼痛或瘙痒，如神经病变、肛囊炎或膀胱炎[3, 9, 11, 14, 15]。存在原发性病变和（或）抓痕可能会将我们的诊断导向疾病原因，但无病变并不排除疾病原因。

疾病和行为学异常之间的界限并不总是那么明

**表 29-1　为鉴别诊断精神性皮肤病而采集的行为史**

| 问题 | 相关信息 |
| --- | --- |
| 异常理毛行为（abnormal grooming behavior，AGB） | |
| 主人观察到哪些 AGB（舔舐、啃咬、咀嚼等）？<br>猫出现 AGB 的身体部位是哪儿?<br>猫出现 AGB 的频率如何（次 / 天）？<br>每次发作的持续时间是多长?<br>主人第一次见到 AGB 是什么时候?<br>主人能否确定 AGB 的具体原因?<br>主人能否轻易打断 AGB？<br>打断后，猫会快速重新开始 AGB 吗?<br>该行为是否伴有皮肤抽动、警示声、疯跑或躲藏? | 确定重复行为是否具有强迫性，是否从特定触发因素中解放出来<br>确定行为的程度和分布是否为观察到的病变<br>确定可能影响其预后的行为的长期性<br>确定是否存在疼痛或感觉神经疾病 |
| 环境 | |
| 家庭组成（包括其他宠物）？<br>描述家庭中所有人员 / 宠物与显示 AGB 的猫之间的关系<br>是否有任何室内或室外刺激（如噪声、室外动物）会触发恐惧、焦虑、攻击性或过度情绪唤醒?<br>猫的日常生活是什么（喂养、休息 / 睡眠、玩耍、训练、运动）?<br>猫在家中是否有首选地点 / 区域和躲藏位置? | 确定猫的应激、恐惧或焦虑来源（其他宠物、儿童、噪声等）。应激猫可能表现出情绪唤醒增加（坐立不安、恐惧、焦虑、攻击性）或活动水平降低（隐藏、躲在高处）<br>确定猫是否有足够水平的环境刺激和充实的活动。经常从休息地移位和睡眠期间受到干扰的猫可能暴露于过度刺激中。没有足够的玩耍 / 狩猎时间的猫刺激水平可能不足<br>确定猫是否有安全区域，以便在应激时舒适地隐藏和休息 |
| 异常理毛行为（AGB）的管理 | |
| 主人如何回应 AGB？猫对主人的干预作出什么反应?<br>主人是否尝试任何治疗?<br>在尝试的管理 / 治疗中，什么效果最好? | 确定主人是否正在使用应避免的惩罚措施<br>实施有助于打断和改变猫行为的策略，如采用发声玩具和益智喂食器<br>收集信息，以确定所选择的药物治疗 |

确，“是疾病原因还是行为学原因？”这个问题可能没有简单的答案。行为与炎症和免疫应答之间的相互联系已在文献中广泛讨论。而且，这种关系还受到宿主微生物群的影响，即皮肤和肠道微生物群[16–18]。促炎性细胞因子的激活诱导身体状态下调（疾病），有助于个体应对触发炎症反应的疾病（如外源性病原体感染）。循环中的促炎性细胞因子可进入大脑，在大脑中具有直接的炎症作用，刺激其他促炎性细胞因子和前列腺素的产生。虽然这种炎症反应不会产生组织损伤，但会诱发行为改变。循环中的促炎性细胞也通过神经元通路间接发挥其对大脑的作用，如激活迷走神经反应[16]。构成肠道微生物群的内源性微生物可能通过类似的作用影响其动物宿主的行为。微生物群能够通过 HPA 轴或直接通过迷走神经刺激和细胞因子作用调节应激反应[17]。因此，改变微生物群的慢性胃肠道疾病可能会影响动物的行为，而不仅仅是与不适和营养损失相关的变化。皮肤微生物群与炎症和免疫应答之间的联系已有文献报道[19–21]，但对行为的直接影响尚未确定。

尽管排除疾病原因是诊断猫过度理毛的第一步，但另一个直接的考虑是管理可能导致自损的疾病和在行为部分中发挥作用的潜在应激。急性应激导致免疫应答，旨在增强防御机制，但慢性应激源可能改变免疫功能，导致炎性皮肤病、胃肠道疾病、呼吸道和泌尿道疾病，以及各种行为障碍[3]。在人类中，应激可能通过增加 IgE、嗜酸性粒细胞和血管活性肽、过度反应性交感－肾上腺髓质系统和下丘脑－垂体－肾上腺反应性的降低，在特应性皮炎等皮肤病的发病机制中发挥作用[22–24]。应激期间释放的阿片肽可能进一步加重瘙痒[25]。在人类中，应激与表皮通透性增加之间也存在关联[26]。动物表皮通透性的增加可能会加重遗传易感个体的特应性疾病。

## 精神性皮肤病

### 精神性脱毛

由潜在行为原因导致的自损性脱毛通常被称为猫精神性脱毛[3]。相关的行为症状通常是过度理毛，表现为以下一种或多种强迫性行为：舔舐、咀嚼、吸吮、啃咬和拔出毛发，在相应皮肤处脱毛。强迫性理毛区域在猫可舔舐到的任何身体区域，但胸部、腹股沟、腹部、内侧、尾侧、胁腹部和前腿已被报道为常见区域（图 29–2 ～图 29–4）[13, 14]。有些病例还涉及头颈部[15]。这种强迫性行为可引起局灶性或弥漫性拔毛、抓痕、结痂和不愈合性溃疡，由于炎症和（或）继发性感染，出现对称性或不对称性病变和外周淋巴结肿大[14, 15]。诊断性术语“猫行为性溃疡性皮炎”已被提出用于涉及头颈部溃疡不愈合的罕见病例[15]。上述口腔和口周区域存在触觉受体，可以解释为什么强迫性理毛不仅限于过度舔舐，还包括其他口腔行为，如咀嚼、吸吮和咬。任何年龄、性别和品种的猫均可发病。诊断需排除原发性皮肤病和其他诱发因素，如诱发疼痛的疾病（骨科疾病、下泌尿道疾病、腹痛等）、精神运动性癫痫发作和感觉过敏 / 感觉异常[3, 13]。

在皮肤病和行为学专科诊所进行的临床试验中，对 21 只因精神性脱毛而转诊的猫进行了评估[11]。确定在纳入的 21 例病例中，16 例（76.2%）为疾病原因，2 例（9.5%）为精神性脱毛，3 例（14.3%）为疾病原因和行为问题并发。在疾病问题中，特应性和食物不良反应的组合最常见（12 只猫），其次是食物不良反应、特应性皮炎和寄生虫过敏反应。52% 的患猫存在一种以上的病因。21 只猫中有 20 只做了皮肤活检，其中 14 只（70%）存在炎性病变。所有具有炎症组织学表现的猫均患有潜在的疾病。在 6 只猫中未观察到组织学异常，其中 2 只猫是强迫性行为，4 只猫有环境过敏反应、食物不良反应或两者兼有。因此，虽然活检有助于确认疾病原因，仍有组织学正常但为疾病原因的病患。

精神性脱毛的诊断包括全面的体格检查、神经学和骨科评估，以及完整的皮肤病学检查，包括寄生虫治疗、皮肤刮片、皮肤真菌培养、毛发镜检、皮肤镜检[27]、皮肤活检、过敏试验、全血细胞计数、血清生化检查和尿液分析。分析既往评估结果后，如果有必要，应考虑进一步诊断，如腹部超声、X 线检查和内分泌检查[3, 11, 13]。

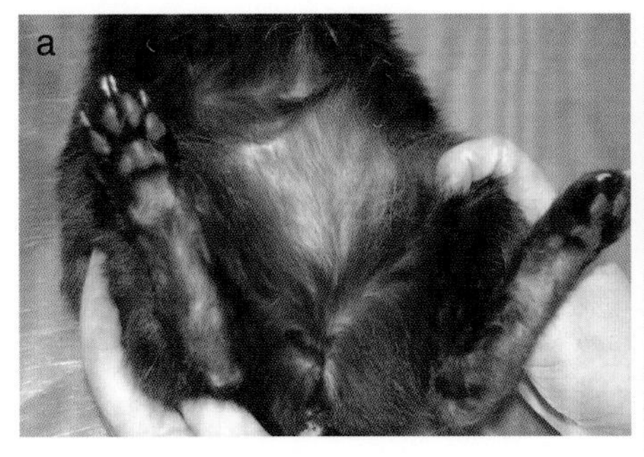


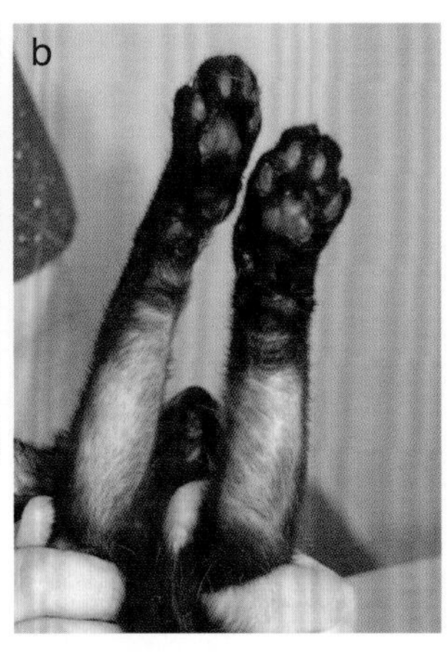


图 29–2　同一只猫的腹部（a）和前腿（b）脱毛（由 Dr. Chiara Noli 提供）

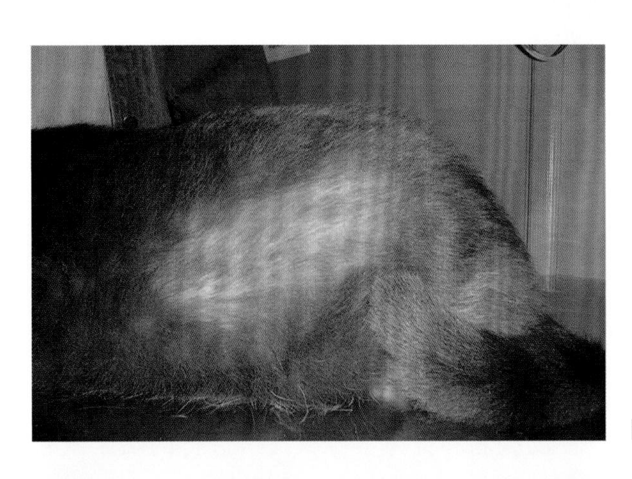

图 29–3　胁腹部脱毛（由 G. Landsberg 提供）

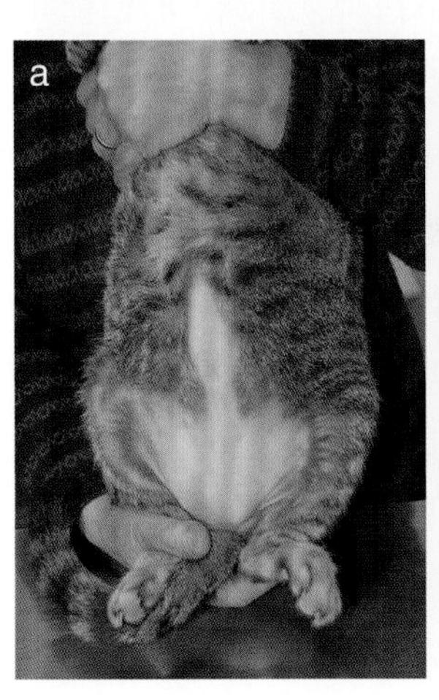


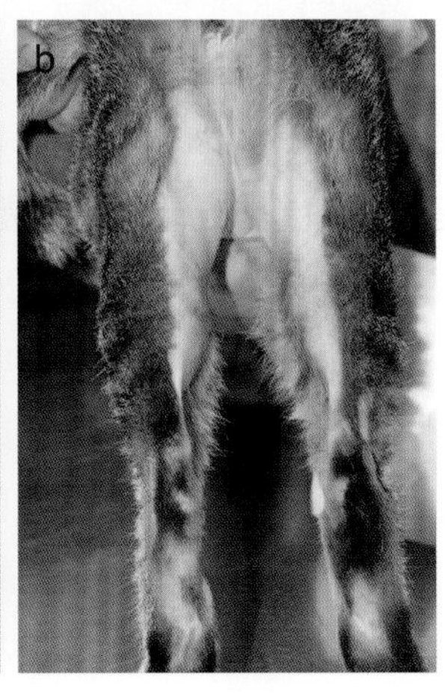


图 29–4　同一只猫的腹部（a）和后腿（b）出现脱毛（由 Dr. Chiara Noli 提供）

## 过度理毛和咬尾

过度理毛也可能发生在尾部，最典型的区域是身体远端。这种行为还可能表现为剧烈的咀嚼和啃咬，进而导致自残[3, 7]。这种表现主要的原因可能是行为因素，但首先必须排除疾病问题。咬尾可能是一种游戏行为，也可能是一种冲突诱导的行为，猫会绕着自己的尾巴转，追逐自己的尾巴。皮肤病、创伤、脊柱疼痛和其他神经病变可能引发该行为或为次要促发因素。因此，猫咬尾的病例需要通过高阶影像学检查来排除神经或骨科疾病。如果猫咬伤或损伤其尾部，由此产生的疼痛、感染和可能的神经病变可能会引起进一步的咀嚼和啃咬[3, 13]。

## 感觉过敏

曾经有许多被用来称呼这种综合征的名称，如滚动皮肤综合征、抽搐猫病、神经炎或非典型神经性皮炎，这种情况反映了该综合征的复杂性。猫的感觉过敏可归因于广泛的疾病和行为问题，包括皮肤（疼痛、瘙痒、感染）、神经系统（部分性癫痫发作、脊柱疾病和神经病）、肌肉骨骼系统（包涵体肌病、FeLV 诱导的脊髓病）或行为原因（冲突或高唤醒情况下出现的替代行为、强迫症）[28–31]。而中轴肌肉的波动、抽搐和痉挛是标志性的症状，发情样的滚动、尾巴抽搐、背部和胁腹部肌肉痉挛、瞳孔散大、自我攻击、重新定向攻击、吼叫和奔跑、过度舔舐、自残、室内大便（也可能表现为跑步时排便）也可能与感觉过敏有关[3, 7]。不同猫的临床表现不同，个体可能表现出所有或某些描述的症状。这种行为通常很难或不可能中断，可能只是通过抚摸猫的背部而诱导，通常在没有任何明显的环境刺激下开始发作。如果触摸腰部背侧，一些猫会表现出皮肤跳动和舔舐空气。事实上，有人提出，在某些情况下，疼痛通路可能对相对无害的触觉过度敏感[32]。与精神性脱毛一样，诊断的重点是排除其他原因，如皮肤病、疼痛和全身问题，以及神经系统疾病。治疗应同时处理与应激有关的部分和疾病部分。在最近的一项对 7 只尾部自损和感觉过敏猫的回顾性研究中，中位发病年龄为 1 岁，其中 6 只猫为雄性。尽管进行了全面检查，包括（但不限于）血液学、血液化学、血清学，以及脑、脊髓和马尾神经的 MRI 和 CSF 分析，但并未得出诊断性结论，只有其中 2 只猫疑似患有过敏性皮炎。本研究证明了诊断方面的困难和多学科综合诊断的必要性[33]。

## 过度抓挠

过度理毛也可表现为过度抓挠，尤其是头面部和口腔区域。在这种情况下，应强烈怀疑疾病原因，并进行检查。在猫身上，神经病变可能引起头部、口鼻或颈部的抓挠。猫口面部疼痛综合征（三叉神经痛）也可出现口腔不适和舌残缺的症状。可能在出牙时发病（6 月龄），复发可能与牙病、中耳炎或应激有关。通常与进食、饮水和理毛时的疼痛有关。缅因猫具有品种易感性[34]。应考虑牙病、皮肤病、三叉神经病变和行为因素。在大多数情况下，治疗需要侧重于使用加巴喷丁和 NMDA 拮抗剂金刚烷胺等药物减轻神经病理性疼痛，同时使用抗炎、止痛和行为药物治疗焦虑和应激。甲巯咪唑治疗也会引起猫的瘙痒[3]。

## 治疗

作为治疗的第一步，应该治疗重复行为（和其他相关的异常行为）背后的疾病。由于精神性皮肤病的潜在疾病和行为问题之间的相互作用，即使识别和治疗了潜在疾病，行为治疗也不应停止。

治疗包括：

- 环境改变。
- 行为矫正。
- 药物治疗。

## 环境和行为改变

应尽量去除或减少识别出的所有应激源。构建一个可预测和稳定的环境，在这个环境中，期望的行为被持续地鼓舞和奖励，是增加环境控制和减少挫折及应激的基础。缺乏环境丰容是猫的常见应激来源。一个对猫友好的房子应该包括许多安全的地方，以增加猫咪对环境的安全感：安全的藏身处、提供高处有利位置的栖息地和猫爬架，以及舒适的窝垫。还应有充足的道具可满足猫的所有行为需求：益智喂食器、零食、嗅觉刺激（猫薄荷、木天蓼、缬草、合成信息素）、用于标记的抓挠桩和进行游戏行为的捕食玩具[13, 35–37]。游戏时间可能很短（5 ~ 10 min）[38]，但要保证频率（每天 2 ~ 3 次），并在游戏结束时给予奖励。

社交冲突可能是猫的主要应激来源，特别是在多猫、有犬或有幼儿的家庭中。重要的是要知道，经历社交冲突的猫可能不会表现出明显的恐惧或攻击行为，而是降低其活动水平并隐藏自己，试图降低可能发生冲突的机会。应为每只猫提供一个核心区域，包含猫所需的所有资源（食物和水、休息 / 睡眠和躲藏场所、猫窝、箱子、玩具），而不强制猫与任何其他个体互动。猫大部分时间都不参与社交活动，即使是和自己喜欢的伙伴（例如，对于一个可以亲近的个体，它们会表现出亲近行为，如亲吻和梳理）生活在一起。如果两个个体表现出明显的敌意（嘶嘶声、拍打声、跟踪声、弹跳声、撕咬声等），则应通过物理屏障将其分开[37]。

伊丽莎白圈、绷带、衬衫和外套可防止动物损伤发病区域，并有助于暂时减少过度理毛。这些屏障可避免过度舔舐，并暂时缓解病变和炎症以利于皮肤愈合；出现神经性疼痛或感觉异常的猫也可从绷带、衬衫和外套应用于发病区域的压迫中获得缓解。然而，这些屏障可能会增加进一步的焦虑，直到动物得到积极的治疗，因此应慎用[3]。

主人的反应可能会无意中加重行为问题或进一步增加动物的焦虑，如有，则必须停止。必须避免对过度理毛的惩罚，包括口头惩罚（如大喊"不"），因为这可能导致应激加重，不能解决根本问题。所有训练都必须以奖励为基础（训练动物并让其参与到合适的替代活动中），并确定和解决应激来源。当猫不主动与人接触时，主人应提供有意思的活动（如漏食玩具、新的探索物）来吸引猫，并提供舒适的休息场所，这些场所应在高处并足够安全，以鼓励猫在无应激状态下休息和睡眠。积极的社交互动应该被鼓励，包括玩捕食玩具、给予奖励的训练，以及短时间的抚摸头部和颈部区域。如果后者触发自我梳理，应及时停止。应避免不愉快的互动，如强迫握手，约束、强迫或延长其与访客、儿童和其他动物的互动。应积极监督表现出过度理毛的猫，并通过让其参与替代活动来停止该行为。为了应对出现问题的情况，应向宠物传输可替代行为的提示词（垫子、树、过来 / 摸摸、玩耍 / 捡起来）。在发生任何不良行为时，主人可提示或诱导宠物进入替代行为，或应忽略宠物并走开（如果这可以引导行为停止）[3, 37]。

## 药物治疗

本节提到的所有药物的剂量，都可在表 29-2 中找到。5- 羟色胺能药物在治疗应激 / 焦虑相关问题及强迫行为方面非常有效。选择性 5- 羟色胺再摄取抑制剂（selective serotonin reuptake inhibitor，SSRI；氟西汀或帕罗西汀）或三环类抗抑郁药（tricyclic antidepressant，TCA）氯米帕明治疗应在 4 ~ 6 周内获得显著改善[10, 39]。无论是否会触发刺激，这些药物均应每日给药。5- 羟色胺能药物的副作用包括嗜睡、食欲改变、胃肠道不适和焦虑增加

**表 29-2　治疗精神性皮肤病的常用药物**

| | 药物类型 | 剂量范围 | 频率 | 起效时间 |
|---|---|---|---|---|
| 氟西汀 | SSRI | 0.25 ~ 1.0 mg/kg | 每 24 h 一次 | 缓慢 |
| 帕罗西汀 | SSRI | 0.25 ~ 1.0 mg/kg | 每 24 h 一次 | 缓慢 |
| 氯米帕明 | TCA | 0.25 ~ 1.0 mg/kg | 每 24 h 一次 | 缓慢 |
| 阿米替林 | TCA | 0.5 ~ 1.0 mg/kg | 每 12 ~ 24 h 一次 | 缓慢 |
| 丁螺环酮 | Azapirone | 0.5 ~ 1.0 mg/kg | 每 12 ~ 24 h 一次 | 缓慢 |
| 曲唑酮 | SARI | 25 ~ 100 mg/cat | PRN 或每 12 ~ 24 h 一次 | 快速 |
| 阿普唑仑 | BZD | 0.02 ~ 0.1 mg/kg | PRN 或每 8 ~ 24 h 一次 | 快速 |
| 奥沙西泮 | BZD | 0.2 ~ 0.5 mg/kg | PRN 或每 12 ~ 24 h 一次 | 快速 |
| 氯硝西泮 | BZD | 0.05 ~ 0.25 mg/kg | PRN 或每 8 ~ 24 h 一次 | 快速 |
| 劳拉西泮 | BZD | 0.05 mg/kg | PRN 或每 12 ~ 24 h 一次 | 快速 |
| 加巴喷丁 | 抗癫痫药 | 2.5 ~ 10 mg/kg | 每 8 ~ 24 h 一次 | 快速 |

注：SSR，选择性 5- 羟色胺再摄取抑制剂；TCA，三环类抗抑郁药；SARI，5- 羟色胺拮抗剂和再摄取抑制剂；BZD，苯二氮草类；PRN，按需给药（"必要时"）。

所有药物均口服给药。改善强迫性行为的时间，缓慢：1 ~ 4 周；快速：45 ~ 90 min[3, 40]。

的不良反应。应特别谨慎观察抗胆碱能副作用，尤其是帕罗西汀和氯米帕明，其可能导致尿液或粪便潴留，减少排便频率。4 ~ 6 周后，如果反应不够理想，可能需要调整剂量。也可使用 5- 羟色胺拮抗剂和再摄取抑制剂曲唑酮或部分 5- 羟色胺拮抗剂丁螺环酮。镇静、胃肠道不适和焦虑的反常增加可能是曲唑酮的副作用。如果使用丁螺环酮，应监测躁动和攻击性是否增加。当给予 5- 羟色胺能药物时，由于 5- 羟色胺综合征的风险，应避免将两种 5- 羟色胺能药物联合用于猫。抗焦虑药如苯二氮䓬类药物（阿普唑仑、奥沙西泮、氯硝西泮或劳拉西泮）可与 5- 羟色胺能药物（SSRI、TCA、曲唑酮和丁螺环酮）联合使用。苯二氮䓬类药物的副作用包括镇静、食欲增加、反常躁动和攻击性。长期使用可引起身体成瘾和戒断症状。由于存在严重的肝坏死风险，不应对猫进行地西泮口服给药。当预期暴露于强烈应激源时，可根据需要使用曲唑酮和苯二氮䓬类药物，或按照每日时间表使用。如果存在慢性疼痛、神经性疼痛和感觉异常 / 感觉过敏，考虑使用氯米帕明和加巴喷丁（均为疼痛调节剂）。氯米帕明和其他 TCA，如阿米替林和多塞平，也具有止痒作用。如果认为 NSAID 和曲马多在过度理毛中能发挥作用，则可考虑使用 NSAID 和曲马多进行疼痛管理 [3, 13, 40]。

在因精神性脱毛而转诊并参与上述研究的 21 只猫中 [11]，有 2 只单纯的行为异常猫通过行为管理（包括更可预测的日常活动、通过社交游戏丰富生活、引入新的游戏玩具并停止惩罚）和每日给予氯米帕明，其脱毛有了明显改善。有部分行为异常的 3 只猫中，1 只行为管理有效，1 只失访，1 只未见效果。

在另一项研究中 [14]，有 11 只被诊断为精神性脱毛的猫，其中接受氯米帕明治疗的所有 5 只猫，接受阿米替林治疗的 3 只猫中的 2 只和接受丁螺环酮治疗的 4 只猫中的 1 只，均有良好的反应。在接受药物治疗、环境改变或两者联合治疗的 6 只猫中，症状均完全消退。11 只猫中有 2 只对治疗无反应。

在一项研究中，7 只猫表现为感觉过敏伴咬尾，5 只猫在用药后有所缓解，其中 2 只猫单独使用加巴喷丁、1 只猫使用加巴喷丁联合环孢素和阿米替林、1 只猫使用泼尼松龙和苯巴比妥、1 只猫使用托吡酯和美洛昔康达到缓解。这强调了诊断和实现对感觉过敏的有效控制非常困难 [33]。

当过度理毛与焦虑、冲突或潜在应激有关时，也可使用一些辅助产品。包括天然产物，如有助于减少应激和社交冲突的合成安抚信息素（Feliway and Feliway Multicat，CEVA）、L- 茶氨酸（也可与厚朴、黄柏，以及 Solliquin、Nutramax 中的乳清蛋白浓缩液联合使用）、α- 卡索西平（Zylkene、Vetoquinol），以及处方粮，如皇家情绪舒缓粮或希尔斯 c/d 猫应激粮 [3]。

## 预后

精神性皮肤病的预后变化很大，取决于潜在病因和并发因素。当可以确定和消除常见原因时，如在社交冲突的情况下物理分离两只猫，疾病可能完全消退。然而，大多数病例可能令人沮丧，需要长期治疗。准确的诊断将有助于成功的治疗。行为治疗和合理地使用适当的药物相结合，往往可以控制猫的过度理毛行为。

## 参考文献


[1] Fatjo J, Bowen J. Medical and metabolic influences on behavioural disorders. In: Horwitz DF, Mills DS, editors. BSAVA manual of canine and feline behavioural medicine. 2nd ed. Gloucester: BSAVA; 2009. p. 1–9.

[2] Rochlitz I. Basic requirements for good behavioural health and welfare in cats. In: Horwitz DF, Mills DS, editors. BSAVA manual of canine and feline behavioural medicine. 2nd ed. Gloucester: BSAVA; 2009. p. 35–48.

[3] Landsberg G, Hunthausen W, Ackeman L. Behavior problems of the dog and cat. 3rd ed. Philadelphia: Elsevier Saunders; 2013.

[4] Houpt KA. Domestic animal behavior for veterinarians and animal scientists. 6th ed. Wiley–Blackwell: Ames; 2018.

[5] Crowell–Davis SL, Curtis TM, Knowles RJ. Social organization in the cat: a modern understanding. J Feline Med Surg. 2004; 6:19–28.

[6] Carlson NR. Physiology of behavior. 12th ed. Pearson: Upper

Saddle River; 2017.

[7] Overall K. Manual of clinical behavior medicine for dogs and cats. Elsevier Mosby: St, Louis; 2013.

[8] Fornal CA, Metzler CW, Marrosu F, Ribiero-do-Valle LE, Jacobs BL. A subgroup of dorsal raphe serotonergic neurons in the cat is strongly activated during oral-buccal movements. Brain Res. 1996; 716:123-133.

[9] Bain M. Compulsive and repetitive behavior disorders: canine and feline overview. In: Horwitz D, editor. Blackwell's five-minute veterinary consult clinical companion: canine and feline behavior. 2nd ed. Hoboken: John Wiley & Sons; 2018. p. 391-403.

[10] Overall KL, Dunham AE. Clinical features and outcome in dogs and cats with obsessive-compulsive disorder: 126 cases (1989-2000). J Am Vet Med Assoc. 2002; 221:1445-1452.

[11] Waisglass SE, Landsberg GM, Yager JA, Hall JA. Underlying medical conditions in cats with presumptive psychogenic alopecia. J Am Vet Med Assoc. 2006; 228:1705-1709.

[12] Willemse T, Mudde M, Josephy M, Spruijt BM. The effect of haloperidol and naloxone on excessive grooming behavior in cats. Eur Neuropsychopharmacol. 1994; 4:39-45.

[13] Bain M. Psychogenic alopecia/overgrooming: feline. In: Horwitz D, editor. Blackwell's five-minute veterinary consult clinical companion: canine and feline behavior. 2nd ed. Hoboken: John Wiley & Sons; 2018. p. 447-455.

[14] Sawyer LS, Moon-Fanelli AA, Dodman NH. Psychogenic alopecia in cats: 11 cases (1993-1996). J Am Vet Med Assoc. 1999; 214:71-74.

[15] Titeux E, Gilbert C, Briand A, Cochet-Faivre N. From feline idiopathic ulcerative dermatitis to feline behavioral ulcerative dermatitis: grooming repetitive behaviors indicators of poor welfare in cats. Front Vet Sci. 2018; https://doi.org/10.3389/fvets.2018.00081.

[16] Dantzer D, O'Connor JC, Freund GC, Johnson RW, Kelley KW. From inflammation to sickness and depression: when the immune system subjugates the brain. Nat Rev Neurosci. 2008; 9:46-56.

[17] Foster JA, McVey NK. Gut-brain axis: how the microbiome influences anxiety and depression. Trends Neurosci. 2013; 36:305-312.

[18] Siracusa C. Treatments affecting dog behavior: something to be aware of. Vet Rec. 2016; 179:460-461.

[19] Iwase T, Uehara Y, Shinji H, Tajima A, Seo H, Takada K, et al. Staphylococcus epidermidis Esp inhibits Staphylococcus aureus biofilm formation and nasal colonization. Nature. 2010; 465:346-349.

[20] Siegel R, Ma J, Zou Z, Jemal A. Cancer statistics. CA Cancer J Clin. 2014; 64:9-29.

[21] Tlaskalová-Hogenová H, Štepánková R, Hudcovic T, Tucková L, Cukrowska B, Lodinová-Zádníková R, et al. Commensal bacteria (normal microflora), mucosal immunity and chronic inflammatory and autoimmune diseases. Immunol Lett. 2004; 93:97-108.

[22] Buske-Kirschbaum A, Gieben A, Hollig H, Hellhammer DH. Stress-induced immunomodulation in patients with atopic dermatitis. J Neuroimmunol. 2002; 129:161-167.

[23] Mitschenko AV, An L, Kupfer J, Niemeier V, Gieler U. Atopic dermatitis and stress? How do emotions come into skin? Hautarzt. 2008; 59:314-318.

[24] Pasaoglu G, Bavbek S, Tugcu H, Abadoglu O, Misirligil Z. Psychological status of patients with chronic urticaria. J Dermatol. 2006; 22:765-771.

[25] Panconesi E, Hautman G. Psychophysiology of stress in dermatology. Dermatol Clinic. 1996; 14:399-422.

[26] Garg A, Chren MM, Sands LP, Matsui MS, Marenus KD, Feingold KR, et al. Psychological stress perturbs epidermal permeability barrier homeostasis: implications for the pathogenesis of stress associated skin disorders. Arch Dermatol. 2001; 137:78-82.

[27] Scarampella F, Zanna G, Peano A, Fabbri E, Tosti A. Dermoscopic features in 12 cats with dermatophytosis and in 12 cats with self-induced alopecia due to other causes: an observational descriptive study. Vet Dermatol. 2015; 26:282-e63.

[28] Carmichael KP, Bienzle D, McDonnell JJ. Feline leukemia virus-associated myelopathy in cats. Vet Pathol. 2002; 39:536-545.

[29] Ciribassi J. Understanding behavior: feline hyperesthesia syndrome. Compend Contin Educ Vet. 2009; 31:E10.

[30] Coates JR, Dewey CW. Cervical spinal hyperesthesia as a clinical sign of intracranial disease. Compend Contin Educ Vet. 1998; 20:1025-1037.

[31] March P, Fischer JR, Potthoff A. Electromyographic and histological abnormalities in epaxial muscles of cats with feline hyperesthesia syndrome. J Vet Int Med. 1999; 13:238.

[32] Drew LJ, MacDermott AB. Neuroscience: unbearable lightness of touch. Nature. 2009; 462:580-581.

[33] Batle PA, Rusbridge C, Nuttall T, Heath S, Marioni-Henry K. Feline hyperesthesia syndrome with self-trauma to the tail; retrospective study of seven cases and proposal for integrated multidisciplinary approach. J Fel Med Surg. 2018;. https://doi.org/10.1177/1098612X18764246

[34] Rusbridge C, Heath S, Gunn-Moore KSP, Johnston N, AK MF. Feline orofacial pain syndrome (FOPS); a retrospective

study of 113 cases. J Fel Med Surg. 2010; 12:498–508.

[35] Ellis JJ, Stryhn H, Spears J, Cockram MS. Environmental enrichment choices of shelter cats. Behav Process. 2017; 141:291–296.

[36] Herron MH, Buffington CAT. Environmental enrichment for indoor cats: implementing enrichment. Compend Contin Educ Vet. 2012; 34:E3.

[37] Siracusa C. Creating harmony in multiple cat households. In: Little, editor. August's consultations in feline internal medicine, vol. 7. Philadelphia: Elsevier; 2016. p. 931–940.

[38] Strickler BL, Shull EA. An owner survey of toys, activities, and behavior problems in indoor cats. J Vet Behav. 2014; 9:207–214.

[39] Seksel K, Lindeman MJ. Use of clomipramine in the treatment of anxiety–related and obsessive–compulsive disorders in cats. Aust Vet J. 1998; 76:317–321.

[40] Siracusa C, Horwitz D. Psychopharmacology. In: Horwitz D, editor. Blackwell's five–minute veterinary consult clinical companion: canine and feline behavior. 2nd ed. Hoboken: John Wiley & Sons; 2018. p. 961–974.

# 第三十章　肿瘤疾病

David J. Argyle 和 Špela Bavčar

**摘要**

癌症是影响猫健康和福利的主要疾病，猫的皮肤肿瘤是第二常见的肿瘤类型，约占所有报道肿瘤的25%（Argyle, decision making in small animal oncology. Oxford: Blackwell/Wiley, 2008）。与犬（良性皮肤肿块数量显著较多）相比,猫中有65% ~ 70%的皮肤肿块为恶性。有些皮肤肿瘤实际上是转移性病变,但较为少见。最好的例子是猫中与肺癌相关的爪部和皮肤转移综合征（在犬中不太常见），下文将详细描述（Goldfinch and Argyle, J Feline Med Surg 14：202–8，2012）。

多年来，猫癌症以病毒诱导的淋巴瘤为主。虽然淋巴瘤仍然是猫中的主要问题，但疫苗接种的增加降低了该病的发病率，并使其他肿瘤的发病率提高，尤其是鳞状细胞癌（squamous cell carcinoma，SCC）、肥大细胞瘤和疫苗相关肉瘤。本章旨在让读者广泛了解猫癌症的分类和方法，并概述主要肿瘤类型。

## 引言

癌症是影响猫健康和福利的主要疾病，猫的皮肤肿瘤是第二常见的肿瘤类型，约占所有报道肿瘤的25%[1]。与犬（良性皮肤肿块数量显著较多）相比，猫中有65% ~ 70%的皮肤肿块为恶性。有些皮肤肿瘤实际上为癌症从其他部位扩散而来。在患有原发性肺部肿瘤的猫中可以观察到皮肤或趾可以发现转移病变（在犬肺部肿瘤中不常见），下文将详细描述[2]。

多年来，猫癌症以病毒诱导的淋巴瘤为主。虽然淋巴瘤仍然是猫的主要问题，但疫苗接种的增加降低了该病的发病率，并使其他肿瘤的发病率提高，尤其是鳞状细胞癌（SCC）、肥大细胞疾病和疫苗相关肉瘤。本章旨在让读者广泛了解猫癌症的分类和方法（专栏30–1），并概述主要肿瘤类型。

## 猫皮肤肿瘤的分类

猫的皮肤肿瘤通常根据以下标准进行分类：

- 组织来源（间充质细胞、上皮细胞、黑素细胞或圆细胞）
- 细胞来源（如果适用的话）（如肥大细胞瘤）
- 肿瘤恶性水平

根据流行病学研究（数量有限），前4种最常见的猫皮肤肿瘤是基底细胞瘤、鳞状细胞癌、肥大细胞瘤和软组织肉瘤（主要是纤维肉瘤）。这4种肿瘤类型约占所有报道的猫皮肤肿瘤的70%（表30–1）[3]。

## 猫癌症的诊断

活检技术的详细描述不在本章的范围内，但读

## 专栏 30-1　关于猫皮肤肿瘤的要点

- 猫不应被视为“小型犬”，猫具有不同生物学和自然史的肿瘤。
- 考虑到猫中恶性病变的比例较高，应怀疑猫的任何肿块并进行治疗。应检查有肿块的猫。也包括任何不愈合的溃疡性病变。
- 皮肤肿瘤可能为其他“非皮肤”肿瘤的转移性病变。
- 恶性肿瘤生长快速，并与相连结构边界不清。
- 恶性和良性肿瘤均可发生溃疡。
- 外观由肿瘤类型和位置而异。
- 皮肤癌的病因与其他物种非常相似，包括物理刺激、免疫机能和病毒感染等。然而，其潜在原因之一通常是慢性炎症。
- 物理刺激包括电离辐射和紫外线辐射。已在流行病学上确立了白猫 SCC 的发生与皮肤日光暴露之间的相关性。已证明加利福尼亚州的白猫发生 SCC 的风险增加了 13 倍[3]。
- 哺乳动物乳头瘤病毒的黏膜感染可以诱导肿瘤生成的能力已得到确认。角质细胞的感染可刺激增殖和终末分化增加。肿瘤转化源于乳头瘤病毒蛋白与细胞蛋白的相互作用（病毒蛋白 E6 破坏 p53 和病毒蛋白 E7 抑制 pRB）[4]。在猫身上，乳头瘤病毒与病毒斑块和猫纤维乳头瘤（有时被称为猫结节病）有关。已从 3 例猫鲍恩原位病变中测序出一种新型猫乳头瘤病毒[5-7]。
- 有很多证据表明免疫监测在控制癌症中的作用。免疫刺激剂已成功用于早期癌症病变，如咪喹莫特治疗原位癌，其也证明了免疫系统在控制皮肤癌中的作用。免疫抑制，通过感染 FIV，很可能使猫易患癌症。

**表 30-1　家畜皮肤肿瘤的分类**

| | |
|---|---|
| 上皮肿瘤 | |
| 　基底细胞癌 | |
| 　鳞状细胞癌 | |
| 　乳头瘤 | |
| 　附件肿瘤 | |
| 黑素瘤 | |
| 　良性黑素瘤 | |
| 　恶性黑素瘤 | |
| 间叶性肿瘤（软组织肉瘤） | |
| 纤维组织 | 纤维瘤<br>纤维肉瘤 |
| 神经组织 | 周围神经鞘膜瘤 |
| 脂肪组织 | 神经纤维肉瘤<br>脂肪瘤<br>脂肪肉瘤 |
| 平滑肌 | 平滑肌瘤<br>平滑肌肉瘤 |
| 黏液瘤组织 | 黏液瘤<br>黏液肉瘤 |
| 肥大细胞瘤 | |
| 　内脏 | |
| 　皮肤（非典型性和肥大细胞性） | |

续表

| |
|---|
| 血管肿瘤 |
| 　血管瘤 |
| 　血管肉瘤 |
| 淋巴瘤 |
| 　亲皮肤性 |
| 　趋上皮性 |
| 组织细胞疾病 |
| 　猫进行性组织细胞增多症 |
| 　猫肺部郎格罕细胞组织细胞增多症 |
| 　猫组织细胞肉瘤（单灶性和弥漫性） |
| 　猫噬血细胞性组织细胞肉瘤 |

注：总的来说，肥大细胞瘤、皮肤淋巴瘤、皮肤浆细胞瘤、组织细胞瘤和神经内分泌（梅克尔细胞）肿瘤被称为圆细胞肿瘤。

者可以参考其他书籍[1]。总体来说，活检技术并无大异。

- 详细的病史和体格检查至关重要。生长时间、速率和与肿瘤相关的任何临床症状可能有助于鉴别良、恶性肿块。
- 测量肿瘤大小，拍照记录并在身体示意图上标记肿瘤的准确位置至关重要。
- 应对局部淋巴结进行评估、测量和细胞学检查。
- 肿块或病变的细胞学和组织病理学评估至关重要。活检类型通常取决于病变位置。在可行广泛手术切除而无疾病恶化的情况下，活检也可以与治疗性手术同时进行。然而，在大多数情况下，活检是一种检查手段，可以采取不同的形式：
  - ◎ 应始终进行细针穿刺细胞学检查。
  - ◎ 可能需要完全切除和部分切取病变活检以进行组织病理学评估。通常倾向于使用皮肤打孔器活检。通常需要足够大的组织样本用于准确诊断、肿瘤分级和更先进的组织病理学技术，如免疫组织化学（immunohistochemistry，IHC）。
- 根据病变的病理学和（或）患病动物评估，可能需要额外的诊断检查（如胸部 X 线片、腹部超声）。
- 评估任何并发疾病，包括临床病理学（血液学和生化检查）。

## 分期

- 上述针对患病动物的方法回答了两个基本问题：
  - ◎ 病变的性质是什么？
  - ◎ 它是局灶性的还是已经扩散了，如果已经扩散，那么扩散的程度如何？
- 这种方法使我们能够对患病动物进行分期。TNM 分期系统是基于原发性肿瘤（T）的大小和（或）范围、癌细胞是否扩散到附近（区域）淋巴结（N），以及是否发生转移（M）或癌症扩散到远端。
- 猫皮肤肿瘤的分期系统见表 30–2。

## 治疗选择

癌症患猫的治疗选择将在下文特定小节中详细介绍。大致包括以下内容：

- 沿病变边缘完整的手术切除（标准治疗）。
- 减瘤手术缓解大肿瘤压迫。

表 30-2 猫表皮和真皮肿瘤的分期（不包括肥大细胞瘤和淋巴瘤）

| | |
|---|---|
| T | 原发性肿瘤 |
| $T_{is}$ | 浸润前癌（原位癌） |
| $T_0$ | 无肿瘤证据 |
| $T_1$ | 浅表肿瘤最大直径＜2 cm |
| $T_2$ | 肿瘤最大直径2～5 cm，或侵袭性很小（不考虑大小） |
| $T_3$ | 肿瘤最大直径＞5 cm，或侵袭皮下组织（不考虑大小） |
| $T_4$ | 肿瘤侵袭其他结构，如筋膜、骨骼、肌肉和软骨<br>如果有多个肿瘤同时出现，注意标记和记录<br>记录T值最高的肿瘤，并在括号内记录肿瘤数量［如T4（6）］<br>对连续性肿瘤进行独立分类 |
| N | 局部淋巴结 |
| $N_0$ | 无淋巴结转移证据 |
| $N_1$ | 可移动的同侧淋巴结<br>$N_{1a}$：淋巴结未增大<br>$N_{1b}$：淋巴结增大 |
| $N_2$ | 可移动的对侧或双侧淋巴结<br>$N_{2a}$：淋巴结未增大<br>$N_{2b}$：淋巴结增大 |
| $N_3$ | 固定淋巴结 |
| M | 远端转移 |
| $M_0$ | 无远端转移证据 |
| $M_1$ | 有远端转移 |

- 四肢的大肿瘤采用截肢术。
- 不完全切除肿瘤的放疗（作为减瘤术的辅助治疗）。
- 其他治疗选择，如光动力疗法、冷冻手术、激光消融和热消融。
- 针对淋巴瘤或弥漫性肿瘤的化疗。

## 特定肿瘤类型 1：上皮肿瘤

### 乳头瘤 [4-7]

乳头瘤是良性表皮增生性病变，常与乳头瘤病毒感染有关。乳头瘤通常具有外生性生长模式。手术切除可以治愈，其中一些病变会自行消退。在猫身上，观察到一种特殊类型的乳头瘤，即纤维乳头瘤。这些肿瘤表现为增生上皮覆盖的间充质细胞增殖，类似马结节病。检测乳头瘤病毒显示间充质细胞明显的非生长性感染。

### 基底细胞癌（basal cell carcionma，BCC）[8, 9]

由于纳入了目前已知不是真正的BCC的其他肿瘤类型，如顶泌腺瘤（约60%）和毛母细胞瘤（约40%），先前高估了猫中BCC的发生率。细胞学上，BCC含有炎性细胞、鳞状细胞、皮脂腺上皮细胞、黑素细胞和噬黑素细胞，细胞可表达恶性肿瘤的指征。临床上，大多数被归类为BCC的肿瘤表现为良性（基于侵袭性和细胞多形性，约10%的肿瘤表现的恶性程度更高）。BCC的治疗方法是广泛的手术切除，常可获得长期控制。在无法实现局部手术控制的恶性程度较高的个体中，可考虑辅助放疗。

### 日光性角化病 [10, 11]

该病通常被称为“癌前”病变，是由暴露在阳光下引起的。在临床上（有时在病理上）常难以将其与鲍恩样癌或鲍恩样SCC相区别。日光性角化病可进展为SCC（见下文）。

- 病变通常伴发脱毛、红色斑块、糜烂。白猫的耳廓病变呈对称性（图 30-1）。
- 明确诊断需要皮肤活检，可见表皮增生、发育不良和过度角化。变化局限于表皮。
- 凡怀疑癌前病变，手术完全切除发病皮肤是首选的治疗方法。如果病变影响到猫的耳廓，根治性的耳廓完全切除术可以降低发展为肿瘤的风险，术后通常会恢复成可接受的外观。一旦病变被清除，应避免进一步的日光暴露，以防止发生新的病变。药物治疗很少适用于猫。人常外用5-氟尿嘧啶，但对猫有高度神经毒性。

### 猫皮肤鳞状细胞癌 [1, 12-16]

鳞状细胞癌（SCC）是起源于鳞状上皮的恶性

肿瘤。占猫所有皮肤肿瘤的 15%，口腔恶性肿瘤大多数为鳞状细胞癌。这是一种主要在老年猫中观察到的疾病，就诊时的中位年龄为 10 ~ 12 岁。SCC 的生长方式和原因各不相同，取决于肿瘤部位。

猫表现为进行性临床病变，通常表现为结痂和红斑病变、浅表糜烂和溃疡（原位癌或早期 SCC）。SCC 起源于皮肤角质化的外表面，病变常呈深度侵袭性和糜烂性。猫的常见发病部位包括鼻面、头颈部（尤其是耳廓和眼睑）（＞80%），30% 病例的病变是多发性的。

### 日光暴露区域的 SCC

- 主要见于日晒后色素减退的区域。SCC 与紫外线照射（UVA 和 UVB）有关。
- SCC 最常发生在猫的鼻面、眼睑和耳廓（图 30–2）。
- 白毛猫发生 SCC 的风险是其他毛色猫的 13.4 倍。
- 非白毛猫在色素减退和毛发少的区域发生 SCC。黑色素可以保护皮肤免受太阳的伤害。
- 肿瘤具有局部侵袭性，但转移缓慢。
- 肿瘤的外观可能各不相同。"生长性"形式伴乳头状生长类似于菜花状病变，而"糜烂性"形式表现为边缘隆起的溃疡性病变。在这两种情况下，肿瘤通常是溃疡性的且存在继发感染，因此这些肿瘤最初常被误认为炎症或感染性病变。
- 皮肤 SCC 风险增加的猫应避免日晒，尤其是在中午。室内也有减少紫外线暴露的方法，如在窗户上贴紫外线阻挡膜。可以在户外活动的猫的耳朵上涂上防晒霜。应尽可能避免猫摄入防晒霜；因此，不建议在鼻面涂抹。

### 鲍恩样原位癌（在非日光暴露区域出现）

据报道，在毛发、色素沉着区域分布的多灶性浅表病变，与日光暴露无关（图 30–3）。这种情况被称为"多中心性原位 SCC"或鲍恩病。病变表现为结痂，易脱毛，疼痛和出血。这些病变在组织学上局限于皮肤表层，不突破基底膜（图 30–4a）。发

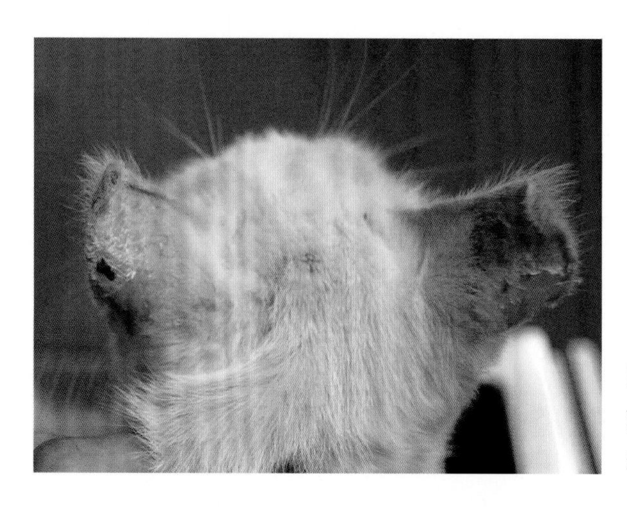

**图 30–1 白猫耳廓日光性角化病**

两耳均有明显的红斑、脱毛和表皮脱落。左耳廓上也有小片糜烂和结痂（由 Dr. Chiara Noli 提供）。

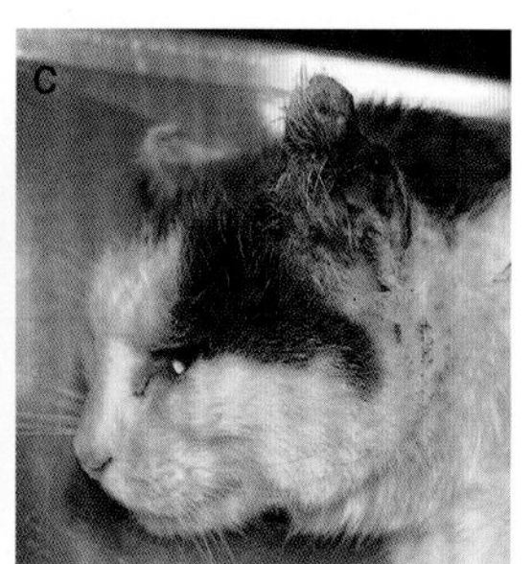


**图 30–2 日光诱导的鳞状细胞癌**

在鼻（a）、结膜（b）和耳廓（c）的白色皮肤上可见明显的糜烂性、溃疡性、结痂性病变（由 Dr. Chiara Noli 提供）。

生鲍恩病的原因可能是乳头瘤病毒，已使用免疫组织化学证实其抗原存在于 45% 的猫皮肤病变中（图 30-4b）。完全切除这些病变可治愈，复发并不常见；然而，原发性病变通常也出现在皮肤的其他区域。手术激光治疗也被应用于这种疾病，但尚未进行大规模的临床研究。

**猫 SCC 的治疗选择**

**手术**

- 对于耳廓肿瘤，手术完全切除（耳廓切除术）可提供长期局部肿瘤控制（＞18 个月）。
- 对于鼻面和下眼睑肿瘤，手术可以提供良好的局部控制，但建议将这些病例转诊至外科专家，以获得最佳手术结果。

**冷冻疗法**

- 冷冻疗法可为眼睑和耳廓的肿瘤提供良好的治疗，而对鼻面肿瘤治疗的反应较差。

**放射疗法**

- 使用外部射束源进行放射治疗可以很好地控制低分期肿瘤。
- $T_1$ 期肿瘤的反应优于 $T_3$ 期或 $T_4$ 期。
- 85% 的低分期（$T_1$）患猫在接受正交电压放射治疗后存活了 12 个月，而 $T_3$ 肿瘤患猫存活率为 45.5%。
- 放射疗法在外观上比手术完全切除更易接受；但是，需要多次麻醉，并且复发率高于手术治疗。
- 已证明锶 -90 贴近疗法对浅表肿瘤患猫有效。这种形式的 β 射线用于深度为 3 mm 或以下的病变，其对周围组织无损伤且可以重复进行一个直径为 8 mm、浸有锶 -90 的眼用滴管与皮肤接触后，在一定时间内产生指定剂量的辐射。在两项研究中，15 只猫中的 13 只

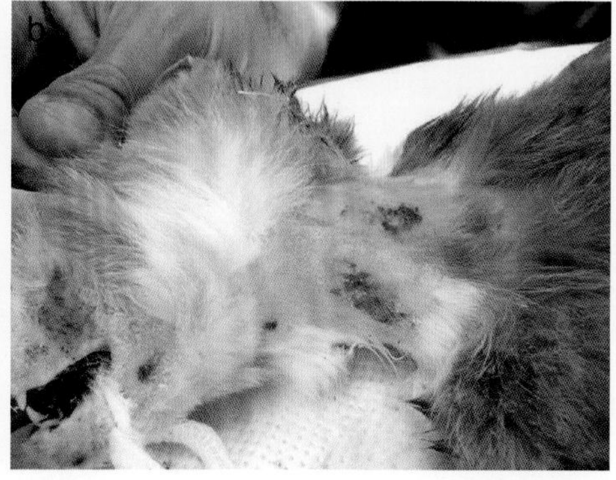

**图 30-3　猫的鲍恩样原位鳞状细胞癌**

头部（a）和颈部（b）的多发性结痂和溃疡性病变（由 Dr. Chiara Noli 提供）。

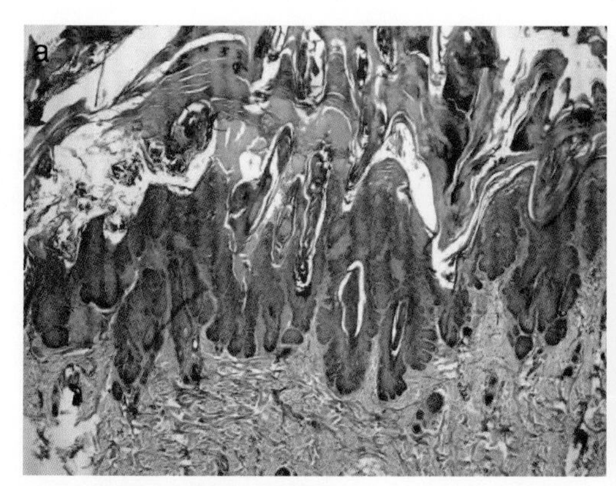
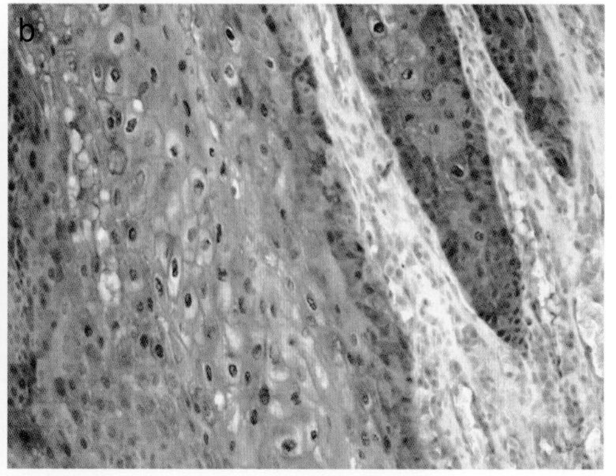

**图 30-4　图 30-3 中患猫病变的组织学**

（a）未突破基底膜的严重表皮增生和发育不良（H&E，10 倍放大）（由 Dr. Chiara Noli 提供）；（b）乳头瘤病毒抗原 p16 的免疫组织化学染色在表皮细胞中呈明显阳性（棕色）（20 倍放大，由 Francesca Abramo 教授提供）。

和 49 只猫中的 43 只达到完全缓解的中位时间分别为 692 d 和 1071 d。

**化学疗法（和电化学疗法）**

- 鼻面肿瘤患猫使用卡铂芝麻油混悬液瘤内给药是安全、实用和有效的。
- 在一项研究中，73% 的患猫完全缓解，55% 的患猫 12 个月内无病情恶化。
- 米托蒽醌静脉给药后，32 只猫中的 4 只对给药有反应。
- 使用博来霉素病变内给药的电化学疗法对 9 只猫中的 7 只有效。

**咪喹莫特乳膏**

- 5% 咪喹莫特（通过 Toll 样受体发出信号的免疫激活剂）乳膏可用于鲍恩样多中心性原位 SCC 的多发性病变。
- 咪喹莫特是一种同时具有抗肿瘤和抗病毒作用的免疫调节剂，获批用于治疗人的日光性角化病、基底细胞癌和生殖器疣。
- 主人在使用该乳膏时应戴手套，并防止猫摄入该产品。
- 在一项对 12 只多中心性原位 SCC 患猫的研究中，所有猫对治疗均有反应，尽管 9 只猫出现了新的病变，但对治疗也有反应。

**光动力疗法**

- 仅低分期浅表肿瘤有反应。
- 85% 的患病动物完全缓解；然而，在中位时间 157 d 后，51% 的患病动物疾病复发。
- 静脉使用光敏剂显示初始缓解率分别为 49% 和 100%，61% 和 75% 的病例报告“总体肿瘤控制”时间为 1 年。
- 在一项研究中，尽管在治疗时使用了麻醉和镇痛，但仍伴随疼痛，使猫的心率增加。

## 特定肿瘤类型 2：猫注射部位肉瘤 [17–21]

1991 年 Hendrick 和 Goldschmidt 首次描述了这种疾病，最初该疾病被称为疫苗相关肉瘤，因为最初美国流行病学数据表明这种疾病与接种狂犬疫苗或猫白血病病毒（feline leukemia virus，FeLV）疫苗之间有很强的相关性。从那时起，这种疾病的病理生理学研究表明，注射到猫体内的任何异物，如果可引起局部强烈的炎症反应，都可能导致这种疾病。因此，这种疾病现在被称为猫注射部位肉瘤（filine injectionsite sarcoma，FISS）。

该病在世界各地均有报道，发病率不一。然而，这种疾病的主要特征基本不变。

- 它是一种低转移性但具有高度局部侵袭性的疾病。
- 注射和肿瘤最终发展之间通常存在显著的滞后期。
- 一旦肿瘤形成，通常会出现一个快速生长期。
- 单一模式治疗很少能治愈，治疗前需要复杂的成像技术来确定疾病的程度。
- 本病的发病机制仍知之甚少，但在疫苗接种方式和如何管理疫苗接种后的结节方面提出了多项建议。
- 这种肿瘤的病理是间质（软组织）肿瘤，有不同的表现。组织学上最常诊断的是纤维肉瘤，但也有恶性纤维组织细胞瘤、骨肉瘤、软骨肉瘤、横纹肌肉瘤和未分化肉瘤的报道。
- 据报道，转移率约为 20%。
- 不同国家 FISS 病例的流行率不同；然而，在过去 10 年中，数量总体上有所增加。FISS 的真实发生率存在争议，数据表明概率为 1 :（1000 ~ 10 000）。该肿瘤的潜伏期（2 个月至数年）可能使评估该病的真实发生率变得困难。
- 从多项研究中总结了一系列关于疫苗接种的建议（专栏 30–2），目的是减少接种部位的炎症，并选择比肩胛间隙更容易手术的部位。
- 任何可能引起局部炎症的注射最终都可能导致这种疾病的发生。

### 疫苗接种后结节

猫注射部位结节的发生率相当高。由于这可能导致 FISS 的发生，兽医从业者应相当认真地识别这种病变。大多数注射部位结节将在 2 ~ 3 个月内

**专栏 30-2　疫苗建议的要点**

- 不应在肩胛间隙接种疫苗。
- 狂犬疫苗应在右后肢膝关节下方接种。
- FeLV 疫苗可在左后肢膝关节下方接种。
- 所有其他疫苗均应在肩胛骨下方的右肩接种。
- 使用皮下注射而不是肌内注射，因为这样能更早地发现肿瘤。
- 仔细记录疫苗和批号。
- 疫苗最好加热至室温再接种。
- 避免接种多价疫苗。
- 要特别注意，这些建议只是指导方针，因为疫苗类型 / 品牌之间的关系尚未明确确立。

消退，但任何未消退或体积增大的结节均应视为可疑结节。这种监测至关重要，因为一旦发生肿瘤，治疗的挑战性很高。因此，建议对注射后持续 3 个月以上和（或）＞2 cm 和（或）注射后 1 个月增大的肿块进行活检。这被称为 3-2-1 规则。

## 临床表现

FISS 常表现为已知注射部位注射后不久发现的无痛性、生长迅速、皮下、质地坚硬的结节 / 肿块（图 30-5）。然而，也可能表现为生长较慢、注射和就诊或不适之间时间间隔较久的病例。肌内注射的猫可能在较深层位发生肿瘤。最终，肿瘤可能发生溃疡和感染。某些情况下，主人没有关注到猫的病变，可能出现与转移性肺病相关的症状。

## 诊断和分期

结合本病的临床表现、注射或疫苗接种史，应非常迅速地提示临床医生 FISS 的可能性。诊断基于以下内容：

- 应收集疫苗接种史和注射史的完整信息。
- 必须进行全面的临床检查。
- 应对肿块大小等进行详细的记录，并在病历中做出特别的提示和标记。
- 应进行血常规、血清化学和尿液分析，看是否有并发疾病。
- 应进行组织学或细胞学诊断（图 30-6）。尽管细针抽吸（fine needle aspirate，FNA）检查可以提示临床医生可能的间质肿瘤，但 FNA 仅在约 50% 的病例中具有诊断价值。
- 根据作者的经验，切取活检进行组织学诊断是最有价值的。肿瘤的异质性可能导致“tru-cut 活检针”技术的错误诊断，因为可能提示肉芽组织而不是肿瘤。
- 如果进行部分切除术，则临床医生必须记住，如果后续考虑手术治疗，也需要同时切除活检部位。
- FISS 具有局部侵袭性，约 20% 的病例报告了转移和扩散。影像学是本病分期的必要组成部分。作者至少会拍摄 3 张胸部 X 线片（左右侧位和背腹位），看肿瘤是否转移到肺部。然而，FISS 诊断治疗计划中最重要的影像学检查为高阶影像学检查，如 CT 和 MRI（图 30-7）。这些技术可评估肿瘤对深层结构的侵袭程度，这对于肩胛间隙中的肿瘤至关重要（对于肢体肿瘤作用较小）。据报道，术后复发率约为 45%，术前更准确的分期和治疗计划无疑可以降低复发率。现在 CT 和 MRI 的覆盖率比以前高，作者建议所有肩胛间隙的肿瘤都需要做该项检查。
- 腹部超声可用于分期。但是，根据作者的经验，这应仅限于临床医生在全面临床检查后怀疑腹部病变的病例。
- 尽管已经提出了基于肿瘤病理学的分级系统，但这在该疾病中的临床应用似乎有限。

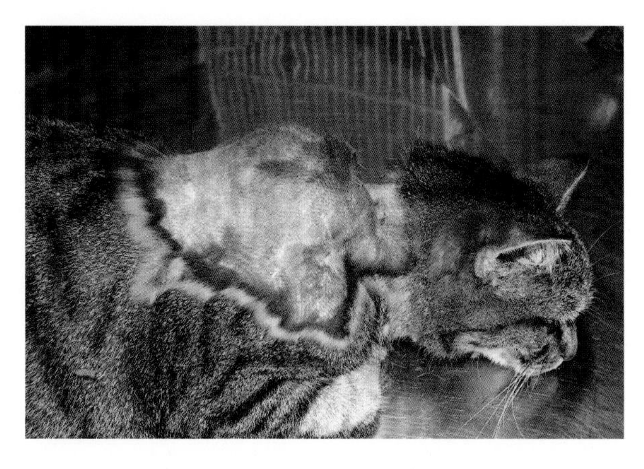

图 30–5　在肩胛间隙明显可见一个大结节，提示注射部位纤维肉瘤（由 Dr. Chiara Noli 提供）

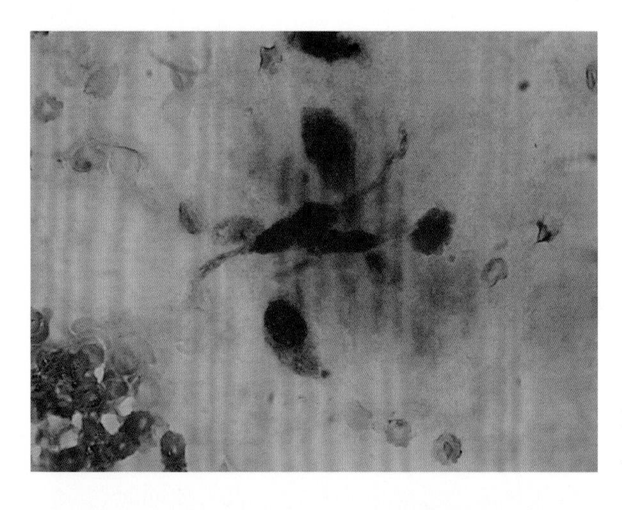

图 30–6　纤维肉瘤的细胞学检查

观察到梭形的间充质细胞被基质物质包围（Diff Quick 染色，100 倍放大）（由 Dr. Chiara Noli 提供）。

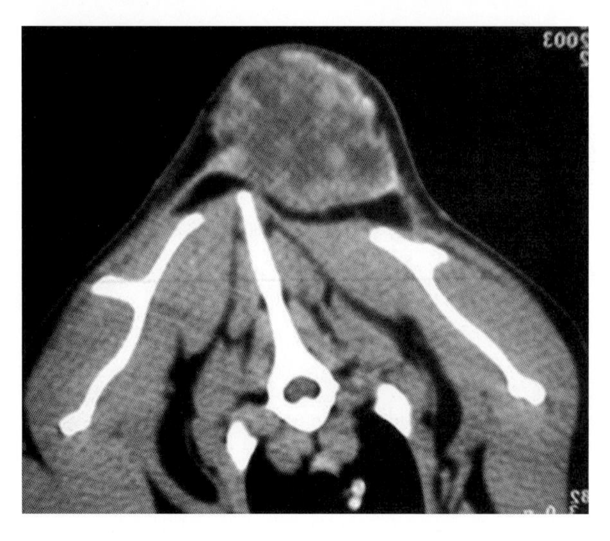

图 30–7　猫注射部位肉瘤的 CT 图像

最常见的病理结果是纤维肉瘤，但也有混合病理结果，具有多形性，存在巨细胞和有丝分裂象。经常出现外周炎症和坏死区域（图 30–8），可考虑作为诊断的标准，反映了疾病的免疫学性质及其快速的生长速率。如果存在"与佐剂材料一致的物质"（蓝色、折光包涵体）也对诊断有帮助。目前没有单一的诊断标准。

## 治疗

FISS 是一种复杂的疾病，单一模式治疗难以实现且不太可能治愈。然而，广泛手术完全切除原发性肿瘤（肉眼观察距离病变组织的边缘 3 ~ 5 cm 和肿瘤下方至少一个筋膜平面）被认为是主要的治

**图 30-8　猫注射部位肉瘤的组织学表现**
肿瘤周围淋巴细胞浸润（左）明显，中心有明显的坏死灶（右）（H&E，10 倍放大）（由 Dr. Chiara Noli 提供）。

疗方法。对于累及肢体或尾部的病变，手术截肢被认为是首选。对于肩胛间隙的病变，可能需要根治性切除，包括棘突截肢或部分 / 全肩胛骨切除术。通常而言，将这些标准应用于临床病例，无病间期（disease-free interval，DFI）约为 10 个月。然而，当由委员会认证的经验丰富的外科医生进行手术时，DFI 显著增加（16 个月）。

**手术切除**

- 在治疗开始时，如果存在可检测到的转移性病变，不适合进行以治愈为目的的侵袭性手术。
- 切除范围应距离病变边缘 3 ~ 5 cm 和病变下方一个筋膜平面。
- 恢复时间为 4 ~ 6 周。
- 广泛的手术切除复发率为 30% ~ 70%。
- 据报道，首次根治性切除的平均生存期（mean survival time，MST）约为 325 d，而边缘切除为 79 d。据报道，所有治疗病例的 2 年生存率为 13.8%。
- 后腿截肢的治愈率最高。
- 完全切除边缘可使无肿瘤生存期＞16 个月，而不完全切除为 4 ~ 9 个月。
- 应仔细检查手术切除边缘。最值得关注的边缘可以通过标记或墨水来识别，这将有助于病理学家进一步评估。
- 尽管组织学评估边缘切除干净，但局部复发率可高达 42%。术后保持警惕至关重要。
- 转诊医院的治疗显示了最有利的临床效果，因为病例更有可能接受根治性手术。

**放射疗法**

- 放射疗法已在肿瘤专科实践中使用多年，应用得越来越广。自 1994 年以来，在美国已有公认的兽医放射专业，放射疗法在美国更常用。FISS 术前或术后可进行放射疗法。
- 术后进行放射疗法的目的是降低肿瘤再生长的可能性，通常适用于不完整的手术切除。放射疗法不会降低肿瘤转移的可能性。
- 术前进行放射疗法的目的是减小肿瘤的大小并降低其生物活性，以便于更成功地手术切除。一些核心机构提倡在手术前后均进行放射疗法，尽管目前在欧洲并不常用这种方法。

**化学疗法**

- 化学疗法在 FISS 中的作用是一个有争议的课题。使用化学疗法的理由有两方面。化学疗法可用于姑息治疗，以提高生活质量，治疗不能通过手术或放射疗法解决的问题。化学疗法也可作为最终治疗的一部分，目的是在充分的局部控制后减少转移的发生（辅助治疗）。此外，术前进行化学疗法（新辅助治疗）可在手术切除前减小肿块大小。文献报道称，这是一种使肿瘤“降期”的方法。然而，根据作者的经验，在化学疗法耐受剂量（1 mg/kg 多柔比星）下不太可能显著缩小。

## 特定肿瘤类型 3：肥大细胞瘤 [22–24]

肥大细胞瘤（mast cell tumour，MCT）约占猫所有皮肤肿瘤的 20%，使其成为该物种中第二常见的皮肤肿瘤。在猫身上发现了两种不同的形式（图 30–9）：类似于犬 MCT 的肥大细胞型和非典型型（不太常见，之前称为“组织细胞型”）。肥大细胞型 MCT 患猫的平均年龄为 10 岁，没有性别易感性。而非典型形式主要见于幼龄（＜4 岁）暹罗猫。该品种也易发生肥大细胞型 MCT。猫患 MCT 的病因尚不清楚；然而，暹罗猫似乎具有遗传易感性。

### 临床表现

猫最常见的皮肤 MCT 表现为孤立的、坚硬的、边界清楚的脱毛性皮肤结节。大约 25% 的 MCT 表面溃疡。其他可能的表现包括多灶性皮下结节或扁平、瘙痒、斑块样病变，外观与嗜酸性肉芽肿相似。发红和瘙痒并不少见，还观察到 Darier 征。在约 20% 的患猫中观察到多发性 MCT（图 30–10）。皮肤病变最常出现在头颈部。猫皮肤 MCT 的转移潜力各不相同。内脏型 MCT 在猫身上比犬更常见，高达 50% 的猫表现为内脏型（脾脏、肠道）MCT。在这些病例中，如肠道腹泻的症状可在诊断前几个月出现，全身扩散比较常见。在猫的前纵隔中也有肥大细胞瘤的报道（EBM Ⅳ）。在内脏型或转移型 MCT 中，可观察到归因于肥大细胞脱颗粒的症状。

### 临床评估、活检和分期

MCT 患猫的临床诊断与犬相似。通过细针抽吸细胞学很容易获得诊断（图 30–11）。

对于出现以下任何情况的患猫，都应考虑进行完整分期，包括局部淋巴结评估和细针穿刺、腹部超声和内脏器官细胞学检查、胸部 X 线检查、骨髓穿刺 / 血沉棕黄层涂片：

- 多发性皮肤 MCT。
- 腹部肿块 / 器官肿大。
- 组织学弥漫性肿瘤。
- 脾脏、肠道或前纵隔 MCT。

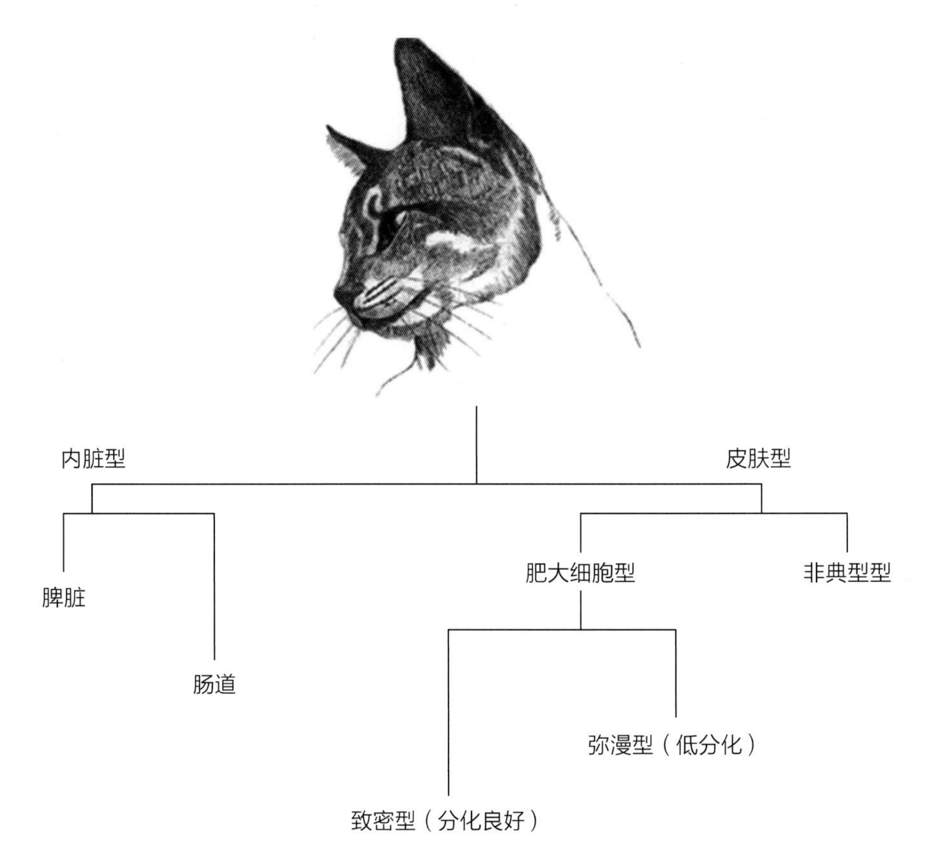


**图 30–9　猫肥大细胞瘤（MCT）的分类**

**图 30–10　患有多发性肥大细胞瘤的猫（由 Dr. Chiara Noli 提供）**

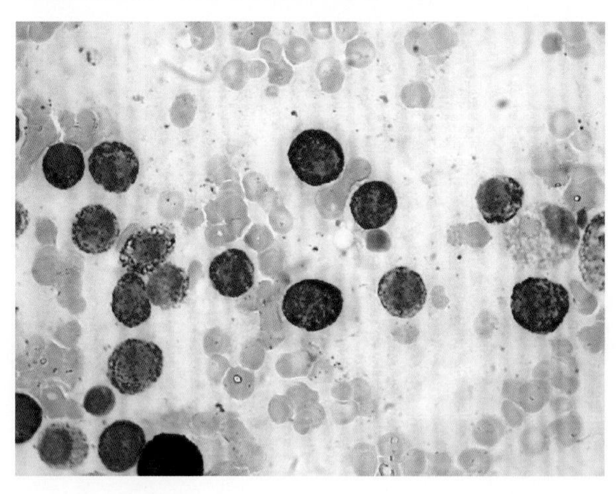

**图 30–11　肥大细胞瘤的细胞学表现**

含有异染颗粒的大量圆形细胞（MGG 染色，40 倍放大）。

## 预后

犬 MCT 中使用的分级系统不能应用于猫。MCT 的组织学表现与预后相关。肥大细胞型以前分为致密型和弥漫型，现在分为分化良好型（历史上称为致密型）和多形性型（历史上称为弥漫型）。分化良好型占所有皮肤 MCT 的 50% ～ 90%，临床经过较良性。多形性肥大细胞型 MCT 在组织学上更多的是间变性，具有更恶性的生物学特征，因此预后更差。单病变肿瘤的预后通常优于多发性肿瘤。其他预后因素，如增殖标志物，尚未得到广泛研究；然而，高有丝分裂指数为恶性指征。

## 治疗

### 手术

对于患有头部或颈部单灶性皮肤 MCT 的猫，手术是最佳治疗选择；然而，与犬相比，这种方法的疗效较差。由于病变多位于头颈部，因此有些很难进行大范围的切除，而不完全切除术对于那些分化良好的（致密型）MCT 来说也不会导致预后变差。术后复发率为 0% ～ 24%。对于术前活检确定的更具侵袭性的 MCT（多形性或弥漫性），应考虑尝试切除范围大的、更具侵袭性的手术方法。可能有助于识别猫是否有侵袭性皮肤 MCT 的预后因素有病变数量（单灶性与多灶性）、组织学结果（多形性）、KIT 免疫应答性评分、有丝分裂指数和 Ki67 评分。在一些非典型型（组织细胞型）MCT 中描述了自发消退，其治疗选择包括边缘切除和定期监测。

### 支持治疗

与 MCT 患犬相似，围手术期给予 H1 和 H2 阻滞剂可能有助于防止肥大细胞脱颗粒。

### 放射疗法

放射疗法在皮肤 MCT 患猫的治疗中不常报道，因为大多数患猫在诊断时有多发性 MCT 或远端扩散的证据。已描述了外粒子束和锶 –90 治疗，其中

单灶 / 局部肿瘤的锶 -90 放射疗法在 98% 的患病动物中可实现局部控制。

### 化学疗法

使用化疗药物作为皮肤 MCT 患猫姑息性或辅助治疗的治疗作用尚未确定。对于患组织学侵袭性（多形性 / 弥漫性）或局部侵袭性肿瘤的动物，或确认扩散的 MCT 患病动物，通常考虑全身治疗。用于治疗猫皮肤 MCT 的化疗药物包括长春新碱、苯丁酸氮芥和洛莫司汀。在一项洛莫司汀治疗 MCT 的研究中，描述了 50% 的缓解率和 168 d 的持续缓解时间。没有使用糖皮质激素治疗猫 MCT 的证据。

### 酪氨酸激酶抑制剂

高达 67% 的猫皮肤 MCT 携带存在突变的 c-KIT 原癌基因。有传闻在猫身上使用靶向 KIT 的酪氨酸激酶抑制剂，药物的不良反应尚未得到评估。最近的一项研究评估了每只猫每 24 ~ 48 h 总共给予 50 mg 马西替尼的毒性。不良反应包括 10% 接受每日治疗的患猫存在蛋白尿，15% 的患猫发生中性粒细胞减少症，以及一些胃肠道副作用。

## 特定肿瘤类型 4：猫趋上皮性 T 细胞淋巴瘤 [1, 25]

这种疾病在猫中很少见，主要表现为皮肤肿瘤性 T 淋巴细胞浸润，并有特定的噬表皮倾向。猫趋上皮性 T 细胞淋巴瘤（epitheliotropic T-cell lymphoma，CETL）在老年猫多发，通常无性别或品种易感性。病变被描述为非瘙痒性红斑或斑块、伴皮屑的脱毛斑和不愈合的溃疡或结节（类似于嗜酸性斑块）（图 30-12）。诊断基于皮肤活检的组织病理学检查。组织学上，病变与犬中报道的病变相似，但肿瘤性 T 细胞通常为小至中等大小。猫 CETL 的免疫表型特征为 CD3 + 阳性和 CD4-、CD8- 双阴性。这与 CETL 倾向于 CD8 + 的犬不同。CETL 患猫的生存期似乎比犬的生存期更多变，治疗很困难，在该物种中对该疾病的经验较少。然而，与犬一样，单独使用洛莫司汀 +/- 糖皮质激素似乎是较好的治疗选择。

## 皮肤淋巴细胞增多症 [26, 27]

皮肤淋巴细胞增多症是猫的一种罕见疾病，以真皮内 T、B 细胞增生为特征。作者不认为这是一种肿瘤性疾病，但应与皮肤淋巴瘤（下文）相鉴别，因为治疗方法不同。据报道，平均发病年龄为 12 ~ 13 岁，雌性发病率略高于雄性。往往呈急性发病，病程呈进行性发展，可为单灶性或弥漫性脱毛、红斑、皮屑、溃疡和结痂（图 30-13），有时酷似嗜酸性斑块。在组织病理学上，病变包括血管周围至弥漫性小淋巴细胞浸润，最终延伸至真皮层（图 30-14）。淋巴细胞是 CD3+T 细胞和 CD79a+B 细胞的混合物（图 30-15）。几乎没有任何有丝分裂象的证据，病理不同于经典的 CETL，因为淋巴细胞较小，不显示恶性肿瘤标准，通常不侵犯表皮和漏斗部的毛囊壁。约在一半的病例中观察到趋上皮性。单发病变可手术切除。药物治疗包括糖皮质激素（+/- 苯丁酸氮芥），但反应各不相同，随着时间的推移，病变在某些情况下可转化为恶性淋巴瘤。

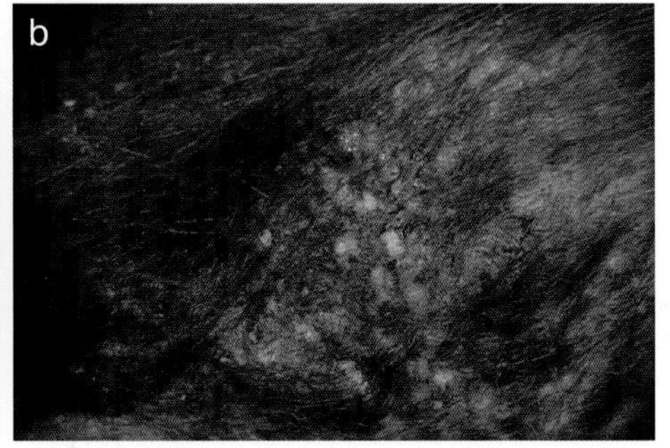


**图 30-12 猫皮肤 T 细胞淋巴瘤**

面部（a）和躯干（b）可见溃疡性结节（由 Dr. Chiara Noli 提供）。

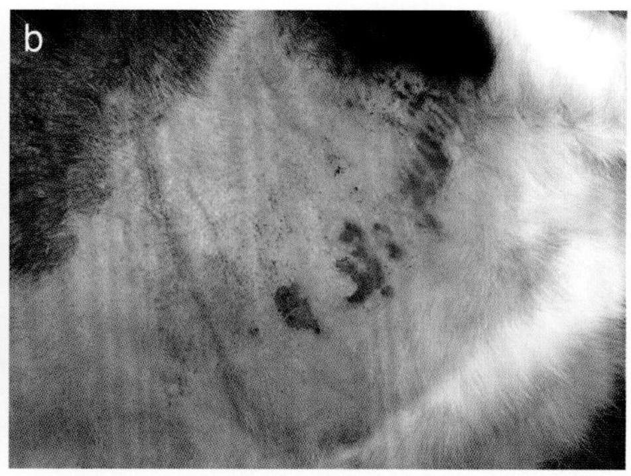


**图 30–13　猫淋巴细胞增多症的临床表现**

（a）单个脱毛区域伴红斑（由 S. Colombo 提供）;（b）脱毛和类似嗜酸性斑块的多发性溃疡病变（由 A. Corona 提供）。

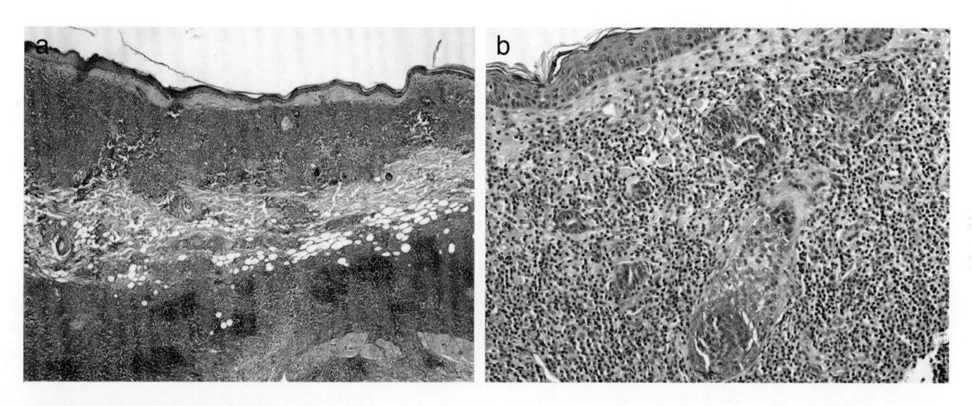


**图 30–14　猫淋巴细胞增多症的组织学表现**

（a）真皮内血管周围至弥漫性淋巴细胞浸润（H&E，4 倍放大）;（b）浸润细胞是无恶性肿瘤特征的小淋巴细胞，通常不浸润毛囊壁（H&E，10 倍放大）。（由 Colombo 等提供[33]，已获许可）

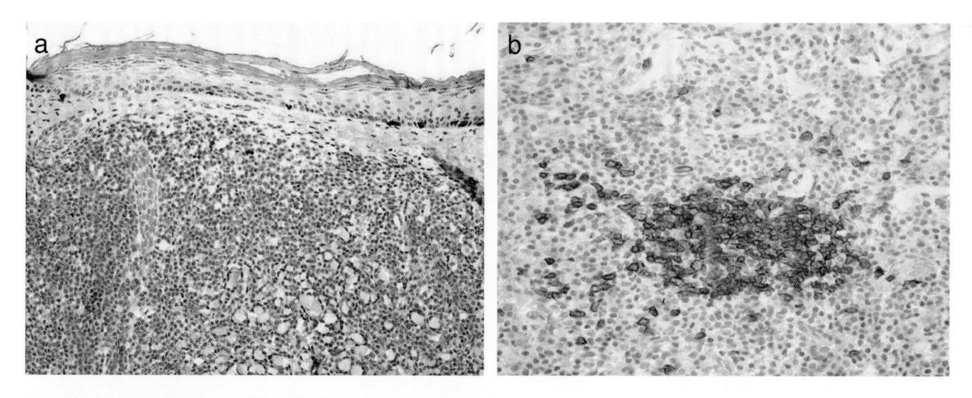


**图 30–15　和图 30–14a 为相同组织学样本的免疫组织化学染色**

（a）CD3 阳性 T 淋巴细胞弥漫性浸润（10 倍放大）（由 Colombo 等提供[33]，已获许可）;（b）CD79a 阳性 B 淋巴细胞的局部聚集（40 倍放大）（由 Dr. Chiara Noli 提供）。

## 特异性肿瘤类型 5：猫进行性组织细胞增多症[28, 29]

猫组织细胞增多症罕见（文献中报道的病例非常少），所以诊断和治疗具有挑战。除少数病例报告外，在猫上诊断率特别低（图 30–16）。其中一项研究总结了 30 只猫中主要累及皮肤[28]的进行性组织细胞增多症（feline progressive histiocytosis，FPH）的临床表现、形态学和免疫表型等特征。病变表现为单发或多发、无瘙痒、坚硬的丘疹、结节及斑块，好发于爪部、腿及面部（图 30-17）。病变包括真皮浅层和深层边界不清的趋上皮和非趋上皮组织细胞浸润，不同程度地扩展至皮下组织。在疾病早期，组织细胞相对单一。随着疾病进展，细胞开始呈现多形性。组织细胞表达 CD1a、CD1c、CD18 和组织相容性复合体Ⅱ类分子。这种免疫表型提示这些病变来源于树状突细胞。FPH 的临床过程呈进行性发展；然而，这些病变在很长一段时间内仅限于皮肤。某些病例最终发展到内脏器官。使用化疗药物或免疫抑制和免疫调节药物治疗失败。FPH 的病因尚不清楚。FPH 被认为是一种最初发展缓慢的皮肤肿瘤，在终末期可扩散至皮肤以外的器官。

## 特定肿瘤类型 6：猫肺 - 趾综合征 [2]

术语“猫肺 - 趾综合征”概述了猫中几种原发性肺部肿瘤特定的扩散模式，尤其是支气管和支气管肺泡癌。猫原发性肺部肿瘤不常见，倾向于恶性，预后谨慎。可在多个不寻常的位置扩散，最显著的是四肢远端趾骨。与其他位置和其他物种相比，猫肺肿瘤常见转移至趾的原因在于这些肿瘤的血管侵袭性特征及血源性扩散。组织病理学通常显示癌细胞侵入肺和趾动脉。研究还表明，猫的趾部血流量较高，这有助于它们调节体温和散热。因此，猜测这促进了肺部肿瘤向趾部的高扩散率。其他因素，如细胞标志物和化学介质的释放，在肺 - 趾综合征的病理生理学中也可能很重要。

猫原发性肺肿瘤通常不是根据肺部临床症状诊断的，而是由于转移扩散的临床表现发现的。最近在猫身上进行的病例研究表明，每检查 6 只截趾猫中就有 1 只疑似为原发性肺肿瘤扩散导致的。中老年猫的趾部病变必须考虑是否为原发性肺部肿瘤导致的。

### 临床表现

- 平均 12 岁的老年猫更可能表现为肺 - 趾综合征；然而，在年轻患猫（4 ~ 20 岁）中也有描述。尚未报道性别或品种易感性，在纯种猫和杂种猫中均可能发生该综合征。

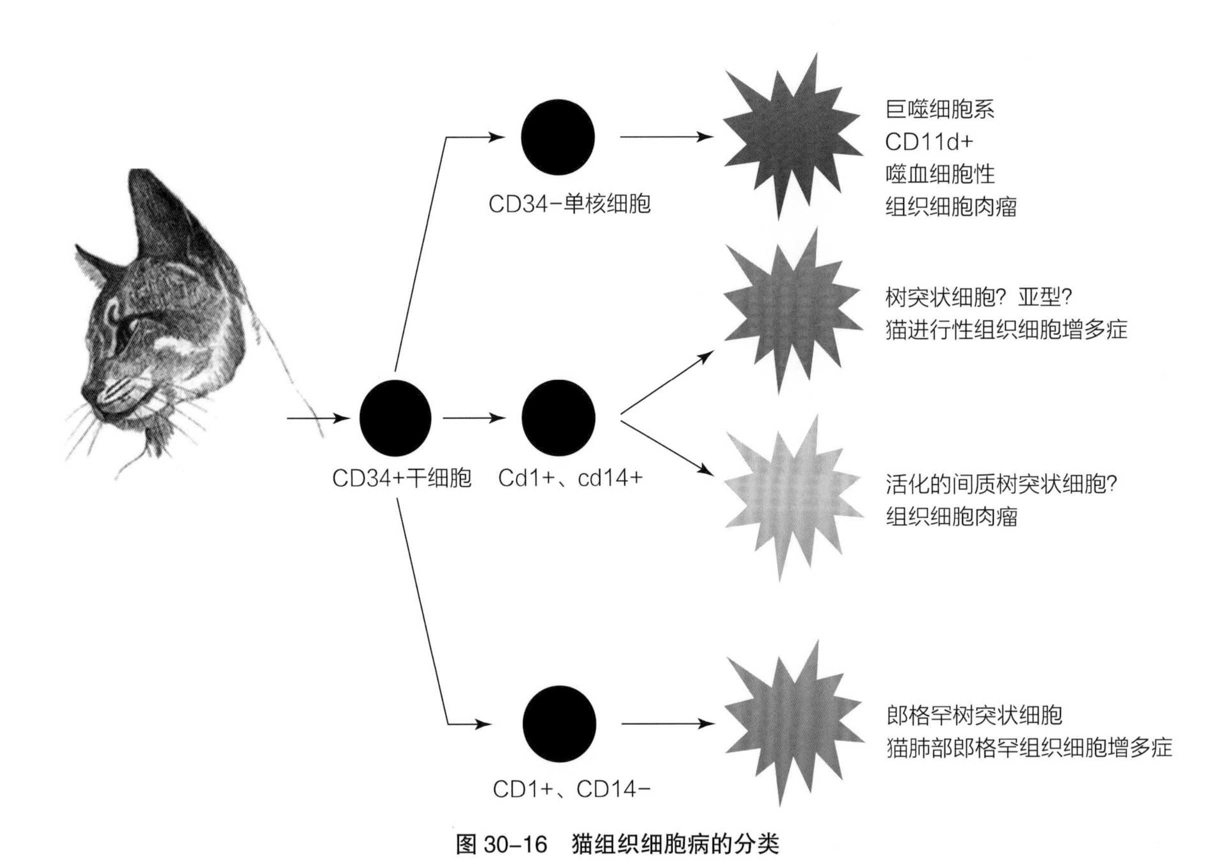


图 30-16 猫组织细胞病的分类

- 肿瘤扩散至趾部的猫可表现出各种临床症状；然而，最常描述的是跛行和疼痛。在某些情况下，仅表现轻微的临床症状，如趾甲偏转或趾甲脱落。就诊时的临床症状包括趾部或远端肢体肿胀、皮肤或甲床溃疡、脓性分泌物、感染、趾甲偏转或趾甲脱落。
- 不同肢体的多个趾部可能同时发病（图 30–18）。
- 除悬趾外，任何趾甲都可能出现这种情况。
- 负重趾最常发病。
- 全身性疾病的临床症状，如不适、食欲不振、体重减轻或发热，均不常见。

## 诊断

- 全血细胞计数和血清生化检查。
- 趾部 X 线检查显示了第二和（或）第三趾骨骨溶解的典型图像，可能侵入关节间隙（P2–P3）。在转移至趾的人类患者中观察到相反的情况，未观察到邻近趾骨或关节侵袭。在某些情况下，在患肢的所有趾骨上均观察到骨膜反应。
- 胸部 X 线检查 /CT：应在手术 / 趾部截肢前拍摄胸部 X 线片。在大多数情况下，均可以发现原发性肺部病变（图 30–19）。需要考虑的鉴别诊断是继发于非典型病原体，如真菌、

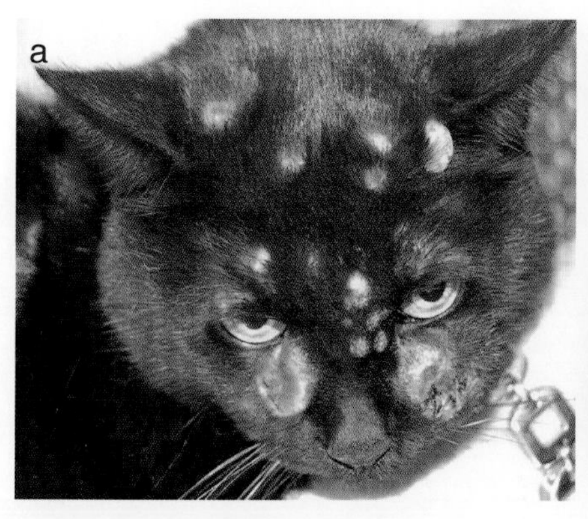
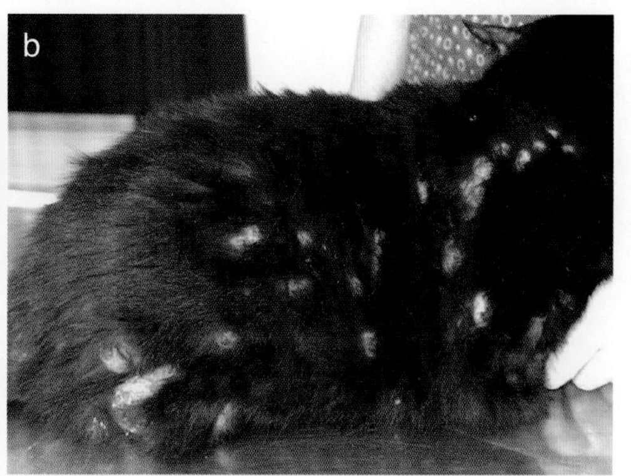

**图 30–17 猫进行性组织细胞增多症**

面部（a）和躯干（b）可见多个坚硬、部分溃疡的结节和斑块（由 Dr. Chiara Noli 提供）。

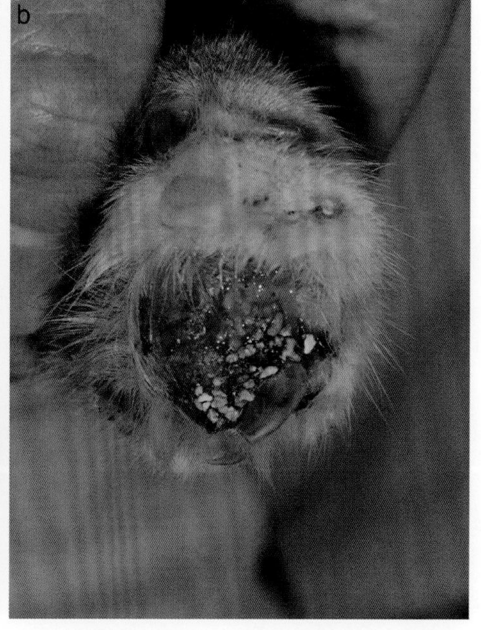

图 30–18 肺 – 趾综合征（肺癌趾部转移）患猫不同爪的几个趾上的结节和溃疡（由 Dr. Chiara Noli 提供）

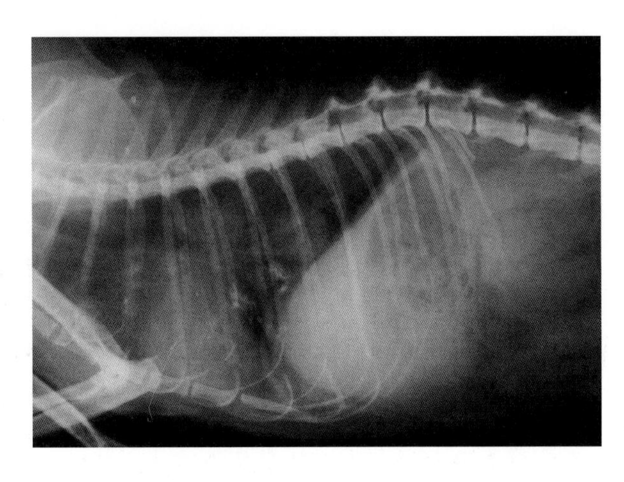

图 30–19 图 30–18 中猫的胸部 X 线片提示肺部有明显肿瘤（由 Dr. Chiara Noli 提供）

分枝杆菌或诺卡菌属的脓性肉芽肿性炎症。

- 活检样本——趾部：从发病趾部获取样本有4个选项。①细针穿刺，操作简单，但细胞数量通常太少，无法提供明确诊断。②切取异常组织或打孔器活检。③趾甲撕脱。其中任何一种都有助于得出最终诊断；然而，我们需要意识到非诊断性样本的发生率相对较高。④截趾术。该方法是组织病理学诊断的金标准，尤其是纵切面[8]，但在整体预后不良的病例中存在手术相关的缺点。由于继发性感染率较高，应进行活检样本的需氧和厌氧细菌和真菌培养。细胞学分析偶尔可发现腐生病原体。
- 活检样本——胸部：原发性肺肿瘤的诊断可以通过胸腔穿刺胸腔积液获得，或对肺部病变的细针抽吸物、气管灌洗液或支气管镜样本进行细胞学分析获得。为了达到明确的诊断，类似于趾部的活检，需要包括组织结构的样本；这只有在肺叶切除或死后尸检时才能实现。

### 组织病理学

从这些肿瘤中获得的常见组织病理学结果显示具有上皮组织形态的大单核细胞，形成聚集物、链或索（图 30–20）。出现柱状杯状细胞和纤毛上皮是其共同特征。经常观察到胞浆空泡，提示分泌性肿瘤（腺癌）。常见退行性中性粒细胞炎性浸润，表明坏死引起炎症。转移性病变中存在实质性纤维化。在发病趾，癌细胞浸润最常见于真皮、趾背侧或爪垫。为了帮助确认原发性肺肿瘤转移至趾部，观察肺组织的细胞特征［纤毛上皮、杯状细胞、PAS（过碘酸－希夫染色）阳性分泌物质］和细胞标志物的特殊染色（CAM 5.2 抗角质抗体）是有用的。

### 治疗和预后

不幸的是，患有“肺－趾综合征”的猫预后很差。在一项研究中发现中位生存期为 67 d（平均为 58 d，范围为 12 ～ 122 d），大多数猫因持续的临床体征（如跛行、厌食或嗜睡）被安乐死。猫“肺－趾综合征”的有效治疗尚未描述；截趾术仅提供短期缓解，因为扩散非常迅速。

## 特定肿瘤类型 8：猫黑素瘤[30]

良性和恶性黑素瘤好发于猫，多发于眼部、口腔或真皮层。眼部黑素瘤较口腔、真皮黑素瘤多见。眼部和口腔黑素瘤的恶性程度高于真皮黑素瘤，死亡率和转移率更高。真皮黑素瘤倾向于良性，如必要可采用手术切除。

## 特定肿瘤类型 9：耳道肿瘤[31]（见第十章）

- 这些肿瘤并不少见，怀疑与外耳道炎症有关。
- 出现的症状包括慢性刺激、存在肿块、耳部分泌物、不适和异味。中耳或内耳发病的病例可出现前庭疾病或霍纳综合征的症状。

● 耳道良性肿瘤包括以下几种：
  ◎ 炎性息肉。
  ◎ 耵聍腺瘤。
  ◎ 乳头瘤。
  ◎ 基底细胞瘤。
● 耳道恶性肿瘤包括以下几种：
  ◎ 耵聍腺腺癌。
  ◎ 鳞状细胞癌。

## 治疗

● 对于非恶性病变，非侵入性手术切除预后良好。
● 在恶性肿瘤中，全耳道切除术（total ear canal ablation，TECA）和鼓泡截骨术是推荐的治疗方法。但是，临床医生应了解以下内容：
  ◎ 猫的预后比犬差。
  ◎ 在手术切除不完全的病例中，可考虑进一步采取局部放射疗法。

## 特定肿瘤类型 10：猫腹部淋巴管肉瘤[32]

猫皮肤淋巴管肉瘤通常位于尾侧腹壁的真皮和皮下组织。病变通常边界不清、水肿、红斑（图 30-21），并有浆液性瘘道。组织学上，该肿瘤的特

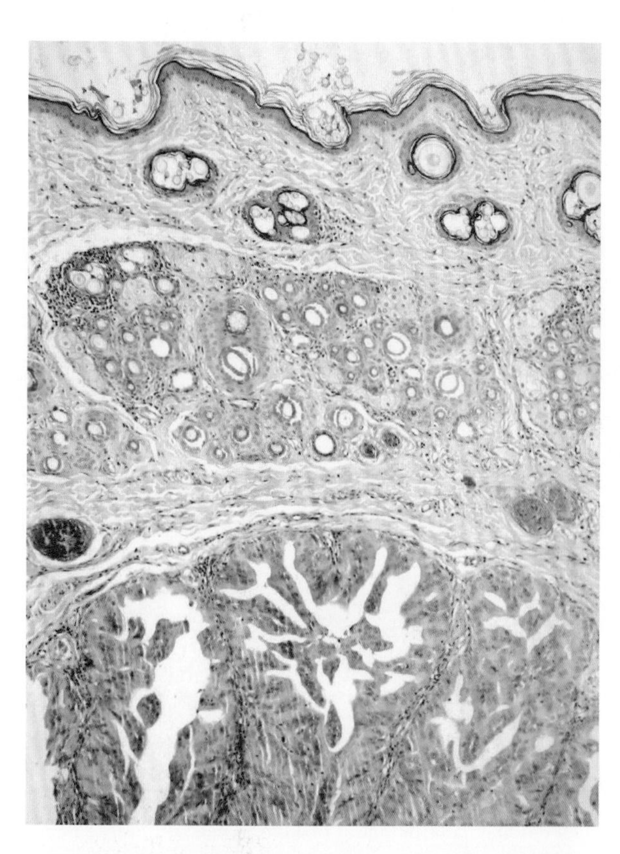

**图 30-20 图 30-18 中病变的组织学特征**
在真皮层中观察到转移性肺癌细胞。（H&E，4 倍放大）（由 Dr. Chiara Noli 提供）。

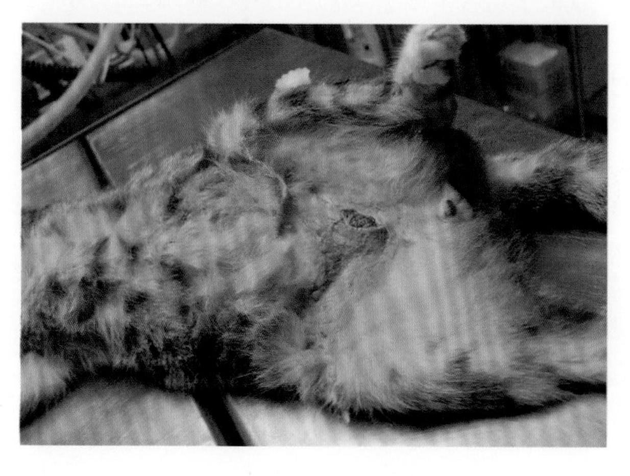

**图 30-21 猫皮肤淋巴管肉瘤**
腹部有明显的弥漫性水肿性红斑伴局灶性溃疡（由 Dr. Chiara Noli 提供）。

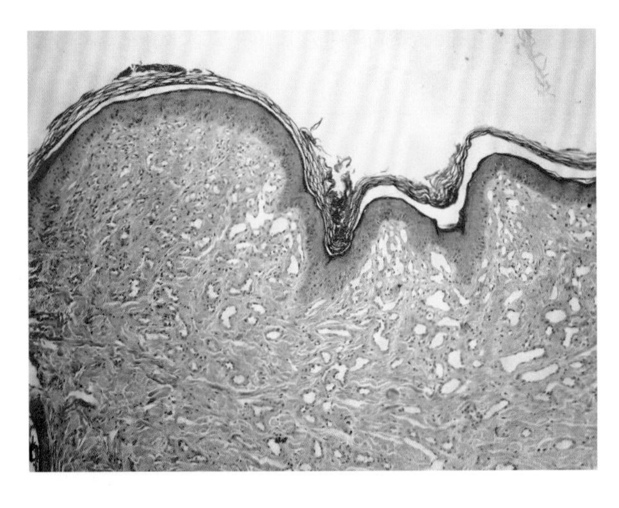

**图 30-22 图 30-21 中病变的组织学特征**

在真皮中观察到弥漫性淋巴血管增生（H&E，10 倍放大）（由 Dr. Chiara Noli 提供）。

征是真皮和皮下弥漫性增生的空血管，内衬多形性上皮细胞（图 30-22）。该病预后差。在一项研究中[32]，由于伤口愈合不良、局部复发或远端转移，所有猫均在术后 6 个月内死亡或被安乐死。

## 参考文献


[1] Argyle DJ. Decision making in small animal oncology. Oxford: Blackwell/Wiley; 2008.

[2] Goldfinch N, Argyle DJ. Feline lung-digit syndrome: unusual metastatic patterns of primary lung tumours in cats. J Feline Med Surg. 2012; 14:202–208.

[3] Sharif M. Epidemiology of skin tumor entities according to the new WHO classification in dogs and cats. VVB Laufersweiler: Giessen; 2006.

[4] Argyle DJ, Blacking TM. From viruses to cancer stem cells: dissecting the pathways to malignancy. Vet J. 2008; 177:311–323.

[5] Sunberg JP, Van Ranst M, Montali R, et al. Feline papillomas and papillomaviruses. Vet Pathol. 2000; 37:1–10.

[6] Hanna PE, Dunn D. Cutaneous fibropapilloma in a cat (feline sarcoid). Can Vet J. 2003; 44:601–602.

[7] Backel K, Cain C. Skin as a marker of general feline health: cutaneous manifestations of infectious disease. J Feline Med Surg. 2017; 19:1149–1165.

[8] Diters RW, Walsh KM. Feline basal cell tumors: a review of 124 cases. Vet Pathol. 1984; 21:51–56.

[9] Murphy S. Skin neoplasia in small animals 2. Common feline tumours. In Pract. 2006; 28:320–325.

[10] Peters-Kennedy J, Scott DW, Miller WH. Apparent clinical resolution of pinnal actinic keratoses and squamous cell carcinoma in a cat using topical imiquimod 5% cream. J Feline Med Surg. 2008; 10:593–599.

[11] Almeida EM, Caraca RA, Adam RL, et al. Photodamage in feline skin: clinical and histomorphometric analysis. Vet Pathol. 2008; 45:327–335.

[12] Murphy S. Cutaneous squamous cell carcinoma in the cat: current understanding and treatment approaches. J Feline Med Surg. 2013; 15:401–407.

[13] Cunha SC, Carvalho LA, Canary PC, et al. Radiation therapy for feline cutaneous squamous cell carcinoma using a hypofractionated protocol. J Feline Med Surg. 2010; 12:306–313.

[14] Tozon N, Pavlin D, Sersa G, et al. Electrochemotherapy with intravenous bleomycin injection: an observational study in superficial squamous cell carcinoma in cats. J Feline Med Surg. 2014; 16:291–299.

[15] Goodfellow M, Hayes A, Murphy S, Brearley M. A retrospective study of (90) Strontium plesiotherapy for feline squamous cell carcinoma of the nasal planum. J Feline Med Surg. 2006; 8(3):169–176. https://doi.org/10.1016/j.jfms.2005.12.003.

[16] Hammond GM, Gordon IK, Theon AP, Kent MS. Evaluation of strontium Sr 90 for the treatment of superficial squamous cell carcinoma of the nasal planum in cats: 49 cases (1990–2006). J Am Vet Med Assoc. 2007; 231(5):736–741. https://doi.org/10.2460/javma.231.5.736.

[17] Hartmann K, Day M, Thiry E, et al. Feline injection-site sarcoma: ABCD guidelines on prevention and management. J Feline Med Surg. 2015; 17:606–613.

[18] Rossi F, Marconato L, Sabattini S, et al. Comparison of definitive-intent finely fractionated and palliative-intent coarsely fractionated radiotherapy as adjuvant treatment of feline microscopic injection-site sarcoma. J Feline Med Surg. 2019; 21:65–72.

[19] Woods S, de Castro AI, Renwick MG, et al. Nanocrystalline

silver dressing and subatmospheric pressure therapy following neoadjuvant radiation therapy and surgical excision of a feline injection site sarcoma. J Feline Med Surg. 2012; 14:214–218.

[20] Müller N, Kessler M. Curative–intent radical en bloc resection using a minimum of a 3 cm margin in feline injection–site sarcomas: a retrospective analysis of 131 cases. J Feline Med Surg. 2018; 20:509–519.

[21] Ladlow J. Injection site–associated sarcoma in the cat: treatment recommendations and results to date. J Feline Med Surg. 2013; 15:409–418.

[22] Litster AL, Sorenmo KU. Characterisation of the signalment, clinical and survival characteristics of 41 cats with mast cell neoplasia. J Feline Med Surg. 2006; 8:177–183.

[23] Henry C, Herrera C. Mast cell tumors in cats: clinical update and possible new treatment avenues. J Feline Med Surg. 2013; 15:41–47.

[24] Blackwood L, Murphy S, Buracco P, et al. European consensus document on the management of canine and feline mast cell disease. Vet Comp Oncol. 2012; 10:e1–e29.

[25] Fontaine J, Heimann M, Day MJ. Cutaneous epitheliotropic T–cell lymphoma in the cat: a review of the literature and five new cases. Vet Dermatol. 2011; 22:454–461.

[26] Gilbert S, Affolter VK, Gross TL, et al. Clinical, morphological and immunohistochemical characterization of cutnaeous lymphocytosis in 23 cats. Vet Dermatol. 2004; 15:3–12.

[27] Pariser MS, Gram DW. Feline cutaneous lymphocytosis: case report and summary of the literature. J Feline Med Surg. 2014; 16(9):758–763.

[28] Affolter VK, Moore PF. Feline progressive Histiocytosis. Vet Pathol. 2006; 43:646–655.

[29] Miller W, Griffin C, Campbell K. Muller & Kirk's small animal dermatology. 7th ed. Elsevier Health Sciences: Missouri; 2013.

[30] Chamel G, Abadie J, Albaric O, et al. Non–ocular melanomas in cats: a retrospective study of 30 cases. J Feline Med Surg. 2017; 19:351–357.

[31] London CA, Dubilzeig RR, Vail DM, et al. Evaluation of dogs and cats with tumors of the ear canal: 145 cases (1978–1992). J Am Vet Med Assoc. 1996; 208:1413–1418.

[32] Hinrichs U, Puhl S, Rutteman GR, et al. Lymphangiosarcoma in cats: a retrospective study of 13 cases. Vet Pathol. 1999; 36:164–167.

[33] Colombo S, Fabbrini F, Corona A, et al. Linfocitosi cutanea felina: descrizione di tre casi clinici. Veterinaria (Cremona). 2011; 25:25–31.

# 第三十一章　副肿瘤综合征

Sonya V. Bettenay

**摘要**

猫副肿瘤性皮肤病是一种罕见的非肿瘤性皮肤病变，与潜在肿瘤相关。了解其临床表现可能有助于早期检测肿瘤，并为患病动物提供最佳的治疗方案和管理计划。在副肿瘤综合征中，切除原发性肿瘤可使皮肤病变消退。最常报道的两种猫皮肤副肿瘤综合征是皮屑、脱毛皮肤亮泽（副肿瘤性脱毛，与多种腹部肿瘤相关）和表皮剥脱性皮炎（通常与胸腺瘤相关）。猫中存在"假性副肿瘤性天疱疮"的单个病例报告。本章将对上述综合征的临床症状及其鉴别诊断进行论述。建议的检查包括排除相关的皮肤病鉴别诊断、进行皮肤活检，随后对潜在肿瘤进行有针对性的搜索。还将讨论活检采样的最佳部位和组织病理学诊断的关键变化。如果肿瘤可以被识别和切除，皮肤症状将在不进行额外治疗的情况下消退。当肿瘤不能消除时，可开始对症治疗，但预后需要谨慎。

## 引言

副肿瘤综合征被定义为由肿瘤导致的疾病，但不是通过直接的肿瘤诱导效应。猫副肿瘤性皮肤病罕见，但了解其临床表现可以早期发现潜在肿瘤，挽救生命。肿瘤的大小、位置甚至转移性与该综合征的实际发展无关[1]。只有当皮肤病与内部恶性肿瘤的发展相当时，才能做出明确的诊断。在副肿瘤综合征中，切除肿瘤可使皮肤病变消退。

临床上，副肿瘤综合征症状的出现可能早于、晚于肿瘤或与其同时出现。当与副肿瘤性皮肤病相关的症状先于肿瘤被发现时，能够正确识别并提醒临床医生进行"肿瘤排查"十分重要。早期肿瘤排查有两个主要结果。一是尽管进行了筛查试验，但未发现异常，在这种情况下，需要在 1 ~ 2 个月内再次进行超声检查或其他影像学检查（如果仍为阴性，则在 6 个月内再次进行）。二是发现肿瘤，如果可以手术切除，则能使皮肤病学病变消退。然而，在许多病例中，这些肿瘤无法切除，对症治疗是唯一的选择。

最常报道的两种猫皮肤副肿瘤综合征是皮屑、脱毛皮肤亮泽（副肿瘤性脱毛，多与腹部肿瘤相关）和表皮剥脱性皮炎（通常为胸腺瘤相关）。在猫身上报道了 1 例与胰腺癌相关的浅表坏死松解性皮炎（superficial necrolytic dermatitis，SND）[2]。第 2 例猫 SND 病例与产生胰高血糖素的原发性肝脏神经内分泌癌相关[3]。已报道了 1 例与胰腺癌相关的淋巴细胞性毛囊壁炎病例[4]。这是否是由自身抗体反应引起的，只能推测，因为淋巴细胞性毛囊壁炎作为猫的非特异性组织病理学变化并不少见。曾有 1 例"假性副肿瘤性天疱疮"和重症肌无力的病例报告，猫患有淋巴细胞性胸腺瘤，在肿瘤切除后消退[5]。

与特定的内科疾病［如脂质异常（黄色瘤）或氨基酸代谢紊乱（SND）］不同，大多数副肿瘤综合征的确切病理生理机制仍不清楚。据推测，它们可能与肿瘤释放生长因子或细胞因子和（或）诱导自身抗体有关。由肿瘤直接引起的皮肤变化，如毛发周期停滞性、脱毛、皮肤钙质沉着和肾上腺皮质功能亢进时观察到的皮肤变薄，实际上未被归类为副肿瘤综合征。

## 副肿瘤性脱毛

### 临床症状

发病的通常是老年猫。脱毛开始于腹侧，且毛发很容易脱落。脱毛的皮肤通常没有炎症表现，并具有非常典型的外观，即皮肤有光泽或闪亮。虽然皮肤因真皮内缺乏附件结构而变薄，但真皮胶原含量正常，而且皮肤不脆弱。脱毛通常从背侧扩散到躯干外侧，面部、腋窝和爪部也会随着时间的推移而发病（图 31-1 和图 31-2）。副肿瘤性脱毛通常无瘙痒，除非有酵母菌过度生长。很多病例会伴随马拉色菌过度生长，通常可见到大量马拉色菌和棕色脂溢性渗出物（图 31-3）。酵母菌过度生长可能与瘙痒和舔舐甚至疼痛相关，通常可观察到猫“抖爪”，体重减轻、精神沉郁和厌食也很常见，根据肿瘤部位，也可能观察到急性胃肠道症状。

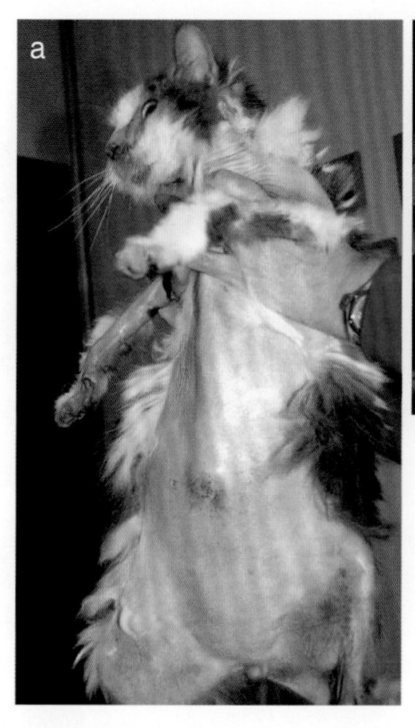


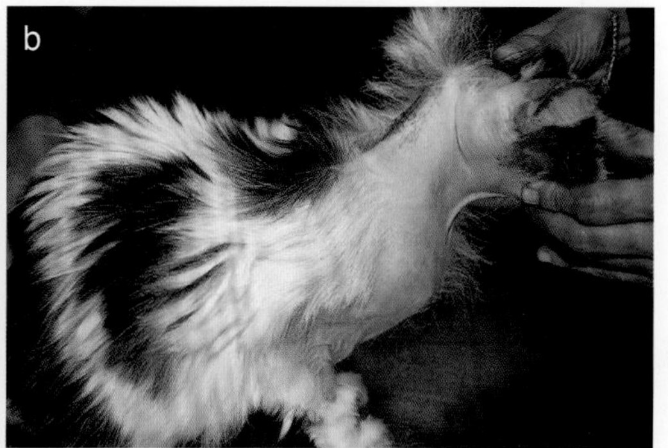


**图 31-1　猫副肿瘤性脱毛**

（a）腹侧脱毛，伴多发性棕色皮脂溢。注意皮肤的“亮泽”外观，尤其是胸部腹侧。（b）与图 a 为同一只猫，其颈部和前肢广泛性脱毛。（由 Dr. Chiara Noli 提供）

**图 31-2　猫副肿瘤性脱毛**

与图 31-1 为同一只猫：触须正常的眼周非炎性脱毛。还应注意其存在过多的耵聍渗出物和缺乏皮肤黏膜（由 Dr. Chiara Noli 提供）。

## 诊断

老年猫非炎性脱毛和皮肤亮泽的临床表现，代表很可能患有副肿瘤性脱毛。腹侧脱毛的初步鉴别诊断包括由过敏（对环境 / 食物 / 跳蚤叮咬过敏）引起的自损性脱毛、精神性脱毛，以及罕见的蠕形螨或皮肤癣菌病。在非常早期的病例中，广泛的脱毛和经典的皮肤亮泽症状不那么明显，拔毛镜检可能有助于寻找被蠕形螨和皮肤癣菌感染的毛干。如果超过 50% 的毛根处于静止期，该检测结果也可能指向毛囊静止期（图 31–4）。然而，一旦皮肤亮泽明显，这些鉴别诊断的可能性就会小得多。

皮肤组织病理学可能具有诊断价值，但需要有经验的皮肤病理学家。由于最初的脱毛常位于下腹部，正常腹部皮肤毛囊较小，分布较稀疏，早期诊断可能较困难。应对背侧脱毛边缘（寻找感染因子）和脱毛最严重的中心区域的多个样本进行活检。活检提示表皮轻度增生伴角化异常（可能是细微的）。可能存在或不存在毛囊萎缩和混合细胞性真皮炎症。毛囊常被描述为处于“静止期”，指的是缺少毛干、皮脂腺和小的静止期毛球（图 31–5 和图 31–6）。重要的是，在猫副肿瘤性脱毛的情况下，真皮上没有与萎缩的毛囊相关的生长期毛球。在一份报告中，同时存在角质层内螨虫 [8]，推测是由于猫的健康状况较差。位于角质层的过量酵母菌可能在染色操作中丢失，在皮肤“亮泽”区域可能不存在。当存在酵母菌时，可能会向病理学家提示有全身性疾病 [9]。

许多猫在出现皮肤病变时都有一个未检查到的肿瘤，它们经常在脱毛后出现全身症状。胰腺癌、胆管癌 [1]、肝细胞癌 [6]、转移性肠癌 [7]、神经内分泌胰腺肿瘤和肝脾浆细胞瘤 [8] 均有报道。这些肿瘤通常不伴有血细胞计数或血清生化值的变化。需要通过腹部超声、X 线检查或高阶影像学检查（如 CT 扫描）来识别肿瘤，在这种情况下，皮肤变化起次要提示的作用。

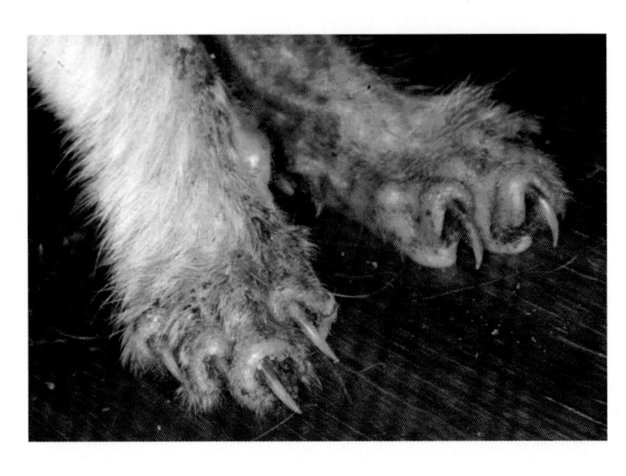

**图 31–3 猫爪部猫副肿瘤性脱毛**

脱毛、轻度红斑和少毛症伴明显的棕色皮脂溢，累及趾部和腕部。爪褶明显肿胀，有脂溢性碎屑，但未表现出明显的甲沟炎。

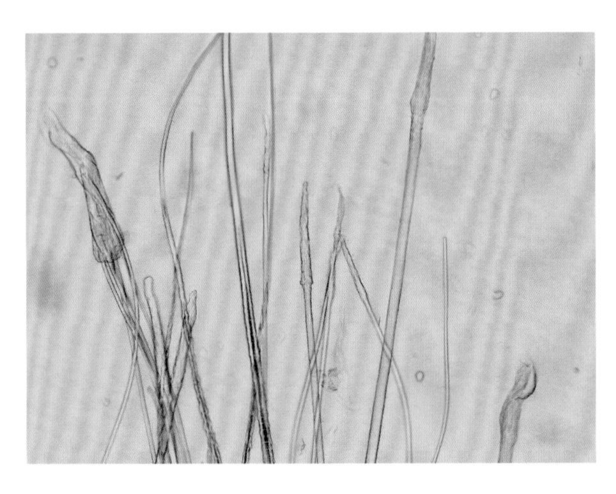

**图 31–4 拔毛镜检**

猫副肿瘤性脱毛，存在多个静止期毛球，毛根呈典型的“棒状或矛状”外观。

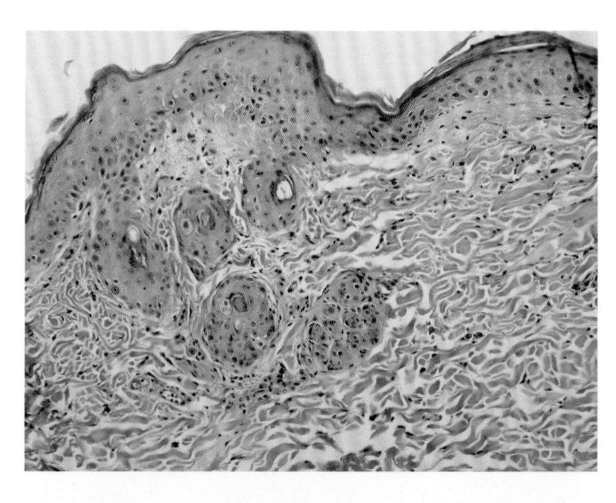

**图 31–5 皮肤活检（H&E，400 倍放大）**
猫副肿瘤性脱毛。表皮增生；毛囊处于静止期（有些处于毛发静止期），真皮表层中间层中有多个静止期毛球。皮脂腺缺失，有轻度间质性皮炎。

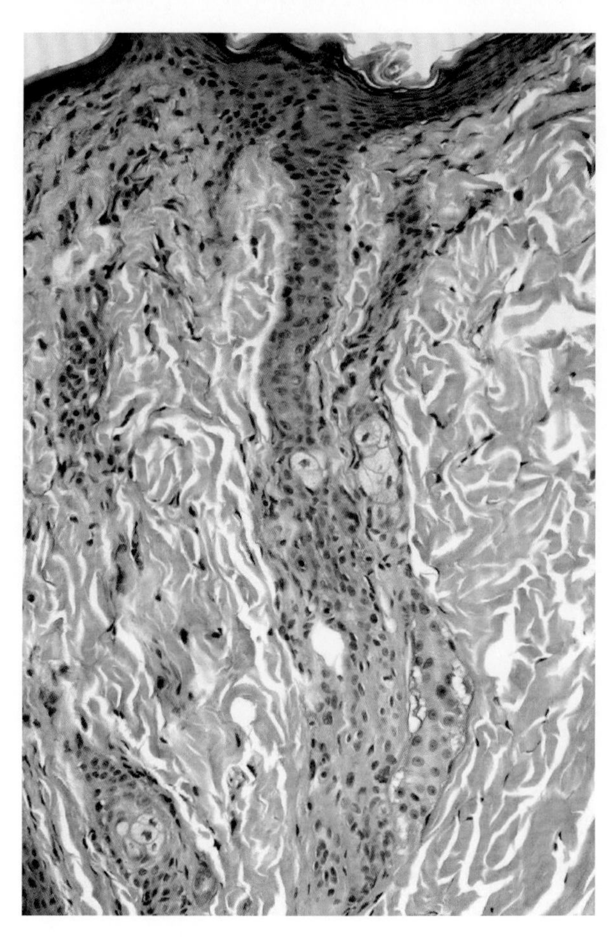

**图 31–6 皮肤活检（H&E，50 倍放大）**
猫副肿瘤性脱毛。萎缩性、轻度增生性皮炎。注意存在小皮脂腺和局灶性毛囊黏蛋白。

## 管理和预后

内部肿瘤的识别及切除为真正的副肿瘤综合征提供了可能的治愈方法，并且确实在一只猫中报道过[10]。然而，在许多情况下，患病动物为老年猫，肿瘤涉及胰腺或肝脏，手术难以进行。因此，当这些猫的全身症状加重时，通常会被安乐死。在一项综合调查中，当时报道的 14 只猫中有 12 只死亡或在临床症状发作后 8 周内被安乐死[1]。脱毛只是影响美观，通常不需要治疗。然而，脂溢性马拉色菌过度生长在临床上是令人苦恼的。在这种情况下，外用克霉唑乳膏或乳剂是作者治疗该酵母菌的首选，因为猫通常不喜欢洗澡，虽然皮肤不脆弱，但很敏感。马拉色菌过度生长常推荐使用咪康唑 / 氯己定药浴，但可导致皮肤干燥和刺激。如果在药浴之后使用保湿剂（例如，无香味的婴儿沐浴油、杏仁油制品），会相对好一些。全身性抗真菌剂可能是必要的，但患全身性疾病的猫耐受性可能较差。伊曲康唑将是首选的全身性药物。建议使用适口的、高质量、高蛋白饮食以提供足量的必需脂肪酸进行支持性姑息治疗。

预后需谨慎，因为诊断时肿瘤往往已经发展至晚期。生存预期可能只有几周或几个月，直至被安乐死。

## 表皮剥脱性皮炎

在多只胸腺瘤患猫中报道了表皮剥脱性皮炎[11]。还报道了手术切除肿瘤后的缓解，表明这是一种真正的副肿瘤综合征[12]。然而，在一些临床症状和组织病理学符合表皮剥脱性皮炎的猫中，无法确定潜在病因，血液学检查以及 X 线检查和超声检查结果正常[13]。即使进行长期随访，许多猫也没有发生肿瘤的证据。因此，这种严重的和临床上独特的表皮剥脱性皮炎提示副肿瘤疾病，但并不足以确诊。

### 临床症状

中老年猫的头部（图 31–7）、颈部和耳廓出现红斑和皮屑，通常无瘙痒，剥脱的角质层形成一层厚痂，并滞留在被毛中（图 31–8）。随着时间的推移，猫的发病区域会出现脱毛（图 31–9）。随着疾病的进展，病变的严重程度和范围也在发展。发生严重的过度角化、红斑和糜烂，并扩散至躯干（图 31–10 和图 31–11）。咳嗽和呼吸困难可能与胸腺变化相关。发病猫可能瘙痒，也可能不瘙痒。瘙痒最常与继发性感染［葡萄球菌和（或）马拉色菌］相关。广泛的舔毛也可能与轻度疼痛有关。

### 诊断

在头部和耳廓皮屑以及少毛症的早期阶段，临床表现可能提示皮肤癣菌病或外寄生虫。浅表皮肤刮片、拔毛镜检和细胞学检查可用以鉴别诊断。表现瘙痒、轻度皮屑和细菌或酵母菌过度生长的猫可能难以与过敏猫区分。然而，发病年龄较大和头顶

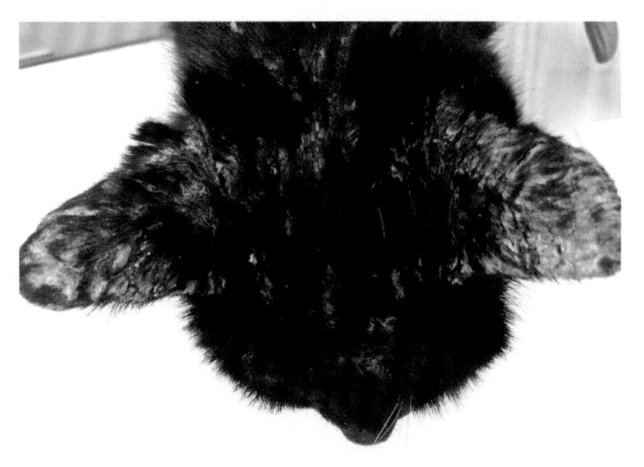

**图 31–7 猫头部分散的脱毛和少毛症**

双耳廓、头部背侧和颈部可见厚的粘连性皮屑和结痂（由慕尼黑小动物诊所的 R. Mueller 教授提供）。

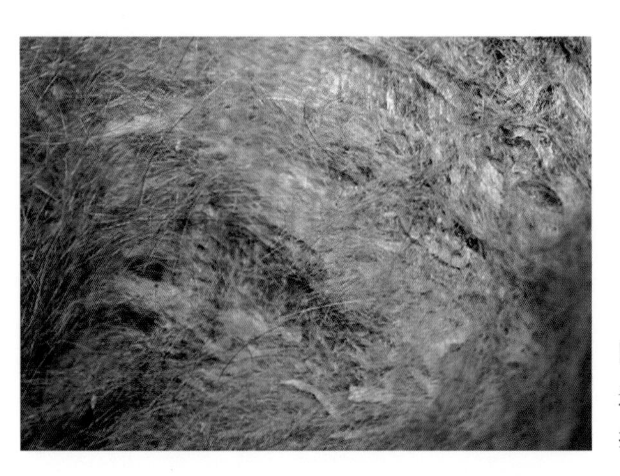

**图 31–8 猫的躯干被毛中的干燥、大片的皮屑**

这些皮屑与胸腺瘤患猫的表皮剥脱性皮炎有关（由 Dr. Silvia Colombo 提供）。

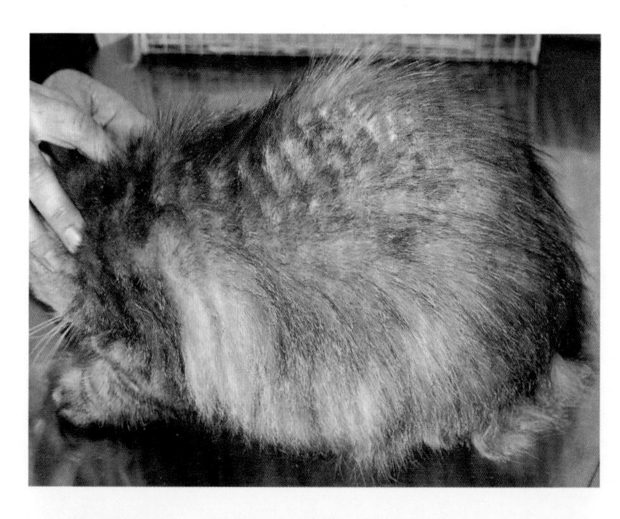

图 31–9　患胸腺瘤相关表皮剥脱性皮炎的猫，躯干表现为弥漫性少毛症伴皮屑（由 Dr. Chiara Noli 提供）

图 31–10　患胸腺瘤相关表皮剥脱性皮炎的猫，躯干严重过度角化和糜烂（由 Dr. Castiglioni 提供）

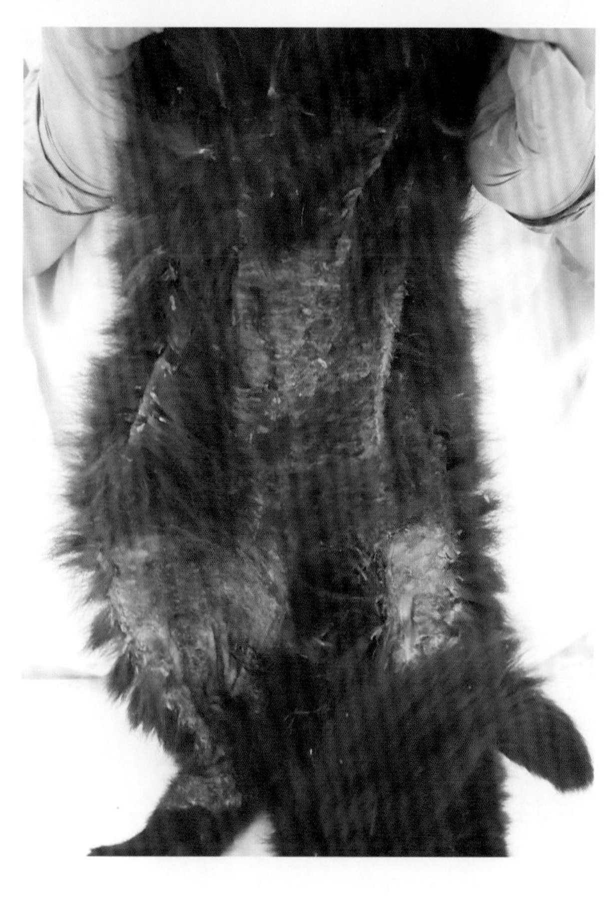

**图 31–11　猫腹部重度红斑、多灶性溃疡、脱毛和少毛症**

该病伴厚的粘连性皮屑和结痂，沿下腹部和后肢延伸。注意关节区域的病变更严重（由慕尼黑小动物诊所的 R. Mueller 教授提供）。

部及耳廓凸面皮炎的发展与特应性或食物过敏相比不太典型。过敏猫的病变部位通常位于耳前、面部和耳廓内侧。当在老年猫的细胞学检查中发现大量酵母菌时，应考虑全身性疾病。在一项评估猫皮肤活检的研究中，角质层中存在马拉色菌的大多数猫被诊断为表皮剥脱性皮炎，事实上，这些猫中的大多数在活检后不久就被安乐死[9]。表皮剥脱性皮炎的诊断是通过组织病理学检查确诊的，其特征性改变包括严重的、正角化性过度角化伴细胞毒性皮炎（在表皮的各个界面发生单个细胞坏死）（图 31-12 ~图 31-14）。该组织病理学诊断后，始终需要进行胸部 X 线检查（寻找纵隔变化；图 31-15）。

## 管理和预后

据报道，如果发现纵隔肿瘤并进行手术，成功切除肿瘤后病变会消退[14]。如果主人选择不切除或对症 / 姑息治疗，管理应侧重于治疗所有确定的皮肤感染和纠正皮肤屏障功能。首选外部治疗，但当皮肤疼痛或猫讨厌洗澡时，细胞学检查出感染，则应给予全身性抗菌剂。该疗法与“副肿瘤性脱毛”

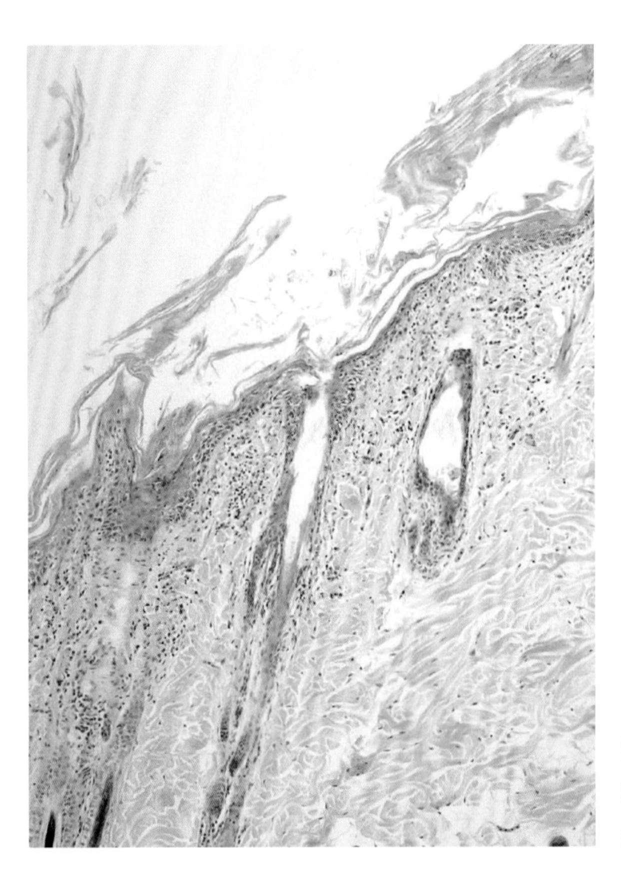

**图 31-12 皮肤活检（H&E，50 倍放大）**
猫表皮剥脱性皮炎。低倍镜下的特征包括明显的过度角化、表皮炎伴淋巴细胞外涉、表面定向的间质性皮炎和皮脂腺缺失。

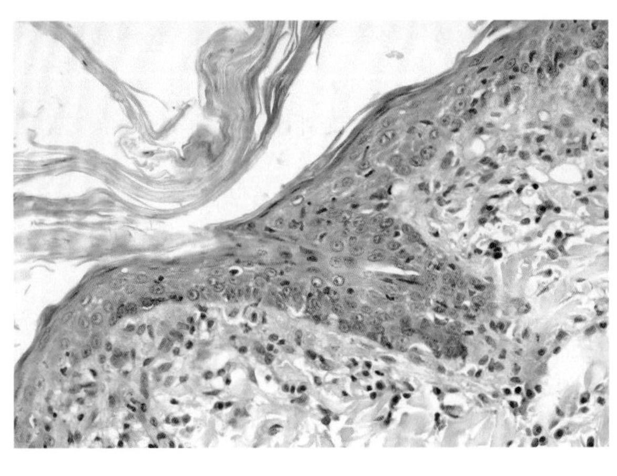

**图 31-13 皮肤活检（H&E，400 倍放大）**
猫表皮剥脱性皮炎，单个细胞坏死。

**图 31–14　皮肤活检（H&E，400 倍放大）**

猫表皮剥脱性皮炎。表皮过度角化、炎性细胞外渗和轻度棘层增厚。

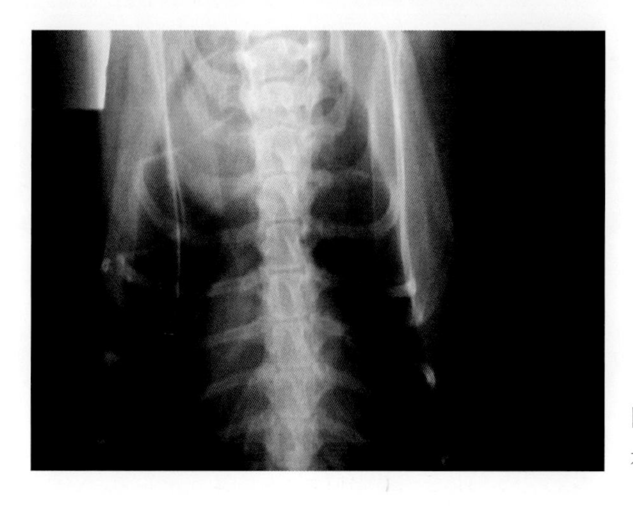

**图 31–15　图 31–9 中的猫胸部 X 线片**

在纵隔位置有一个非解剖不透射线区域，与胸腺瘤一致。

一节中描述的相同。异常皮肤屏障的管理可缓解一些不适，也旨在预防感染复发。作者更喜欢外用无香味的婴儿沐浴油，但在不同的国家，可能有各种兽用外用润肤产品可供选择。

尚未报道全身性泼尼松龙对这些猫有效。病理机制涉及淋巴细胞性、表皮细胞毒性皮炎，因此，环孢素可能有效，值得尝试治疗。在皮肤严重糜烂的病例中，可能存在疼痛，姑息性镇痛药可能是一种有用的辅助治疗。在确定无法手术的纵隔肿瘤的情况下，应注意预后，从确诊到安乐死的最长时间为 6 个月。当未发现肿瘤时，应建议在 1 ~ 2 个月内或每 6 个月进行一次 X 线检查和（或）CT 扫描，具体取决于是否存在伴随的全身症状。在一些未发现胸腺瘤的猫中观察到症状自发缓解。

## 浅表坏死松解性皮炎

在猫身上报道了 1 例与胰腺癌相关的浅表坏死松解性皮炎（SND）[2]。另一例猫 SND 与产生胰高血糖素的原发性肝神经内分泌癌有关 [3]。在胰高血糖素瘤和SND患猫中报道了多种氨基酸的降低。手术切除肿瘤后皮肤病变确实会消退，但尚不清楚皮肤改变是副肿瘤性的还是低氨基酸血症所致。在许多患典型SND（表现出显著和独特的皮肤和肝脏变化）的犬中，未证实恶性肿瘤，并且通常静脉输注氨基酸有效。因此，犬的综合征通常被称为肝皮综合征，无明确的副肿瘤特征。还报道了一只猫出现典型的SND肝脏和皮肤变化，但未发现恶性肿瘤[15]。

### 临床症状

黏膜皮肤（尤其是爪垫）的严重过度角化与细菌和（或）酵母菌过度生长、疼痛、精神沉郁和嗜睡相关。

### 诊断

皮肤细胞学检查是必不可少的，因为继发感染会引发疼痛和沉郁。建议将肝脏和胰腺作为超声检查的首要器官，因为其侵入性更小。皮肤活检可以看到典型的改变，但广泛的角化不全缺乏典型的真皮苍白可能是唯一确定的改变。因此，建议采集多个活检样本。重要的是要意识到，肝酶水平可能正常，因为肝脏变化是结构性/退行性的，而不是细胞毒性的。

### 管理和预后

预后谨慎。如果存在胰腺肿瘤并可手术切除，可能有良好的预后，尽管尚未在猫身上报道过。仅有肝脏变化的犬可通过每周至每月一次静脉输注氨基酸维持治疗，持续输注8 h，以避免诱导癫痫发作。然而，即使皮肤症状有所改善，大多数犬也将死于肝衰竭或因疼痛性皮肤病反复发作而被安乐死。未对报道的2只猫进行临床管理。

## 副肿瘤性天疱疮

副肿瘤性天疱疮（paraneoplastic pemphigus，PNP）是一种罕见的人和犬自身免疫性水疱病，曾报道过1例猫的可疑病例[5]。一只8岁喜马拉雅猫在纵隔淋巴细胞性胸腺瘤手术切除后4周发生斑丘疹，进展为糜烂性和溃疡性皮肤病。2周后，猫出现胸腺瘤相关的一过性重症肌无力。无口腔病变。皮肤状况通过组织病理学检查进行诊断，报告显示出两种特定的病理模式。一种模式与寻常型天疱疮一致，另一种模式与多形红斑一致。这两种模式的组合强烈提示副肿瘤综合征。还进行了直接和间接IgG免疫荧光试验，作者得出结论，结果支持PNP（非商业检测）。

这只猫用泼尼松龙和苯丁酸氮芥对症治疗，反应良好。逐渐降低剂量，然后停药，未见复发。

## 参考文献


[1] Turek MM. Cutaneous paraneoplastic syndromes in dogs and cats: a review of the literature. Vet Dermatol. 2003; 14(6):279–296.

[2] Patel A, Whitbread TJ, McNeil PE. A case of metabolic epidermal necrosis in a cat. Vet Dermatol. 1996; 7(4):221–226.

[3] Asakawa MG, Cullen JM, Linder KE. Necrolytic migratory erythema associated with a glucagon-producing primary hepatic neuroendocrine carcinoma in a cat. Vet Dermatol. 2013; 24(4):466–469, e109–e110.

[4] Lobetti R. Lymphocytic mural folliculitis and pancreatic carcinoma in a cat. J Feline Med Surg. 2015; 17(6):548–550.

[5] Hill PB, Brain P, Collins D, Fearnside S, Olivry T. Putative paraneoplastic pemphigus and myasthenia gravis in a cat with a lymphocytic thymoma. Vet Dermatol. 2013; 24(6):646–649, e163–e164.

[6] Marconato L, Albanese F, Viacava P, Marchetti V, Abramo F. Paraneoplastic alopecia associated with hepatocellular carcinoma in a cat. Vet Dermatol. 2007; 18(4):267–271.

[7] Grandt LM, Roethig A, Schroeder S, Koehler K, Langenstein J, Thom N, et al. Feline paraneoplastic alopecia associated with metastasising intestinal carcinoma. JFMS Open Rep. 2015; 1(2):2055116915621582.

[8] Caporali C, Albanese F, Binanti D, Abramo F. Two cases of feline paraneoplastic alopecia associated with a neuroendocrine pancreatic neoplasia and a hepatosplenic plasma cell tumour. Vet Dermatol. 2016; 27(6):508–e137.

[9] Mauldin EA, Morris DO, Goldschmidt MH. Retrospective study: the presence of Malassezia in feline skin biopsies. A clinicopathological study. Vet Dermatol. 2002; 13(1):7–13.

[10] Tasker S, Griffon DJ, Nuttall TJ, Hill PB. Resolution of paraneoplastic alopecia following surgical removal of a pancreatic carcinoma in a cat. J Small Anim Pract. 1999; 40(1):16–19.

[11] Rottenberg S, von Tscharner C, Roosje PJ. Thymoma-associated exfoliative dermatitis in cats. Vet Pathol. 2004; 41(4):429–433.

[12] Forster-Van Hijfte MA, Curtis CF, White RN. Resolution of exfoliative dermatitis and Malassezia pachydermatis overgrowth in a cat after surgical thymoma resection. J Small Anim Pract. 1997; 38(10):451–454.

[13] Linek M, Rufenacht S, Brachelente C, von Tscharner C, Favrot C, Wilhelm S, et al. Nonthymoma-associated exfoliative dermatitis in 18 cats. Vet Dermatol 2015; 26(1):40–45, e12–e13.

[14] Singh A, Boston SE, Poma R. Thymoma-associated exfoliative dermatitis with post-thymectomy myasthenia gravis in a cat. Can Vet J. 2010; 51(7):757–760.

[15] Kimmel SE, Christiansen W, Byrne KP. Clinicopathological, ultrasonographic, and histopathological findings of superficial necrolytic dermatitis with hepatopathy in a cat. J Am Anim Hosp Assoc. 2003; 39(1):23–27.

# 第三十二章　特发性疾病

Linda Jean Vogelnest 和 Philippa Ann Ravens

**摘要**

本书最后一章回顾了前几章中未讨论的一系列皮肤病，包括一些公认的疾病，如猫下颏痤疮、日光性皮炎和灼伤，还包括许多病因不明的猫独特的表现，如特发性溃疡性皮炎和毛囊壁炎，这些疾病越来越被认为是一种反应模式而非疾病，具有多种潜在原因。嗜酸性粒细胞增多综合征是另一种特发性的猫独特的表现，与皮脂腺炎和无菌性脂膜炎一样，猫很少发生。

## 引言

本章回顾的各种疾病分为局部皮肤病影响特定的身体解剖区域、环境和生理性皮肤病（由于外部皮肤损伤或对毛发循环的影响），以及特发性无菌性炎性疾病。有些是相当普遍的、公认的疾病，还有些是罕见的、认识不完整的疾病。

## 局部皮肤病

一些皮肤病会影响特定的身体区域，尽管特定的发病区域有助于识别病变，但大多数皮肤病具有不确定或多因素的病因和各种未完全评估的治疗选择。

### 下颏痤疮

猫痤疮是一种以形成粉刺为特征的局部毛囊角化性疾病，具有多种潜在的促成因素，包括局部理毛不足、皮脂生成异常、毛发循环异常和过敏反应［特应性皮炎、接触和（或）食物反应］[1-3]。据报道，该病在收容所的猫和多猫家庭中多发；应激、病毒感染（杯状病毒、疱疹病毒）、蠕形螨病或皮肤癣菌病的潜在作用仍未得到证实[2, 3]。许多发病猫在其他方面表现健康，无明显的全身性疾病；然而，并发皮肤病，尤其是过敏反应和继发性细菌感染并不少见[1]。

尽管猫痤疮在室内和室外饲养的猫中均会发生[1-3]，且在全科医院也很常见[3]，但其流行性数据很少。猫痤疮是美国大学皮肤科转诊服务机构最常见的 10 种皮肤病之一，在为期 15 年的统计中，占高校附属医院检查的猫皮肤病的 3.9% 和所有猫病的 0.33%[1, 4]。实际的患病率应该更高，因为与其表现相关的轻度疾病可能被漏报。未证实有年龄、性别或品种易感性[1]，但在一项包含 22 只猫的研究中，公猫更常发病（73%）[3]。继发性深层细菌感染常使病情复杂化；据报道，42% ~ 45% 的受感染的猫都有这种症状[1, 3]（见第十一章）。偶有关于出芽酵母菌的病例报告，与表面细胞学或组织病理学上存在的马拉色菌[2, 3]或培养物上分离的厚皮马拉色菌相一致[3]；然而，马拉色菌属在疾病发病机制中的作用仍未得到证实。

### 临床表现

猫痤疮多局限于下颏、下唇和（或）上唇，唇联合处不常发病。最常报道的病变为棕黑色粉刺和细小结痂 / 毛囊管型（60% ~ 73%；图 32-1）、脱毛（68%）、丘疹（45%）和红斑（41%）[1, 2]。当伴有深层细菌性毛囊炎和疖病时，可进展为结节性肿胀、瘘道和弥漫性肿胀；当有严重和（或）慢性凹陷性瘢痕时，可出现急性发热和精神不振[1]。病变最典型的特征是非瘙痒性和非疼痛性[1]，但有时报告仅限于发病区域的瘙痒，尤其是与继发性细菌感染相关[2, 3]。

### 诊断

基于仅限于下颏或邻近口周区域的典型病变，诊断通常很简单，细胞学检查对于检测继发性细菌（和潜在的马拉色菌）感染很重要。在使用无菌针头破坏脓疱后，胶带粘贴可用于对该区域进行采样。细针穿刺适用于结节性或弥漫性肿胀性病变（见第十一章）。如果涉及其他病史或临床病变，注意进行蠕形螨病或皮肤癣菌病筛查。

组织病理学对不典型病例或证实深层细菌感染和（或）毛囊附件改变可能有重要意义。一系列组织病理学检查结果反映了临床表现的范围[2, 3]，在 22 例病例的研究中发现毛囊和（或）腺体异常占主导地位，包括导管周围淋巴浆细胞性炎症（86%）、皮脂腺导管扩张（73%）、毛囊角化伴堵塞和扩张（59%）、表皮腺体闭塞和扩张（32%）、毛囊炎（27%）、疖病（23%）和脓性肉芽肿性皮脂腺炎（23%）[2]。

## 特发性颈部溃疡性皮炎

曾报道过猫的特发性溃疡性皮炎，其特征是在颈背部或肩胛骨之间典型的结痂、不愈合的溃疡（图 32-2），表明它可能是一种病因不明的独立疾病[5, 6]。虽然早期报道该类疾病没有明显的瘙痒表现[5]，但病变部位有抓挠迹象，且会产生持续性的严重自损，通常与愈合不良或愈合后复发有关[6]。目前认为重度瘙痒可能有多种基础病因[6]。神经疾病被认为是一个潜在原因[7]，但仍未得到证实。据报道，一些猫[5]在糖皮质激素治疗或手术切除病变后会缓解，提示有一过性原因。在作者的经验中，过敏性皮炎是一个常见的潜在病因，一些病变与继发性细菌感染相关，一些发病猫还有其他过敏表现。瘙痒性过敏猫的其他身体部位（如耳前、颈腹侧）出现类似的无法愈合的溃疡，与后肢严重抓挠有关。在之前对环孢素、氯丙嗪、苯

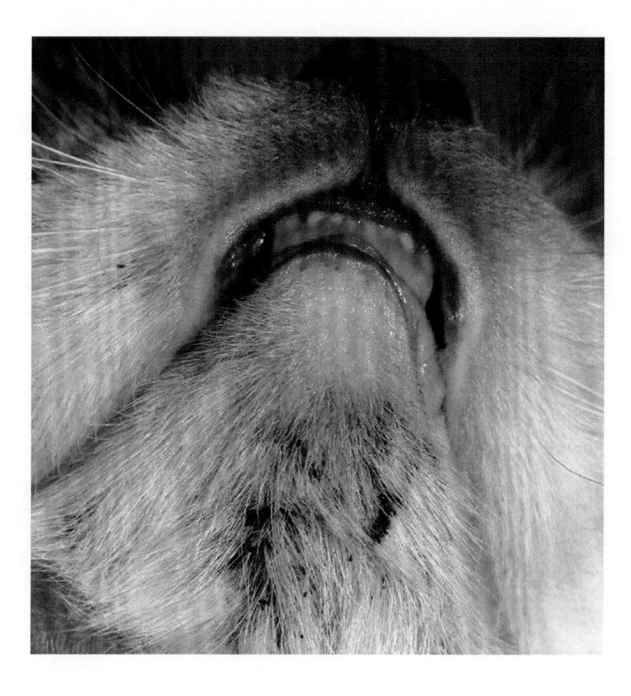

图 32-1　猫下颏上典型的黑色硬皮和毛发

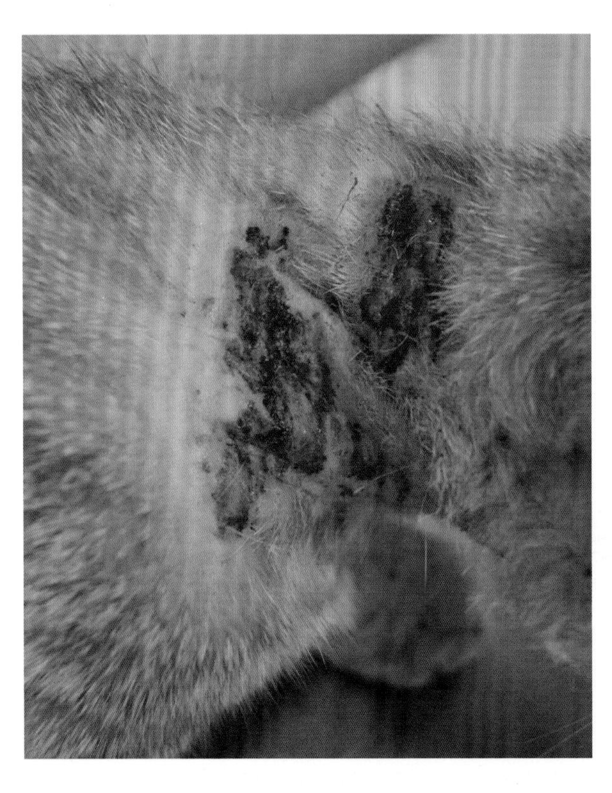

**图 32–2 猫特发性颈部病变**

下颏和颈部大面积溃疡，被厚结痂覆盖（由 Dr.Chiara Noli 提供）。

### 治疗

治疗建议在很大程度上取决于个人经验。一项评估 25 只猫外用 2% 莫匹罗星软膏的非对照研究显示，3 周内的治疗反应极佳（$n=15$）至良好（$n=9$），1 只猫存在潜在接触反应 [3]。目前提出了各种外部治疗方法，旨在减少粉刺形成和继发感染，包括各种剂型（药浴香波、凝胶、软膏）的抗菌剂（氯己定、过氧化苯甲酰）和角质软化剂（维 A 酸、水杨酸、硫磺）[1]。

轻度、非进展性、粉刺性表现可能不需要治疗 [1]。如果确诊为浅表继发性细菌感染，局部使用抗菌剂（2% ~ 4% 氯己定溶液）优于局部抗生素（见第十一章）。全身性抗生素对深层细菌感染很重要，当细胞学检查可见明显的球菌感染时，阿莫西林 – 克拉维酸或头孢氨苄在许多地区是推荐使用的一线经验性选择。全身性抗生素通常持续 4 ~ 6 周或直至结节和瘘道消退后至少 2 周。当细胞学表现为胞内杆菌，或对经验性治疗反应差和（或）甲氧西林耐药葡萄球菌感染率高的地理区域，组织活检或完整脓疱的细菌培养对抗生素的选择尤为重要（见第十一章）

对于无继发细菌感染或对继发感染治疗有效的病例，建议初始治疗使用局部清洁和（或）角质软化剂，并逐渐降低频率以帮助防止复发。选择包括：

- 清洁 / 抗菌剂：
  - ◎ 物理去除过多的结痂，例如，细齿梳梳理、轻轻揉搓，每周 1 次或根据需要进行；药浴香波可能有效，但在许多猫中耐受性较差。
  - ◎ 2% ~ 4% 氯己定溶液，每天 1 次，用于感染 / 暴发期；如果感染复发，每周 2 ~ 3 次。
  - ◎ 0.05% ~ 0.1% 过氧化苯甲酰凝胶，最初每天 1 次至隔天 1 次；可能导致皮肤干燥和刺激；如果有效，继续以每周 1 ~ 2 次的频率使用。

- 外用维 A 酸，每天 1 次，直至临床症状改善（6 ~ 8 周），然后逐渐减量；有光毒性潜力（避免日光暴露）：
  - ◎ 0.01% ~ 0.05% 维 A 酸凝胶、乳膏或洗剂（可能更强效，但刺激性更强）。
  - ◎ 0.1% 阿达帕林凝胶（刺激性低于维 A 酸）。
- 外用类固醇：
  - ◎ 1% 莫米松乳膏，每天 1 次，持续 3 周，然后每周 2 次。
- 全身性维 A 酸：异维甲酸 2 mg/kg，每天 1 次（严重病例可使用）[1]。

**猫痤疮治疗指南**

1. 治疗继发性细菌和（或）酵母菌感染，如果细胞学检查提示：
   （a）浅表感染：2% ~ 4% 氯己定溶液，每天 1 次，持续 2 ~ 3 周（不应鼓励使用莫匹罗星或夫西地酸）（见第十一章）。
   （b）深层感染：阿莫西林 – 克拉维酸或头孢氨苄作为一线治疗或通过细菌培养和药敏试验指导（来自组织活检或脓疱内容物），每天 2 次，持续 4 ~ 6 周或直至结节 / 瘘道消退后 2 周。
2. 清洁，使用适合主人和患猫的选项（最初每天清洁，然后减少）：
   （a）细齿梳梳理或轻轻揉搓，以去除过多的结痂。
   （b）过氧化苯甲酰凝胶（慎用；如果使用过于频繁，可能引起皮肤干燥 / 刺激）。
   （c）药浴香波：过氧化苯甲酰和 4% 氯己定（如果耐受，每周 1 ~ 2 次）。
3. 角质软化剂，如果清洁不充分和（或）用于严重病例：
   （a）外用维 A 酸：0.05% 维 A 酸。
   （b）药浴香波：水杨酸和硫磺。
   （c）全身性维 A 酸：异维甲酸 2 mg/kg，每天 1 次。

丁酸氮芥或阿米替林无反应的猫中，奥拉替尼（1 ~ 1.5 mg/kg，每天 1 次，持续 4 ~ 6 周）可使肩胛背侧区域的慢性溃疡性病变消退 [7]。某些情况下可能存在行为性病因，曾报道有 10 只猫的病变在环境条件改善（包括自由获取食物和水、提供隐藏场所、多次更换玩具、与不友好的猫分离、减少人类接触）后 15 ~ 90 d 内消退 [8]。

### 诊断

该病的诊断需要考虑重度瘙痒的多种潜在原因，尤其是过敏反应和一些潜在的外寄生虫（戈托伊蠕形螨、耳螨）。通过胶带或载玻片压片进行细胞学检查对于检测继发性细菌和可能的马拉色菌感染非常重要。表面皮肤刮片可用于筛查蠕形螨或耳螨。组织病理学结果提示持续溃疡的慢性反应，伴有不同程度的真皮坏死和纤维化。有报道称，从溃疡向外延伸的表皮下存在线性纤维变性 [5, 6]，但与其他慢性创伤性皮肤损伤的区别也未得到证实。

### 治疗

治疗建议很少有文献记载。病变通常对常用的对症治疗［包括全身性糖皮质激素和（或）抗生素］无效。托吡酯是一种具有潜在镇痛作用的抗癫痫药物，给一只猫使用后取得了明显的成功，但在尝试停止治疗后 24 h 内出现复发 [9]。然而，未报道该药物在猫身上的药代动力学和安全性。

根据作者的经验，在许多情况下，尽早限制持续自损、治疗任何继发性细菌感染和鼓励愈合措施的组合是有效的。颈部包扎和（或）紧身衣，有时同时包扎后爪，通常是有帮助的。局部抗生素软膏（2% 莫匹罗星、2% 夫西地酸钠）可用于存在感染的病变或在非黏性敷料下放置外用的磺胺嘧啶银（1% 乳膏）（见第十一章）。氯己定溶液不太适合溃疡病变，因为更有效的抗菌浓度可能刺激溃疡区域（最高浓度为 0.05% 溶液）。使用黏性绷带有助于每日清洁和外部治疗。

识别和管理任何潜在疾病对于限制复发很重要，在无其他确诊原因的病例中，进一步研究潜在过敏症很重要（见第十九章至第二十三章）。

## 跖跗关节 / 跖骨溃疡性皮炎

在猫的跖骨区域和（或）跗关节的跖骨部分出现的不愈合的溃疡很少被正确识别。目前尚不清楚这种表现是否代表单独的疾病或具有多种潜在原因。尽管接触过敏可能是多因素病因的一部分，但在某些情况下，使用了绷带仍有持续病变，因此接触过敏似乎不太可能是主要病因。

病变常从单侧开始，然后变为双侧，呈对称性，与过度舔舐无明显相关性。在作者所见的病例中，缺乏原发性病变，而是表现典型的边界清晰的不愈合糜烂至溃疡的区域伴周围脱毛和红斑（图 32–3）。无其他过敏或皮肤症状。

组织病理学结果包括嗜酸性粒细胞性皮炎和（或）中性粒细胞性皮炎，伴真皮坏死和纤维化，无明显溃疡和延迟愈合的原因。病变对预防舔舐、包扎和伤口护理的反应非常缓慢，且通常反应不佳。继发性细菌感染在表面细胞学和（或）组织病理学上可能很明显，但尽管控制住感染病变仍无法完全消退。即使手术切除和手术部位愈合良好，也仍会复发。

最佳治疗方案未知。对继发性感染的控制以及良好的伤口护理都很重要。用于组织病理学的皮肤活检可能有助于排除明确的原因和指导治疗选择。

## 尾腺增生

猫尾上腺是一簇大皮脂腺，位于尾部近端的背侧。在一些猫中，这些腺体增生，形成局部皮肤病，通常被称为“种马尾病”。这种情况主要见于未去势公猫，但偶尔发生在母猫和去势公猫中。推测腺体增生和皮脂分泌过多是对雄性激素的反应[10]。

病变的严重程度各不相同，包括油性渗出物伴皮屑（图 32–4）、部分脱毛、毛发缠结至完全脱毛伴色素沉着和粉刺。继发性细菌感染可导致局部肿胀、红斑、疼痛和（或）瘙痒[10]。

### 治疗

治疗包括清除多余的皮脂、减少粉刺形成和预防继发性细菌感染。轻度病变可用去角质的浴液（如硫磺、水杨酸）清除油性渗出物，帮助排空闭塞的毛囊和皮脂腺。洗澡后保湿型的护毛素可能会让猫受益。维生素 A 及其衍生物具有溶解粉刺和降低皮脂腺活性的作用，可考虑像猫下颏痤疮一样进行维 A 酸治疗。一项双盲安慰剂对照的研究报告显示，在使用 0.1% 维 A 酸乳膏（大量使用，每天 4 次，持续 28 d）治疗后，临床症状显著缓解[10]。需要预

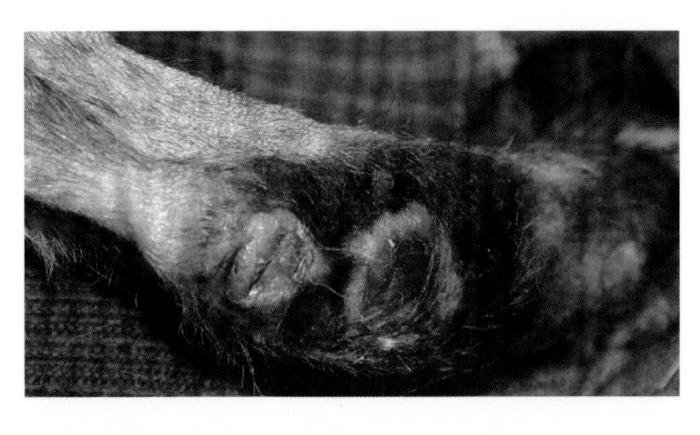

图 32–3 猫爪底跖骨缓慢愈合的不明原因的糜烂至溃疡

**图 32–4　猫尾腺增生，尾部背侧有褐色皮屑伴油性渗出液（由 Dr. Silvia Colombo 提供）**

防性治疗，建议每周 1 次或根据需要外用维 A 酸，以维持无症状状态。

应评估疼痛、红斑或肿胀的病变是否存在继发性细菌感染，对严重病变应使用表面细胞学和（或）细针穿刺或活检，并作为初始治疗的重点。去势后，公猫的临床症状可能改善，但严重的腺体增生可能不容易完全恢复。

## 环境和生理性皮肤病

### 日光性（光化性）皮炎

日光性皮炎或光化性皮炎常见于有大量户外活动并喜欢晒太阳的猫，尤其是生活在高紫外线指数国家的猫[11–15]。这归因于暴露在过多的紫外线（ultraviolet，UV）下，导致角化细胞的直接损伤，主要是短波 UVB，但也包括具有更深的真皮渗透性的长波 UVA。其发生与皮肤颜色和被毛密度密切相关，无色素或非被毛区域发病，尤其是耳廓、耳廓边缘、鼻面以及眼周、口周和耳前区域。室内猫也可能发病。因为窗户玻璃虽能有效阻挡 UVB 射线，但 UVA 射线仍能穿透。日光性皮炎通常会进展为日光性角化病和鳞状细胞癌[11]（见第三十章）。

#### 临床表现

在一项 32 只猫的研究中，发病猫的平均年龄刚刚超过 3 岁，范围为 1 ~ 14 岁[12]。最早的一例为 3 月龄出现病变[13]。发病皮肤初始表现为红斑，可在数月或数年内缓慢进展为皮屑、脱毛和轻度结痂。早期病变可能是细微的，主人不会注意到。耳廓边缘可能卷曲（图 32–5a）。当出现溃疡（图 32–5b）、重度结痂和增生性病变时更可能提示进展为鳞状细胞癌[11–13]。

#### 诊断

诊断取决于临床症状（毛发稀疏、无色素皮肤上的病变），并通过活检和组织病理学确诊。早期病变的其他鉴别诊断包括皮肤真菌病以及寒冷气候下的冷球蛋白血症或冻伤[11]。组织学上，表皮层表现为棘层增厚，可能有空泡化（晒伤）细胞和凋亡细胞。表皮下水肿和硬结胶原增厚常伴随轻微的血管周围炎性浸润。慢性病例通常血管化不良，尽管一些病例表现为毛细血管扩张。日光性弹性组织变性在日光性皮炎患猫中通常罕见，而人类在正常浅表真皮中的弹性蛋白明显更多[12, 14, 15]。

### 治疗

避免紫外线对角化细胞的进一步损害最为重要。理想情况下，发病猫应在日光照射时限制户外活动，尤其是在日光强度最高的中午（上午9点至下午3点）[11, 15]。对于不能在室内饲养的猫，建议每天反复涂抹防晒因子（sun protection factor，SPF）高的防晒霜，如SPF＞30[11]；然而，反复使用防晒霜往往耐受性差，长期使用不切实际，因此，强烈鼓励努力限制或改变猫在户外自由活动的时间。

## 灼伤

灼伤可由高温、电流、化学物质或辐射过多引起，可根据发病的表面积和灼伤深度进行细分。严重的代谢紊乱会迅速发生，因此广泛的严重灼伤很严重，会危及生命，需要由急诊和重症监护专家进行管理。局部灼伤被认为累及＜20%的总体表面积，很少导致全身性疾病，范围从浅表或一级灼伤（仅累及表皮）至部分真皮层或二级灼伤（累及表皮和部分真皮）至全层或三级灼伤（累及表皮、真皮和皮下组织）[16–18]。

### 热灼伤

热灼伤是患病动物中最常见的灼伤，通常在意外暴露于极端热源（如火焰、液体烫伤、炉子、汽车消声器或散热器、深色毛发动物强烈的日光暴露）（图32–6a）或过度的人工加热（如吹风机、电热垫、热水瓶）时发生。在动物医院，过热的加热垫（图32–6b）和接地不当的电烙器是意外热灼伤的常见原因[16, 17]。浅表灼伤通常是急性的且病变很典型，表现为干燥或湿润的红斑和皮屑，如果不了解热源的暴露史，通常不容易识别为灼伤。尽管发病区域往往表现疼痛，但较深的病变往往需要1 ～ 2 d，偶尔长达7 ～ 10 d才能变得明显，尤其

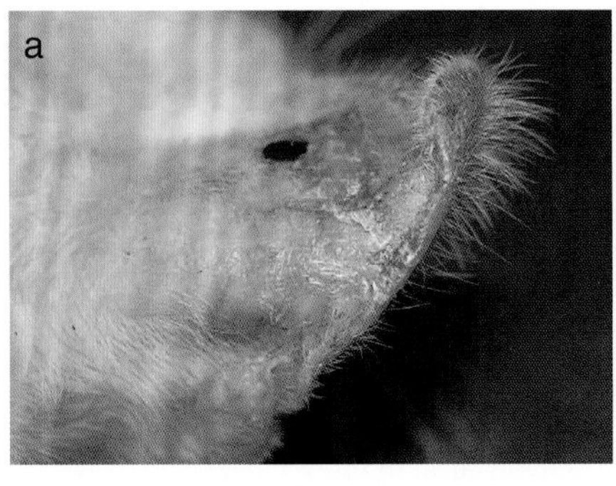
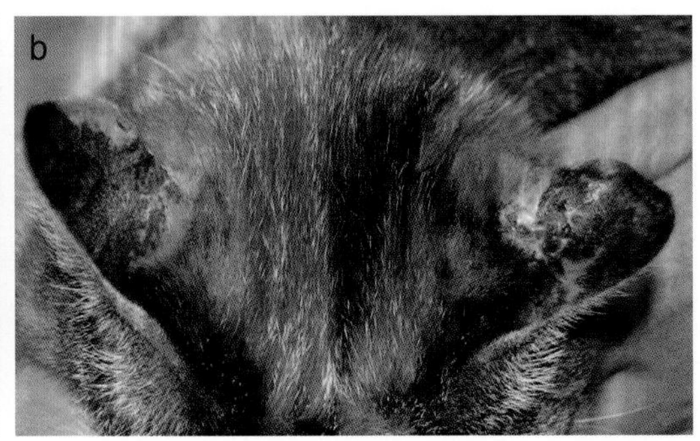

**图32–5 猫日光性皮炎**

（a）白猫耳廓因日光晒伤而出现红斑、肿胀、软骨卷起及小溃疡（由Dr. Chiara Noli提供）；（b）仅在耳廓浅色皮肤上有溃疡，更倾向于是受到日光照射的伤害（由Dr. Chiara Noli提供）。

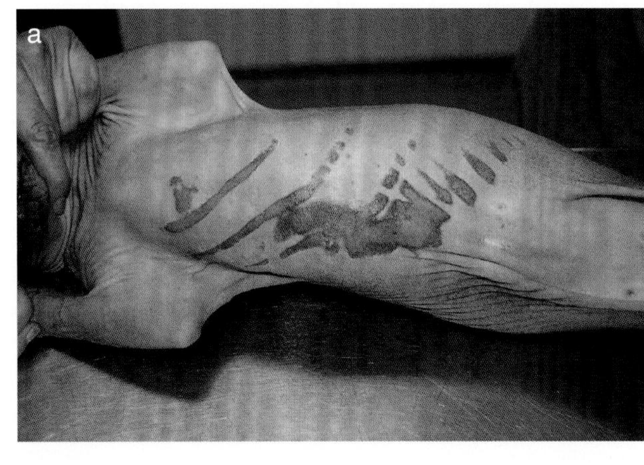
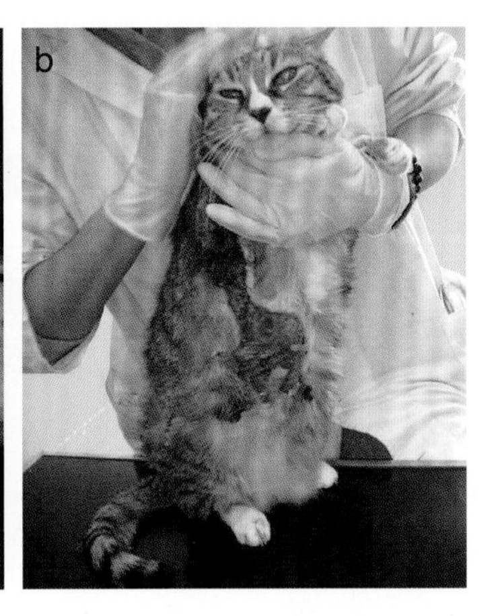

**图32–6 猫的热灼伤**

被暖炉灼伤的无毛猫（由Dr. Chiara Noli提供）；（b）手术加热垫引起的灼伤（由Dr. Chiara Noli提供）。

是在被毛较厚的区域。延迟就诊是加热垫灼伤的典型表现。毛发很容易从全层灼伤区域脱落。典型的死皮（焦痂）表面呈厚革质，并伴有进行性湿性溃疡，容易继发细菌感染 [16, 17]。

### 慢性热辐射性皮炎

长时间暴露于中度高温下（不足以产生热灼伤）可能导致一种独特的、不太明显的热损伤，其被称为慢性热辐射性皮炎、中度热性皮炎或轻微红斑。猫在侧卧或俯卧时长期暴露在热源下可能会出现病变，包括电热垫或电热毯、壁炉、柴炉、煤炉和潜在的加热灯或晒热的车道。已报道的病例的暴露持续时间为 1 ～ 9 个月。皮肤病变表现为脱毛、红斑和瘢痕形成，可能呈不规则线状，有时伴有色素沉着和（或）结痂 [19]。

### 放射灼伤

暴露于电离辐射的放射治疗的患病动物可能会发生放射灼伤，尽管这在猫身上通常罕见。放射治疗是一些癌症的治疗选择，在兽医行业内也越来越普及。病变包括急性脱毛、红斑、色素脱失（雀斑和弥漫性颜色变化）和皮屑（干性或湿性），仅限于接受放疗的区域。可能出现瘙痒和疼痛。放射灼伤通常是轻度和自限性的，但偶尔可能为重度。慢性不愈合性放射性皮炎也有报道，可见于放射治疗完成后数月至数年。

### 化学或电灼伤

舔舐或摄入腐蚀性物质可能导致化学或电灼伤。猫也可能咀嚼电线，导致口腔电灼伤。

### 诊断

根据已知的暴露史，灼伤的诊断很简单，但对于更细微的病变或慢性病变可能很困难。对于任何不明原因的局部皮肤病变伴溃疡、焦痂或不规则瘢痕，获得最近几周内相关灼伤药物的潜在暴露史是有意义的。

深度灼伤的组织病理学通常显示表皮和真皮的特征性逐渐变细的凝固性坏死，尽管急性重度血管损伤（如剥脱伤；见下文）、中毒性表皮松解症或重度多形红斑可产生类似变化 [18, 20]，但毛囊上皮的凝固性坏死且保留周围的胶原蛋白，是热灼伤的独特特征 [18]。

慢性热辐射性皮炎的组织病理学特征包括角化细胞变化（细胞空泡形成、细胞凋亡、轻度异型性，包括核增大）、类似缺血性皮肤病的真皮变化（真皮胶原蛋白苍白、轻度内皮变性、毛囊和皮脂腺萎缩）和波浪状嗜酸性弹性纤维。尤其是在一个小病例系列的报道中，认为核增大（大角质细胞核）和弹性纤维变化具有特征性 [19]。

### 治疗

灼伤深度和大小是影响预后的重要因素。浅表灼伤通常 3 ～ 5 d 愈合，无瘢痕。部分真皮层灼伤愈合良好，愈合时间为 2 ～ 3 周以上，由于真皮深层内残留毛囊的再上皮化，瘢痕很少或没有瘢痕。全层灼伤常需要手术矫正，尤其是对于较大的病变，因为愈合取决于肥厚性瘢痕的收缩 [16, 17]。

20% 以上体表面积的全层灼伤需要紧急急救护理，并在专科急救机构进行最佳管理。如果在灼伤事件发生后 2 h 内接受治疗，急救措施首先需要轻柔剪除毛发和清洁，以除去任何表面碎片或腐蚀性物质，然后用冷盐水（3 ～ 17℃）冷却至少 30 min，这会减轻细胞损伤的严重程度 [17]。灼伤事件发生 2 h 以上的患病动物应使用饮用水或 0.9% 氯化钠溶液清洗，轻柔剃除邻近区域的被毛，以便于持续护理，就诊时和接下来 1 ～ 2 周内根据需要逐渐对所有坏死区域进行清创 [17]。急性灼伤创面非常疼痛，要给予非甾体抗炎药、阿片类药物或加巴喷丁等镇痛药。非黏性敷料可保持湿润环境，促进再上皮化（角化细胞在湿润环境下迁移增加）并减少瘢痕形成；伤口有渗出液时，应每日更换敷料。磺胺嘧啶银具有广谱抗菌作用，长期以来被认为可辅助伤口愈合，作为限制灼伤伤口感染的局部抗菌剂金标准 [17, 21]。然而，最近在实验性伤口中的研究证实了伤口愈合的延迟，尽管公认细菌感染对灼伤愈合的影响更大 [21]。医用级蜂蜜，尤其是经过更严格研究的麦卢卡蜂蜜，是一种可替代的广谱抗菌选择，可考虑作为伤口的外部治疗。然而，尽管有文献报道低浓度（0.1% v/v）可促进伤口闭合，但抗菌作用需要更高浓度（最低有效浓度为 6% ～ 25% v/v；破坏生物膜＞33%），浓度≥ 5% v/v 时具有细胞毒性。有人认为，最初可以选择高浓度，其适用于污染或感染的伤口，之后选择低浓度，以促进感染得到控制后的皮肤愈合。将医用级蜂蜜直接应用于包扎下的伤口将导致较高的表面浓度；目前正在开发缓释剂型[22]。

## 创伤后缺血性脱毛

该综合征的特征是钝性创伤后 1 ~ 4 周在背部出现大面积急性脱毛（图 32-7a），最常见于车祸后骨盆骨折的猫，也报告于从高处跌落后的猫。机理推测为创伤相关的剪切力导致皮肤与下层组织部分分离，损伤血管供应并产生缺血性病变。当病变刚开始发展时，在 7 ~ 10 d 内毛发很容易从患处脱落，产生融合的脱毛区，皮肤光滑有光泽。一些病变会出现局灶性结痂和糜烂，可能会出现轻度舔舐，但病变似乎并没有明显疼痛或瘙痒[23]。

组织病理学特征与缺血性皮肤病一致，包括毛囊和附件萎缩（图 32-7b）、真皮纤维组织增生、局灶性基底细胞空泡化和表皮下裂隙。角质层可能缺失或从下层脱落，这一发现解释了光泽的皮肤外观，但未报告其他缺血原因。脱毛通常是永久性的[23]。

## 生长期和静止期脱毛

术语“脱毛”一词是指毛发脱落增加。

生长期脱毛是由于对生长期毛发的抗有丝分裂作用导致毛干异常和断裂，通常在损伤后数天内导致脱毛。它可能与抗有丝分裂药物的给药相关，尤其是一些化疗药物，包括多柔比星，以及较少发生的感染、毒素、放射治疗或自身免疫性疾病。生长期毛发生长突然过早停止，导致毛囊循环同步进入退行期，然后进入静止期，从而发生静止期脱毛。损伤后 1 ~ 3 个月，新的毛囊活动开始于新的生长期毛囊，导致所有静止期毛发脱落和暂时性脱毛。可能与妊娠、哺乳、严重的全身性疾病、发热、麻醉或手术相关。

在猫身上发生的由生长期和静止期脱毛引起的脱毛病例，仅有很少的描述，其中包括 2 只缅因猫的妊娠相关静止期脱毛[24]。2 只缅因猫均表现暂时性脱毛，在去除刺激原因后 3 个月内消退。

# 无菌性炎性皮肤病

## 皮脂腺炎

在猫身上偶有皮脂腺炎的报道[25-27]，在 8 年间

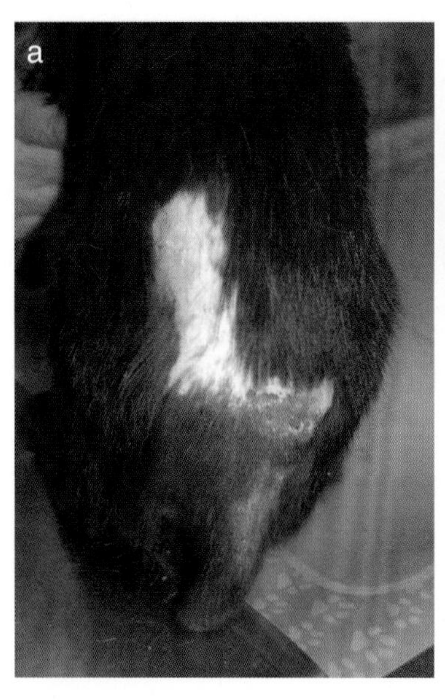


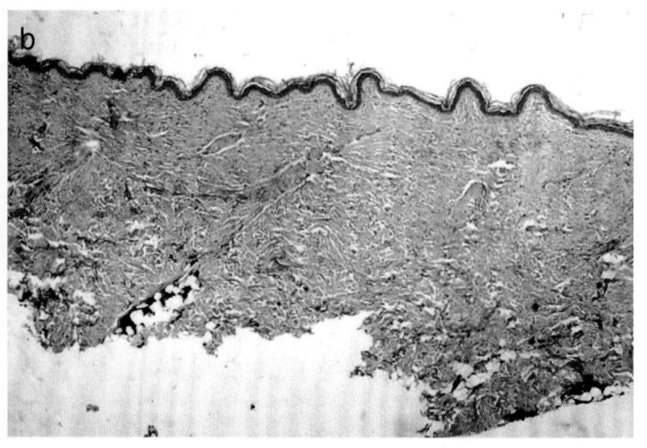


**图 32-7 猫创伤后脱毛**

（a）猫被汽车撞伤荐骨时，腰荐部脱毛和皮肤色素减退区域（由 Dr. Chiara Noli 提供）。（b）同一只猫病变的组织学检查：未见毛囊；有少数“单个”的顶浆分泌腺（H&E，40 倍放大）（由 Dr. Chiara Noli 提供）。

到康奈尔大学就诊的约1400只猫中有2只被报道为皮脂腺炎（约0.14%）[28]。虽然主要的病理学变化是以皮脂腺为靶点的淋巴细胞性炎症，最终完全或几乎完全不存在皮脂腺[25]，但由于通常并发淋巴细胞性毛囊壁炎，而这不是犬类疾病的特征，因此尚不清楚其是否与犬的皮脂腺炎完全对应[25, 26, 29, 30]。皮脂腺炎和（或）皮脂腺缺失也可见于猫的其他疾病，包括胸腺瘤相关和非胸腺瘤相关的表皮剥脱性皮炎；除皮脂腺变化外，这两种疾病还表现为表皮和毛囊界面病理性变化[31]（见第三十一章）。

#### 临床表现

被描述为患有皮脂腺炎的猫主要是家养混种猫，也有一只挪威森林猫[25–27, 29, 30]。特征性病变是进行性脱毛和皮屑，伴或不伴毛囊管型，通常开始于面部和颈部，并进展为全身性病变（图32–8）[25–27, 30, 32]。眼周常见黏性棕黑色皮屑至轻度结痂，鼻皱襞、口周和外阴区偶见[25–27, 30]。一些猫可能患有继发性细菌性脓皮病[25]或外耳炎[27]。大多数报告不存在瘙痒[26, 28]；然而，在1例无细菌性脓皮病的病例中明显存在中度至重度瘙痒[27]。相比之下，患有胸腺瘤相关和非胸腺瘤相关的表皮剥脱性皮炎的猫有非常严重的皮屑，缺少毛囊管型，脱毛也并不严重[31]（见第三十一章）。

#### 诊断

诊断需要进行组织病理学检查。通常情况下表现为皮脂腺缺失，早期病变具有结节性淋巴细胞至组织细胞浸润，呈单侧毛囊周围浸润，在皮脂腺应该存在的区域，偶尔周围有皮脂腺残留。常见并发正角化性过度角化和一定程度的毛囊漏斗部的正角化性过度角化。据报道，许多病例在峡部和漏斗部区域都有淋巴细胞性毛囊壁炎，可能集中于皮脂腺导管入口的位置[25, 26, 29, 30]。

#### 治疗

环孢素（5 mg/kg，每天1次）治疗3个月后，1只猫的症状完全消退，随后逐渐降低药量至停药后症状复发，随着环孢素剂量增加和2周内逐渐减量的泼尼松龙联用后，症状再次消失[26]。据报道，环孢素联合保湿浴液和外用脂肪酸/神经酰胺（剂量和产品不明）治疗1个月后对另一只猫也有效[27]。环孢素对一些非胸腺瘤相关的表皮剥脱性皮炎病例也有效[31]。一份病例报告描述了使用含精油、润滑剂和维生素E的局部脂肪酸滴剂后，症状虽未完全消退，但持续良好的临床反应[25]。

## 无菌性脂膜炎

“无菌性脂膜炎”是一个广义术语，包括一系列导致皮下脂肪炎症的非感染性疾病。脂肪细胞容易受到创伤、缺血和邻近炎症扩展的影响，释放游离脂肪酸可促进进一步的炎症反应[33]。

#### 全身性脂膜炎

全身性脂膜炎是一种营养障碍，在猫身上是由于维生素E摄取不足所导致的。最常发生于食用含

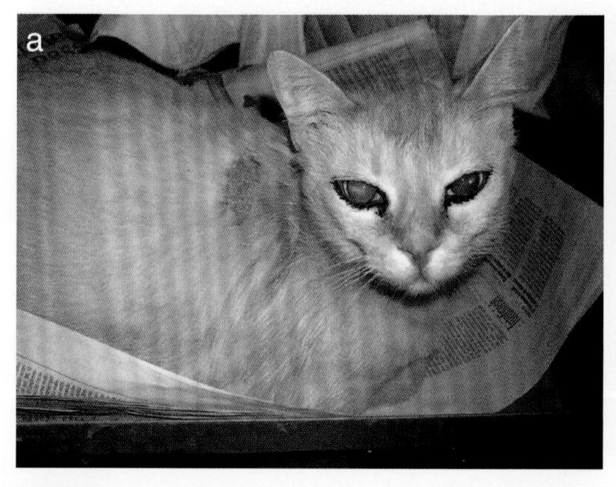


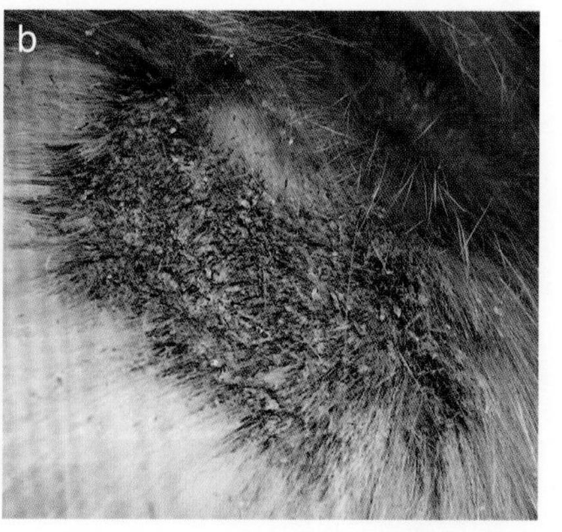


**图32–8　皮脂腺炎患猫**

（a）注意眼周堆积的黑色皮脂物质和肩部毛发稀少的斑块（由Dr. Chiara Noli提供）。（b）图a中毛发稀少斑块的特写：有厚厚的鳞片（毛囊）黏附在毛根部和皮肤上（由Dr. Chiara Noli提供）。

有过多不饱和脂肪酸的饮食，当脂肪酸发生氧化时导致维生素E耗竭，和（或）维生素E水平不足的饮食。通常主要与鱼类饮食相关，尤其是油脂含量高的鱼类，包括金枪鱼、沙丁鱼、鲱鱼和鳕鱼。过去这种疾病与罐装红金枪鱼相关，但也有沙丁鱼、凤尾鱼和鲭鱼组合的报道，较少与一系列其他不平衡饮食相关，包括主要是肝脏的饮食、优质市售鱼、每周一次主要是肉类与罐装鱼的饮食、商业猫粮（维生素E不足）和猪脑（富含脂质）[34, 35]。

#### 脂肪坏死

脂肪坏死可导致无菌性脂膜炎。可能由许多原因引起，包括：

- 物理因素：局部钝性创伤、咬伤、异物反应或冻伤。
- 胰腺肿瘤或胰腺炎诱发全身性脂肪代谢障碍：据报道，一只患有胰腺腺癌的猫有3个月的多发性皮肤结节史（背侧和下腹部、四肢）[36]。另一只经组织学证实患有胰腺炎的猫出现多发性皮肤结节（下腹部和后肢），持续时间未知[37]。
- 狂犬病疫苗接种：据报道，8只猫在结节形成前2周至2个月，在狂犬病疫苗接种部位出现局部病变，并伴有中心区域脂肪坏死[38]。
- 肾脏疾病：据报道，2只相关幼猫（8月龄、1岁）出现肾脏疾病和皮肤结节（含脂肪坏死并伴有中心钙化）[39]。

### 特发性无菌性结节性脂膜炎

特发性无菌性结节性脂膜炎在犬中更常见，在猫身上不常见[33]。排除包括分枝杆菌在内的感染原因至关重要。排除既往创伤可能很困难。

#### 临床表现

患有脂膜炎的猫倾向于表现出相似的病变，与感染或无菌原因无关。病变包括皮下结节，伴有不同程度的溃疡和分泌物（图32–9）。在一项回顾性研究中，21只猫中95%存在单个结节，最常见于胸腹外侧和下腹部。在特发性病变和局部病变中，罕见全身性症状[33]。相比之下，全身性脂膜炎除皮下结节外，通常表现为发热、嗜睡、厌食、触诊疼痛和不愿活动[34, 35]。

#### 诊断

尽管临床表现可能提示脂膜炎，但无菌性疾病的诊断依赖于组织病理学和使用特殊染色排除感染原因，有时辅以组织培养。饮食史对筛查全身性脂膜炎很重要；商业猫粮现在含有抗氧化剂，因此自制的饮食可能会引起人们的怀疑。血清生化和腹部超声通常适用于评估是否存在胰腺疾病。

通过细针抽吸对完整结节进行细胞学检查，应显示脂肪细胞伴中性粒细胞和（或）巨噬细胞（通常为大的泡沫状），无感染原。渗出液的压片可能显示污染细菌，但不能诊断为感染。

组织病理学结果可能包括片状的、弥漫性或间隔性脂膜浸润，通常以中性粒细胞和巨噬细胞为主，以及不同程度的嗜酸性粒细胞、淋巴细胞和（或）浆细胞[33]。患全身性脂膜炎时，脂肪组织呈深黄色或橙棕色，组织病理学检查主要为脂肪坏死伴脓性肉芽肿性脂膜炎，脂肪空泡和巨噬细胞内有明显的蜡样色素。血浆维生素E水平升高（＞3000 ug/L）[34]。

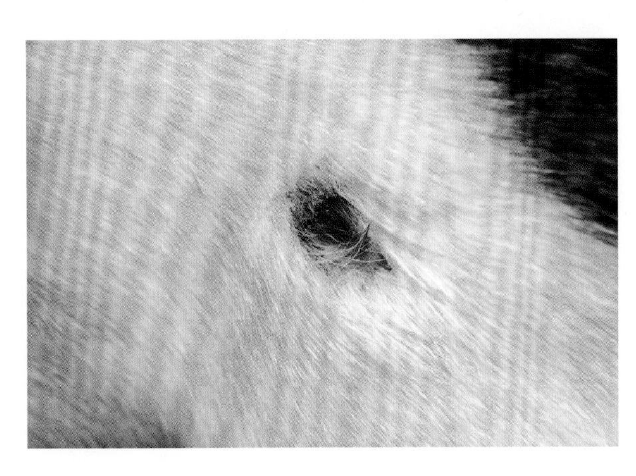

**图 32–9 无菌性脂膜炎**

从形成瘘道的波动性皮下结节流出血性油腻渗出物（由 Dr. Chiara Noli 提供）。

需要深层组织培养以排查感染性因素。

**治疗**

通过饮食纠正治疗全身性脂膜炎。必须纠正含过多脂肪酸的饮食。最初每 12 h 补充一次 400 IU 的口服维生素 E，在餐前或餐后至少 2 h 给药，可能有帮助。据报道，在改变饮食后 1 周内，症状显著改善，但对于一些习惯于鱼类饮食的猫，最初接受非鱼类饮食可能具有挑战性 [34]。平衡饮食中有多发性无菌性脂膜炎病变且无胰腺疾病证据的猫可能对口服泼尼松龙有反应。据报道，单个病变的手术切除通常可治愈 [33]。

## 无菌性脓性肉芽肿 / 肉芽肿综合征

在少量猫中报道了以多发性脓性肉芽肿至肉芽肿性炎症为特征的特发性无菌性结节症状 [40–42]。其有不同的表现形式，有的为真皮结节 [40, 42]，有的仅局限在皮下或淋巴结 [41]。有 1 例病例提及结节在毛囊周围浸润，与脱毛病变相关（图 32–10a）[26]。

**临床表现**

病变范围从红斑至紫红色斑块至丘疹 [40, 41] 或离散的皮下结节 [42]。头部最常发病，据报道，在 1 只猫的面部、耳前区域和耳廓存在病变 [40–42]，会阴和爪部也出现病变 [39]。还有 1 例影响腹腔内淋巴结的病例报告 [41]。

**诊断**

诊断依赖于排除潜在的感染原因，包括细菌、分枝杆菌、原虫和真菌，必须进行组织病理学检查。该综合征的特征是组织病理学上的结节性脓性肉芽肿或肉芽肿性皮炎至蜂窝织炎，伴有不同程度的毛囊周围浸润（图 32–10b）或弥漫性浸润以及多核巨细胞。特殊染色中不存在感染因子 [40, 41]，PCR 检测中不存在分枝杆菌 [41]。

**治疗**

关于本病的治疗建议较少。据报道，一些猫对泼尼松龙 1 ~ 2 mg/kg，每天 1 次的剂量产生部分反应或无反应 [40, 41]。据报道，一只猫使用泼尼松龙的剂量为 3 mg/kg，每天 1 次，持续 2 周，随后调整剂量为 2 mg/kg，每天 1 次，持续 4 周，然后在 8 周内逐渐减量至停止治疗后，其症状得到持续缓解 [41]。

## 穿孔性皮炎

穿孔性皮炎是猫的一种罕见疾病，被认为类似于人类特发性穿孔性皮肤病，是一种与微小皮肤创伤相关的遗传性或获得性胶原蛋白溶解性皮肤病变 [43]。

**临床表现**

猫的发病年龄为 8.5 月龄至 7 岁。特征性病变为明显的脐状丘疹至中心附着角化栓的结节，通常为多发性（图 32–11a）。它们可能单发于身体各区域，包括面部、四肢、颈部、腋窝和躯干，也可能是多灶性的 [43–46]。许多猫都可能表现出瘙痒 [43, 45, 48]，但也可能不表现 [43, 44]。病变可能在自损部位和（或）活检部位持续存在 [43, 45, 48]。

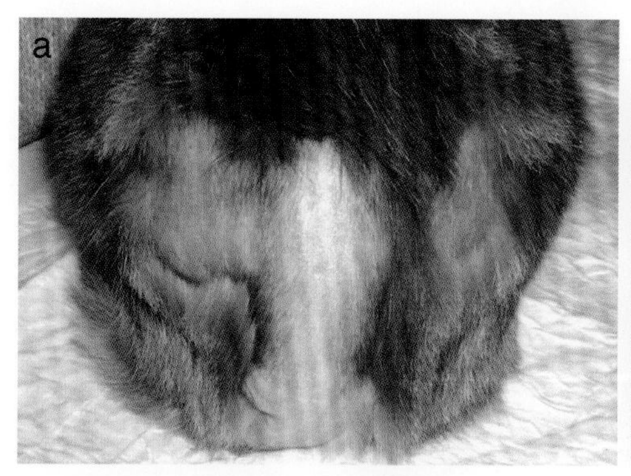


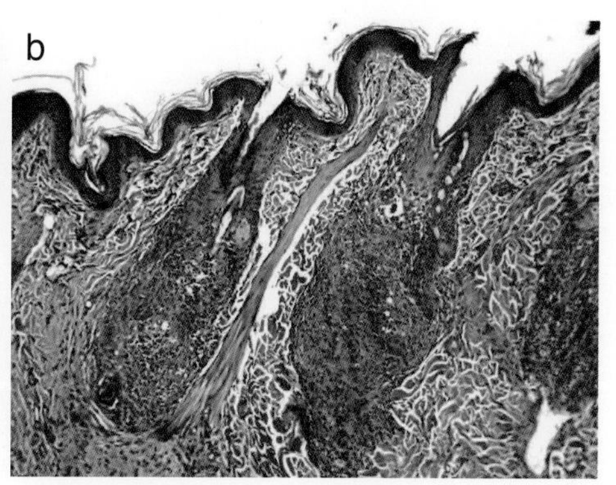


**图 32–10　脓性肉芽肿综合征、脓性肉芽肿性疖病**

（a）背部呈斑片状脱毛（由 Dr. Chiara Noli 提供）；（b）以毛囊为中心的结节性脓性肉芽肿性炎症（由 Dr. Chiara Noli 提供）（H&E，40 倍放大）。

### 诊断

临床和组织病理学结果独特且易于诊断。组织学上，坏死性胶原减少表现为局灶性表皮凹陷（图32-11b），通常伴有周围嗜酸性粒细胞浸润和较少的肥大细胞和（或）淋巴细胞[43-45]。组织病理学报告可能提示嗜酸性肉芽肿病变；然而，临床病变与其他猫嗜酸性皮肤病表现不同[45]。细胞学检查通常显示大量嗜酸性粒细胞和嗜酸性碎片背景[43]。

### 治疗

有多种治疗选择可供参考，外用糖皮质激素或胶原抑制剂似乎最有效。有报道称，外用莫米松联合口服地塞米松，而非单独使用地塞米松，使1只猫的病变消退[46]。在另一只猫中，外用倍他米松或常山酮（1型胶原抑制剂）同样有效（但倍他米松与真皮萎缩相关），这只猫之前对口服维生素C（100 ~ 250 mg，每天2次，持续50 d）和泼尼松龙（2 mg/kg，每天2次，持续15 d，然后1 mg/kg，每天1次，持续15 d）全身治疗无应答[47, 48]。醋酸甲泼尼龙注射，联合或不联合口服维生素C，可使2只猫的病变持续缓解或得到良好控制[43]，有1只猫单独使用维生素C（100 mg，每天2次）可在治疗后4周内使病变重复缓解，随后可持续控制[44]。在一些猫中，手术切除可治愈单个病变，但有些猫在活检部位出现新的病变[45]。瘙痒潜在病因的管理被认为是限制复发的重要因素[43, 45, 47, 48]。

## 嗜酸性粒细胞增多综合征

猫嗜酸性粒细胞增多综合征（hypereosinophilic syndrome，HES）是一种罕见疾病，其特征为在没有可识别原因的情况下，与组织嗜酸性粒细胞增多相关的持续明显的外周血嗜酸性粒细胞增多。多个器官通常浸润嗜酸性粒细胞，包括骨髓、肠道、淋巴结、肝脏和脾脏[49-52]。有报道提及心脏症状，并在1只猫中记录了限制性心肌病[53]。皮肤发病的频率较低[49, 50, 54, 55]。难以与嗜酸性粒细胞性白血病明确区分，但缺乏未成熟和发育不良的循环嗜酸性粒细胞和发育不良的骨髓前体通常被认为与HES一致[51, 52, 56]。最近，人类的HES被分为许多型，骨髓增生型中包括作为亚型的慢性嗜酸性粒细胞性白血病。一种淋巴细胞型与T淋巴细胞过度分泌嗜酸性粒细胞生成细胞因子相关，初始皮肤症状通常表现为特应性皮炎病史[55, 57]。发病猫FeLV偶见阳性[49]。

### 临床表现

许多被报道患有HES的猫为中年猫[49]，平均年龄为7岁，但年龄范围较广，从8月龄到10岁不等[49-52]。猫通常表现为厌食、体重减轻、呕吐、腹泻、便血和发热[49-52]。然而，一些猫以皮肤病变和（或）瘙痒作为首发症状，尤其是年轻猫（2 ~ 17月龄的首发症状）[49, 50, 55]。这些猫的早期症状与过敏一致，包括特应性皮炎，该亚组中HES的准确

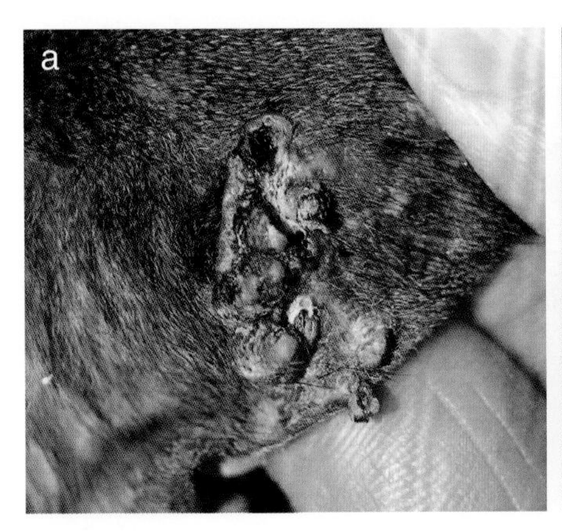

**图32-11　猫穿孔性皮炎**

（a）猫耳廓上有大的角质栓、溃疡和结痂（由Dr. Chiara Noli提供）。（b）同一病变的组织学结果：含有角质、嗜酸性粒细胞和胶原纤维的结痂覆盖住溃疡；真皮中有致密的嗜酸性粒细胞浸润（由Dr. Chiara Noli提供）（H&E，40倍放大）。

发病年龄，以及是否存在任何既存过敏，尚不清楚。一只 10 岁猫在就诊时瘙痒也很明显，同时出现体重减轻、胃肠道症状和咳嗽 [54]。

诊断 HES 时，病变表现可能不同。最为典型的临床表现是大面积脱毛和红斑，进展为多灶性结痂糜烂和溃疡 [49, 50, 55]。一只严重瘙痒的猫还出现了正常被毛胁腹部的蛇形红斑性风团 [49]。病变通常是广泛的，累及头部、颈部和躯干［腹侧和（或）背侧］，但也有局限在跗关节的报道 [54]。还有报道描述了一只猫的四肢、硬腭和嘴唇的多个糜烂斑块、结节和溃疡 [55]。

### 诊断

确诊 HES 需要通过外周嗜酸性粒细胞增多、并发组织侵袭并排除嗜酸性粒细胞增多的其他原因，包括过敏、外寄生虫、一些自身免疫性疾病（如天疱疮类疾病）和一些肿瘤性疾病（如肠道 T 细胞淋巴瘤）[50, 51]。循环嗜酸性粒细胞成熟，形态正常，典型的计数为 $20 \times 10^9$/L 至 $> 50 \times 10^9$/L [49–54, 57]，尽管一些病例（包括一些表现为皮肤病变的病例）表现为嗜酸性粒细胞计数降低［（2.7 ~ 5.5）$\times 10^9$/L］[52, 55]。

皮肤病变病例的组织病理学显示，广泛的浅表至深层间质至血管周围真皮嗜酸性粒细胞浸润，偶见肥大细胞和（或）淋巴细胞 [49, 50, 55]，与过敏性疾病不易区分。皮肤细胞学及内脏器官 FNA（超声引导）提示嗜酸性粒细胞性炎症 [55]。

### 治疗

HES 猫的预后较差，大多数猫最终死亡或被安乐死。糖皮质激素治疗（醋酸甲泼尼龙注射、口服泼尼松龙或地塞米松）通常效果不佳 [49–55]，但较高剂量（泼尼松龙 3 mg/kg，每天 2 次）可能更有效 [52]。环孢素（5 mg/kg，每天 2 次）联合泼尼松龙（2 mg/kg，每天 2 次，逐渐减量）对一只 6 岁猫为期 8 个月的治疗起到了控制作用 [59]。

化疗药物用于治疗对糖皮质激素反应不佳的人类疾病。羟基脲已用于一些猫（15 ~ 30 mg/kg，每天 1 ~ 2 次），联合或不联合泼尼松龙（1 ~ 3 mg/kg，每天 2 次），反应较差 [50, 58]。伊马替尼（酪氨酸激酶抑制剂）对包括慢性嗜酸性粒细胞性白血病在内的人 HES 具有疗效，其用在猫上，在治疗 4 周后，对 3 只皮肤表现为 HES 的猫产生了显著改善（1.25 ~ 2 mg/kg，每天 1 次；5 mg/ 猫），并在 8 周时病变消退。长期随访的 1 只猫在停药后复发，重复治疗有效，最终在伊马替尼 5 mg 隔天给药和甲泼尼龙 1 mg 隔天给药的 5 年内保持缓解 [55]。

猫的 HES 可能需要内科、肿瘤科和皮肤科团队的共同管理。

## 反应模式

### 毛囊壁炎

毛囊壁炎是一种组织学反应模式，可见于一系列猫炎性皮肤病，包括感染（蠕形螨、皮肤癣菌病）、过敏（特应性皮炎、跳蚤过敏、食物过敏）、局部皮肤病（假性斑秃、皮脂腺炎）和全身原因引起的皮肤病（药物不良反应、胸腺瘤相关的表皮剥脱性皮炎）。炎性细胞以毛囊外根鞘上皮为靶点，最常见的是毛囊漏斗部，较少见于峡部或球部（图 32–12a）。涉及的主要炎性细胞类型可能因潜在疾病不

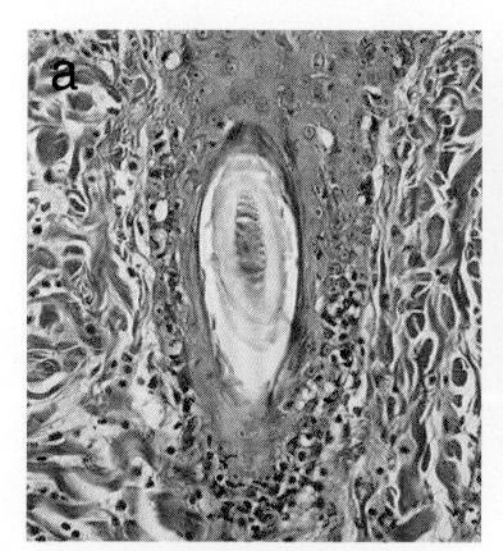


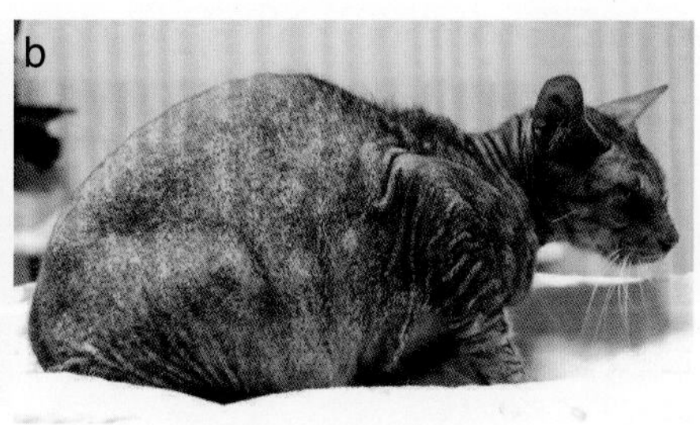


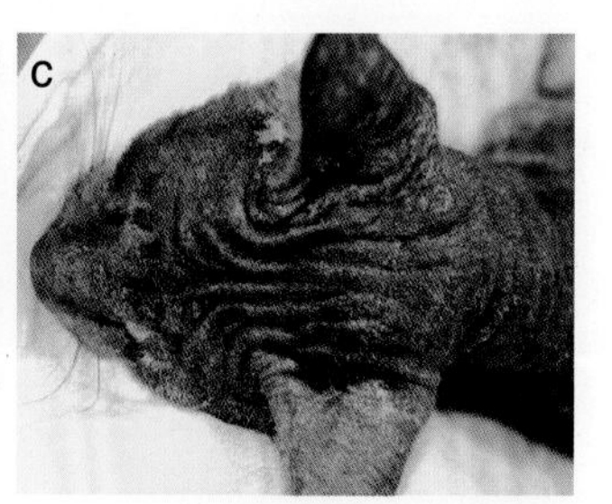


**图 32–12　猫毛囊壁炎**

（a）猫毛囊壁炎的组织学表现为淋巴细胞侵入毛囊壁（由 Dr. Chiara Noli 提供）（H&E，400 倍放大）；（b）明显的少毛症（由 Dr. Chiara Noli 提供）；（c）由于皮肤增厚，面部有明显的皮肤褶皱（由 Dr. Chiara Noli 提供）。

同而异[60]。

在一项对354只炎性皮肤病猫的回顾性研究中，通过组织病理学评估，70%的猫有淋巴细胞性毛囊壁炎。在这项研究中，相比非过敏性皮肤病（33%的病例），淋巴细胞性毛囊壁炎在统计学上更常见于过敏反应（67%的病例）。在6只猫中，证实其淋巴细胞为CD3 + T细胞[60]。淋巴细胞性毛囊壁炎（漏斗部和峡部）偶见于皮脂腺炎（表现为明显的脱毛）[25]和皮肤红斑狼疮（2只猫出现表皮剥脱性皮炎时并发界面性皮炎）[61]。尽管在40只未指明品种的正常猫中未见报道[60, 62]，但在日本研究的7只Lykoi猫中淋巴细胞性毛囊壁炎明显，其特征为面部和四肢“正常”部分脱毛[62]。

在一只猫中曾报道淋巴细胞和组织细胞性毛囊壁炎和毛囊周围炎，该猫患有进行性非瘙痒性脱毛（下腹部完全脱毛，四肢、腹股沟、会阴和头部部分脱毛）、多食和体重减轻，在16个月后被诊断为胰腺癌；初始脱毛时对短期环孢素和泼尼松龙治疗有部分反应[63]。

据报道，一只患有甲状腺功能亢进的猫出现脓性肉芽肿性毛囊壁炎，表现为颈背部和胸部急性发作的广泛性脱毛，似乎与甲巯咪唑治疗有关，停药后缓解[64]。脓性肉芽肿性毛囊壁炎（主要累及峡部区域）也报道出现在表现为全身性脱毛的猫毛囊黏蛋白增多症中（图32-12b）（在一些猫中面部、头部、颈部和肩部最严重），同时伴有面部皮肤增厚和肿胀（图32-12c），以及不同程度的皮屑、结痂和色素沉着。在一些猫中进展为趋上皮性淋巴瘤，与人类毛囊黏蛋白增多症相似，尽管同时存在嗜睡，但在其他猫中并不明显[65]。已在一些猫中证实了并发FIV感染[66]。特发性毛囊黏蛋白增多症对糖皮质激素治疗反应不佳，进行性皮肤病和嗜睡通常最终促使主人选择安乐死[64, 65]。

### 诊断

毛囊壁炎存在多种潜在疾病的可能性。通常需要评估感染性病原体（尤其是皮肤癣菌或蠕形螨）、过敏反应（尤其是瘙痒性病变）或全身性疾病。排查趋上皮性淋巴瘤的发生对毛囊黏蛋白增多症非常重要。

## 结论

尽管本章中描述的一些疾病具有解剖学相关性或确定的环境因素，但许多是特发性的。一些假定的猫特异性疾病，包括特发性溃疡性皮炎和毛囊壁炎，更准确地被认为是一种具有多种潜在原因的反

### 治疗

在排除其他皮肤原因和全身性疾病后，同假性斑秃（免疫介导性疾病）或皮脂腺炎（见下文）一样，需要考虑绝育。

### 猫严重毛囊壁炎的主要鉴别诊断

1. 感染
   - 皮肤癣菌病（见第十三章）。
   - 蠕形螨病（见第十九章）。
2. 过敏
   - 特应性皮炎（见第二十一章至第二十三章）。
   - 食物过敏（见第二十一章）。
   - 跳蚤过敏（见第二十章）。
3. 局限性皮肤炎性疾病
   - 假性斑秃（见第二十六章）。

● 皮脂腺炎（见第三十二章）。
● 非胸腺瘤相关表皮剥脱性皮炎（见第三十一章）。

4. 全身性疾病 / 并发全身性症状
● 黏液性毛囊壁炎（+/-FIV）。
● 药物不良反应（甲巯咪唑）。
● 胸腺瘤相关的表皮剥脱性皮炎（见第三十一章）。
● 副肿瘤性脱毛（见第三十一章）；这是萎缩性的；作者未将其归入毛囊壁炎一类。

应模式。当考虑特发性疾病时，鼓励除常规组织病理学外的一系列诊断程序，同时筛查潜在原因，并进一步了解一些不完全的描述或罕见的表现。预后通常不乐观，目前的建议主要以既往病例或其他物种的经验为指导。

## 参考文献


[1] Scott DW, Miller WH. Feline acne: a retrospective study of 74 cases (1988–2003). Jpn J Vet Dermatol. 2010; 16:203–209.

[2] Jazic E, Coyney KS, Loeffler DG, Lewis TP. An evaluation of the clinical, cytological, infectious and histopathological features of feline acne. Vet Dermatol. 2006; 17:134–140.

[3] White SD, Bordeau PB, Blumstein P, Ibisch C, Guaguere E, Denerolle P, et al. Feline acne and results of treatment with mupirocin in an open clinical trial: 25 cases (1994–1996). Vet Dermatol. 1997; 8:157–164.

[4] Scott DW, Miller WH, Erb HN. Feline dermatology at Cornell University: 1407 cases (1988–2003). J Feline Med Surg. 2013; 15:307–316.

[5] Scott DW. An unusual ulcerative dermatitis associated with linear subepidermal fibrosis in eight cats. Feline Pract. 1990; 18:8–11.

[6] Spaterna A, Mechelli L, Rueca F, Cerquetella M, Brachelente C, Antognoni MT, et al. Feline idiopathic ulcerative dermatosis: three cases. Vet Res Commun. 2003; 27(Suppl 1):795–798.

[7] Loft K, Simon B. Feline idiopathic ulcerative dermatosis treated successfully with Oclacitinib. Vet Dermatol. 2015; 26:134–135.

[8] Titeux E, Gilbert C, Briand A, Cochet-Faivre N. From feline idiopathic ulcerative dermatitis to feline behavioral ulcerative dermatitis: grooming repetitive behaviors indicators of poor welfare in cats. Front Vet Sci. 2018 Apr 16; 5:81. https://doi.org/10.3389/fvets.2018.00081.

[9] Grant D, Rusbridge C. Topiramate in the management of feline iodiopathic ulcerative dermatitis in a two-year-old cat. Vet Dermatol. 2014; 25:226–228.

[10] Ural K, Acar A, Guzel M, Karakurum MC, Cingi CC. Topical retinoic acid in the treatment of feline tail gland hyperplasia (stud tail): a prospective clinical trial. B Vet I Pulawy. 2008; 52:457–459.

[11] Scarff D. Solar (actinic) dermatoses in the dog and cat. Companion Anim. 2017; 22:188–196.

[12] Almeida AM, Caraca RA, Adam RL, Souza EM, Metze K, Cintra ML. Photodamage in feline skin: clinical and histomorphometric analysis. Vet PatholVet Pathol. 2008; 45:327–335.

[13] Sousa CA. Exudative, crusting, and scaling dermatoses. Vet Clin North Am Small Anim Pract. 1995; 25:813–831.

[14] Vogel JW, Scott DW, Erb HN. Frequency of apoptotic keratinocytes in the feline epidermis: a retrospective light-microscopic study of skin-biopsy specimens from 327 cats with normal skin or inflammatory dermatoses. J Feline Med Surg. 2009; 11:963–969.

[15] Ghibaudo G. Canine and feline solar dermatitis. Summa, Animali da Compagnia. 2016; 33:29–33.

[16] Vaughn L, Beckel N. Severe burn injury, burn shock, and smoke inhalation injury in small animals. Part 1: burn classification and pathophysiology. J Vet Emerg Crit Care. 2012; 22:179–186.

[17] Pavletic MM, Trout NJ. Bullet, bite, and burn wounds in dogs and cats. Vet Clin North Am Small Anim Pract. 2006; 36:873–893.

[18] Quist EM, Tanabe M, Mansell JE, Edwards JL. A case series of thermal scald injuries in dogs exposed to hot water from garden hoses (garden hose scaling syndrome). Vet Dermatol.

2012; 23:162–166.

[19] Walder EJ, Hargis AM. Chronic moderate heat dermatitis (erythema ab igne) in five dogs, three cats and one silvered langur. Vet DermatolVet Dermatol. 2002; 13:283–292.

[20] Nishiyama M, Iyori K, Sekiguchi M, Iwasaki T, Nishifuji K. Two canine and one feline cases suspected of having thermal burn from histopathological findings. Jpn J Vet Dermatol. 2015; 21:77–80.

[21] Qian L, Fourcaudot AB, Leung KP. Silver sulfadiazine retards wound healing and increases scarring in a rabbit ear excisional wound model. J Burn Care Res. 2017; 38:418–422.

[22] Minden–Birkenmaier BA, Bowlin GL. Honey–based templates in wound healing and tissue engineering. Bioengineering. 2018; 5:46. https://doi.org/10.3390/bioengineering5020046.

[23] Declercq J. Alopecia and dermatopathy of the lower back following pelvic fractures in three cats. Vet Dermatol. 2004; 15:42–45.

[24] O'Dair HA, Foster AP. Focal and generalized alopecia. Vet Clin North Am Small Anim Pract. 1995; 25:851–870.

[25] Glos K, von Bomhard W, Bettenay S, Mueller RS. Sebaceous adenitis and mural folliculitis in a cat responsive to topical fatty acid supplementation. Vet Dermatol. 2016; 27:57–60.

[26] Noli C, Toma S. Three cases of immune–mediated adnexal skin disease treated with cyclosporine. Vet Dermatol. 2006; 17:85–92.

[27] Possebom J, Farias MR, de Assuncao DL, de Werner J. Sebaceous adenitis in a cat. Acta Sci Vet. 2015; 43(Suppl 1):71.

[28] Scott DW. Sterile granulomatous sebaceous adenitis in dogs and cats. Vet Annu. 1993; 33:236–243.

[29] Bonino A, Vercelli A, Abramo F. Sebaceous adenitis in a cat. Veterinaria–Cremona. 2006; 20:19–22.

[30] Inukai H, Isomura H. A cat histologically showed inflamma–tion at the sebaceous gland. Jpn J Vet Dermatol. 2007; 13:13–15.

[31] Linek M, Rufenacht S, Brachelente C, von Tscharner C, Fa–vrot C, Wilhelm S, et al. Nonthymoma–associated exfoliative dermatitis in 18 cats. Vet Dermatol. 2015; 26:40–45.

[32] Wendlberger U. Sebaceous adenitis in a cat. Kleintierpraxis. 1999; 44:293–298.

[33] Scott DW, Anderson W. Panniculitis in dogs and cats: a retrospective analysis of 78 cases. J Am Anim Hosp Assoc. 1988; 24:551–559.

[34] Koutinas AF, Miller WH Jr, Kritsepi M, Lekkas S. Panste–atitis (Steatitis, "yellow fat disease") in a cat: a review article and report of four spontaneous cases. Vet Dermatol. 1993; 3:101–106.

[35] Niza MM, Vilela CL, Ferrerira LM. Feline pansteatitis revisited: hazard of unbalanced homemade diets. J Feline Med Surg. 2003; 5:271–277.

[36] Fabbrini F, Anfray P, Viacava P, Gregori M, Abramo F. Feline cutaneous and visceral necrotizing panniculitis and steatitis associated with a pancreatic tumour. Vet Dermatol. 2005; 16:413–419.

[37] Ryan CP, Howard EB. Weber–Christian syndrome – systemic lipodystrophy associated with pancreatitis in a cat. Feline Pract. 1981; 11:31–34.

[38] Hendrick MJ, Dunagan CA. Focal necrotizing granulomatous panniculitis associated with subcutaneous injection of rabies vaccine in cats and dogs: 10 cases (1988–1989). J Am Vet Med Assoc. 1991; 198:304–305.

[39] Alcigir ME, Kutlu T, Alcigir G. Pathomorphological and im–munohistochemical findings of subacute lobullary calcifying panniculitis in two cats. Kafkas Univ Vet Fak Derg. 2018; 24:311–4. https://doi.org/10.9775/kvfd.2017.18745.

[40] Scott DW, Buerger RG, Miller WH. Idiopathic sterile granulomatous and pyogranulomatous dermatitis in cats. Vet Dermatol. 1990; 1:129–137.

[41] Giuliano A, Watson P, Owen L, Skelly B, Davison L, Dobson J, et al. Idiopathic sterile pyogranuloma in three domestic cats. J Small Anim Pract. 2018; https://doi.org/10.1111/jsap.12853.

[42] Petroneto BS, Calegari BF, da Silva SE, de Almeida TO, da Silva MA. Sterile pyogranulomatous syndrome idiopathic in domestic cat (Felis catus): case report. Acta Veterinaria Brasilica. 2016; 10:70–73.

[43] Albanese F, Tieghi C, De Rosa L, Colombo S, Abramo F. Feline perforating dermatitis resembling human reactive perforating collagenosis: clinicopathological findings and outcome in four cases. Vet Dermatol. 2009; 20:273–280.

[44] Scott DW, Miller WH Jr. An unusual perforating dermatitis in a Siamese cat. Vet Dermatol. 1991; 23:8–12.

[45] Haugh PG, Swendrowski MA. Perforating dermatitis exacer–bated by pruritus. Feline Pract. 1995; 23:8–12.

[46] Jongmans N, Vandenabeele S, Declercq J. Perforating dermatitis in a cat. Vlaams Diergen Tijds. 2013; 82:345–349.

[47] Beco L, Heimann M, Olivry T. Comparison of three topical medications (halofuginone, betamethasone and fusidic acid) for treatment of reactive perforating collagenosis in a cat. Vet Dermatol. 2003; 13:210.

[48] Beco L, Olivry T. Letter to the editor. Is feline acquired reactive perforating collagenosis a wound healing defect? Treatment with topical betamethasone and halofluginone appears beneficial. Vet Dermatol. 2010; 21:434–436.

[49] Harvey RG. Feline hyper–eosinophilia with cutaneous lesions. J Small Anim Pract. 1990; 31:453–456.

[50] Scott DW, Randolph JF, Walsh KM. Hypereosinophilic syndrome in a cat. Feline Pract. 1985; 15:22–30.

[51] McEwen SA, Valli VE, Hulland TJ. Hypereosinophilic syndrome in cats: a report of three cases. Can J Comp Med. 1985; 49:248–253.

[52] Hendrick M. A spectrum of hypereosinophilic syndromes exemplified by six cats with eosinophilic enteritis. Vet Pathol. 1981; 18:188–200.

[53] Saxon B, Hendrick M, Waddle JR. Restrictive cardiomyopathy in a cat with hypereosinophilic syndrome. Can Vet J. 1991; 32:367–369.

[54] Muir P, Gruffydd–Jones TJ, Brown PJ. Hypereosinophilic syndrome in a cat. Vet Rec. 1993; 132:358–359.

[55] Faivre NC, Prelaud P, Bensignor E, Declercq J, Defalque V. Three cases of feline hypereosinophilic syndrome treated with imatinib mesylate. Can Vet J. 2014; 49:139–144.

[56] Huibregtse BA, Turner JL. Hypereosinophilic syndrome and eosinophilic leukemia: a comparison of 22 hypereosinophilic cats. J Am Anim Hosp Assoc. 1994; 30:591–599.

[57] Takeuchi Y, Takahashi M, Tsuboi M, Fujino Y, Uchida K, Ohno K, et al. Intestinal T–cell lymphoma with severe hypereosinophilic syndrome in a cat. J Vet Med Sci. 2012; 74:1057–1062.

[58] Takeuchi Y, Matsuura S, Fujino Y, Nakajima M, Takahashi M, Nakashima K, et al. Hypereosinophilic syndrome in two cats. J Vet Med Sci. 2008; 70:1085–1089.

[59] Haynes SM, Hodge PJ, Lording P, Martig S, Abraham LA. Use of prednisolone and cyclosporin to manage idiopathic hypereosinophilic syndrome in a cat. Aust Vet Pract. 2011; 41:76–81.

[60] Rosenberg AS, Scott DW, Hollis NE, McDonough SP. Infiltrative lymphocytic mural folliculitis: a histopathological reaction pattern in skin–biopsy specimens from cats with allergic skin disease. J Feline Med Surg. 2010; 12:80–85.

[61] Wilhelm S, Grest P, Favrot C. Two cases of feline exfoliative dermatitis and folliculitis with histological features of cutaneous lupus erythematosus. Tierarztl Prax. 2005; 33:364–369.

[62] LeRoy ML, Senter DA, Kim DY, Gandolfi B, Middleton JR, Trainor KE, et al. Clinical and histologic description of Lykoi cat hair coat and skin. Jpn J Vet Dermatol. 2016; 22:179–191.

[63] Lobetti R. Lymphocytic mural folliculitis and pancreatic carcinoma in a cat. J Feline Med Surg. 2015; 17:548–550.

[64] Lopez CL, Lloret A, Ravera I, Nadal A, Ferrer L, Bardagi M. Pyogranulomatous mural folliculitis in a cat treated with methimazole. J Feline Med Surg. 2014; 16:527–531.

[65] Tl G, Olivry T, Vitale CB, Power HT. Degenerative mucinotic mural folliculitis in cats. Vet Dermatol. 2001; 12:279–283.

[66] Filho R, Rolim V, Sampaio K, Driemeier D, Mori da Cunha MG, Amorim da Costa FV. First case of degenerative mucinotic mural folliculitis in Brazil. J Vet Sci. 2016; 2:1–3. https://doi.org/10.15226/2381–2907/2/2/00118.